清华大学出版社
北 京

内 容 简 介

本书内容包括钳工概述、测量操作技术、划线操作技术、锉削加工技术、锯削加工技术、錾削加工技术、孔加工技术、螺纹加工技术、矫正与弯形加工技术、铆接加工技术、刮削加工技术、研磨加工技术、锉配加工技术。

本书基于第2版进行修订，以工艺知识为基础，操作技能为主线，力求突出实用性和先进性，以适应职业技术教育和实训教学的需要。本书配套开发了教学视频，可通过扫描书中的二维码进行学习。

本书既可作为高职高专院校机械类、机电类、模具类等专业的钳工实训教材，也可作为中等职业学校相关专业以及企业职工的培训教材。

图书在版编目(CIP)数据

钳工基础技术/吴清编著. —3版. —北京：清华大学出版社，2019(2020.10重印)
ISBN 978-7-302-53543-0

Ⅰ. ①钳…　Ⅱ. ①吴…　Ⅲ. ①钳工－教材　Ⅳ. ①TG9

中国版本图书馆CIP数据核字(2019)第173469号

责任编辑：王剑乔
封面设计：刘　键
责任校对：袁　芳
责任印制：沈　露

出版发行：清华大学出版社
　　网　　址：http://www.tup.com.cn，http://www.wqbook.com
　　地　　址：北京清华大学学研大厦A座　　**邮　　编**：100084
　　社 总 机：010-62770175　　**邮　　购**：010-62786544
　　投稿与读者服务：010-62776969，c-service@tup.tsinghua.edu.cn
　　质量反馈：010-62772015，zhiliang@tup.tsinghua.edu.cn
印 刷 者：北京富博印刷有限公司
装 订 者：北京市密云县京文制本装订厂
经　　销：全国新华书店
开　　本：185mm×260mm　　**印　张**：21.75　　**字　　数**：494千字
版　　次：2011年6月第1版　2019年9月第3版　　**印　　次**：2020年10月第2次印刷
定　　价：59.00元

产品编号：084264-02

第3版前言 Preface

本书为职业院校通用钳工教材，根据企业对技能型人才的基本要求，力求专业、系统、全面地介绍钳工基础技术。

本书第1版于2017年4月被全国机械职业教育教学指导委员会和机械工业教育发展中心遴选为首届全国机械行业职业教育精品教材。

《钳工基础技术(第3版)》在总结第2版使用情况的基础上，根据钳工技术的发展、教学实践的反思与沉淀以及信息化教学的发展要求修订而成，以便更好地满足钳工实训教学的需要。

本书的部分章节在内容上作了一些增补、删减与调整，继续更正与改进了第2版在文字、插图中的一些疏漏与错误。在第1章中增加了"企业安全、管理和质量知识""机械制造工艺知识"和"台虎钳的装夹操作方法"等内容；在第2章中增加了"表面粗糙度与检测"内容；在第4章中增加了"除去毛刺的方法""工件端面倒角方法""有关长方体各项检测方法"等内容；在第5章中对"锯条知识"的内容进行了更新与调整；删除了第2版中的"第13章　装配技术"内容。

本书收录了编著者近几年来的一些原创性研究成果，为丰富教学形式、优化教学效果，配套开发了视频教学资源。本书注重操作技能的训练，对操作手法、操作过程和操作要领等作了较为详细的描述，突出直观性、实用性和先进性，以利于技能型人才的培养。书中的操作视频，主要由编著者本人示范演示，部分视频由学生配合完成。

全书共13章，内容有钳工概述、测量操作技术、划线操作技术、锉削加工技术、锯削加工技术、錾削加工技术、孔加工技术、螺纹加工技术、矫正与弯形加工技术、铆接加工技术、刮削加工技术、研磨加工技术、锉配加工技术。

编著者在编写过程中参阅了相关教材、期刊和技术资料等文献，在此谨向原作者致以衷心的感谢。

由于编著者水平及能力有限，对于本书存在的不足之处，敬请广大读者提出宝贵意见，以便不断完善，编著者将十分感谢。

编著者

2019年8月

第2版前言

本书为职业院校通用教材，根据企业对技能型人才的基本要求，力求系统、全面地介绍钳工基础技术，强化工艺技能的训练与职业素质的培养。第1版自2011年1月出版至今，已印刷8次。

《钳工基础技术（第2版）》是在总结第1版使用情况的基础上，根据读者所提出的宝贵意见以及企业的实际需要修编而成。

本书的风格、体系和章节顺序与第1版相同，增加了一章内容（第13章　装配技术）。增补、删减与调整了部分章节内容，更正与改进了第1版中的一些疏漏与错误。根据读者的意见，尽量增加了插图，以便于对教材内容的理解和认识。

书中收录了编者近几年来的一些研究成果。本书注重工艺知识与操作技能的训练，对操作手法、操作过程和操作技巧作了较为详细的描述，力求突出实用性和可操作性，以利于技能型人才的培养。

全书共14章，内容有钳工概述、测量操作技术、划线操作技术、锉削加工技术、锯削加工技术、錾削加工技术、孔加工技术、螺纹加工技术、矫正与弯形加工技术、铆接加工技术、刮削加工技术、研磨加工技术、装配技术和锉配加工技术。

本书配套有《钳工基础技术实训习题集》。

编者在编写过程中参阅了相关教材、期刊和技术资料等文献，在此谨向原作者致以衷心的感谢。

由于编者水平及能力有限，本书难免存在不足之处，敬请广大读者一如既往地提出宝贵意见，编者将十分感谢。

编　者

2017年3月

第1版前言 Preface

为满足企业对技能型人才的需要、丰富和发展钳工基础技术、适应职业技术教育和专业教学改革的需要,我们编写了本书。本书内容的编写参考了《钳工国家职业标准》的相关要求。本书以工艺知识为基础,操作技能为主线,比较全面地介绍了钳工基础技术,在新工艺、新技术和教学方法上有所突破与创新。本书最大的特色是注重操作技能,对操作手法、操作过程、操作技巧以及工艺步骤进行了较为详细的描述,力求突出实用性和可操作性,以利于技能型人才的培养。

全书共13章,内容有钳工概述、测量操作技术、划线操作技术、锉削加工技术、锯削加工技术、錾削加工技术、孔加工技术、螺纹加工技术、矫正与弯形加工技术、铆接加工技术、刮削加工技术、研磨加工技术、锉配加工技术。

本书配套有《钳工基础技术实训习题集》。

编者在编写过程中参阅了相关教材、期刊和技术资料等文献,在此谨向原作者致以衷心的感谢。

由于编者水平及能力有限,本书难免存在不足之处,敬望广大读者提出宝贵意见,编者将十分感谢。

编　者

2011年1月

目　录

Contents

第1章 钳工概述

1.1 钳工专业内容

钳工是主要在台虎钳上使用手工工具进行操作加工的一个技术专业。钳工专业的工作范围和内容非常广泛，如从事工件的划线、锉削、锯削、钻削、刮削、研磨、机械的装配与调试、设备的安装与维修、模具和工具的制作等工作。

1. 钳工专业分类

《中华人民共和国职业分类大典(2015年版)》将钳工专业分为装配钳工、机修钳工和工具钳工三类。装配钳工的职业定义为：操作机械设备或使用工装、工具，进行机械设备零件、组件或成品组合装配与调试的人员。机修钳工的职业定义为：从事设备机械部分维护和修理的人员。工具钳工的职业定义为：从事操作钳工工具、钻床等设备，进行刀具、量具、模具、夹具、索具、辅具等(统称为工具，又称为工艺装备)的零件加工和修整、组合装配、调试与修理的人员。

实际上，钳工专业的细分种类很多，根据不同企业的实际情况，装配钳工一般又细分为机械装配钳工、内燃机装配钳工、汽车装配钳工等；机修钳工一般又细分为机械维修钳工、内燃机维修钳工、汽车维修钳工、车辆检修钳工、制动钳工等；工具钳工一般又细分为模具钳工、划线钳工、仪表钳工等。

2. 钳工专业特点

(1) 钳工是从事比较复杂、细微、工艺要求较严格的以手工操作为主的工作。

(2) 钳工工具简单，携带方便，操作灵活，可以完成用机械加工不方便或难以完成的工作。

(3) 技艺精湛的钳工可加工出形状非常复杂、精度要求很高的零件，如高精度量具、样板、复杂的模具等。

(4) 钳工的工作内容还包括不断进行技术改造与技术创新以及改进加工工艺等。

(5) 钳工是对产品的最终质量负有重要责任的专业。

(6) 钳工工作的生产效率较低，劳动强度较大。

3. 钳工专业基础技术项目

无论何种钳工专业，都需要学习与掌握钳工专业的基础技术项目，这些基础技术项目主要有：测量操作技术、划线操作技术、锉削加工技术、锯削加工技术、錾削加工技术、孔加工技术、螺纹加工技术、矫正与弯形加工技术、铆接加工技术、刮削加工技术、研磨加工技术、锉配加工技术等。

4. 钳工常用设备

1）台虎钳

台虎钳是用来夹持工件的通用设备。台虎钳的规格以钳口的宽度表示，有75mm、100mm、125mm、150mm、200mm、250mm、300mm等。

目前，台虎钳的样式比较多，按其结构特点可分为回转式和固定式两种基本类型，其中使用最多的是回转式台虎钳。回转式台虎钳可相对于底座做水平回转运动，因此操作方便，如图1-1(a)所示。固定式台虎钳的固定钳身与底座是一个整体，不能做水平回转运动，因此使用较少，如图1-1(b)所示。

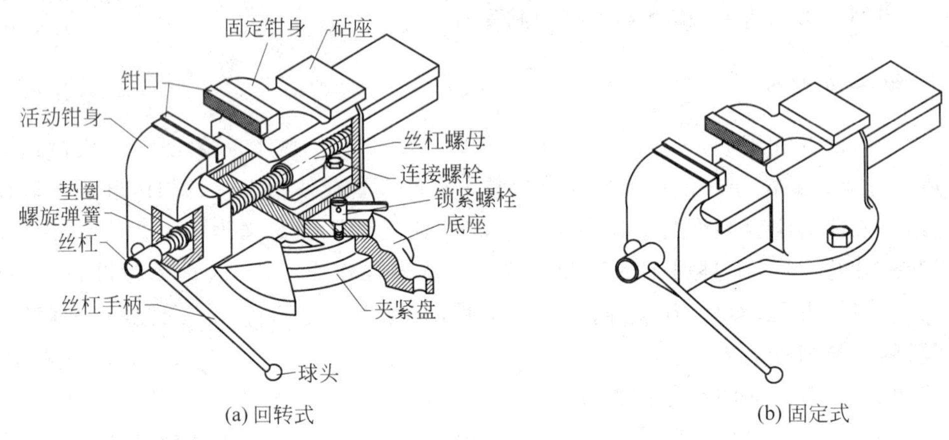

(a) 回转式　　(b) 固定式

图1-1　台虎钳

回转式台虎钳的固定钳身、活动钳身、底座、夹紧盘以及丝杠螺母等由铸铁制成，丝杠、丝杠手柄、钳口、螺旋弹簧、锁紧螺栓、连接螺栓以及垫圈等由碳素钢制成。底座上有三个螺栓孔通过螺栓与钳桌固定连接。固定钳身可在底座上绕轴做回转运动，通过扳动锁紧螺栓手柄，可使固定钳身进行固定。扳动丝杠手柄，使丝杠与固定钳身上的丝杠螺母做螺旋运动，并带动活动钳身本体沿固定钳身方孔做前后直线移动。利用安装在丝杠上的螺旋弹簧的作用力，可使活动钳身向后回退时省力和快捷，丝杠上的垫圈对螺旋弹簧起定位作用。连接螺栓将丝杠螺母与固定钳身连接，该螺栓具有过载保护作用，属易损件。钢质钳口经热处理淬硬，经久耐用，钳口夹持面制有网纹槽，可增大摩擦阻力，使工件夹紧后不易滑动。在砧座上（台虎钳又分为带砧座和不带砧座两种结构）可进行一些力量较轻的锤击操作，如打样冲眼、小型工件的锤击矫正等。

2）钳桌

钳桌又称为钳台，是用来安装台虎钳、放置小型平板、工具和工件的设备。钳桌的高度一般为800～850mm，装上台虎钳的钳桌，从地面到台虎钳钳口上表面的高度一般为1050～1100mm。钳桌有四人钳桌、双人钳桌和单人钳桌，如图1-2(a)和图1-2(b)所示为双人钳桌和单人钳桌。在钳桌上安装台虎钳时，应注意的一个问题是台虎钳固定钳身上的钳口面应超出钳桌边缘 5～10mm，这样在夹持较长工件时，可避免钳桌边缘的阻碍，如图 1-3 所示。

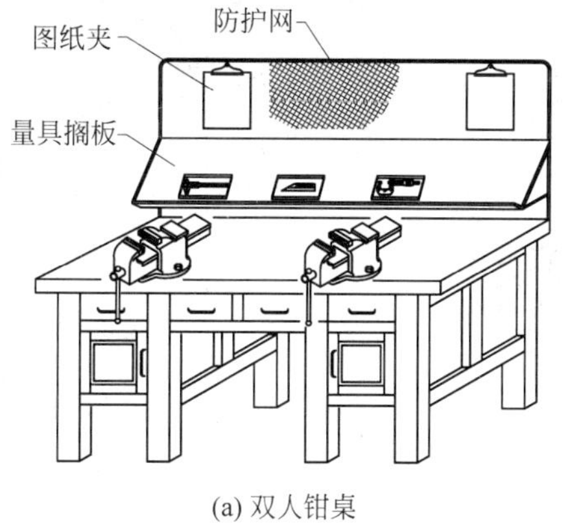

(a) 双人钳桌

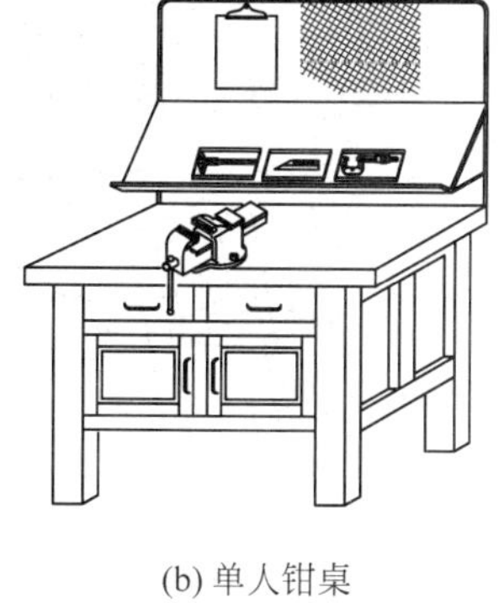

(b) 单人钳桌

图 1-2　钳桌

钳桌放置. mp4

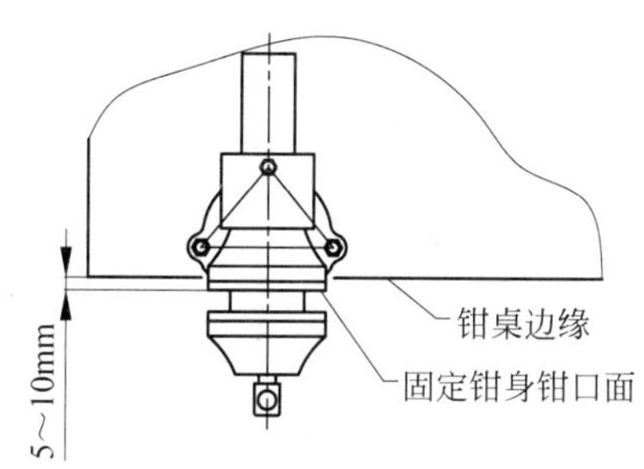

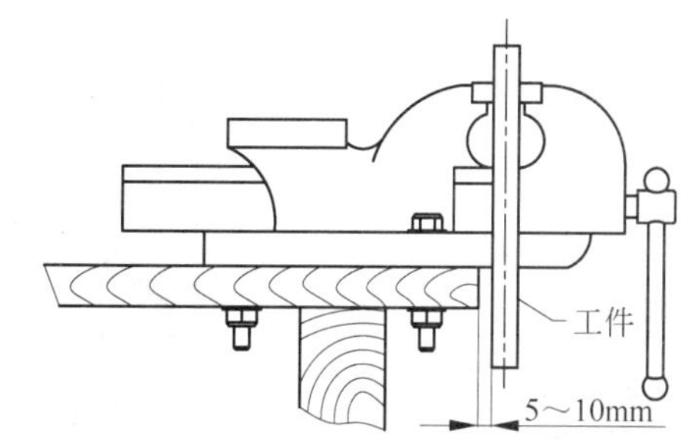

图 1-3　安装台虎钳时应注意的问题

3）砂轮机

砂轮机是用来刃磨刀具的常用设备。如图 1-4 所示，砂轮机一般分为立式砂轮机、台式砂轮机和吸尘式砂轮机等。其结构主要由机座、砂轮、电动机、托架、防护罩和冷却水杯等组成。

4）钻床

钻床是用来对工件进行圆孔加工的设备。钻床分为台式钻床（见图 1-5）、立式钻床（见图 1-6）和摇臂钻床（见图 1-7）等。

5）平板

平板又称为平台（见图 1-8），是用来进行划线、测量和检验的设备。

6）方箱

方箱是用于划线、测量和检验的工具（见图 1-9）。

7）分度头

分度头是用于分度划线、测量以及检验的设备，如图 1-10 所示。

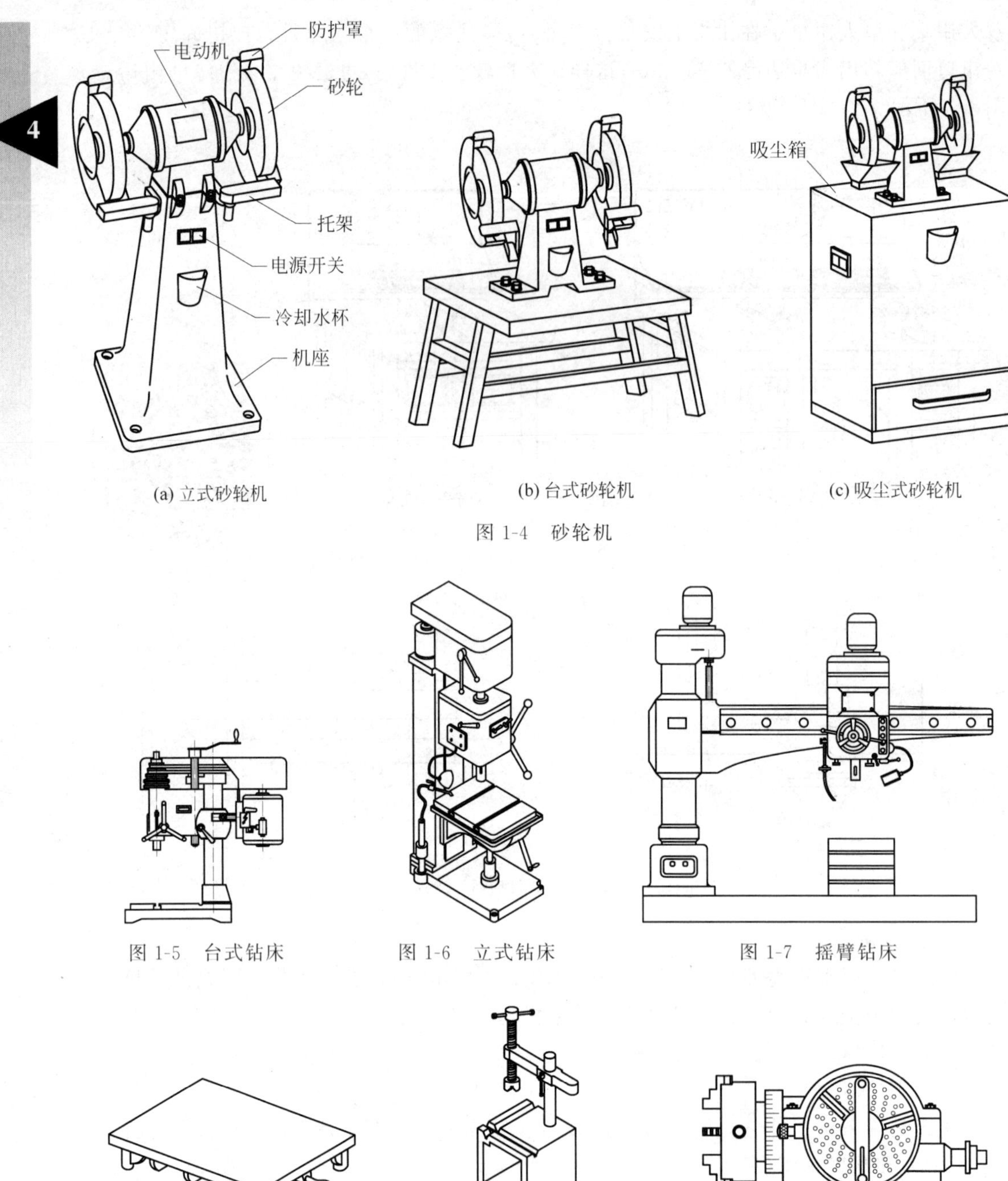

(a) 立式砂轮机　(b) 台式砂轮机　(c) 吸尘式砂轮机

图 1-4　砂轮机

图 1-5　台式钻床

图 1-6　立式钻床

图 1-7　摇臂钻床

图 1-8　平板

图 1-9　方箱

图 1-10　分度头

8）V 形块

V 形块是用于轴类零件划线、检测以及加工时作为定位的基准工具，如图 1-11 所示。

9）铁砧

铁砧是用于对工件进行矫正、弯形、延展等锤击操作的设备，如图 1-12 所示。

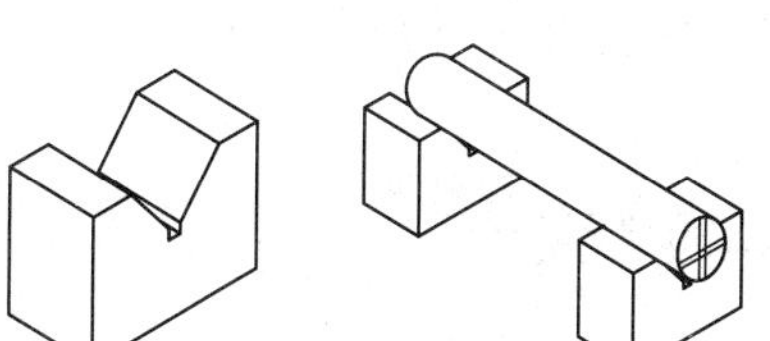
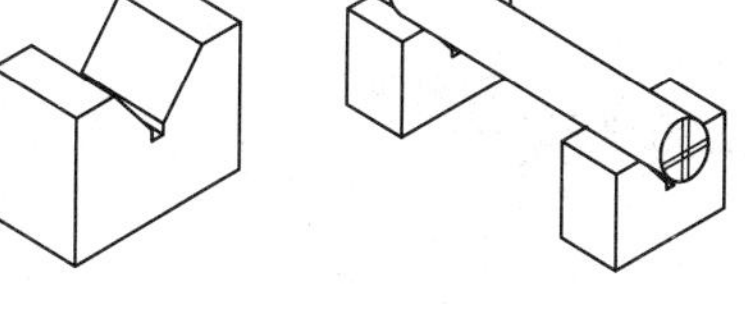

图 1-11　V 形块

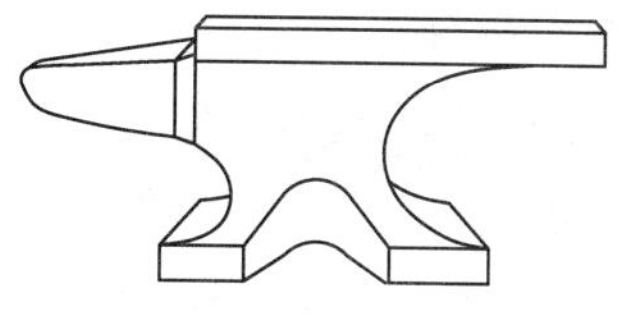

图 1-12　铁砧

5. 钳工常用工量具

1）钳工常用工具

钳工常用工具有划针、划线盘、划规、样冲、划线锤、手锤和各种錾子、各种锉刀、锯弓和锯条、各种钻头、各种丝锥、圆板牙和绞杠、平面刮刀和曲面刮刀、各种扳手和旋具等。钳工常用工具在相关章节中有详细介绍。

2）钳工常用量具

钳工常用量具有钢直尺、内外卡钳、游标卡尺、高度游标卡尺、刀形样板平尺、90°角尺、万能角度尺、外径千分尺、塞尺、百分表、半径样板等。钳工常用量具在第 2 章有详细介绍。

1.2　企业安全、管理和质量知识

1. 安全知识

1）“安全第一”观念的起源

“安全第一”(Safety First)观念起源于 20 世纪初的美国钢铁工业。20 世纪初期，美国钢铁工业受到经济萧条的冲击，同时，钢铁工业作为当时较为先进的产业，其客观的高危险性对产业的发展造成了明显的负面影响。

1906 年，美国钢铁公司生产事故频发，亏损严重，濒临破产。公司董事长格里在多方查找原因的过程中，对传统的生产经营方针“产量第一、质量第二、安全第三”产生了质疑。经过全面计算事故造成的直接经济损失、间接经济损失以及事故影响产品质量带来的经济损失后，格里不顾股东的反对，把公司的生产经营方针变成了“安全第一、质量第二、产量第三”。格里首先在公司下属的伊利诺伊钢铁厂做试点，致力于安全生产的规划与设计，结果发现，该铁厂更改生产经营后不但减少了安全事故，同时产量和质量都得到了明显提高，而且生产成本也减少了。从此，“安全第一”的观念逐渐在工业领域得到了广泛认可。

2）安全文化

“安全文化”属于一种包含安全健康的意识、观念、态度、知识和能力等的综合体。“安全文化”的概念产生于 20 世纪 80 年代的美国，其英文为 Safety Culture，而 Culture 一词中文一般译为“文化”，该词还有“教养、修养、培养”等意思。促进安全文化发展的目的是为人类创造更加安全健康的工作、学习、生活环境和条件，而这个目标的实现，离不开人们对安全健康的珍惜与重视，要使自己的行为符合安全健康的要求。安全文化的实质就是要充分认识安全健康的价值，应使自己的一举一动符合安全行为规范。

3）安全生产方针

我国安全生产的基本方针是“安全第一，预防为主，对企业发生的事故，坚持四不放过原则进行处理”。

2. “6S”现场管理

1）“6S”现场管理的起源

“6S”现场管理起源于20世纪50年代的日本企业，它是指在生产现场中对人员、设备、物料、工具等生产要素与现场环境所进行的一种管理方式。“6S”即整理（SEIRI）、整顿（SEITON）、清扫（SEISO）、清洁（SEIKETSU）、素养（SOYOU）、安全（SECURITY）。日文汉字中的“整理”“整顿”“清扫”“清洁”“素养”5个单词按照罗马字标注发音，且这5个单词的发音都以“S”开头，而日文汉字中的“安全”（ANZEN）的发音却不以“S”开头，故直接引用了英文SECURITY，这样就形成了“6S”的简称。

2）“6S”现场管理的内容

（1）整理（SEIRI）。对工作场地的所有物品区分为必要和不必要的，将不必要的物品清理出去。目的：优化空间，合理分类。

（2）整顿（SEITON）。对留在工作场地的物品按照类别与使用频率进行清理、分类、标识与有序放置。目的：科学布局，便捷高效。

（3）清扫（SEISO）。对工作场地的灰尘污渍、加工屑末进行扫除与清理。目的：消除污染，环境美观。

（4）清洁（SEIKETSU）。对工作场地进行清理与洁净，对设备和工具等做好日常保养，使之制度化、常态化。目的：环境舒适，心情愉悦。

（5）素养（SOYOU）。坚持全员培训，不断提升员工的专业素质、团队精神和文明礼貌水平。目的：形成制度，养成习惯。

（6）安全（SECURITY）。重视员工的安全教育，严格遵守安全操作规程，杜绝和消除一切安全隐患。目的：安全第一，预防为主。

3）“6S”现场管理的意义

“6S”现场管理对于企业的发展有着重要的意义。通过对生产现场实施规范化管理，确保在生产过程中有一个洁净、整齐、美观、舒适、安全的现场环境。持之以恒地开展“6S”现场管理，对于提高员工的职业素质、提高生产效率和产品品质、营造企业氛围和企业文化等方面起着积极的作用。

3. 质量意识

1）“质量意识”的起源

“质量意识”起源于20世纪60年代的日本。在那个时期，日本创造性地发展了全面质量管理理论和方法，先后提出了“品质圈” 和“全社会质量管理”等新理论和新方法，培养了一大批各种层次的质量管理人才。自此以后，日本经济高速发展并迅速成长为世界经济强国。

2）“质量意识”的含义

在 ISO 质量体系中，“质量”被理解为：一组固有特性满足明示的、通常隐含的或必须履行的需求或期望的程度。广义地讲，“质量”包括工作质量、服务质量、过程质量、产品质量等。一般来说，“质量意识”是一个企业从领导决策层到每一个员工对质量和质量工作的认识和理解，这对质量行为起着极其重要的影响和制约作用。因此，“质量意识”也可以理解为专注于保证工作质量和服务质量的意志力。

3）贯彻“质量意识”的意义

贯彻“质量意识”，首先要保证产品合格，即满足产品的质量标准要求，整个生产过程（或生产流程）必须严格遵守相关管理规定。质量是一个企业的命脉，质量不好就会失去市场，企业就会被淘汰。

产品质量取决于过程质量，过程质量取决于工作质量，工作质量取决于人的素质。作为企业的每一个员工，必须具有不断提高产品质量的决心和愿望，必须持之以恒地做到“质量意识在心中，产品质量在手中”。

1.3 机械制造工艺知识

各种机械零件，由于其结构形状、精度要求、表面质量、技术条件等设计要求各不相同，因此，在机械加工中要综合考虑加工设备、生产类型、经济效益等各种要素，确定一个合适的制造方案，合理安排加工顺序，经过一定的加工工艺过程，才能制造出符合设计要求的零件。

1. 生产过程、工艺过程、生产工艺

（1）生产过程。生产过程通常是指将原材料或半成品根据设计要求转变为产品所经过的全部加工过程。生产过程主要包括生产技术准备、原材料的运输和存储、毛坯制造、机械加工、装配调试等。

（2）工艺过程。工艺过程通常是指直接改变原材料或半成品的尺寸、形状、位置、表面粗糙度及性能，使之成为合格产品的过程。工艺过程包括液态成型、塑变成型、粉末成型、焊接加工、切削加工、电加工、热处理、表面处理、检验、装配调试、涂装、包装等。

（3）生产工艺。生产工艺通常是指企业制造产品的总体工作流程。生产工艺主要包括工艺过程、工艺参数、操作方法等。操作方法是指操作者利用生产设备和工具在生产环节对原材料、半成品或零部件进行加工处理的方法。

2. 机械制造工艺过程的组成

机械制造工艺过程（简称工艺过程）由若干工序组合而成，每个工序又由工位、安装、工步和走刀组成。各名词的解释如下。

（1）工艺。工艺是指将原材料或半成品进行加工、装配或处理，使之成为产品的方法和过程。

(2) 工序。工序是指在一台机床上或同一个工作地点对一个或一组零件所连续完成的那部分工艺过程。工序是工艺过程的基本单元。例如，对某个零件所进行的划线操作，即为划线工序；对该零件所进行的锉削加工，即为锉削工序；对该零件所进行的锯削加工，即为锯削工序等。

(3) 工位。工位是指零件在每一个加工位置所完成的那一部分工艺过程。在一次安装中，可能只有一个工位，也可能有几个工位。

(4) 安装。安装是指零件在工位上每装夹（定位和夹紧）一次后所完成的那部分工序。在同一工序中，零件可能要经过一次或几次装夹才能完成加工。例如，在钻床上需要在某个零件的多个面上进行钻孔加工，这就需要进行多次装夹后才能完成钻孔工序。

(5) 工步。工步是指在一个工位中，且在加工表面、加工工具、切削速度和进给量不变的情况下所连续完成的那一部分工艺过程。一个工序可以有若干个工步，也可能只有一个工步。

(6) 走刀。走刀是指在一个工步中，刀具从被加工表面每切削一层余量的工艺过程。一般情况下，待加工部位余量的去除需要多次进给切削，即需要多次走刀才能完成。

3. 基准的选择原则

1) 基准

基准是确定零件上某些点、线、面的位置时所依据的点、线、面。基准按其作用的不同分为设计基准和工艺基准。工艺基准又分为定位基准、测量基准和装配基准。定位基准又可分为粗基准和精基准。

(1) 设计基准。设计基准是指在零件图样上用以确定点、线、面位置的基准。

(2) 工艺基准。工艺基准是指在零件加工和机器装配过程中使用的基准。

(3) 定位基准。定位基准是指在加工时，零件在机床或夹具中定位用的基准。

(4) 测量基准。测量基准是指零件在检验时，用于测量被加工表面尺寸与位置的基准。

(5) 装配基准。装配基准是指在装配时，用于确定零件在部件或机器中相互位置的基准。

(6) 粗基准。采用零件上未经加工过的毛坯表面作为定位的基准称为粗基准。零件在加工的第一道工序或最初的几道工序中，只能采用毛坯上未经加工的表面作为定位基准。

(7) 精基准。采用零件上加工过的表面作为定位的基准称为精基准。

2) 粗基准的选择原则

为使所有加工表面都有足够的加工余量，保证各加工表面对不加工表面有一定的位置精度，粗基准的选择应遵守以下原则。

(1) 选择零件上的不加工表面作为粗基准。

(2) 选择零件上重要的表面或加工余量最小的表面作为粗基准。

(3) 选择零件上面积较大且较为平整的表面作为粗基准。

(4) 粗基准一般只能用一次，尽量避免重复使用。

3）精基准的选择原则

（1）基准重合原则。应尽量选择设计基准作为定位基准，以避免因基准不重合而产生定位误差，这一原则称为基准重合原则。

（2）基准同一原则。应使尽可能多的加工表面采用同一个基准，以避免因基准变换而产生定位误差，这一原则称为基准同一原则。

4. 加工阶段的划分

零件的切削加工一般划分为粗加工、半精加工、精加工三个阶段，如果对零件的尺寸精度、形状精度、位置精度和表面粗糙度要求很高时，还应增加光整加工阶段和超精密加工阶段等。

（1）粗加工阶段。其主要任务是尽快切除毛坯上各加工表面的大部分加工余量，留出半精加工余量，同时为半精加工阶段提供精基准。

（2）半精加工阶段。其主要任务是减小粗加工中留下的误差和表面缺陷层，使被加工面接近技术要求，留出精加工余量，同时完成钻孔、攻削螺纹、铣键槽等工序的加工。

（3）精加工阶段。其主要任务是保证被加工表面达到图样规定的技术要求。

（4）光整加工阶段。其主要任务是保证被加工表面达到图样规定的表面粗糙度值要求，同时可进一步提高零件的尺寸、形状和位置精度。

钳工在光整加工阶段一般是采用油光锉、砂布和砂纸对工件表面进行打磨加工，其表面粗糙度值可达 $Ra0.8 \sim 1.6\mu m$。

（5）超精密加工阶段。超精密加工是指在专用机床上，利用安装在振动头上的细磨粒油石对工件进行微量切削的一种加工方法。超精密加工可获得极高的形状精度和表面粗糙度，其表面粗糙度值可达 $Ra0.01 \sim 0.2\mu m$。

钳工一般采用研磨技术对工件进行超精密加工，其尺寸误差可控制在 0.001～0.005mm，表面粗糙度值可达 $Ra0.05 \sim 0.2\mu m$。

1.4 技能训练与心理知识

（1）观察：是指有目的、有计划的知觉活动。观，是指看、听等感知行为；察，是指分析与思考。观察不仅是视觉过程，而是以视觉为主、融合其他感觉为一体的综合感知。观察包含着积极的思维活动，是知觉的一种高级形式。

（2）印象：是指接触过的客观事物在大脑中所留下的迹象。

（3）模仿：是指通过观察、印象来模拟，仿照其他个体的行为而改进自身技能和学会新技能的一种学习类型。

（4）感觉：是指刺激作用于感觉器官，经过神经系统的信息加工所产生的对该刺激物个别属性的反应。感觉一般分为两大类，第一类属于外部感觉，有视觉、听觉、嗅觉、味觉和肤觉五种；第二类属于内部感觉，有运动觉、平衡觉和机体觉三种。

（5）知觉：知觉是直接作用于感觉器官的事物在人脑中的反映，是一系列组织并解释外界事物所产生的感觉信息的加工过程。对事物的个别属性的认识是感觉，对同一事物的各种感觉的结合，就形成了对这一事物的整体认识，也就是形成了对这一事物的知觉。

感觉和知觉是两个不同的心理过程。感觉反映的是事物的个别属性，知觉反映的是事物的整体，即事物的各种不同属性、各个部分及其相互关系。感觉是依赖个别器官的活动，而知觉是依赖多种感觉器官的联合活动。

（6）肌肉自动化反应：是指人体的肌肉运动具有自动化反应特点，同一种姿势动作经过多次重复后，肌肉就会因刺激而形成条件反射，这种条件反射即构成了肌肉自动化反应的基础。人体机能的这种反应特点通常称为“肌肉记忆”。要获得准确、稳定的肌肉自动化反应，就需要一定的刺激量，即需要一定时间的规范练习才能达到。

（7）方法：是指人们在活动中应遵循的某种方式、途径和程序的总和。

（8）操作：是指人们用手按照一定的规范和要领所进行的操纵动作。

（9）技术：是指集合经验知识和科学知识所形成的一套加工方法、工艺流程、设备与工具的应用以及相关规则的知识体系。

（10）技能：是指通过练习而形成的一定的动作方式或智力活动方式。技能的掌握只能通过亲身实践才能获得。有技能就表示“能做”或“会做”某种事情。技能一般包括操作技能和智力技能两个方面。

（11）操作技能：操作技能又称为“运动技能”“动作技能”等，是指通过学习所获得的具有程序化、自动化的操作活动方式。操作技能可分为初级操作技能和高级操作技能两类。初级操作技能是指通过一定练习或模仿所形成的仍带有明显意识控制特点的技能；高级操作技能是指经过相当时间的反复练习才可达到的高度自动化水平的技能。

（12）智力技能：智力技能又称为“心智技能”“智慧技能”“认知技能”等，是指通过学习而形成的在大脑中所进行的认知活动方式，如阅读、计算、观察、记忆、印象等。

（13）技艺：是指复杂程度较高、富于技巧性且学习难度很大的技能。技艺须经过研究性学习和较长时间的反复练习才能掌握。有时对于非常娴熟且具有美感的手工操作也赞誉为技艺。

1.5　实习场地的管理

1. 钳工工作场地及要求

钳工工作场地是指钳工固定工作的地点，为安全、方便地工作，钳工工作场地的布局要合理，要符合安全文明生产的要求。

（1）钳桌应放置在光线较好、操作方便的地方，钳桌之间的距离要合理。面对面工作的钳桌，应在其中间安装防护网，单边工作的钳桌，应在其对边安装防护网。

（2）毛坯和工件要分开整齐放置，工件要尽量放置在搁架上，以防止磕碰。

（3）合理放置工具、量具、夹具。

（4）工作场地要保持整洁，每天工作完毕后，应按照要求对设备进行清理、润滑，把工作场地打扫干净。

2. 实习管理规定

(1) 尊敬老师，服从指挥，认真学习，虚心求教。

(2) 严格遵守实习教室(车间)的各项规章制度。

(3) 严格遵守作息时间，有事按规定请假，不擅自离开实习工位。

(4) 提前 3～5min 进入教室(车间)，按要求着装。

(5) 严格执行实习计划和加工工艺。

(6) 应在指定的实习工位上进行练习，不得自行与同学更换实习工位。

(7) 每天的实习结束后，要对工位进行清理，即整理好个人使用的工量具、清除台虎钳和桌上的加工屑末和油渍。

(8) 按要求做好卫生值日，并保持卫生、洁净的实习环境。

3. 实习安全规定

(1) 清理切屑时，必须使用毛刷，禁止用手清理或用嘴吹。

(2) 不得擅自开动不熟悉的机械设备。

(3) 使用钻床或砂轮机时，必须戴好工作帽和防护眼镜，并严禁戴手套。

(4) 机械设备用完后，应断开电源开关，清理并复位；机械设备出现故障时，应立即报告指导教师，并由专职维护人员进行维修，其他人员不得擅自拆动。

(5) 严禁在实训教室(车间)跑动、追逐、打闹，若有违反者，将严肃处理。

4. 工量具摆放规定

(1) 常用的工量具应放置在方便取用的位置。

(2) 在钳桌上工作时，为了取用方便，右手使用的工具应放置在台虎钳的右边，左手使用的工具应放置在台虎钳的左边，应纵向整齐排列，并不得伸出钳桌边缘，一般离钳桌边 30～50mm，如图 1-13 所示。

(3) 量具不能与工具或工件混放在一起，应放置在量具盒内。

(4) 在钳桌上工作时，为防止量具接触到切屑，应将量具放置在量具搁板上(见图 1-2)。测量工件前，必须将工件上的切屑清理干净。

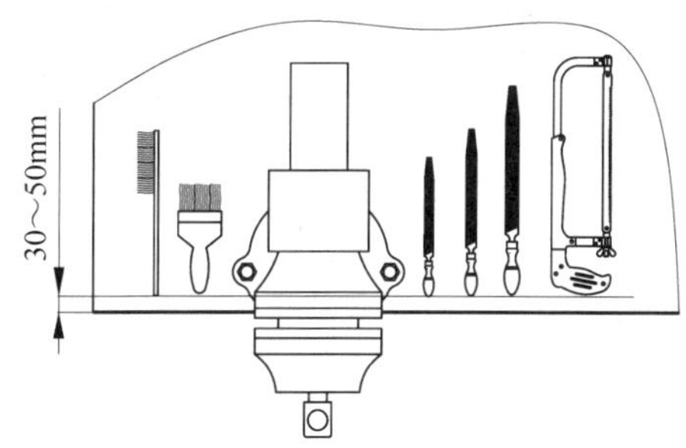

图 1-13　工量具摆放要求

工量具摆放. mp4

5. 学习要求与目的

钳工专业的技术项目多为手工操作，手工操作具有复杂、细微、工艺要求严格的特点，因而具有一定的学习难度。作为学习者，须具有足够的细心、耐心和对技艺的敬畏之心，须勤学苦练、勤学巧练、认真感悟，才能不断掌握各项操作方法与操作要领；须具有坚持不懈的意志力，才能全面、系统地掌握钳工操作技术。

学习者要通过实训学习，养成遵章守纪、规范操作、干净利落的工作习惯；要通过实训学习，养成积极主动、吃苦耐劳、团队协作的工作作风；要通过实训学习，养成严谨认真、精益求精、一丝不苟的工作品质。

1.6 台虎钳的装夹操作方法

为了安全、合理地使用台虎钳，学习者须掌握规范的装夹操作方法。

1. 装夹操作区域

在台虎钳上进行的工件装夹操作是通过扳动手柄与丝杠来完成的，丝杠轴端有一个手柄孔，手柄可在孔内自由移动，手柄两端配有球头(或凸台)，如图1-14所示。在台虎钳上通过丝杠手柄所进行的装夹操作区域有安全操作区域和危险操作区域之分。

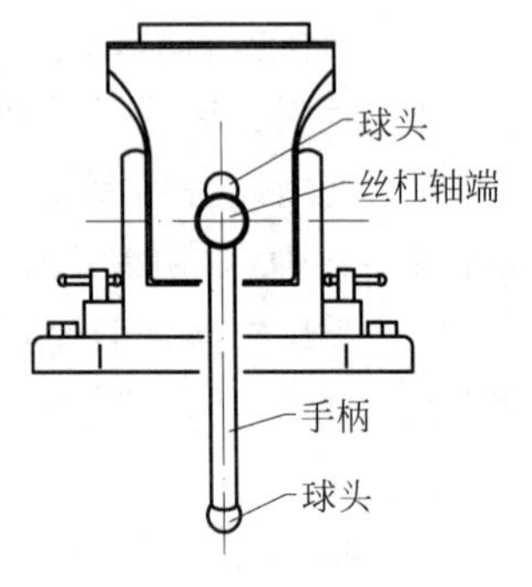

图1-14 手柄与丝杠轴

1）安全操作区域

安全操作区域是指丝杠手柄在水平面及以下进行的装夹操作区域，如图1-15所示。

2）危险操作区域

危险操作区域是指手柄在水平面以上进行的、容易出现伤手的装夹操作区域，如图1-16所示。之所以将这个区域规定为一个危险操作区域，是因为手柄在这个区域进行顺时针或逆时针旋转装夹操作时，若向下滑落，就容易在丝杠手柄孔的位置挤伤手，如图1-17所示。

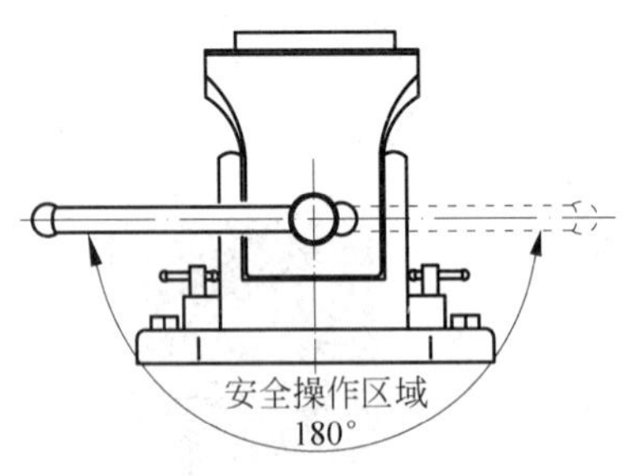

图1-15 安全操作区域

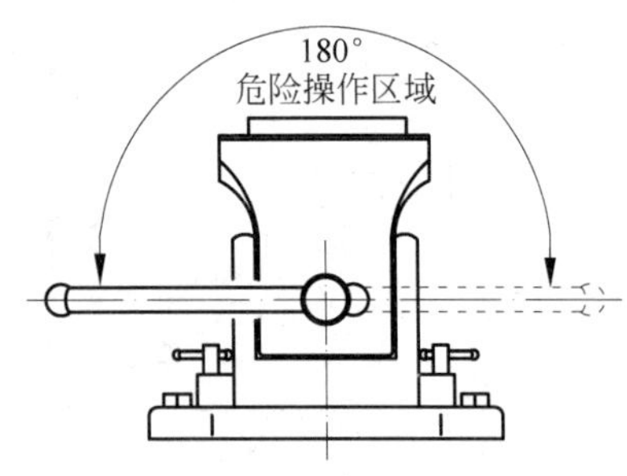

图1-16 危险操作区域

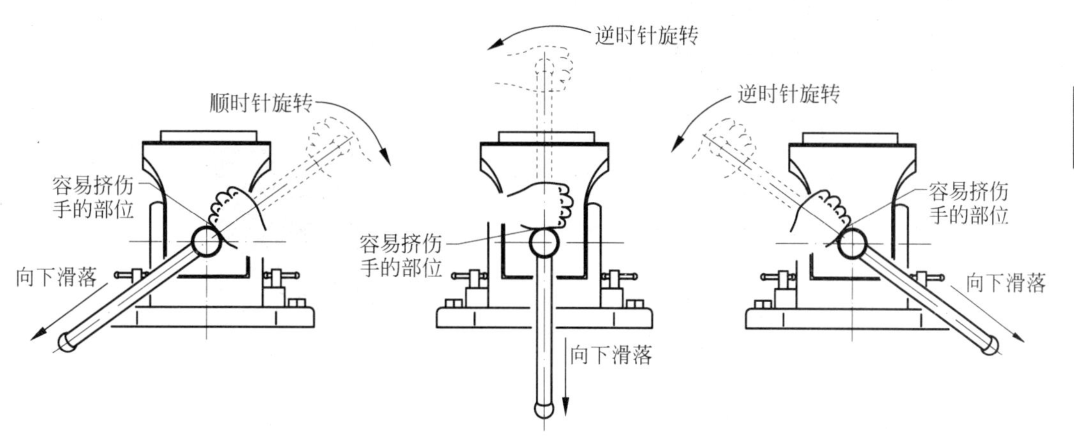

图 1-17　手柄在水平面以上进行装夹时容易下滑伤手的情形

2. 手的握持方法

手的握持方法分为施力手的握法与依靠手的握法。

1）施力手的握法

左、右手在手柄的夹紧与松开操作中，可分别作为施力手。图 1-18 所示为左手作为施力手时的握法，虎口向下，手柄球头握于手心，大拇指压住食指即可。而露出球头的握法是不规范的，如图 1-19 所示。右手作为施力手时的握法与左手相同。

2）依靠手的握法

左、右手在手柄的夹紧与松开操作中，可分别作为依靠手。图 1-18 所示为右手作为依靠手时的握法，大拇指与食指、中指相对捏住丝杠轴端部，注意握持的位置应该与丝杠轴端的手柄孔成 90°。图 1-19 所示为依靠手的手指接近手柄孔，这样的握持位置具有挤伤手指的风险。图 1-20 所示为依靠手指紧挨着丝杠手柄孔，这是最容易挤伤手指的危险位置，因此，依靠手的握持位置一定要注意避开手柄孔。

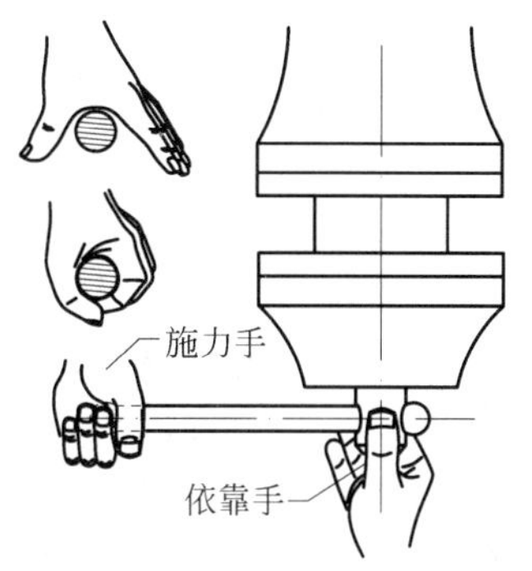

图 1-18　左手为施力手时的握法

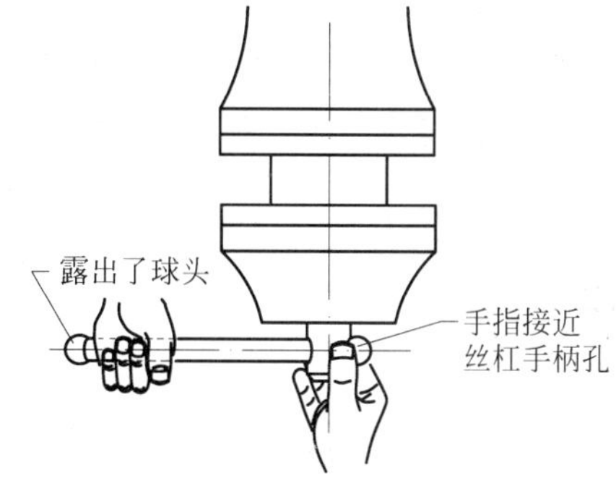

图 1-19　不规范握法

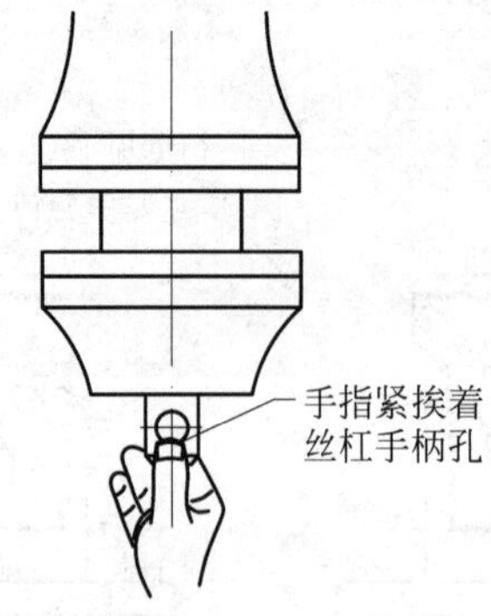

图 1-20　依靠手的危险位置

手的握法.mp4

3. 站立姿势

在台虎钳上进行装夹操作时的站立姿势为八字步站立(两脚跟的距离一般约为一脚长度)和弓箭步站立(两脚距离一般为一脚半至两脚长度之间)。八字步站立如图 1-21 所示,弓箭步分为右弓箭步(见图 1-22)和左弓箭步(见图 1-23)。

图 1-21　八字步

图 1-22　右弓箭步

图 1-23　左弓箭步

站立姿势.mp4

4. 工件夹持方法

1) 夹紧工件的操作步骤

夹紧工件的操作分为小力量预夹紧、调平工件和大力量夹紧三个步骤。

(1) 小力量预夹紧。八字步站立、左手持工件、右手握手柄(见图 1-24),将工件置于钳口适当位置,同时右手握手柄顺时针旋转固定工件(见图 1-25),然后双手用小力量(3～4 成的力)预夹紧工件,如图 1-26 所示。

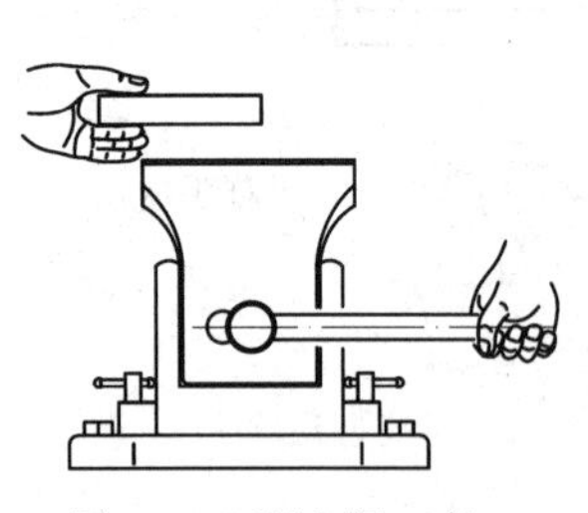
图 1-24　预夹紧工件 1

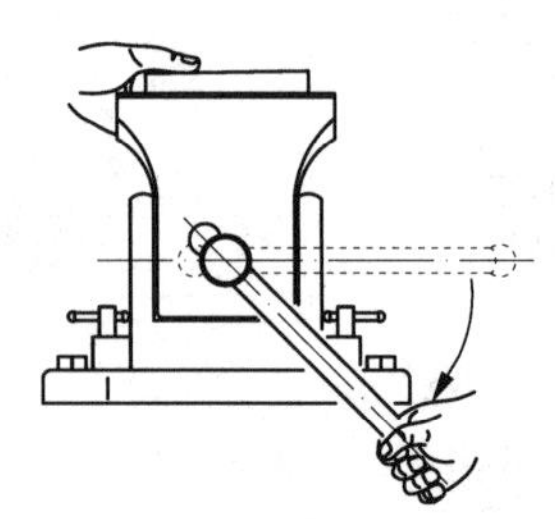
图 1-25　预夹紧工件 2

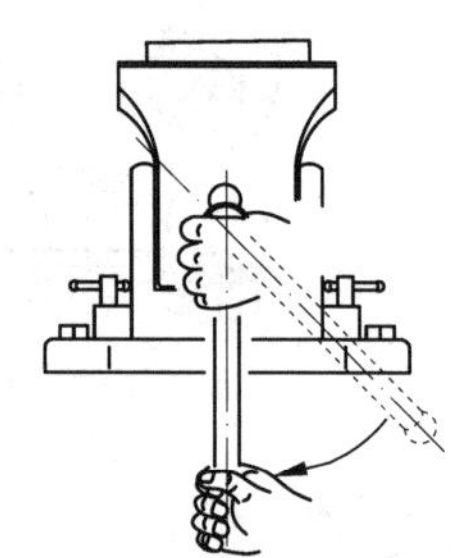
图 1-26　预夹紧工件 3

(2) 调平工件。调平工件时，需八字步下蹲、降低头部，以便尽量水平目测工件上平面(见图 1-27)，若工件上平面与钳口上平面有明显的不平行(见图 1-28)，可采用手锤的柄部或锉刀的柄部适当用力敲击高出的部位，调整至目测大致平行即可。

图 1-27　调平工件 1

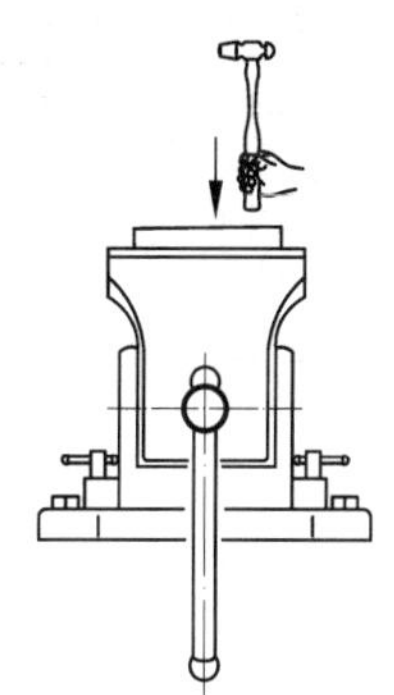
图 1-28　调平工件 2

(3) 大力量夹紧。调平工件后，再用双手大力量夹紧工件，如图 1-29 所示。一般情况下，进行锉削或锯削加工时，用 5～7 成的力夹紧工件即可；若是进行錾削加工时，就需要用 8～10 成的力夹紧工件。

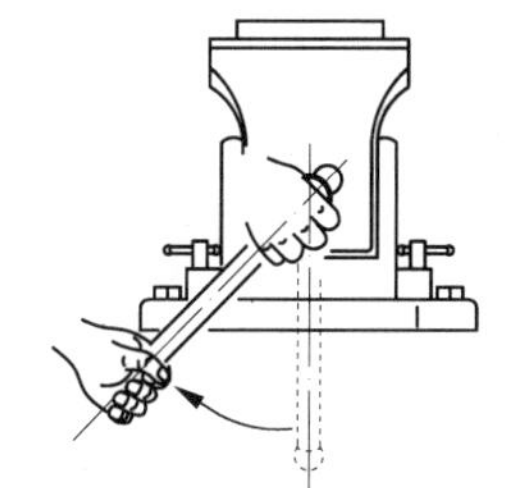
图 1-29　大力量夹紧工件

夹紧工件.mp4

2) 松开工件的操作步骤

松开工件的操作分为大力量预松开和小力量完全松开两个步骤。

(1) 大力量预松开。左弓箭步站立，左手捏住丝杠轴端部，右手握手柄用大力量(5～7 成的力)上提手柄预松开，如图 1-30 所示。

(2) 小力量完全松开。大力量预松开后，用左手拿住工件，如图 1-31 所示，右手用小力量(3～4 成的力)上提手柄直至完全松开，如图 1-32 所示。

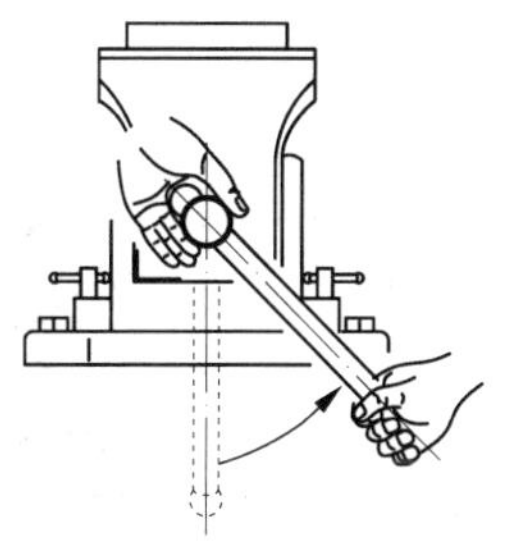
图 1-30　大力量预松开

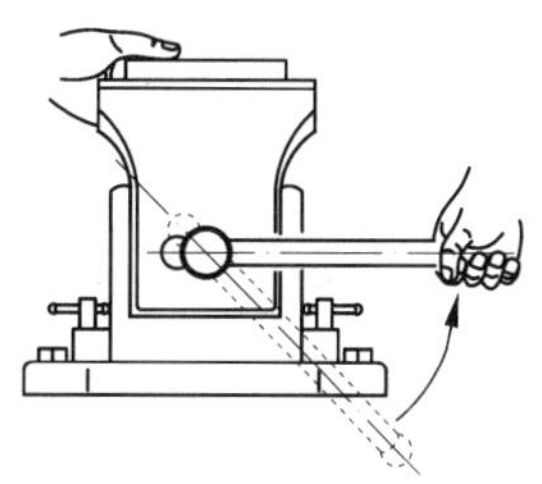
图 1-31　小力量完全松开 1

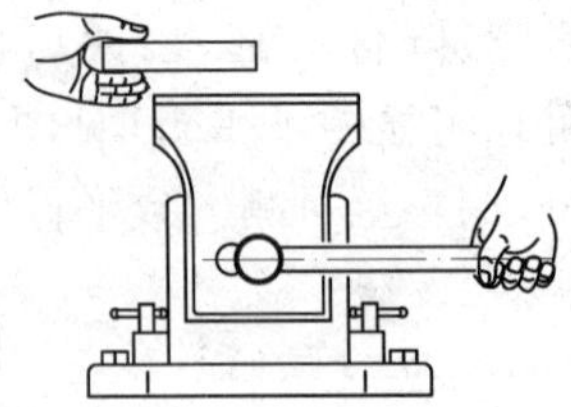
图 1-32　小力量完全松开 2

松开工件.mp4

5. 大力夹紧操作过程

大力夹紧操作过程以从水平面右侧开始（见图 1-33），在安全操作区域按顺时针方向分四段转过 180°至平面左侧。

八字步站立，左手为依靠手，右手为施力手顺时针方向下压手柄至 45°处（见图 1-34）；左弓箭步站立，右手顺时针方向前推手柄至 90°处（见图 1-35）；右弓箭步站立，左手为施力手，右手为依靠手（见图 1-36）；左手顺时针方向后拉手柄至 135°处（见图 1-37）；八字步站立、左手顺时针方向上提手柄至 180°处（见图 1-38）。

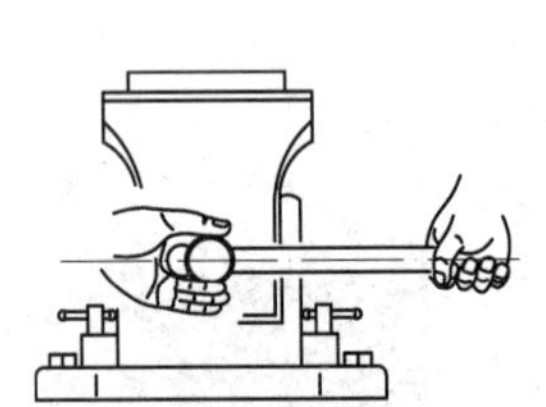
图 1-33　大力夹紧操作过程 1

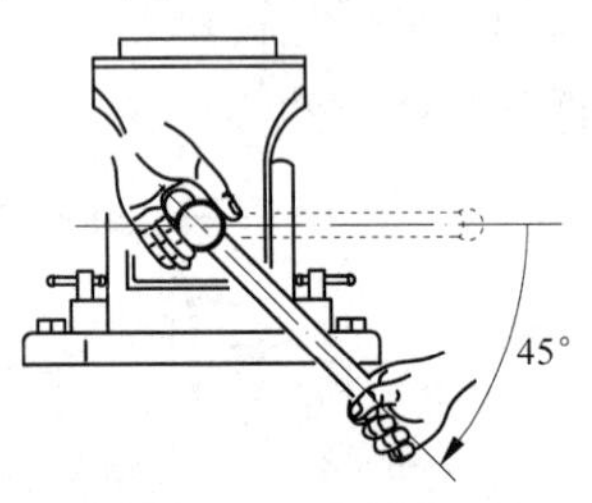

图 1-34　大力夹紧操作过程 2

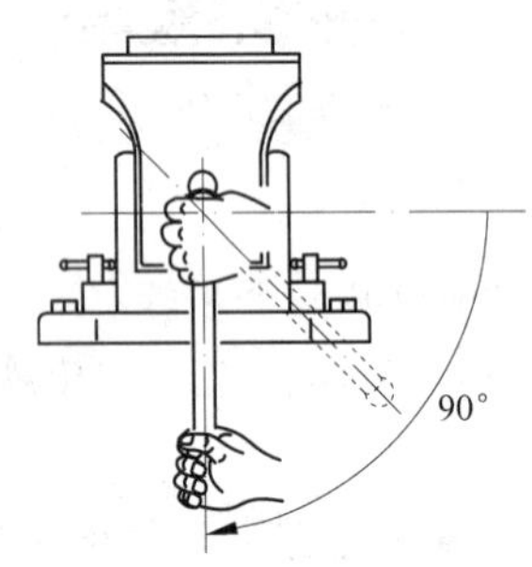

图 1-35　大力夹紧操作过程 3

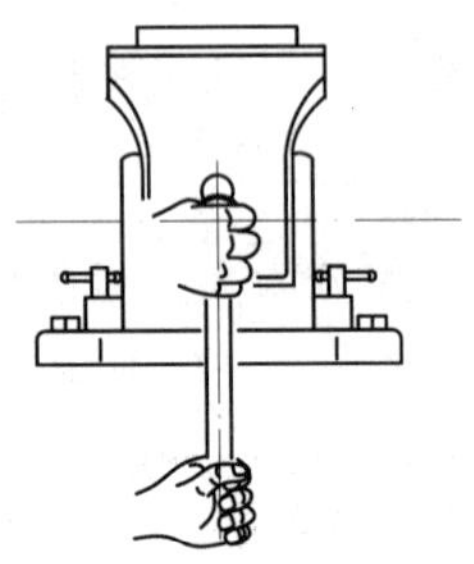
图 1-36　大力夹紧操作过程 4

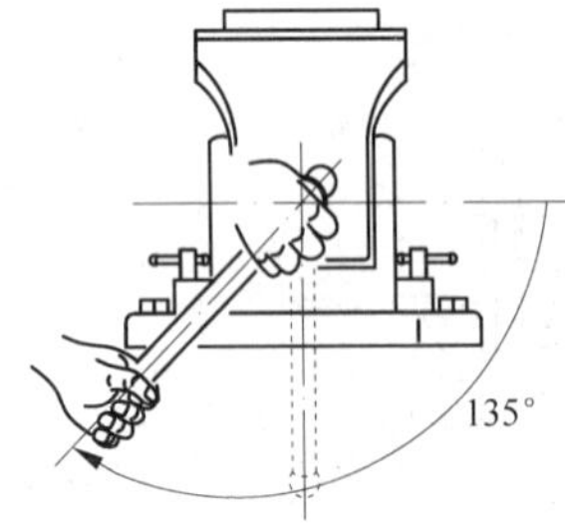

图 1-37　大力夹紧操作过程 5

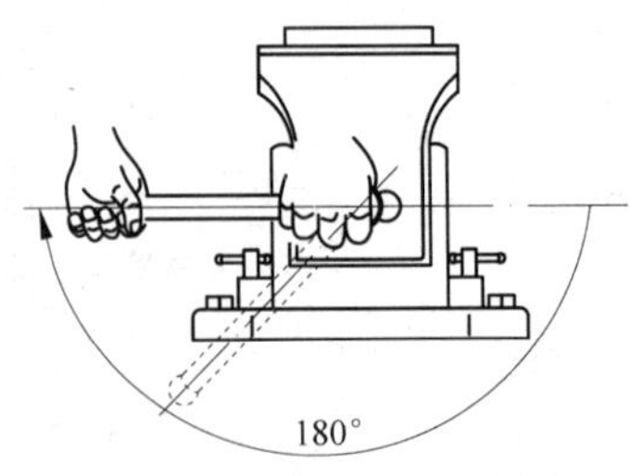

图 1-38　大力夹紧操作过程 6

大力夹紧操作过程.mp4

6. 大力松开操作过程

松开操作过程以从水平面左侧开始(见图 1-39),在安全操作区域按逆时针方向分四段转过 180°至平面右侧。

八字步站立,右手为依靠手,左手为施力手顺时针方向下压手柄至 45°处(见图 1-40);右弓箭步站立,左手逆时针方向前推手柄至 90°处(见图 1-41);左弓箭步站立,右手为施力手,左手为依靠手(见图 1-42);右手逆时针方向后拉手柄至 135°处(见图 1-43);八字步站立,右手逆时针方向上提手柄至 180°处(见图 1-44)。

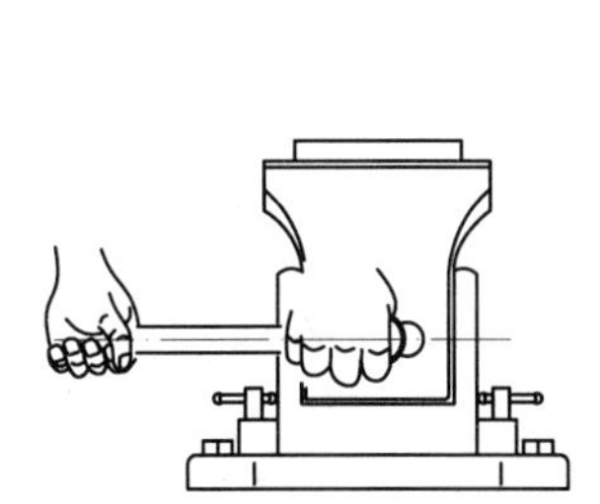
图 1-39 大力松开操作过程 1

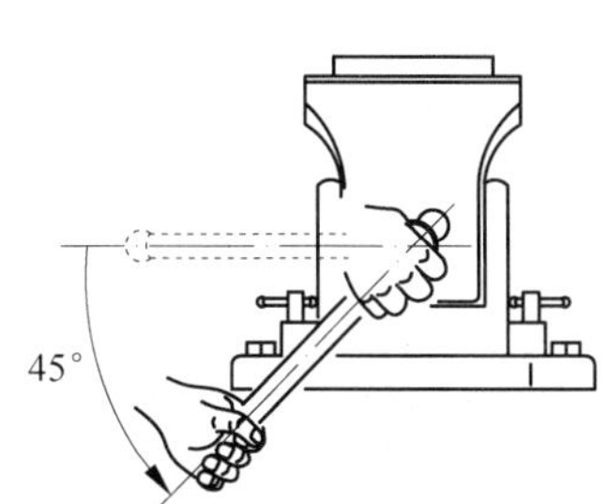

图 1-40 大力松开操作过程 2

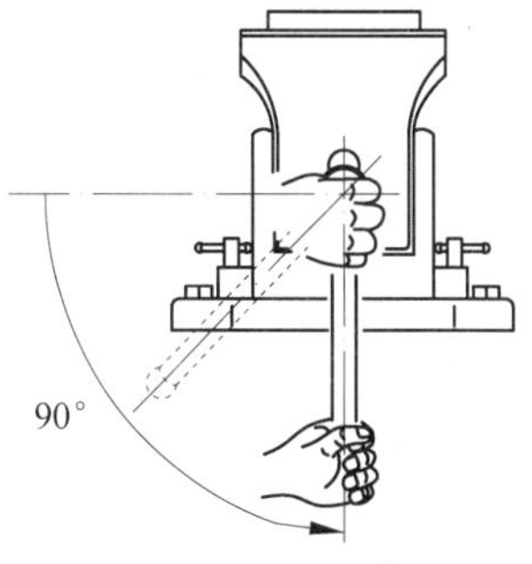

图 1-41 大力松开操作过程 3

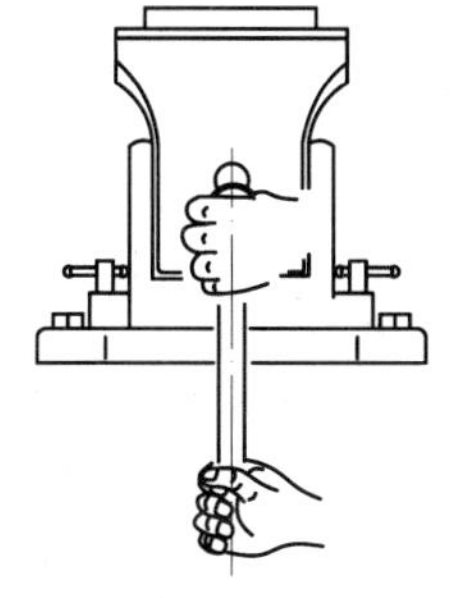
图 1-42 大力松开操作过程 4

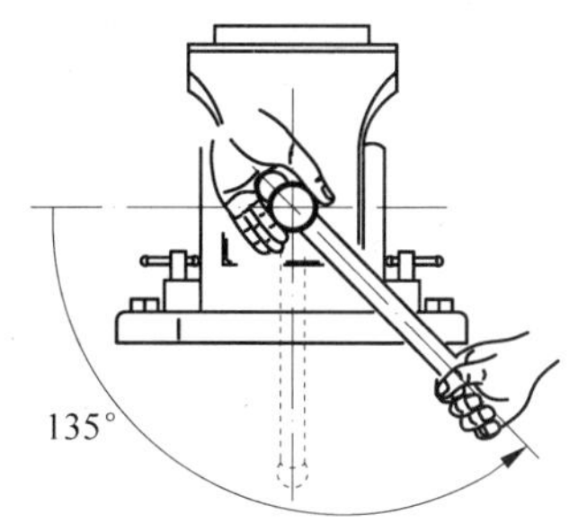

图 1-43 大力松开操作过程 5

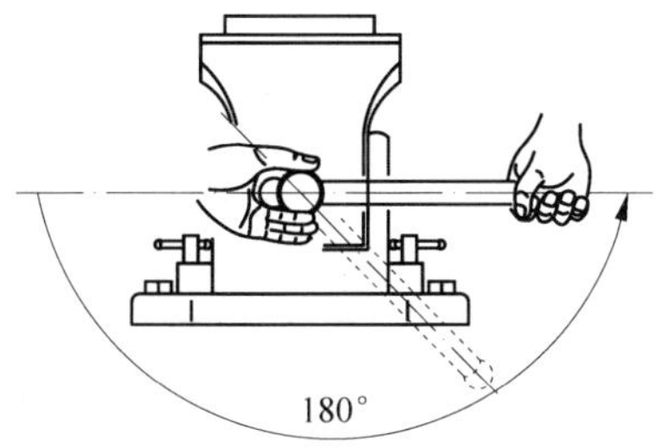

图 1-44 大力松开操作过程 6

大力松开操作过程.mp4

7. 注意事项

(1) 若手柄上沾有油渍,应将手柄擦拭干净后再进行装夹操作。

(2) 在台虎钳钳身转过一定角度(见图 1-45)时不要进行装夹操作,应将台虎钳钳身摆正复位（即钳口夹持面平行于钳桌同侧边缘）后，才能进行装夹操作（见图 1-46）；否则，容易伤手。

（3）弓箭步站立时，弓箭步的脚尖部位应踩在丝杆垂直于地面投影线的延长线上，如图 1-46 所示。

（4）进行夹紧和松开操作时，施力手的手臂应尽量垂直于丝杆手柄轴线。

（5）进行大力装夹操作时，只能使用双手的力量扳动手柄，禁止用手锤锤击手柄，禁止在手柄上套接长管进行加力，以免损坏钳身。

（6）为使钳口受力均匀，工件应尽量夹在钳口中间。

（7）不使用台虎钳时，应将台虎钳摆正复位，两钳口夹持面空出 3～5mm 的间隙，丝杠手柄处于垂直位置，如图 1-47 所示。

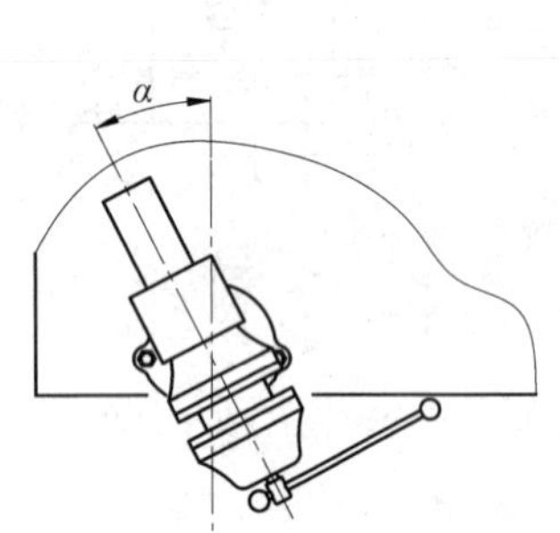

图 1-45　钳身不正状态

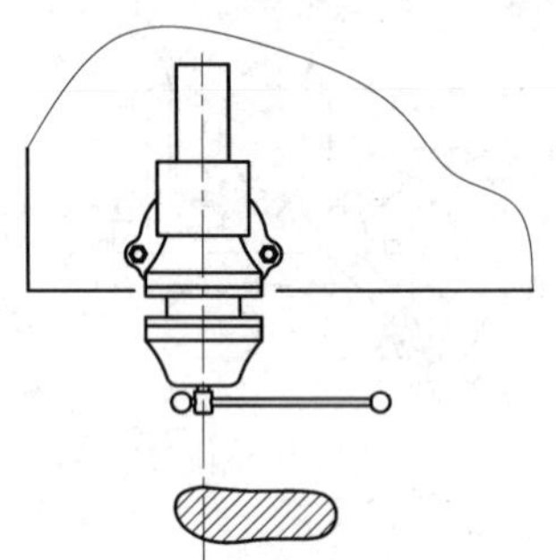

图 1-46　站立位置

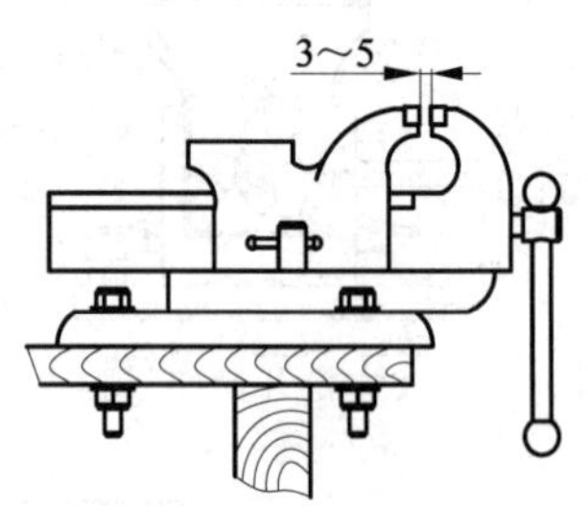

图 1-47　不使用时台虎钳的状态

8. 分配工位与台虎钳装夹操作练习

分配工位后，安排学生进行台虎钳装夹操作练习。为优化教学效果，台虎钳装夹操作练习可通过口令统一指挥进行动作分解练习。

分配工位与台虎钳装夹操作练习.mp4

（1）一次大力夹紧操作口令为：顺时针大力夹紧操作→准备（八字步站立）→1（八字步右手下压至 45°）→2（左弓箭步右手前推至 90°）→3（转换为右弓箭步左手后拉至 135°）→4（八字步左手上提至 180°）四个动作。

（2）一次大力松开操作口令为：逆时针大力松开操作→准备（八字步站立）→1（八字步左手下压至 45°）→2（右弓箭步左手前推至 90°）→3（转换为左弓箭步右手后拉至 135°）→4（八字步右手上提至 180°）四个动作。

建议练习次数以 30 次左右为宜，后 20 次口令可简化为：大力夹紧操作→准备→1→2→3→4；大力松开操作→准备→1→2→3→4。

思考与练习

1. 名词解释

钳工　装配钳工　机修钳工　工具钳工　生产过程　工艺过程　生产工艺　工序　基准

2. 叙述题

(1) 简述钳工专业特点。

(2) 简述钳工常用设备。

(3) 叙述安全生产的基本方针。

(4) 叙述“6S”现场管理的意义。

(5) 如何做才能保证产品质量?

(6) 叙述粗基准的选择原则。

(7) 叙述精基准的选择原则。

(8) 简述加工阶段的划分。

(9) 简述钳工基础技术的学习要求。

第2章 测量操作技术

钳工在加工的过程中,需要经常使用计量器具对工件进行测量,以便及时了解加工状况,以保证工件的加工精度。

2.1 测量概述

1. 基本概念

1) 计量器具

可复现量值或将被测量的量转换成可直接观察的指示值或等效信息的量具、量仪、量规以及测量装置等统称为计量器具。

(1) 量具。它是指以固定形式复现量值的一类测量器具,如游标卡尺、万能角度尺等。

(2) 量仪。它是指将被测量的量转换成可直接观察的指示值或等效信息的一类测量器具,如光学比较仪等。

(3) 量规。它是指一类没有刻度的专用检验器具。这类检验器具不能得到具体量值,仅用于确定被检验零件是否合格,如光滑极限量规、螺纹量规等。

(4) 测量装置。它是指为测量需要而与计量器具相组合的装夹与定位的辅助设备或工具,如磁性表座、表架、方箱等。

2) 几何量

表征几何特征的量称为几何量。作为测量对象的几何量包括长度、角度、几何形状、相互位置、表面粗糙度等。

3) 真值

真值即真实值,是指在一定条件下,被测量客观存在的实际值。真值是一个理想化的概念,一般说的真值是指理论值。

4) 刻度间距

刻度间距是指刻度标尺上两相邻刻线中心的距离。为便于目测,一般刻度间距为1~2.5mm。

5) 分度值

分度值又称为刻度值,是指刻度间距所代表的量值,用 i 表示。如游标卡尺的游标(副尺)上最小刻度间距所代表的量值、百分表的刻度盘上最小刻度间距所代表的量值即为分度值。常用的分度值有0.1mm、0.05mm、0.02mm、0.01mm、0.002mm和0.001mm等。

6）示值范围

示值范围是指计量器具标尺或刻度盘上所指示的起始值到终止值的范围。

7）测量范围

测量范围是指计量器具能够测出的被测尺寸的最小值到最大值的范围。如千分尺的测量范围就有0～25mm、25～50mm、50～75mm、75～100mm等多种。

8）测量

测量是将被测量与具有计量单位的标准量在数值上进行比较，从而确定被测对象量值的实验操作。

9）检验

检验是指为确定被测几何量值是否在规定的极限范围内，从而判断被测对象是否合格的实验操作。检验不需获得具体的量值。

10）测量精度

测量精度是指测量结果与真值的接近程度。测量过程总不可避免出现测量误差，误差大，说明测量结果离真值远，精度低；反之，误差小，精度高。任何测量结果都只能是真值的近似值。

11）测量误差

测量误差是指超出在规定条件下预期的误差。产生测量误差的原因有观察错误、记录错误、计算错误、测量方法错误等。

12）加工精度

加工精度是指零件加工后的实际几何参数（尺寸、形状、位置）与图纸要求的几何参数相符合的程度。加工精度包括尺寸精度、形状精度和相互位置精度。

13）加工误差

加工误差是指零件加工后的实际几何参数（尺寸、形状、位置）与图纸要求的几何参数相偏离的程度。加工误差包括尺寸误差、形状误差和相互位置误差。

2. 计量单位

1）公制长度单位

在机械行业中，公制长度的主单位为毫米（mm）。1mm＝10dmm（丝米）、1mm＝100cmm（忽米）、1mm＝1000μm（微米），在机械行业中习惯将cmm称为“丝”，口语一般读为“多少个丝”，如0.03mm读为“3个丝”；0.58mm读为“58个丝”。

2）英制长度单位

在英制长度单位中，1码＝3英尺（ft、′）、1英尺＝12英寸（in、″）、1in＝1000英丝，1in＝8分（1分为1/8in）、1分＝4角（1角为1/32in），在机械行业中，英制长度的主单位为in。分、角这两个单位是我国机械行业中的习惯称呼。

3）公英制换算

1in＝25.4mm。

4）平面角的角度计量单位

平面角的角度计量单位分为角度制和弧度制。

(1) 角度制的单位是度(°)、分(′)、秒(″)。

(2) 弧度制的单位是弧度(rad)。1rad=180°/π=57°17′45″。

(3) 角度制与弧度制的换算：1°=0.0174533rad。

2.2 常用长度量具

1. 钢直尺

钢直尺(又称为钢板尺)是用来测量和划线的量具，一般用来测量毛坯或尺寸精度不高的工件。

1) 钢直尺的规格

钢直尺的规格有150mm、300mm、500mm、1000mm、2000mm等多种。

2) 钢直尺的结构与刻度

结构与刻度以150mm钢直尺为例进行介绍，如图2-1所示。钢直尺的刻度分为几种情况，有的是两刻度面均为公制尺寸刻度；有的是正面为公制尺寸刻度，背面为英制尺寸刻度或公英制换算表。公制尺寸刻度面刻有刻度间距为1mm的主刻线，在下测量面前端50mm的范围内还刻有刻度间距为0.5mm的细分刻线；英制尺寸刻度面刻有刻度间距为1′的主刻线，在下测量面前端3in的范围内还刻有1角的细分刻线。

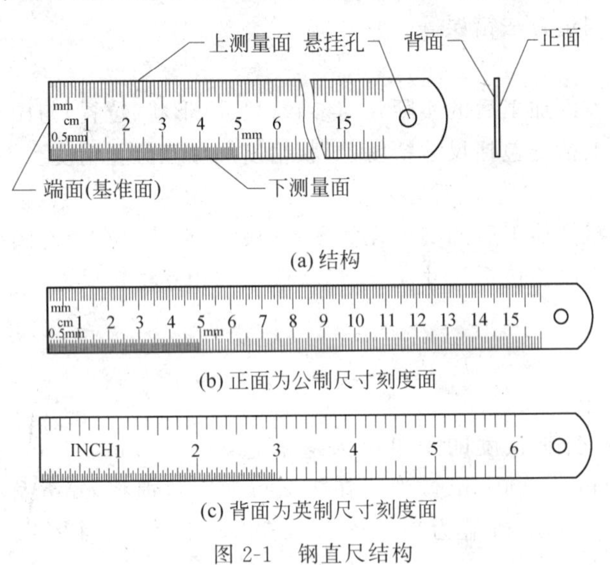

图2-1 钢直尺结构

3) 钢直尺的握法

量取尺寸时，大拇指与食指相对捏住尺身上、下测量面，其他三指贴住尺身背面，如图2-2所示。

4) 测量方法

如图2-2所示，测量时，尺身端面应与工件远端尺寸起始处对齐，大拇指的指腹顶住尺身下测量面、指甲顶住工件近端并确定工件长度尺寸，读数时，视线应垂直于尺身正面。认读误差控制在0.5mm以内。

如图 2-3 所示，用钢直尺的上、下测量面可对工件毛坯表面或粗加工表面的直线度或平面度通过“透光法”进行粗检测，检测时，尺身要垂直于被测表面。

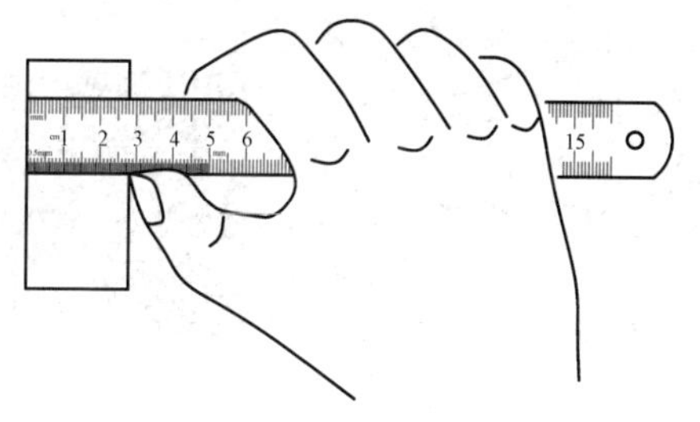

图 2-2　钢直尺握法及测量方法

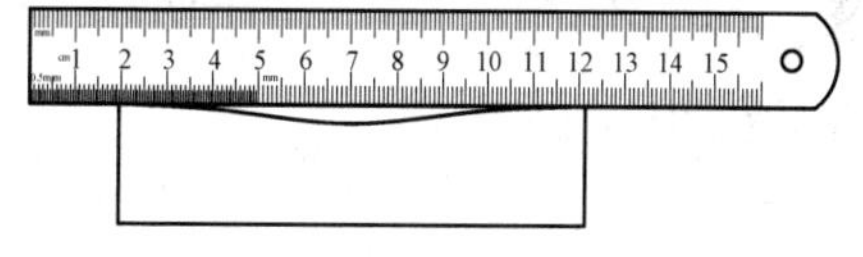

图 2-3　“透光法”粗检测

5）注意事项

（1）尺面应保持清洁，刻度应保持清晰。

（2）不得用钢直尺敲击其他物品，不得弯曲尺身，以防止其产生塑性变形。

2. 卡钳

卡钳是一种间接量具，其本身不能直接显示测量数值，必须与钢直尺、卡尺、千分尺等量具配合使用。卡钳分为外卡钳和内卡钳两类：外卡钳又分为普通外卡钳[见图 2-4(a)]和弹簧外卡钳[见图 2-4(b)]；内卡钳也分为普通内卡钳[见图 2-4(c)]和弹簧内卡钳[见图 2-4(d)]。外卡钳用来测量外表面尺寸；内卡钳用来测量内表面尺寸。

1）卡钳的规格

卡钳的规格有 150mm、300mm、500mm、1000mm、2000mm 等多种。

2）卡钳的结构

普通内、外卡钳的结构如图 2-4(a)和图 2-4(c)所示；弹簧内、外卡钳的结构如图 2-4(b)和图 2-4(d)所示。

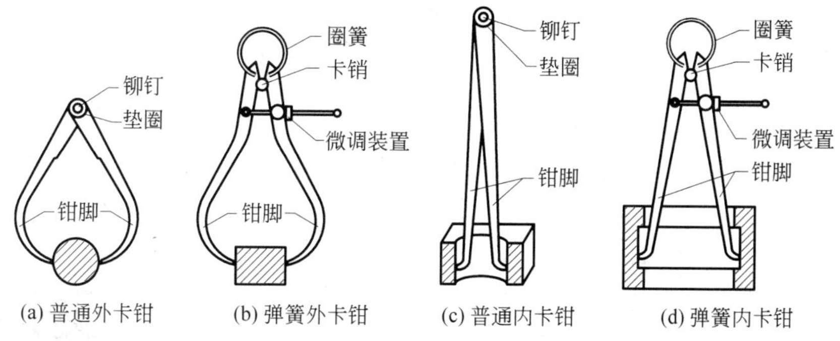

图 2-4　卡钳种类与结构

3）卡钳的握法

普通外卡钳的握法如图 2-5(a)所示，大拇指与食指相对分别捏住两钳脚上部外侧、中指于两钳脚内侧夹角处、无名指和小指靠在钳脚外侧。普通内卡钳的握法如图 2-5(b)所示，大拇指与另外四指相对捏住两卡钳脚上部即可。

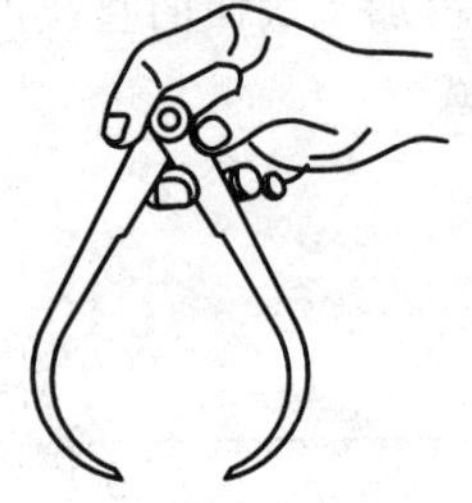
(a) 普通外卡钳握法

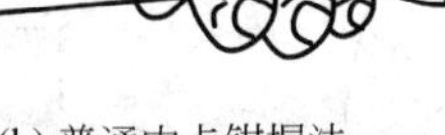
(b) 普通内卡钳握法

图 2-5　卡钳的握法

卡钳的握法.mp4

4）卡钳开度尺寸调整方法

放大卡钳接近尺寸时，用工件轻轻地敲击钳脚内侧，如图 2-6(a)所示。缩小接近尺寸时，用工件轻轻地敲击钳脚外侧，如图 2-6(b)所示。

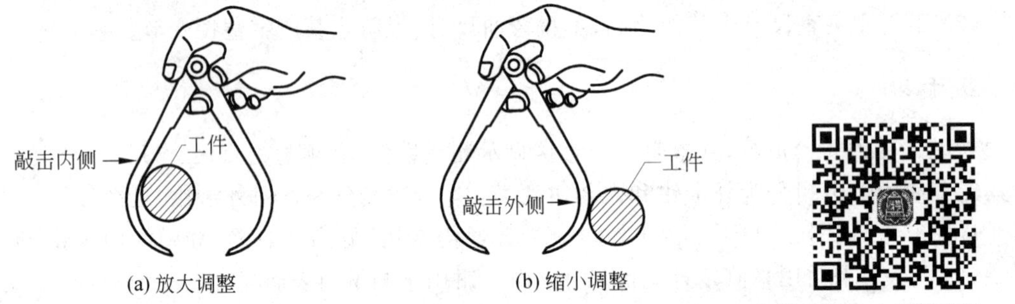

图 2-6　卡钳开度尺寸调整方法

卡钳开度尺寸调整方法.mp4

5）卡钳配合测量方法

卡钳配合测量方法有两种：一种是先在带读数的量具上量取尺寸后再去测量工件；另一种是先在工件上量取尺寸，再与带读数的量具进行测量后得出读数。外卡钳可与钢直尺、游标卡尺等量具配合测量，其方法如图 2-7 所示。内卡钳可与钢直尺、游标卡尺、外径千分尺等量具配合测量，其方法如图 2-8 所示。

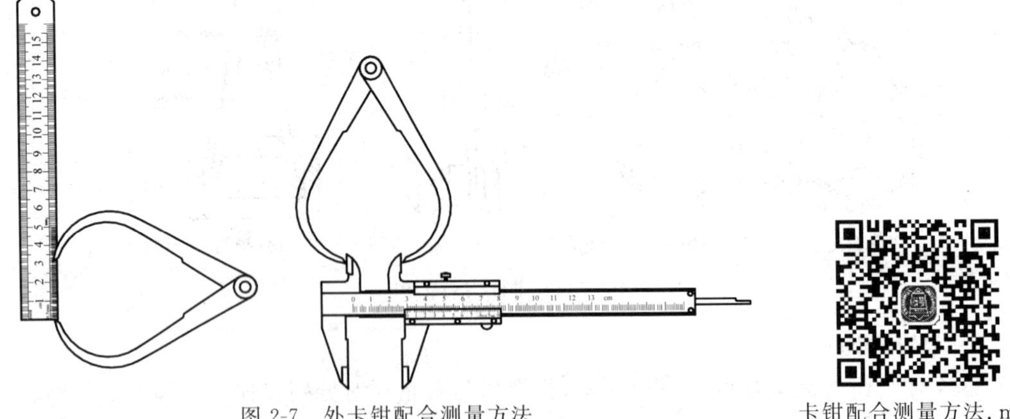

图 2-7　外卡钳配合测量方法

卡钳配合测量方法.mp4

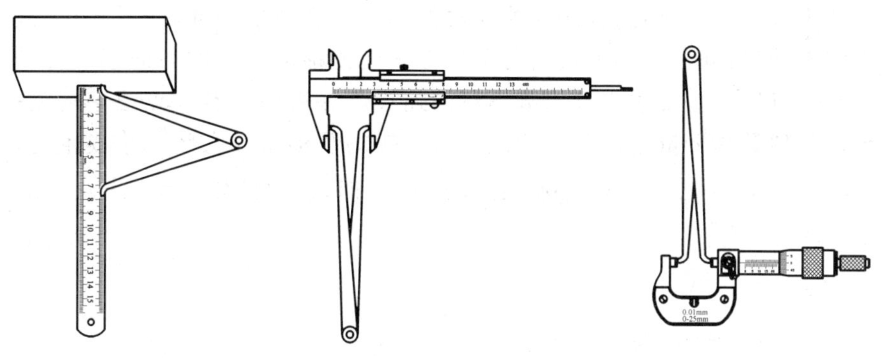

图 2-8　内卡钳配合测量方法

6）外卡钳测量操作方法

外卡钳采用“感觉法”进行测量。通过手感觉两钳脚测量面与工件表面或与量具测量面接触的松紧程度来估判尺寸量值的方法称为“感觉法”。其具体操作方法是：先对外卡钳测量面的开度尺寸进行微调，外卡钳的一钳脚测量面要始终抵住工件基准面，另外一钳脚测量面要在工件的对面做幅度很小的左右摆动和上下（或前后）摆动，并不断缩小摆动的幅度（摆动量），直至处于正确位置（尺身垂直于被测表面），要感觉到钳脚测量面通过工件表面时有一点很微小的摩擦阻力（摩擦阻力越小越好，外卡钳也可以自重由上而下垂直通过被测工件表面），然后在带读数的量具上量出实际尺寸值。采用“感觉法”进行测量，需要有一定的训练基础，有经验的操作者可将测量工件时的感觉与在量具上测量时的感觉进行比较，可判断出 0.02mm 左右的微小差异（变动量）。图 2-9(a)所示为测量矩形工件方法，图 2-9(b)所示为测量轴类工件方法。

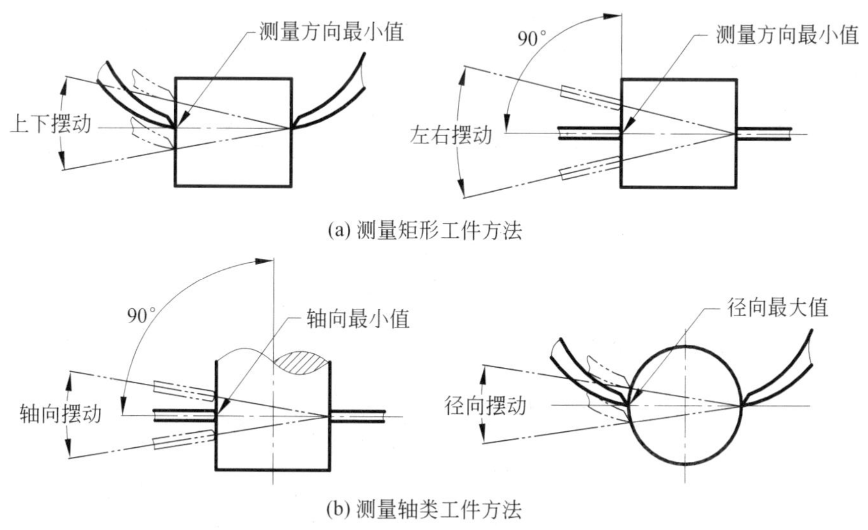

(a) 测量矩形工件方法

(b) 测量轴类工件方法

图 2-9　外卡钳“感觉法”测量

7）内卡钳测量操作方法

内卡钳测量也是采用“感觉法”测量。如图 2-10 所示，测量时，要对内卡钳测量面的开度尺寸进行微调，微调的方法与外卡钳微调的方法基本相同，测量孔径时，一钳脚测量面固定不动，另外一钳脚测量面要在工件表面做幅度很小的径向摆动和轴向的摆动，直至处于正确位置，要感觉到钳脚测量面通过工件表面时有一点很小的摩擦阻力，然后在带读数的量具上量出实际尺寸值。内卡钳的摆动量与孔径大小成正比，当孔径为 ϕ50mm、ϕ100mm、ϕ200mm、ϕ300mm、ϕ400mm 时，摆动量分别为 2mm、3mm、4mm、5mm 和 6mm 等。

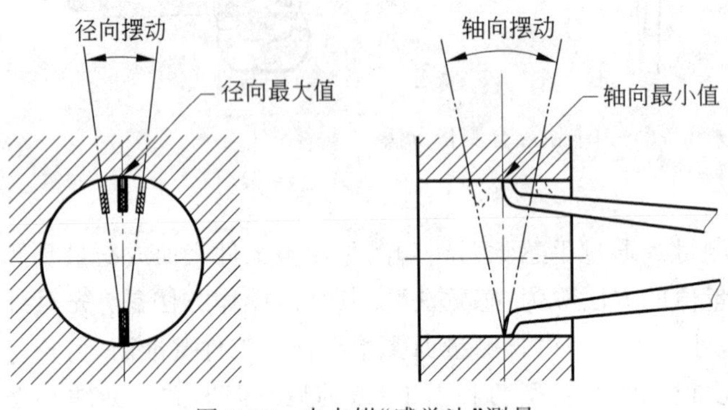

图 2-10　内卡钳“感觉法”测量

内卡钳测量操作方法.mp4

3. 常用卡尺

卡尺是用来测量零件的内外径尺寸、孔心距、孔边距、壁厚、沟槽和深度等的普通量具。由于游标卡尺结构简单，使用方便，是钳工使用最多的一种普通量具。钳工常用卡尺分为游标卡尺、表盘卡尺和数显卡尺三大类。

1）卡尺的种类、结构和基本参数

常用卡尺的种类、结构和基本参数见表 2-1。

表 2-1　常用卡尺的种类、结构和基本参数　　单位：mm

种　　类	结　构　图	测量范围	游标读数值
三用游标卡尺（Ⅰ型）	刀口测量面、内测卡爪、锁紧螺钉、副尺、主尺、外测卡爪、游标、手柄、测深杆、宽口测量面、刀口测量面	0～125 0～150	0.02 0.05

续表

种　类	结　构　图	测量范围	游标读数值
双面游标卡尺（Ⅱ型）	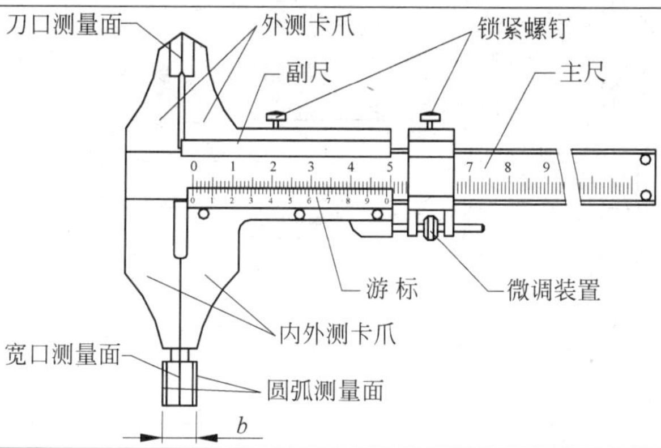 刀口测量面 外测卡爪 锁紧螺钉 副尺 主尺 游标 微调装置 内外测卡爪 宽口测量面 圆弧测量面 b	0～200 0～300	0.02 0.05
单面游标卡尺（Ⅲ型）	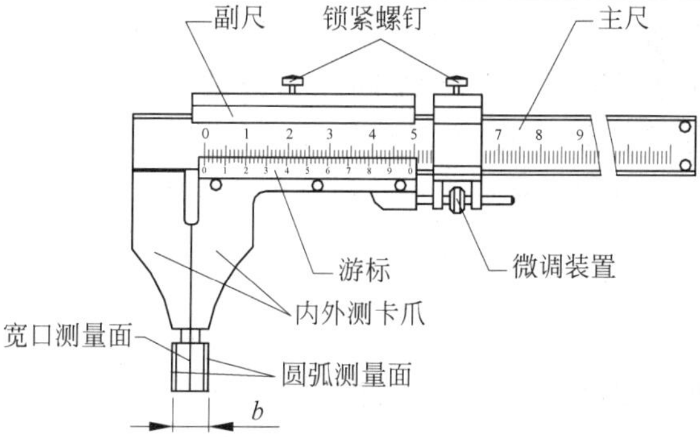 副尺 锁紧螺钉 主尺 游标 微调装置 内外测卡爪 宽口测量面 圆弧测量面 b	0～200 0～300	0.02 0.05
		0～500	0.02 0.05 0.1
		0～1000	0.05 0.1
深度游标卡尺	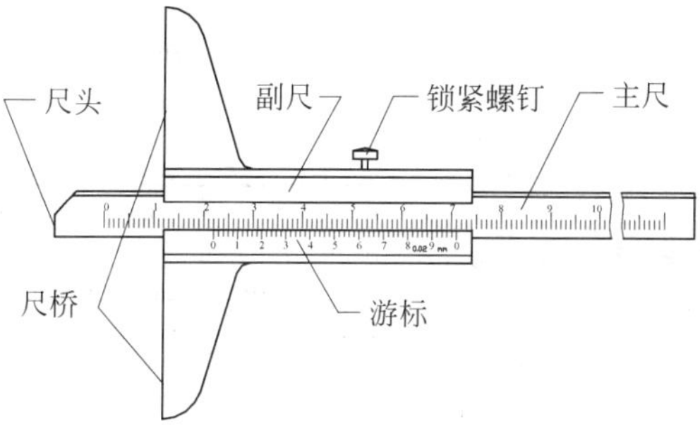 尺头 副尺 锁紧螺钉 主尺 尺桥 游标	0～150 0～250 0～500 0～600	0.02 0.05
表盘卡尺	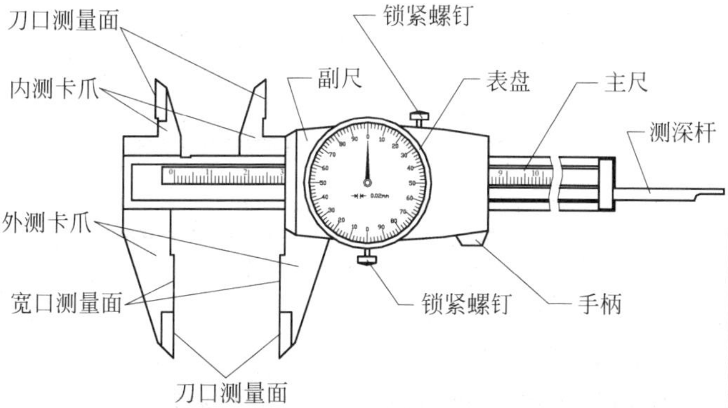 刀口测量面 锁紧螺钉 内测卡爪 副尺 表盘 主尺 测深杆 外测卡爪 宽口测量面 锁紧螺钉 手柄 刀口测量面	0～150 0～200 0～300	0.01 0.02 0.05

续表

种　类	结 构 图	测量范围	游标读数值
数显卡尺	刀口测量面、内测卡爪、公英制转换键、锁紧螺钉、显示屏、副尺、mm/inch、30:00 mm、OFF、ON、ZERO、外测卡爪、主尺、宽口测量面、清零键、手柄、电源开关键、刀口测量面	0～150 0～250 0～500 0～1000	0.01

2）游标卡尺的读数原理

游标卡尺的读数原理是利用主尺的刻线间距和副尺游标的刻线间距之差来进行小数读数。通常主尺的刻线间距 a 为 1mm，主尺刻线 $(n-1)$ 格的长度等于游标刻线 n 格的长度。常用的有 $n=10$、$n=20$ 和 $n=50$ 三种。游标刻线间距 b 的计算公式为

$$b=\frac{(n-1)\times a}{n} \tag{2-1}$$

因此，相应游标刻线间距 b 有 0.90mm、0.95mm 和 0.98mm 三种。主尺的刻线间距和副尺游标的刻线间距之差即分度值 i 的计算公式为

$$i=a-b \tag{2-2}$$

所以，游标的分度值 i 分别为 0.10mm、0.05mm、0.02mm 三种，如图 2-11～图 2-13 所示。

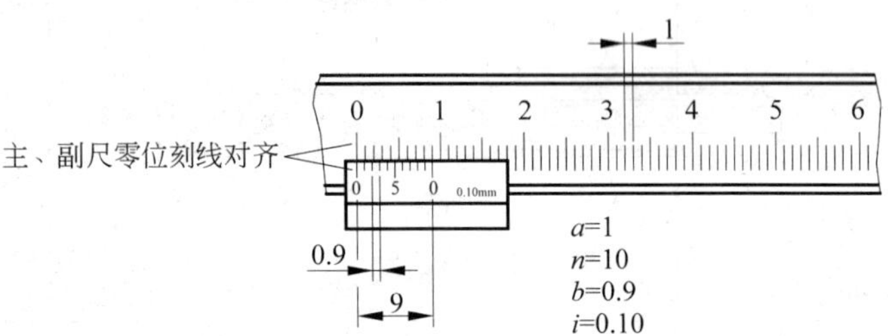

图 2-11　分度值 $i=0.10$mm 游标卡尺的刻线图

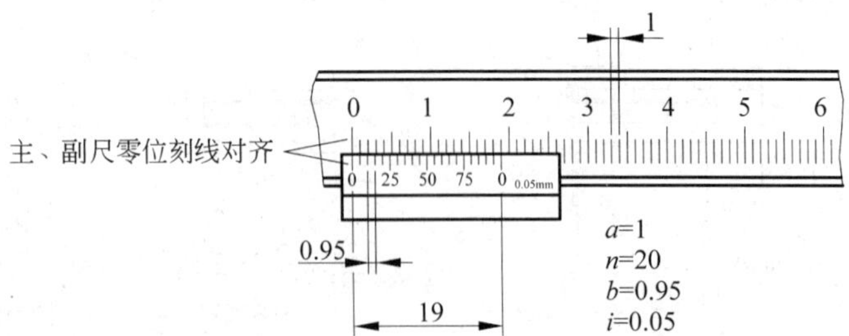

图 2-12　分度值 $i=0.05$mm 游标卡尺的刻线图

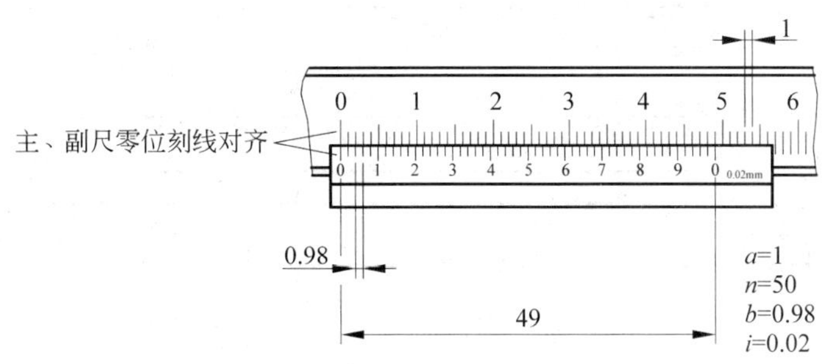

图 2-13　分度值 $i=0.02$mm 游标卡尺的刻线图

3）游标卡尺的读数方法

游标卡尺是以游标零位刻线为基准进行读数的，其读数步骤如下。

（1）读取整数。看游标零位刻线是否过了主尺上第一格刻线，或者是过了主尺多少格，即过了多少毫米。

（2）读取小数。读取小数可采用"粗 5 细 3 精 1"的方法进行确定。"粗 5 细 3 精 1"的方法是：首先粗定副尺上与主尺上的刻线大致重合的 5 条刻线（见图 2-14）；然后在这 5 条刻线中细定与主尺上的刻线较为重合的 3 条刻线（见图 2-15）；最后在这 3 条刻线中精定与主尺上的刻线最为重合的 1 条刻线，如图 2-16 所示。

（3）求和。将主尺上读出的整数毫米值和游标上读出的小数相加的数值就是被测量值。

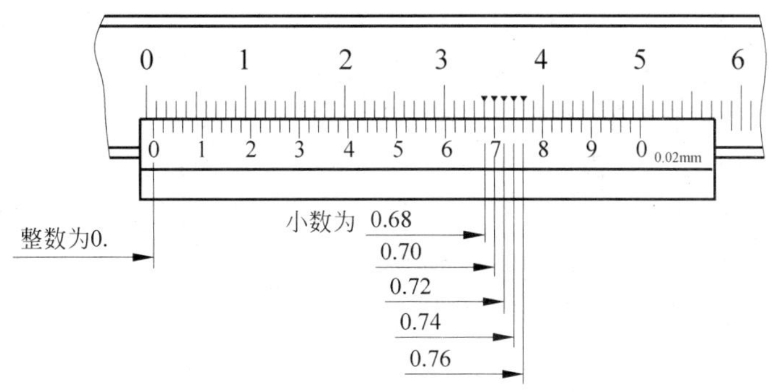

图 2-14　粗定 5 条刻线

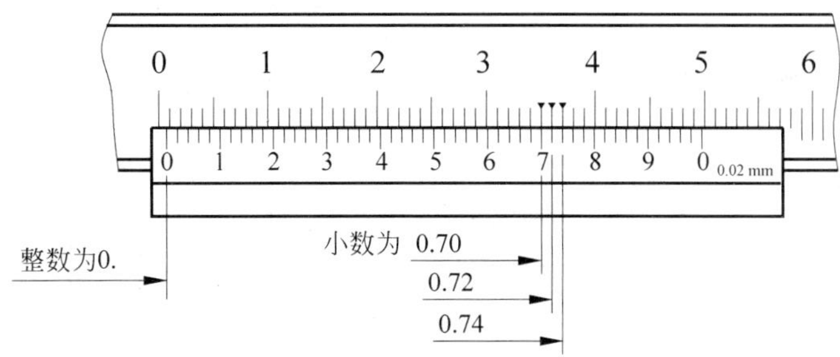

图 2-15　细定 3 条刻线

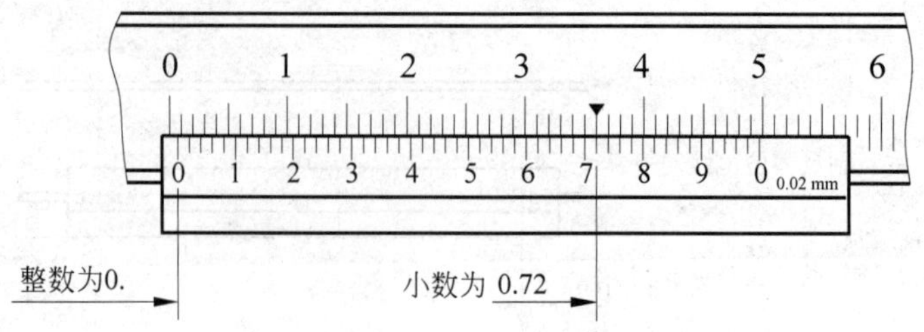

图 2-16　精定 1 条刻线

【例 2-1】 游标卡尺的读数方法和步骤以图 2-17 为例进行说明。

图 2-17　游标卡尺的读数方法

如图 2-17 所示为分度值为 0.02mm 的游标卡尺读数示意图。游标零位刻线过了主尺 13 格，即整数为 13mm，副尺游标的第 33 格刻线与主尺上的刻线对得最齐，33×0.02mm 即小数为 0.66mm，整数与小数相加即 13＋0.66＝13.66(mm)。

4）游标卡尺的示值误差问题

游标卡尺是一种中等精度的量具，用于中等精度尺寸的测量和检验，不能用游标卡尺测量精度要求较高的零件。由于游标卡尺在制造过程中也存在一定的示值误差，例如测量范围为 0～125mm，分度值为 0.02mm 的游标卡尺，其卡尺本身示值就有 0.02mm 的示值误差，因此，不能用读数值为 0.02mm 的游标卡尺来测量精度要求为 0.02mm 的工件。在选用游标卡尺测量工件时要根据《产品几何技术规范(GPS)光滑工件尺寸的检验》(GB/T 3177—2009)的规定来选择游标卡尺。

5）游标卡尺的读数误差问题

读数误差按照规定应控制在"±分度值"的范围内(见表 2-2)。如图 2-18 所示，副尺游标上第 33 格刻线与主尺上的某格刻线对得最齐，即准确的读数为 1.66mm，由于其左、右相邻的两条刻线即第 32 格刻线和第 34 格刻线也与主尺上的相近刻线近似对齐，故认读的结果可以是 1.64mm、1.66mm 和 1.68mm，这三个量值在"±分度值"的范围内，如果认读的量值超出此 3 格刻线范围，则属于粗大误差，如 1.62mm 和 1.70mm。

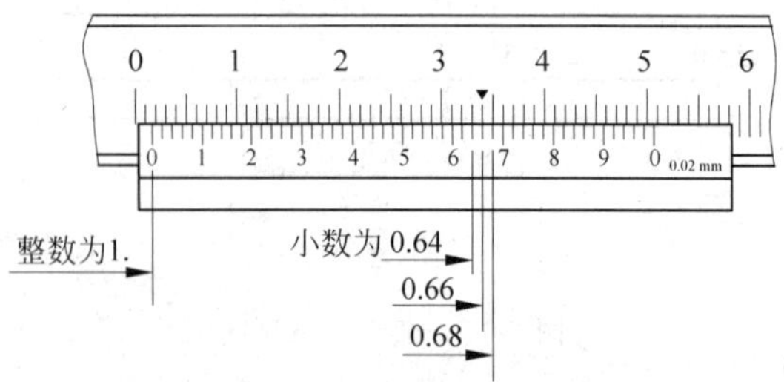

图 2-18　游标卡尺的认读误差

6）游标卡尺的适用范围

游标卡尺的适用范围如表 2-2 所示。

表 2-2　游标卡尺的适用范围　　单位：mm

游标分度值	示值误差	读数误差	适用精度范围
0.02	0.02	±0.02	IT12～IT16
0.05	0.05	±0.05	IT13～IT16
0.10	0.10	±0.10	IT14～IT16

7）游标卡尺握法

右手大拇指指腹抵住副尺下面的手柄，另外四指握住主尺尺身，如图 2-19 所示。

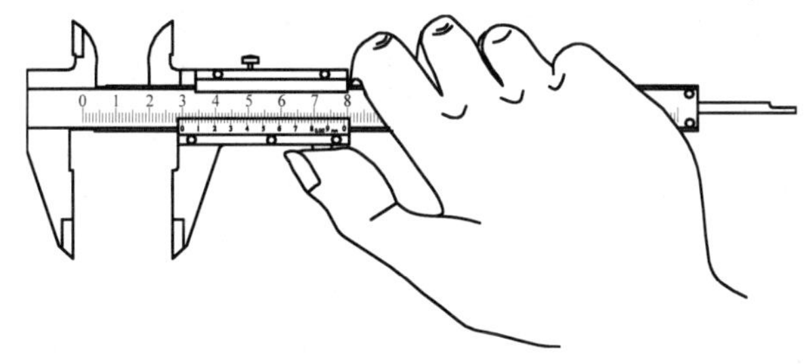

图 2-19　游标卡尺握法

8）游标卡尺测量方法

（1）测量时，应将量爪的测量面张开到略大于被测尺寸，将主尺量爪的测量面贴靠工件的一个基准面，然后适当用力移动副尺，使副尺量爪的测量面紧靠基准面的对面并读出数值，如图 2-20(a)和图 2-20(b)所示，也可拧紧锁紧螺钉，离开工件后，再读出数值。

（2）测量工件外圆直径时，测量面必须包含外圆直径，并尽量用宽口测量面来测量外圆直径，这是因为宽口测量面能较好地平行于外圆轴线，能得到准确的量值，如图 2-20(c)所示。

（3）测量工件内圆孔径时，尺身必须平行于工件内圆轴线，应先固定主尺量爪的测量面，再将副尺量爪的测量面做一个幅度较小的径向移动，以确定出准确的孔径尺寸，如图 2-20(d)所示。

（4）测量工件的中心距和边心距时，注意一定要用卡尺的刀口测量面来测量，这样可以得到准确的量值，如图 2-20(e)和图 2-20(f)所示。

9）注意事项

（1）测量前擦净量爪的测量面，并检查主、副尺量爪测量面的贴合状况，贴合后应密不透光，若出现较大光隙，则说明主、副尺量爪有一定变形或测量面磨损较大，不能使用。

（2）检查主、副尺零线的对齐状况，若对不齐，就存在零位偏差，一般不能使用，如要使用，需加校正值。

（3）测量时，应使接触工件表面的量爪测量面具有合适的测量力，量爪测量面位置要放正，不能歪斜。

（4）读数时，视线应垂直于尺身表面，以避免产生视觉误差，同时视线应与身体正面

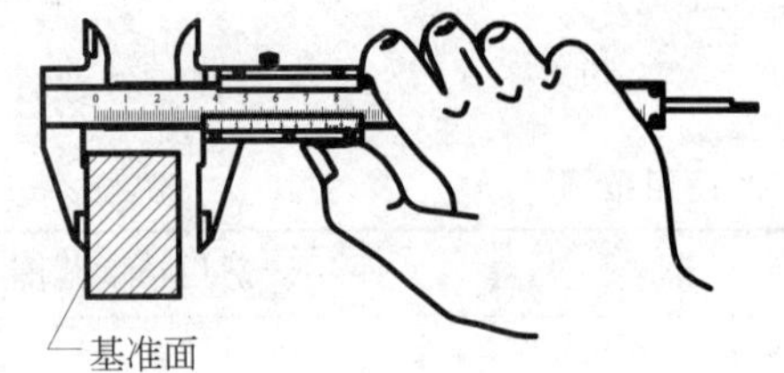

(a) 主尺量爪贴靠工件基准面

(b) 副尺量爪紧靠工件测量面

(c) 测量工件外圆

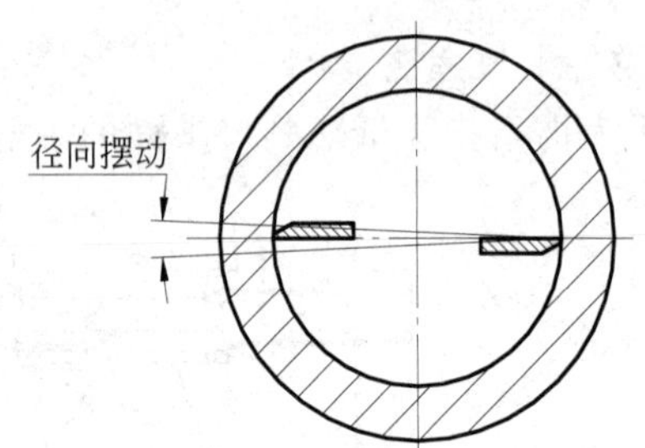

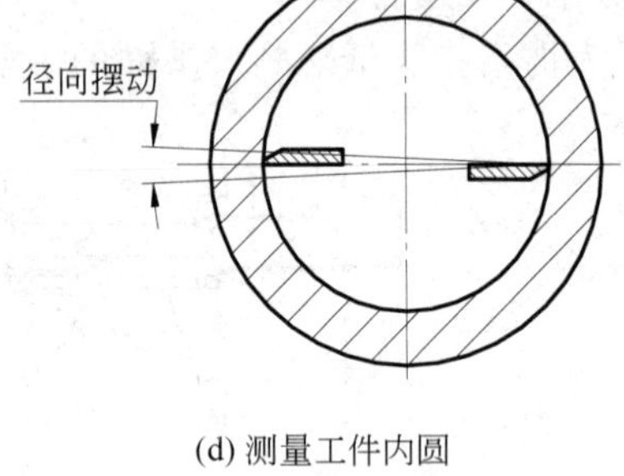

(d) 测量工件内圆

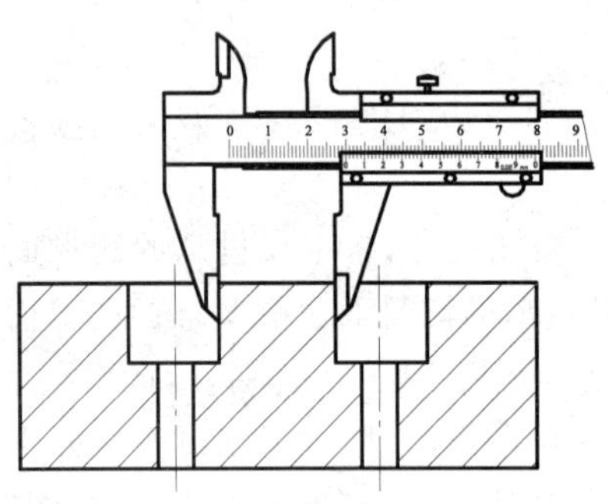

(e) 测量中心距

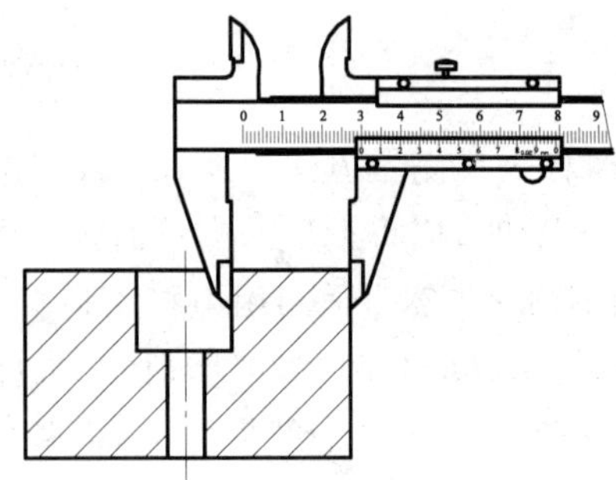

(f) 测量边心距

图 2-20　游标卡尺的测量方法

大致成 45°角，观察姿势如图 2-21 所示。

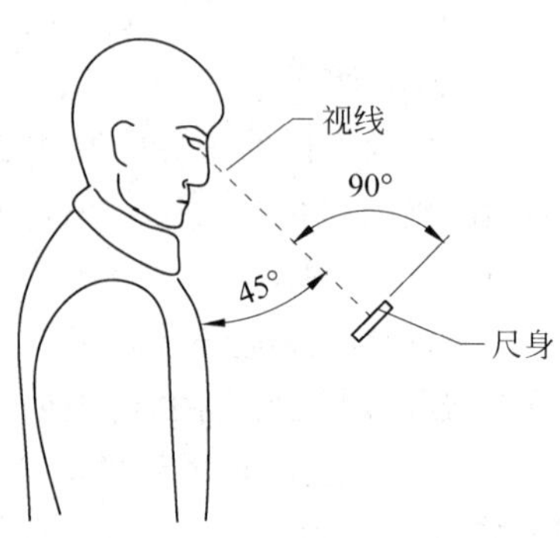

图 2-21　游标卡尺的观察姿势

4. 塞尺

塞尺（又称厚薄规、间隙规）是用来测量两个结合面之间间隙大小的片状量具。塞尺尺片有两个互相平行的工作面。

1）塞尺的结构

塞尺的结构分为尺片和尺套，如图 2-22 所示。

2）塞尺的规格

塞尺的规格分为 1～5 号，长度有 50mm、100mm、200mm 等。尺片的厚度为 0.02～1mm，每片间隔 0.01mm。

3）使用方法

通常采用"塞入法"来测量配合面之间的间隙量。将塞尺的尺片塞入两结合面之间的间隙内来测量其间隙尺寸量值的方法称为塞尺塞入检测法，简称"塞入法"，如图 2-23 所示。

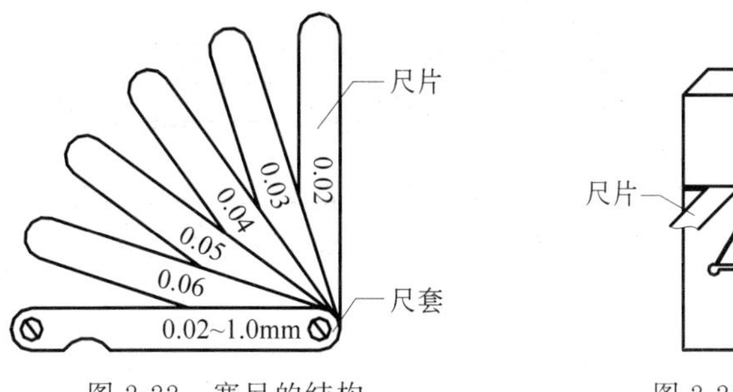

图 2-22　塞尺的结构

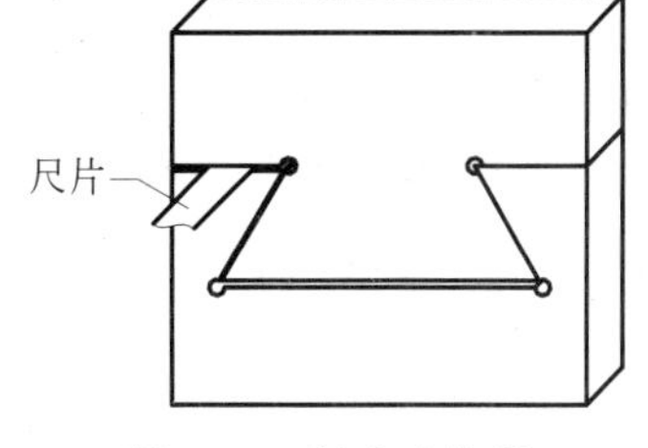

图 2-23　插入法检测

5. 刀形样板平尺

刀形样板平尺又称为刀口尺，是用来检验直线度和平面度的量具。

1）刀形样板平尺的结构

刀形样板平尺的结构如图 2-24 所示。

2）刀形样板平尺的规格

刀形样板平尺的规格以尺身测量面长度 L 表示，有 75mm、125mm、200mm、300mm、400mm、500mm 等多种，精度等级为 0 级和 1 级两种。

3）刀形样板平尺的握法

右手大拇指与另外四指相对捏住尺身胶垫中部，尺头应置于左端，如图 2-25 所示。

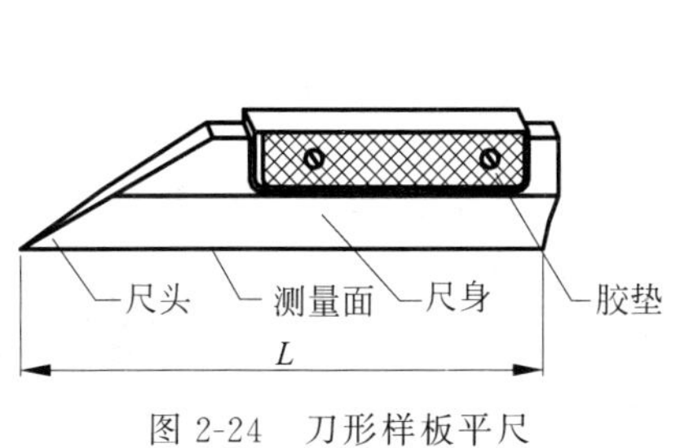

图 2-24　刀形样板平尺

图 2-25　刀形样板平尺的握法

4）测量方法

测量时，尺身要垂直于工件被测表面，要在被测表面的纵向、横向、对角方向多处逐一进行测量，在每个方向上至少测量三处，以确定各方向的直线度误差，如图 2-26(a)所示。

5）塞尺测量法

采用塞尺与刀口尺配合做塞入测量，以确定工件表面平面度(或直线度)误差值的方法称为塞尺测量法，如图 2-26(b)所示。对于中凹表面，其平面度误差值可取各检测部位中最大直线度误差值计；对于中凸表面，则应在两侧以同样厚度的尺片做插入检测，其平

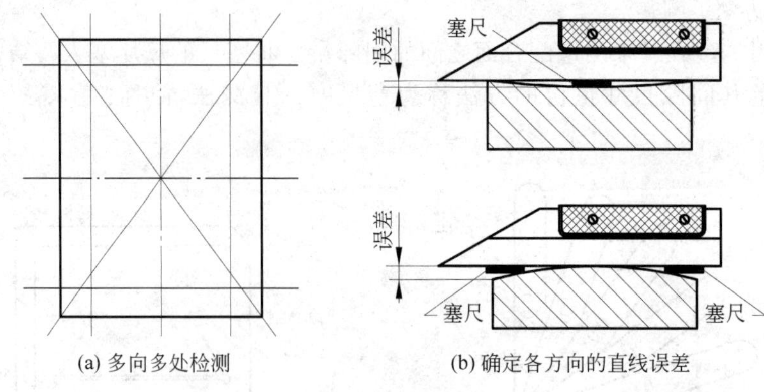

图 2-26　测量方法

面度误差值可取各检测部位中最大直线度误差值计。使用塞尺时根据被测间隙的大小可用一片或数片尺片重叠在一起做插入测量。须做两次极限尺寸的测量后才能得出其间隙量的大小，例如用 0.03mm 的尺片可以插入，而用 0.04mm 的尺片插不进去，则其间隙量为 0.03mm，即平面度（或直线度）误差值为 0.03mm。

塞尺的尺片很薄，容易弯曲和折断，所以在测量时要谨慎用力，用后要将其擦拭干净，及时合到夹板内并涂上防锈油。

6）透光估测法

在较强光源条件下，通过目视刀口尺测量面与被测工件表面接触后其缝隙透光强弱程度来估计尺寸量值的方法称为透光估测法，简称“透光法”。其具体操作方法如图 2-27 所示，测量面要轻轻地置于被测表面，尺身要垂直于被测表面，视线要与尺身垂直，在透光箱和其他较强光源条件下，通过目视观察计量器具工作面与被测工件表面接触后其缝隙透光情况来估计其尺寸量值，透光越弱，间隙量就越小，误差值也就越小。

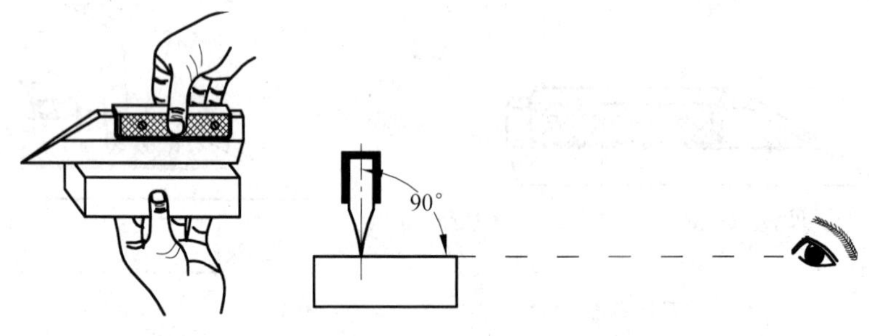

图 2-27　“透光法”估测

7）注意事项

刀形样板平尺应轻轻地置于工件被测表面，改变位置时，不允许在工件表面上拖动，应提起后再轻轻地放在另一处被测位置，否则测量面易受到磨损而降低其精度。

6. 半径样板尺

半径样板尺（又称为半径规、尺规）是采用“透光法”检测圆弧半径的量具。

1）半径样板尺结构

半径样板尺的结构如图 2-28 所示。

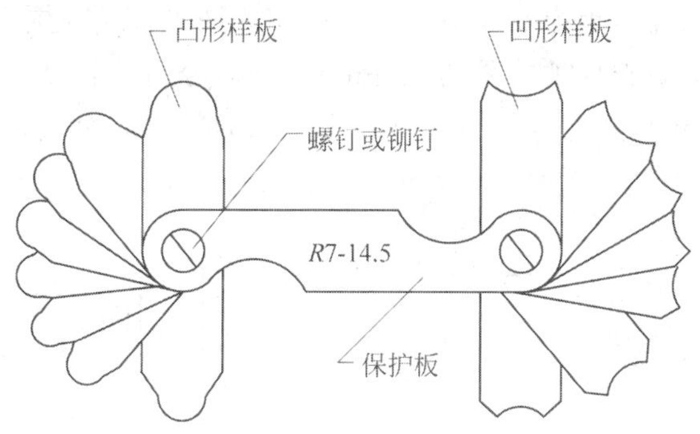

图 2-28 半径样板尺结构

2）半径样板尺的规格

半径样板尺的规格根据凸、凹形样板的圆弧半径分为 $R1 \sim R6.5$mm、$R7 \sim R14.5$mm、$R15 \sim R25$mm 等多种。

3）检测方法

曲面线轮廓度可采用“透光法”估测间隙量和塞尺“插入法”测量间隙量。在测量时，尺片一定要垂直于被测曲面。

7. 外径千分尺

外径千分尺又称为螺旋测微器，是用来测量零件长度尺寸的量具。

1）外径千分尺的结构

外径千分尺的结构如图 2-29 所示。

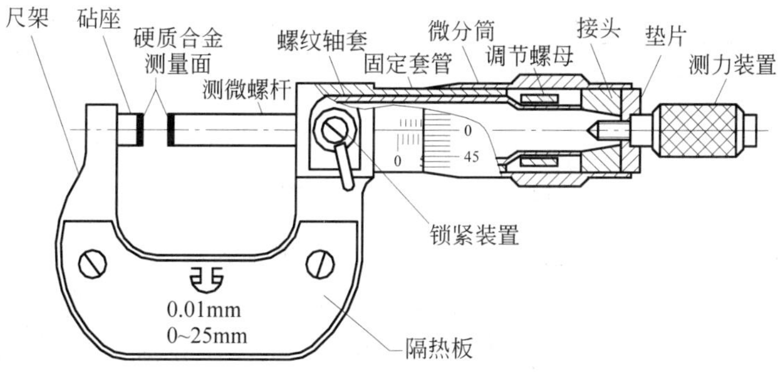

图 2-29 外径千分尺结构

2）外径千分尺的规格

外径千分尺的规格有 0～25mm、25～50mm、50～75mm、75～100mm 等多种，分度值为 0.01mm，制造精度分为 0 级和 1 级两种。

3）外径千分尺的读数原理

如图 2-30 所示，在千分尺的固定套管上刻有轴向中线，作为微分筒读数的轴向基准线，微分筒左侧外圆端面作为固定套筒读数的径向基准线，在固定套管中线的两侧，刻有两排主尺刻线，每排刻线间距为1mm，上、下两排相互错开0.5mm。下排为整毫米格，上排为半毫米格，测微螺杆螺距为0.5mm，微分筒左侧圆锥面上刻有50等分的副尺刻线，当微分筒转一周时，测微螺杆轴向移动0.5mm。若微分筒只转动一格时，则测微螺杆轴向移动量为0.5/50mm=0.01mm，因此外径千分尺的分度值为0.01mm。

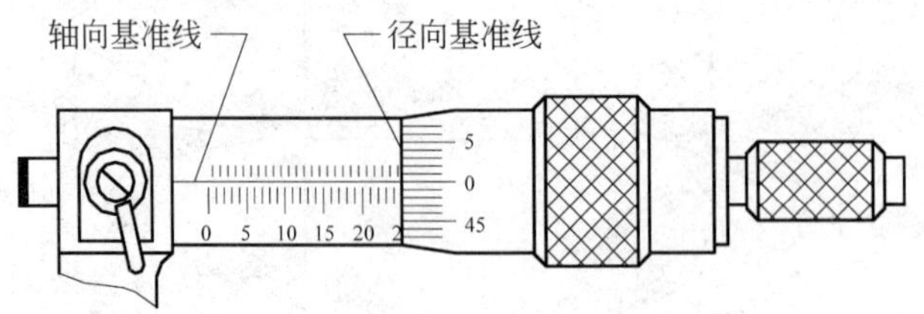

图2-30　外径千分尺读数基准线

4）外径千分尺的读数方法

读数时，首先从微分筒左侧外圆端面（径向基准线）看过了固定套管下侧多少整毫米格和是否过了固定套管上侧半毫米格，再从微分筒上找到与固定套管轴向中线（轴向基准线）对齐的刻线，将此刻线格数乘以0.01mm的数值就是小数部分（小于0.5mm）的读数，然后将从固定套管中线上读出的读数（整数以及0.5mm）加上从微分筒上读出的小数（小于0.5mm）读数就是被测量值。

【例2-2】 读出图2-31中外径千分尺的读数。

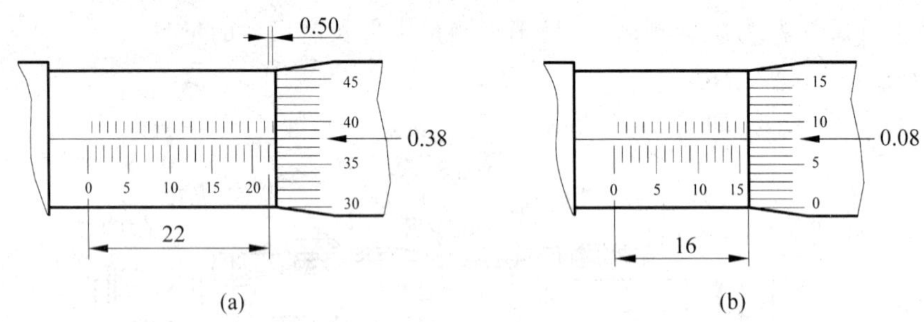

图2-31　外径千分尺读数示例

从图2-31(a)中可以看出，径向基准线过了固定套管下侧整毫米格刻线22即22mm，过了固定套管上侧半毫米格刻线即0.5mm；微分筒上第38格刻线与轴向基准线对齐，即38×0.01=0.38(mm)。所以其读数=22+0.5+0.38=22.88(mm)。

从图2-31(b)中可以看出，径向基准线刚过固定套管下侧整毫米格刻线16即16mm，未过固定套管上侧半毫米格刻线即不到0.5mm；微分筒上第8格刻线与轴向基准线对齐，即8×0.01=0.08(mm)。所以其读数=16+0.08=16.08(mm)。

5）外径千分尺的握法

一般情况下，左手大拇指与另外四指相对捏住尺身隔热板即可，右手旋转微分筒和测力装置，如图2-32所示。

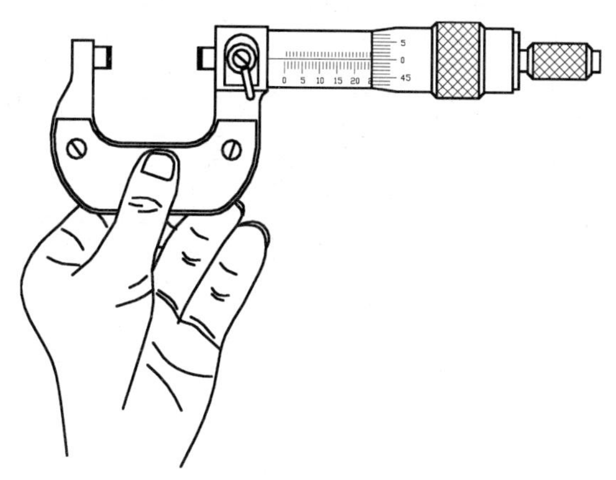

图 2-32　外径千分尺握法

6）外径千分尺的测量方法

测量之前，转动千分尺测力装置的棘轮，使两个测量面合拢，检查测量面是否密贴，同时观察微分筒上的零位线与固定套管的轴向基准线是否对齐，如有零位偏差，应进行调整。

测量时先用手转动微分筒，待测微螺杆的测量面快接近工件被测表面时，再转动尺测力装置的棘轮，当测微螺杆的测量面接触到工件被测表面后会发出"咔咔"的声响，表示测量力已到位，应停止转动棘轮，读取量值。此时，不可用力转动微分筒，以防止损坏螺纹传动副，影响测量精度。

测量时，测微螺杆的轴线应垂直于工件被测表面，读数时最好在测量时读取，如需取下读数时，应先锁紧测微螺杆，然后再轻轻取下，以防止尺寸变动产生测量误差。读数要细心，看清刻度，特别要注意分清整数部分和 0.5mm 刻线。

7）外径千分尺的基本参数

外径千分尺的基本参数如表 2-3 所示。

表 2-3　外径千分尺的基本参数　　单位：mm

测量范围		示值误差		两测量面平行度	
		0 级	1 级	0 级	1 级
0～25		±0.002	±0.004	0.001	0.002
25～50		±0.002	±0.004	0.0012	0.0025
50～75	75～100	±0.002	±0.004	0.0015	0.003
100～125	125～150		±0.005		
150～175	175～200		±0.006		
200～225	225～250		±0.007		
250～275	275～300		±0.007		

8）外径千分尺的适用范围

外径千分尺的适用范围如表 2-4 所示。

表 2-4　外径千分尺的适用范围

级别	适用范围
0 级	IT6～IT16
1 级	IT7～IT16
2 级	IT8～IT16

8. 其他类型千分尺简介

其他类型的千分尺的读数原理和读数方法与外径千分尺相同，只是由于用途不同，在外形和结构上有所差异。

1）卡脚式内径千分尺

卡脚式内径千分尺如图 2-33 所示，它是用来测量中小尺寸孔径、槽宽等内尺寸的一种量具。测量范围为 5～30mm。

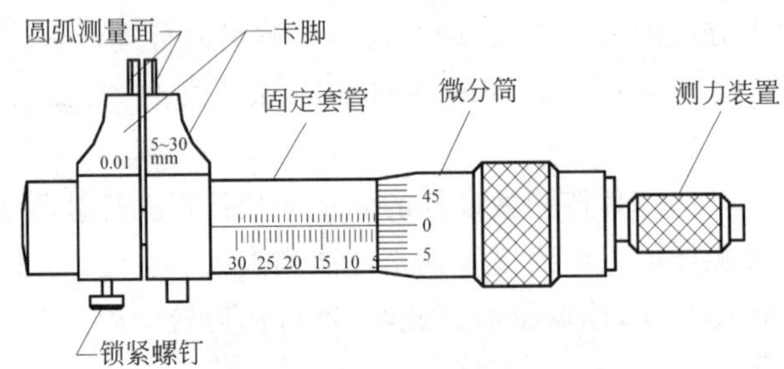

图 2-33　卡脚式内径千分尺

2）接杆式内径千分尺

接杆式内径千分尺如图 2-34(a)所示，它是用来测量 50mm 以上的内尺寸，其测量范围为 50～63mm。为了扩大测量范围，配有成套接长杆，如图 2-34(b)所示，连接时卸掉保护螺帽，把接长杆右端与内径千分尺左端旋合，可以连接多个接长杆，直到满足需要为止。

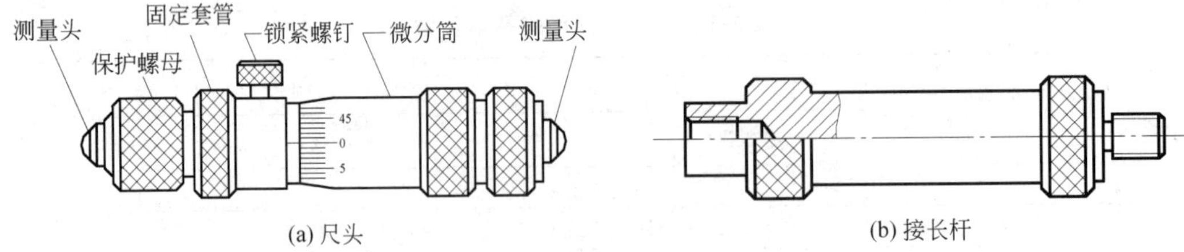

图 2-34　接杆式内径千分尺

3）深度千分尺

深度千分尺如图 2-35 所示，其主要结构与外径千分尺相似，只是多了一个尺桥而没有尺架。深度千分尺主要用于测量孔和沟槽的深度及两平面间的距离。在测微螺杆的下面连接着可换测量杆，测量杆有四种尺寸，测量范围分别为 0～25mm、25～50mm、50～75mm、75～100mm。

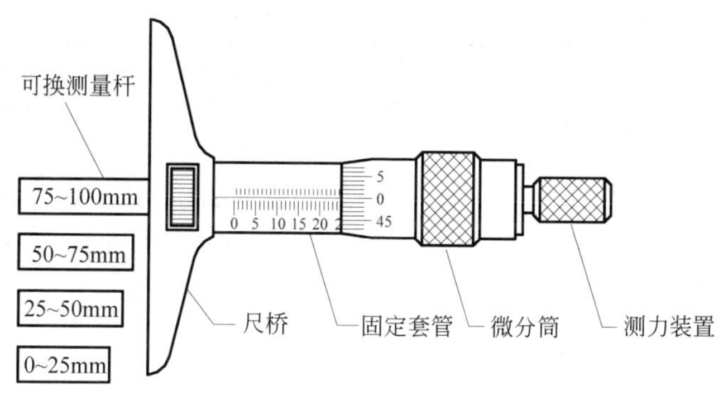

图 2-35　深度千分尺

9. 量块

1）量块的形状、用途及尺寸系列

量块的形状为长方形平面六面体，如图 2-36 所示。量块是没有刻度的平行端面单值量具，又称为块规，是用特殊合金钢制成的长方体，量块具有经过精密加工很平很光的两个平行平面，称为测量面。两测量面之间的距离为工作尺寸 L，又称为标称尺寸。

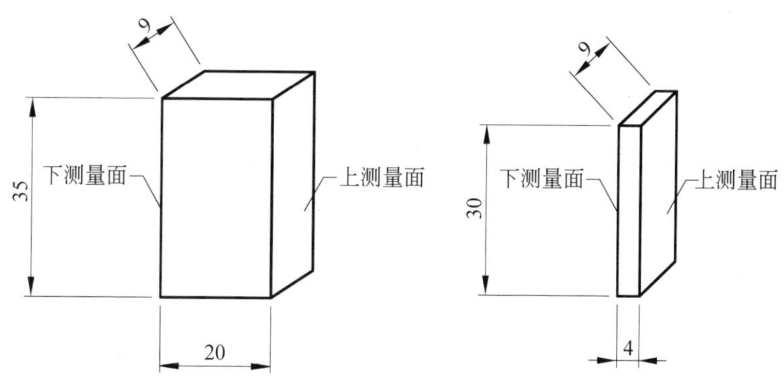

图 2-36　量块

量块的测量面非常平整和光洁，用少许压力推合两块量块，使它们的测量面紧密接触，两块量块就能粘合在一起，量块的这种特性称为研合性。利用量块的研合性，就可用不同尺寸的量块组合成所需的各种尺寸。

量块的应用范围较为广泛，除了作为量值传递的媒介以外，还用于检定和校准其他量具、量仪，相对测量时调整量具和量仪的零位，以及用于精密机床的调整、精密划线和直接测量精密零件等。

在实际生产中，量块是成套使用的，每套量块由一定数量的不同标称尺寸的量块组成，以便组合成各种尺寸，满足一定尺寸范围内测量需求。《几何量技术规范长度标准量块》(GB/T 6093—2001)共规定了 17 套量块。常用成套量块的级别、尺寸系列、间隔和块数如表 2-5 所示。

表 2-5 常用成套量块的基本参数

套别	总块数	级　别	尺寸系列/mm	间隔/mm	块数
1	91	00,0,1	0.5		1
			1		1
			1.001,1.002,1.009	0.001	9
			1.01,1.02,…,1.49	0.01	49
			1.5,1.6,…,1.9	0.1	5
			2.0,2.5,…,9.5	0.5	16
			10,20,…,100	10	10
2	83	00,0,1,2,(3)	0.5		1
			1		1
			1.005		1
			1.01,1.02,…,1.49	0.01	49
			1.5,1.6,…,1.9	0.1	5
			2.0,2.5,…,9.5	0.5	16
			10,20,…,100	10	10
3	46	0,1,2	1		1
			1.001,1.002,…,1.009	0.001	9
			1.01,1.02,…,1.09	0.01	9
			1.1,1.2,…,1.9	0.1	9
			2,3,…,9	1	8
			10,20,…,100	10	10
4	38	0,1,2,(3)	1		1
			1.005		1
			1.01,1.02,…,1.09	0.01	9
			1.1,1.2,…,1.9	0.1	9
			2,3,…,9	1	8
			10,20,…,100	10	10

2）量块的尺寸组合及使用方法

为了减少量块组合的累积误差，使用量块时，应尽量减少使用的块数，一般以4～5块为宜。选用量块时，应根据所需组合的尺寸，从最后一位数字开始选择，每选一块，应使尺寸数字的位数减少一位，以此类推，直至组合成完整的尺寸。

【例2-3】 要组成38.935mm的尺寸，试选择组合的量块。

解 由于最后一位数字为0.005，因而可以采用83块一套或38块一套的量块。

若采用83块一套的量块，则有

$$
\begin{array}{rl}
38.935 & \\
-1.005 & \text{——第一块量块尺寸} \\
\hline
37.93 & \\
-1.43 & \text{——第二块量块尺寸} \\
\hline
36.5 &
\end{array}
$$

−6.5	——第三块量块尺寸
30	——第四块量块尺寸

共选取四块，尺寸分别为 1.005mm、1.43mm、6.5mm、30mm。

若采用 38 块一套的量块，则有

38.935	
−1.005	——第一块量块尺寸
37.93	
−1.03	——第二块量块尺寸
36.9	
−1.9	——第三块量块尺寸
35	
−5	——第四块量块尺寸
30	——第五块量块尺寸

共选取五块，尺寸分别为 1.005mm、1.03mm、1.9mm、5mm、30mm。

可以看出，采用 83 块一套的量块比较好。

3）注意事项

（1）量块是一种精密量具，不能碰伤和划伤其表面，特别是测量面。

（2）量块选好后，在组合前先用航空汽油洗净表面的防锈油，然后用软绸将各面擦干，再用推压的方法将量块逐块研合。

（3）使用时不得用手接触测量面，以免影响量块的组合精度。

（4）使用后，用航空汽油洗净擦干并涂上防锈油。

10. 百分表

百分表是一种机械式量具（简称量表），主要用来测量工件的尺寸、形状和位置误差，也可用于检验机床的几何精度或调整工件的装夹位置偏差。

1）百分表的结构

百分表的结构如图 2-37 所示。微分表盘上刻有 100 格刻度。整数表盘上 1 格刻度表示 1mm，测量杆上齿条的齿距为 0.625mm，小齿轮的齿数为 16，大齿轮的齿数为 100，中间齿轮的齿数为 10。

2）百分表的分度原理

当测量杆上升 16 齿时即上升 0.625×16＝10(mm)，16 齿的小齿轮正好转动 1 周，同轴大齿轮也同步转动 1 周，同轴大齿轮带动齿数为 10 的中间齿轮和长指针转动 10 周，当测量杆移动 1mm 时，长指针转动 1 周。由于微分表盘等分为 100 格，所以当长指针转动 1 格时，测量杆移动的距离 L 为

$$L=1\times\frac{1}{100}=0.01(\mathrm{mm})$$

故百分表的分度值为 0.01mm。

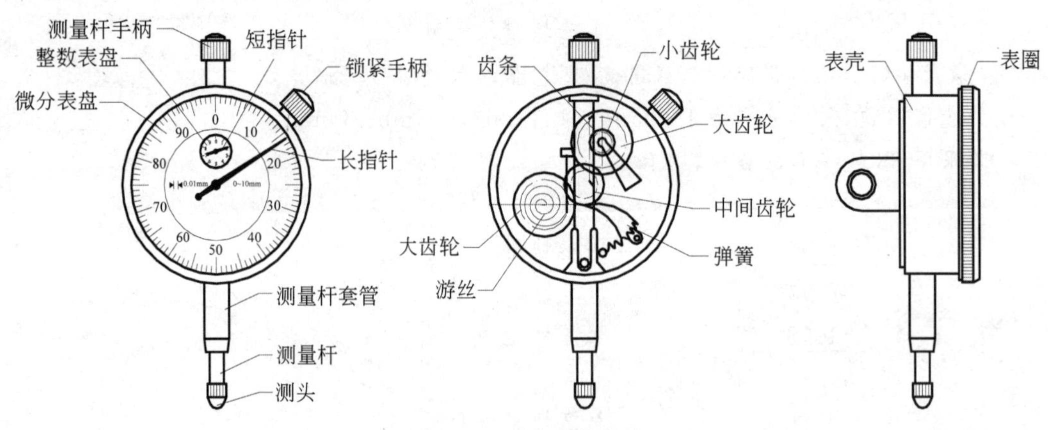

图 2-37　百分表的结构

3）百分表的示值范围和精度等级

百分表的示值范围有 0～3mm、0～5mm 和 0～10mm 3 种。百分表的制造精度分为 0 级、1 级和 2 级 3 个等级。

4）百分表的基本参数

百分表的基本参数如表 2-6 所示。

表 2-6　百分表的基本参数　　单位：mm

精度等级	示值误差			适用范围
	0～3	0～5	0～10	
0 级	0.009	0.011	0.014	IT6～IT14
1 级	0.014	0.017	0.021	IT6～IT16
2 级	0.020	0.025	0.030	IT7～IT16

5）磁性表座及表架装置的结构

磁性表座及表架装置的结构如图 2-38 所示。

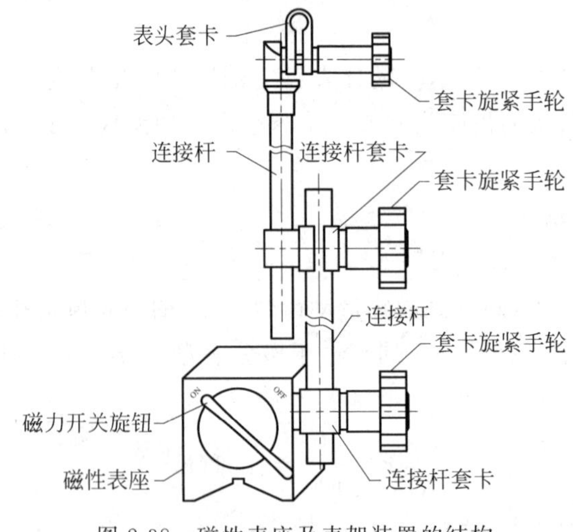

图 2-38　磁性表座及表架装置的结构

6）百分表的固定方法

百分表一般固定在带磁性表座的表架上，如图 2-39 所示。

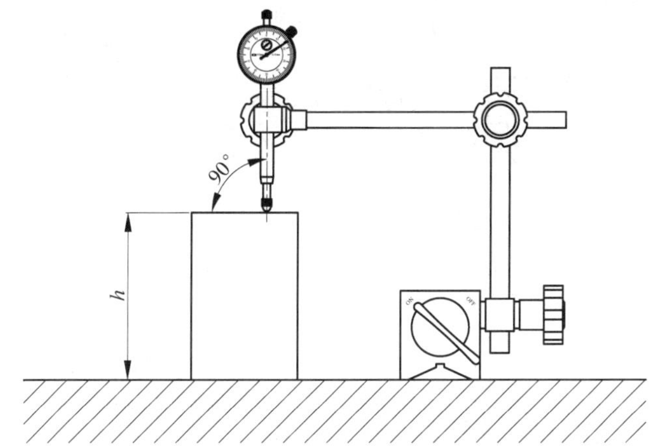

图 2-39 百分表与表架配合使用

7）百分表的使用方法

(1) 测量时，应使测量杆垂直于工件被测表面，如图 2-39 所示。

(2) 测量杆预压测量行程为 0.3～1mm，使测头具有并保持一定的测量力，防止有负偏差时得不到测量数值，然后转动表圈，使微分表盘的零位线对准大指针。

(3) 以零位线为基准，大指针顺时针转动所得到的量值为负(－)值；大指针逆时针转动所得到的量值为正(＋)值。

(4) 百分表的测量力应控制在 0.5～1.5N，故在测量时，应轻提、轻放测量杆；严禁急骤放下测量杆，这样容易产生测量误差。

(5) 使用百分表座及专门表架等装置，可对长度尺寸进行相对比较测量。

(6) 使用百分表座及专门表架，可测量工件的高度、直线度、平面度及平行度误差，可在机床上测量工件的跳动误差。

11. 内径百分表

内径百分表由百分表和专门表架装置组成，用于测量孔的直径和孔的形状误差，特别适合深孔的测量。

1）内径百分表的结构

内径百分表及表架结构如图 2-40 所示。

2）内径百分表的工作原理

内径百分表的主体是一个三通形式的表体，百分表的测量杆与推杆始终接触，推杆弹簧是控制测量力的，并经过推杆、等臂直角杠杆向外顶住活动测头。测量时，活动测头的移动使等臂直角杠杆回转，通过推杆推动百分表的测量杆，使百分表指针回转。由于等臂直角杠杆的臂是等长的，因此百分表测量杆、推杆和活动测头三者的移动量是相同的，所以，活动测头的移动量可以在百分表上读出。内径百分表的测量范围由可换测头来确定。

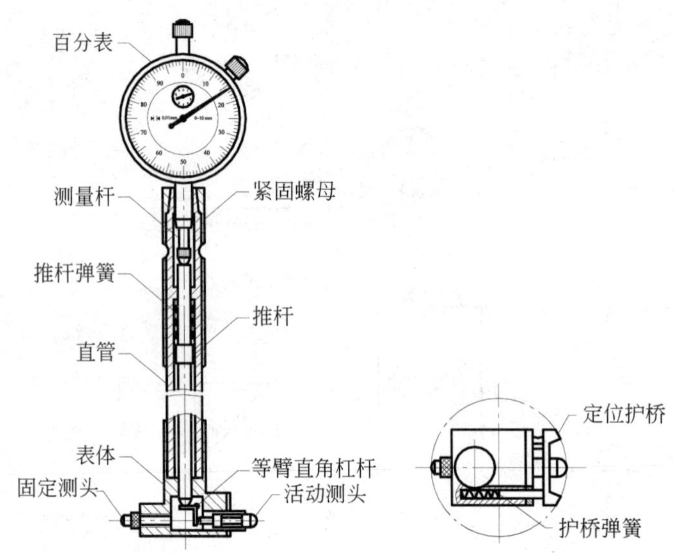

图 2-40　内径百分表及表架的结构

护桥弹簧对活动测头起控制作用，定位护桥起找正直径位置的作用，它保证了活动测头和可换测头的轴线与被测孔直径的自动重合。

3）内径百分表的基本参数

内径百分表的基本参数如表 2-7 所示。

表 2-7　内径百分表的基本参数　　单位：mm

测量范围	10～18	18～35	35～50	50～100	100～160	160～250	250～450
活动测头工作行程	0.8	1.0	1.2	1.6	1.6	1.6	1.6
示值误差	0.012	0.015	0.015	0.020	0.020	0.020	0.020

4）内径百分表的使用方法

(1) 组装方法。根据被测工件的基本尺寸，选择合适的百分表和可换测头，测量前应根据基本尺寸调整可换测头和活动测头之间的长度等于被测工件的基本尺寸加上 0.3～0.5mm，然后固定可换测头。接下来安装百分表，当百分表的测量杆测头接触到传动杆后，预压测量行程为 0.3～1mm 并固定。

(2) 校对方法。用内径百分表测量孔径属于相对测量法，测量前应根据被测工件的基本尺寸，使用标准样圈调整内径百分表零位。在没有标准样圈的情况下，可用外径千分尺代替标准样圈调整内径百分表零位，需要注意的是，千分尺在校对基本尺寸时最好使用量块。

(3) 测量方法。测量或校对零值时，应使活动测头先与被测工件接触，对于孔应通过径向摆动来找最大直径数值，使定位护桥自动处于正确位置；通过轴向摆动找最小直径数值，方法是将表架杆在孔的轴线方向上做 30°以内的小幅度摆动，如图 2-41 所示，在指针转折点处的读数就是轴向最小值（一般情况下要重复几次进行核定），该最小值就是被测工件的实际量值。对于测量两平行面间的距离时，应通过上下、左右的摆动来找宽度尺寸的最小值(一般情况下要重复几次进行核定),该最小值就是被测工件的实际量值。

(4) 读数方法。读数时要以零位线为基准,当大指针正好指向零位刻线时,说明被测实际尺寸与基本尺寸相等;当大指针顺时针转动所得到的量值为负(－)值,表示被测实际尺寸小于基本尺寸;当大指针逆时针转动所得到的量值为正(＋)值,表示被测实际尺寸大于基本尺寸。

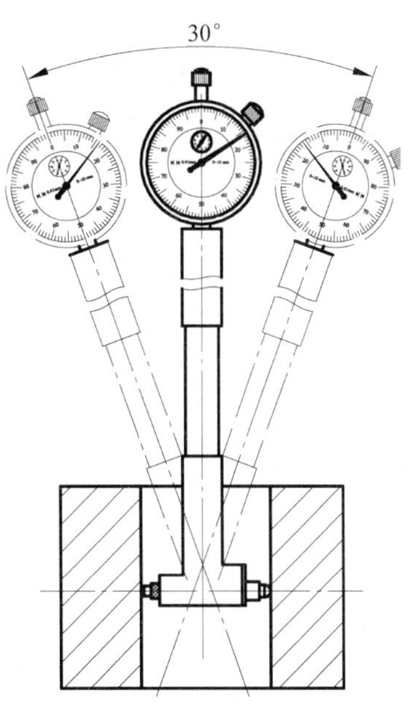

图 2-41　内径百分表测量孔径方法

12. 杠杆量表

杠杆量表(简称杠杆表)是利用杠杆齿轮传动将测杆的直线位移转变为指针的角位移的一种量具,主要用于工件的比较测量和形位误差测量。杠杆表有杠杆百分表和杠杆千分表之分,其结构基本相同,只是测量精度不等。如图 2-42 所示,杠杆表有正面型、侧面型、垂直型和倾斜型四种基本类型。

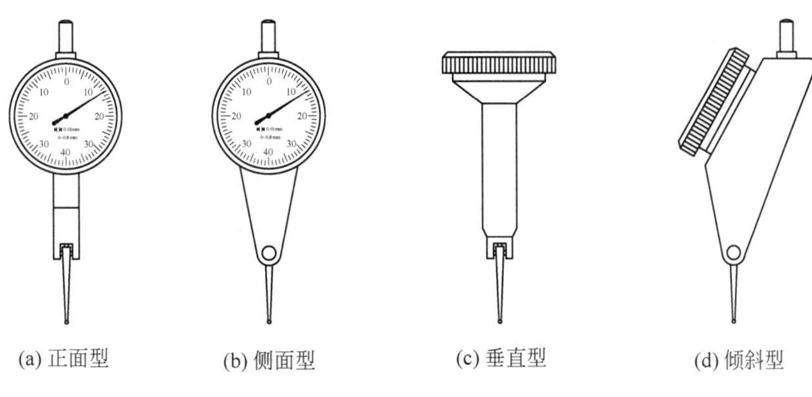

图 2-42　杠杆表的类型

由于杠杆表体积小,活动测杆可回转一定角度,在校正和测量时,比普通百分表方便。所以适用于测量普通钟表式百分表难以测量的小孔、凹槽、孔距、坐标尺寸、内孔径向跳动,端面跳动等。量程为 0～0.8mm 的杠杆百分表,其分度值为 0.01mm,测杆可在 220°范围内调整;量程为 0～0.2mm 的杠杆千分表,其分度值为 0.002mm,测杆可在 180°范围内调整。

1) 杠杆表的结构

(1) 杠杆百分表。杠杆百分表的结构如图 2-43 所示。

(2) 杠杆千分表。杠杆千分表的结构如图 2-44 所示。

2) 杠杆表的固定方法

杠杆表可固定在高度尺(见图 2-45)或专用表架上。

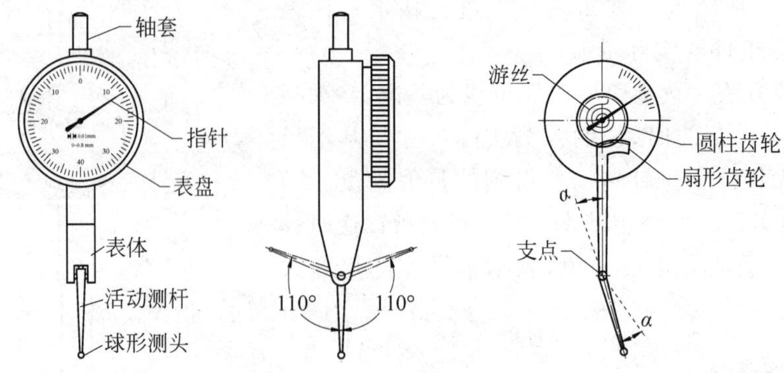

图 2-43　杠杆百分表的结构

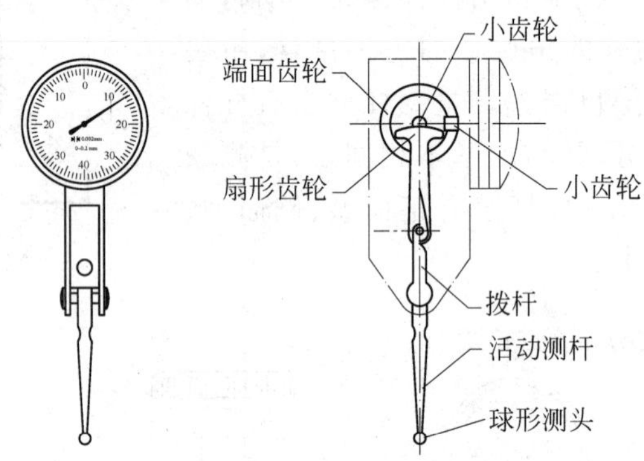

图 2-44　杠杆千分表的结构

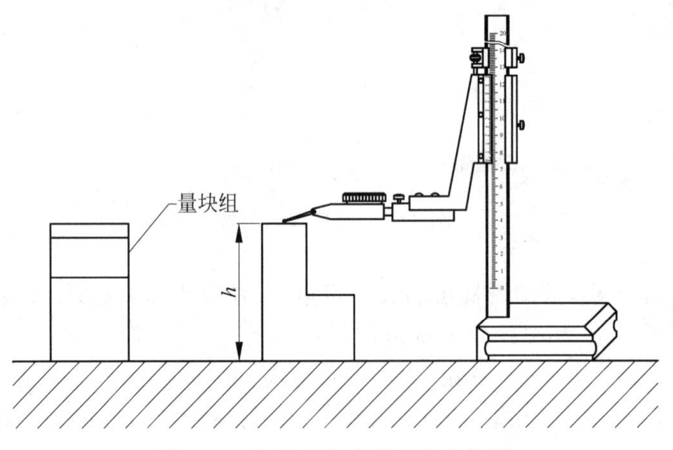

图 2-45　杠杆表与高度尺配合使用

3）杠杆表的使用方法

杠杆表的使用方法如图 2-46 所示。

4）注意事项

（1）测量前检查。轻轻移动测杆，表针应有较大位移，指针与表盘应无摩擦，测杆、指针无阻滞或跳动，测头应光洁。

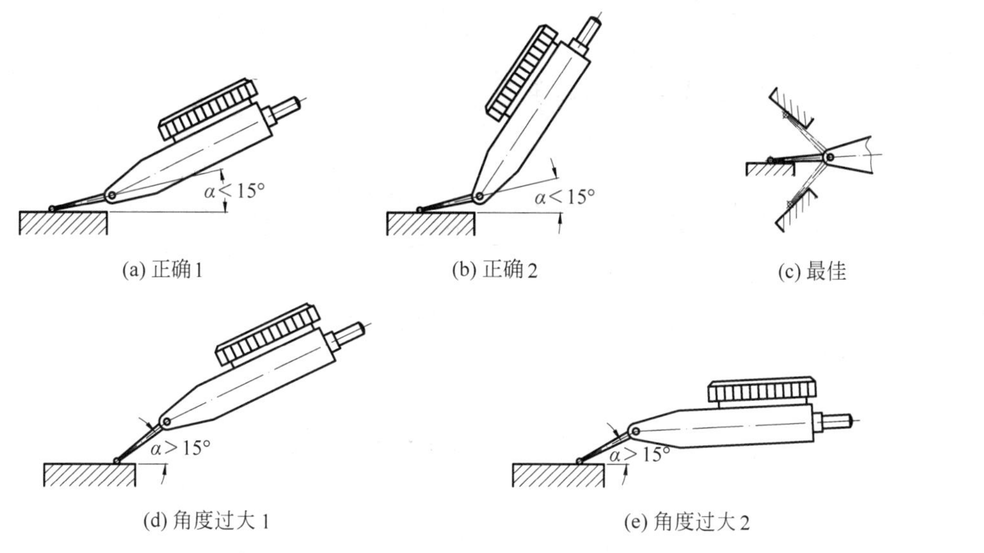

图 2-46　杠杆表的使用方法

(2) 测量前调整零位。比较测量时一般采用量块作为零位基准。测量形位误差时，可利用工件本身表面作为零位基准。调整零位时，先使测头与基准面接触，按压测头到量程的中间位置，转动刻度盘使零刻度线与指针对齐，然后多次测量同一位置 2～3 次，验证指针是否仍与零刻度线对齐，若没有对齐则需要重新调整。

(3) 杠杆表的测量力规定为 0.5N 以下。

(4) 预压量。测头与工件接触时，杠杆百分表的测杆应有 0.3～0.5mm 的预压量，杠杆千分表的测杆应有 0.03～0.06mm 的预压量。测量时应注意表的量程，不要使测头位移超出量程范围。

(5) 测量时，一定要谨慎操作，测头不得受到碰撞，以免影响测量精度或撞坏杠杆量表。

(6) 测杆上不要加油，以免油污进入表内，影响杠杆表的灵敏度。

(7) 如图 2-47 所示，测量平面时，应尽可能使测杆轴线与被测平面平行，至少保持 $\alpha \leqslant 15°$(α 为测杆轴线与被测平面的夹角)，以防读数不准确。

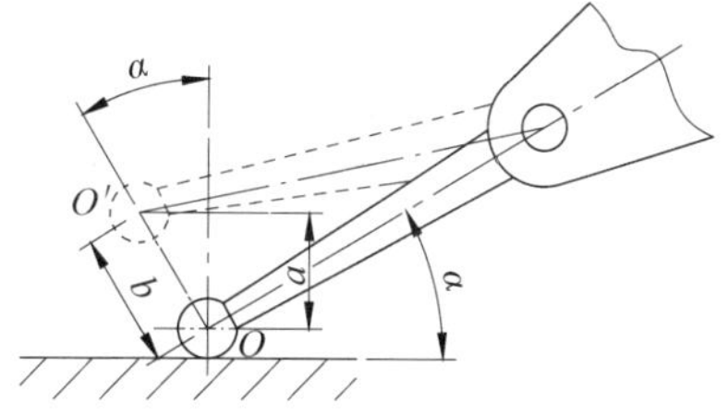

图 2-47　杠杆表测杆轴线位置引起的测量误差

(8) 杠杆表的测杆轴线与被测工件表面的夹角越小，误差就越小。如果由于测量需要，α 角无法调小时(当 $\alpha > 15°$)，其测量结果应进行修正。从图 2-47 可知，当平面上升距离为 a 时，杠杆表摆动的距离为 b，也就是杠杆表的读数为 b，因为 $b > a$，所以指示读数增大。具体修正计算式如下：

$$a = b\cos\alpha \tag{2-3}$$

【例 2-4】 用杠杆千分表测量工件时，测量杆轴线与工件表面夹角 α 为 30°，测量读数为 0.048mm，求正确测量值。

解　$a = b\cos\alpha = 0.048 \times \cos 30° = 0.048 \times 0.866 = 0.0416(\mathrm{mm})$

答　正确测量值为0.0416mm。

13. 常用长度量具使用注意事项

(1) 根据加工精度要求，正确选用量具。
(2) 测量前应将量具和工件进行清理，工件应无毛刺。
(3) 测量时，量具要轻拿轻放，避免受到冲击。
(4) 使用量具时，测量力要适当。
(5) 读数时，目光要垂直观察标尺和刻度盘。
(6) 量具使用后，要擦拭干净，暂时不用，要涂上防锈油。

2.3 常用角度量具

1. 直角尺

直角尺是测量和划线的常用角度量具，可用来测量工件相邻面的垂直度和工件之间相对位置的垂直度。

1) 直角尺的结构

常用的直角尺有宽座直角尺和刀口形直角尺，其基本结构为尺座和尺苗，尺座有内、外两个基准面，尺苗有内、外两个测量面，如图2-48所示。

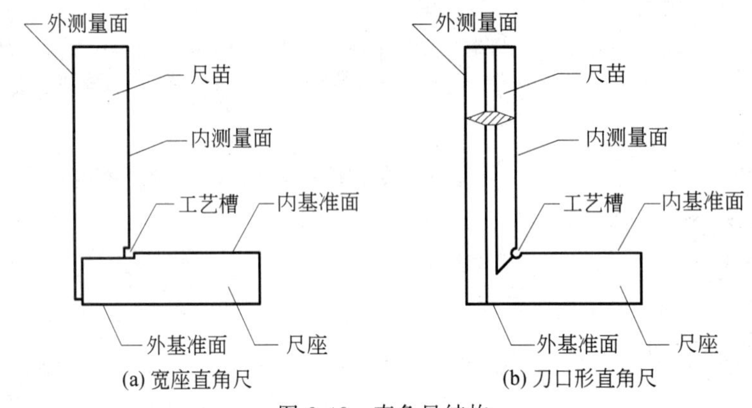

图2-48　直角尺结构

2) 宽座直角尺的规格

宽座直角尺的规格有63mm×40mm、100mm×63mm、160mm×100mm、250mm×160mm等多种。制造精度分为00级、0级、1级、2级4个等级。

3) 直角尺的握法

用直角尺内测量面测量工件的垂直度时，右手大拇指与其他四指相对捏住尺座的两侧面，注意大拇指应捏在尺座的中部，如图2-49所示。

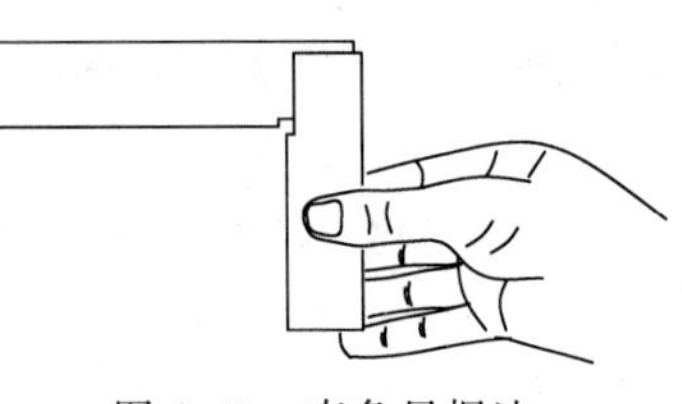
图2-49　直角尺握法

4）测量方法

（1）内测量面测量方法。内测量面测量方法是通过“透光法”目测估计角度和间隙量。其方法是右手握持尺座，左手握持工件，首先用尺座的内基准面紧贴工件的基准面，如图2-50(a)所示，然后轻轻地下移尺座，使尺苗的内测量面接触工件被测表面，如图2-50(b)所示。使用宽座直角尺进行测量时，为保证测量的准确性，尺苗的内测量面应与工件表面处于平行状态。以尺苗的内测量面为基点，将尺座做一个前后微量的摆动，摆动的幅度约为10°，如图2-50(c)、(e)所示，当摆动至透光量为最小、最弱时，如图2-50(d)所示，即表面尺苗的内测量面与工件表面处于平行状态。

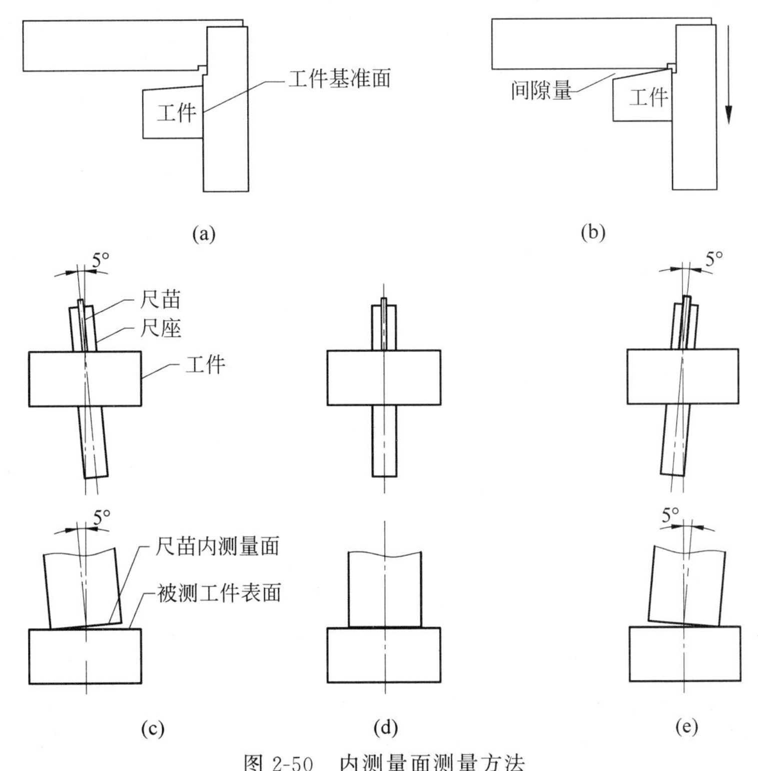

图2-50　内测量面测量方法

（2）外测量面测量方法。外测量面测量方法是通过“透光法”目测估计角度和间隙量。采用外测量面测量时，工件的基准面和尺座的外基准面都应该放置在平台（平台表面为公共基准平面）上，然后轻轻地移动尺座，使尺座的外测量面贴靠工件被测表面，如图2-51所示，此时，一般采用“透光法”目测估计角度和间隙量。

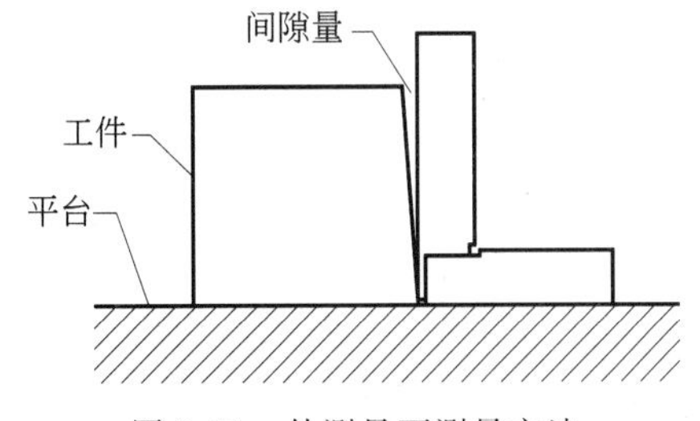

图2-51　外测量面测量方法

2. 万能角度尺

万能角度尺（又称为游标角度尺）是用来测量工件内、外角度和划线的常用角度量具。万能角度尺分为Ⅰ型和Ⅱ型两种。Ⅰ型万能角度尺的测量范围为0°～320°，Ⅱ型万能角度尺的测量范围为 0°～360°。

1）万能角度尺的结构

Ⅰ型万能角度尺的结构如图 2-52 所示，Ⅱ型万能角度尺的结构如图 2-53 所示。

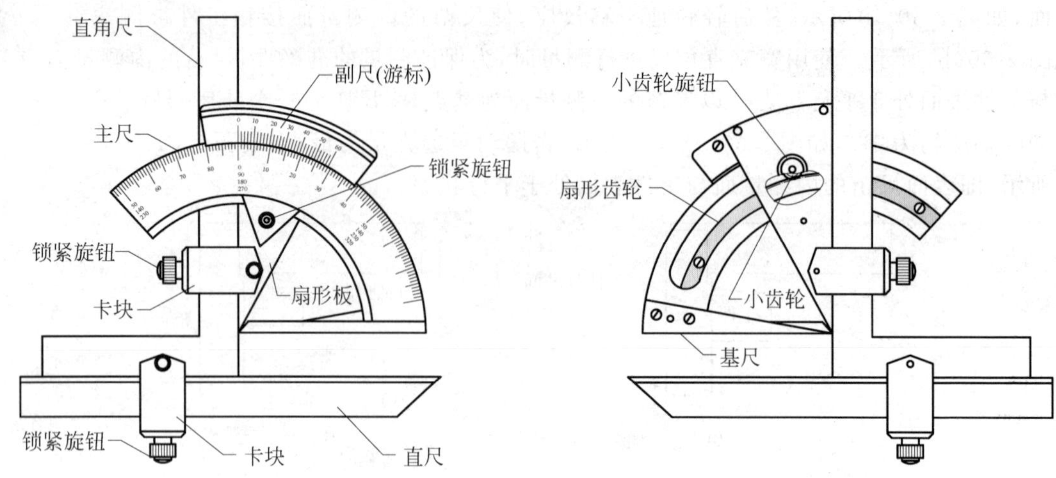

图 2-52 Ⅰ型万能角度尺结构

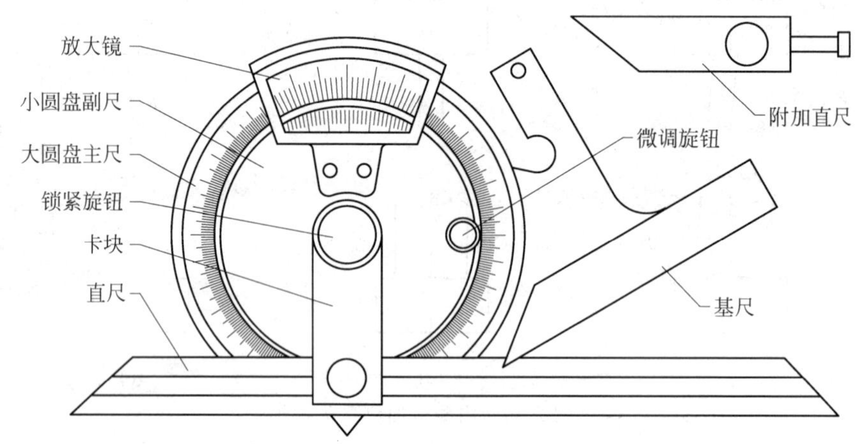

图 2-53 Ⅱ型万能角度尺结构

2）万能角度尺的分度原理

（1）读数值为 2′的万能角度尺的分度原理。主尺上每格 1°，游标上总角度为 29°，并等分为 30 格，游标每格所对的角度为

$$29/30 \times 1° = 29/30 \times 60' = 58'$$

因此，主尺和游标每格之差为 60′－58′＝2′，所以该万能角度尺的分度值为 2′。

（2）分度值为 5′的万能角度尺的分度原理。主尺上刻度线每格 1°，游标上总角度为 23°，并等分为 12 格，即游标每格所对的角度为

$$23/12 \times 1° = 23/12 \times 60' = 115'$$

因此，主尺和游标每格之差为 120′－115′＝5′，所以该万能角度尺的分度值为 5′。

3）万能角度尺的读数方法

先从主尺上读出副尺游标零位刻线指示的整度数，再看副尺游标上与主尺刻线对的最齐的某格刻线，确定出“分”的数值，将主尺上读出的度(°)和副尺上读出的分(′)的数值相加就是被测角度的量值。

【例 2-5】 读出图 2-54 中Ⅰ型万能角度尺的读数。

从图 2-54(a)中可以看出，游标零位刻度线过了主尺刻度 59°，游标上的第 14 格刻度线与主尺刻度线对得最齐，即 14×2′=28′。所以，其读数=59°+14×2′=59°28′。

从图 2-54(b)中可以看出，游标零位刻度线过了主尺刻度 5°，游标上的第 19 格刻度线与主尺刻度线对得最齐，即 19×2′=38′。所以，其读数=5°+19×2′=5°38′。

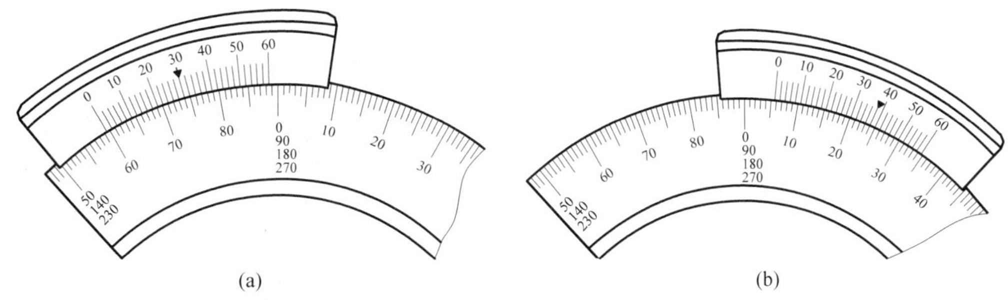

图 2-54　Ⅰ型万能角度尺的读数方法

4）万能角度尺的基本参数

万能角度尺的基本参数如表 2-8 所示。

表 2-8　万能角度尺的基本参数

型式	测量范围	游标读数值	示值误差
Ⅰ型	0°～320°	2′、5′	±2′、±5′
Ⅱ型	0°～360°	5′、10′	±5′、±10′

5）Ⅰ型万能角度尺的测量方法

Ⅰ型万能角度尺的测量方法如图 2-55 所示。

图 2-55(a)所示为测量 0°～50°角时的情况，利用基尺和直尺的测量面对工件的被测表面进行测量，注意将基尺的测量面接触被测工件的基准面，此时按照主尺的第一排刻度读数。

图 2-55(b)所示为测量 50°～140°角时的情况，取下角尺，将直尺直接装在扇形板的夹块上，利用基尺和直尺的测量面对工件的被测表面进行测量，注意将基尺的测量面接触被测工件的基准面，此时按照主尺的第二排刻度读数。

图 2-55(c)所示为测量 140°～230°角时的情况，取下直尺和固定在角尺上的夹块，使角尺直角顶点与基尺尖端对齐，然后把角尺短边和基尺的测量面对工件的被测表面进行测量，注意将基尺的测量面接触被测工件的基准面，此时按照主尺的第三排刻度读数。

图 2-55(d)所示为测量 230°～320°角时的情况，取下直尺、角尺和夹块，直接用基尺和扇形板的测量面对工件的被测表面进行测量，注意将基尺的测量面接触被测工件的基准面，此时按照主尺的第四排刻度读数。

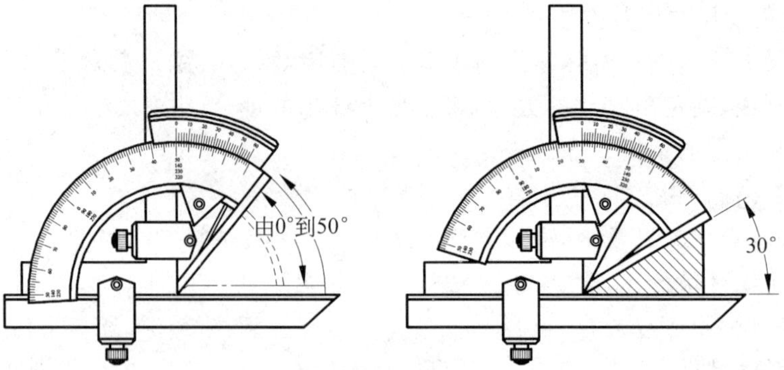

由0°到50°
30°

(a) 测量0°~50°角

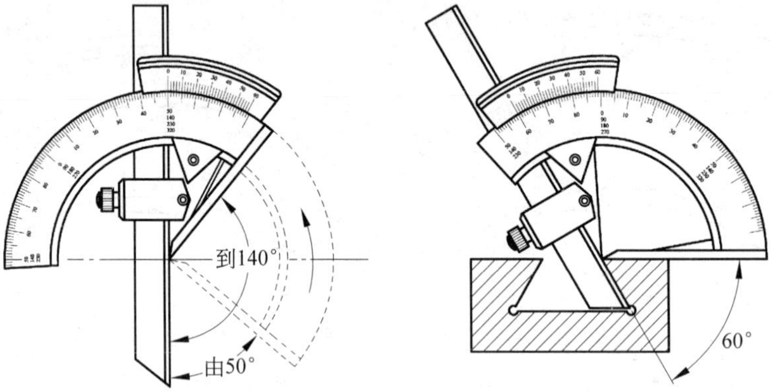

到140°
由50°
60°

(b) 测量50°~140°角

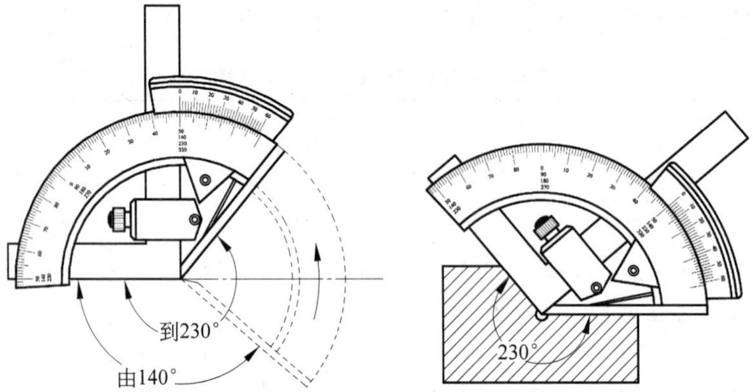

到230°
由140°
230°

(c) 测量140°~230°角

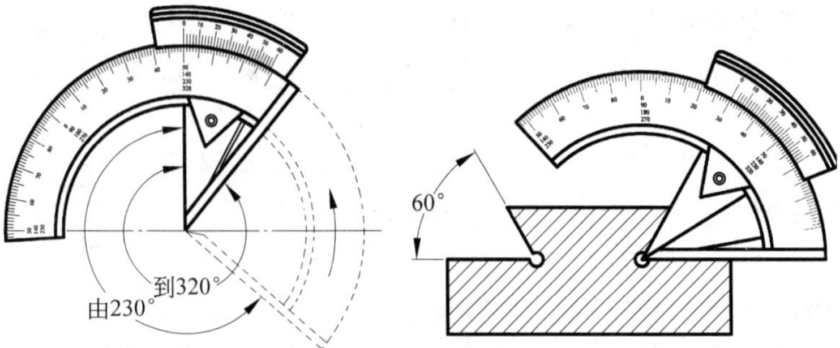

60°
到320°
由230°

(d) 测量230°~320°角

图 2-55　Ⅰ型万能角度尺的测量方法

3. 正弦规

正弦规(又称为正弦尺)是参与测量零件锥度和角度的一种精密量仪。

1) 正弦规的结构、精度、规格

正弦规的结构如图 2-56 所示。其中,L 为标准圆柱中心距、B 为正弦规宽度、d 为标准圆柱直径、H 为工作平面高度。正弦规的精度分为 0 级和 1 级。正弦规分为窄型和宽型两种,其规格分为 100mm×25mm、100mm×80mm、200mm×40mm、200mm×80mm、300mm×150mm 等多种。

2) 正弦规测量原理

正弦规是与平板、量块配合使用,通过指示表在水平方向按微差比较方式对零件角度、锥度进行测量取值,并通过三角函数中的正弦关系来计算被测零件角度值和锥度值。

正弦规一般用于测量小于 45°的角度,在测量小于 30°的角度时,其精度可达到 3″~5″。

3) 正弦规测量方法

(1) 用正弦规测量圆锥角。通过正弦规和指示表的配合使用,可测量各种圆锥角。图 2-57 所示为用正弦规测量圆锥塞规的圆锥角,将正弦规放在平板上,一标准圆柱与平板接触,另外一标准圆柱下面垫以量块组,使正弦规的工作平面与平板形成一定的圆锥角 α,即

$$\sin\alpha = h/L \qquad (2\text{-}4)$$

式中:α 为正弦规放置的角度;h 为量块组高度尺寸;L 为正弦规两圆柱的中心距。

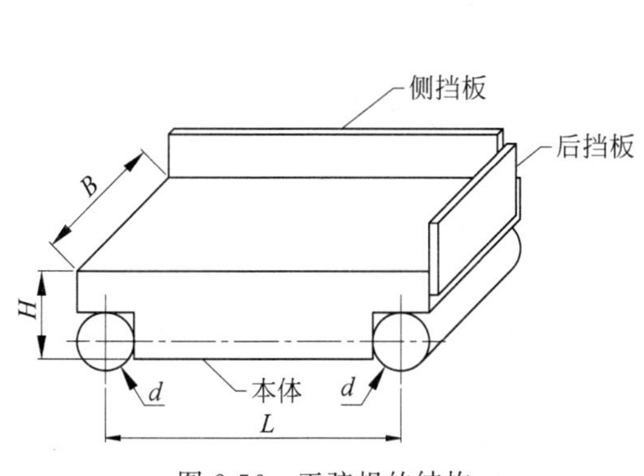

图 2-56　正弦规的结构

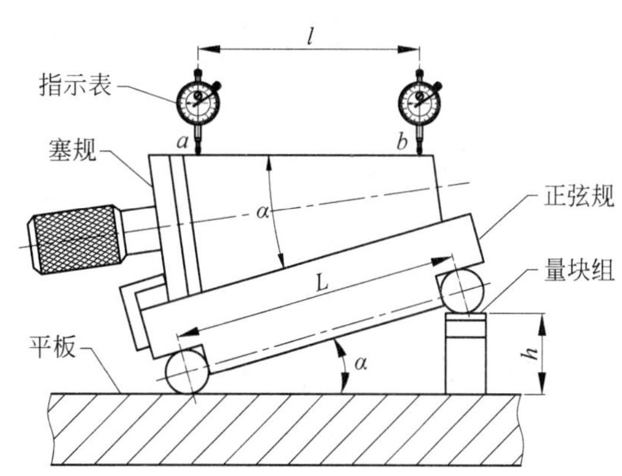

图 2-57　用正弦规测量圆锥塞规的圆锥角

测量前,首先要计算量块组的高度尺寸 h,即

$$h = L \times \sin\alpha \qquad (2\text{-}5)$$

然后将量块组放在平板上与正弦规一标准圆柱接触,此时正弦规的工作平面相对于平板倾斜 α 角。放上圆锥塞规后,用千分表分别测量被测圆锥上 a、b 两点。如果被测的圆锥角等于基本圆锥角(由设计给定),则表示在 a、b 两点的指示值相同,即锥角上母线平行于平板工作面;如果被测角度有误差,则表示 a、b 两点的指示值必有一差值 n,n 与 a、b 两点距离 l 之比为锥度误差 Δc(考虑正负号),即

$$\Delta c = n/l \qquad (2\text{-}6)$$

式中:n、l 的单位均取 mm。

锥度误差乘以弧度对秒的换算系数后，即可求得锥角误差 $\Delta\alpha$，即

$$\Delta\alpha = 2\Delta c \times 10^5 \tag{2-7}$$

式中：$\Delta\alpha$ 的单位为秒(″)。

注意：度与弧度的换算关系为 $1° = 0.017453\text{rad}$，$1' = 0.000291\text{rad}$，$1'' = 0.000005\text{rad}$。

用上述方法也可以测量其他工件的角度。

【例 2-6】 使用中心距为 100mm 的正弦规测量莫氏 2 号锥度塞规，其基本圆锥角 α 为 2°51′40.8″(2.861332°)，试求标准圆柱下应垫量块组的尺寸是多少？若测量时千分表两测量点 a、b 相距为 $l=60\text{mm}$，两测量点的读数差 $n=0.010\text{mm}$，且 a 点比 b 点高(即 a 点的读数值比 b 点大)。试确定该锥度塞规的锥度误差是多少，并确定实际锥角的大小。

解 根据公式 $\sin\alpha = h/L$，则有

$$h = L\sin\alpha$$

得

$$h = 100 \times 0.04992 = 4.992(\text{mm})$$

根据公式 $\Delta c = n/l$，得

$$\Delta c = 0.010/60 = 0.0001667(\text{mm})$$

根据公式 $\Delta\alpha = 2\Delta c \times 10^5$，得

$$\Delta\alpha = 2 \times 0.0001667 \times 10^5 = 33.3''$$

由于 a 点比 b 点高，因而实际圆锥角比基本圆锥角大，所以根据公式 $\alpha_{实} = \alpha + \Delta\alpha$，得

$$\alpha_{实} = 2°51'40.8'' + 33.3'' = 2°52'14.1''$$

答 该正弦规标准圆柱下应垫量块组的尺寸为 4.992mm，该锥度塞规的锥度误差为 0.0001667mm，由于锥角误差为 33.3″，所以实际圆锥角为 2°52′14.1″。

【例 2-7】 使用中心距为 100mm 的正弦规测量莫氏 5 号锥度塞规，其基本圆锥角为 3°53″，试求量块组的尺寸是多少？若测量时千分表两测量点 a、b 相距为 $l=80\text{mm}$，两测量点的读数差 $n=0.009\text{mm}$，且 a 点比 b 点低(即 a 点的读数值比 b 点小)，试求该锥度塞规的锥度误差是多少？并确定实际锥角的大小？

解 根据公式 $\sin\alpha = h/L$，则有

$$h = L\sin\alpha$$

得

$$h = 100 \times 0.05262 = 5.262(\text{mm})$$

根据公式 $\Delta c = n/l$，得

$$\Delta c = 0.009/80 = 0.0001125(\text{mm})$$

根据公式 $\Delta\alpha = 2\Delta c \times 10^5$，得

$$\Delta\alpha = 2 \times 0.0001125 \times 10^5 = 22.5''$$

由于 a 点比 b 点低，因而实际圆锥角比基本圆锥角小，所以根据公式 $\alpha_{实} = \alpha - \Delta\alpha$，得

$$\alpha_{实} = 3°53'' - 22.5'' = 3°30.5''$$

答 该正弦规标准圆柱下应垫量块组的尺寸为 5.262mm，该锥度塞规的锥度误差为 0.0001125mm，由于锥角误差为 22.5″，所以实际圆锥角为 3°30.5″。

(2) 用正弦规测量角度。通过正弦规和杠杆表的配合使用，可测量各种角度。图 2-58 所示为用正弦规测量零件的燕尾槽角度。

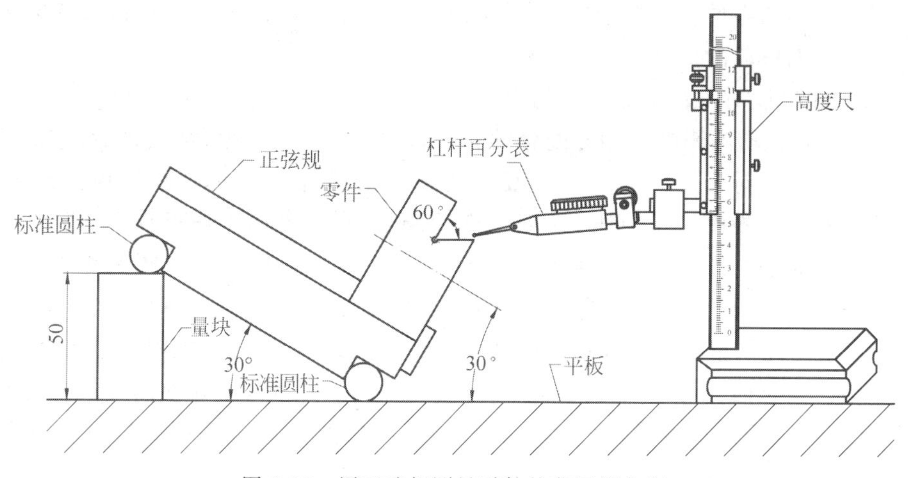

图 2-58　用正弦规测量零件的燕尾槽角度

【例 2-8】 如图 2-58 所示，使用中心距为 100mm 的正弦规测量角度为 30°的燕尾槽角度面，试求量块组的尺寸是多少？

解　根据公式 $\sin\alpha = h/L$，$h = L \times \sin 30^\circ$

得

$$h = 100 \times 1/2 = 50\text{mm}$$

答　量块组的尺寸为 50mm，故选择尺寸为 50mm 的一个量块垫在该正弦规标准圆柱下即可。

4. 常用角度量具使用注意事项

(1) 被测工件的要求与测量器具的应用一定要相适应和对应。不能用量具测量带有研磨剂的表面，不能用精密的测量器具去测量工件的粗糙表面。

(2) 测量前应将测量器具工作表面的防锈油脂和被测工件的表面擦拭干净，以免影响测量精度。测量工作结束后，要将测量器具上的污渍擦拭干净，涂上一层薄薄的防锈油脂，然后放入专用盒内。

(3) 测量过程中，放置测量器具的地方必须平坦、稳定。不要与刀具混放在一起，以免损伤测量器具。

(4) 测量时要注意温度的影响，测量器具要与被测工件的温度相同，若温差过大，容易产生测量误差。

(5) 测量器具要定期送往计量室进行检定和检修，以保证示值的正确性和测量精度。

2.4　表面粗糙度与检测

1. 相关知识

1) 表面粗糙度概念

表面粗糙度是指零件加工表面上的微观几何形状误差。这些微观几何形状误差是由加工过程中刀具和零件表面的摩擦、切屑分离时表面金属层的塑性变形以及工艺系统的高频振动等原因形成的。

2）表面粗糙度对零件工作性能的影响

（1）对配合性质的影响。相互配合的孔、轴表面上的微小峰顶被去掉后，它们的配合性质会发生变化。对于过盈配合，由于压入装配时孔、轴表面上的微小峰顶被挤平，会减小有效过盈并降低零件的联接强度；对于间隙配合，在零件的工作过程中，孔、轴表面上的微小峰顶被磨去会导致间隙增大并改变原计划的配合性质。因此，提高零件的表面质量，就可以提高间隙配合的稳定性或过盈配合的联接强度。

（2）对耐磨性的影响。相互运动的两个零件表面越粗糙，其摩擦阻力越大，它们的磨损也就越快。这是因为两个零件表面只能在轮廓的峰顶接触，而峰顶的接触对运动将产生摩擦阻力。因此，提高零件表面的表面质量，可以减少摩擦损失，提高机械的传动效率，延长零件的使用寿命。

（3）对耐疲劳性的影响。对于承受交变应力作用的零件表面，疲劳裂纹容易在其表面轮廓的微小谷底出现，这是因为在微小谷底处容易产生应力集中，使材料的疲劳强度降低，导致零件表面产生裂纹而损坏。因此，在加工中要特别注意零件沟槽和台阶圆角处的表面质量，以增强零件的抗疲劳强度。

（4）对耐腐蚀性的影响。零件表面越粗糙，其峰谷处越容易聚集腐蚀性物质，然后这些腐蚀性物质逐渐渗透到金属材料的表层，形成表面锈蚀。因此，降低零件表面粗糙度值可以提高其抗腐蚀性。

3）表面粗糙度的评定参数

评定参数是用来定量描述零件表面粗糙度轮廓特征的参数及数值。其中常用的是轮廓的算术平均偏差，用符号 Ra 表示，数值单位为 μm，其数值如表 2-9 所示。

表 2-9　轮廓算术平均偏差 *Ra* 的数值（摘自 GB/T 1031—2009）　　单位：μm

Ra	0.012	0.2	3.2	50
	0.025	0.4	6.3	100
	0.05	0.8	12.5	
	0.1	1.6	25	

4）表面加工纹理符号及标注

各种典型的表面加工纹理及其方向用表 2-10 中规定的符号标注。

表 2-10　表面加工纹理符号及标注

符号	说　明	图　例
=	纹理平行于视图所在的投影面	纹理方向

续表

符号	说　　明	图　　例
⊥	纹理垂直于视图所在的投影面	纹理方向
×	纹理呈斜向交叉且与视图所在的投影面相交	纹理方向
M	纹理呈多方向	
C	纹理呈近似同心圆且圆心与表面中心相关	
R	纹理呈近似放射状且与表面中心相关	
P	纹理呈微粒、凸起，无方向	

2. **表面粗糙度的检测**

表面粗糙度的检测方法有比较法、针描法、光切法和显微镜干涉法等。这里介绍在车间条件下常用的“比较法”与“针描法”。

1）比较法

比较法是指通过被测表面与已知 *Ra* 值的表面粗糙度比较样块进行触觉和视觉比较，估计出表面粗糙度轮廓 *Ra* 参数值的方法。比较法简单实用，但检测精度不高，适合在车间条件下判定较粗糙轮廓的表面，单组合式表面粗糙度比较样块如图2-59所示。

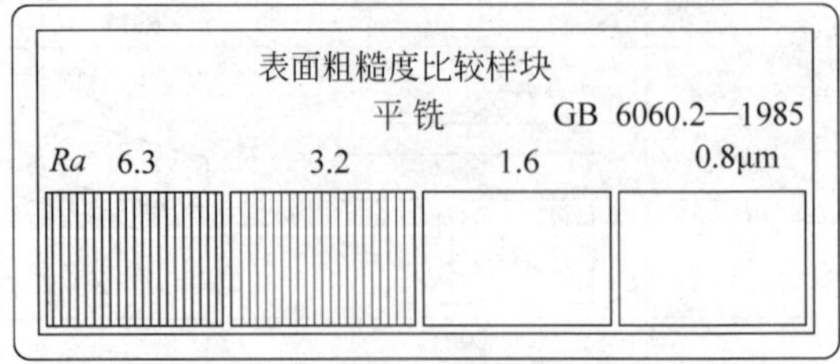

图2-59　单组合式表面粗糙度比较样块

表面粗糙度比较样块.mp4

(1) 触觉比较法。触觉比较法是指用手摸或用指甲感触来估计表面粗糙度数值的方法。触觉比较法适用于估测 *Ra* 值为1.6～10μm的外表面。

(2) 视觉比较法。视觉比较法是指通过目测或用放大镜、比较显微镜观察估计表面粗糙度数值的方法。视觉比较法适用于估测 *Ra* 值为0.1～100μm的外表面。

2）针描法

针描法又称为触针法。采用针描法检测零件表面粗糙度的仪器为电动轮廓仪，该仪器由传感器、驱动器、指零表、记录器、电感传感器和金刚石触针构成。当金刚石触针直接在被测工件表面上轻轻地划过时，由于被测表面轮廓峰谷的起伏，使触针在垂直于被测轮廓表面方向产生上下移动，将移动路径通过电子装置把路径信号进行放大，然后通过指零表或其他输出装置将相关数据或图形进行显示和输出。针描法适用于检测 *Ra* 值为0.025～6.3μm的外表面。

在车间条件下采用针描法检测零件表面粗糙度的仪器主要有便携式粗糙度仪。该仪器根据选定的检测条件与相关参数，通过触针与零件表面的接触，可在显示器上清晰地显示检测结果与图形。便携式粗糙度仪具有方便和快捷的特点，便携式粗糙度仪如图2-60所示。

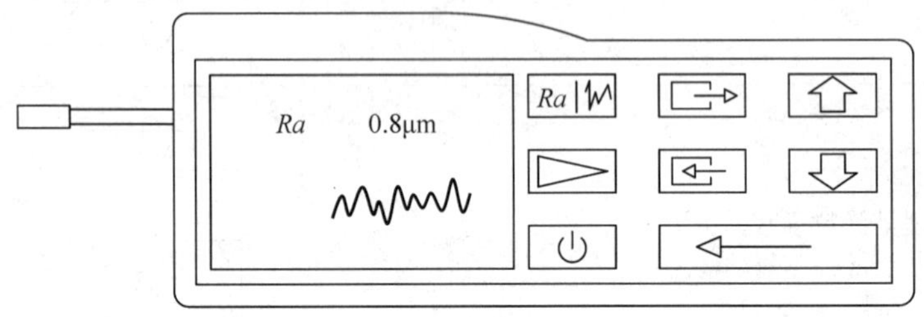

图2-60　便携式粗糙度仪

思考与练习

1. 名词解释

测量　检验　测量精度　加工精度　刻度间距　分度值　表面粗糙度

2. 叙述题

(1) 简述内卡钳测量方法。
(2) 游标卡尺分为几大类？简述游标卡尺的结构和读数原理。
(3) 简述刀形样板平尺的检测方法和注意事项。
(4) 简述外径千分尺的结构和读数原理。
(5) 简述量块的尺寸组合及使用方法。
(6) 量块的用途有哪些？
(7) 简述百分表的结构和分度原理。
(8) 简述读数值为2′的万能角度尺的结构和分度原理。
(9) 简述正弦规的结构和测量原理。
(10) 简述如何采用比较法检测表面粗糙度。

3. 计算题

(1) 使用中心距为200mm的正弦规，检验基本圆锥角为3°的圆锥塞规，试求标准圆柱下应垫量块组的尺寸是多少？

(2) 使用中心距为100mm的正弦规，检验莫氏5号锥度塞规，其基本圆锥角为3°0′53″，按图2-49的方法进行测量。试求量块组的尺寸是多少？若测量时千分表两测量点a、b相距为$l=80$mm，两测量点的读数差$n=0.008$mm，且a点比b点低(即a点的读数值比b点小)，试求该锥度塞规的锥度误差是多少？并确定实际锥角的大小。

第3章 划线操作技术

根据图样和技术要求，在毛坯或工件上用划线工具划出待加工部位的轮廓线以及相关线条的操作称为划线。

3.1 划线概述

1. 基本知识

1）划线的作用

（1）确定加工界线和加工余量。

（2）能够及时发现和处理不合格的毛坯，避免后期加工造成损失。

（3）能够及时发现毛坯的误差和局部缺陷，若误差和局部缺陷不大，可通过借料划线的方法进行补救。

（4）工件在机床上装夹时，可根据基准线进行找正并定位。

（5）工件加工后，可根据找正线和检查线进行质量检查和分析。

2）划线的种类

划线操作主要分为平面划线操作和立体划线操作两种。

（1）平面划线。在二坐标体系内所进行的划线操作称为平面划线。平面划线需确定两个划线基准(X、Y)。一般而言，只需在工件的一个表面上进行的划线操作属于平面划线。

（2）立体划线。在三坐标体系内所进行的划线操作称为立体划线。立体划线需确定三个划线基准(X、Y、Z)。一般而言，需要在工件的几个互成一定角度（通常是互相垂直）的表面上所进行的划线操作属于立体划线。

3）划线的基本要求

对划线的基本要求是线条清晰匀称，定形、定位尺寸准确。用高度尺进行的划线操作，其划线精度要求在0.20mm以内；用钢直尺、直角尺与划针进行的划线操作，其划线精度要求在0.50mm以内。

4）线条的种类

根据所划线条在加工中的作用，线条一般可分为基准线、加工线、找正线和检查线四种，如图3-1所示。

（1）基准线。根据图样，划在工件表面，作为确定点、线、面之间相互位置关系所依据的线条称为基准线。

（2）加工线。根据图样，划在工件表面，表示加工界限的线条称为加工线。

（3）找正线。划在工件表面，作为使工件在机床上处于正确位置时用于校正的线条称为找正线。一般是将基准线作为找正线。

（4）检查线。划在工件表面，作为加工后检查和分析加工质量的线条称为检查线。

5）划线尺寸

划线尺寸主要分为定形尺寸和定位尺寸两种。

（1）定形尺寸。用于确定线段的长度、圆弧的半径、圆的直径和角度的大小等的尺寸称为定形尺寸。如图 3-2 中的尺寸 32mm、11mm、46mm、ϕ6mm、ϕ10mm 和 R14mm 等。

（2）定位尺寸。用于确定线段在工件表面中所处位置的尺寸称为定位尺寸。如图 3-2 中的高度尺寸 22mm 和宽度尺寸 32mm 的对称中心线确定了 ϕ6mm 孔、ϕ10mm 沉孔的圆心位置等。

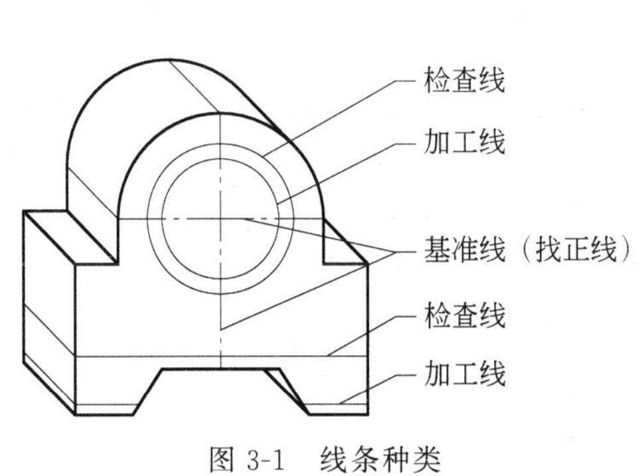

图 3-1　线条种类

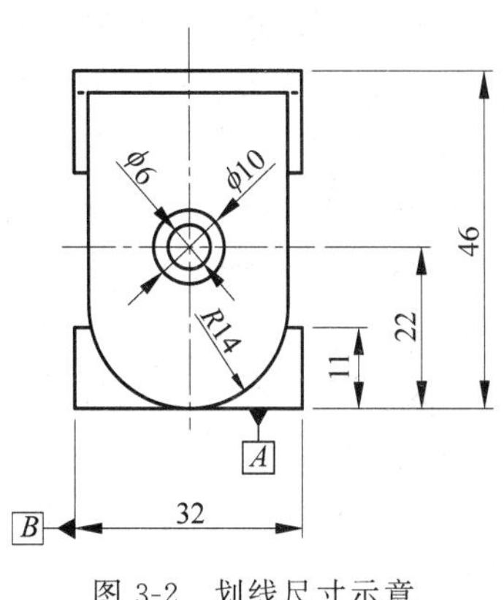

图 3-2　划线尺寸示意

6）基准知识

（1）基准。用来确定零件上点、线、面所依据的点、线、面称为基准。

（2）设计基准。设计时，根据零件在机器或部件中的位置、作用以及为保证其使用性能而确定的基准称为设计基准。

（3）工艺基准。根据零件在加工、测量和安装时的要求而确定的基准称为工艺基准。

（4）划线基准。在划线时，作为确定零件上相关尺寸、几何形状和相对位置所依据的点、线、面称为划线基准。划线基准包括尺寸基准和找正基准。

（5）尺寸基准。零件在设计、制造和检验时，计量尺寸的起始位置（点、线、面）称为尺寸基准。

（6）找正基准。利用划线工具使工件毛坯表面处于合理位置进行调整时所依据的点、线、面称为找正基准。

2. 划线工具分类

划线工具按照用途的不同分为基准工具、划线工具、测量工具和辅助工具四种。

1）基准工具

用于在划线时放置和夹持工件的工具称为基准工具。钳工常用的基准工具有划线平台、方箱、角铁、V 形架以及分度头等。

2）划线工具

用于划线操作的工具称为划线工具。如划针、划规、球座划规、划线盘、直角尺、定心尺、样冲、鸭嘴锤等。

3）测量工具

在划线操作时用于划出尺寸和角度的工具称为测量工具。如钢直尺、划线尺架、高度游标卡尺、万能角度尺、正弦尺等。

4）辅助工具

用于辅助划线操作的工具称为辅助工具。如千斤顶、G形夹、楔铁等。

3. 划线用涂料

为了使工件表面所刻划的线条清晰，在划线前应在工件的划线部位涂上一层薄而均匀的涂料。常用的涂料有以下四种。

1）石灰水

石灰水是由白石灰、乳胶或骨胶和水调成稀糊状，一般用于铸件和锻件毛坯表面。

2）紫色水

紫色水是由2%～5%的紫色颜料（如青莲、普鲁士蓝、龙胆紫）加上3%～5%的漆片或虫胶和90%～95%乙醇配制而成，一般用于工件的已加工表面。

3）硫酸铜溶液

硫酸铜溶液是按100g水中加入1～1.5g的硫酸铜的比例配制而成，一般用于工件的已加工表面。

4）特种淡金水

特种淡金水是以乙醇和虫胶为主要原料的橙色液体，一般用于工件的精加工表面。

3.2 划线工具与操作

1. 划线平板

划线平板（又称为划线平台）是用来进行划线和测量的基准工具。划线平板由铸铁铸造，其工作表面经过精刨和刮削加工而成，工作表面就是划线和测量操作时的基准平面，如图3-3所示。

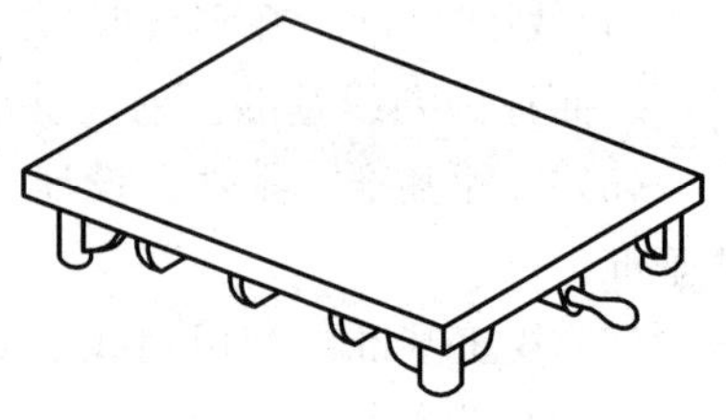

图3-3 划线平板

2. 钢直尺

钢直尺是用来进行测量的量具和划线操作的导向工具。

3. 划针

划针是用来在工件表面刻划线条的划线工具。

（1）划针的种类。如图3-4所示，划针一般分为弹簧钢丝划针、高速钢划针和镶硬质合金针头划针等多种。划针一般可用弹簧钢丝直接磨制而成(需淬硬)或用高速钢锻成条后磨制而成,或在针体一端用黄铜镶焊硬质合金针头,其直径一般为 4～6mm,尖端刃磨成 15°～20°的锐角,划针所划出的线条宽度一般为 0.1～0.15mm。

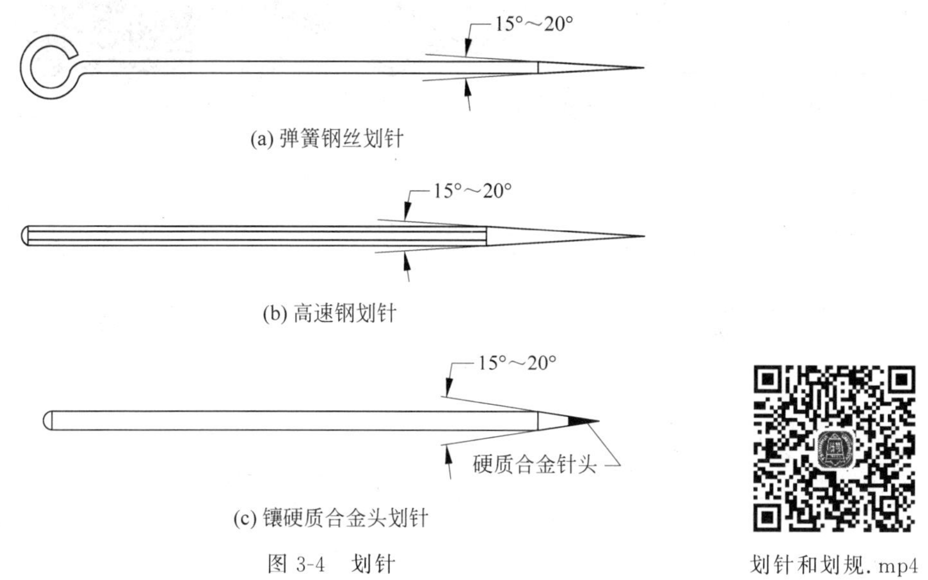

(a) 弹簧钢丝划针

(b) 高速钢划针

(c) 镶硬质合金头划针

图 3-4　划针

划针和划规.mp4

(2) 划针的握法。划针的握法与握铅笔基本相同。

(3) 划针的操作要点。在与钢直尺或直角尺等导向工具配合划线时,划针尖要紧靠导向工具的边缘,划针上端要向外侧倾斜 15°～20°,如图 3-5(a)所示,同时向后倾斜 45°～75°,如图 3-5(b)所示,并自前向后地刻划线条;每段线条要尽量一次刻划完成,要达到线条清晰、位置准确。

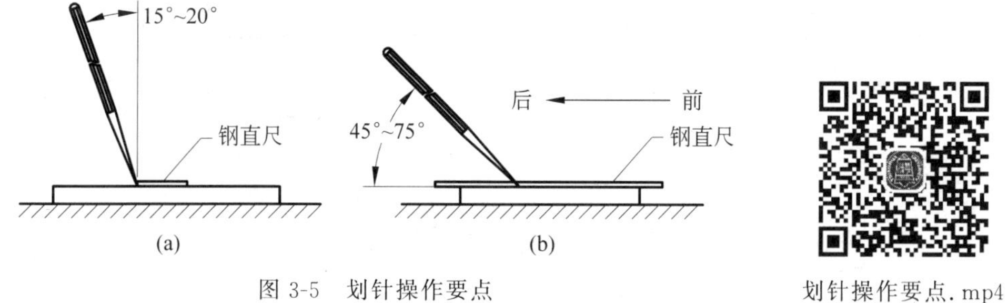

(a)　(b)

图 3-5　划针操作要点

划针操作要点.mp4

4. 直角尺

直角尺是用来进行测量的量具和划线操作的导向工具。

使用直角尺进行划线时,首先用钢直尺和划针确定出尺寸位置(划一段短线),然后再用直角尺和划针配合划出完整线段,注意要以尺座的内基准面紧贴工件的一个基准面,这样才能保证划线时的导向准确性,如图 3-6 所示。

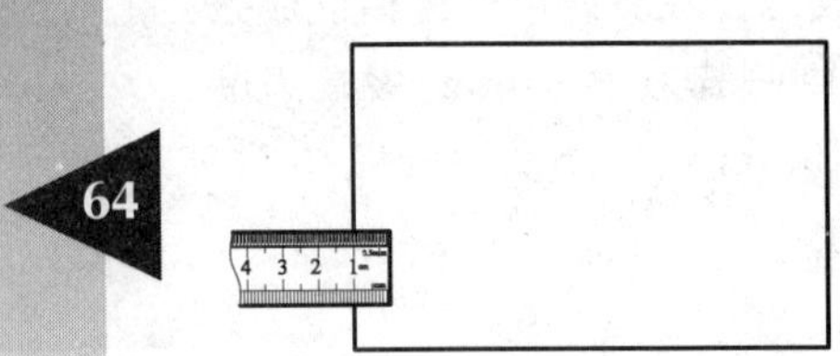

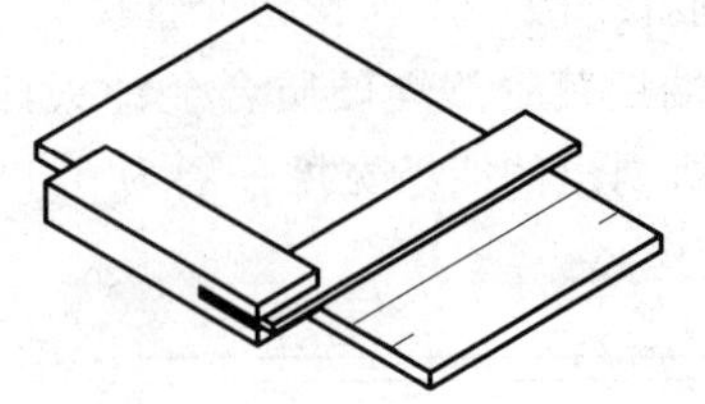

图 3-6　直角尺划线操作

直角尺划线操作.mp4

5. 定心尺

定心尺是用来确定轴件、管件与法兰盘等圆形工件中心线的划线工具。定心尺是根据圆周上任一弦线的垂直平分线必通过圆心这一原理制成的。定心尺的结构如图 3-7 所示。定心尺的使用方法如图 3-8 所示。

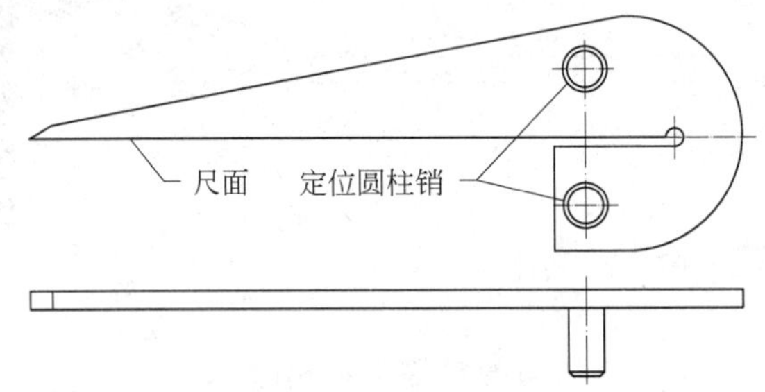

图 3-7　定心尺结构

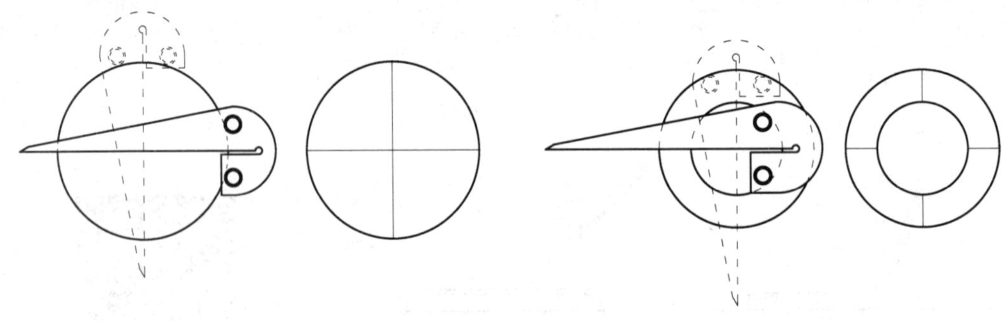

图 3-8　定心尺划线操作

6. 划规

划规是用来进行截取尺寸、等分线段、划圆和圆弧的划线工具。

（1）划规的规格。其规格按长度分为 150mm、200mm、250mm、300mm 等多种。划规是由中碳钢或工具钢制成。

（2）划规的种类和结构。划规有普通划规、连板划规、弹簧划规、弯脚划规和长划规等多种，种类和结构如图 3-9 所示。最常用的是普通划规，它结构简单，但是调整尺寸不太方便，如果铆钉过松，则在使用过程中，尺寸容易变动。连板划规有锁紧螺钉，当调整好尺寸后拧紧连板锁紧螺钉，尺寸就不易变动，适宜于在粗糙的毛坯表面上划线。弹簧划规的优点是调整尺寸方便，但在划线时有一只划规脚容易弹动而影响尺寸精度，适宜于在比较光滑的表面上划线。长划规是专门用来划大尺寸的圆和圆弧，在滑杆上移动划规脚调整尺寸，并通过锁紧手柄固定尺寸，还可以通过调节手柄调整划规尖的高低。

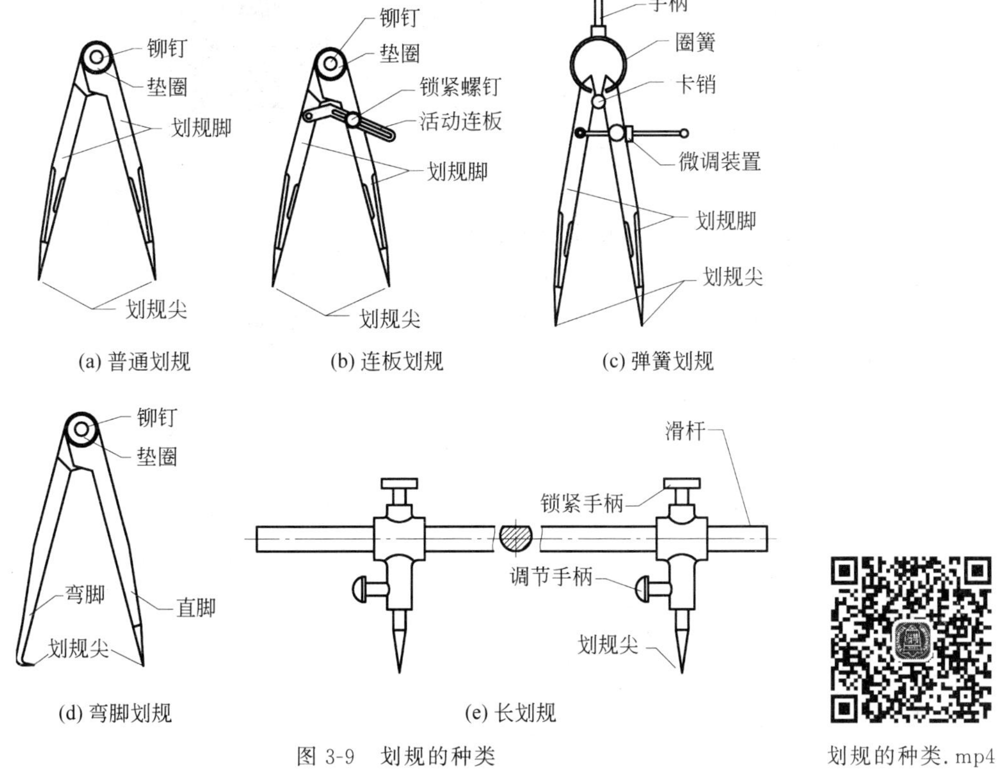

图 3-9　划规的种类

划规的种类.mp4

(3) 普通划规握法。右手大拇指与其他四指相对捏住划规上部即可，如图 3-10 所示。

(4) 划规操作方法。

① 冲眼。用样冲对圆心冲眼时，样冲眼要尽量打得小一点，只要能使划针尖定位就可以，如果样冲眼打得偏大，划针尖就会在冲眼里发生移动，这样划出来的圆和圆弧的直径就会偏大。

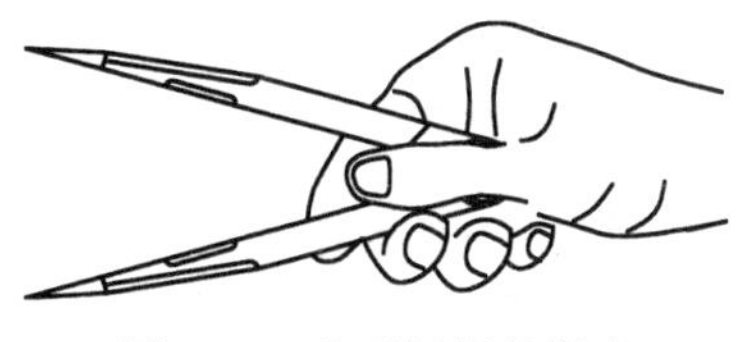

图 3-10　普通划规的握法

② 度量尺寸。通过钢直尺度量出所划圆和圆弧的半径。

③ 试划。先试划一小段圆弧，再用钢直尺检查圆弧半径值，如果半径值正确，就可以接着划圆和圆弧；如果不正确，就要调整半径值。

④ 划圆。如图 3-11 所示，用划规划圆时，为安全起见(防止划规尖滑动伤手)，每次只按顺时针划出 1/4(90°)圆的圆弧段，然后对工件或划规作一个角度的调整，接着再划出后续 1/4 圆弧段，分四次逐段划出整个圆。

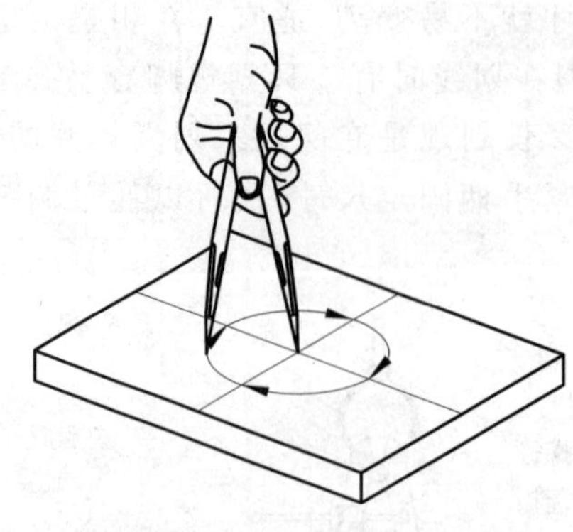

图 3-11　普通划规划线操作

划规操作方法.mp4

(5) 弯脚划规操作方法。先通过钢直尺度量出所划圆的半径尺寸，再用弯脚划规尖在工件的圆柱面上定位；然后用直脚划规尖在工件的端面从相互垂直的四个方向划出一小段圆弧，四小段圆弧如同“井”字形状，“井”字要尽量小一些；最后目测确定“井”字的中心并用样冲打出冲眼，如图 3-12 所示。

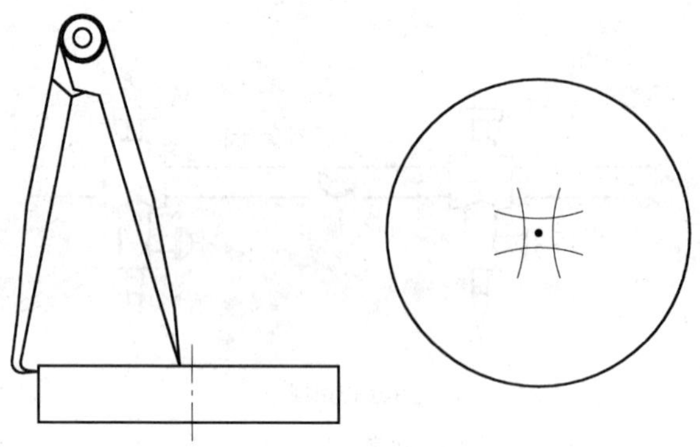

图 3-12　弯脚划规划线操作

7. 划线盘

划线盘是用来划线和找正工件位置的直接划线工具。

(1) 划线盘的规格。划线盘的规格按立柱的长度分为 200mm、250mm、300mm、400mm、450mm 五种。

(2) 划线盘的种类和结构。划线盘分为普通划线盘和球座划线盘两类。

① 普通划线盘。普通划线盘按照立柱的不同，又分为槽形立柱和圆形立柱两种，结构如图 3-13 所示。槽板针架上的直头针用来划线，弯头针用来找正工件位置。

② 球座划线盘。球座划线盘的特点是底座为球体，适宜于在有孔工件上自动定心进行划线操作，结构如图 3-14 所示，球座划线盘的操作如图 3-15 所示。

(3) 普通划线盘的握法。用右手的大拇指与其他四指相对捏住底座两侧即可，如图 3-16 所示。

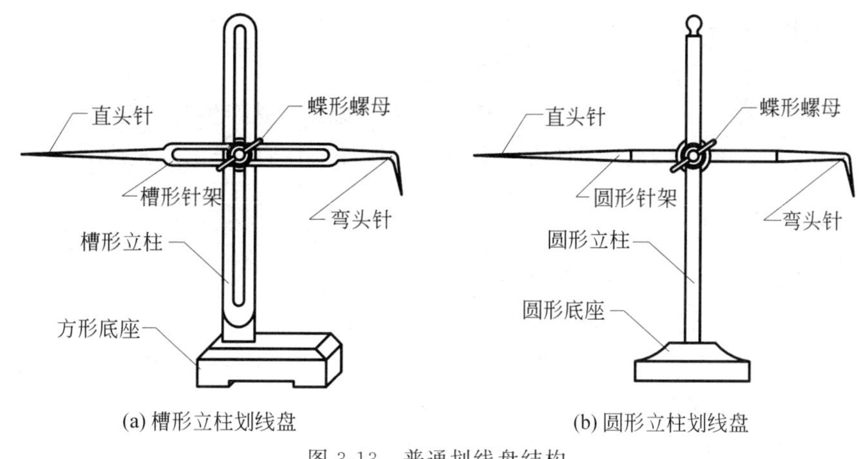

(a) 槽形立柱划线盘　　(b) 圆形立柱划线盘

图 3-13　普通划线盘结构

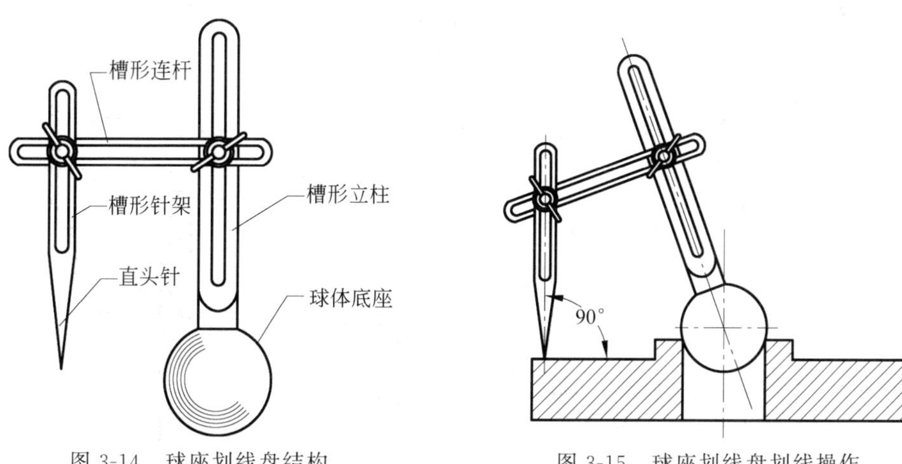

图 3-14　球座划线盘结构　　图 3-15　球座划线盘划线操作

（4）普通划线盘的操作要点如下。

① 使用划线盘进行划线操作时，应使针架基本处于水平状态，针架与被划工件表面的夹角在 45°左右，并要自前向后地拖动底座进行划线，如图 3-17 所示。

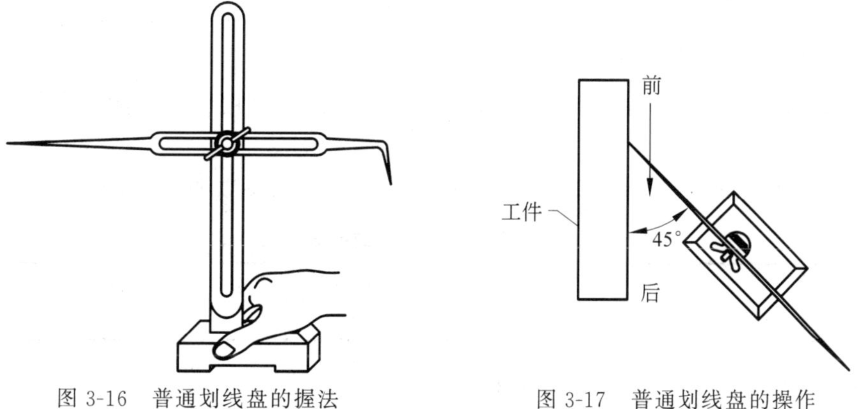

图 3-16　普通划线盘的握法　　图 3-17　普通划线盘的操作

② 针架伸出的部分应尽量地短，这样划针架的刚性就比较好，划线时就不容易产生振动。

③ 要尽量用蝶形螺母夹紧针架，这样在划线时就不容易产生尺寸变动。

④ 拖动底座进行划线时，同时还要适当用力压住底座，防止出现底座晃动。

8. 划线尺架

划线尺架是用来夹持钢直尺的划线辅助工具。

（1）划线尺架的结构。划线尺架的结构如图3-18所示。

（2）划线尺架的用法。划线尺架是与划线盘配合使用的，用划线盘进行划线时，要在划线尺架上度量出所需要的高度尺寸，如图3-19所示。

（3）划线尺架的使用要点。首先要检查钢直尺的底部端面一定要与平台工作面接触，然后拧紧锁紧螺钉固定钢直尺。

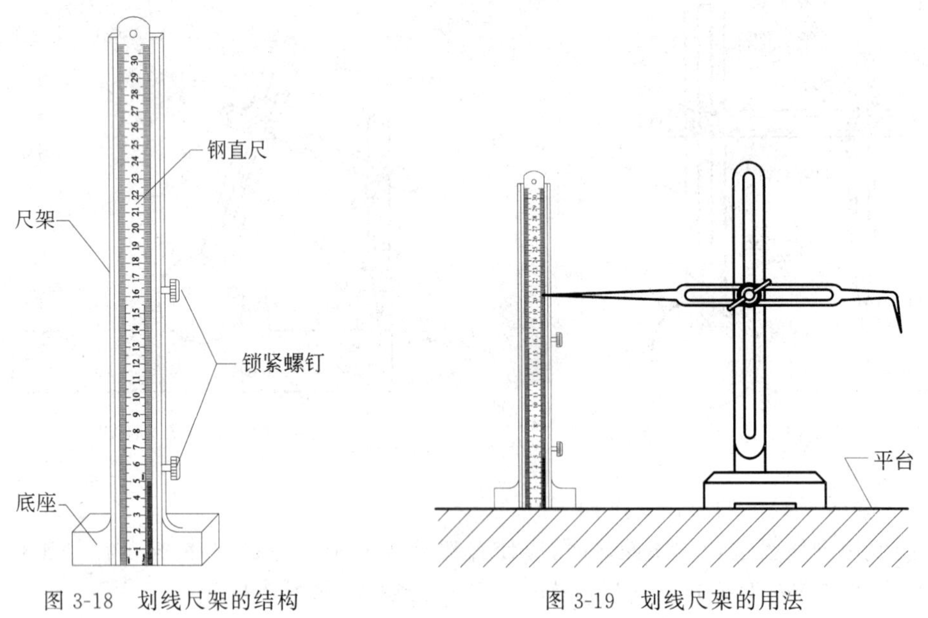

图3-18　划线尺架的结构　　图3-19　划线尺架的用法

9. 高度游标卡尺

高度游标卡尺（又称为高度游标划线尺，简称高度尺）是用于零件测量和精密划线的量具。

（1）高度游标卡尺的基本参数。高度游标卡尺的基本参数如表3-1所示。

表3-1　高度游标卡尺的基本参数　　单位：mm

测量范围	0～200、0～300、0～500	0～1000
分度值	0.02、0.05、0.10	0.10

（2）高度尺的结构。高度尺的结构如图3-20所示。

（3）高度尺的握法如下。

① 调整尺寸时的握法。调整尺寸时，尺身呈水平状态，左手的大拇指与其他四指相对捏住尺座两侧凹槽，尺身呈水平状态并与视线相垂直，如图 3-21 所示。

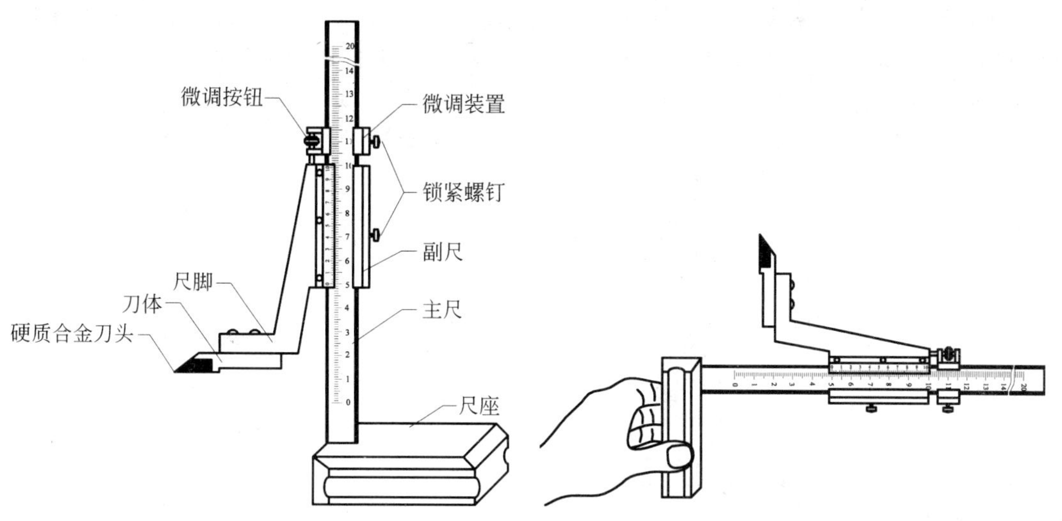

图 3-20　高度尺的结构

图 3-21　高度尺调整尺寸时的握法

② 尺寸调整方法。首先旋松副尺和微调装置上的锁紧螺钉，右手移动副尺粗调尺寸，然后拧紧微调装置上的锁紧螺钉，通过微调旋钮移动副尺精调尺寸，最后拧紧副尺上的锁紧螺钉。

③ 划线时的握法。高度尺划线时的握法与划线盘握法基本相同，右手的大拇指与其他四指相对捏住尺座两侧凹槽，如图 3-22 所示。

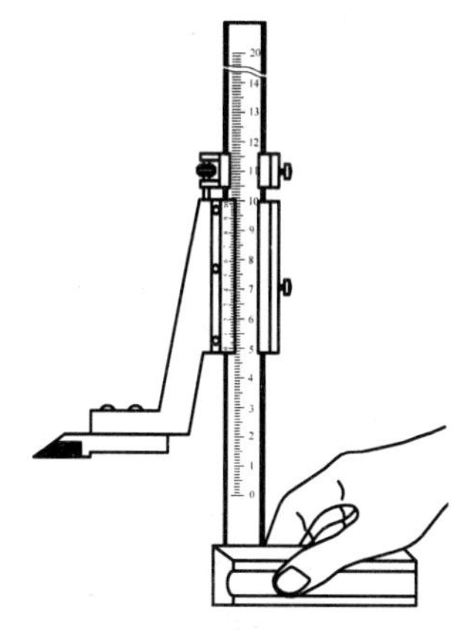

图 3-22　高度尺划线时的握法

高度尺划线时的握法.mp4

(4) 高度尺的操作要点如下。

① 使用高度尺进行划线操作时，刀头尖端(刀尖)与被划工件表面的夹角约为 45°，并要自前向后地拖动尺座进行划线，可参考图 3-17。

② 拖动尺座进行划线时，同时还要适当用力压住尺座，防止出现尺座摇晃和跳动现象。

③ 进行精密划线时，应检查刀尖和副尺游标的零位是否准确。检查方法是首先移动

副尺下降,使刀头的下刀面与平台工作面接触,如图3-23所示;然后观察副尺的零位与主尺的对齐状况,如果误差较大,则要通过尺座的主尺调整装置对主尺进行相应调整。

④ 刀尖用钝后,需要进行刃磨。刃磨时注意只能刃磨刀头的上刀面(斜面),两个侧面和下刀面(基准面)不得刃磨,如图3-24所示,由于刀尖材料为硬质合金,所以在刃磨时,不得用水冷却。

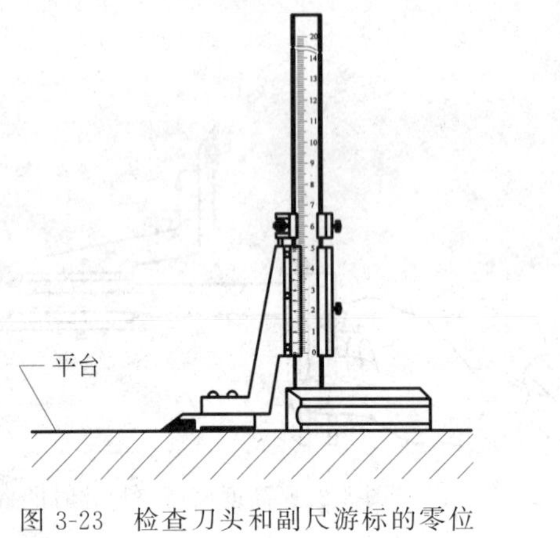

图3-23　检查刀头和副尺游标的零位　　图3-24　刃磨刀头

10. 样冲

样冲是用于划线操作中的直接划线工具。

用手锤打击样冲使冲尖准确、均匀地在工件表面所刻划的加工界线上冲出45°～60°锥坑,以作为加强界线标记的操作,称为冲眼。冲眼操作是钳工划线操作中的一道工序,准确、合理分布的冲眼对工件的加工过程起着重要的指导和检查作用。

(1) 样冲的材料、种类与结构。样冲一般用碳素工具钢锻制或用45钢车制,冲尖部分经淬火硬化。其样式与结构如图3-25所示,种类一般分为锻制六棱柱样冲和车制滚花圆柱样冲两种,样冲的长度一般为100～120mm。

(2) 样冲的握法。左手大拇指与食指、中指和无名指相对捏住冲身即可,如图3-26所示。

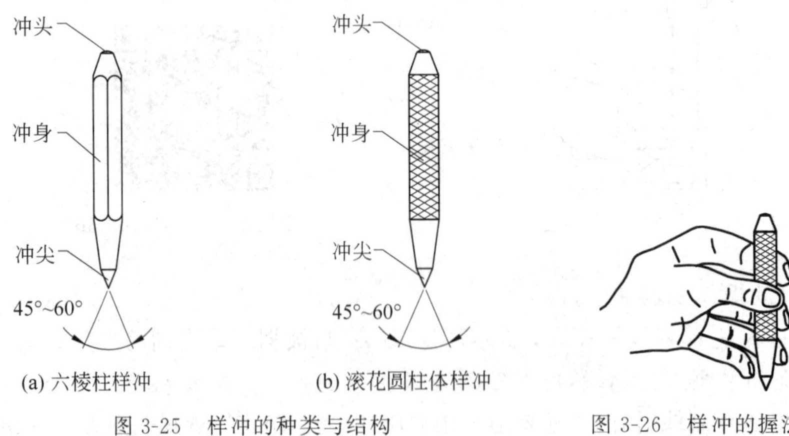

图3-25　样冲的种类与结构　　图3-26　样冲的握法

(3) 样冲的用法。为了观察冲尖找准冲眼位置，可先将冲身向外侧倾斜 30°左右，再用左手无名指的指头置于工件表面作为支撑点，并移动使冲尖落入线槽，如图 3-27(a)所示。当冲尖落入线槽后，再将冲身垂直于工件表面，然后用手锤一次打击冲头冲出冲眼，如图 3-27(b)所示，这个过程可以概括为一支点、二落槽、三垂直、四锤击。用手锤打击冲头时，不许连续击打(连击)，以防样冲产生跳动而导致冲眼偏离线槽。

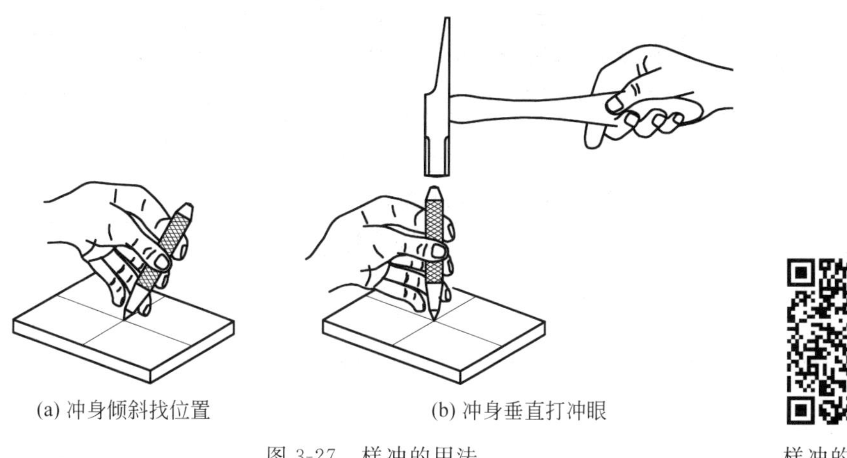

(a) 冲身倾斜找位置　　(b) 冲身垂直打冲眼

图 3-27　样冲的用法

样冲的用法. mp4

(4) 冲眼的操作要点如下。

① 优先要点。在加工界线上，由线段所形成的定位点、交点、切点应优先打上冲眼，再按均等、间距、大小等要点逐段打上冲眼排列，如图 3-28 所示。

② 均等要点。在所划的加工界线上，首先在线段的两侧离工件边缘 2～3mm 的位置分别打上冲眼，然后通过目测分段确定冲眼所处的中心位置(线段的 1/2 处)后打上冲眼，以获得分布基本均等并且比较美观的冲眼排列，如图 3-29 所示。

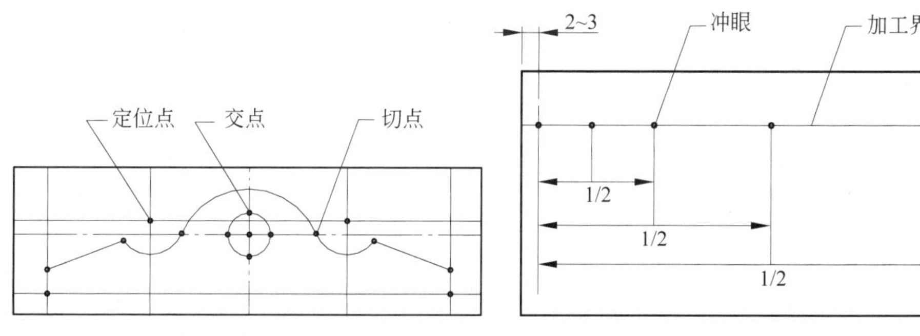

图 3-28　优先要点　　图 3-29　均等要点

均等要点 1. mp4

均等要点 2. mp4

③ 间距要点。根据加工界线的长短和直线段与曲线段的区别,冲眼之间的间隔距离应有所不同。一般情况下,曲线段上的冲眼排列应比直线段上的冲眼分布适当密一些,具体应以有利于观察和加工为准,如图3-30所示,并参考表3-2。

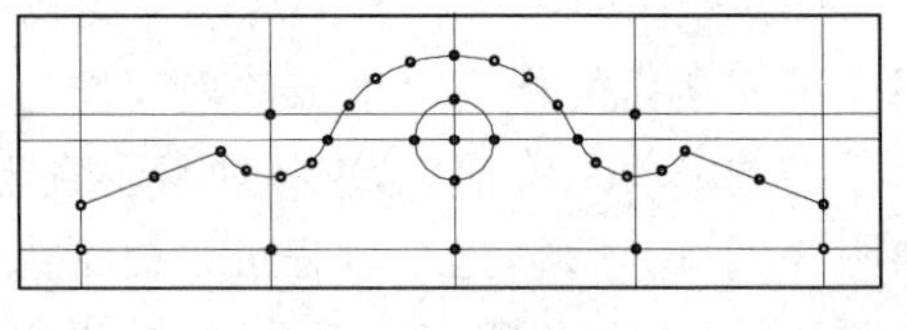
图3-30 间距要点

④ 大小要点。根据加工表面的粗糙程度的不同,冲眼的大小即锥坑直径应有所不同。一般情况下,铸件表面的直径可大一些,粗加工表面及光面的直径应小一些,具体应以有利于观察和加工为准,具体参数可参考表3-2。

表3-2 冲眼操作的基本参数

加工表面	表面粗糙度/μm	冲眼距离/mm	冲眼直径/mm
铸件表面	>12.5	10~15	$\phi1\sim\phi3$
一般加工表面	12.5~3.2	7~10	$\phi0.5\sim\phi1$
光面	<3.2	4~7	$\phi0.3\sim\phi0.5$

11. 方箱

方箱是划线操作中的基准工具。方箱是用灰铸铁制成的空心立方体或长方体,其相对平面互相平行、相邻各面互相垂直,因而共有4个工作面和1~2个V形槽工作面。方箱分为普通方箱和磁力方箱两类。

(1) 普通方箱及其应用。普通方箱的结构如图3-31所示。划线时,轴、套类工件应放置在V形槽工作面内,并通过压紧螺杆将V形压块固定。较复杂的工件可用G形夹头将工件夹于方箱上,再通过90°翻转方箱,便可经一次安装,就可以将工件上互相垂直的线条全部划出来。翻转方箱时用力要稳、要轻,防止损伤方箱和平台工作面。

(2) 磁力方箱及其应用。磁力方箱的结构如图3-32所示。磁力方箱的特点是箱体及V形槽带有磁力,可以将工件稳定地固定在方箱上,使用非常方便。

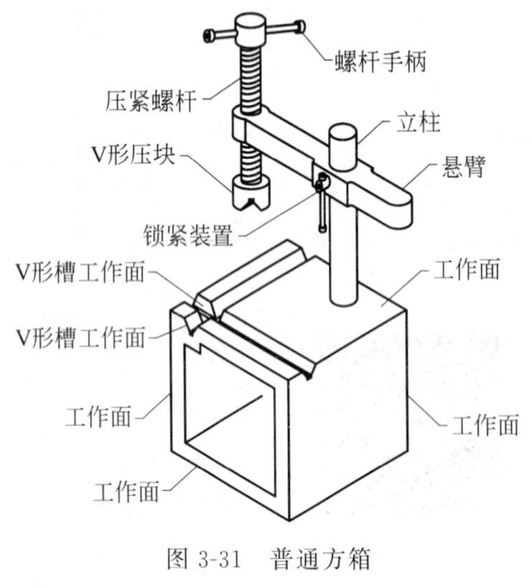

图3-31 普通方箱

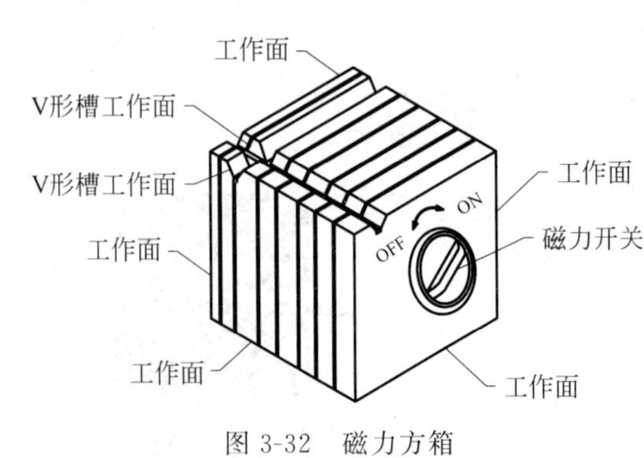

图3-32 磁力方箱

12. 角铁

角铁是划线操作中用于夹持工件的基准工具。

(1) 角铁的结构。角铁的结构如图 3-33 所示。

(2) 角铁的使用。通过配套使用的 G 形夹和压板将工件固定在垂直面上进行划线操作,如图 3-33 所示。

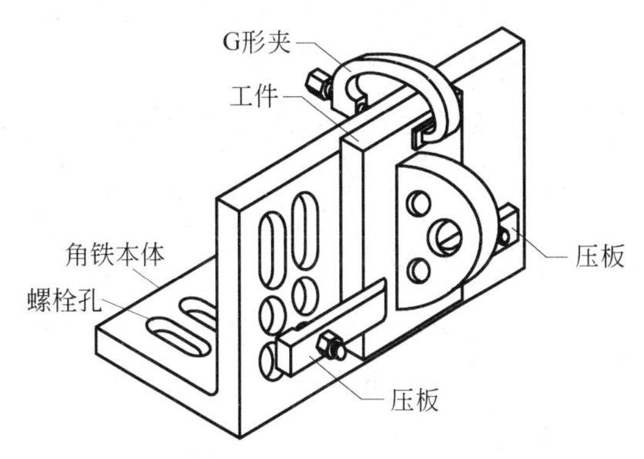

图 3-33　角铁的结构及应用

13. V 形块

V 形块(又称为 V 形铁、V 形架)是用于轴类零件划线、检测时作为定位或紧固的基准工具。V 形块可采用铸铁、钢以及大理石制造。V 形槽两工作面之间的夹角 α 一般为 90°,如图 3-34(a)所示。通常情况下,V 形块成对使用,如图 3-34(b)所示。

V 形块的种类较多,按照 V 形槽的多少可分为单槽 V 形块和多槽 V 形块等,单槽 V 形块如图 3-34(a)所示,多槽 V 形块如图 3-34(c)所示;配有紧固装置的 V 形块如图 3-34(d)所示;磁性 V 形块如图 3-34(e)所示。

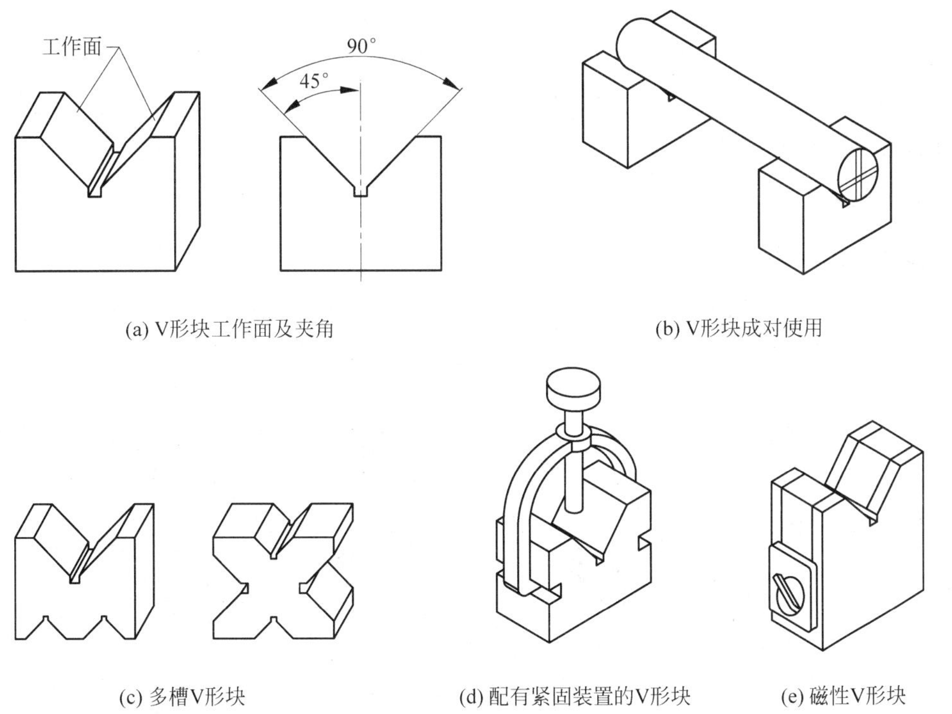

(a) V形块工作面及夹角　(b) V形块成对使用

(c) 多槽V形块　(d) 配有紧固装置的V形块　(e) 磁性V形块

图 3-34　V 形块

14. G形夹头

G形夹头是划线操作中用于夹持、固定工件的辅助工具，G形夹头的结构如图3-35所示。

15. 千斤顶

千斤顶是划线操作中主要用于支承形状不规则工件的辅助工具。

（1）千斤顶的种类及结构。常用的有顶针千斤顶（见图3-36）和V形槽千斤顶（见图3-37）等。

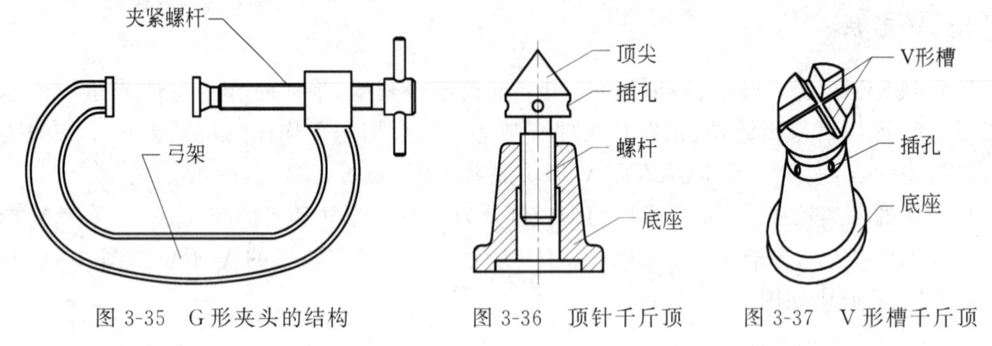

图3-35　G形夹头的结构　　图3-36　顶针千斤顶　　图3-37　V形槽千斤顶

（2）千斤顶的使用方法。千斤顶一般采用三个一组，组成品字形排列，支承在平台与工件之间。调整工件高度时，可用圆棒插入插孔进行左右旋转，以使顶尖升降，此时要特别注意升降的极限位置。V形槽千斤顶主要用于支承工件的圆柱面。

16. 垫铁

垫铁是划线操作中用于支承工件的辅助工具，主要用于不便使用千斤顶的部位。

（1）垫铁的种类及结构。常用的垫铁有楔形垫铁[见图3-38(a)]和可调V形垫铁[见图3-38(b)]。

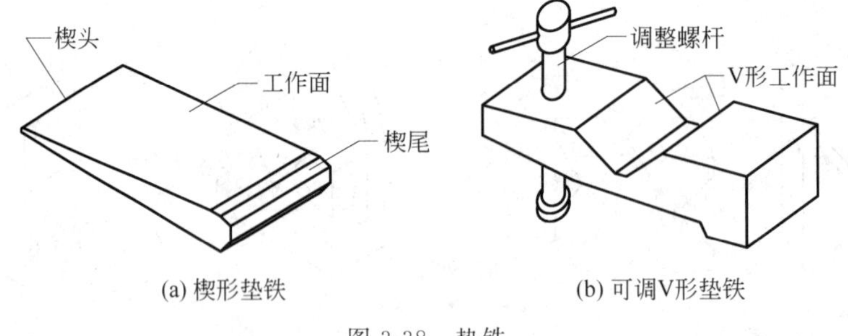

(a) 楔形垫铁　　(b) 可调V形垫铁

图3-38　垫铁

（2）垫铁的使用方法。楔形垫铁只能做少量的调整，在调整高度时，敲击垫铁的力量要适当。可调V形垫铁主要用于支承工件的圆柱面，V形垫铁可通过调整螺杆进行高度调整。

17. 划线操作安全规程

(1) 使用划针时，要谨慎操作，防止针尖伤手，不用时，要用塑料管套住划针尖并放好。

(2) 使用划针盘时，要谨慎操作，防止针尖伤人，不用时，要用塑料管套住弯头针尖和直头针尖并将直头针向下垂直固定针架。

(3) 使用划规时，注意要将划针尖稳定放入圆心冲眼锥坑内，再按照操作要求进行划圆，用力要稳当，要防止针尖脱离冲眼锥坑伤手。

(4) 在平板上使用方箱、V 形架、角铁、千斤顶等工具时，一定要轻拿轻放，防止碰伤平板表面。

3.3　平面划线技术

1. 平面划线的基准形式

平面划线的基准形式分为 3 种：一是以一个平面和一条中心线为基准；二是以两个互相垂直的平面为基准；三是以两条互相垂直的中心线为基准。

(1) 以一个平面和一条中心线为基准，如图 3-39 所示。该工件的 ϕ6mm 孔、ϕ10mm 沉孔、R14mm 圆弧的圆心是以 A 基准面与对称中心线 B 为基准共同确定的。

(2) 以两个互相垂直的平面为基准，如图 3-40 所示。该工件有互相垂直两个方向的尺寸，每一个方向上的尺寸都是依据一个与其方向相垂直的平面(反映在图样中就是一条直线)作为尺寸的开始端来确定的。这两个平面就是两个方向尺寸的划线基准面。如高度方向尺寸 11mm、43mm、46mm 是以水平面——A 基准面确定的；长度方向尺寸 13mm、25mm、80mm 是以垂直面——C 基准面确定的。

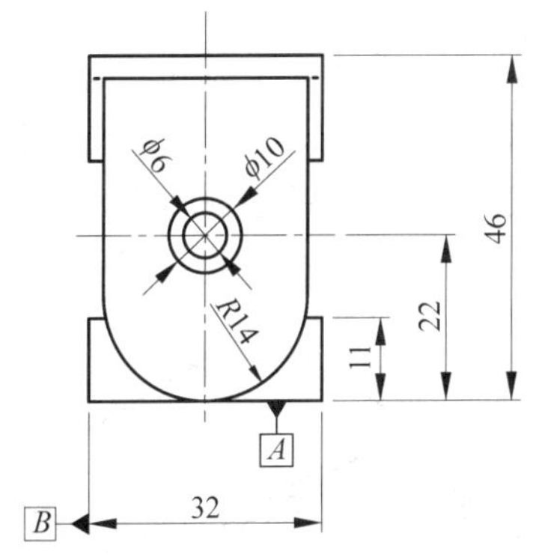

图 3-39　以一个平面和一条中心线为基准

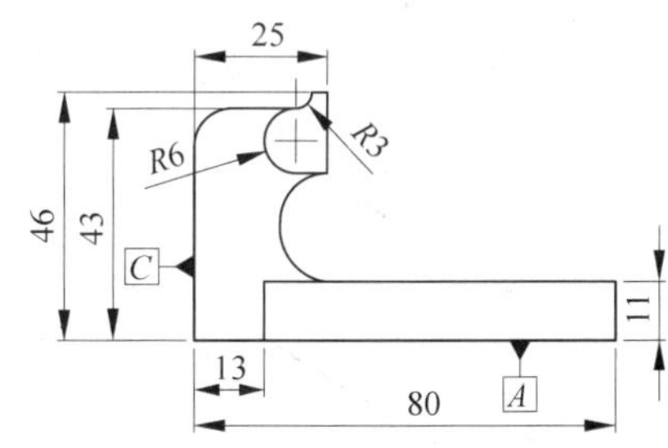

图 3-40　以两个互相垂直的平面为基准

(3) 以两条互相垂直的中心线为基准，如图 3-41 所示。该工件有互相垂直的两个方向尺寸，每一个方向上的尺寸都是依据一个与其方向相垂直的中心线作为尺寸的开始端来确定的。这两条互相垂直的中心线（十字中心线）就是两个方向尺寸的划线基准。如高度方向两孔中心距尺寸30mm是以水平中心线A为基准确定的；长度方向孔心距尺寸50mm是以垂直中心线B为基准确定的。

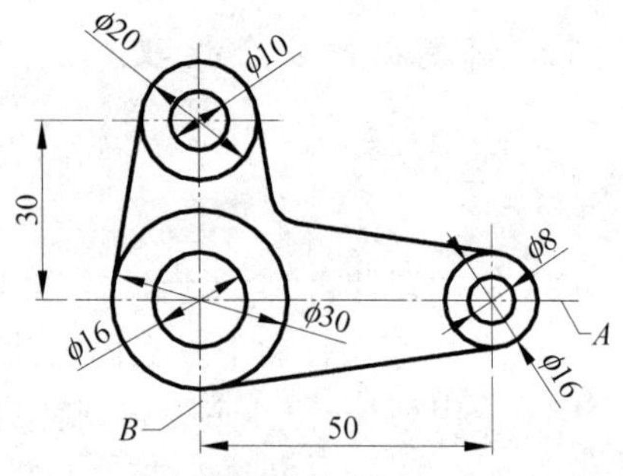

图3-41　以两条互相垂直的中心线为基准

2. 基本线条的划法

基本线条的划法包括直线、平行线、垂直线、角度线、圆弧线和圆周等分线等。

1）直线的划法

先以工件端面为基准用钢直尺分别确定出直线两端的尺寸位置，并用划针划出一小段线条，然后将两端的小段线条用直角尺或钢直尺连接成一条直线，如图3-42所示。

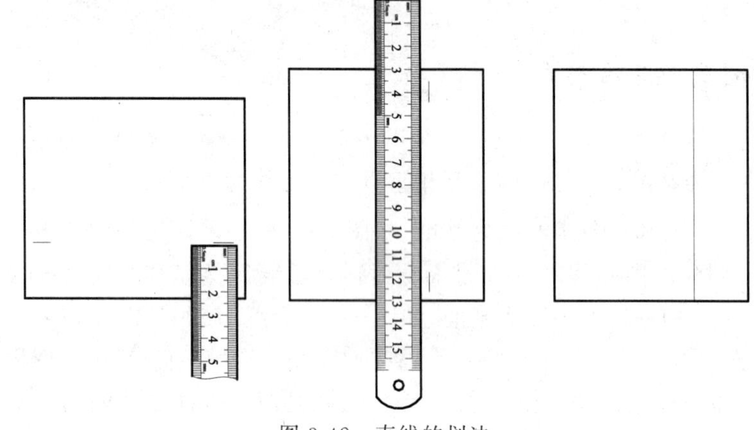
图3-42　直线的划法

2）平行线的划法

平行线的划法有以下3种。

（1）用钢直尺或直角尺划平行线。用钢直尺或直角尺划平行线的方法与划直线的方法基本相同。在划平行线时，要以已划出的线条为基准用钢直尺分别确定出平行线两端的尺寸位置并用划针划出一小段线条，然后将两端的小段线条用直角尺或钢直尺连接成一条平行线，如图3-43所示。

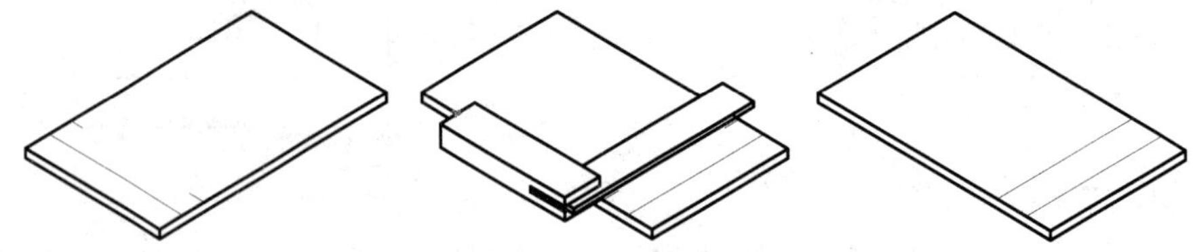
图3-43　用钢直尺或直角尺划平行线

（2）用划规划平行线。如图3-44所示，在已知直线上取A、B两点，打上冲眼，将划规在钢直尺上度量出线间距L作为圆弧半径R，再以A、B两点为圆心，分别划出两段圆弧线，然后用钢直尺或直角尺作与两段圆弧线相切的线段即可。

(3) 用高度游标卡尺划平行线。如图3-45所示，在平板上将工件靠在方箱或角铁的垂直工作面上(必要时可用G形夹头进行固定)，然后用高度游标卡尺划出所需的平行线。

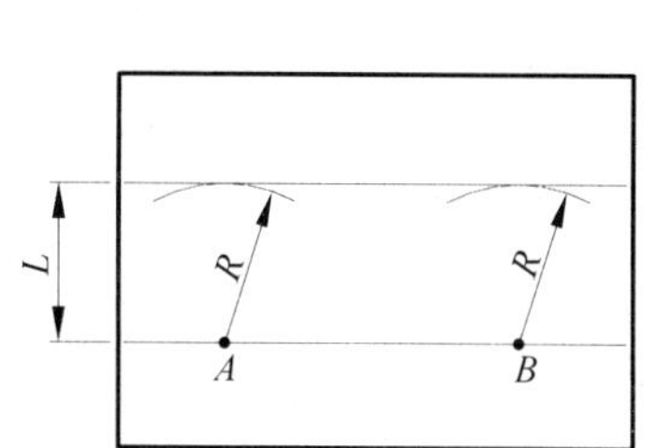

图3-44 用划规划平行线

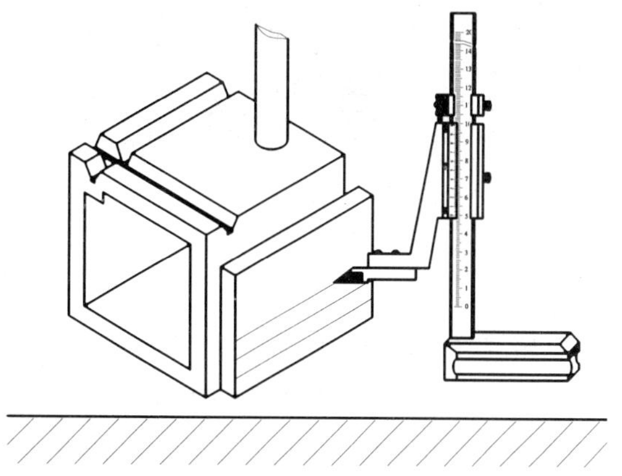

图3-45 用高度游标卡尺划平行线

3) 垂直线的划法

垂直线的划法有以下两种。

(1) 用直角尺划垂直线。如图3-46所示，先用钢直尺在已知线段上取一与其相垂直线段的起点，打上冲眼，再以尺座的内基准面紧靠与已知线段相平行的工件的端面(或以尺座的内、外基准面直接与已知线段重合)，然后用划针划出垂直线段。

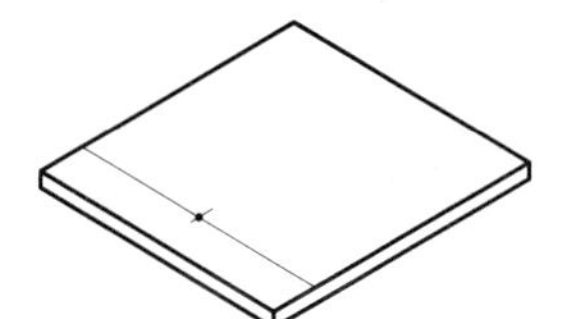
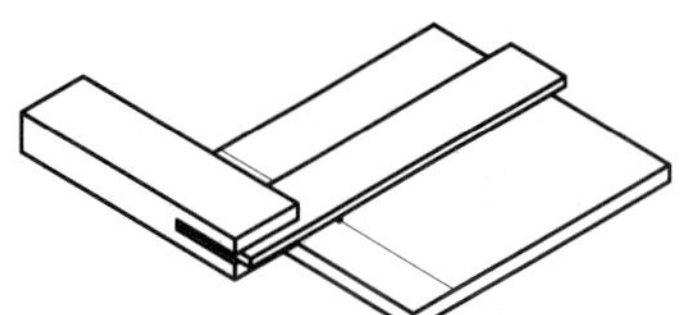
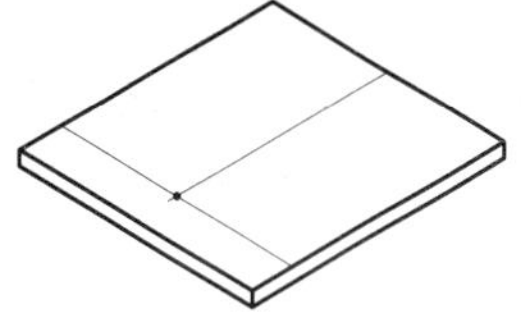

图3-46 用直角尺划垂直线

(2) 用作图法划垂直线的方法如下。

① 已知线段 AB 上的一点 C，划出线段 AB 的垂直线。如图3-47(a)所示，以 C 点为圆心，取任意长度 r 为半径，用划规划圆弧交 A、B 线段于 D、E，分别以 D、E 两点为圆心，取大于 r 的长度 R 为半径作圆弧交于 F 点，连接 C、F 两点，则线段 CF 为已知线段 AB 的垂直线。

② 在已知线段 AB 外的一点 C，划出线段 AB 的垂直线。如图3-47(b)所示，先以 C 点为圆心，大于 C 与线段 AB 的垂直距离 r 为半径作为圆弧与线段 AB 相交于 D、E 两点，再分别以 D、E 两点为圆心，以适当长度为半径 R 作圆弧交于 F、G 两点，线段 CFG 则为线段 AB 的垂直线。

4) 角度线的划法

除了利用万能角度尺划角度线以外，还可以通过划规进行划线，如图3-48所示。已知线段 AB 的长度是50mm，要求作出30°的角度线，具体划法有以下三种情况。

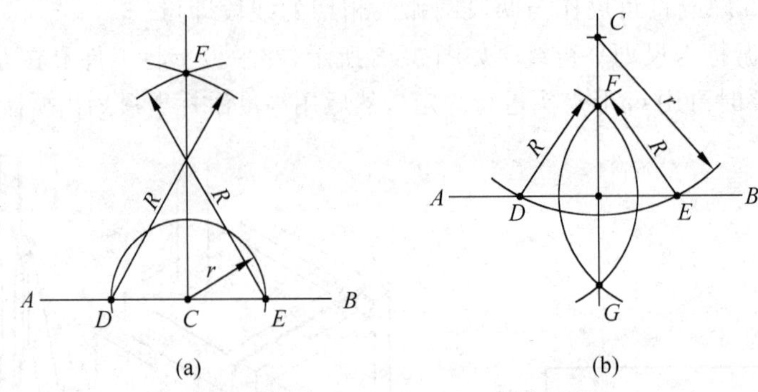

图 3-47　用作图法划垂直线

(1) 如图 3-48(a)所示，先从 C 点作垂直于线段 AC 的垂直线 CB，再以 A 点为圆心，斜边长度 57.74mm 为半径作圆弧交于 D 点，连接 A、D，则 $\angle CAD=30°$，则 AD 线段就是所要划的 30°角度线。

(2) 如图 3-48(b)所示，先从 C 点作垂直于线段 AC 的垂直线 CB，再以 C 点为圆心，对边长度 28.87mm 为半径作圆弧交于 D 点，连接 A、D，则 $\angle CAD=30°$，则 AD 线段就是所要划的 30°角度线。

(3) 如图 3-48(c)所示，先以 A 点为圆心，斜边长度 57.74mm 为半径作一段圆弧，再以对边长度 28.87mm 为半径作圆弧与上个圆弧交于 D 点，连接 A、D 和 C、D，则 $\angle CAD=30°$，则 AD 线段就是所要划的 30°角度线。

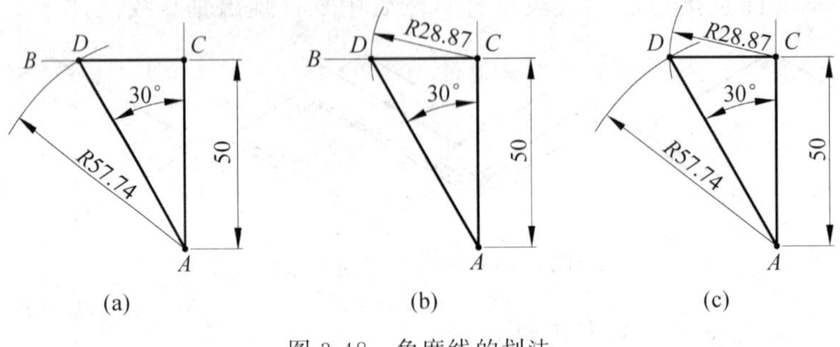

图 3-48　角度线的划法

5) 用划规作圆弧连接的划法

(1) 两直线间圆弧相切的划法。如图 3-49 所示为用圆弧连接锐角、钝角和直角的两边。

① 锐角、钝角两边与圆弧相切的划法。如图 3-49(a)、(b)所示，作与已知角两边相距为 R 的平行线，交点 O 即为连接弧圆心，自 O 点分别向已知角两边作垂线，垂足 A、B 即为切点，以 O 点为圆心，R 为半径划圆弧相切于 A、B 两点，此圆弧即为与已知两直线相切的圆弧。

② 直角两边与圆弧相切的划法。如图 3-49(c)所示，以角顶为圆心，R 为半径划圆弧相切于直角边 A、B 两点，以 A、B 两点为圆心，R 为半径划圆弧交于 O 点，再以 O 点为圆心，R 为半径划圆弧相切于 A、B 两点，此圆弧即为与已知两直线相切的圆弧。

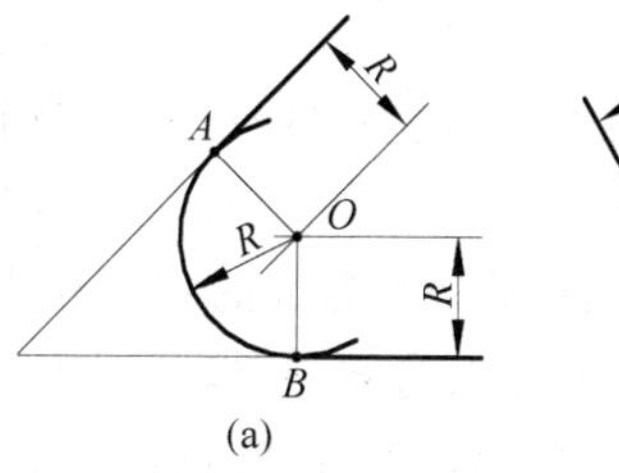

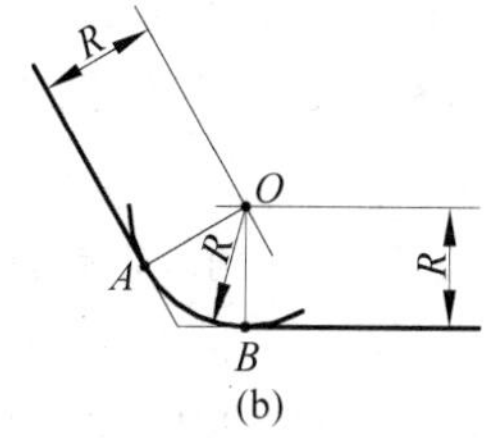

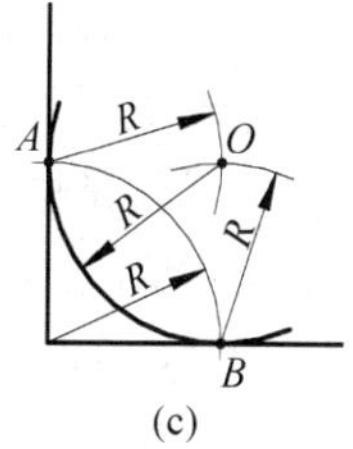

图 3-49　两直线间圆弧相切的划法

(2) 两圆弧间的圆弧连接划法如下。

① 两圆弧与一圆弧外切的划法。如图 3-50(a)所示，以 O_1、O_2 为圆心，根据另一圆弧半径 r，分别以(R_1+r)和(R_2+r)为半径划两圆弧交于 O 点，再以 O 点为圆心，r 为半径，就可划出与两圆弧外切的圆弧。

② 两圆弧与一圆弧内切的划法。如图 3-50(b)所示，以 O_1、O_2 为圆心，分别以($r-R_1$)和($r-R_2$)为半径相交于 O 点，再以 O 点为圆心，以给定 r 为半径，即划出与两圆弧相内切的圆弧。

③ 两圆弧与一圆弧内切、外切的划法。如图 3-50(c)所示，以 O_1、O_2 为圆心，分别以($r-R_1$)和($r+R_2$)为半径相交于 O 点，再以 O 点为圆心，以给定 r 为半径，即划出两圆弧与一圆弧内切、外切的圆弧。

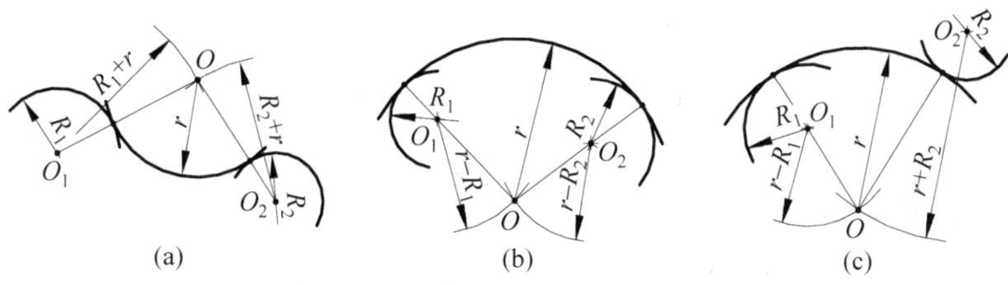

图 3-50　两圆弧间的圆弧连接划法

6) 用划规作圆周等分的划法

(1) 圆周三、六、十二等分的划法。如图 3-51 所示，圆周三等分的划法是先作直径线段 AB，在 B 点以圆周半径 R 作圆弧与圆周相交于 C、D 两点，则 A、C、D 就是圆周上的三等分点。圆周六等分的划法是在 A、B 两点以圆周半径 R 作圆弧与圆周相交于 C、D、E、F 四点，则 A、C、D、B、E、F 就是圆周上的六等分点。圆周十二等分的划法是在 A、B、C、D 四点以圆周半径 R 作圆弧与圆周相交于 E、F、G、H、I、J、K、M 八点，则 A、G、H、D、I、J、B、K、M、E、F 就是圆周上的十二等分点。

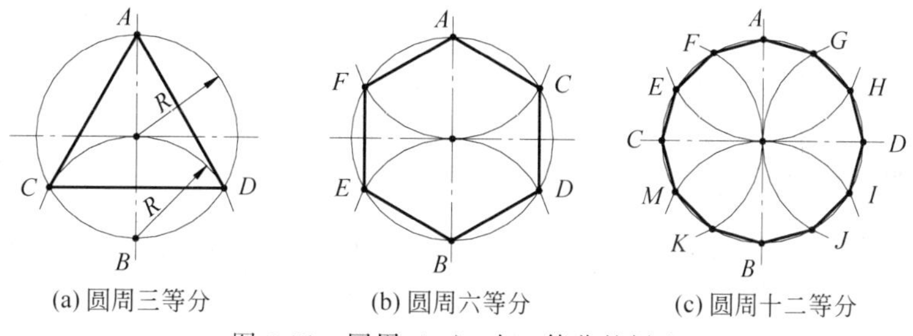

图 3-51　圆周三、六、十二等分的划法

（2）圆周四等分的划法。如图3-52所示，先作直径线段 AB，然后分别在 A、B 点以大于圆周半径 r 的任意半径 R 作圆弧交于 C、D 两点，连接 C、D 两点与圆周相交于 E、F 两点，则 A、E、B、F 就是圆周四等分点。

（3）圆周五等分的划法。如图3-53所示，先按照圆周四等分的划法作出互相垂直的两条直径线段 AB 与 CD。在 B、C 点打上冲眼。以 B 点为圆心，以圆周半径 r 作圆弧与圆周交于 K、L 点。连接 K、L 两点，线段 KL 与线段 AB 交于 E 点，在 E 点打上冲眼。以 E 点为圆心，以 CE 长为半径 R_1 作圆弧交于 AB 线段 F 点，在 F 点打上冲眼。再以 C 点为圆心、以 CF 长为半径 R_2 作圆弧交于圆周 G 点，在 G 点打上冲眼。最后以 CG 长依次在圆周上划等分点得 H、J、I，则 C、H、J、I、G 就是圆周上的五等分点。

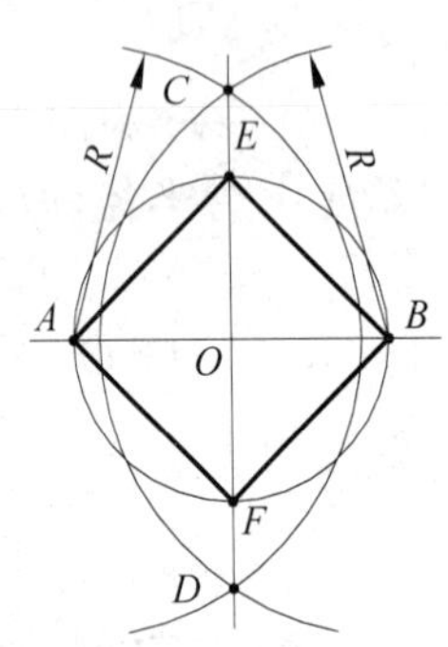

图3-52 圆周四等分的划法

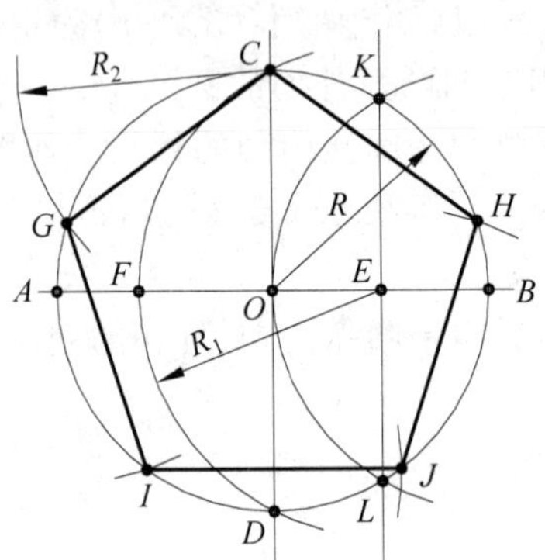

图3-53 圆周五等分的划法

3. 划线前的准备

（1）分析图样。首先要详细了解工件上需要划线的部位和有关要求，确定划线基准。

（2）工件清理。对工件的毛刺、焊渣、锈蚀等进行清理。

（3）工件涂色。对工件表面进行涂色处理。

（4）准备工具。准备好划线操作所需要的划线工具。

4. 平面划线的基本步骤

（1）划基准线。基准线中应先划水平线，后划垂直线，再划角度线。

（2）划加工线。加工线中应先划水平线，后划垂直线，再划角度线，最后划圆周线和圆弧线等。

（3）全面检查。

（4）检查无误后打上冲眼。

5. 平面划线练习

（1）工件图样。图3-54所示为支架图样。要求在钢板料上把支架轮廓线条全部划出并打上冲眼。

（2）划线准备工作如下。

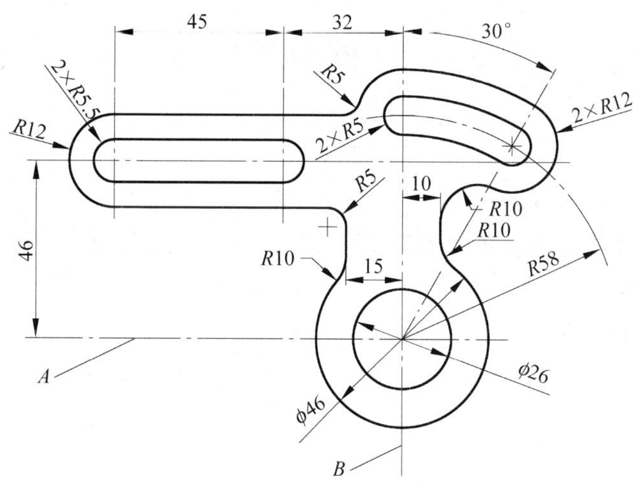

工件名称	材 料	毛 坯 尺 寸	件 数	学时
支架	08钢板	140mm×100mm×3mm	1	3

图 3-54　支架

① 分析图样。确定以通过尺寸 ϕ26mm 圆心的两条相互垂直的十字中心定位线为划线基准。

② 工件清理。对工件的毛刺等进行清理。

③ 工件涂色。在钢板上涂上划线涂料。

④ 准备工具。准备好划线操作所需要的划线工具。

(3) 划线步骤如下。

① 在板料上合适的位置划出两条相互垂直的中心线作为 ϕ26mm 孔的圆心位置。

② 以水平中心线 A 为基准，划出高度尺寸为 46mm 的水平定位线。

③ 以 ϕ26mm 圆心和垂直中心线 B 为基准，划出角度为 30°的角度定位线和半径为 R58mm 的圆弧中心定位线。

④ 以垂直中心线 B 为基准，划出尺寸为 32mm、45mm 的垂直中心定位线。

⑤ 以十字基准线交点为圆心，划出 ϕ26mm 和 ϕ46mm 的圆周轮廓线。

⑥ 以十字基准线交点为圆心，划出半径为 R53mm、R63mm、R70mm 的圆弧轮廓线。

⑦ 以垂直中心线 B 和 30°角度定位线与 R58mm 的圆弧中心定位线的交点为基准，划出 2×R5mm、2×R12mm 的圆弧轮廓线。

⑧ 以 32mm、45mm 的垂直中心定位线和 46mm 的水平中心定位线的交点为基准，划出 2×R5.5mm、2×R12mm 的圆弧轮廓线。

⑨ 以垂直中心线 B 为基准，划出(左侧)15mm 和(右侧)10mm 的平行线段。

⑩ 划出 R5mm(2 处)、R10mm(3 处)圆弧与圆弧连接、圆弧与直线连接的轮廓线。

⑪ 根据图样对所划轮廓尺寸线条进行全面检查。

⑫ 对所划支架上各轮廓线条均匀地打上冲眼。

3.4 立体划线技术

1. 相关知识

1）立体划线基准选择的原则

（1）基准重合原则。基准重合原则要求工艺基准应与设计基准重合。因此，划线基准应与设计基准重合，这样能直接量取划线尺寸，简化换算过程和保证划线质量，可以避免由于基准不重合而产生的误差。

（2）基准同一原则。基准同一原则要求应使尽可能多的定位基准采用同一个基准。因此，在划线操作中应使尽可能多的划线表面采用同一个基准表面，以减少因基准变换而产生划线误差次数。

（3）以精度高且加工余量少的形面作为划线基准，以保证主要形面和主要位置有足够的加工余量。

（4）当毛坯在尺寸、形状和位置上存在误差和缺陷时，可对选择的划线基准进行适当、合理的调整，以尽量使各加工面都有足够的加工余量。

2）找正

（1）找正的含义。利用划线工具（如划线盘和直角尺等）使工件上相关表面与基准面（平台表面）之间处于合适位置的操作称为找正。

（2）找正的作用如下。

① 当工件毛坯上有不加工表面时，找正后再划线能使加工表面和不加工表面之间的尺寸得到均匀合理的分布。

② 当工件毛坯上没有不加工表面时，对加工表面自身位置找正后再划线，能使各加工表面的加工余量得到均匀合理的分配。

（3）找正基准的选择原则如下。

① 当工件上有两个以上不加工表面时，应选择其中面积比较大的、重要的或外观质量要求较高的表面作为找正基准。这样可使划线后各不加工表面之间厚度均匀，并可将其形状误差调整到次要部位。

② 对有装配关系的非加工部位，应优先作为找正基准，以保证工件的装配质量。

（4）找正划线实例。图3-55所示为轴承座毛坯，底面 A 和上面 B 不平行，其误差为 f_1，内孔和外圆不同心，其误差为 f_2，划线前应找正。由于底面 A 和上面 B 不平行，造成底部尺寸不正，在划轴承座底面加工线时，应先用划线盘将上面 B（不加工的面）找正成水平位置，然后划出底面加工线 C，这样底部的厚度尺寸就达到均匀。在划内孔加工线之前，应先以外圆（不加工的面）ϕ_1 为找正依据，用单脚规找出其圆心，然后以此圆心为基准划出内孔的加工圆 ϕ_2。

3）借料

（1）借料的含义。对在尺寸、形状、位置上有一定误差和缺陷的工件毛坯，通过试划

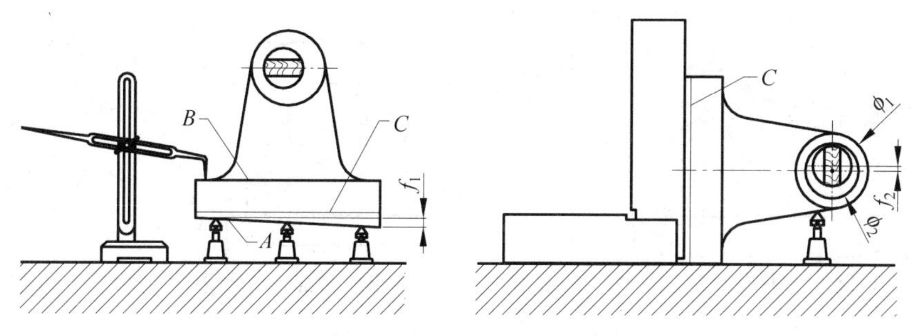

图 3-55　找正划线实例

和调整，将各部位的加工余量重新分配，以使各部位的加工表面都有足够的加工余量，从而将有一定误差和缺陷的毛坯补救为合格毛坯的操作称为借料。

(2) 借料的作用。它能使某些铸件、锻件毛坯在尺寸、形状、位置上存在的较小误差和缺陷，通过划线操作得到排除，从而提高毛坯的利用率。

(3) 借料的一般步骤如下。

① 测量毛坯件的各部尺寸，找出偏移部位和偏移量。

② 确定借料尺寸的方向和大小，合理分配各部位的加工余量，划出基准线。

③ 以基准线为准，划出所有的线条。

④ 检查各部位表面的加工余量是否合理，如不合理，则应继续借料，重新划线，直至各部位表面都有合理的加工余量。

(4) 借料划线实例。如图 3-56 所示为一支架，图 3-56(a)为支架铸件毛坯的实际尺寸；图 3-56(b)为支架的图样。本支架需要加工的部位是 ϕ40mm 孔和底面两处。要求通过借料划线操作，在 ϕ40mm 孔中心高不变的前提下，尽量使 ϕ40mm 孔有比较充足的加工余量。

由于铸造缺陷，ϕ32mm 孔的中心高向下偏移，如果按图样以此中心高直接进行划线，则当底面划出 5mm 加工线后，ϕ32mm 孔的中心高将跟着降低 5mm 到 57mm，这样就与 ϕ40mm 孔的中心高 60mm 相比降低为 60－57＝3(mm)，这时，ϕ40mm 孔的单边最小加工余量为(40－32)/2－3＝1(mm)。由于 ϕ40mm 孔的单边余量仅为 1mm，可能导致孔加工不出来，使毛坯报废，如图 3-56(c)所示。

为了不使毛坯报废，将采取借料划线的方法进行补救。为保证 ϕ40mm 孔的中心高不变，而且又有比较充足的单边加工余量，就只能向支架底面借料。底面的加工余量为 5mm，如果向支架底面借料 2mm，则 ϕ40mm 孔的单边加工余量可达到 3mm，这样就使孔有比较充足的加工余量，而且支架底面还有 3mm 的加工余量，是能够满足加工要求的。由于向支架底面借料 2mm，会导致支架总高增加 2mm 即 102mm，由于顶部表面不加工，且无装配关系，因此不会影响其使用性能，如图 3-56(d)所示。

本例借料划线操作，在保证 ϕ40mm 孔中心高不变的情况下，满足了 ϕ40mm 孔有比较充足的加工余量的目的。

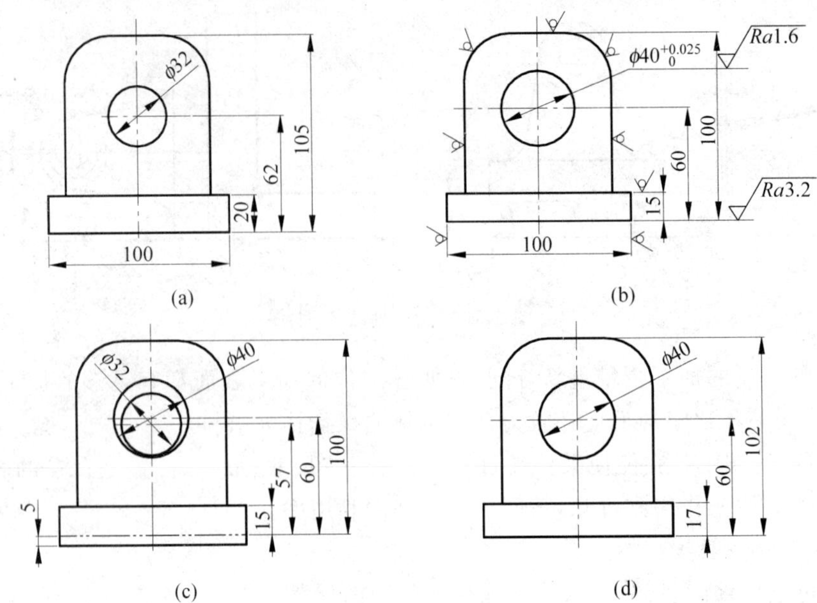

图 3-56　借料划线实例

2. 立体划线方法

立体划线的方法主要有直接翻转划线方法、仿划线方法和配划线方法三种。

（1）直接翻转划线方法。通过对工件的直接翻转，在工件的多个方向表面上进行的划线操作称为直接翻转工件划线方法。

在机械制造中，最常用的立体划线就是直接翻转工件划线法。其优点是便于对工件进行全面检查和在任意表面上划线。其缺点是工作效率低，劳动强度大，调整找正比较费时。

直接翻转工件划线方法参考立体划线练习实例。

（2）仿划线方法。不是按照图样，而是仿照现成的工件或样件直接进行划线的操作称为仿划线方法。

仿划线一般作为划线作业中的应急措施，在遇到需要立即更换的零件，但又没有图样时，为了争取时间，可不必等待图样测绘完成后再划线，而是直接按照原样件边测绘边进行划线。图 3-57 所示为轴承座的仿划线示例。将样件和毛坯件同时放在划线平台上，用千斤顶或楔铁支承，先校正样件，然后校正毛坯件，再用高度游标卡尺（或划线盘）直接在样件上量取尺寸，并在毛坯的相应位置划出加工线。仿划线时，对于某些磨损比较严重的部位，要留足磨损补偿量。

（3）配划线方法。用已加工的工件或图样与其他未加工的工件配合在相应位置所进行的划线操作称为配划线方法。

配划线是在装配或制造小批量工件时，为满足装配要求和节省时间而采用的一种划线方法。配划线的方法有用工件直接配划的，也有用纸片拓印或其他印迹配划的。

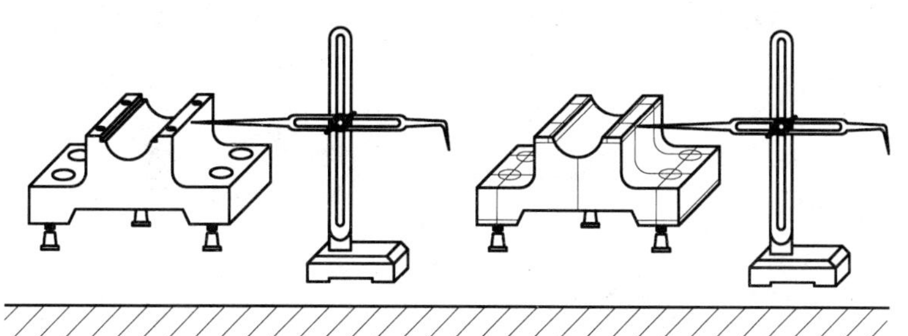

图 3-57　轴承座的仿划线示例

图 3-58 所示为箱盖与箱体的配划线示例。配划前，先在箱体上需要划线的部位涂上涂料，然后放置箱盖，要使箱盖与箱体四周对齐。配划时，用划针紧靠孔壁的边缘，划出孔的圆周线。拿掉箱盖后，在圆周线的前后、左右用样冲打上四个冲眼，再用划规求出圆心。

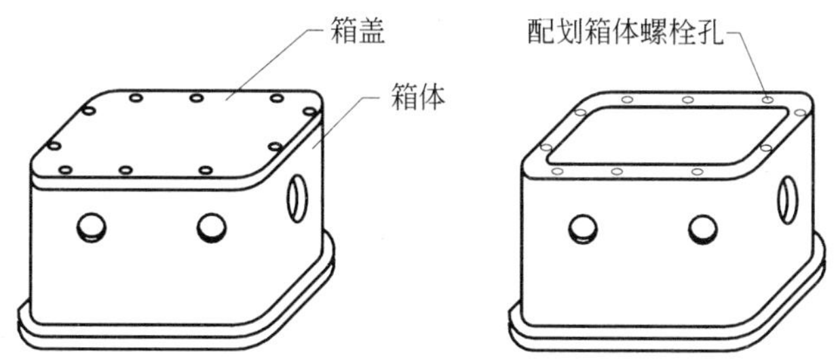

图 3-58　箱盖与箱体的配划线示例

3. 立体划线步骤

立体划线步骤一般分为准备阶段、划线阶段和检查校对阶段。

1）准备阶段

（1）分析图样。详细了解工件上需要划线的部位和有关的加工工艺；明确工件及其划线的作用和要求。

（2）确定划线基准和装夹方法。

（3）清理工件。对铸件毛坯应事先将残余型沙清理干净，錾平浇口、冒口和毛刺，适当锉平划线部位表面。对锻件应去掉飞边和氧化皮。对于半成品，划线前要把毛头修掉，把浮锈和油污擦净。

（4）对工件划线部位进行涂色处理。

（5）在工件孔中装中心顶或木塞，注意应在木塞的一面钉上薄铁皮，以便于划线和在圆心位置打冲眼。

（6）准备好划线时要用的量具和划线工具。

（7）合理夹持工件，使划线基准平行或垂直于划线平台。

2）划线阶段

划线阶段是划线工作中最重要的环节，当毛坯在尺寸、形状和位置上由于铸造或锻造的原因，存在误差和缺陷时，必须对总体的加工余量进行重新分配即借料。借料是划线工作中比较复杂的一项操作，当毛坯形状比较复杂时，常常需要多次试划才能确定借料方案。

3）检查校对阶段

（1）详细检查所划尺寸线条是否准确，是否漏划线条。

（2）在线条上打出冲眼。

4. 立体划线操作安全规程

（1）工件应在支承处打好冲眼，使工件稳固地放置在支承上，防止滑动倾倒。对较大工件，应适当增加附加支承，以确保放置稳定和安全。

（2）对大型工件进行划线操作，需使用起吊设备时，绳索及钢缆应安全可靠，吊装方法应正确合理。

（3）工件放置在平台上进行划线操作，必须使用千斤顶时，千斤顶下面应垫上木板，防止平台工作面受到损伤。调整千斤顶高低时，不可用手直接进行，应使用工具进行调整。

5. 立体划线练习

1）工件图样

图3-59所示为轴承座图样，要求按照图样在铸造毛坯上进行立体划线并打上冲眼。

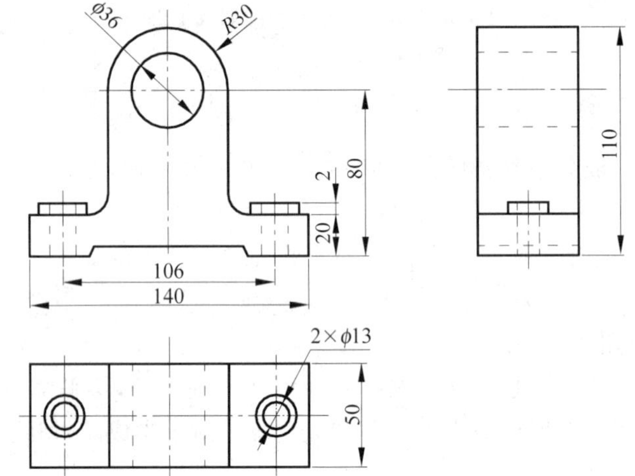

工件名称	材 料	毛 坯 尺 寸	件 数	学时
轴承座	HT200	140mm×50mm×110mm	1	4

图3-59　轴承座

2）划线准备

（1）分析图样。此轴承座需要加工的部位有底面、轴承座内孔、两个螺栓孔及其凸台上平面、两个大端面。需要划线的尺寸共有三个方向，工件需要分三次放置才能划出全部线条。

(2) 确定划线基准。划线的基准选定为轴承座内孔的两个相互垂直的中心平面Ⅰ-Ⅰ和Ⅱ-Ⅱ以及两个螺栓孔的中心平面Ⅲ-Ⅲ，如图 3-60～图 3-62 所示。

(3) 清理工件。将铸件毛坯残余型沙清理干净，錾平浇口、冒口和毛刺，适当锉平划线部位表面。

(4) 工件涂色。对工件划线部位涂上石灰水。

(5) 在铸件孔中装上钉有铁皮的中心木塞。

(6) 准备好划线时要用的量具和划线工具。

3) 划线步骤

(1) 第一次划线操作。第一次划线应划出基准线Ⅰ-Ⅰ和底部加工线，以及两个螺栓孔凸台上平面加工线。如图 3-60 所示，首先要确定轴承座内孔 ϕ36mm 和 R30mm 外圆轮廓的中心位置。由于外圆轮廓不加工，所以要以 R30mm 外圆为找正中心的依据。即先在装上中心木塞的孔的两端用划规求出中心，打上冲眼，然后用划规试划 ϕ36mm 圆周线，看内孔四周是否有足够的加工余量，如果内孔与外圆轮廓偏心过多，就要作适当的借料。

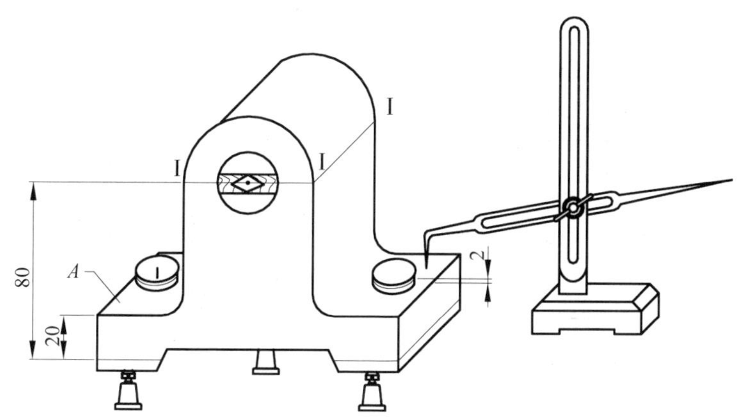

图 3-60　第一次划线操作

用 3 个千斤顶支承轴承座底面，调整千斤顶高度并用划线盘找正，使两端孔的中心初步调整到同一高度。由于 A 面不加工，为了保证在底部加工后，底部厚度尺寸 20mm 在各处都比较均匀，因此还要用划线盘找正 A 面。通过找正，使两孔的中心调整到同一高度，A 面也要处于水平位置。两者若产生矛盾，就要兼顾两者进行调整。待两端面孔的中心确定后，在两端面孔的中心打上冲眼，划出基准线Ⅰ-Ⅰ和底部 20mm 厚度尺寸加工线，以及两个螺栓孔凸台上平面 2mm 高度尺寸加工线。

(2) 第二次划线操作。第二次划线应划出基准线Ⅱ-Ⅱ和上下螺栓孔位置中心线。如图 3-61 所示，将工件侧向翻转 90°，用千斤顶支承，通过调整千斤顶，利用划线盘找正两端孔的中心，使轴承座内孔两端的中心等高，同时用直角尺根据已划出的底部加工线找正垂直位置。划出基准线Ⅱ-Ⅱ和上下螺栓孔位置中心线。

(3) 第三次划线操作。第三次划线应划出基准线Ⅲ-Ⅲ和两个大端面的加工线。如图 3-62 所示，将工件向前翻转 90°，用千斤顶支承。通过调整千斤顶，用直角尺找正基准

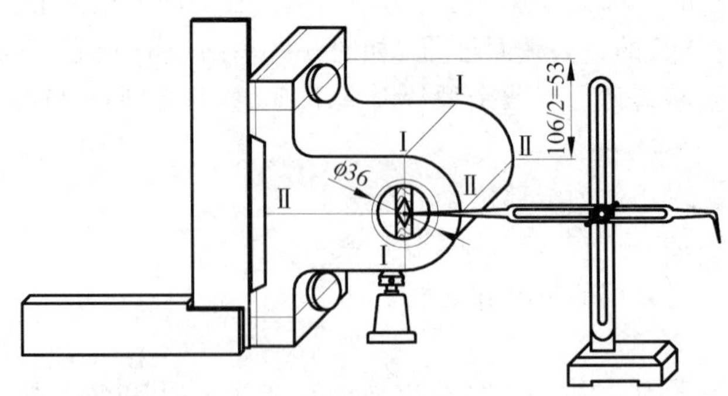

图 3-61　第二次划线操作

线Ⅱ-Ⅱ和底面加工线的垂直位置。以左右螺栓孔位置中心为根据划出基准线Ⅲ-Ⅲ并试划两个大端面的加工线。如果两面加工余量相差比较大，可通过上下适当调整螺栓孔位置中心来借料，直至加工余量分配均匀。然后划出基准线Ⅲ-Ⅲ和上下两个大端面的加工线。

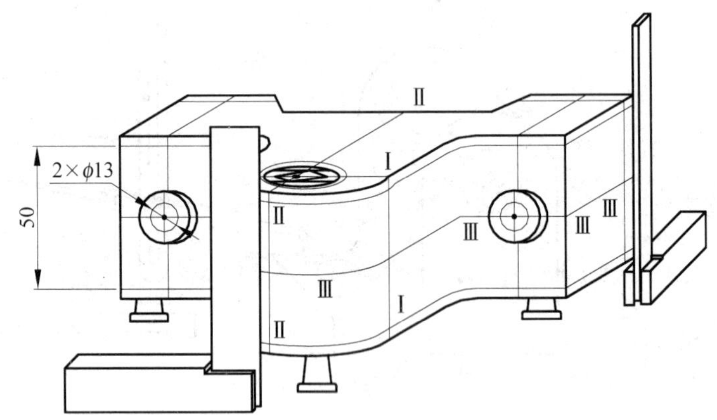

图 3-62　第三次划线操作

（4）检查校对。详细检查所划尺寸线条是否准确，是否漏划线条。

（5）打冲眼。在基准线条和加工线条上打出冲眼。

3.5　分度头划线技术

1. 相关知识

1）分度头的类型和型号

分度头按其结构不同，一般可分为直接分度头、机械分度头和光学分度头三大类，机械分度头又分为万能型（FW）和半万能型（FB）两种类型，通常采用万能分度头。万能分度头的型号是以夹持工件最大直径表示的，例如，FW250 型万能分度头，F 表示分度头、W 表示万能型、250 表示夹持工件最大直径为 250mm。钳工常用的万能分度头的型号有 FW200、FW250 和 FW320 三种。

2）万能分度头的结构

万能分度头的结构如图 3-63 所示。基座是分度头的主体，回转体可沿基座的环形导轨转动，使主轴轴线在以水平为基准的 $-6^\circ \sim +90^\circ$ 范围内做不同仰角的调整。刻度环套在主轴上，刻度环上刻有 $0^\circ \sim 360^\circ$ 的刻度，用来直接分度。分度盘的正反面上都有若干圈不同等分的小孔，作为分度定位时使用。不同形式的分度头配备的分度盘块数也不同，有配备一块、二块和三块的，各种分度盘的孔数如表 3-3 所示。

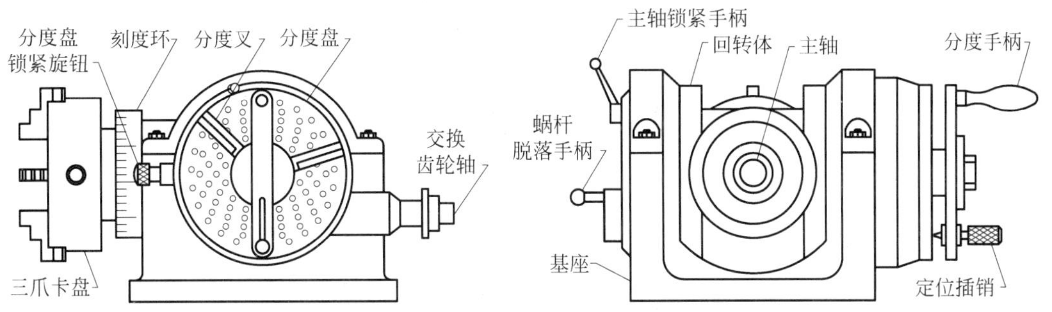

图 3-63 FW250 型万能分度头的结构

表 3-3 各种分度盘的孔数

分度头形式	分度盘的孔数
带一块分度盘	正面 24、25、28、30、34、37、38、39、41、42、43 反面 46、47、49、51、53、54、57、58、59、62、66
带二块分度盘	第一块：正面 24、25、28、30、34、37 反面 38、39、41、42、43 第二块：正面 46、47、49、51、53、54 反面 57、58、59、62、66
带三块分度盘	第一块：15、16、17、18、19、20 第二块：21、23、27、29、31、33 第三块：37、39、41、43、47、49

3）万能分度头的传动系统

第一条传动路线：当分度手柄转动时，通过一对圆柱齿轮（$i=1$）和蜗杆副（$i=1/40$）使主轴转动，如图 3-64 所示。

第二条传动路线：当动力由交换齿轮轴输入，经过一对交错轴斜齿轮（$i=1$），使它与斜齿轮固定在一起的分度盘旋转。若定位插销插在分度盘孔中，因而又带动分度手柄按照第一条传动路线使主轴转动，如图 3-64 所示。

第三条传动路线：主轴后端装有交换齿轮心轴，用交换齿轮与主轴连接。转动分度手柄，使主轴按照第一条传动路线转动。又经过交换齿轮按照第二条传动路线使主轴转动，这样主轴的实际转数就是这两种传动的合成，如图 3-64 所示。

4）万能分度头的分度原理

由图 3-64 所示万能分度头的传动系统可知，分度手柄转过 40r，分度头主轴转过 1r，

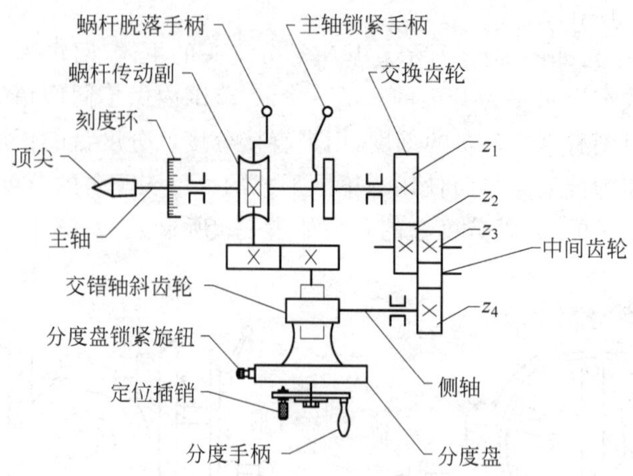

图 3-64 FW250 型万能分度头的传动系统

即传动比为 40∶1,40 称为分度头的定数。定数也就是分度头内蜗杆传动副的传动比。因此,工件等分数 n 的计算公式为

$$40:1=n:\frac{1}{z}$$

$$n=\frac{40}{z} \tag{3-1}$$

式中:n 为分度手柄转过的转数;40 为分度头定数;z 为工件等分数。

2. 万能分度头的分度方法

万能分度头可用来对各种等分数及非等分数进行分度,分度的方法有简单分度法、角度分度法和差动分度法等。

1) 简单分度法

简单分度法又称为单式分度法,是最常用的分度方法。用这种方法分度时,分度盘固定不动,转动分度手柄,通过蜗杆传动副带动主轴和工件转过一定的转(度)数。简单分度法有下列两种情况。

(1) 当工件的等分数为定数 40 的整除数时,由于分度手柄转过 40r,分度头主轴转过 1r,即传动比为 40∶1,所以分度手柄转过的转数 n 可由公式 $n=40/z$ 确定。

【例 3-1】 一工件需要在万能分度头上划出八边形的分度线,试求每划完一边后分度手柄应转过的转数 n 是多少?

解 根据公式 $n=\frac{40}{z}$,得

$$n=\frac{40}{8}=5(\text{r})$$

(2) 当计算的转数不为整数而是分数时,可采用分度盘上相应孔圈进行分度。具体方法是选择分度盘上某孔圈,其孔数为分母的整倍数,然后将该分数的分子、分母同时增大到整倍数,利用分度叉实现非整转数部分的分度。

【例 3-2】　一工件需要在万能分度头上划出六边形的加工线，试求每划完一边后分度手柄应转过的转数 n 是多少？

解　根据公式 $n=\frac{40}{z}$，得

$$n=\frac{40}{6}=6\frac{2}{3}=6\frac{44}{66}(\mathrm{r})$$

2）角度分度法

角度分度法是简单分度的另外一种形式，区别是计算的依据不同，简单分度时是以工件的等分数作为计算分度的依据，而角度分度法是以工件所需转过的角度 θ 作为计算分度的依据。由于分度手柄转过 40r，主轴带动工件转过 1r，即 360°，所以分度手柄每转过 1r，工件转过 9°。因此，可得出角度分度法的计算公式：

$$n=\theta/9 \tag{3-2}$$

角度分度法有下列两种情况。

（1）当工件的等分角度为 9 的整除数时，可由公式 $n=\theta/9$ 确定。

【例 3-3】　一工件需要在万能分度头上划出孔距夹角为 36°的分度线，试求每划完一边后分度手柄应转过的转数 n 是多少？

解　根据公式 $n=\theta/9$，得

$$n=36/9=4(\mathrm{r})$$

（2）当工件的等分角度不为 9 的整除数时，可利用分度叉实现非整转数部分的分度。

【例 3-4】　一工件需要在万能分度头上划出孔距夹角为 116°的两条分度线，试求每划完一边后分度手柄应转过的转数 n 是多少？

解　根据公式 $n=\theta/9$，得

$$n=\frac{116}{9}=12\frac{8}{9}=12\frac{48}{54}(\mathrm{r})$$

3）差动分度法

分度时遇到的等分数是用简单分度法难以解决的质数（如 61、67 等）时，就要采用差动分度法进行分度。差动分度法的分度头传动路线是前述的第三条传动路线。

在分度头的主轴后锥孔中装上交换齿轮心轴，通过交换齿轮使分度头主轴与分度盘连接起来。此时，必须松开分度盘锁紧旋钮，转动分度手柄，经过一系列传动使主轴转动。主轴的转动，经交换齿轮和一对交错轴的斜齿轮使分度盘转动。分度盘通过手柄上的定位销，带动手柄同向或反向转动一个角度。一次，手柄的实际转数是手柄相对于分度盘的转数与分度盘的转数的代数和。进行差动分度时，首先选取一个与所要求的等分数接近，而又能在分度盘的孔圈中找得到的等分数 z_0，并设实际等分数为 z_1，则主轴每转过 $1:z_0$，就比 $1:z_1$ 多转或少转了一个较小的角度。这个角度就要通过交换齿轮使分度盘正向或反向转动来得到。由此可得差动分度的计算公式如下：

$$\frac{40}{z_1}=\frac{40}{z_0}+\frac{1}{z_1}\times i$$

$$i=\frac{40}{z_0}(z_0-z_1) \tag{3-3}$$

式中：z_1 为工件实际分度数；z_0 为工件假设分度数；i 为交换齿轮传动比。

式(3-5)中的 i 值为负值时，表示分度盘手柄转向相反，转向的调整可通过交换齿轮的中间齿轮来解决。

【例 3-5】 分度头装夹加工 107 个孔的工件时，应如何实现分度？

解 由于等分数为 107 是质数，用简单分度法是不能计算出手柄的转数，应采用差动分度法进行计算。

假设 $z_0=110$，则 $z_1=107$。

根据
$$i=\frac{40}{z_0}(z_0-z_1)$$

有
$$i=\frac{40}{110}\times(110-107)=\frac{60}{55}$$

经计算得：交换齿轮的主动齿轮为 60 齿，从动齿轮为 55 齿。如需用中介齿轮，其齿数根据安装所需而定。

手柄转数 n 根据公式(3-3)有

$$n=\frac{40}{z}=\frac{40}{110}=\frac{20}{55}$$

应选用有 55 孔的分度盘，且每次手柄转过 20 个孔位后，就在工件上加工一个孔。

分度过程如下：

① 选择分度盘。将计算 n 时所得的分数扩大若干倍，在分度盘上选取有等于分母数(55)的孔圈。

② 选择交换齿轮。根据交换齿轮传动比 i 的计算所得分数扩大若干倍，在交换齿轮中选取齿数等于分子数和分母数的两个齿轮。选取一个为 60 齿的齿轮，安装于主轴后锥孔上的交换齿轮心轴上；另一个为 55 齿的齿轮，安装于交换齿轮轴上；并按照两齿轮的实际安装位置，选取中介齿轮的大小，使分度盘与手柄的旋转方向相同。

③ 钻第一个孔。工件校正夹紧，将定位销插入分度盘上 55 个孔位的孔圈的某一孔中，调整好分度叉(叉脚之间 20 个孔距)，钻出第一个孔。

④ 钻第二个孔。分度叉换位，松开分度盘的锁紧旋钮，拔出定位销，转动手柄，使手柄在 55 个孔位的孔圈上转过 20 个孔距，再将定位销插入，钻出第二个孔。

⑤ 继续重复以上步骤，钻出其余的孔。

4）分度叉的调整方法

分度叉是分度盘上的附件，分度叉两叉脚的夹角是可以调整的，特别要注意，两叉脚间的孔数应比需转过的孔距数多一个。例如，2/3＝28/42＝44/66，选择孔数为 42 的孔圈时，分度叉两叉脚的孔数应为 28＋1＝29(个)孔(29 个孔只包含 28 个孔距)；选择孔数为 66 的孔圈时，分度叉两叉脚的孔数应为 44＋1＝45(个)孔(45 个孔只包含 44 个孔距)。

3. 注意事项

（1）为了保证分度准确，分度手柄每次转动必须按照同一个方向进行。

（2）由于分度头蜗杆副在传动中会产生一定的间隙，为保证分度精度，在划线前，可先将分度手柄反向转过半圈左右以消除间隙。

（3）当分度手柄将要转到预定孔位时，注意不要让它转过了头，定位插销要正好插入孔内。若转过了头，则必须反向转过半圈左右消除间隙后再重新谨慎地转到预定孔位。

（4）在使用分度头时，每次分度前必须先松开分度头侧面的主轴锁紧手柄，分度完毕后再锁紧主轴，以防止在划线过程中主轴出现松动。

（5）选择分度盘时，应尽可能选择使分数部分的分母倍数较大的分度盘孔数，以提高分度精度。

（6）划线完毕，应将分度头擦拭干净；要按照要求定期加注润滑油。

4. 分度头划线练习

1）工件图样

图 3-65 所示为六边孔凹模图样，要求在 FW250 型万能分度头上把六等分线条全部划出并打上冲眼。

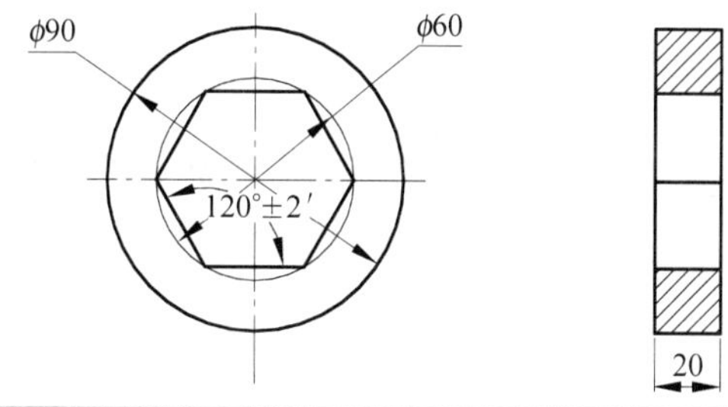

工件名称	材料	毛坯尺寸	件数	学时
六边孔凹模	45钢	φ90mm×20mm	1	1

图 3-65　六边孔凹模

2）划线准备

（1）分析图样。由于是在 FW250 型万能分度头上进行划线操作，可以知道从划线平台表面到分度头主轴中心线的中心高是 125mm，又根据图样尺寸，可计算出内六方每条边至圆心的垂直距离为 25.98mm。确定划线高度尺寸时，可以中心高 125mm 为基点上下加减 25.98mm，本例确定是以 125mm 为基点上加 25.98mm，即 125＋25.98＝150.98(mm)为划线高度尺寸。

（2）工件清理。对工件的毛刺等进行清理。

（3）工件涂色。在工件上涂上合适的涂料。

（4）准备工具。准备好划线操作所需要的划线工具。

3）划线步骤

（1）将工件装夹在分度头的三爪自定心卡盘上，校正夹紧。

（2）将高度游标卡尺的划线尺寸调整为150.98mm，如图3-66(a)所示。

（3）选择分度盘。根据 $n=40/z=40/6=6\dfrac{2}{3}$(r)。将计算值中的分数扩大22倍即为 $\dfrac{44}{66}$。需选取孔圈有66孔的分度盘装于分度头上，此时只需要将分度手柄摇过6圈又44孔距，即为 $6\dfrac{2}{3}$r。

（4）划第一条边。先将定位插销插入孔圈为66孔的某一孔中，并将一分度叉脚紧靠定位插销，再将另一分度叉脚调整到第45孔位(孔距为44)。此时，用手按住分度叉且拔出定位插销，顺时针摇动分度手柄，将定位插销插入紧靠另一分度叉脚的小孔中，然后划出第一条边。

（5）划第二条边。划好第一条边后，将分度叉顺时针方向旋转，使叉脚紧靠定位插销，然后用手按住分度叉且拔出定位插销，顺时针再摇动分度手柄6圈又44孔距，将定位插销插入紧靠另一分度叉脚的小孔中，然后划出第二条边，如图3-66(b)所示。

（6）重复上述步骤划出其余四条边，如图3-66(c)所示。

（7）详细检查所划尺寸线条是否准确，是否漏划线条。

（8）在六等分加工线条上打上冲眼，如图3-66(c)所示。

（9）交件待验。

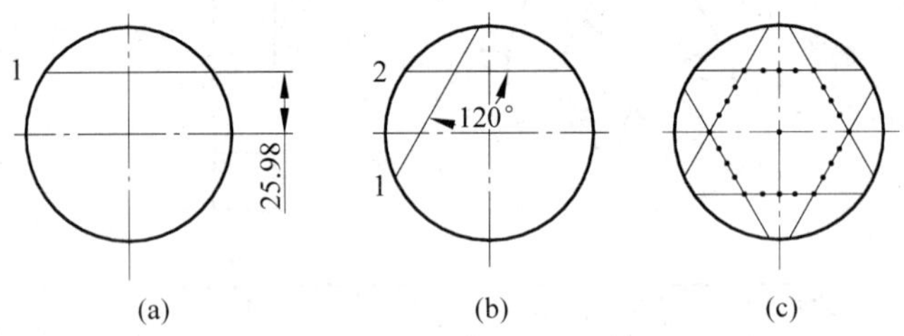

图3-66　六方孔凹模划线步骤

思考与练习

1. 名词解释

划线　平面划线　立体划线　基准线　加工线　找正线　检查线　基准工具　定形尺寸　定位尺寸　基准　尺寸基准　设计基准　工艺基准　主要基准　划线基准　找正基准　找正　借料

2. 叙述题

（1）划线的作用是什么？

(2) 划线精度一般应控制在什么范围内？

(3) 常用划线涂料有哪几种？各用于什么场合？

(4) 简述划规操作方法。

(5) 简述高度游标卡尺操作要点。

(6) 简述冲眼操作要点。

(7) 叙述划线安全操作规程。

(8) 叙述基准重合原则。

(9) 尺寸基准形式分为哪三种？

(10) 划线操作中的基本线条有哪些？

(11) 叙述平面划线基本步骤。

(12) 立体划线基准选择原则有哪些？

(13) 找正的作用是什么？

(14) 找正基准的选择原则是什么？

(15) 立体划线的方法有哪几种？

(16) 立体划线步骤一般分为几个阶段？

(17) 叙述分度头的类型和规格。

(18) 简述万能分度头的分度方法？

(19) 分度头的操作要求有哪些？

3. 计算题

(1) 如图3-67所示，若加工一对边尺寸为30mm的正六边形工件，应该用直径多大的棒料？

(2) 如图3-68所示，已知四孔在ϕ120mm圆周上均布，试求A、B两孔间的中心距。

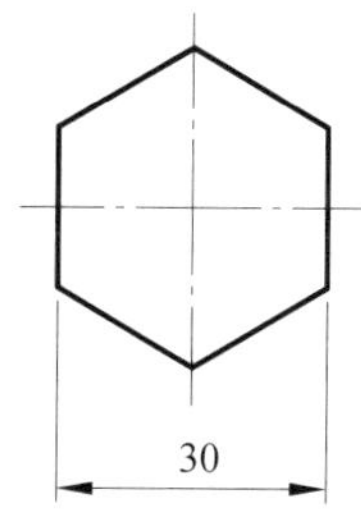

图3-67　正六边形工件

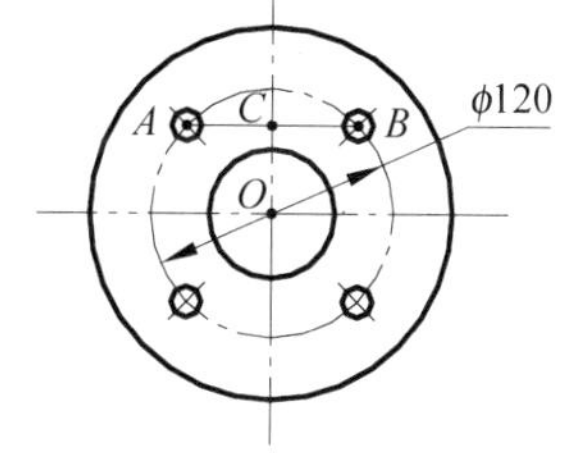

图3-68　圆周均布四孔工件

(3) 如图3-69所示为三孔工件，已知$AC=36$mm，$AB=50$mm，$\angle C=60°$，试求C、B两孔间的中心距。

(4) 如图3-70所示为三孔工件，已知$AB=90$mm，$AC=100$mm，$\angle A=30°$，试求B、C两孔间的中心距。

(5) 在直径为ϕ100mm圆周上作12等分，求其圆周弦长？($\sin15°=0.25881$，$\cos15°=0.96592$，$\tan15°=0.26794$)

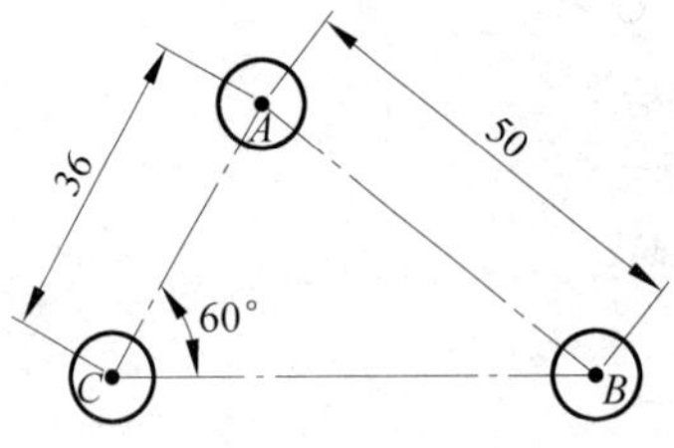

图 3-69 60°三孔工件图

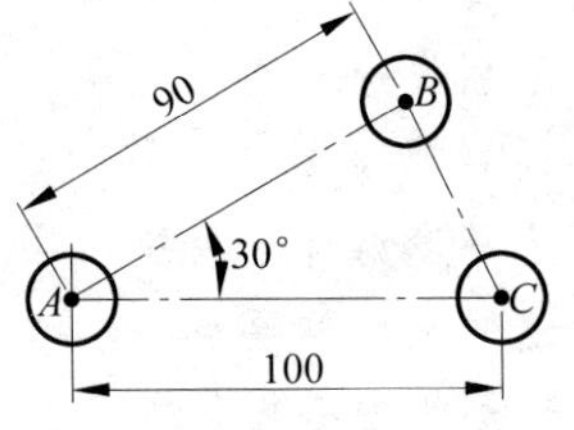

图 3-70 30°三孔工件

(6) 利用分度头在工件的圆周上划出16个等分孔的分度线，试求每划完一个孔的分度线后分度手柄应转过的转数是多少？

(7) 利用分度头在工件的圆周上划出均匀分布的15个等分孔的分度线，试求每划完一个孔的分度线后分度手柄应转过的转数是多少？（分度盘孔数：24、25、28、30、34、37）

(8) 一工件需要在分度头上划出夹角为35°的角度线，试求如何分度？

(9) 利用分度头在一工件的端面上划出69条等分线，试计算每等分手柄的转数 n 和交换齿轮的齿数？

第4章 锉削加工技术

用锉刀对工件表面进行切削加工，使其尺寸、形状、位置和表面粗糙度等达到技术要求的操作称为锉削。锉削加工的尺寸精度可达到0.01mm，表面粗糙度值可低至$Ra1.6\mu m$。

4.1 锉刀概述

1. 锉刀的构成

锉刀一般采用T12或T12A碳素工具钢经过轧制、锻造、退火、磨削、剁齿和淬火等工序加工而成，经表面淬火热处理后，其硬度应可达62～67HRC。

1）基本构成（以尖头扁锉为例）

（1）刀面。由主、辅锉纹（或单向锉纹）所形成的齿纹面称为刀面。如尖头扁锉有上下两个主刀面以及由边锉纹形成的一个（或两个）侧刀面，如图4-1所示。三角锉有三个刀面，方锉有四个刀面，半圆锉有两个刀面，圆锉有一个刀面。

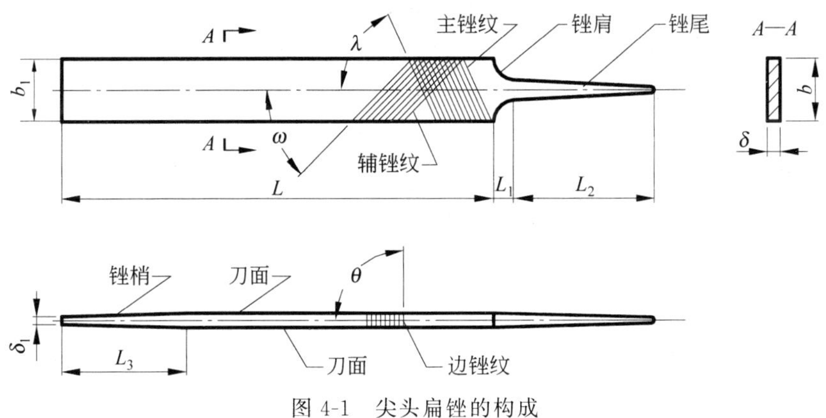

图4-1 尖头扁锉的构成

（2）锉身。自锉肩至锉梢前端面之间的部分（如图4-1所示的L）称为锉身。整形锉和异形锉是将刀面长度部分称为锉身。

（3）锉尾。自锉肩处逐渐变薄变尖的部分（如图4-1所示的L_2）称为锉尾。锉尾是用来装锉柄的。

（4）锉肩。自锉身后端连接锉尾的一段内圆弧过渡部分（如图4-1所示的L_1）称为锉肩。

(5) 锉梢。锉身宽度(或直径)自锉身前部向前端面逐渐变窄的部分以及锉身厚度自锉身前部向前端面逐渐变薄的部分(如图 4-1 所示的长度 L_3)称为锉梢。

(6) 辅锉纹。又称为底齿，是先在刀面上剁出来的锉纹，如图 4-1 所示。

(7) 主锉纹。又称为面齿，是后在刀面上剁出的锉纹，是锉刀面上起主要切削作用的锉纹，如图 4-1 所示。

(8) 边锉纹。又称为护齿，是指扁锉的一个(或两个)侧面的单向锉纹，如图 4-1 所示。边锉纹可以用来锉削铸件或其他材料较硬的表面部分，以防止对主刀面产生破坏，从而对主刀面起到保护作用，故又称为护齿。

(9) 光边。又称为安全边，是指扁锉上没有单向锉纹的侧面。有光边的锉刀在加工工件的表面时不会锉到与其相邻的垂直面而使其受到破坏，即不会产生加工干涉，故又称为安全边。根据加工需要，可以将三角锉、方锉的刀面各磨出一个光边。

(10) 主锉纹斜角(λ)。主锉纹与锉身轴线之间的夹角，称为主锉纹斜角，如图 4-1 所示。用铜丝刷清理锉刀面中的切屑时，应沿着主锉纹方向进行清理。

(11) 辅锉纹斜角(ω)。辅锉纹与锉身轴线之间的夹角，称为辅锉纹斜角，如图 4-1 所示。

(12) 边锉纹斜角(θ)。边锉纹与锉身轴线之间的夹角，称为边锉纹斜角，如图 4-1 所示。

(13) 锉纹条数。表示沿锉身轴线每 10mm 长度内所包含的主锉纹条数，称为锉纹条数。

(14) 齿底连线。在主锉纹法向垂直剖面上，过相邻两齿底的直线称为齿底连线，如图 4-2 所示。

(15) 齿高。齿尖至齿底连线的垂直距离称为齿高，如图 4-2 所示。

(16) 齿前角(α)。在主锉纹法向垂直剖面上，主锉纹的前刀面与经过齿尖并与齿底连线相垂直的垂线之间的夹角称为齿前角，如图 4-2 所示。

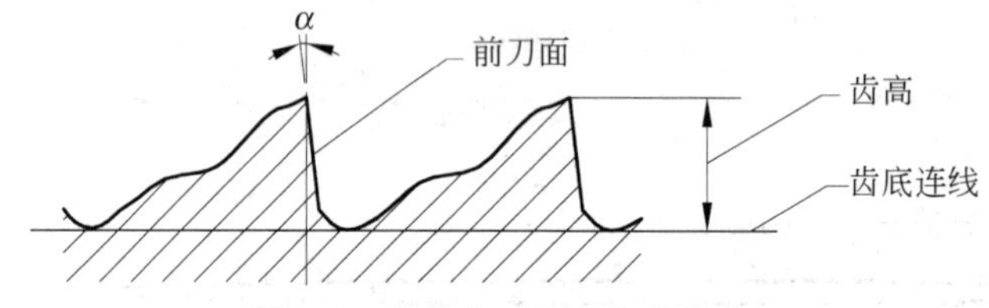

图 4-2　齿前角、齿高、齿底连线

2) 锉纹

锉刀的锉纹有单锉纹和双锉纹之分。钳工锉的锉纹除了圆锉有单螺旋锉纹和双螺旋锉纹两种外，其他形式的钳工锉都是双锉纹。由于双锉纹锉刀主锉纹覆盖在辅锉纹上，使其锉齿间断，可达到分屑与断屑作用，因此在锉削时比较省力。而单锉纹锉刀在锉削时不能进行分屑与断屑，所以在锉削时比较费力，故单锉纹锉刀主要用来锉削较软的金属材料以及橡胶、塑料制品等。另外，锉刀面上主锉纹角度和辅锉纹角度不同，使许多锉齿与锉刀面纵向中心线形成有规律的倾斜排列，如图 4-3(a)所示，锉出来的沟痕就会互相覆盖，这样被加工表面的沟痕就比较细小。如果主锉纹角度和辅锉纹角度相同，就会使许多锉齿与锉刀面纵向中心线形成平行排列，如图 4-3(b)所示，这样被加工表面的沟痕就比较粗大。

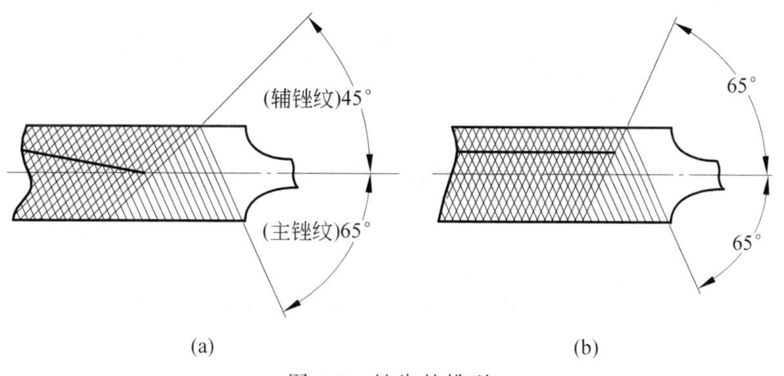

图 4-3　锉齿的排列

3）锉柄

为了握住锉刀和用力方便，钳工锉必须装上锉柄，锉柄是用硬木和塑胶制成的。木质锉柄是由椭球形柄体和柄箍构成(木质锉柄必须装上金属柄箍才能使用)的，其形状如图 4-4(a)所示。塑胶锉柄为整体式，样式较多，其基本形状与木质锉柄大致接近，一般较扁平一些，其形状如图 4-4(b)所示。木质锉柄的尺寸规格如表 4-1 所示。

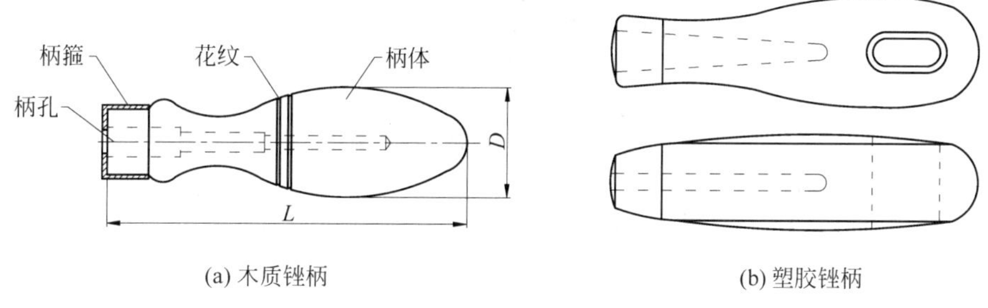

图 4-4　锉柄形状

表 4-1　木质锉柄基本尺寸　　单位：mm

编号	长度 L	直径 D
1	80	20
2	90	24
3	100	28
4	110	30
5	120	34

2. 锉刀的类别、形式、规格、锉纹参数

1）锉刀的类别

钳工用的锉刀分为钳工锉、整形锉和异形锉三大类。

(1) 钳工锉。钳工锉是锉削加工中应用最基本、最广泛的一类锉刀。主要形式为齐头扁锉、尖头扁锉、半圆锉、三角锉、方锉、圆锉 6 种，如图 4-5(a)～图 4-5(f)所示。钳工锉的横截面形状如图 4-6(a)～图 4-6(e)所示。

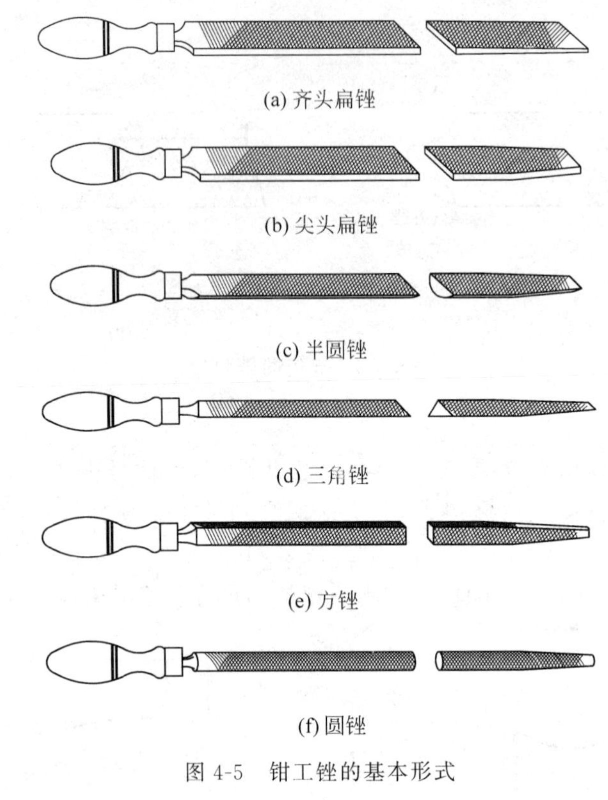

图 4-5　钳工锉的基本形式

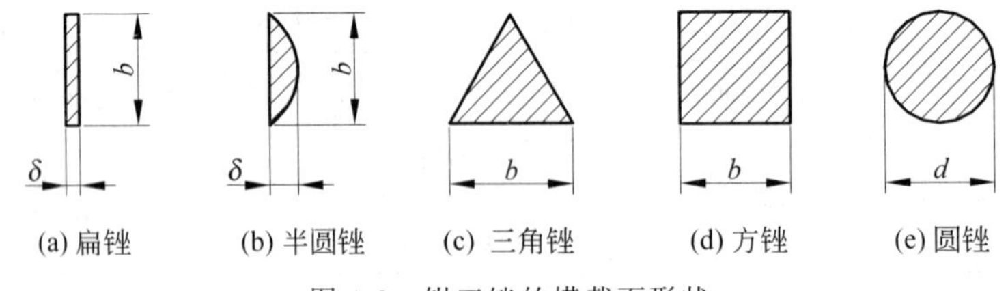

图 4-6　钳工锉的横截面形状

(2) 整形锉。整形锉又称为什锦锉，是用来锉削较小工件、工件的狭小部位以及修整性锉削工件表面的一类锉刀。主要形式为齐头扁锉、尖头扁锉、半圆锉、三角锉、方锉、圆锉、菱形锉、单面三角锉、刀形锉、双半圆锉、椭圆锉、圆边扁锉等，如图 4-7 所示。整形锉的横截面形状如图 4-8(a)～图 4-8(k)所示。

(3) 异形锉。异形锉是专门用于对工件的型腔表面进行光整锉削的一类锉刀。异形锉的种类有弯头异形锉、弯柄直头异形锉和双弯头异形锉，如图 4-9(a)～图 4-9(c)所示。

2) 锉刀的形式

锉刀的基本形式按照横截面形状的不同，主要分为扁锉、半圆锉、三角锉、方锉、圆锉、菱形锉、单面三角锉、刀形锉、双半圆锉、椭圆锉、圆边扁锉等，如图 4-8(a)～图 4-8(k)所示。其中扁锉又分尖头(见图 4-1)和齐头(见图 4-10)两种，半圆锉又分为薄形和厚形两种。

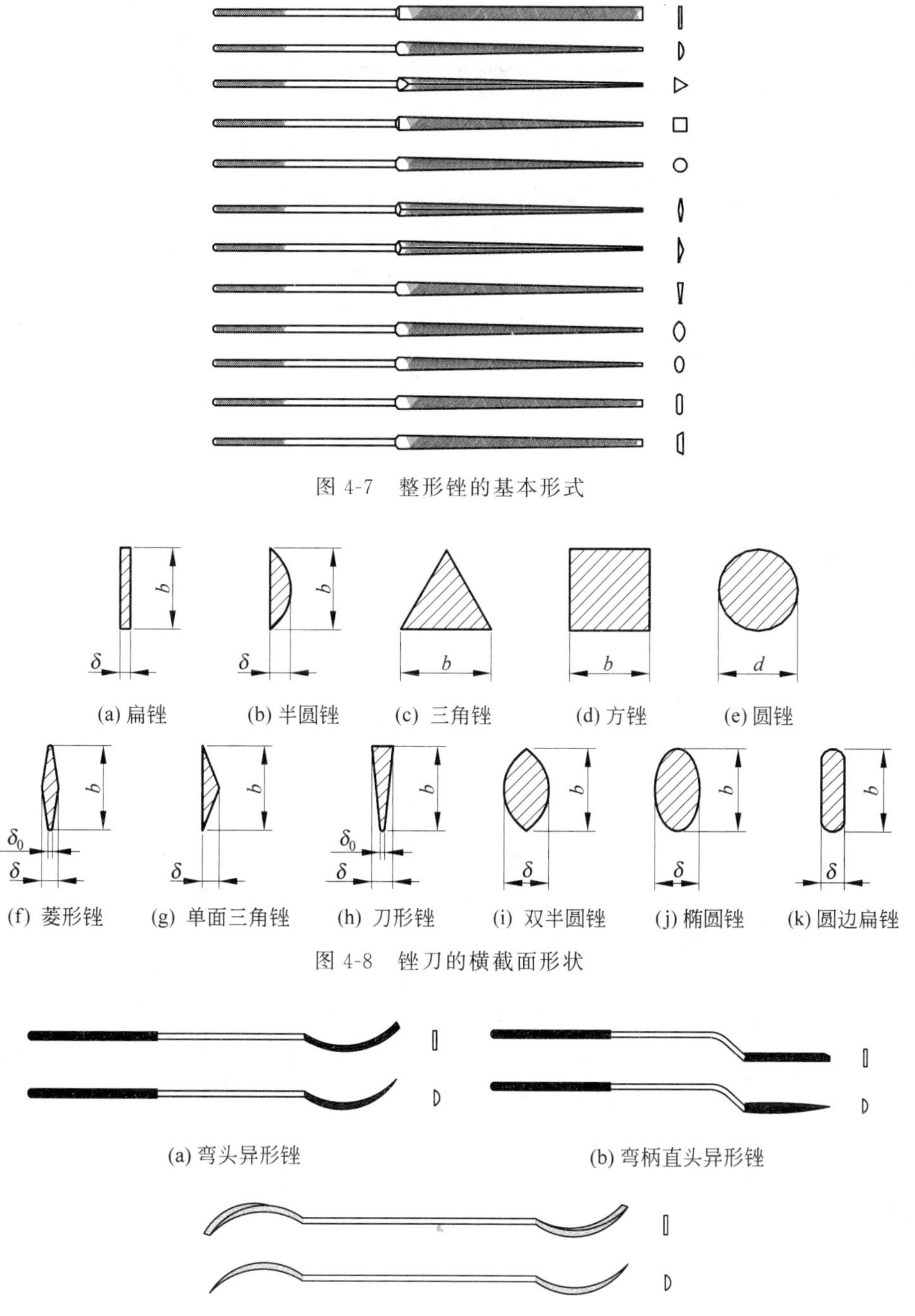

图 4-7　整形锉的基本形式

图 4-8　锉刀的横截面形状

图 4-9　异形锉的形式

3）钳工锉的规格

钳工锉是以锉身长度作为尺寸规格。钳工锉的基本尺寸如表 4-2 所示。

4）锉纹参数

（1）钳工锉的锉纹参数。《钢锉通用技术条件》(GB/T 5806—2003)规定，锉纹的条

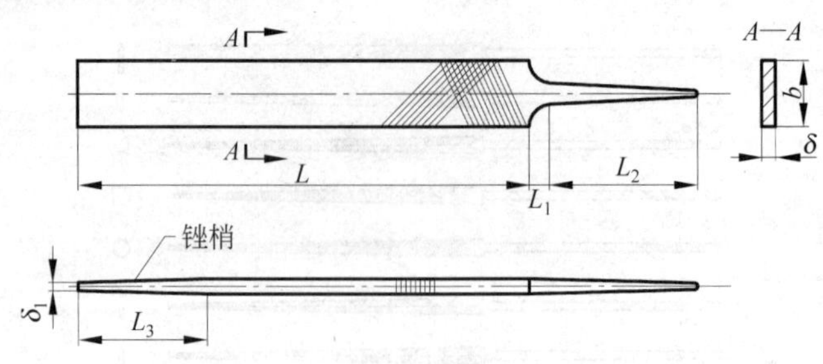

图 4-10　齐头扁锉

表 4-2　钳工锉的基本尺寸

规格		扁锉（尖头、齐头）/mm		半圆锉/mm			三角锉/mm	方锉/mm	圆锉/mm
					薄形	厚形			
L		b	δ	b	δ		b	b	d
/in	/mm								
4	100	12	2.5(3.0)	12	3.5	4.0	8.0	3.5	3.5
5	125	14	3.0(3.5)	14	4.0	4.5	9.5	4.5	4.5
6	150	16	3.5(4.0)	16	4.5	5.0	11.0	5.5	5.5
8	200	20	4.5(5.0)	20	5.5	6.5	13.0	7.0	7.0
10	250	24	5.5	24	7.0	8.0	16.0	9.0	9.0
12	300	28	6.5	28	8.0	9.0	19.0	11.0	11.0
14	350	32	7.5	32	9.0	10.0	22.0	14.0	14.0
16	400	36	8.5	36	10.0	11.5	26.0	18.0	18.0
18	450	40	9.5					22.0	

数由沿钢锉轴线每 10mm 的主锉纹条数来表示，如表 4-3 所示。钳工锉的锉纹号按主锉纹条数分为 1～5 号，其中 1 号为粗齿锉刀、2 号为中齿锉刀、3 号为细齿锉刀、4 号为双细齿锉刀、5 号为油光锉刀。

表 4-3　钳工锉的锉纹参数

规格/mm	主锉纹条数					辅锉纹条数	边锉纹条数	主锉纹斜角 λ		辅锉纹斜角 ω		边锉纹斜角 θ
	锉纹号											
	1	2	3	4	5			1～3号锉纹	4～5号锉纹	1～3号锉纹	4～5号锉纹	
100	14	20	28	40	56	为主锉纹条数的75%～95%	为主锉纹条数的100%～120%	65°	72°	45°	52°	90°
125	12	18	25	36	50							
150	11	16	22	32	45							
200	10	14	20	28	40							
250	9	12	18	25	36							
300	8	11	16	22	32							
350	7	10	14	20	—							
400	6	9	12	—	—							
450	5.5	8	11	—	—							
公差	±5%					—		±5°				

(2) 采用螺旋锉纹的圆锉,其锉纹参数如表 4-4 所示。

表 4-4 采用螺旋锉纹圆锉的锉纹参数

<table>
<tr><th colspan="2" rowspan="3">规格/mm</th><th colspan="3">主锉纹条数</th><th rowspan="3">辅锉纹条数</th><th rowspan="3">主锉纹斜角 λ</th><th rowspan="3">辅锉纹斜角 ω</th></tr>
<tr><th colspan="3">锉纹号</th></tr>
<tr><th>1</th><th>2</th><th>3</th></tr>
<tr><td>100</td><td rowspan="4">单螺纹</td><td>13</td><td>16</td><td>19</td><td rowspan="4">—</td><td rowspan="8">70°～80°</td><td rowspan="4"></td></tr>
<tr><td>125</td><td>12</td><td>15</td><td>18</td></tr>
<tr><td>150</td><td>11</td><td>14</td><td>17</td></tr>
<tr><td>200</td><td>10</td><td>13</td><td>16</td></tr>
<tr><td>250</td><td rowspan="4">双螺纹</td><td>9</td><td>12</td><td>15</td><td rowspan="4">为主锉纹条数
75%～95%</td><td rowspan="4">45°～55°</td></tr>
<tr><td>300</td><td>8</td><td>11</td><td>14</td></tr>
<tr><td>350</td><td>7</td><td>10</td><td>13</td></tr>
<tr><td>400</td><td>6</td><td>9</td><td>12</td></tr>
<tr><td colspan="2">公差</td><td colspan="3">±5%</td><td colspan="3">—</td></tr>
</table>

3. 锉刀的选用

锉刀的选用是否合理,对加工质量、加工效率以及锉刀的使用寿命都有一定的影响,通常应根据工件的表面状况、材料性质、加工余量以及尺寸精度、形位精度和表面粗糙度等技术要求来选用,锉刀的选用参考表 4-5。

表 4-5 锉刀的选用

<table>
<tr><th rowspan="2">锉 纹 号</th><th colspan="3">选 用 范 围</th></tr>
<tr><th>加工余量/mm</th><th>尺寸精度/mm</th><th>表面粗糙度 Ra/μm</th></tr>
<tr><td>1 号(粗齿锉刀)</td><td>>0.5</td><td>0.2～0.5</td><td>100～25</td></tr>
<tr><td>2 号(中齿锉刀)</td><td>0.2～0.5</td><td>0.05～0.2</td><td>12.5～6.3</td></tr>
<tr><td>3 号(细齿锉刀)</td><td>0.05～0.2</td><td>0.02～0.05</td><td>6.3～3.2</td></tr>
<tr><td>4 号(双细齿锉刀)</td><td>0.05～0.1</td><td>0.01～0.02</td><td>3.2～1.6</td></tr>
<tr><td>5 号(油光锉刀)</td><td><0.05</td><td>0.01</td><td>1.6～0.8</td></tr>
</table>

(1) 按材料性质选用锉刀。通常,比较软的金属材料选用粗齿或中齿锉刀锉削;比较硬的金属材料选用中齿或细齿锉刀锉削。

(2) 按加工面积与加工余量选用锉刀。通常,加工面积和加工余量较大时,选用较长的粗齿或中齿锉刀锉削;加工面积和加工余量较小时,选用较短的中齿或细齿锉刀锉削。

(3) 按锉削工艺选用锉刀。通常,粗齿或中齿锉刀用于粗锉加工;中齿或细齿锉刀用于细锉加工;细齿或双细齿锉刀用于精锉加工;油光锉刀用于表面光整加工。

(4) 按工件表面形状选用锉刀。锉刀的选用如图 4-11 所示,扁锉主要用来加工平面及凸圆弧面,如图 4-11(a)所示;半圆锉主要用来加工凹圆弧面,如图 4-11(b)所示;三角锉主要用来加工角度面,如图 4-11(c)所示;方锉主要用来加工直角面与方孔,如图 4-11(d)所示;圆锉主要用来凹圆弧与圆孔,如图 4-11(e)所示。

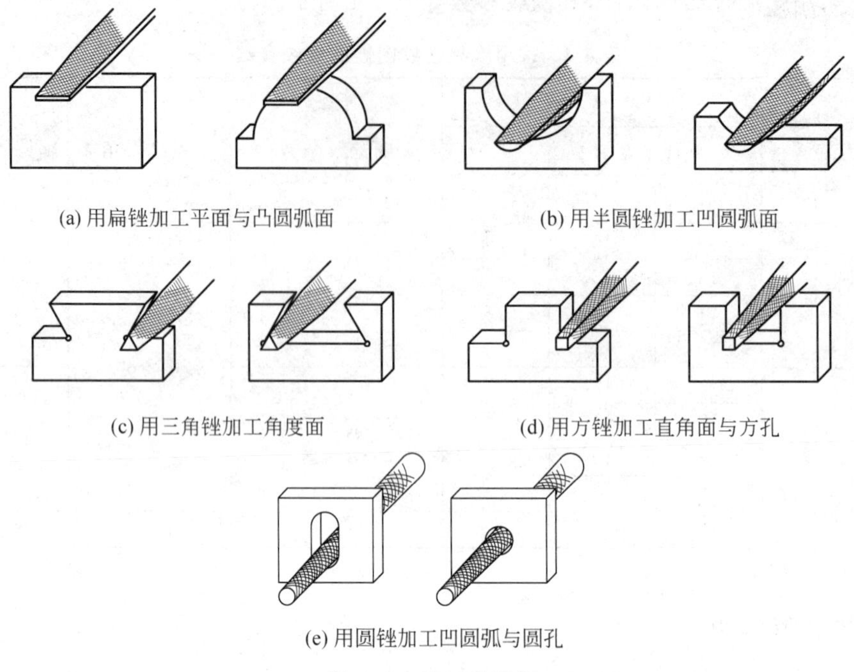

图 4-11　锉刀的选用

（5）按工件表面形状及加工特点改制锉刀。在相邻两面锉削时，为防止加工干涉，需要将相关锉刀进行改制。例如，用扁锉锉削角度面的基准平面时，为防止扁锉两侧面对相邻角度面产生加工干涉，就需要将两侧面磨光成一个斜面（其夹角 α 约为 45°），如图 4-12(a)所示；用三角锉锉削角度面时，为防止三角锉对相邻基准平面产生加工干涉，就需要磨光一个面，如图 4-12(b)所示；用方锉锉削垂直面时，为防止方锉对相邻基准平面产生加工干涉，就需要磨光一个面，如图 4-12(c)所示。

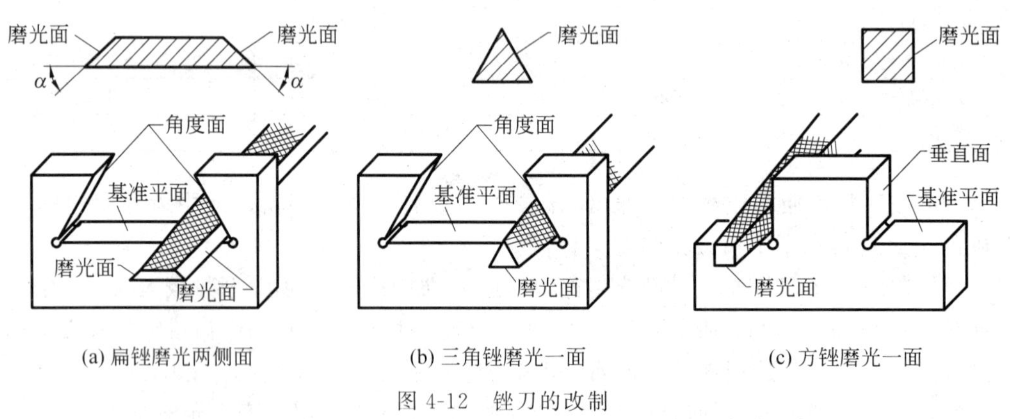

图 4-12　锉刀的改制

4. 注意事项

（1）一般情况下，不要用锉刀的主刀面锉削铸件的硬表面及钢件淬硬的表面，以防止主刀面锉齿被破坏，可以用边锉纹处理工件较硬表面。

(2) 锉刀表面横向中凹的刀面尽量用于粗锉加工，表面横向中凸的刀面尽量用于细锉和精锉加工。

(3) 锉刀每次用完后，应用铜丝刷沿主锉纹的角度方向清理锉刀面中的切屑。如果还有残留切屑时，可将碳钢锯条折断，以锯条背部的棱角或使用划针尖沿着主锉纹方向剔除。

(4) 锉刀不能重叠放置，防止损坏锉齿。

(5) 严禁将锉刀作为撬棍或手锤使用。

(6) 使用整形锉时用力不要过大，防止刀身折断。

注意事项(3).mp4

4.2 锉削操作技术

1. 锉柄的装卸方法

1) 装锉柄的方法

左手大拇指与其他四指相对捏住锉柄，右手大拇指与其他四指相对捏住锉梢，将锉尾插入柄孔，在钳桌(台)上面或台虎钳上面垂直向下适当用力镦紧即可，如图 4-13(a)所示。安装木质锉柄时，用力不要太大，以免损坏锉柄。

2) 卸锉柄的方法

左手捏住锉柄，右手捏住锉梢在台虎钳上面水平适当用力撞击锉柄卸出，如图 4-13(b)所示，也可在台虎钳侧面进行，如图 4-13(c)所示。这两种方法还可在钳桌(台)边缘进行。

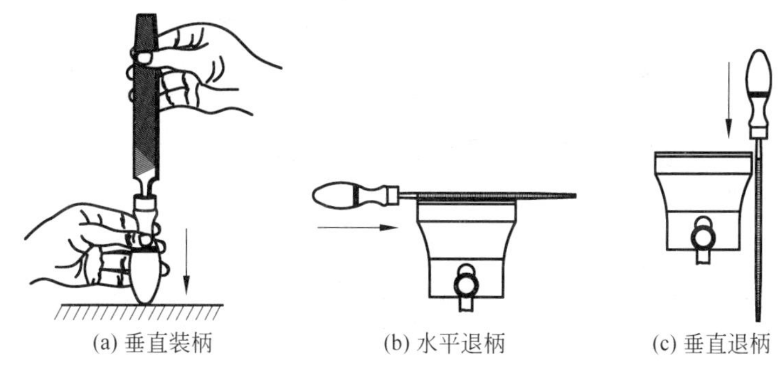

(a) 垂直装柄　(b) 水平退柄　(c) 垂直退柄

图 4-13 锉柄的装卸方法

卸锉柄.mp4

装锉柄.mp4

2. 锉刀握持方法

1) 锉柄握法

(1) 拇指压柄法。拇指压柄法是指右手拇指向下压住锉柄，其余四指环握锉柄的一种握法，如图 4-14 所示。此握法是最基本的锉柄握法。

(2) 食指压锉法。食指压锉法是指右手食指前端压住锉身上面，拇指伸直贴住锉柄（或锉身）侧面，其余三指环握锉柄的一种握法，如图 4-15 所示。此握法主要用于整形锉刀以及 8″及以下规格锉刀的单手锉削。

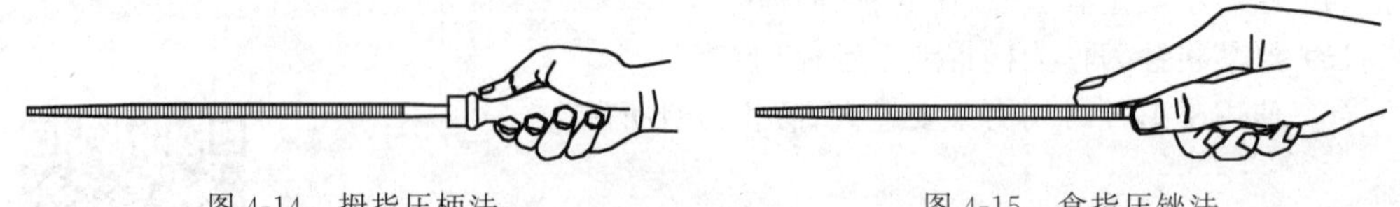

图 4-14　拇指压柄法　　　　图 4-15　食指压锉法

(3) 抱柄法。抱柄法是指双手拇指并拢向下压住锉柄，双手其余四指抱拳环握锉柄的一种握法，如图 4-16 所示。此握法主要用于整形锉刀以及 8″及以下规格锉刀进行孔、槽的加工。

2) 锉身握法(以扁锉为例)

(1) 掌压锉梢法。掌压锉梢法是指左手手掌自然伸展，手掌根部压住锉身前端锉梢部位的一种握法，如图 4-17 所示。此握法一般用于 12″及以上规格的锉刀进行全程大力锉削。

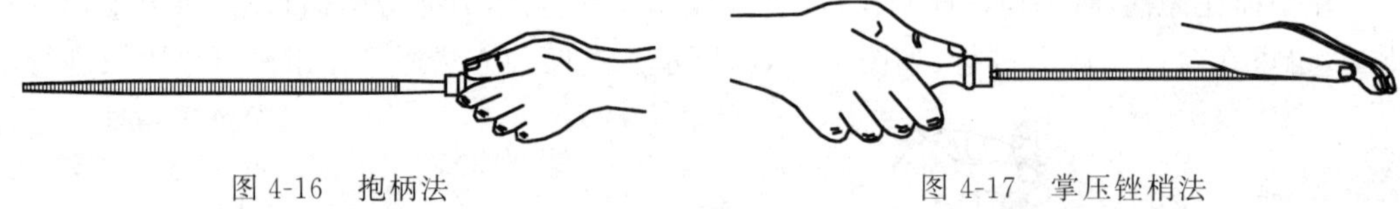

图 4-16　抱柄法　　　　图 4-17　掌压锉梢法

(2) 拇指压锉法。拇指压锉法是指左手拇指压住锉梢部位，食指、中指的指头抵住锉梢端面的一种握法，如图 4-18 所示。此握法一般用于 12″及以上规格的锉刀进行全程大力锉削。

(3) 捏锉法。捏锉法是指左手拇指与食指、中指的指头相对捏住锉梢前端的一种握法，如图 4-19 所示。此握法主要用于锉削曲面。

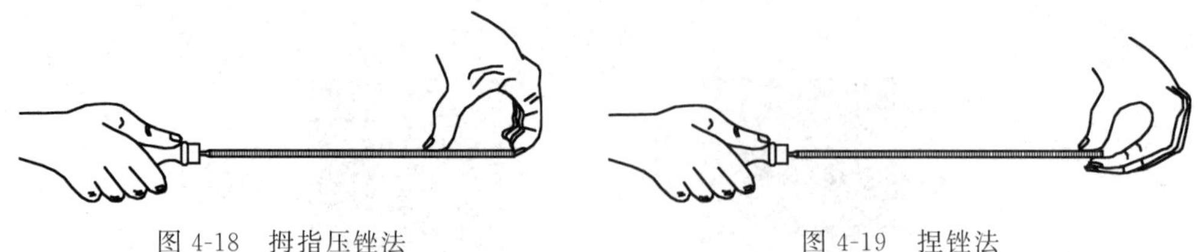

图 4-18　拇指压锉法　　　　图 4-19　捏锉法

(4) 掌压锉中法。掌压锉中法是指左手手掌自然伸展，手掌压住锉身中部刀面的一种握法，如图 4-20 所示。此握法一般用于 12″及以上规格的锉刀进行短程锉削。

(5) 三指压锉法。三指压锉法是指左手食指、中指和无名指的指头压住锉身中部刀面的一种握法，如图 4-21 所示。此握法一般用于 10″及以下规格的锉刀进行短程锉削。

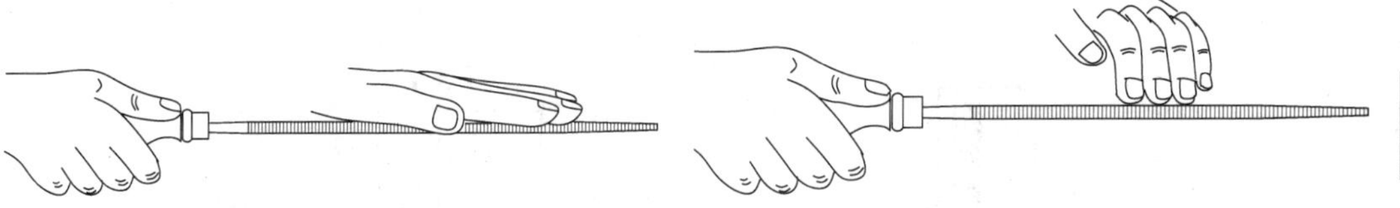

图 4-20 掌压锉中法　　图 4-21 三指压锉法

(6) 双指压锉法。双指压锉法是指左手食指和中指的指头压住锉身中部刀面的一种握法，如图 4-22 所示。此握法一般用于 8″及以下规格的锉刀进行短程锉削。

(7) 八字压锉法。八字压锉法是指左手拇指与食指、中指的指头呈八字状压住锉身刀面的一种握法，如图 4-23 所示。此握法一般用于 10″及以下规格的锉刀进行短程锉削。

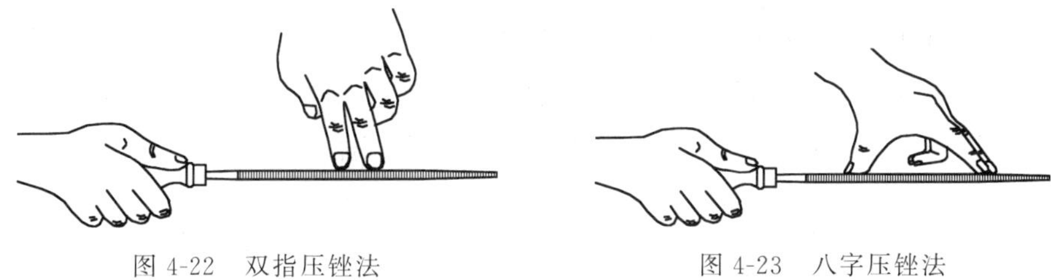

图 4-22 双指压锉法　　图 4-23 八字压锉法

(8) 双手横握法。双手横握法是指左右手的拇指与其余四指的指头相对夹住锉身侧刀面的一种握法，如图 4-24 所示。此握法一般用于 8″及以下规格的锉刀进行短程横推锉削。横推锉削时，两手指离工件的侧面以不大于 10mm 为宜，若离得太远，锉刀就容易产生横向摆动。

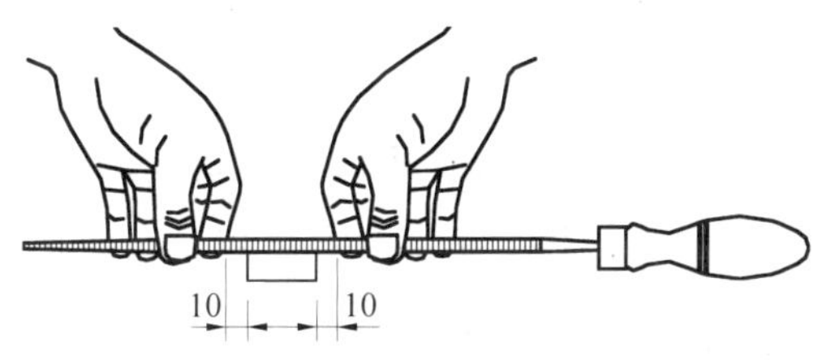

图 4-24 双手横握法

3. 基本锉法

1) 纵向锉法

纵向锉法是指锉刀推进方向与工件表面纵向中心线相平行的一种锉法，如图 4-25 所示。纵向锉法可用于粗锉、细锉和精锉加工。在精锉加工时，采用短程纵向锉法理顺工件表面锉纹，可获得整齐、美观的锉纹。

2) 横向锉法

横向锉法是指锉刀推进方向与工件表面纵向中心线相垂直的一种锉法，如图 4-26 所示。横向锉法的锉削效率较高，一般用于粗锉、细锉加工。

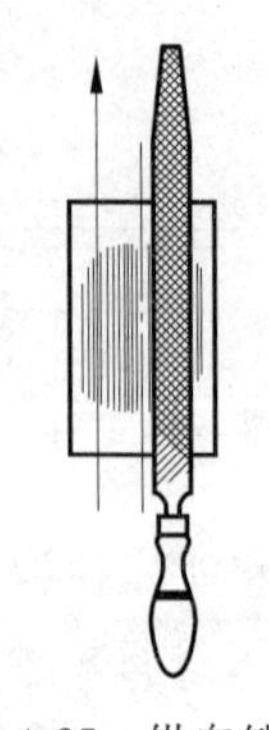

图 4-25　纵向锉法

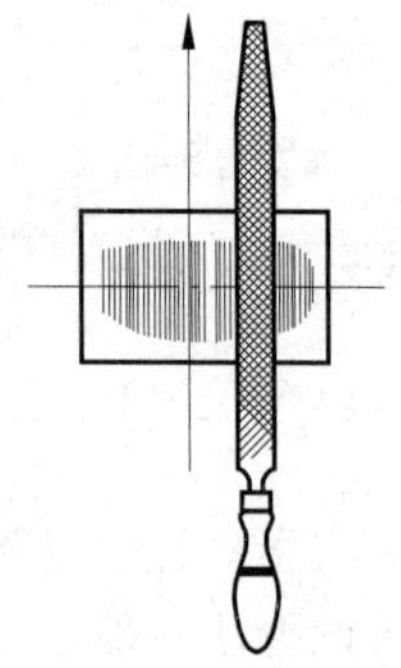

图 4-26　横向锉法

3）交叉锉法

交叉锉法是指锉刀第一遍推进方向与工件表面纵向中心线相交成一定角度 α（35°～75°），锉刀第二遍推进方向与前一遍锉纹相交成 90°左右以获得交叉锉纹的一种锉法，如图 4-27 所示。交叉锉纹可反映工件表面高低状况，便于调整锉削部位，一般用于粗锉加工。

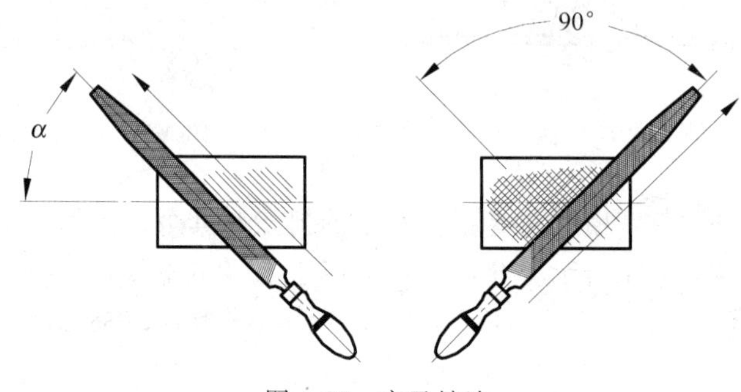

图 4-27　交叉锉法

4）横推锉法

横推锉法是指锉刀刀身与工件表面纵向中心线相垂直，推进方向与之相平行的一种锉法，如图 4-28 所示。此锉法主要用于细锉、精锉加工。

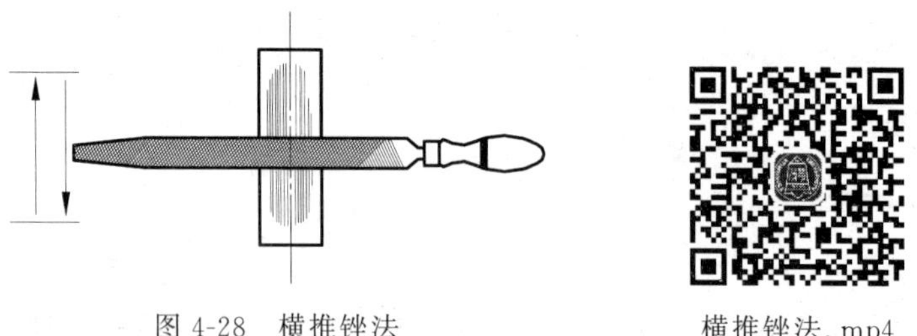

图 4-28　横推锉法

横推锉法.mp4

5）拉动锉法

拉动锉法是指把扁锉刀夹在虎钳上，将形体较小或较薄的工件作为主动体用手握持放在锉刀面上，采用自前向后纵向拉动锉削的一种锉法，如图 4-29 所示。此锉法主要用于细锉、精锉加工。

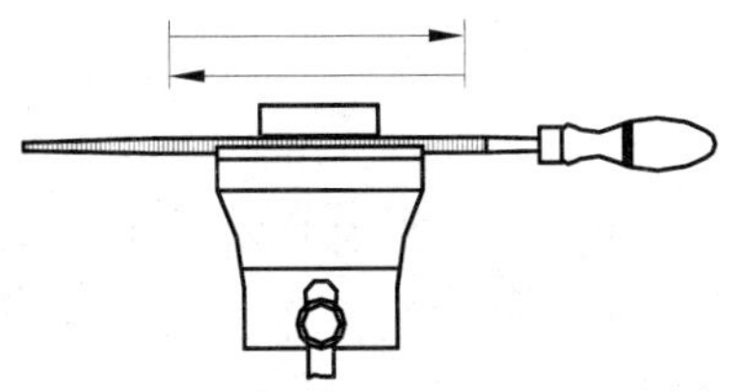

图 4-29　拉动锉法

拉动锉法.mp4

6）全程锉法

全程锉法是指锉刀在推进时，其行程的长度与刀面长度相当的一种锉法，如图 4-30 所示。此锉法一般用于粗锉和细锉加工。

7）短程锉法

短程锉法是指锉刀在推进时，其行程的长度只是刀面长度的 1/4～1/2，甚至更短的一种锉法，如图 4-31 所示。此锉法一般用于细锉和精锉加工。

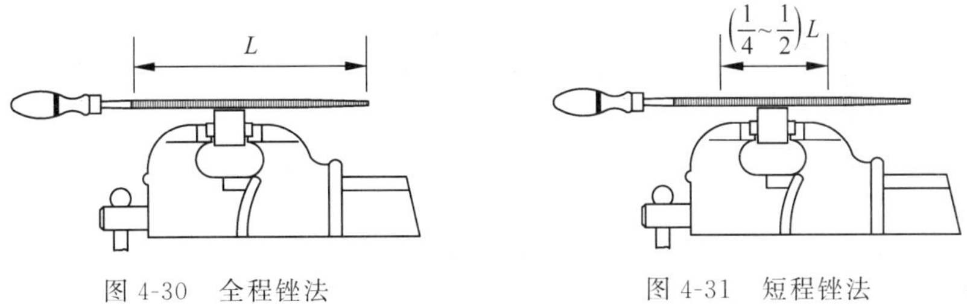

图 4-30　全程锉法　　图 4-31　短程锉法

8）直进锉法

直进锉法是指锉刀在锉削时的行程路线为直线往复而不向左右偏移的一种锉法，如图 4-32 所示。此锉法适宜于阶梯与沟槽形面的加工。

9）斜进锉法

斜进锉法是指锉刀在锉削时的行程路线为自左向右（或自右向左）斜向推进的一种锉法，如图 4-33 所示。此锉法一般用于狭窄平面、倒角时的粗锉、细锉加工。

注意：*在学习锉削的初期，建议不要练习斜进锉法。*

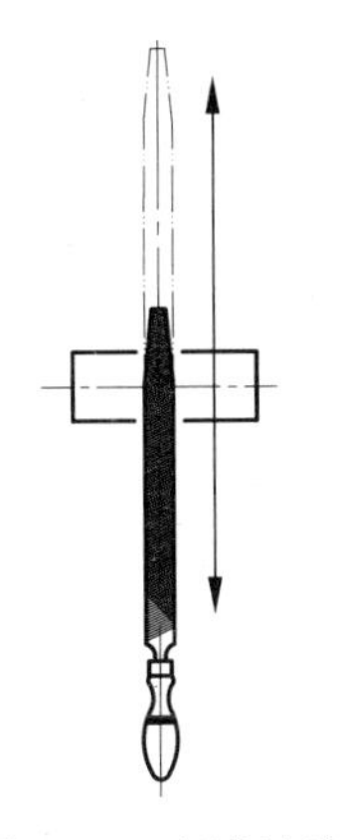
图 4-32　直进锉法

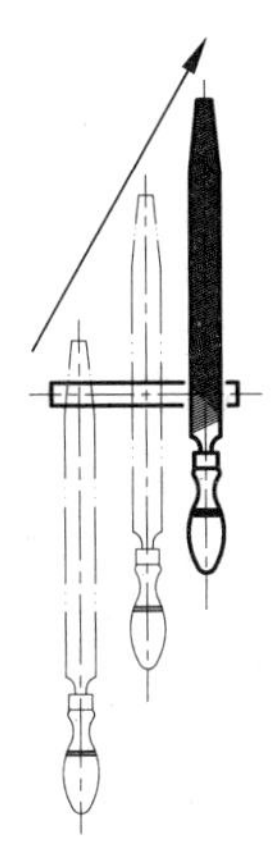
图 4-33　斜进锉法

斜进锉法.mp4

4. 全程大力锉削

全程大力锉削.mp4

全程大力锉削是指采用 16″、14″的粗齿、中齿锉刀，对具有较大加工余量的工件表面进行全刀面、长行程、大力量的锉削操作。全程大力锉削具有动作幅度大、推锉力量大、锉削行程长、切削量大、韵律感强等特点，主要用于粗锉加工。全程大力锉削的动作过程分为准备、前倾、推锉（可细分为前 1/3 推锉行程、中 1/3 推锉行程、后 1/3 推锉行程）和回锉四个阶段，如图 4-34 所示。

(a) 准备　(b) 前倾　(c) 前1/3推锉行程

(d) 中1/3推锉行程　(e) 后1/3推锉行程　(f) 回锉行程

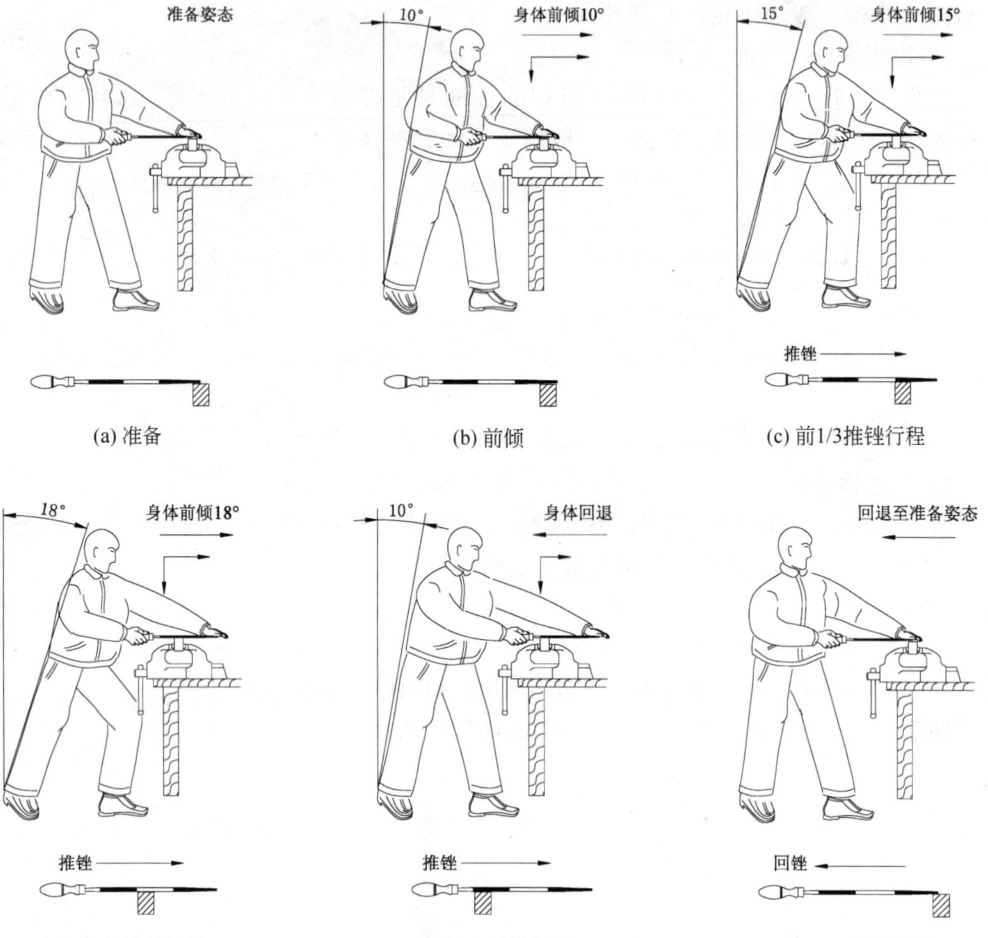

图 4-34　全程大力锉削动作姿势示意图

全程大力锉削动作姿势是最基本的锉削动作姿势，是学习者必须最先掌握的锉削姿势。学习锉削时，双手不得戴手套，以免影响手的感觉和测量操作。

1）站立姿态

如图 4-35 所示，站立姿态要以锉刀纵向中心线为基准，左脚距离该中心线垂直于地面的投影线约为 200mm，并与该投影线大致成 15°，脚尖接近或踩在活动钳身钳口面垂直于地面的投影线上；右脚与锉刀纵向中心线垂直于地面的投影延长线大致成 100°，右脚的前 1/3 部位踩在该投影线上，两脚跟之间的距离大致与肩同宽。

站立姿态.mp4

2）身体姿态

如图 4-36 所示，手臂要以锉刀纵向中心线为基准，右手握持锉柄时，前臂应与锉刀纵向中心线共线，且上臂大致与锉刀纵向中心线、前臂共在一个垂直平面(简称为三线一面)，左手自然弯曲握持锉刀前部，身体与锉刀纵向中心线成 40°左右，在锉削运动中应基本保持这种姿态。

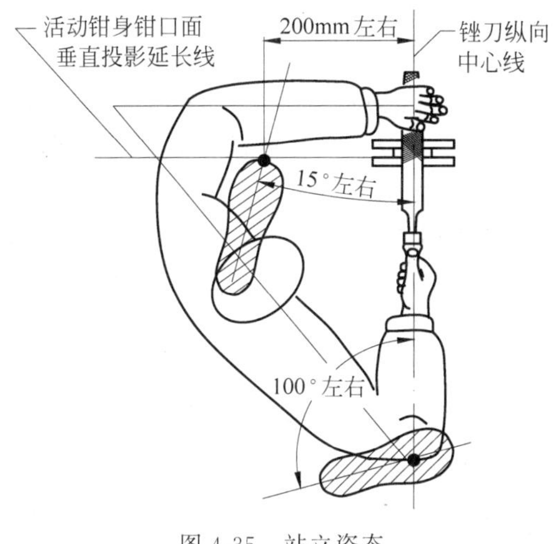

图 4-35　站立姿态

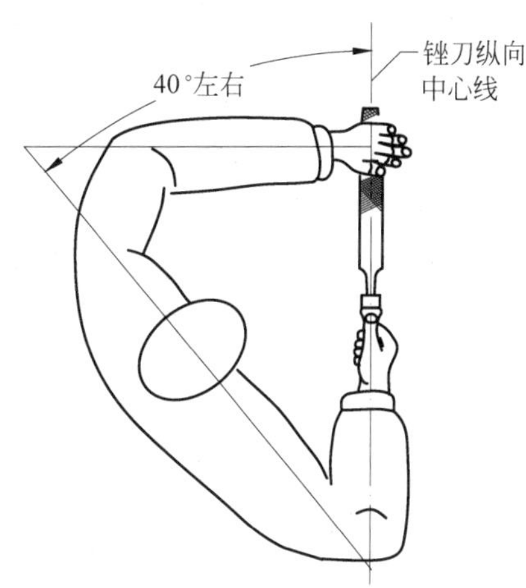

图 4-36　手臂姿态

3）锉刀握法与锉法

进行全程大力锉削练习时，锉刀握法主要采用前掌压锉握法和拇指压锉法；锉削方法主要采用横向锉法和纵向锉法。

4）全程大力锉削动作分解

一个锉削动作过程可分为准备、前倾、推锉和回锉四个阶段。

(1) 准备。如图 4-37 所示，双手握持锉刀，右上臂大致与地面垂直，右前臂大致与地面平行；双脚按照站立姿态(见图 4-35)要求站立到位，左、右腿自然伸直，身体重心分布于左、右脚，锉刀前端置于工件表面。

(2) 前倾。如图 4-38 所示，身体从准备阶段逐渐前倾至 10°左右，右臂同时向后曲肘并即将带动双臂推动锉刀。

(3) 推锉。为了充分理解推锉行程的姿势特点，可将锉刀刀身分为三个等分段，据此可将推锉又细分为前 1/3 推锉行程、中 1/3 推锉行程和后 1/3 推锉行程三个阶段，如图 4-39 所示。

① 前 1/3 推锉行程。如图 4-39(a)所示，左腿继续曲膝，当身体开始从 10°前倾 15°时，身体重心移向左脚；身体前倾的同时起锉并接续进行前 1/3 推锉行程，左手同时对锉刀施加压力。

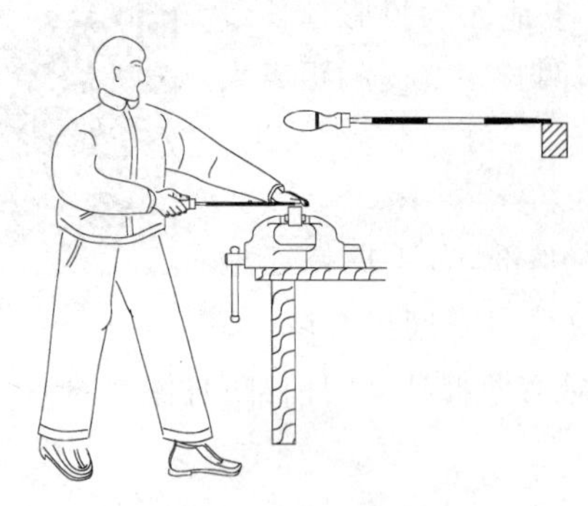

图 4-37　准备姿态

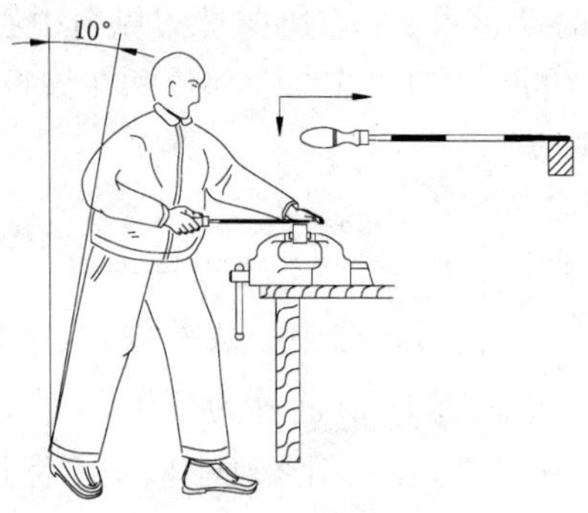

图 4-38　身体前倾

② 中 1/3 推锉行程。如图 4-39(b)所示，此时，身体重心大部分移至左脚，左手对锉刀施加的压力最大。左腿继续曲膝，身体继续前倾至 18°左右，并继续带动右臂向前进行中 1/3 推锉行程。

③ 后 1/3 推锉行程。如图 4-39(c)所示，当开始后 1/3 推锉行程时，身体停止前倾并开始回退至 10°左右(回退的区域为锉刀面的中 1/3 处与后 1/3 处的交界处)，在回退的同时，右臂则继续向前进行后 1/3 推锉行程，此时，左臂应尽量伸展，左手对锉刀施加的压力逐渐减小，身体重心后移。

(4) 回锉。如图 4-39(d)所示，后 1/3 推锉行程完成后，可将锉刀贴着工件表面向后回退，此时，左手对锉刀不要施加压力。至此，一个锉削操作过程完成。

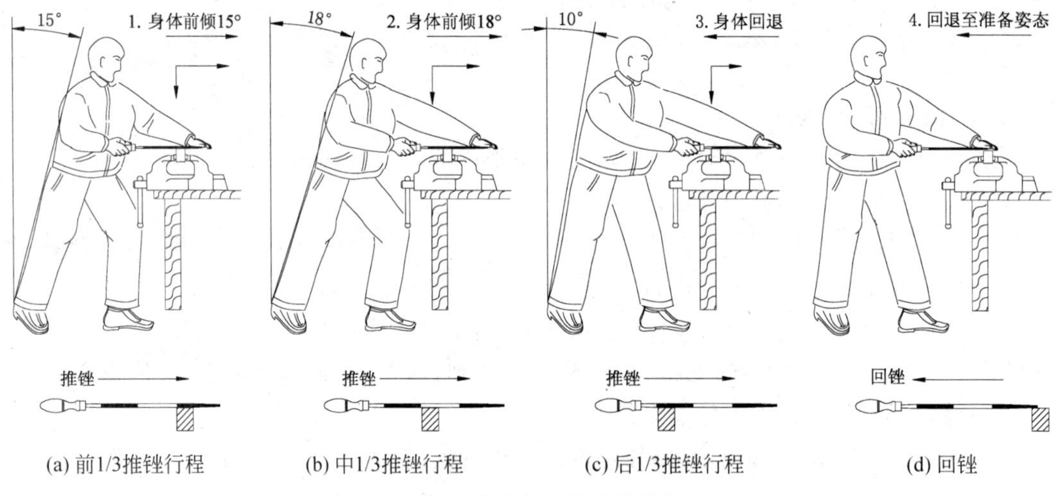

图 4-39　推锉与回锉动作分解

5）全程大力锉削练习

全程大力锉削练习分为两个大的练习阶段，即动作姿势协调性练习阶段和端平锉刀练习阶段。

(1) 动作姿势协调性练习。动作姿势协调性练习分为曲膝动作姿势练习、推锉姿势练习和“倾二锉三”体验练习三个分阶段。

① 曲膝动作姿势练习。曲膝动作姿势分为三个小阶段，即站立准备阶段、左腿曲膝动作阶段和身体回退阶段。首先按照站立姿态（见图 4-35）的要求进行站立准备阶段，左、右腿自然伸直，身体重心分布于左、右脚，两手置于身后，如图 4-40(a)所示。然后继续进行左腿曲膝动作姿势练习阶段，如图 4-40(b)所示，其动作要领是左腿膝关节尽量向前弯曲，身体前倾 18°左右，同时身体重心移向左脚，此时，右腿仍然处于自然伸直状态，此动作过程可概括为“曲膝前倾”；接着继续进行身体回退阶段，左腿向后直膝，身体回退至准备状态，身体重心分布于左、右脚，如图 4-40(c)所示，此动作过程可概括为“直膝回退”。

(a) 准备

(b) 曲膝前倾

(c) 直膝回退至准备

图 4-40 曲膝动作姿势练习

曲膝动作练习.mp4

为优化教学效果，本阶段可通过口令统一指挥进行动作分解练习。口令为：准备（仅第一次喊出）→1（曲膝前倾）→2（直膝回退）三个动作。

注意：做 1、2 时，动作不要快，要缓慢一些；动作 1 与动作 2 之间的转换也要缓慢一些。练习次数以 30 次左右为宜。

② 推锉动作姿势练习。在曲膝动作姿势练习的基础上，进行双臂推锉动作姿势合练，如图 4-41 所示。推锉动作姿势分为四个小阶段，即站立准备阶段如图 4-41(a)所示；曲膝、曲肘动作阶段如图 4-41(b)所示；直膝、直臂动作阶段如图 4-41(c)所示；身体回退阶段如图 4-41(d)所示。准备阶段练习时，双手握持锉刀，右后臂大致与地面垂直，右前臂大致与地面平行；双脚按站立姿态（见图 4-35）要求站立到位，右腿自然伸直，身体重心分布于左、右脚；进行曲膝、曲肘动作阶段练习时，其动作要领是在左腿向前曲膝、身体前倾 18°左右的同时，右臂尽量向后曲肘回锉，此时，右腿仍然伸直，此动作过程可概括为“曲膝回锉”；进行直膝、直臂动作阶段练习时，其动作要领是要在身体后倾至 10°左右的同时，左臂尽量向前伸直推锉，此动作过程可概括为“直膝推锉”；接着左、右臂收回至准备阶段。

推锉动作练习.mp4

本阶段练习的重点是要突出曲膝、曲肘和直膝、直臂这几个动作的姿势特征，在练习时，动作幅度可尽量大一些。

为优化教学效果，本阶段可通过口令统一指挥进行动作分解练习。口令为：准备（仅第一次喊出）→1（曲膝回锉）→2（直膝推锉）三个动作。

注意：做 1、2 时，动作不要快，要缓慢一些；动作 1 与动作 2 之间的转换也要缓慢一

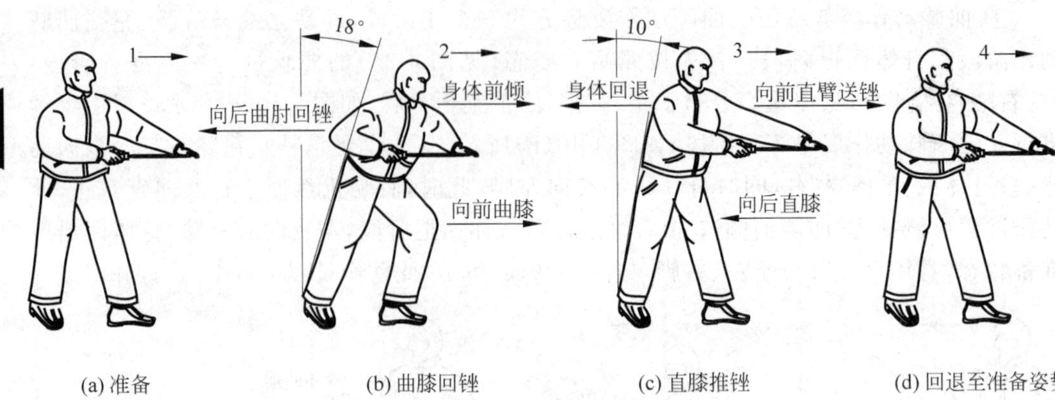

(a) 准备 (b) 曲膝回锉 (c) 直膝推锉 (d) 回退至准备姿势

图 4-41 推锉动作姿势练习

些。练习次数以30次左右为宜。

③“倾二锉三”体验练习。所谓“倾二锉三”,就是先做二次锉刀不动,仅身体前倾至18°的动作姿势,前倾幅度可尽量大一点,然后做三次有推锉动作的身体前倾。练习“倾二锉三”的目的是要形成一个“动作时间差”,即要在身体前倾与推动锉刀之间要有一个时间间隔(1s左右),这样就可以做到在身体先前倾10°左右后再开始推锉动作,动作姿势就具有协调性。

为优化教学效果,本阶段可通过口令统一指挥进行动作分解练习,如图4-42所示。口令为:准备(准备姿态a)→1(曲膝前倾b+直膝回退c)→2(重复动作1)→3(前倾e+推锉f、g、h+回锉i)→4(重复动作3)→5(重复动作3)五个动作。

倾二锉三练习.mp4

注意:练习“倾二锉三”时,动作要缓慢一些,要有节奏感,速度为25~30次/min。建议练习次数以30次左右为宜。

④ 练习中容易出现的偏差与纠偏方法。进行全程大力锉削姿势练习时,部分学习者可能会出现两个较为典型的动作姿势偏差:一是身体前倾时手臂与之同时动作,此动作姿势显得很机械,可简称为“同步”;二是手臂开始向前推锉时,身体却同时反向后倾,此动作姿势显得很不协调,可简称为“同反”。

对于以上两个偏差,一般可通过练习“倾二锉三”的方法进行纠偏。也可以采用练习“同步”的动作中和“同反”的动作偏差;反之也可以采用练习“同反”的动作中和“同步”的动作偏差,通过中和的方式抵消偏差倾向,以达到纠偏的目的。

(2) 端平锉刀的练习。锉削加工的主要目的是要将工件表面锉削平整,因此,在全程大力锉削练习的第二个大的阶段,需要进行端平锉刀的练习。

① 锉削时的主要操作缺陷。锉削加工是手工操作,由于左、右手用力不可能做到绝对均衡,这样就容易产生一些操作缺陷,在全程大力锉削时尤为明显,典型的操作缺陷有锉刀的纵向摆动与纵向倾斜(前高后低和前低后高)两种。纵向摆动如图4-43所示。纵向倾斜如图4-44所示。

② 端平锉刀的练习方法。端平锉刀的关键问题是两手用力是否均衡。要克服以上操作缺陷,就要通过端平锉刀方法的练习,培养双手具有良好的平衡感觉(手感),以获得

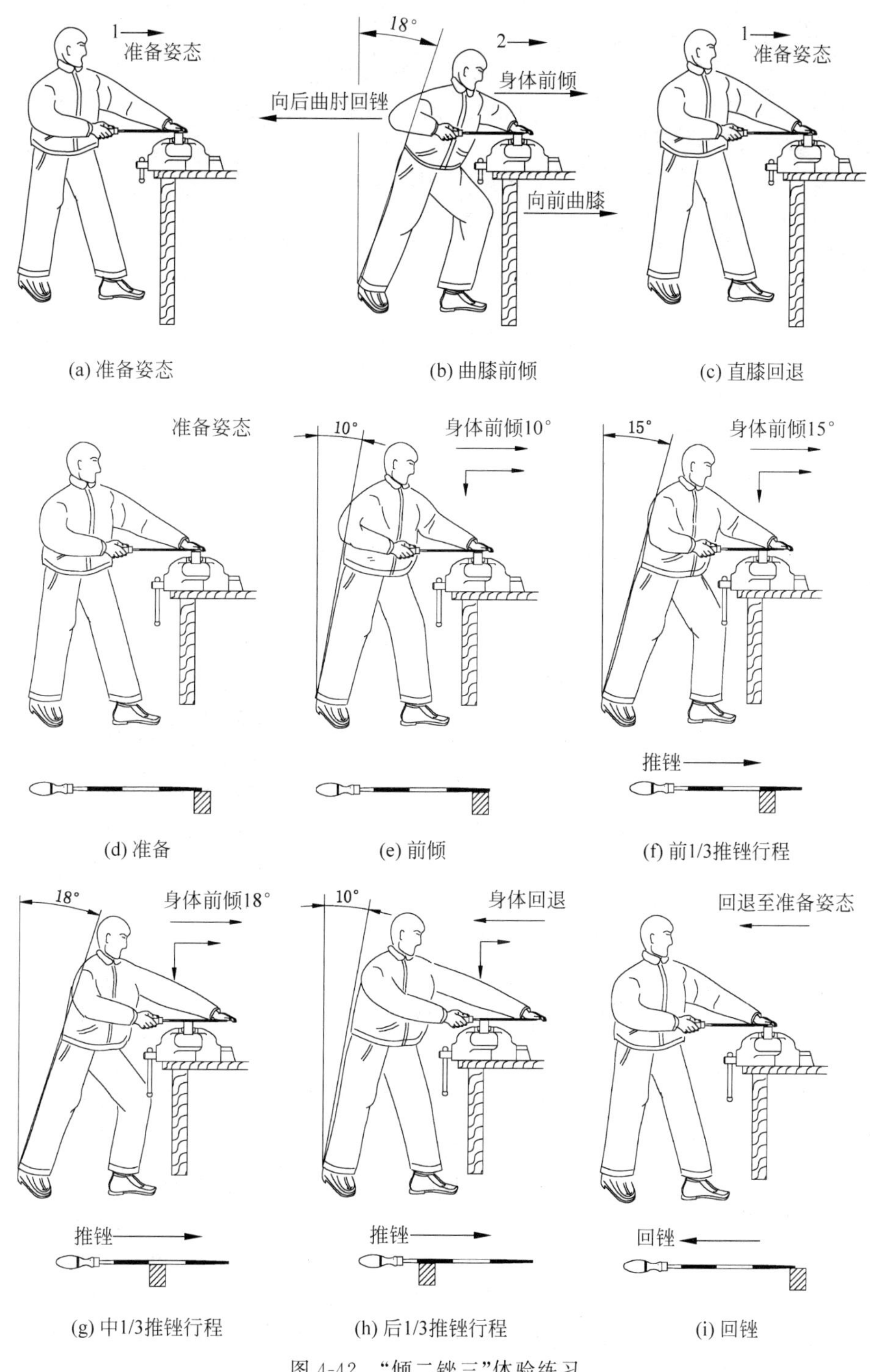

图 4-42　“倾二锉三”体验练习

对锉刀的运动姿态有较强的平衡控制能力，从而将锉刀的摆幅和倾斜量降至最低。练习方法有纵向锉削练习法、相互提示法和基准面平衡感觉法。

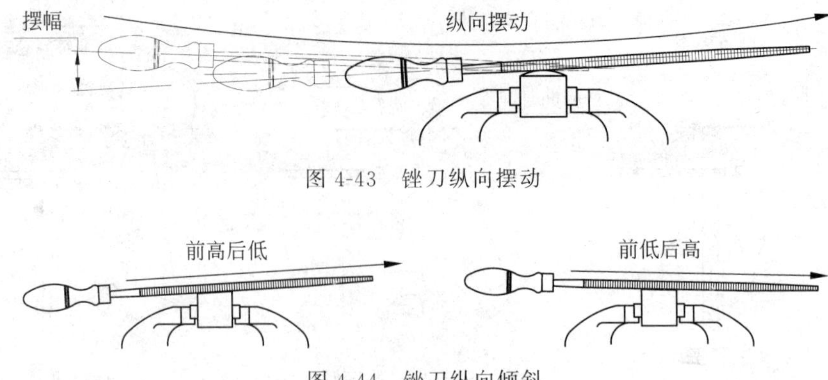

图 4-43　锉刀纵向摆动

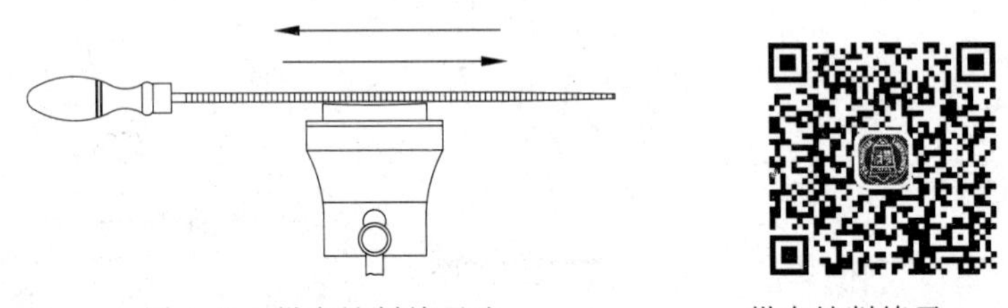

图 4-44　锉刀纵向倾斜

a. 纵向锉削练习法。采用纵向锉削练习法进行端平锉刀练习时，建议练习工件的纵向长度以 110～120mm、宽度以 20～30mm、高度以 30～40mm 为宜，夹持工件时，应目测工件表面大致平行于钳口上平面。由于工件表面较长，所以采用纵向锉削时，锉刀姿态自然就比较平稳，通过一定的练习量，可获得较好的平衡感觉。纵向锉削练习如图 4-45 所示。建议将纵向锉削时的速度控制在 25～30 次/min。

图 4-45　纵向锉削练习法

纵向锉削练习.mp4

注意：回锉时不要抬起锉刀离开工件表面，应将锉刀贴着工件表面自然向后回退，这对端平锉刀、培养平衡感觉有较好的辅助作用。

b. 相互提示法。进行端平锉刀练习时，除了老师的指导外，同学之间可相互观察对方锉刀姿态的高低并加以提示，根据提示及时进行相应的调整，使两手用力逐渐趋于均衡，这样可以较快地端平锉刀。

c. 基准面平衡感觉法。本方法属于自我体会平衡感觉、自我调整并端平锉刀的一种方法。首先，我们知道钳口的夹持面和其上平面是相互垂直的(见图 4-46)，两钳口的上平面又是等高的，因此两钳口夹紧后，它们的上平面可视为一个平面(见图 4-47)。锉削平面时，锉刀的推进行程应平行于钳口上平面，摆幅越小，平行的状态越好，则锉出的面就越平。基于此，在夹持工件时，应在钳口左(或右)侧留出适当宽度的位置作为校正锉刀姿态的“基准面”(见图 4-48)，再将锉刀面的中间部位轻轻地置于“基准面”(见图 4-49)上停留 3～5s，使双手获得纵、横两个方向的平衡感觉(见图 4-50)，然后再将锉刀平行移到工件的上面停留 3～5s 后再进行横向锉削(见图 4-51)。

在锉削平面练习时，双手握持锉刀经常在“基准面”上体会一下平衡感觉，并及时自我调整锉刀姿态，这样就能较快、较稳定地获得对锉刀的平衡控制能力。

相互提示法端平锉刀练习.mp4

基准面平衡感觉法.mp4

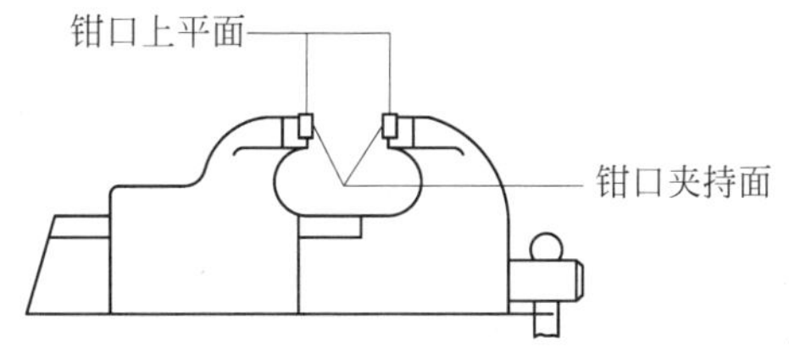

图 4-46　钳口夹持面与上平面相互垂直

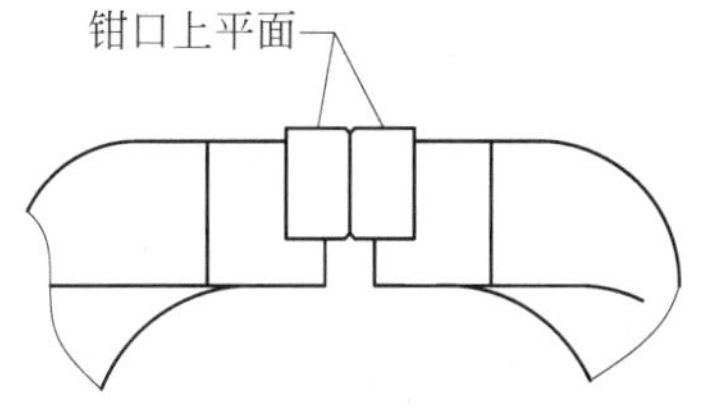

图 4-47　两钳口夹紧后为一共同平面

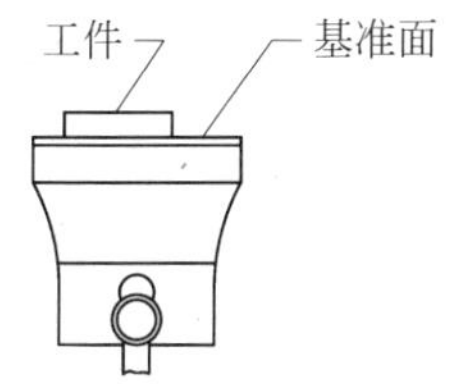

图 4-48　适当留出“基准面”

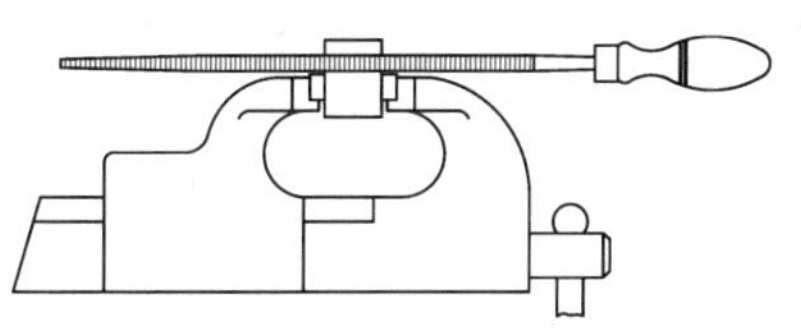
图 4-49　将锉刀中部置于钳口“基准面”

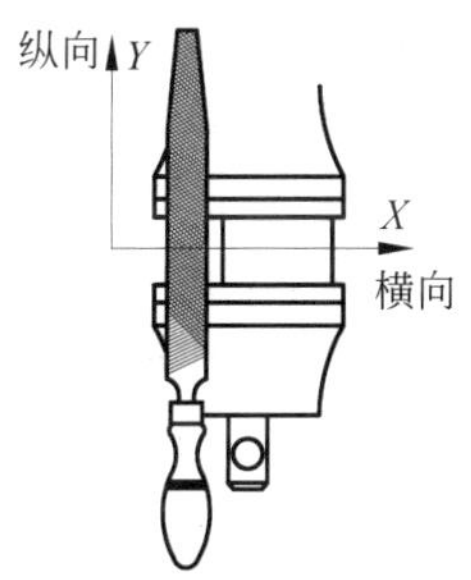

图 4-50　锉刀纵、横两个方向的平衡

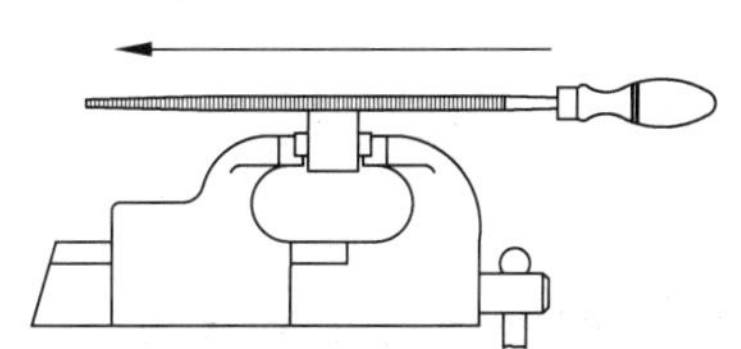
图 4-51　将锉刀移至工件表面进行锉削

6）注意事项

（1）锉削速度。进行全程大力锉削练习时，可先进行慢速练习（25～30 次/min），待动作姿势基本规范并稳定后，再进行正常速度（30～35 次/min）练习。总而言之，锉削速度要均匀，要有节奏感。

（2）锉削线路。为提高双手对锉刀运动的控制能力，进行全程大力锉削练习时，要注意控制锉削线路。锉刀在一个锉削行程时，要尽量做到直线推锉、直线回锉，端平推锉、端平回锉，此锉削特点可概括为“直进直回”和“平进平回”，如图 4-52 所示。要尽量控制锉刀在锉削行程时的横向偏移，一般情况下，多为向右的横向偏移，如图 4-53 所示。

(3) 锉刀移位。如图 4-54 所示，锉刀在一个位置锉削 5、6 次以后，要横向移动一个待加工位置再锉削，横向移动的距离一般为 2/3 的锉身宽度，另外 1/3 的锉身宽度覆盖在已加工位置上，这样可保证工件待加工表面得到均匀的锉削。

(4) 工件表面露出高度

进行初期锉削练习时，应注意工件表面的露出高度。一般情况下，被锉工件表面露出钳口上平面的高度以 10～15mm 为宜，若工件表面露出钳口上平面的高度过低（低于 5mm），则容易出现锉刀锉伤台虎钳表面的情况。

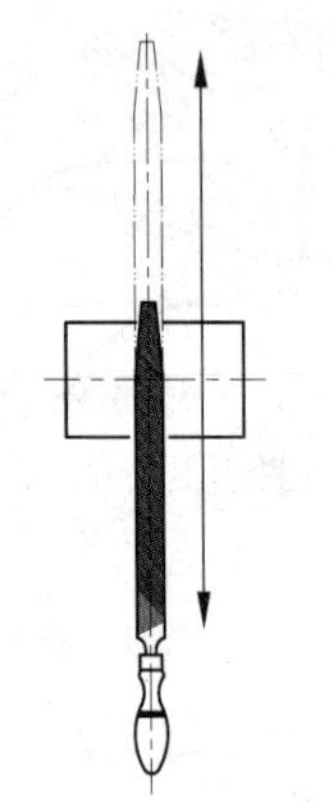

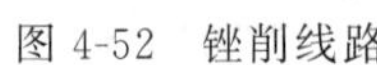
图 4-52　锉削线路

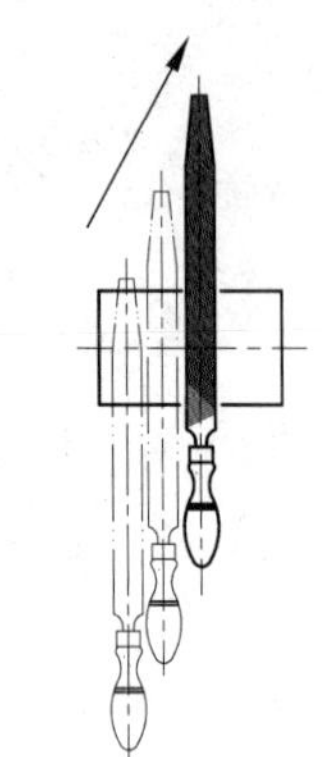

图 4-53　锉刀右横向偏移

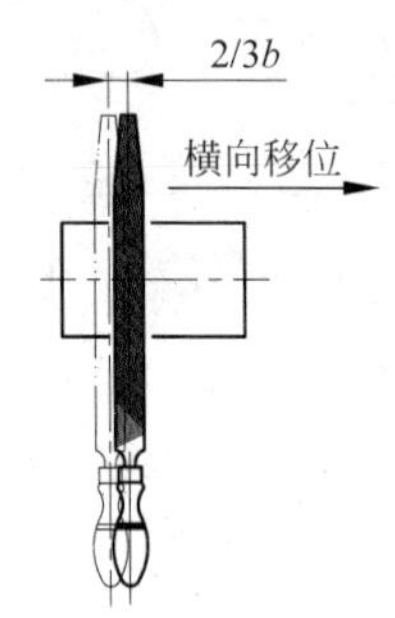

图 4-54　锉刀横向移位

5. 锉削操作安全规程

(1) 锉刀是右手工具，应顺序放置在台虎钳的右边。放置在钳桌上的锉刀不许露出钳桌（一般放置在离钳桌边缘 30～50mm 以内），以防止掉下伤脚或损坏锉刀。

(2) 不许使用没有装锉柄的钳工锉；不许使用已裂开的和没有安装柄箍的木质锉柄。

(3) 锉削时锉柄不得撞击到工件或台虎钳上，以防止锉柄脱离露出锉尾尖端伤人。

(4) 严禁用嘴吹锉屑，以防止锉屑吹入眼睛。

(5) 锉削速度不宜过快，用力不宜过猛，否则容易使握持锉柄的手撞到工件或台虎钳上而导致受伤。

6. 全程大力锉削姿势练习

1) 练习工件图样

练习工件图样如图 4-55 所示。

2) 练习要求

(1) 工件夹持。将工件夹持在台虎钳偏右位置，左侧留出约 40mm 的“基准面”，工件表面高出钳口上平面约 10～15mm，并大致横向平行于钳口上平面。

(2) 锉刀选用。建议选用 16″或 14″的粗齿或中齿扁锉进行练习。

(3) 锉刀握法。建议采用拇指压柄法握持锉柄，采用前掌压锉法或拇指压锉法握持锉身。

(4) 基本锉法。建议采用全程横向锉法、全程纵向锉法和全程交叉锉法进行锉削练习。在进行锉削时，要有意识地控制锉刀不要有向右或向左的横向飘移，努力做到“直进直回”“平进平回”，以形成对锉刀运动的控制能力。

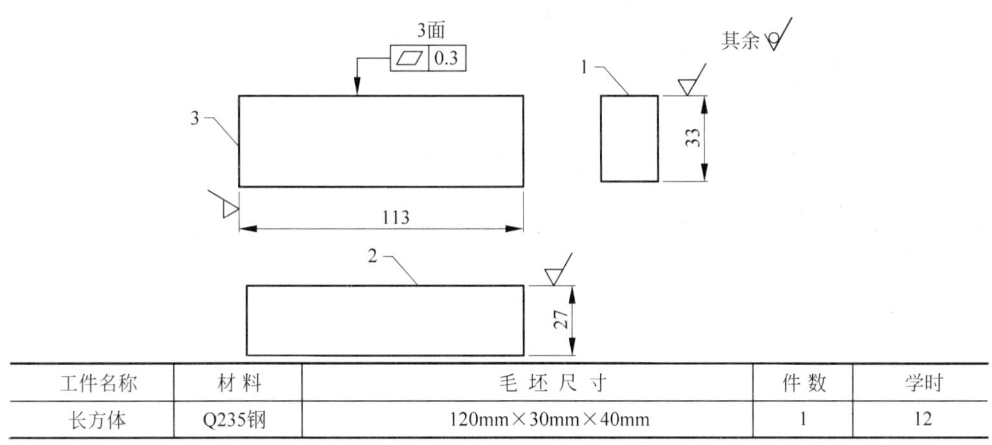

工件名称	材 料	毛 坯 尺 寸	件 数	学时
长方体	Q235钢	120mm×30mm×40mm	1	12

图 4-55 长方体

(5) 锉削速度。锉削速度控制在 30～35 次/min。

(6) 锉削第 1 个面时,采用全程横向锉法锉削,练习的重点是身体的前倾幅度与推锉行程,兼顾双脚的站位。

(7) 锉削第 2 个面时,采用全程纵向锉法锉削,练习的重点是推锉时的平衡控制能力,兼顾前臂、上臂大致与锉刀纵向中心线在一个垂直平面。

(8) 锉削第 3 个面时,采用全程横向锉法与全程纵向锉法锉削,练习的重点是纠正动作姿势偏差,达到全程大力锉削动作姿势的基本要求,即前倾幅度明显、推锉力量较大、动作协调自然且具有韵律感,锉刀大致端平。

(9) 平面度检测。由于工件表面较为粗糙,建议采用钢直尺以"透光法"对工件表面进行平面度检测。

4.3 锉削平面技术

1. 锉削工序

1) 粗加工锉削(粗锉)

当加工余量大于 0.5mm 时,一般选用 14″～12″的粗齿、中齿锉刀对工件表面进行大吃刀量加工,以快速去掉大部分余量,留下细锉余量 0.5mm 左右。

2) 细加工锉削(细锉)

当加工余量为 0.5～0.1mm 时,一般选用 12″～8″的中齿、细齿锉刀对工件表面进行小吃刀量加工,留下精锉余量 0.1mm 左右。

3) 精加工锉削(精锉)

当加工余量小于等于 0.1mm 时,一般选用 8″～4″的细齿、双细齿锉刀以及整形锉对工件表面进行微小吃刀量加工,同时消除细锉加工所产生的锉痕,达到尺寸、形状、位置精度以及表面粗糙度要求。

4) 光整锉削

对精锉后的工件表面进行理顺锉削纹理方向并进一步降低表面粗糙度的加工,一般选用 8″～4″的双细齿、油光锉刀以及整形锉进行，或用砂布、砂纸垫在锉刀下面进行打磨加工。

2. 粗锉平面时的形面缺陷

以锉削长方体(113mm×27mm×33mm)平面为例，在粗锉、细锉工件平面时容易产生一些形面缺陷，较为典型的形面缺陷有工件表面纵向中凸且横向中凸(见图 4-56)、工件表面纵向中凹且横向中凸(见图 4-57)两种基本类型。由于锉刀纵向摆动，工件表面的横向中凸为其主要缺陷特征。

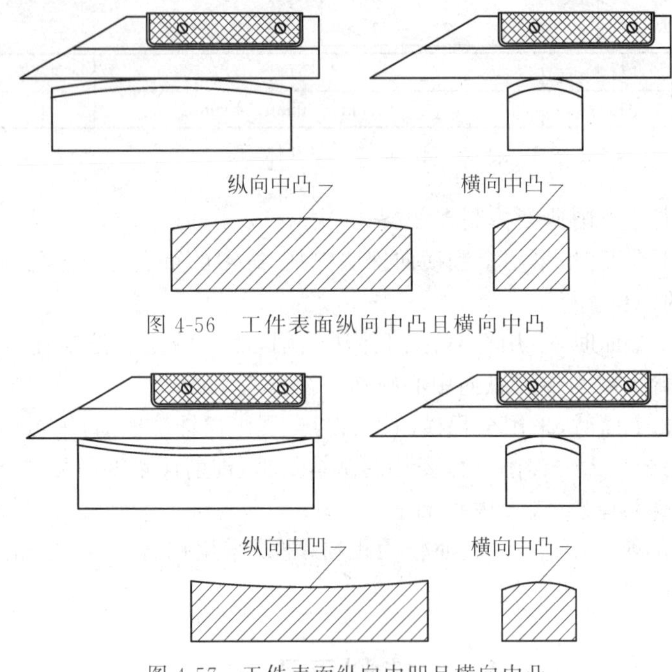

图 4-56　工件表面纵向中凸且横向中凸

图 4-57　工件表面纵向中凹且横向中凸

3. 锉刀刀面的特点

锉刀刀体由于淬火的原因，会有一定的变形，因此，锉刀的刀面并不是很平整的。以扁锉为例，一般在刀面的纵长方向和横截方向略呈不规则的凸凹状，凸起面和凹陷面的分布情况对于每把锉刀而言都不尽相同，但其典型特征大致有三种：第一种是刀面纵向中凸且横向中凸，如图 4-58 所示；第二种是刀面纵向中凸且横向中凹，如图 4-59 所示；第三种是刀面纵向双中凸，如图 4-60 所示。纵向中凸且横向中凸的刀面最适宜于平面精锉加工。观察刀面状况的方法是在刀面涂满粉笔灰，并用手指自后向前压实一些，然后再在工件表面锉削五、六次，就可以看出刀面颜色较黑的区域就是凸起面。

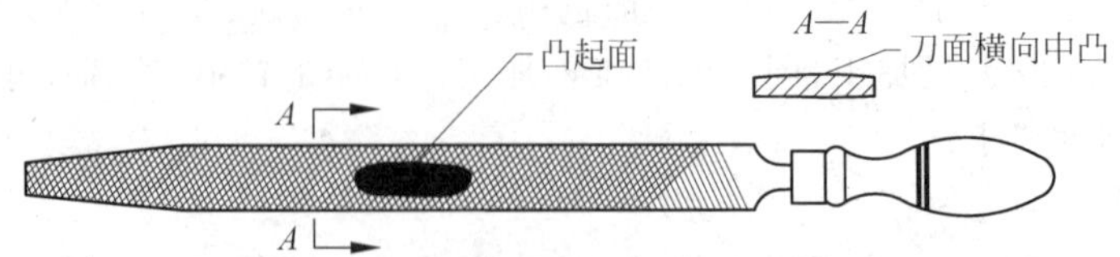

图 4-58　锉刀刀面纵向中凸且横向中凸

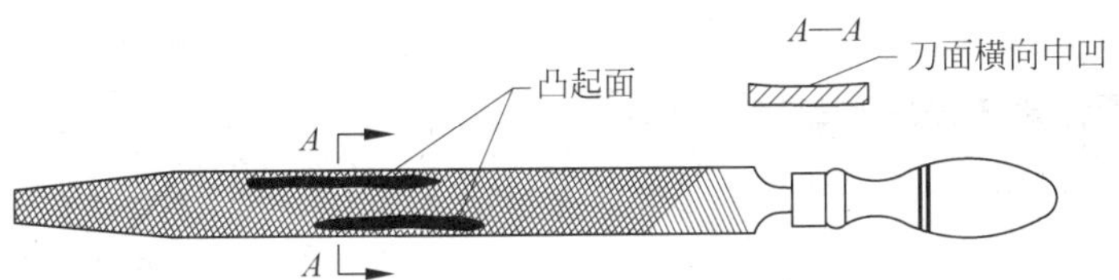

图 4-59　锉刀刀面纵向中凸且横向中凹

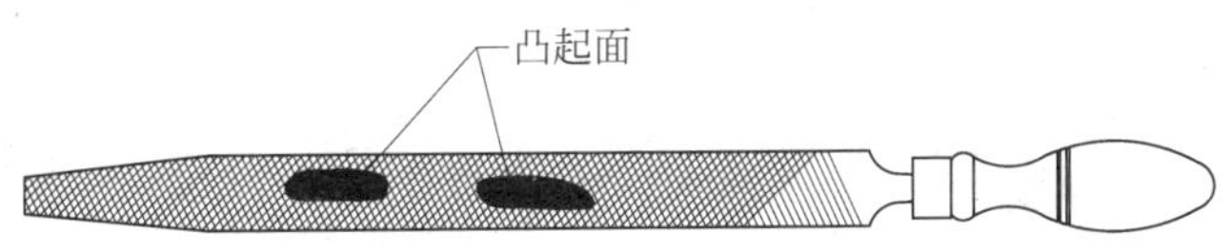

图 4-60　锉刀刀面纵向双中凸

锉刀刀面的特点.mp4

锉刀刀面涂粉笔灰.mp4

锉刀刀面涂粉笔灰有三个作用：一是可以观察刀面状况；二是容易去掉嵌在刀面的切屑；三是可以减少吃刀量，降低工件表面粗糙度。

4. 精锉加工方法

为消除粗锉、细锉工件平面时的形面缺陷，主要采用“凸对凸、短程纵向锉法”“凸对凸、短程横推锉法”和“凸对凸、短程拉动锉法”三种平面精锉操作方法。

1）凸对凸、短程纵向锉法

纵向锉法是指锉刀推进方向与工件表面纵向中心线相平行的一种锉削方法，如图 4-61 所示。长行程纵向锉法主要用于粗锉加工，短行程纵向锉法主要用于细锉、精锉加工。凸对凸、短程纵向锉法的特点是锉刀的凸面纵向锉削工件的凸面，即纵向凸对凸，如图 4-62 所示；锉削时，还要注意锉刀的凸面应置于工件凸面的中部，即横向凸对凸，如图 4-63 所示；短程是指短锉削行程，即锉刀凸面的锉削行程须控制在工件凸面（图中阴影部分）的范围内，如图 4-64 所示。进行凸对凸、短程纵向锉法时，左手可采用三指压锉（见图 4-65）与双指压锉（见图 4-66）的手法，即施加压力的手指须置于刀面凸起部位的上面，以保证锉削的有效性。锉削时，施加压力的手指不得超越工件凸面的范围，如图 4-67 所示。

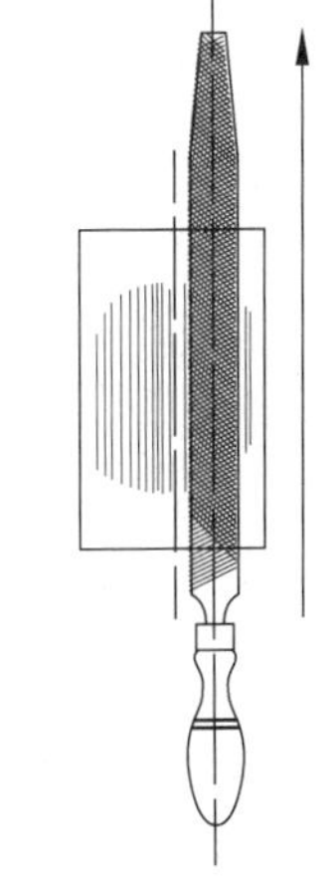
图 4-61　纵向锉法

凸对凸、短程纵向锉法主要用于消除工件表面纵向中凸与横向中凸、工件表面纵向中凸与横向中凹等形面缺陷。

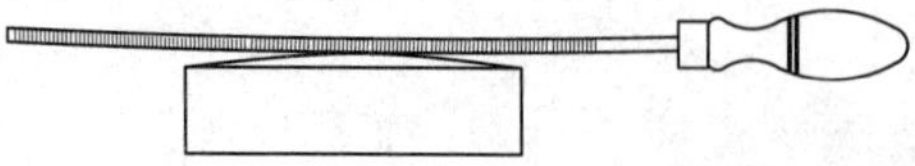

图 4-62　纵向凸对凸

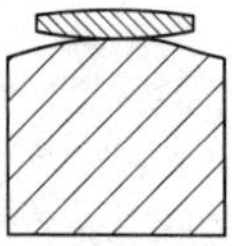

图 4-63　横向凸对凸

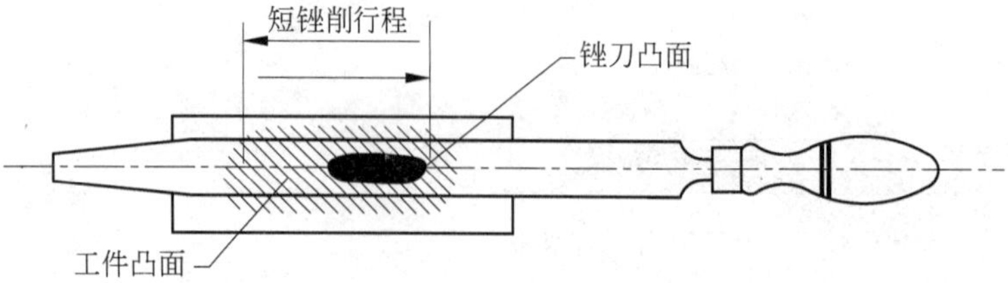

图 4-64　短程纵向锉削

短程纵向锉削.mp4

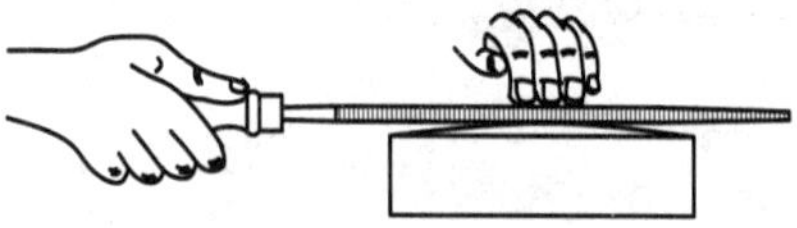

图 4-65　三指压锉

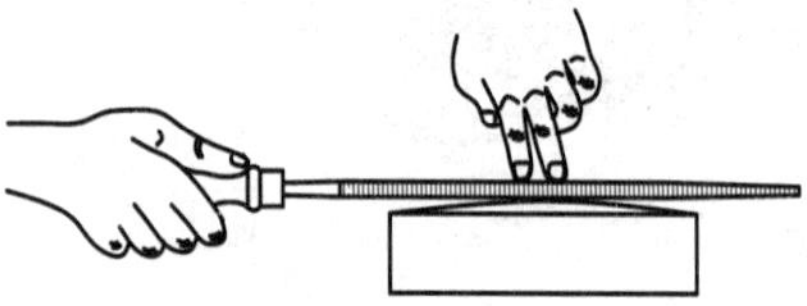

图 4-66　双指压锉

三指压锉和双指压锉.mp4

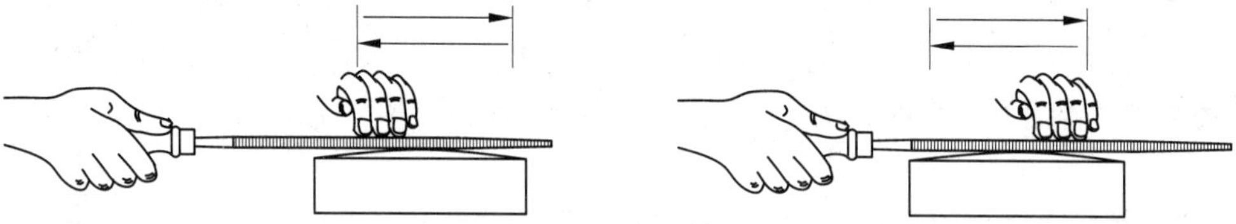

图 4-67　手指施力点的行程范围

2）凸对凸、短程横推锉法

如图 4-68 所示，横推锉法主要用于细锉、精锉加工。凸对凸、短程横推锉法的特点是将扁锉刀的凸面横向锉削工件的凸面，即横向凸对凸，如图 4-69 所示；短程是指短锉削行程，即锉刀凸面的锉削行程须控制在工件凸面（图中阴影部分）的范围内，如图 4-70 所示。进行凸对凸、短程横推锉法时，还要注意双手与工件两侧的距离应控制在 10mm 左右，若距离过远，在锉削时，易产生横向摆动，如图 4-71 所示。

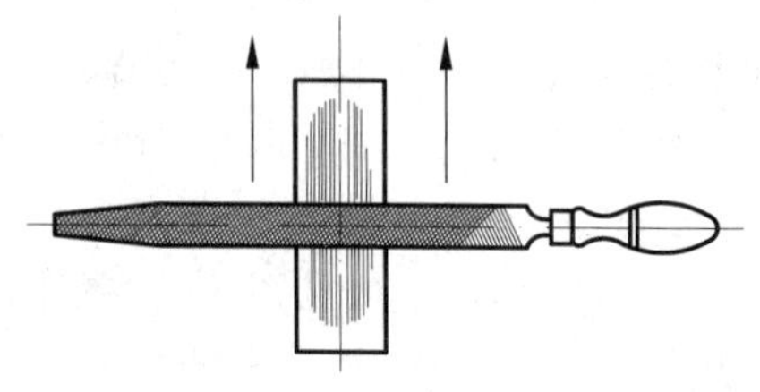

图 4-68　横推锉法

凸对凸、短程横推锉法主要用于消除工件表面纵向中凸与横向中凸、工件表面纵向中凹与横向中凸等形面缺陷。

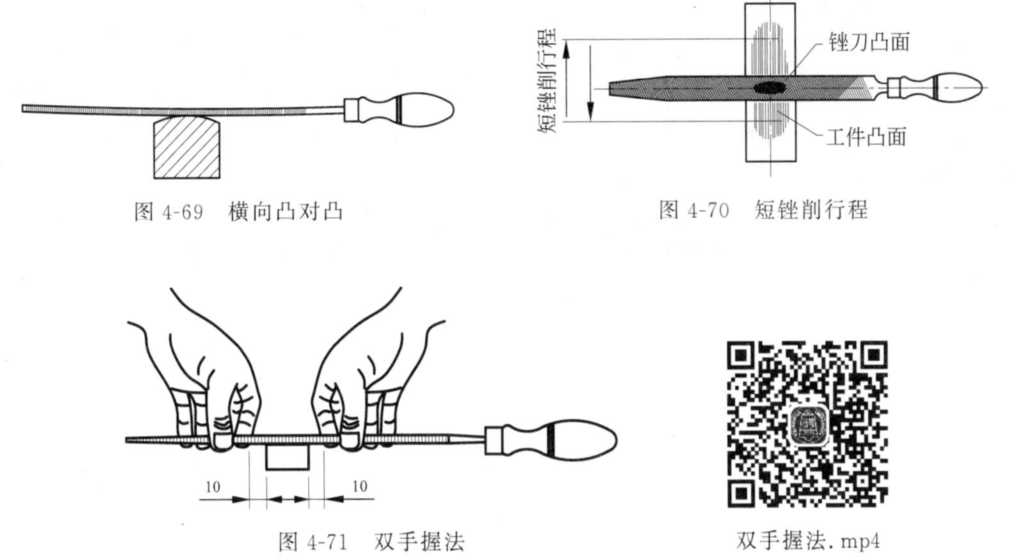

图 4-69　横向凸对凸

图 4-70　短锉削行程

图 4-71　双手握法

双手握法.mp4

3) 凸对凸、短程拉动锉法

短程拉动锉法.mp4

将扁锉刀垫以铜钳口并夹在虎钳上(注意应将有凸面的刀面置于上面,夹持方法如图 4-72 所示),再将工件用手握持放在锉刀凸面上,通过自前向后地短程纵向拉动进行加工的一种精锉方法,如图 4-73 所示。拉动锉法主要用于形体较小或较窄工件平面的精锉加工。

凸对凸、短程拉动锉法,主要用于消除工件表面纵向中凸与横向中凸等形面缺陷。

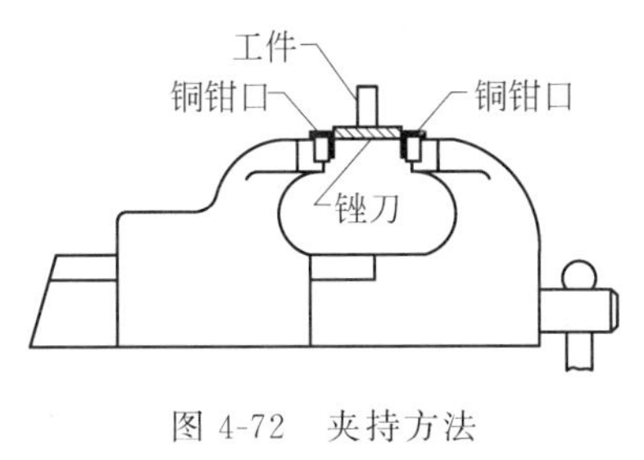

图 4-72　夹持方法

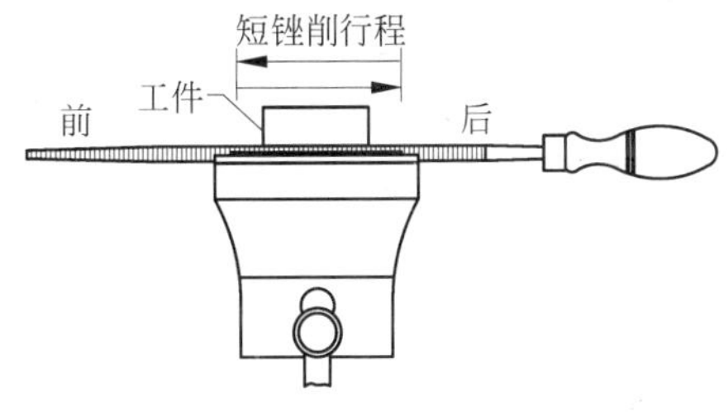

图 4-73　拉动锉法

5. 注意事项

在进行精锉工件平面的操作时,需要注意三个问题：锉削速度、锉削行程与防止锉削过量。

(1) 锉削速度。一般而言,速度越慢则越平,这是因为速度越慢,动作就越平稳,工件表面就锉得越平整,但是,速度也不能过慢,否则会影响加工效率,故建议锉削速度以 35 次/min 左右为宜。

(2) 锉削行程。一般而言,行程越短则越平,这是因为行程越短,则锉刀的摆幅就越小,工件表面就锉得越平整,故锉削行程应视工件表面凸起状况而定。

(3) 防止锉削过量。精锉工件平面时，主要是利用锉刀的凸面对工件表面的凸起部位进行加工，在锉削时，要注意及时进行平面度检测，以防止锉削过量。若凸对凸、短程纵向锉削过量，工件表面就会产生纵向中凹以及横向中凹误差（见图4-74）；若凸对凸、短程横推锉削过量，工件表面就会产生纵向中凹误差（见图4-75），这样就容易形成新的形面缺陷，因此，一定要注意防止锉削过量超差。

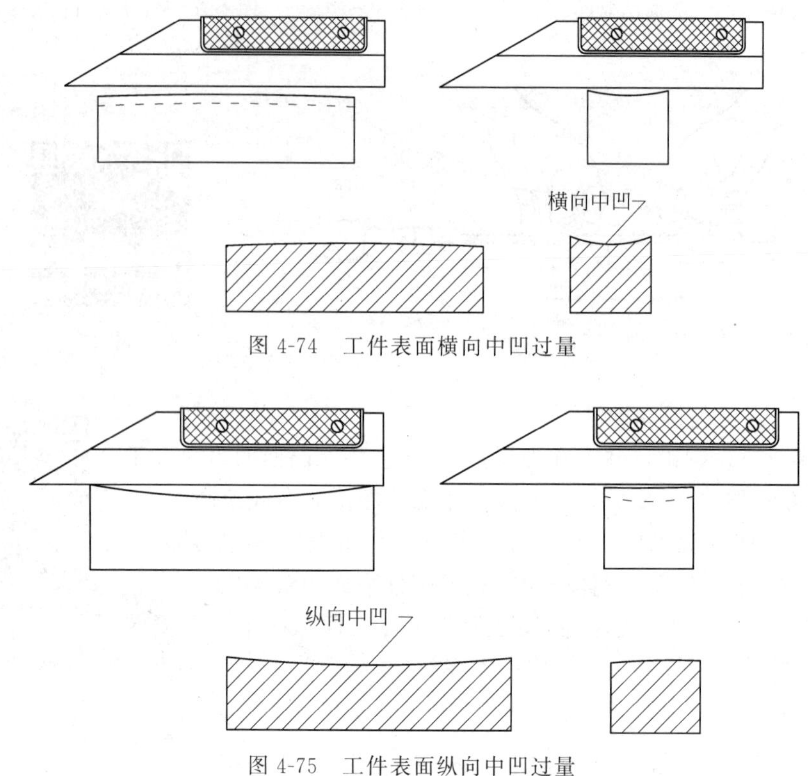

图4-74　工件表面横向中凹过量

图4-75　工件表面纵向中凹过量

6. 锉削长方体练习

1）练习图样

练习工件图样如图4-76所示长方体。

2）练习步骤。

(1) 熟悉图样。

(2) 建议选用16″或14″的粗齿或中齿扁锉用于粗锉、12″或10″的细齿扁锉用于细锉、8″和6″的双细齿扁锉用于精锉。

(3) 将工件夹紧在台虎钳适当位置。

(4) 粗锉、细锉、精锉 A 基准面，达到平面度要求。

(5) 粗锉、细锉、精锉 A 面的对面，达到尺寸、平行度、平面度要求。

(6) 粗锉、细锉、精锉 B 基准面，达到垂直度、平面度要求。

(7) 粗锉、细锉、精锉 B 面的对面，达到尺寸、平行度、垂直度、平面度要求。

(8) 粗锉、细锉、精锉 C 基准面，达到垂直度、平面度要求。

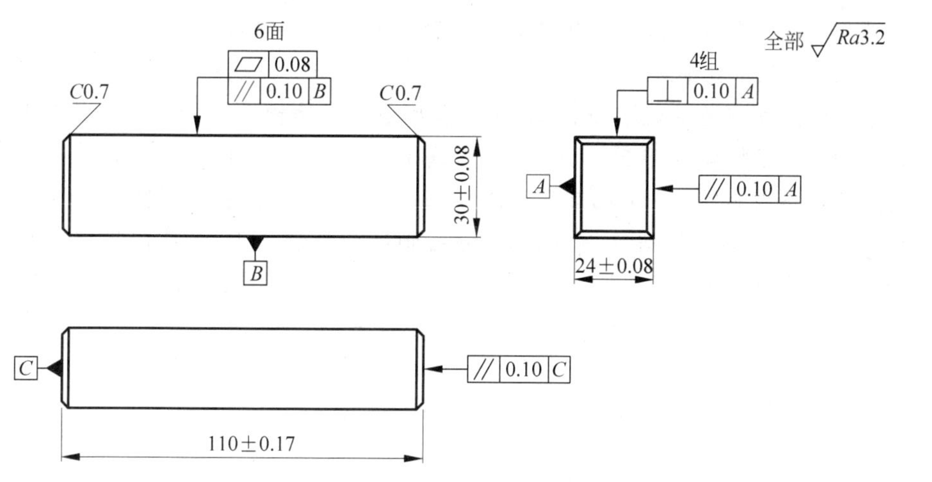

工件名称	材 料	毛 坯 尺 寸	件 数	学 时
长方体	Q235钢	沿用图4-55中的练习工件(113mm×27mm×33mm)	1	6

图 4-76 长方体

(9) 粗锉、细锉、精锉 C 面的对面，达到尺寸、平行度、垂直度、平面度要求。

(10) 两端面倒角达到要求。

(11) 光整加工，理顺锉纹，达到表面粗糙度要求。

(12) 交件待验。

3) 注意事项

工件在夹持状态下，禁止进行任何测量操作，必须卸下工件进行测量操作。每次在台虎钳上卸下工件前，必须先除去工件棱角上的毛刺，然后用毛刷初步清除工件上的切屑；卸下工件后，再用毛刷全面、彻底清除工件上的切屑，方可进行测量操作。

4) 除去毛刺的方法

经过锉削，特别是经过粗锉、细锉加工的工件表面，会在锉削面的四周棱角处形成积屑，即毛刺，如图 4-77 所示。毛刺有两大害处，一是容易伤手；二是容易造成测量干涉，导致粗大误差。如图 4-78 所示为工件基准面上部棱角处凸出的毛刺顶在尺座基准面上，使被测表面发生倾斜。

去毛刺.mp4

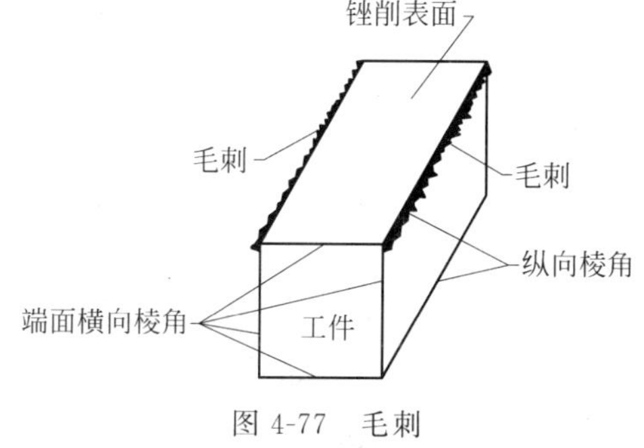

图 4-77 毛刺

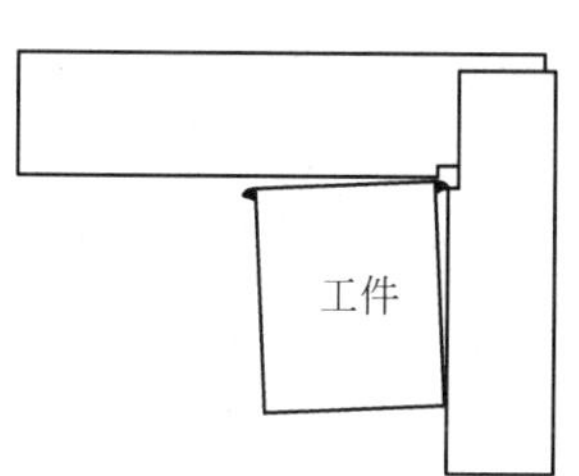

图 4-78 毛刺产生测量干涉

以锉削平面为例介绍除去毛刺的方法。除去毛刺时，可根据工件的大小与表面粗糙度状况选用4″、6″、8″的细齿、双细齿扁锉，采用双指压锉法或三指压锉法进行修锉，修锉时要将锉刀的凸面对着毛刺部位，锉削速度要尽量慢。修锉毛刺的方法分为三步：第一步是垂直修锉工件棱角处毛刺（见图4-79），这是因为工件棱角处垂直面上的毛刺最多，所以需要首先垂直修锉此处；第二步是水平修锉工件棱角处毛刺（见图4-80），这是因为在垂直修锉工件棱角处毛刺时，会将一部分毛刺推至被锉削表面，所以需要水平修锉此处；第三步是锉刀摆45°修锉工件棱角处存在的少量毛刺（见图4-81）。经过三步修锉后，可用手指触摸一下棱角（见图4-82），检查是否还有毛刺，若感觉还有毛刺，应再适量进行修锉，直至没有毛刺。45°修锉工件棱角处的少量毛刺时，需要谨慎用力，注意不要修锉过量，不要使工件纵向棱角受到破坏，要保持清晰的纵向棱角。

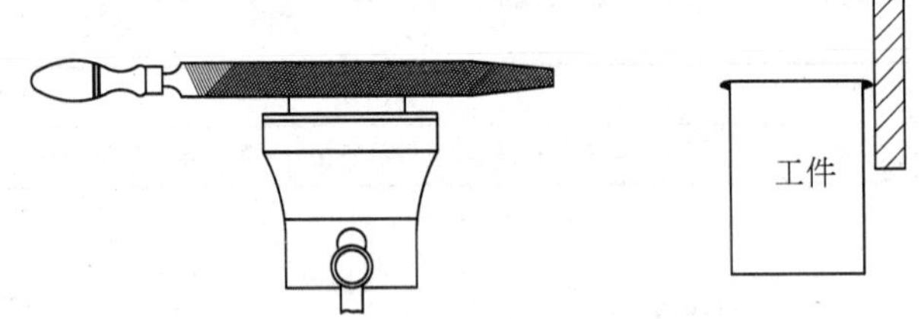

图4-79 垂直修锉工件棱角处毛刺

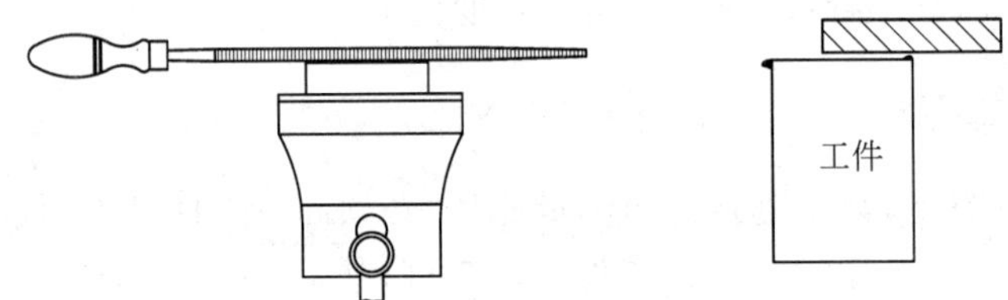

图4-80 水平修锉工件棱角处毛刺

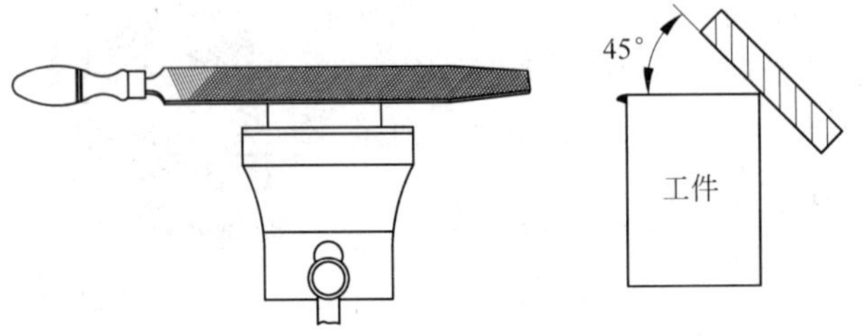

图4-81 45°修锉工件棱角处毛刺

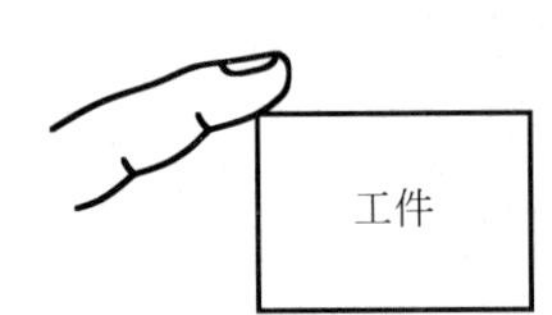

图4-82 用手指触摸工件棱角

5）工件端面倒角方法

由于设计及工艺要求，有时需要对工件端面棱角进行倒角处理。工件端面倒角的方法一般有两个：工件摆45°倒角和锉刀摆45°倒角方法。工件摆45°倒角方法如图4-83所示，工件端面与钳口上平面成45°夹持，锉刀水平锉削即可。锉刀摆45°倒角方法如图4-84所示，工件端面与钳口上平面成90°夹持，锉刀摆45°锉削即可。当工件的端面较长时，可采用斜进锉法倒角，以获得宽度均匀的倒角面，如图4-85所示。倒角时应选用细齿或双细

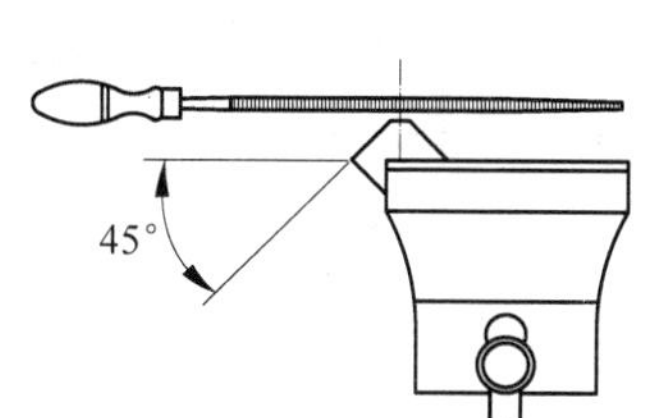

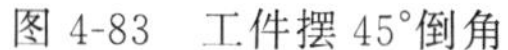

图 4-83　工件摆 45°倒角

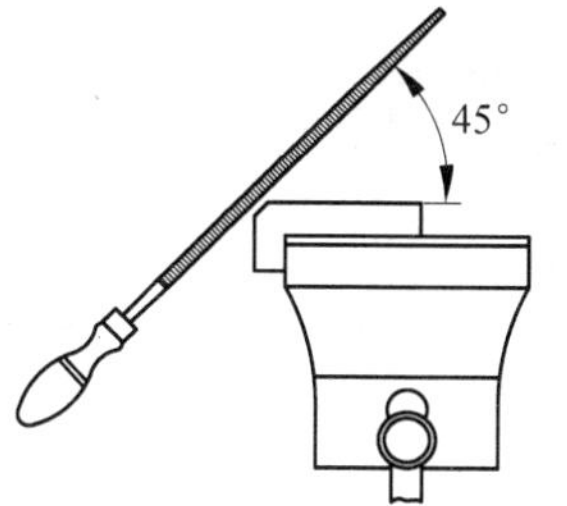

图 4-84　锉刀摆 45°倒角

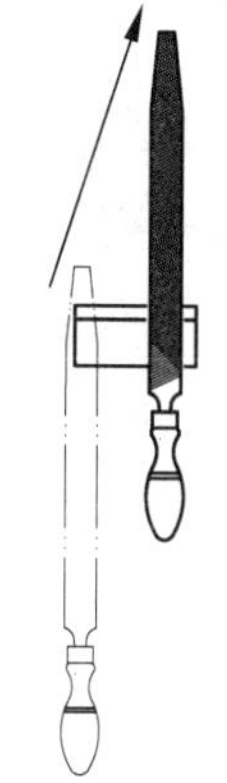

图 4-85　斜进锉法倒角

工件摆 45°角.mp4

锉刀摆 45°角.mp4

齿锉刀，需谨慎用力，锉削速度要适当慢一些，以保证倒角的质量。

6）有关长方体各项检测方法

(1) 长方体尺寸的测量方法

测量工件的尺寸时，对于较小的工件，卡尺的测量面应完全包容工件的被测表面(见图 4-86)，若卡尺的测量面没有完全包容工件的被测表面(见图 4-87)，则容易产生粗大误差。对于较大的工件，当卡尺的测量面不能包容工件的被测表面时，可将工件分为上、下两部分进行测量，两次测量时，卡尺的测量面均要超过被测表面的中间(见图 4-88)，以防止中间漏测，产生粗大误差。

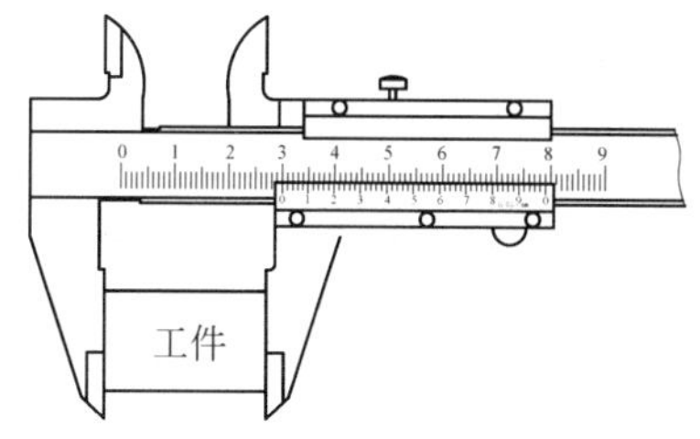

图 4-86　卡尺测量面完全包容工件被测面

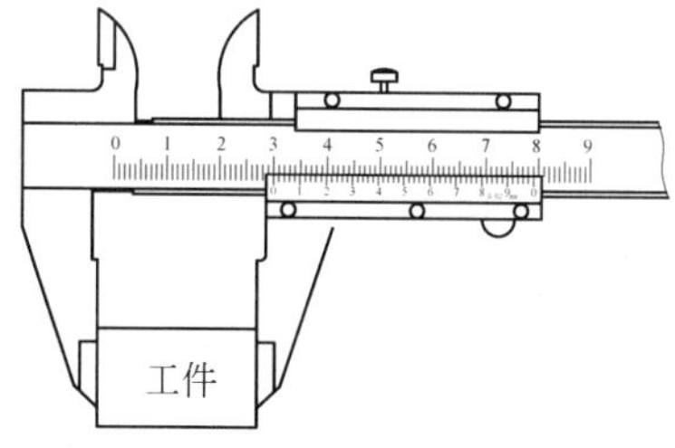

图 4-87　卡尺测量面未完全包容工件被测面

如图 4-89 所示，在测量长方体宽度尺寸(24±0.08)mm 和高度尺寸(30±0.08)mm 时，考虑本工件长度情况，需在纵长方向至少要测量 3 处，即 1、2、3 处，中间 1 处，两端各 1 处，3 处尺寸之差应满足尺寸公差要求。测量两端尺寸 1、3 处时，注意不要太靠近端面，卡尺的测量面可置于离端面 2～3mm 处进行测量。

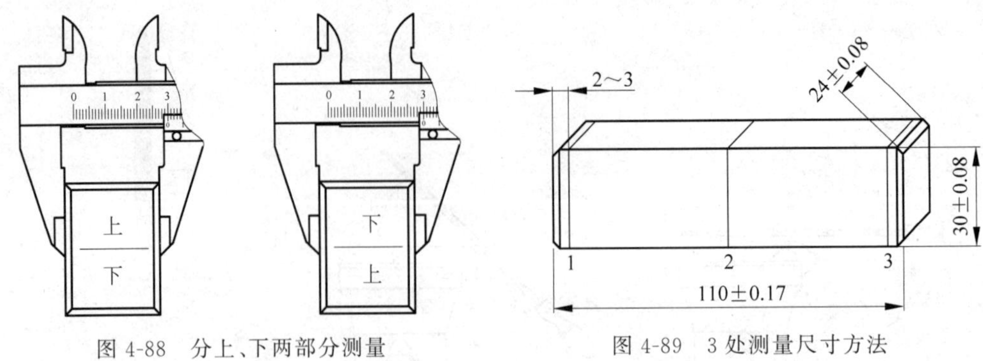

图 4-88　分上、下两部分测量　　　　图 4-89　3 处测量尺寸方法

（2）长方体平面度的检测方法

在对工件进行细锉、精锉加工时，一般采用刀口尺或与塞尺配合对其平面度进行检测，测量的方法可采取“透光法”和“塞入法”；测量的部位可分为纵向测量、横向测量和交叉测量。由于本工件为长方体，较为狭长，因此，可在纵长方向（平行于工件纵向中心线）居中测量 1 处即可，如图 4-90 所示；横向（垂直于工件纵向中心线）测量 3 处即可，即分中间 1 处，两端各 1 处，如图 4-91 所示，测量两端时，注意不要太靠近端面，可在离端面 5～10mm 处进行测量；对于较宽的面也可采用交叉测量（相交于工件纵向中心线）方法，如图 4-92 所示为交叉测量方法。

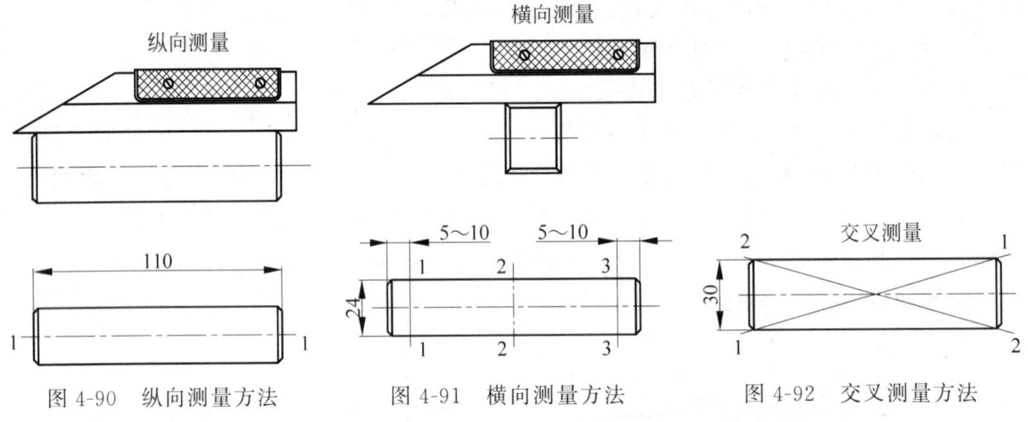

图 4-90　纵向测量方法　　图 4-91　横向测量方法　　图 4-92　交叉测量方法

估测时，可采用“透光法”凭经验估计量值。若需获得较精确的量值时，可采用刀口尺与塞尺配合的“塞入法”进行测量，如图 4-93 所示。当 0.07mm 的尺片能塞入，而 0.08mm 的尺片不能塞入，则说明其间隙量为 0.07～0.08mm，可满足平面度公差值 0.08mm 的要求。

（3）长方体平行度的检测方法

粗锉 A、B、C 基准面的对面的工步完成后，一般会出现一定程度的横向梯形和纵向梯形的平行度误差，图 4-94 所示为 A 基准面对面的梯形状况。通常，横向（横截面）梯形要比纵向（纵截面）梯形处理的难度大一些，故属于精锉的重点。这些平行度误差需要通过细锉、精锉加工逐步消除，并达到平行度公差要求。在细锉、精锉加工时，需要经

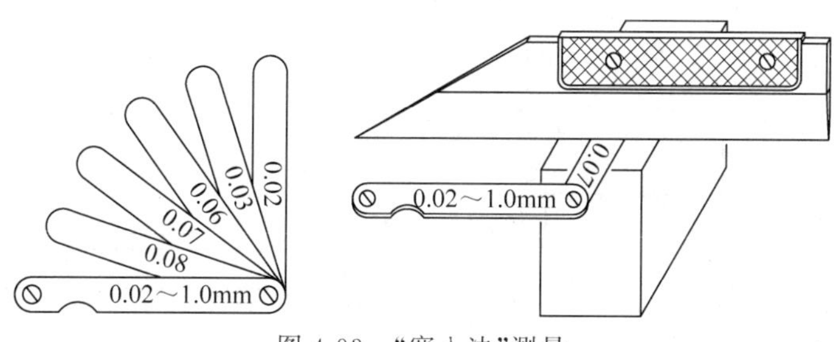

图 4-93 “塞入法”测量

常地进行测量并做好标记，以及时了解平行度误差状况，从而有效地指导细锉、精锉加工并达到平行度公差 0.10mm 的要求。

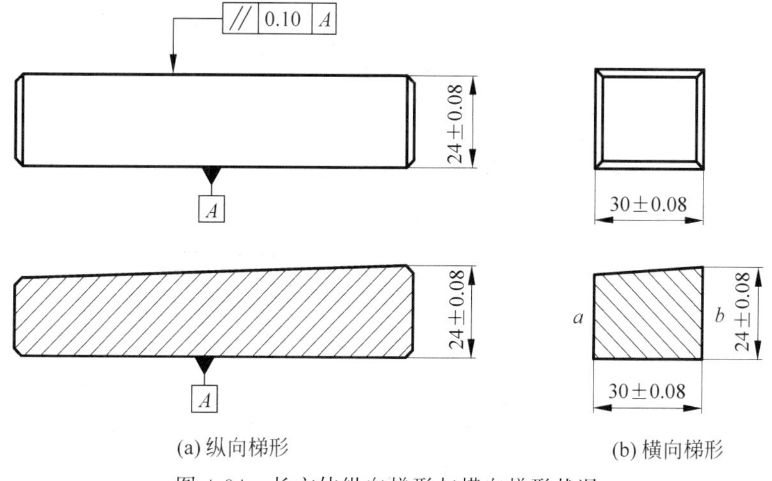

图 4-94 长方体纵向梯形与横向梯形状况

平行度误差的主要表现形式为梯形，通过测量其上边长 a 和下边长 b，就可以知道梯形状况。一般应根据被测面的长度与面积的大小，适当多处多点测量，以获得较真实的误差数值。

如图 4-95 所示，以测量宽度尺寸(24±0.08)mm 的平行度为例，介绍长方体平行度的测量方法。为了较全面地掌握被测面与 A 基准面的平行度误差，考虑本工件的长度情况，可采取 3 处 6 点测量方法，以获得该尺寸平行度的纵向误差和横向误差数值。3 处 6 点测量是指以 A 面为基准，分别在长方体的两端(2 处)之两侧(2 个测点)、中间(1 处)之两侧(2 个测点)进行测量。在这里，“处”可以理解为一个截面，即上边长 a_1 测点与下边长 b_1 测点应大致在一个横截面上获得。6 个测点应尽量靠近边缘，以离边缘 2～3mm 为宜。测量时，应注意做好 6 个测点的测量记录，当上边长 a_1、a_2、a_3 与下边长 b_1、b_2、b_3 3 处 6 个测点全部测量后，对所记录的数值进行比较与分析，对误差较大的部位进行标记，然后进行有针对性的精锉加工，如此反复，直到 3 处 6 点中的最大值与最小值之差达到平行度公差要求。

(4) 平行度公差与尺寸公差的关系

图 4-96 所示为平行度的浮动位置公差带，所谓浮动是指几何公差带在尺寸公差带

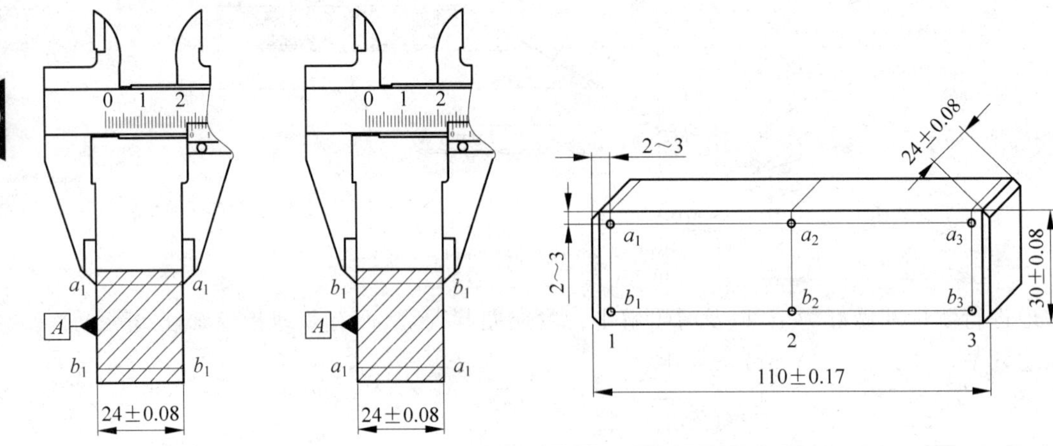

图 4-95　长方体纵向与横向梯形的检测方法

内，随着组成要素的不同而变动。以尺寸(24±0.08)mm 为例说明长方体平行度公差带与尺寸公差带的关系，如图 4-97 所示，平行度公差 t=0.10mm，尺寸公差 T=0.16mm，这说明尺寸公差是大于平行度公差的，而平行度公差带的位置具有浮动的特点，故平行度公差带(t=0.10mm)的位置可在尺寸公差带(T=0.16mm)内上下浮动。

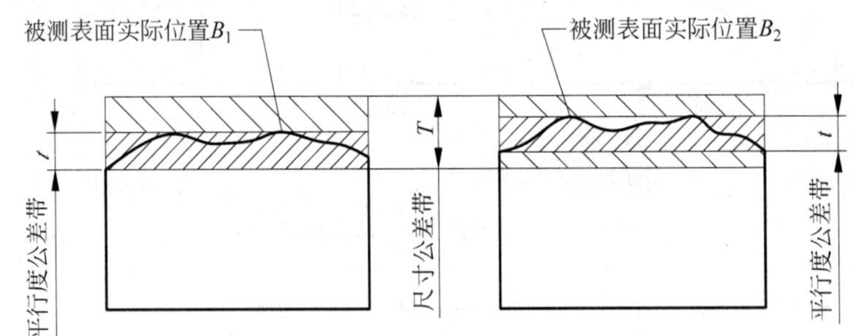

图 4-96　平行度浮动位置公差带示意图

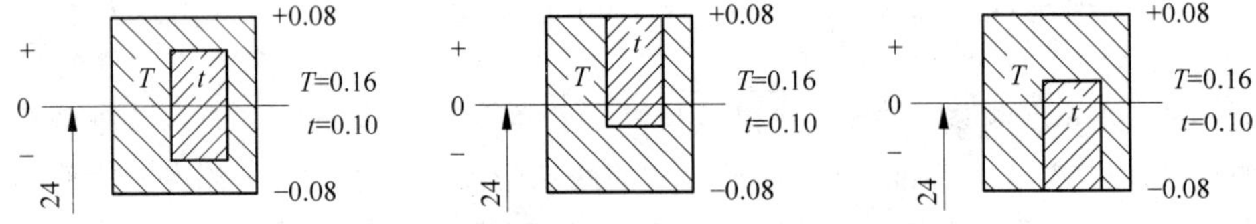

图 4-97　平行度公差带在尺寸公差带内浮动示意图

本工件的尺寸公差 T=0.16mm，位置公差（平行度与垂直度公差）t=0.10mm，形状公差（平面度公差）t=0.08mm，它们三者之间的关系是形状公差(t=0.08mm)＜位置公差(t=0.10mm)＜尺寸公差(T=0.16mm)。

（5）长方体垂直度的检测方法

通常用 90°直角尺对长方体的垂直度以“透光法”进行估测，如图 4-98 所示。测量时，首先要使尺座的内基准面紧贴工件的基准面，然后使尺苗的内测量面触及工件的被测表面，通过“透光法”进行测量。解决垂直度误差的实质就是要解决横向(横截面)梯形问题。为了较全面地掌握被测面与 A 基准面的垂直度误差状况，视本工件的长度情况，可采取 3 处测量方法，如图 4-99 所示。测量两端时，注意不要太靠近端面，可在离端面 5～10mm 处进行测量。垂直度公差带的位置也是浮动的。

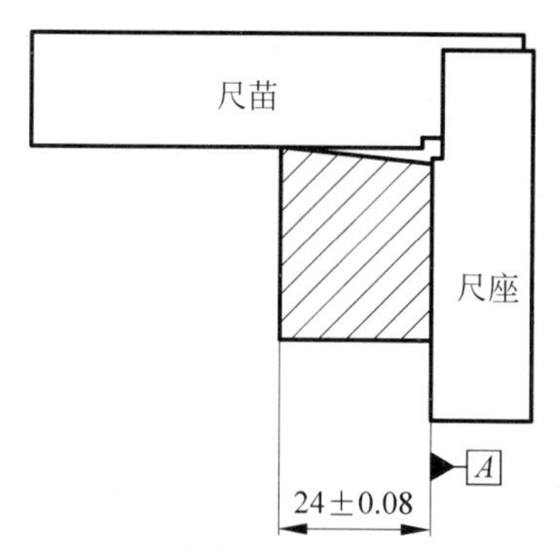

图 4-98　用直角尺测量工件垂直度

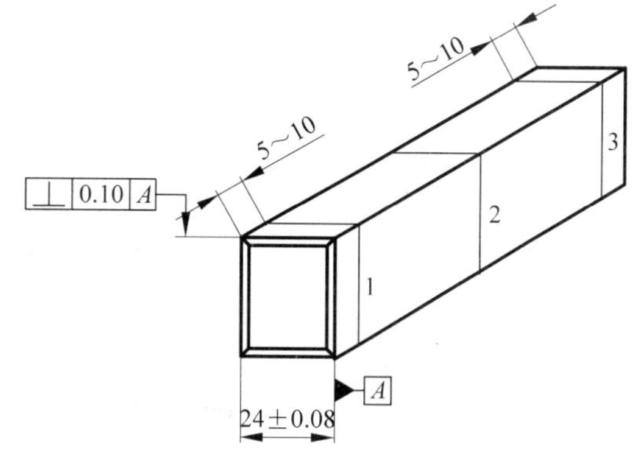

图 4-99　3 处测量方法

在细锉、精锉加工时，需要经常地进行测量并做好标记，以及时了解垂直度误差状况，从而有效地指导细锉、精锉加工并达到垂直度公差 0.10mm 的要求。

(6) 长方体表面粗糙度的检测方法

本工件对加工表面提出的表面粗糙度要求全部为 $Ra\,3.2\mu m$，可使用表面粗糙度比较样块以“比较法”进行检测，或使用便携式粗糙度仪以“针描法”进行检测。

4.4　锉削曲面技术

1. 凸圆弧面锉法

凸圆弧面的基本锉削方法是采用多切面锉法，即将圆弧加工线外余量部分锉成多切面，并逐渐细分切面，以形成包络面，从而逼近圆弧的一种粗锉加工方法，如图 4-100 所示。

多切面锉削逼近圆弧面.mp4

1) 轴向多切面锉法

轴向多切面锉法是指锉刀推进方向与凸圆弧面轴线平行，将圆弧加工界线外余量部分锉出多切面，以形成包络面逼近圆弧的一种锉法，如图 4-101 所示。本锉法一般用于凸圆弧面的粗锉加工。

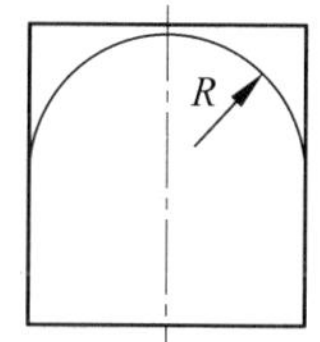

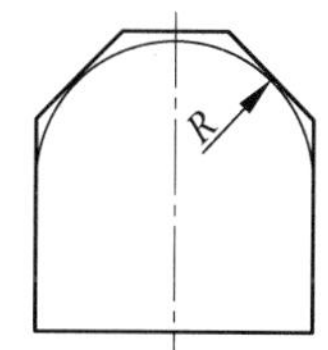

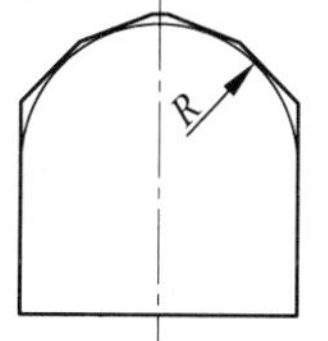

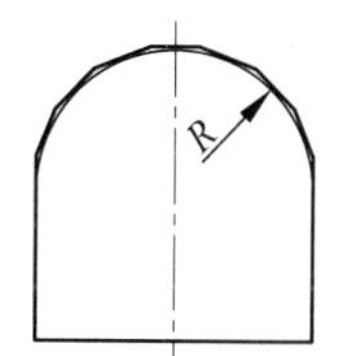

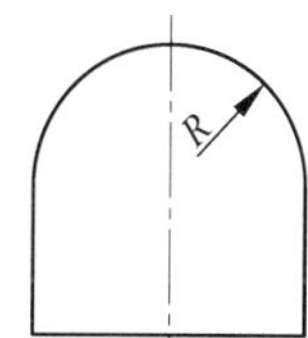

图 4-100　多切面锉削逼近圆弧面

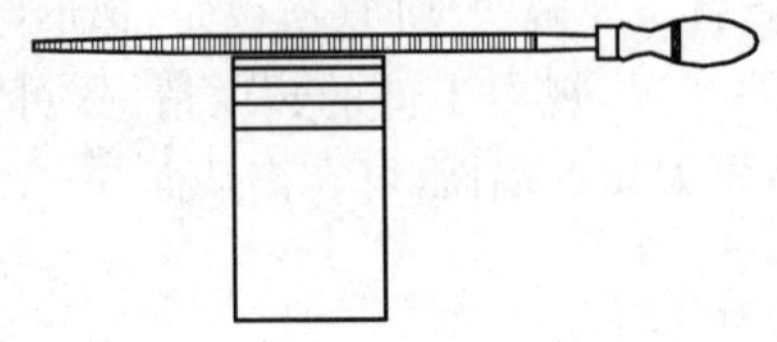
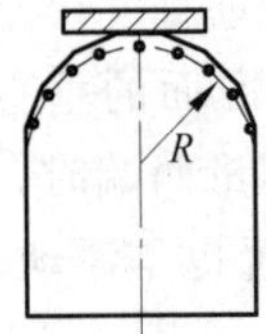

图 4-101　轴向多切面锉法

轴向多切面锉法.mp4

2）周向多切面锉法

周向多切面锉法是指锉刀推进方向与凸圆弧面轴线垂直，将圆弧加工界线外余量部分锉出多切面，以形成包络面逼近圆弧的一种锉法，如图 4-102 所示。本锉法一般用于凸圆弧面的粗锉加工。

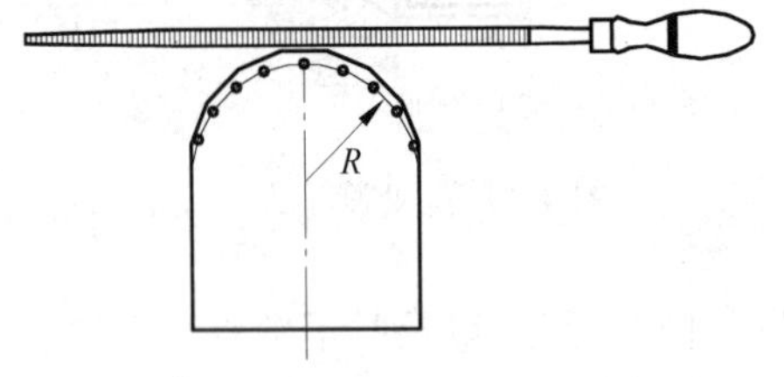

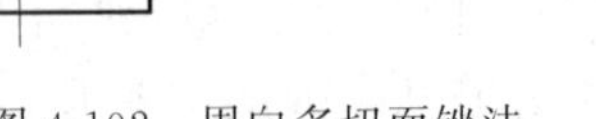

图 4-102　周向多切面锉法

周向多切面锉法.mp4

3）轴向滑动锉法

轴向滑动锉法是指锉刀在做与外圆弧面轴线相平行推进的主运动的同时，还要做一个沿外圆弧面向右或向左滑动的一种锉法，如图 4-103 所示。本锉法一般用于凸圆弧面的精锉加工。

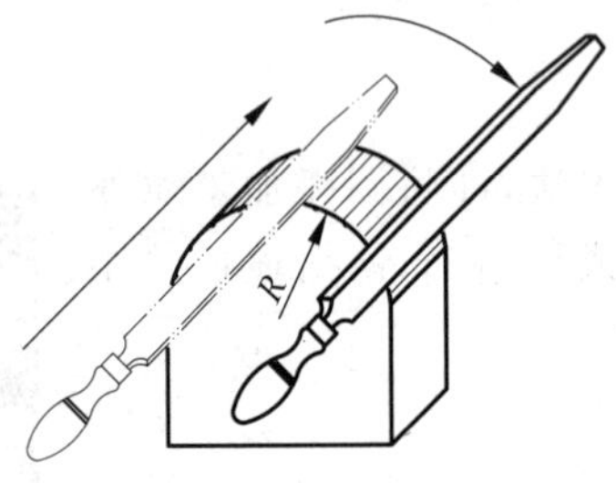

图 4-103　轴向滑动锉法

轴向滑动锉法.mp4

4）周向摆动锉法

周向摆动锉法是指锉刀在做与凸圆弧面轴线相垂直推进的主运动的同时，右手还要做一个沿圆弧面垂直摆动下压锉柄的一种锉法，如图 4-104 所示。摆动下压的幅度以 45°为宜，此锉法一般用于凸圆弧面的精锉。精锉凸圆弧面时，可用半径样板进行透光法检测，以指导加工，如图 4-105 所示。

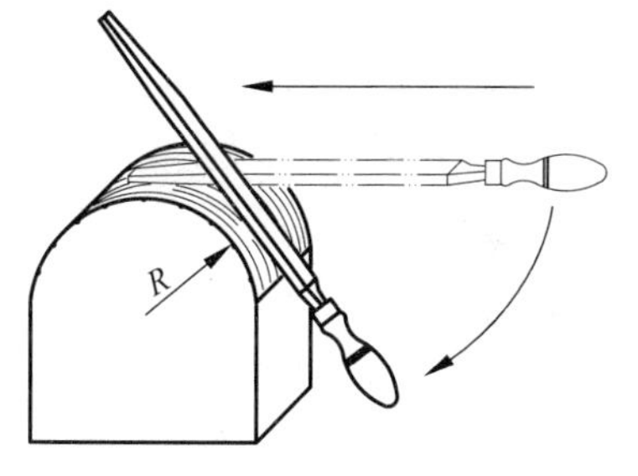

图 4-104 周向摆动锉法

周向摆动锉法.mp4

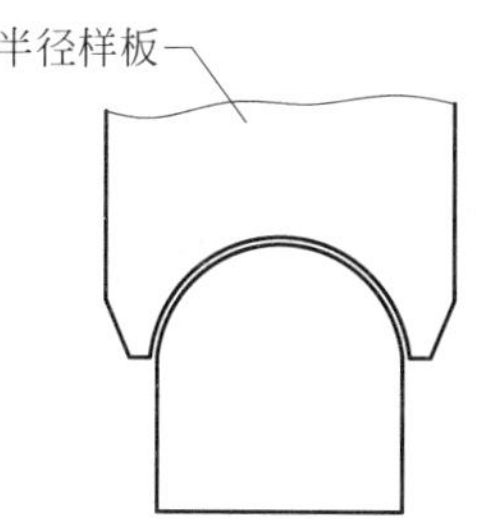

图 4-105 半径样板检测

2. 凹圆弧面锉法

1）合成锉法

合成锉法是指用圆锉或半圆锉锉削内圆弧面时，锉刀要同时合成三个运动，即锉刀与内圆弧面轴线相平行推进的主运动和锉刀刀体的自身(顺时针或逆时针方向)旋转运动以及锉刀沿内圆弧面向右或向左的横向滑动的一种锉法，如图 4-106 所示。刀体旋转的角度约为 70°。本锉法一般用于凹圆弧面的粗锉加工。

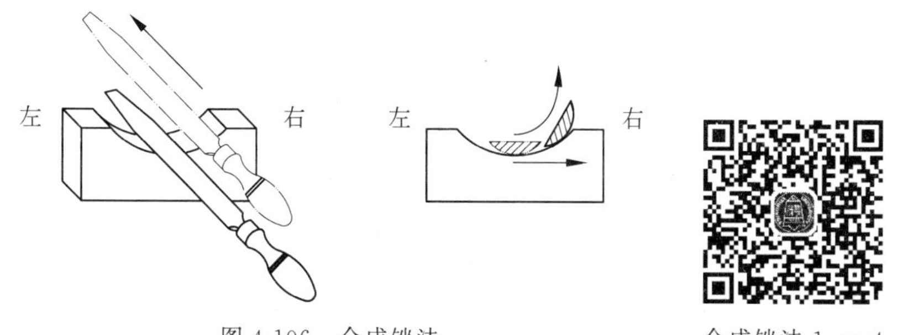

图 4-106 合成锉法

合成锉法 1.mp4 合成锉法 2.mp4

2）横推滑动锉法

横推滑动锉法是指用圆锉或半圆锉锉削内圆弧面时，采用双手横握法握持刀体，锉刀要同时合成两个运动，即锉刀与内圆弧面轴线相垂直推进的主运动和锉刀刀体的自身旋转运动共同进行滑动锉削的一种锉法，如图 4-107 所示，本锉法一般用于凹圆弧面的精锉加工。

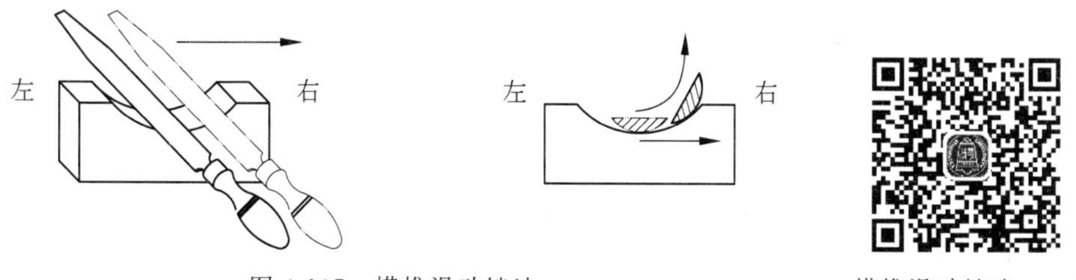

图 4-107 横推滑动锉法

横推滑动锉法.mp4

3）定位旋转锉法

定位旋转锉法是指用圆锉加工凹圆弧面时，采用双手横握法握持刀体，锉刀刀体轴线固定并做90°旋转刀体进行锉削的一种锉法，如图4-108所示，此锉法一般用于凹圆弧面的精锉。精锉凹圆弧面时，可用半径样板进行透光法检测，以指导加工，如图4-109所示。

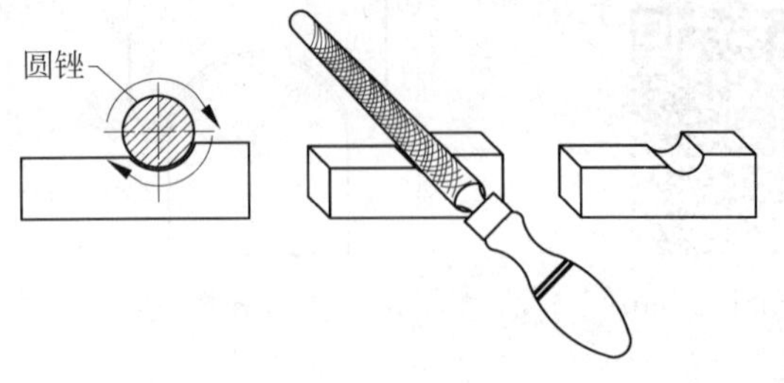

图4-108　定位旋转锉法

定位旋转锉法.mp4

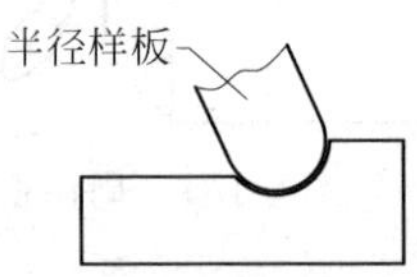

图4-109　半径样板检测

3. **球面锉法**

有些零件的端部需要加工为球面（见图4-110），如锤子这类工具的锤头端部就是球面（见图4-111）。球面的基本锉法是采用多弧形切面逼近球面，即将圆弧加工界线外余量部分锉成多弧形切面，并逐渐细分切面，以形成包络面逼近球面，采用多弧形切面逼近球面锉削方法可获得近似球面。具体的锉法有纵倾横向滑动锉法、侧倾垂直摆动锉法和纵向环绕滑动锉法。

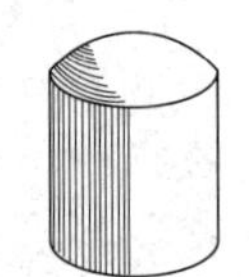

图4-110　轴端球面

轴端球面.mp4

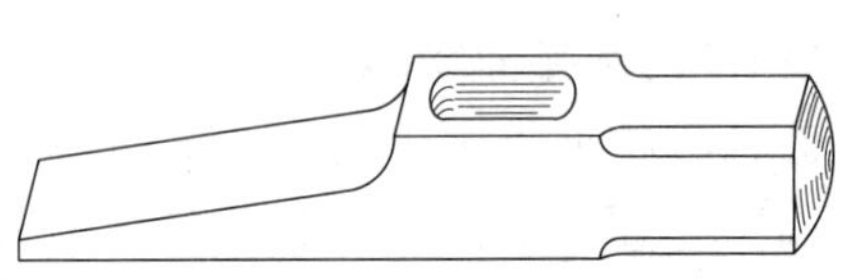

图4-111　锤头球面

锤头球面.mp4

1）纵倾横向滑动锉法

纵倾横向滑动锉法是指锉刀根据球面半径 SR 摆好纵向倾斜角度 α（见图4-112），并在运动中保持稳定，锉刀在做推进主运动的同时，刀体还要做自左向右的弧形滑动的一种锉法（见图4-113），注意要把球面大致分成四个区域进行对称锉削，依次循环地锉至球面顶部（见图4-114）。本锉法可用于粗锉、精锉加工。

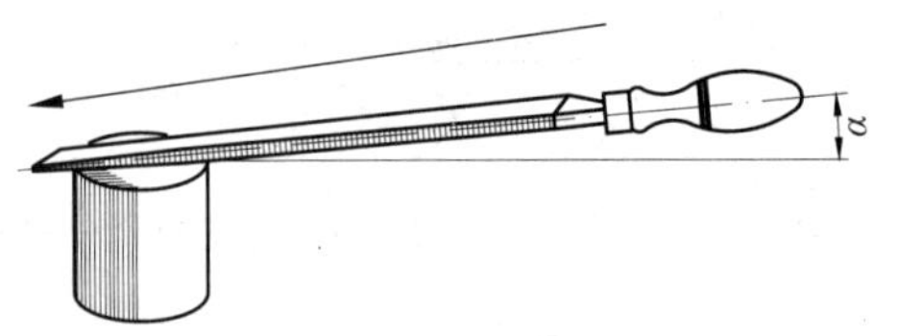

图4-112　纵倾角度 α

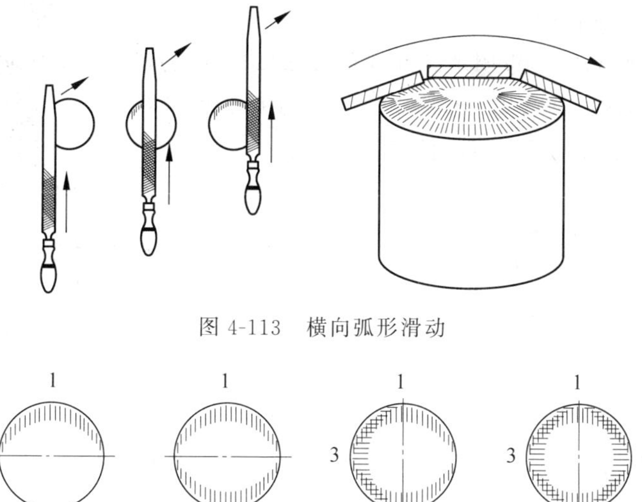

图 4-113　横向弧形滑动

图 4-114　对称循环锉削

侧倾垂直摆动锉法 1. mp4

侧倾垂直摆动锉法 2. mp4

纵倾横向滑动锉法. mp4

2）侧倾垂直摆动锉法

侧倾垂直摆动锉法是指锉刀根据球面半径 SR 摆好侧倾角度 α（见图 4-115），并在运动中保持稳定，锉刀在做推进主运动的同时，右手还要做一个垂直下压锉柄的摆动的一种锉法（见图 4-116）。注意要把球面大致分成四个区域进行对称锉削，依次循环锉至球面顶部（见图 4-117）。本锉法可用于粗锉、精锉加工。

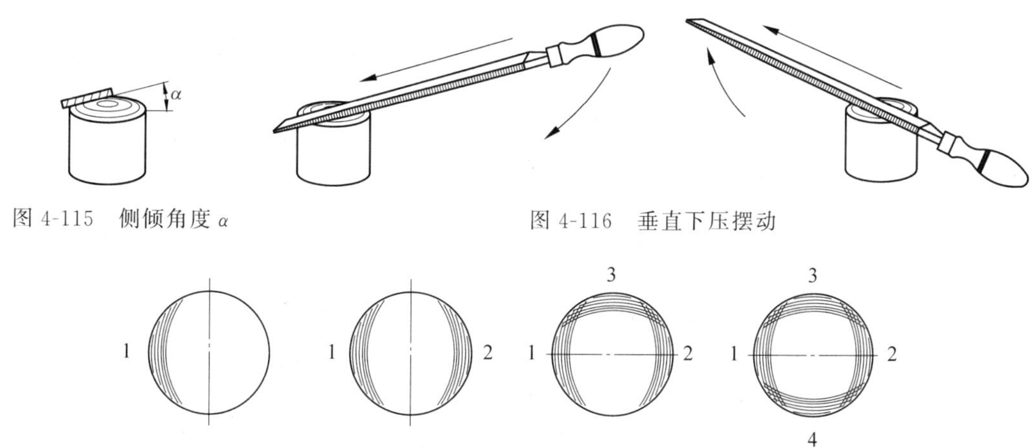

图 4-115　侧倾角度 α

图 4-116　垂直下压摆动

图 4-117　对称循环锉削

3）纵向环绕滑动锉法

纵向环绕滑动锉法.mp4

纵向环绕滑动锉法是指锉刀根据球面半径 SR，在做纵向推进主运动的同时，还要环绕圆周进行滑动的一种锉法（见图 4-118）。本锉法可用于粗、精锉加工。

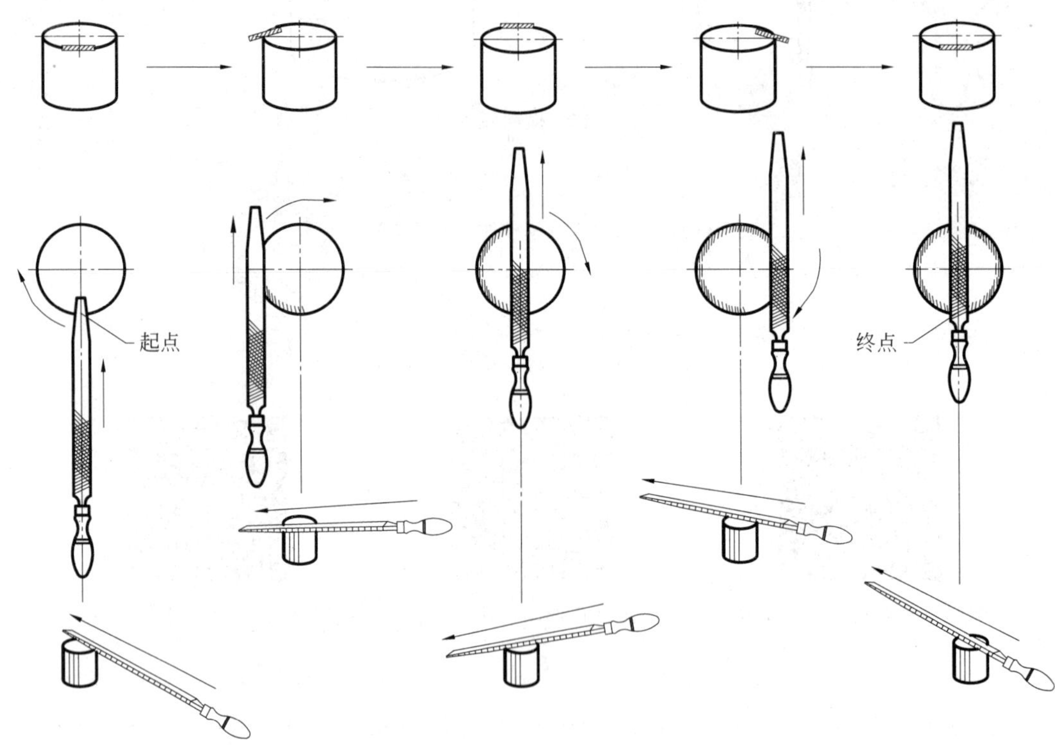

图 4-118　纵向环绕滑动锉法

4. 锉削曲面练习

（1）练习图样。练习图样如图 4-119 和图 4-120 所示。

（2）练习步骤如下。

① 熟悉图样。

② 选用 12″细齿扁锉、10″双细齿扁锉，采用轴向多切面锉法和周向多切面锉法锉削 $R20$ 和 $R10$ 凸圆弧面至要求。

③ 选用 12″中齿半圆锉、10″细齿半圆锉，采用合成锉法和横推滑动锉法锉削 $R25$ 凹圆弧面至要求。

④ 选用 10″中齿圆锉、10″细齿圆锉，采用合成锉法锉削 $R10$ 凹圆弧面至要求。

⑤ 选用 12″细齿扁锉、10″双细齿扁锉，采用纵倾横向滑动锉法锉削 $SR40$ 球面至要求。

⑥ 选用 12″细齿扁锉、10″双细齿扁锉，采用侧倾垂直摆动锉法锉削 $SR25$ 球面至要求。

⑦ 交件待验。

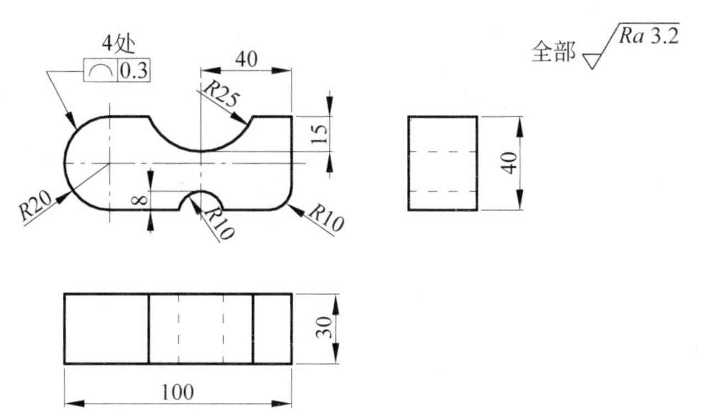

工件名称	材 料	毛 坯 尺 寸	件 数	学 时
长方铁块	Q235钢	沿用图4-76中的练习工件（110mm×30mm×40mm）	1	4

图 4-119 锉削内外圆弧面练习工件

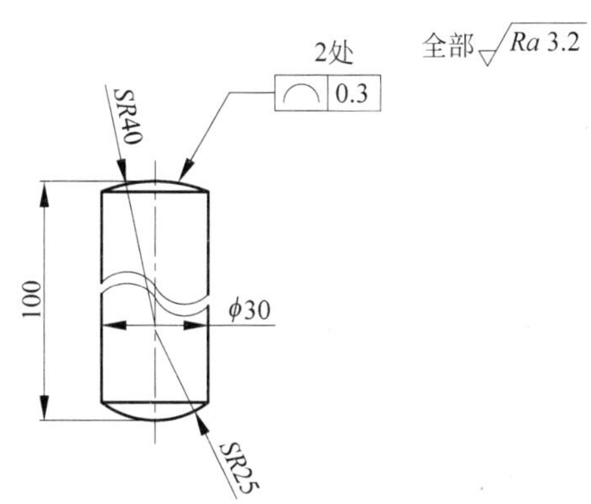

工件名称	材 料	毛 坯 尺 寸	件 数	学 时
圆钢	45钢	ϕ30mm×60mm	1	2

图 4-120 锉削球面练习工作

4.5 锉削形面技术

1. 内外棱角锉削方法

(1) 倒角(又称为倒棱)。为便于装配和使用,将工件端面棱角处锉成一定角度和边长的过渡平面(即为倒角面)的加工方法称为倒角。如 $C0.5$、$C1$、1×2、$1\times30°$、$1\times60°$等。$C0.5$ 是倒角 45°,直角边是 0.5mm 时的简化标注,30°、60°的倒角就不能简化标注,如图 4-121 所示。

(2) 倒圆。为便于装配和使用,将工件外角顶处加工成圆弧面的加工方法称为倒圆(如 $R1$、$R2$ 等),如图 4-122 所示。

(3) 清角。为防止加工干涉或便于装配和型面加工,将工件内棱角处加工出一定直

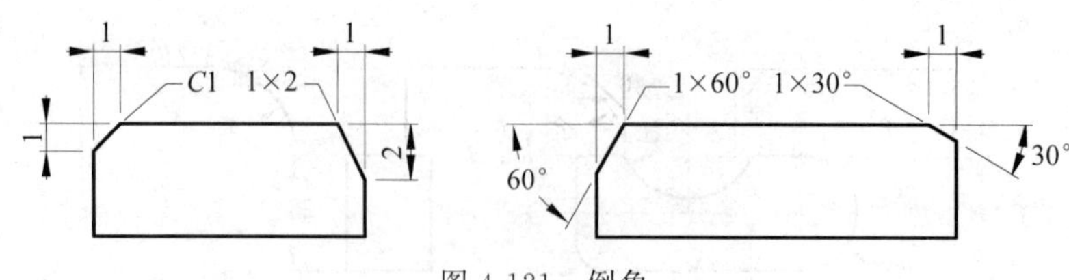

图 4-121　倒角

径的工艺孔(如 $\phi1$、$\phi2$ 等)或一定边长的工艺槽称为清角(如 1×1、2×2 等)。工艺孔可采用钻孔或锉削加工,工艺槽可采用锉削或锯削加工,如图 4-123 所示。

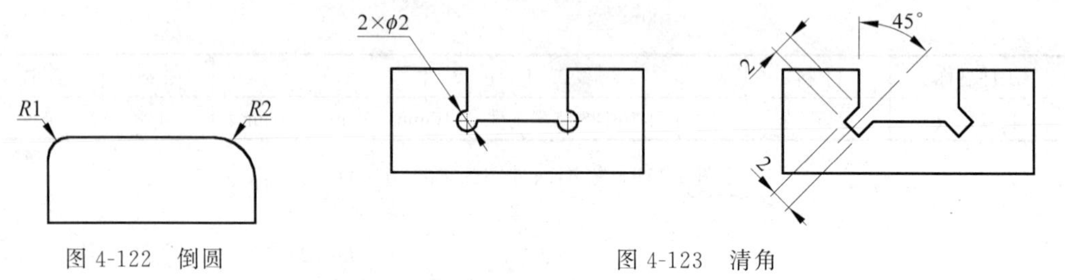

图 4-122　倒圆

图 4-123　清角

2. 四方体改圆柱体(方改圆)锉削方法

首先粗锉、精锉正等四棱柱纵向四面至尺寸要求,如图 4-124(a)所示;然后将正等四棱柱改锉成正等八棱柱,其纵向四面至尺寸要求,如图 4-124(b)所示;根据工件直径,还可将正等八棱柱改锉成正等十六棱柱,其纵向八面至尺寸要求,如图 4-124(c)所示。总而言之,等分面越多就越接近圆,如图 4-124(d)所示。精锉可采用轴向滑动锉法或周向摆动锉削。

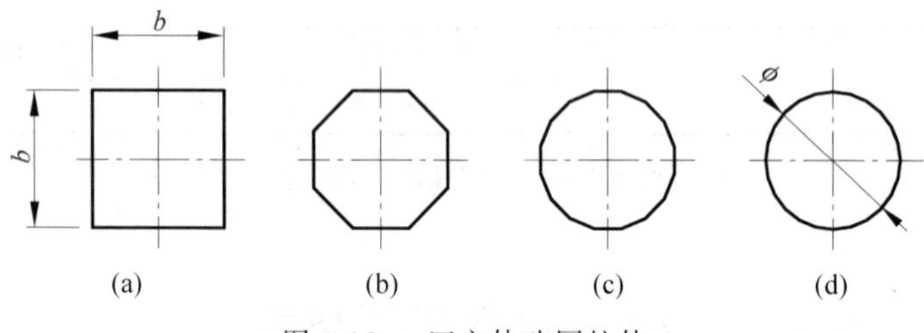

图 4-124　四方体改圆柱体

3. 两平面接凸圆弧面锉削方法

首先粗、精锉相邻两平面(1、2 面)并达到要求,如图 4-125(a)所示;然后除去一角,如图 4-125(b)所示;再粗锉、精锉圆弧面并达到要求,如图 4-125(c)所示。

4. 平面接凹圆弧面锉削方法

如图 4-126(a)所示为加工图。先粗锉凹圆弧面 1,如图 4-126(b)所示;后粗锉平面 2,如图 4-126(c)所示;再细锉凹圆弧面 1,如图 4-126(d)所示;再细锉平面 2,如图 4-126(e)所示;最后精锉凹圆弧面 1 和平面 2,如图 4-126(f)所示。

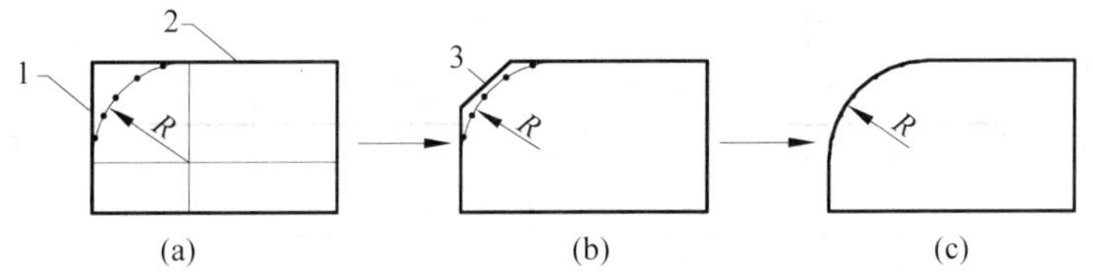

图 4-125　两平面接凸圆弧面锉削方法

由上文可知,平面接凹圆弧面的锉削工艺是将凹圆弧面和平面作为两个独立的面来进行锉削加工,即先锉凹圆弧面,后锉平面,通过粗锉、细锉和精锉三个基本工序进行先后分层加工并且达到加工要求。先锉凹圆弧面,这样可以形成安全空间,可以保障平面锉削的加工质量,可一定程度防止在锉削平面时出现对凹圆弧面的加工干涉,如图 4-126(g)所示,同时可防止在测量平面的直线度时出现测量干涉,如图 4-126(h)所示。

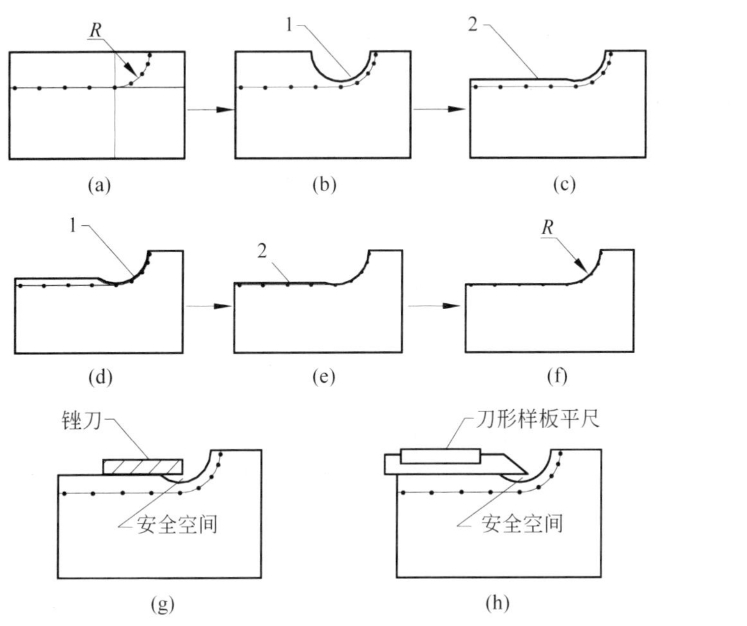

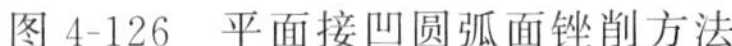
图 4-126　平面接凹圆弧面锉削方法

平面接凹圆弧面. mp4

5. 凸圆弧面接凹圆弧面锉削方法

如图 4-127(a)所示为加工图。首先除去加工线外多余部分,如图 4-127(b)所示。先粗锉凹圆弧面 1,如图 4-127(c)所示;后粗锉凸圆弧面 2,如图 4-127(d)所示;再细锉凹圆弧面 1;如图 4-127(e)所示;再细锉凸圆弧面 2,如图 4-127(f)所示;最后精锉凹圆弧面 1 和凸圆弧面 2,如图 4-127(g)所示。

6. 凹圆弧面双接凸圆弧面锉削工艺

如图 4-128(a)所示为加工图。首先除去凹圆弧面处加工线外多余部分,如图 4-128(b)所示。先粗锉凹圆弧面 1,如图 4-128(c)所示;后粗锉凸圆弧面 2 和凸圆弧面 3,如图 4-128(d)、图 4-128(e)所示;再按上述工序分别细锉凹圆弧面 1 和凸圆弧面 2、3,如

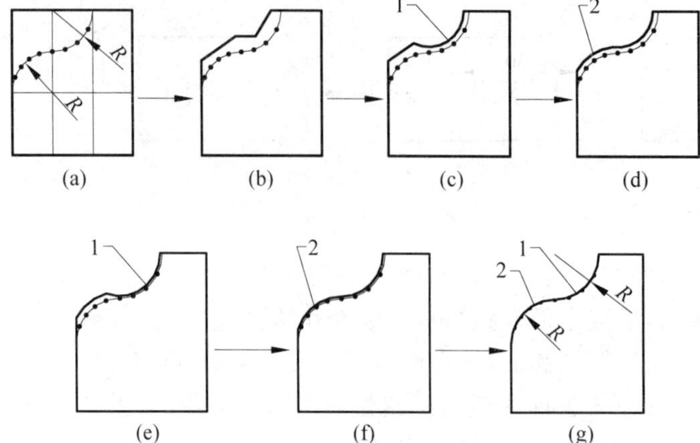

图 4-127　凸圆弧面接凹圆弧面锉削方法

凸圆弧面接凹圆弧面.mp4

图 4-128(f)、图 4-128(g)、图 4-128(h)所示；最后按上述工序分别精锉凹圆弧面 1 和凸圆弧面 2、3 并达到技术要求，如图 4-128(i)所示。

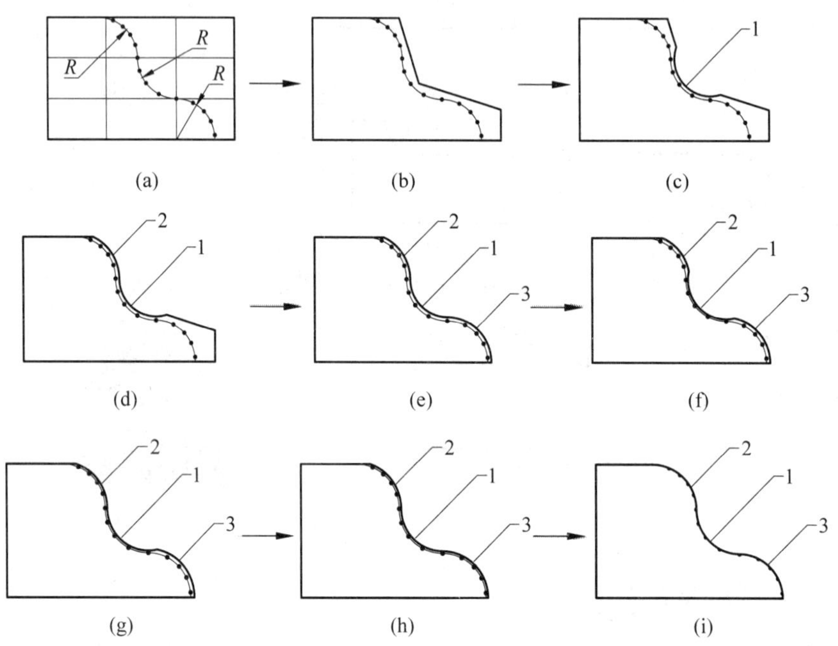

图 4-128　凹圆弧面双接凸圆弧面锉削工艺

凹圆弧面双接凸圆弧面.mp4

7. 形面锉削练习

(1) 练习图样。练习图样如图 4-129 所示。

(2) 练习步骤如下。

① 熟悉图样。

② 粗锉、精锉工件外形轮廓至要求：(60±0.10)mm、(30±0.10)mm、(40±0.10)mm、

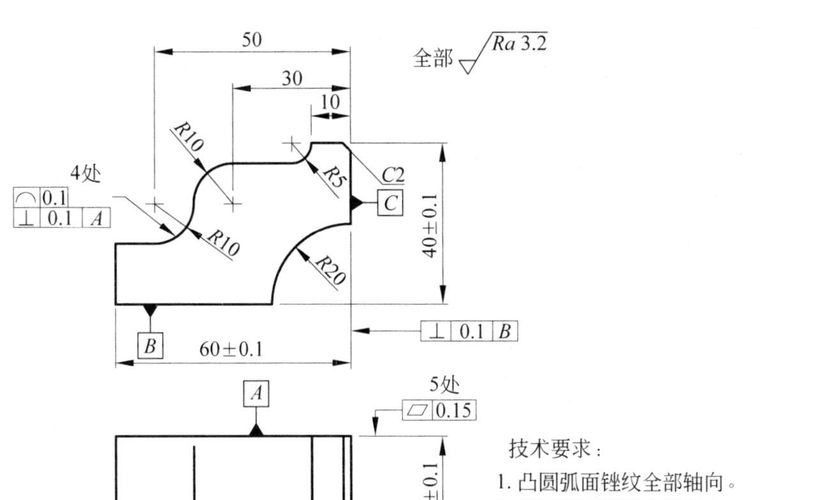

工件名称	材料	毛坯尺寸	件数	学时
长方铁块	Q235钢	62mm×42mm×32mm	1	6

图 4-129　形面锉削练习工件

Ra3.2。

③ 按图样划出加工线并打上冲眼。

④ 粗锉、精锉 R5 凹圆弧面和相邻平面至要求。

⑤ 粗锉、精锉 R10 凹圆弧面和相邻平面至要求。

⑥ 粗锉、精锉 R10 凸圆弧面至要求。

⑦ 粗锉、精锉 R20 凹圆弧面至要求。

⑧ 倒角 C2。

⑨ 交件待验。

思考与练习

1. 名词解释

锉削　主锉纹　辅锉纹　边锉纹　光边　锉纹条数　拇指压柄法　前掌压锉法　拇指压锉法　捏锉法　双手横握法　纵向锉法　横向锉法　交叉锉法　横推锉法　主动锉法　全程锉法　短程锉法　直进锉法　斜进锉法　轴向多切面锉法　周向多切面锉法　轴向滑动锉法　周向摆动锉法　合成锉法　横推滑动锉法　纵倾横向滑动锉法　侧倾垂直摆动锉法

2. 叙述题

(1) 简述双锉纹的特点。

(2) 锉刀的种类有哪些？

(3) 钳工锉的主要形式有哪六种？

(4) 锉刀的长度规格有哪九种？

(5) 锉刀的选用要求有哪些？

(6) 何谓全程大力锉削？

(7) 锉削时，对手臂姿态的要求有哪些？

(8) 锉削时，对站立姿态的要求有哪些？

(9) 叙述锉削安全操作规程。

(10) 简述锉削平面的操作要领。

(11) 简述锉刀的刀面特点及应用。

(12) 锉刀刀面涂粉笔灰的作用有哪些？

(13) 锉削工序的内容有哪些？

(14) 叙述掌握平衡要领的方法。

(15) 简述平面接凹圆弧面锉削方法。

第5章 锯削加工技术

用手锯对工件进行切断和切槽的加工操作称为锯削。锯削加工的范围比较广泛，锯削操作是钳工常用的一项基本技能。

5.1 锯削概述

1. 手锯的种类和结构

手锯的种类比较多，一般而言，从弓架的形式上可分为可调节式和整体式两大类，从弓柄的形式上又可分为垂式弓柄和平式弓柄（平式弓柄一般采用木质或塑胶锉刀柄）两大类，其种类和结构如图 5-1 所示。

2. 锯条知识

1）锯条的分类

手用钢锯条按其特性分为全硬型（代号 H）和挠性型（代号 F）两种类型。

（1）全硬型手用钢锯条

锯条整体经热处理且硬度均匀一致的手用钢锯条（销孔相邻部位除外）。

（2）挠性型手用钢锯条

锯条齿部经热处理，其硬度均匀一致，背部为挠性或硬性，其他部位为挠性的手用钢锯条。

2）锯条的材质

手用钢锯条按其使用材质分为碳素结构钢（代号 D）、碳素工具钢（代号 T）、合金工具钢（代号 M）、高速工具钢（代号 G）以及双金属复合钢（代号 Bi）五种类型。手用钢锯条齿部的硬度一般为 62～65HRC。

3）锯条的齿型

手用钢锯条按其齿部的设计分为单面齿型（代号 A）和双面齿型（代号 B）两种类型，如图 5-2 所示。

4）齿形角参数

（1）楔角。齿面与齿背之间的夹角称为齿形楔角，用 θ 表示，如图 5-3 所示。楔角一般为 46°～58°，楔角越大，锯齿的强度越大。

（2）前角。齿面与已加工表面法线之间的夹角称为前角，用 γ 表示，如图 5-3 所示。前角一般为－2°～2°，前角越大，锯削越锋利。

（3）后角。齿背与已加工表面之间的夹角称为后角，用 α 表示，如图 5-3 所示。后角一般为 32°～44°，后角越大，容屑量越大。

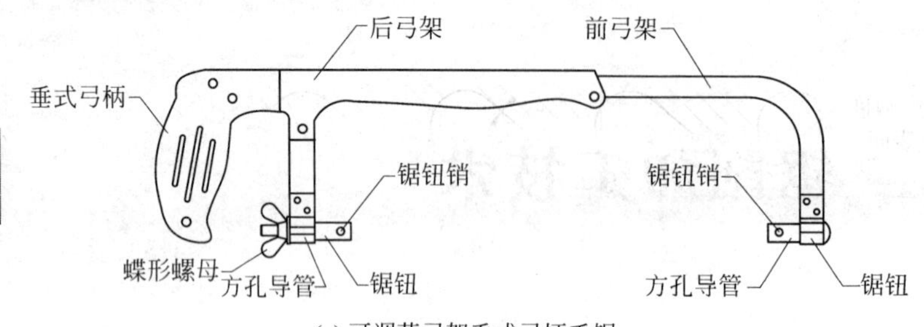

(a) 可调节弓架垂式弓柄手锯

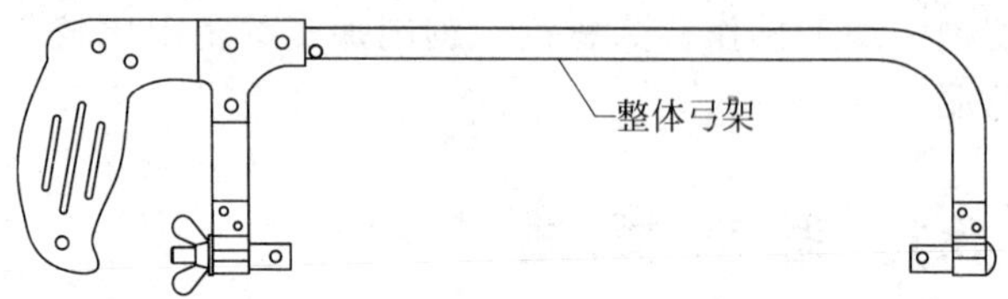

(b) 整体弓架垂式弓柄手锯

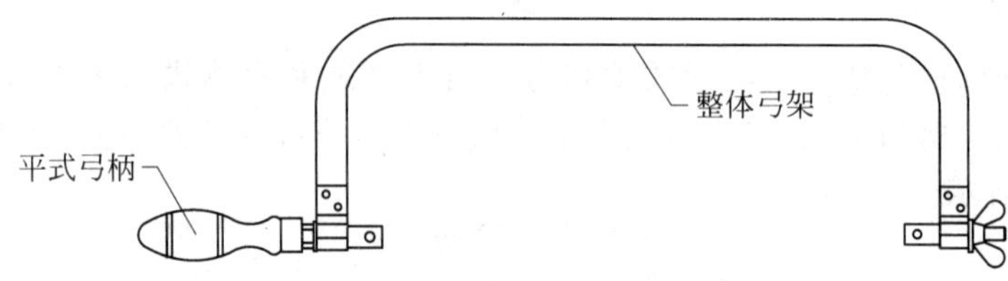

(c) 整体弓架平式弓柄手锯

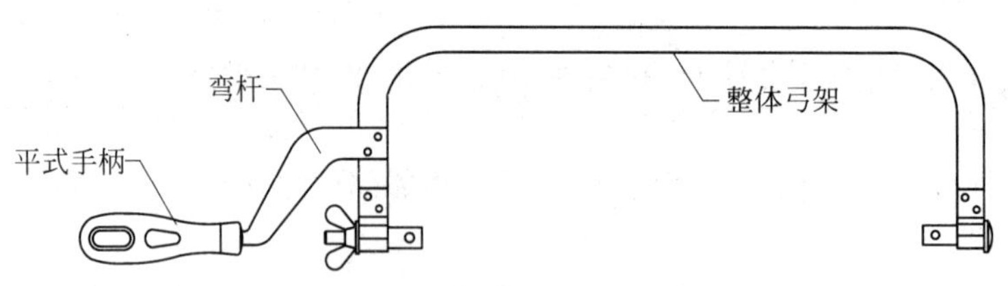

(d) 整体弓架弯杆平式弓柄手锯

图 5-1　手锯种类和结构

手锯. mp4

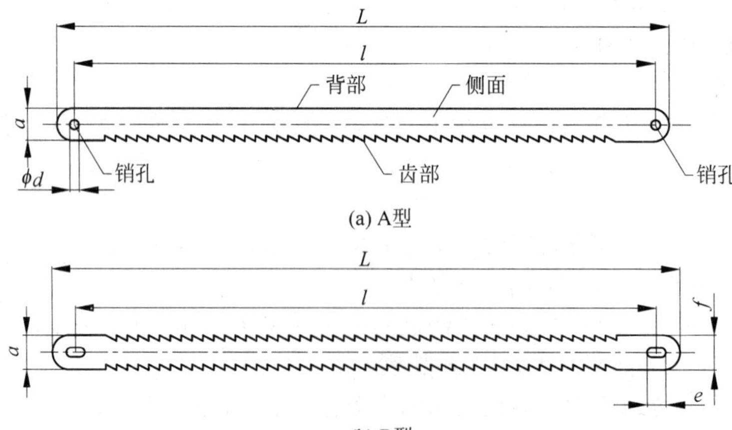

图 5-2　手用钢锯条的结构与类型

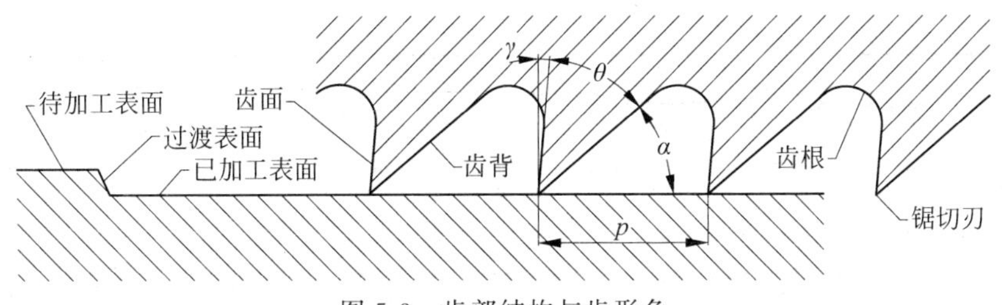

图 5-3　齿部结构与齿形角

齿形角参数如表 5-1 所示。

表 5-1　齿形角参数

齿距/mm	θ/(°)	γ/(°)
0.8、1.0、1.2	46～53	−2～2
1.4、1.5、1.8	50～58	

5）锯路

为保障自由切削，锯条在制造时，将齿部按一定形状左右错开的排列称为锯路，锯路的宽度用 w 表示。锯路分为交叉形和波浪形两种，如图 5-4(a)所示。如图 5-4(b)所示，锯条条身的厚度(b)一般为 0.65mm，锯路的宽度一般为 0.9～1.0mm。如图 5-4(c)所示，由于有了锯路，就可形成锯切间隙，所以在锯削时，锯条就不容易被卡住，并可减少锯削过程中的摩擦阻力，改善散热条件，从而延长锯条的使用寿命。

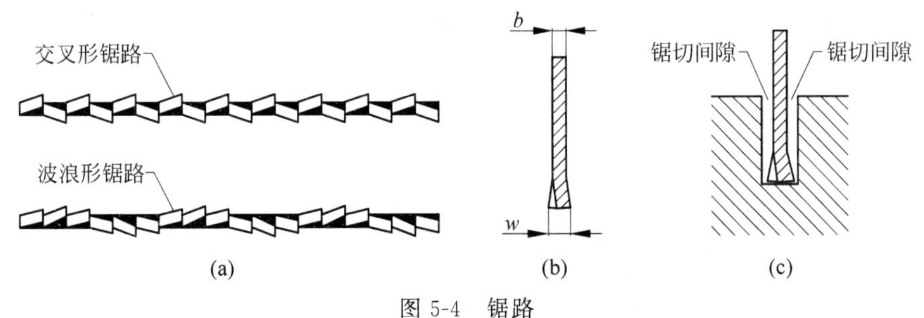

图 5-4　锯路

6）锯条的基本尺寸

锯条的基本尺寸如表 5-2 所示。

表 5-2　锯条的基本尺寸　　单位：mm

尺型	长度(l)	宽度(a)	厚度(b)	每 25mm 齿数	齿距(p)	销孔 $d(e\times f)$	全长(L)
A 型	300	12.0 或 10.7	0.65	32	0.8	3.8	315
				24	1.0		
				20	1.2		
	250			18	1.4		265
				16	1.5		
				14	1.8		

续表

尺型	长度(l)	宽度(a)	厚度(b)	每25mm齿数	齿距(p)	销孔$d(e\times f)$	全长(L)
B型	296	22	0.65	32	0.8	8×5	315
				24	1.0		
	292	25		18	1.4	12×6	

注：摘自GB/T 14764—2008。

7）锯条的长度规格与锯齿规格

（1）长度规格。A型锯条的长度规格有250mm、300mm两种（可调节式锯弓上的调节槽是与之对应的），钳工常用的是300mm。B型锯条的长度规格有296mm、292mm两种。

（2）锯齿规格。锯齿可分为粗齿、中齿、细齿三种规格。锯齿规格有两种表示方法：一种是以25mm长度内的齿数表示，如A型锯条的粗齿为14～16齿、中齿为18～20齿、细齿为24～32齿；B型锯条的粗齿为18齿、中齿为24齿、细齿为32齿。另一种是以齿距p表示，如A型锯条的粗齿为1.8mm、1.5mm，中齿为1.4mm、1.2mm，细齿为1.0mm、0.8mm；B型锯条的粗齿为1.4mm，中齿为1.0mm，细齿为0.8mm。

3. 锯条的选用

粗齿锯条一般锯削较软的材料，如铜件、铝件、铸件、比较软的（低碳钢）钢件等；细齿锯条一般锯削较硬和较薄的材料，如（中碳钢、高碳钢）钢件、薄板、薄壁管件；中齿锯条可锯削材料的软硬程度介于粗齿锯条与细齿锯条之间，也可锯削较软、较硬和较薄的材料。

5.2 锯削基本操作

1. 工件的装夹

在台虎钳上装夹工件时，一般可将工件的锯缝位置置于台虎钳的左侧，这样比较方便观察，工件的锯缝位置应离钳口侧面20mm左右，如图5-5所示。如果锯缝位置离钳口过近，握柄的手在锯削时容易碰到台虎钳而受伤；如果锯缝位置离钳口过远，则在锯削时容易产生振动而导致断齿以及噪声；锯削加工线应与钳口侧面保持平行。

图5-5 工件的装夹

2. 站立姿态

锯削时的站立姿态和身体的前倾与锉削的要求基本相同。

3. 锯弓握持方法

右手满握弓柄，大拇指贴在食指上，左手先自然伸展开，大拇指指头或第一关节压在前弓架上，食指、中指和无名指的指头轻轻地与前弓架端部接触，小指自然伸展，如图 5-6 所示。

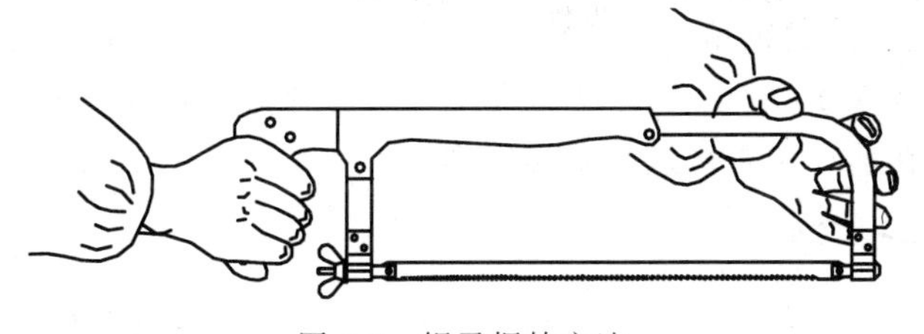
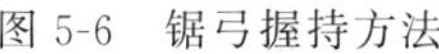

图 5-6 锯弓握持方法

锯弓握持方法.mp4

4. 锯条安装方法

右手握弓柄，左手首先适当调松后锯钮的蝶形螺母，再持锯条，注意观察齿尖方向（齿尖应向前），先挂后锯钮销，后挂前锯钮销，然后尽量调紧锯条，如图 5-7 所示。如果锯条调得不够紧而较松，会导致锯缝容易歪斜和锯条容易折断（对于碳钢锯条而言）。

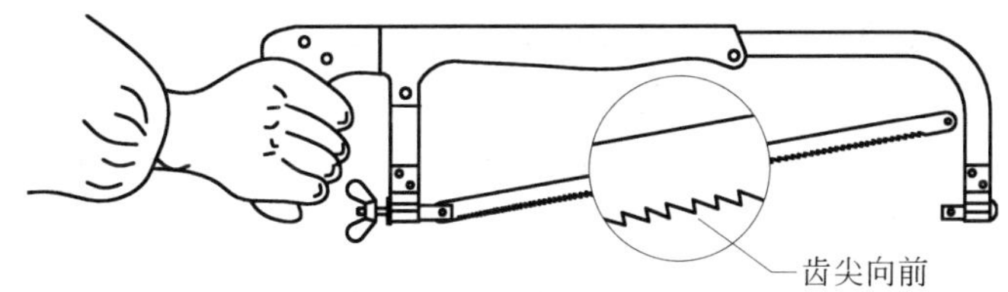

图 5-7 锯条安装方法

锯条安装方法.mp4

5. 起锯方法

在工件的棱角处进行锯缝定位时的起始锯削称为起锯。起锯分为前起锯、后起锯和后拉起锯三种方法。

1）前起锯

在工件的前端棱角处开始起锯，起锯前，用左手拇指或食指的指甲盖抵住锯条的条身进行锯缝定位，然后倾斜 15°左右的起锯角度，保证至少有三个以上的锯齿参加切削，以防止卡断锯齿，如图 5-8 所示。起锯时，锯削运动的速度控制在 30 次/min 左右，行程控制在 150mm 左右，压力要小，当锯到槽深有 3～4mm 时，起锯完成，左手拇指或食指即可离开锯条，扶在前弓架端部进行全程锯削。

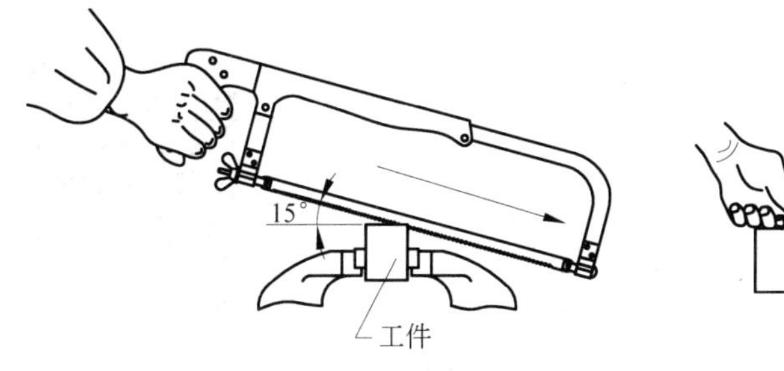

图 5-8 前起锯方法

前起锯方法.mp4

2）后起锯

在工件的后端棱角处开始起锯，起锯前，用左手拇指或食指的指甲盖抵住锯条的条身进行锯缝定位，然后倾斜15°左右的起锯角度，如图5-9所示。起锯时，锯削运动的速度控制在30次/min左右，行程控制在150mm左右，压力要小，当锯到槽深有3～4mm，左手拇指或食指即可离开锯条，扶在前弓架端部进行全程锯削。

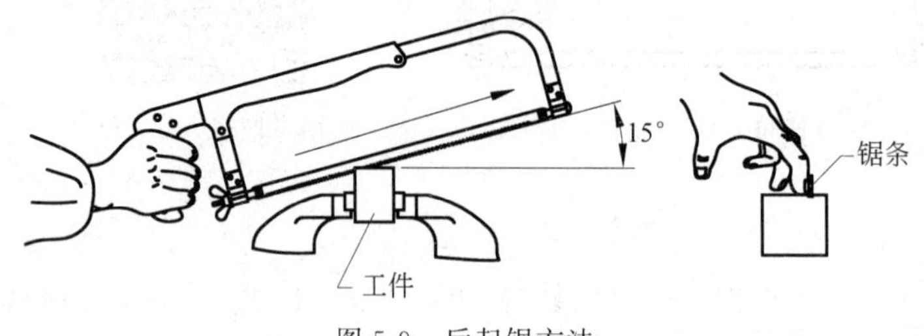

图5-9　后起锯方法

后起锯方法.mp4

3）后拉起锯

在工件的后端开始起锯，起锯前，不用左手拇指或食指的指甲盖抵住锯条的条身进行锯缝定位，而是直接将锯条的后端放在锯缝位置，倾斜15°左右的起锯角度，如图5-10所示。起锯时，将锯条自前向后拉动锯削。一次锯削行程后，再抬起锯条并将锯条的后端放在锯缝位置，再自前向后拉动锯削。后拉起锯的特点：一是不挂齿；二是振动小；三是定位稳。后拉锯削的速度控制在25次/min左右，行程控制在200mm左右，压力要稍大一点，当锯到槽深3～4mm，起锯完成，进入全程锯削。

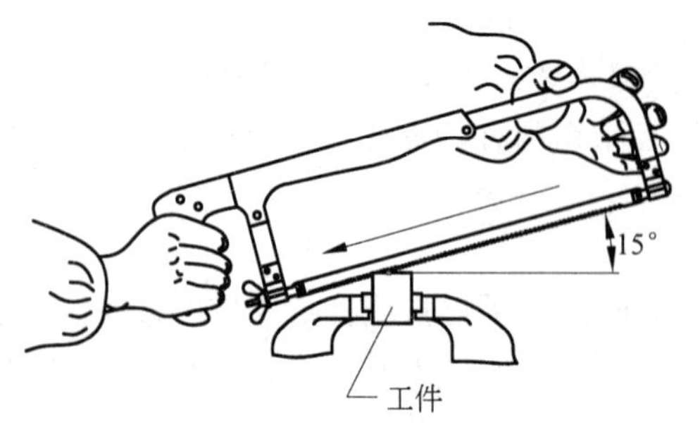

图5-10　后拉起锯方法

后拉起锯方法.mp4

6. 中途锯削

起锯完成后，即进入中途锯削，中途锯削时，锯齿应尽量全部参加切削行程。为提高锯削效率，在每次锯削行程中，锯弓可做一个小幅度（10°～15°）的自然摆动，如图5-11所示。摆动的要点是先低后高，即前1/2行程时，前弓架低，后1/2行程时，后弓架低，要注意上下摆动的幅度不宜过大，因为摆动幅度过大，锯缝容易发生歪斜。每次锯削行程完成后[如图5-11(c)所示位置]，不要急于回锯，此时，锯条可在锯缝内短暂地停顿一下，时间为1s左右，在停顿的同时，身体回退，左臂充分伸展，然后回锯并继续锯削。

中途摆动锯削.mp4

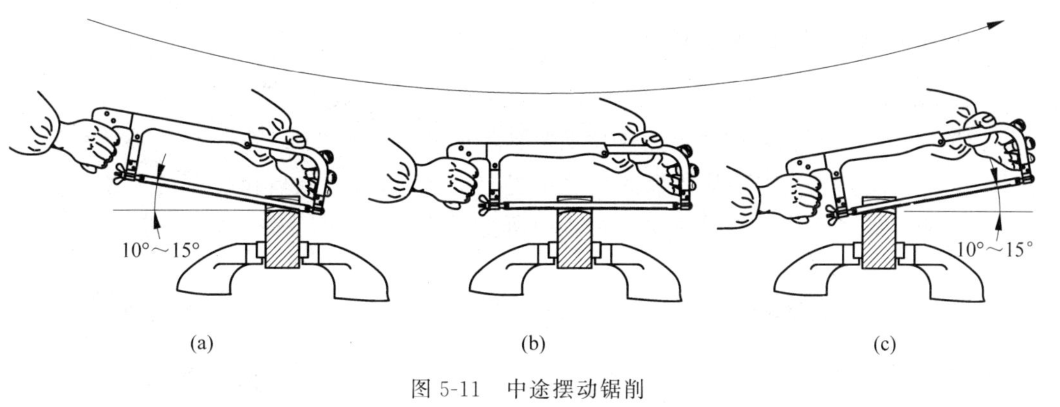

图 5-11　中途摆动锯削

7. 锯削速度

中途锯削时的切削速度一般为 35 次/min 左右。

8. 推力和压力

锯削运动时，推力主要由右手控制，左手主要是扶正锯弓并施加压力，手锯推进时为切削行程，应该施加压力，返回行程不切削，则不施加压力，自然拉回即可。

9. 锯削方式

锯削方式分为压线锯削和贴线锯削两种。

1）压线锯削

压线锯削是指锯缝与工件的加工线相重合的一种锯削方式，如图 5-12(a)所示。压线锯削一般用于工件材料的分割。

2）贴线锯削

贴线锯削是指锯缝位于工件的加工线外侧一定距离(预留工序余量 1～2mm)并平行于加工界线的一种锯削方式，如图 5-12(b)所示。锯削加工属于粗加工工序，贴线锯削的目的是为后续的加工预留工序余量。

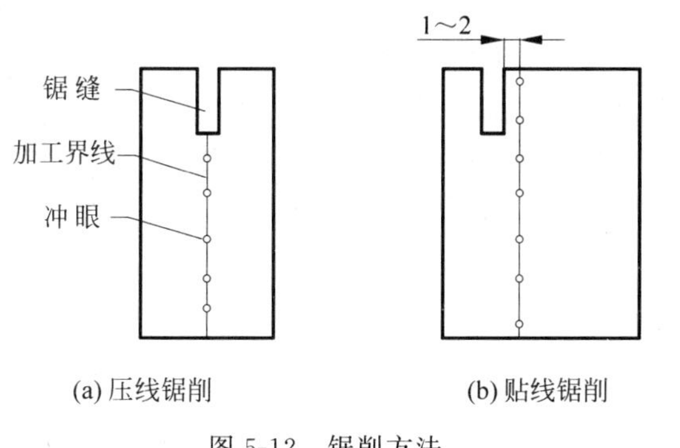

图 5-12　锯削方法

锯削方法.mp4

10. 后拉提锯与后拉下锯

1）后拉提锯

后拉提锯是指在锯缝中自前向后拉动锯条的同时，顺势向上一次提起锯条的提锯方法，如图5-13所示。当需要从较深的锯缝中提起锯条时，可采取后拉提锯的方法。后拉提锯的优点是锯条在向后拉动上提的过程中所受到的阻力要小一些，顺畅一些。

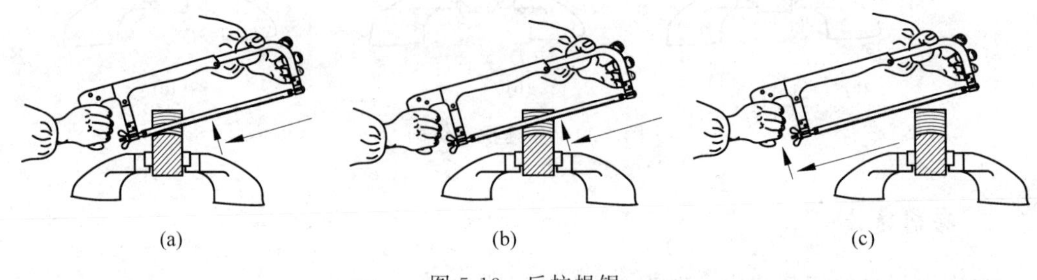

(a) (b) (c)

图5-13 后拉提锯

2）后拉下锯

后拉下锯是指在锯缝中自前向后拉动锯条的同时，顺势将锯条向下一次降至锯缝底部的下锯方法，如图5-14所示。当需要将锯条向下降至锯缝底部进行锯削时，可采取后拉下锯的方法。后拉下锯的优点是锯条在向后拉动下降的过程中所受到的阻力要小一些，顺畅一些。需要注意的是在更换了新锯条后，由于锯路的原因，阻力会比较大一些，如果不能一次降至锯缝底部，就需要采用多次后拉下锯和后拉提锯以逐步降至锯缝底部，切不可用蛮力强行后拉下锯和后拉提锯，以防止折断锯条。

后拉提锯.mp4

后拉下锯.mp4

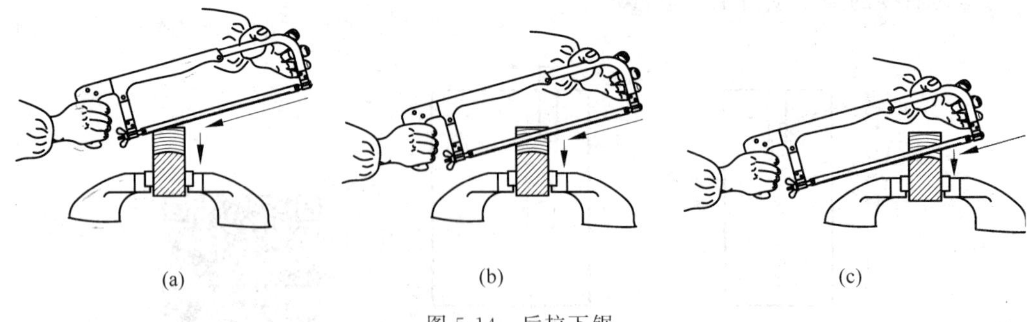

(a) (b) (c)

图5-14 后拉下锯

11. 收锯

收锯方式有两种。一是对将要锯断的工件而言，当锯至接近尽头边缘时，应采取逐渐降低锯削速度、减轻推力和压力，直至锯断；二是对只需要锯至一定深度的工件而言，当锯至接近深度位置时，采取逐渐降低锯削速度、减轻推力和压力，水平直线锯削至深度要求位置。

12. 锯削操作安全规程

(1) 握持锯弓时，注意手指不要伸到弓架内侧，特别是左手不要抓握弓架，防止手被碰伤。

(2) 锯削时用力要适当，同时要控制好速度，不可突然加速或用力过猛，以防锯条折断伤手以及使握持弓柄的手碰到台虎钳而受伤。

(3) 当工件将要锯断时，应逐渐减小锯削压力和降低锯削速度，避免因工件突然断开时，握持手柄的手仍然在向前用力而碰到台虎钳受伤。

13. 锯缝歪斜的防止和纠正方法

1) 锯缝歪斜的防止方法

锯弓是一般的手工工具，锯条安装夹紧后，其侧平面一般并不是和弓架的侧平面处于同一平面或构成平行的状态，条身与弓架的侧平面有一定的倾斜角度 α，如图 5-15(a)所示。如果要以弓架的侧平面为基准对工件进行锯削时，锯缝就容易发生歪斜，如图 5-15(b)所示。因此在锯削中应注意两点：一是弓架的握持与运动要以条身侧平面为基准，条身应与加工线平行或重合，如图 5-15(c)所示；二是在锯削中应不断前后观察，并及时调整，一般情况下，每锯 4～5 次，停下来前后观察一下，这样才能有效地防止锯缝歪斜。

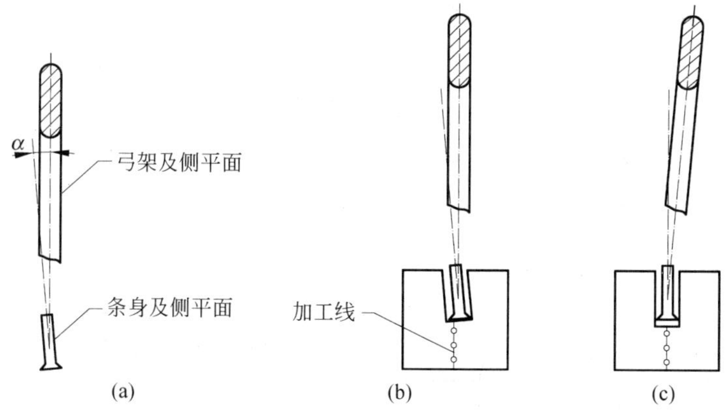

图 5-15 锯缝歪斜的防止方法

2) 锯缝歪斜后的纠正方法

在锯削加工中，锯缝如果发生较明显歪斜时，如图 5-16(a)所示，可利用锯路的特点采用“悬空锯”的方法进行纠正。其操作方法是：先将锯条尽量调紧绷直，将条身悬于锯缝歪斜的弯曲部位稍上位置（要有一定的提前量），如图 5-16(b)所示，左手拇指与食指、中指相对地捏住条身前 1/3 处，并适度用力扭转条身向弯曲点一侧自上而下地进行修正锯削，此时，锯削行程不宜过长，一般控制在 80mm 左右，当修正的锯缝与加工线平行或重合时，即可恢复正常锯削，如图 5-16(c)所示。

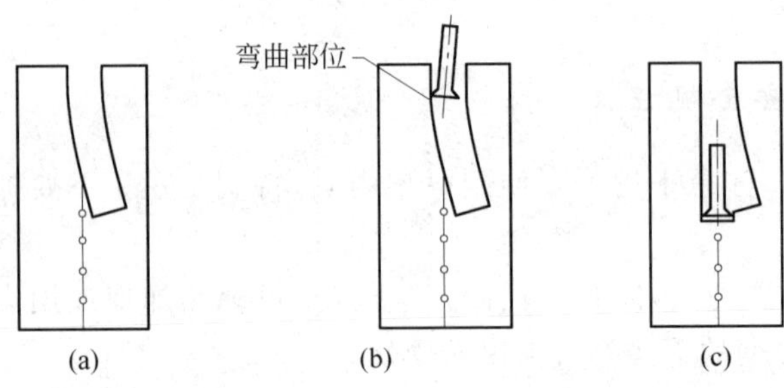

图 5-16　锯缝歪斜的纠正方法

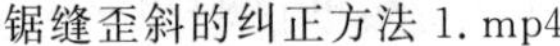
锯缝歪斜的纠正方法 1.mp4

锯缝歪斜的纠正方法 2.mp4

5.3　各种材料的锯削方法

1. 棒料的锯削方法

棒料的锯削分为连续锯削和转动锯削两种方法。

1）连续锯削方法

将棒料自上而下地连续进行锯削，直至锯断的方法称为连续锯削方法，如图 5-17(a)所示。

2）转动锯削方法

将棒料锯到一定深度后再转动一个方向重新进行锯削，依次循环直至锯断的方法称为转动锯削方法，如图 5-17(b)所示。

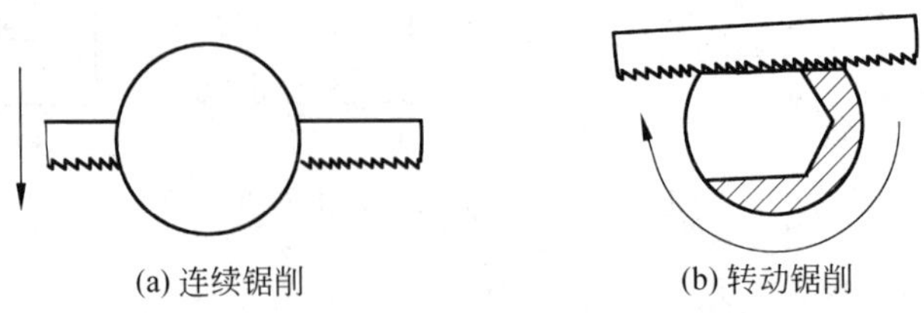

图 5-17　棒料的锯削方法

2. 管料的锯削方法

管料的锯削分为转动锯削、连续锯削和薄壁管锯削三种方法。

1）转动锯削方法

当锯条刚一锯透内管壁，就转动一个方向进行重新装夹后锯削，以此类推，直至锯断的方法称为转动锯削方法，如图 5-18(a)所示。

2）连续锯削方法

工件装夹后，自上而下地进行连续锯削，直至锯断的方法称为连续锯削方法，如图 5-18(b)所示。这种锯法的特点是，从刚一锯透内管壁开始到接近圆心处的这个区域[如图 5-18(c)所示的虚线部分]是锯齿最容易被内管壁钩住而崩掉的区域，因此，锯削此区域时，特别要注意几个问题：一是锯条要尽量水平锯削，不要上下摆动；二是要将锯削速度控制在 20 次/min 左右；三是压力适当地大一点。

3）薄壁管锯削方法

锯削薄壁管时，为防止夹伤管件，要用 V 形木衬垫夹持管件，如图 5-18(d)所示，锯削方法主要采用转动锯削方法，也可以采用连续锯削方法。这两种方法的特点是自始至终都要采用水平后拉锯削，具体方法与后拉起锯大致相同，是将锯条自前向后拉动锯削，一次锯削行程后，再提起锯条并将锯条的后端放在锯缝位置，再向后拉动锯削，后拉锯削的速度控制在 20 次/min 左右，并尽量全齿参与锯削，压力感觉适当即可。

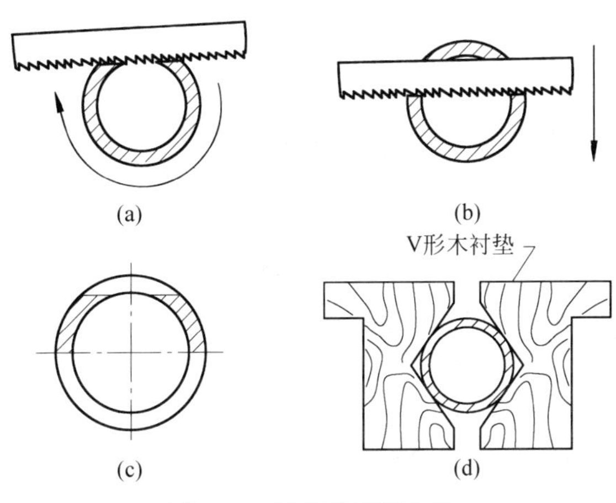

图 5-18　管料的锯削方法

薄壁管锯削. mp4

3. 薄板料的锯削方法

薄板料的锯削分为木板夹持锯削和斜推锯削两种方法。

1）木板夹持锯削方法

先在一块木板上划出加工线，然后再用另一块木板将工件夹在中间，连同木板一起锯削，如图 5-19(a)所示。

2）斜推锯削方法

先将条身调成水平状态(注意锯钮销要向下)，使锯条平行于钳口表面进行锯削，如

图 5-19(b)所示。将工件夹持在虎钳上，加工线与钳口上面平行且高出 1mm 左右，如图 5-19(c)所示。将锯条水平倾斜 45°左右进行锯削，以保证至少有三个以上的锯齿参加切削，如图 5-19(d)所示。

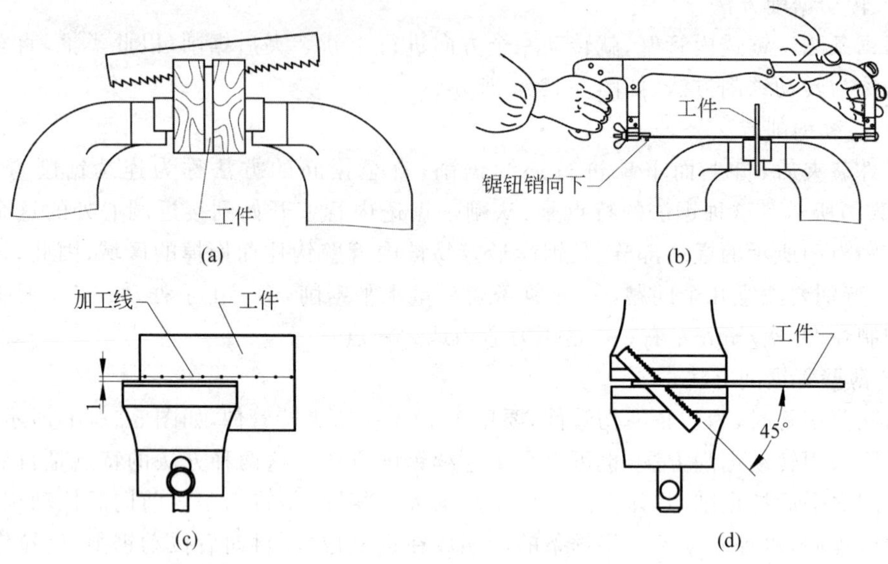

图 5-19　薄板料的锯削方法

4. 深缝锯削方法

深缝锯削分为弓架水平深缝锯削和弓架垂吊深缝锯削两种方法。

1）弓架水平深缝锯削

当锯缝的深度超过手锯的高度时，可将锯条转过 90°，使手锯呈水平状向下锯削。使用平式弓柄时，可将锯缝置于台虎钳左侧(或右侧)，如图 5-20(a)所示；使用垂式弓柄时，为锯削时顺手，可将锯缝置于台虎钳右侧，如图 5-20(b)所示。

2）弓架垂吊深缝锯削

当工件的宽度尺寸过大，超过手锯的高度，不能采用弓架水平锯削方法时，可将弓架下垂吊在锯条的下面向下进行深缝锯削，如图 5-20(c)所示。

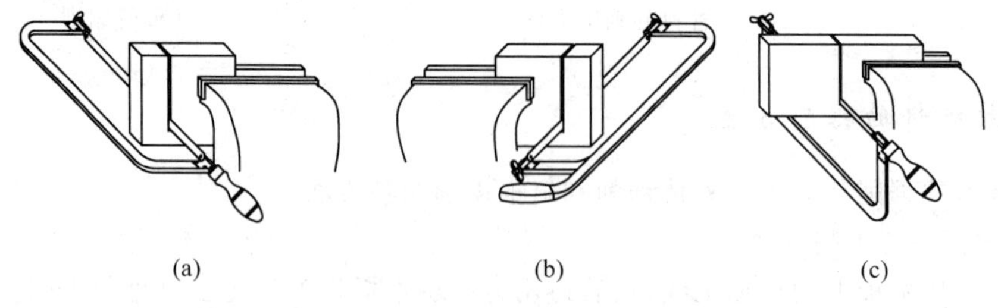

图 5-20　深缝锯削方法

水平锯削方法 1. mp4

水平锯削方法 2. mp4

垂吊锯削方法. mp4

5. 曲线轮廓锯削方法

曲线轮廓锯削分为锯削外曲线轮廓和锯削内曲线轮廓两种方法。

1）锯条形状及尺寸和磨制要求

有时候需要在板料上进行曲线轮廓的锯削，这需要对锯条进行适当处理。进行曲线轮廓锯削的锯条一般选用材质为碳素结构钢或碳素工具钢的锯条，以便于磨削。为了尽量锯削比较小的曲线半径轮廓，需要将条身磨制成如图 5-21 所示的形状及尺寸，其工作部分的长度为 150mm 左右、宽度为 5mm 左右，两端要圆弧过渡。磨制过程中要注意的问题是：一要及时放入水中冷却，以防止退火、降低硬度；二是要在细条身(5mm 左右)两端磨出圆弧过渡，以利于切削并防止条身折断。

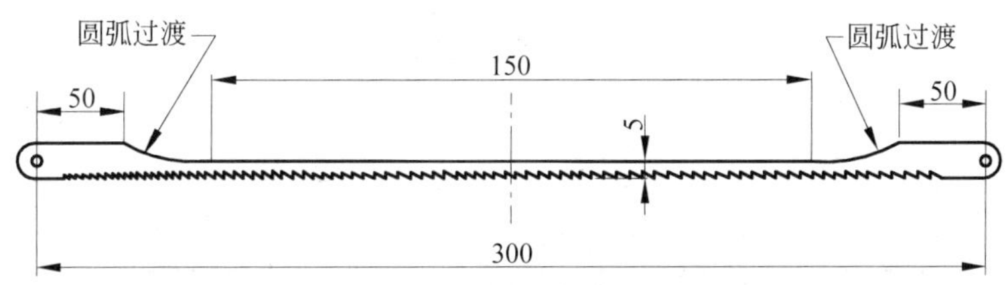

图 5-21　曲线锯条形状及尺寸

2）锯削外曲线轮廓方法

进行外曲线轮廓锯削时，要尽量调紧锯条，先从工件外部锯出一个切线切入口，如图 5-22(a)所示，然后再沿着曲线轮廓加工线锯削，如图 5-22(b)所示，最后得到内曲线轮廓工件，如图 5-22(c)所示。

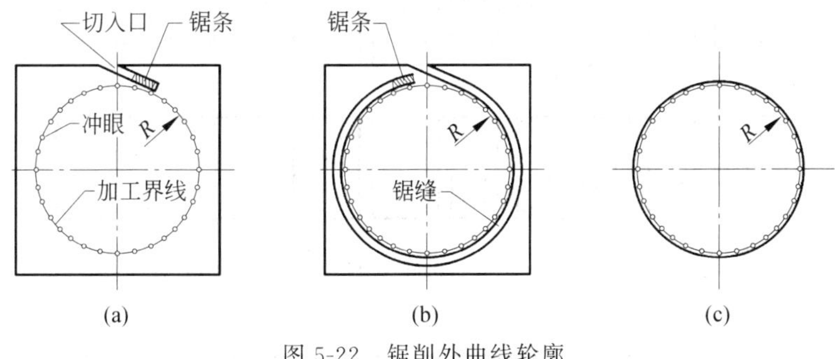

图 5-22　锯削外曲线轮廓

3）锯削内曲线轮廓方法

进行内曲线轮廓锯削时，先从工件内部接近加工线的地方钻出一个工艺孔(直径 ϕ 为 15～18mm)，再穿上锯条并尽量调紧锯条，然后锯出一个弧线切入口，如图 5-23(a)所示，再沿着曲线轮廓加工线锯削，如图 5-23(b)所示，最后得到内曲线轮廓工件，如图 5-23(c)所示。

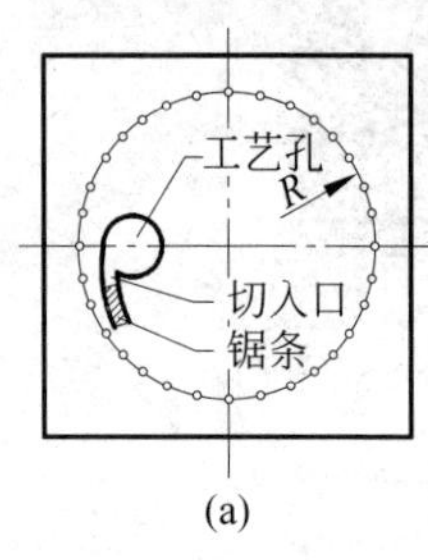

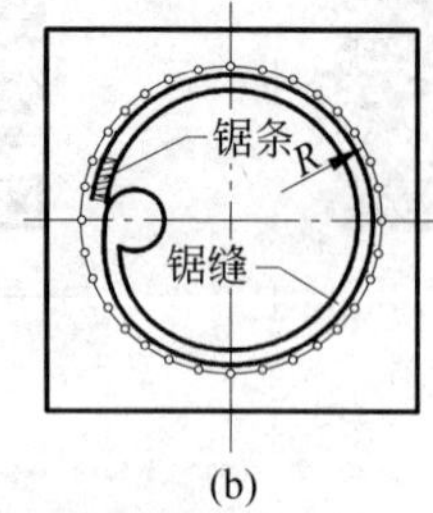

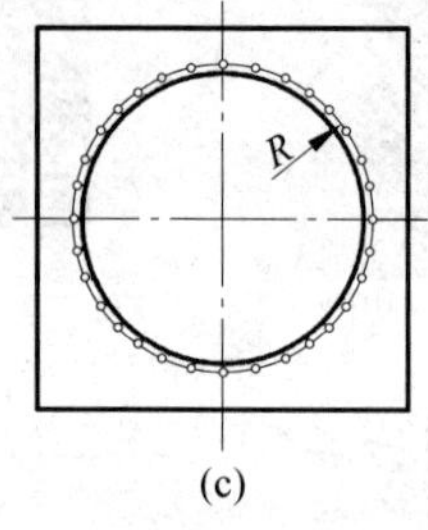

图 5-23 锯削内曲线轮廓

锯削内曲线轮廓.mp4

4）注意事项

进行曲线轮廓锯削时，压力不宜过大，锯削速度要稍慢一些，控制在 30 次/min 左右。

6. 锯削操作练习

1）锯削直线锯缝练习

（1）练习图样

练习图样如图 5-24 所示。

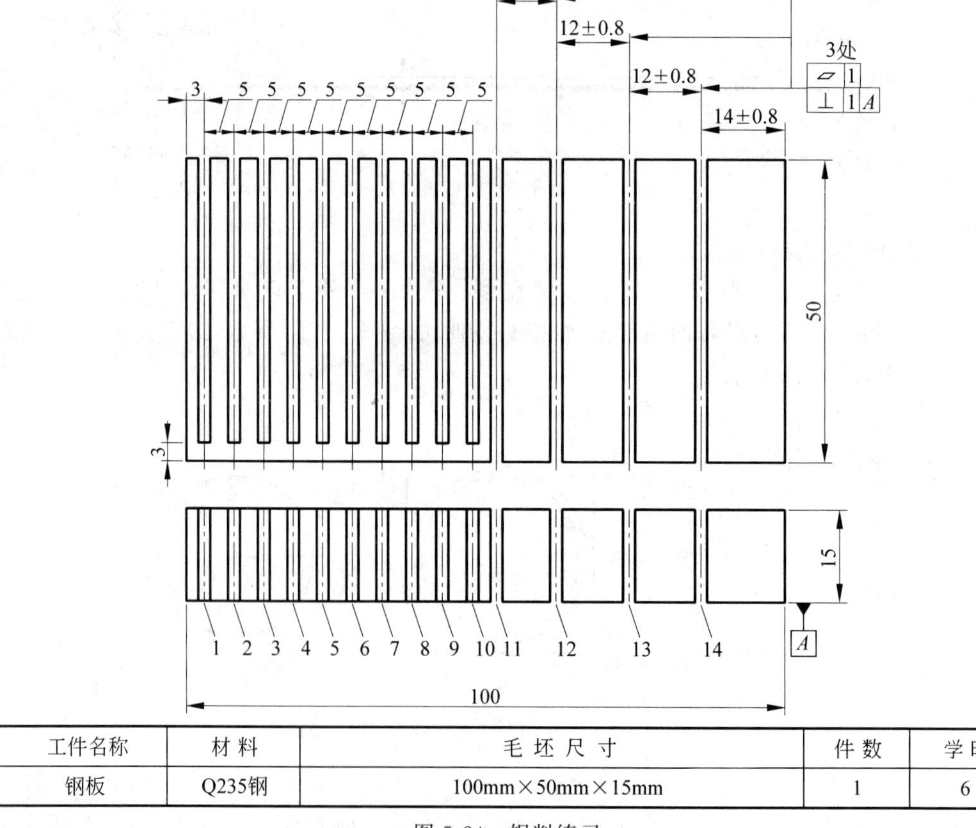

工件名称	材 料	毛 坯 尺 寸	件 数	学 时
钢板	Q235钢	100mm×50mm×15mm	1	6

图 5-24 锯削练习

(2) 练习步骤

① 熟悉图样。

② 准备工、量具。

③ 对 1～10 条加工线进行初步锯削练习。1～5 条加工线采用前起锯方法起锯，并采用压线锯削锯至深度；对 6～10 条加工线采用后起锯方法起锯，并采用右侧贴线锯削锯至深度。

通过以上初步锯削练习，重点掌握起锯方法、中途锯削时的用力(推力和压力)和速度(33 次/min 左右)控制。能够对歪斜的锯缝进行纠正。

④ 对 11～14 条加工线进行正式锯削练习。要求对以上 4 条加工线采用左侧贴线(锯缝离线 2mm)锯断练习，通过此练习，要重点掌握中途锯削时做到锯缝平直的控制能力；能够对歪斜的锯缝进行及时、有效地纠正。

通过此练习要达到技术要求，即达到锯削面的平面度公差和垂直度公差。

⑤ 交件待验。

2) 锯削曲线锯缝练习

(1) 练习图样。练习图样如图 5-25 和图 5-26 所示。

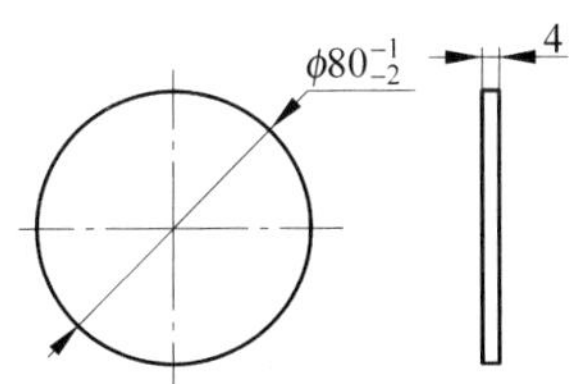

工件名称	材 料	毛 坯 尺 寸	件 数	学 时
钢板(凸件)	Q235钢	85mm×85mm×4mm	1	2

图 5-25　锯削外曲线轮廓(凸件)

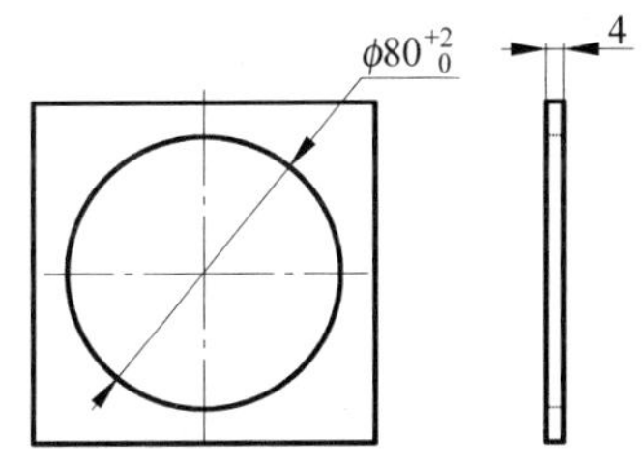

工件名称	材 料	毛 坯 尺 寸	件 数	学 时
钢板(凹件)	Q235钢	100mm×100mm×4mm	1	2

图 5-26　锯削内曲线轮廓(凹件)

(2) 练习步骤

① 熟悉图样。

② 准备工、量具。

③ 划出加工线。

④ 刃磨曲线锯条。
⑤ 锯削外曲线轮廓(凸件)。
⑥ 锯削内曲线轮廓(凹件)。
⑦ 交件待验。

思考与练习

1. 名词解释

锯削　锯路　起锯

2. 叙述题

(1) 锯条规格的内容有哪些?
(2) 如何选用锯条?
(3) 简述前起锯方法。
(4) 简述后拉起锯方法。
(5) 下锯方法分为哪几种?
(6) 简述锯缝歪斜的防止方法。
(7) 简述锯缝歪斜后的纠正方法。
(8) 简述薄板料的锯削方法。
(9) 简述深缝锯削方法。
(10) 简述薄壁管的锯削方法。
(11) 简述曲线锯条的磨制要求。

第6章 錾削加工技术

用手锤打击錾子对金属工件进行切削加工的操作称为錾削。錾削加工主要进行工件表面的粗加工、去除铸造件的毛刺和凸台、分割材料、錾削直槽与油槽等。

6.1 锤击操作技术

1. 相关知识

1）錾子的种类

钳工常用錾子的种类主要有扁錾、尖錾和油槽錾三种，如图 6-1 所示。扁錾主要用来錾削凸缘、毛边和分割板料，应用最为广泛；尖錾主要用来錾削槽和分割曲线形板料；油槽錾主要用来錾削油槽。

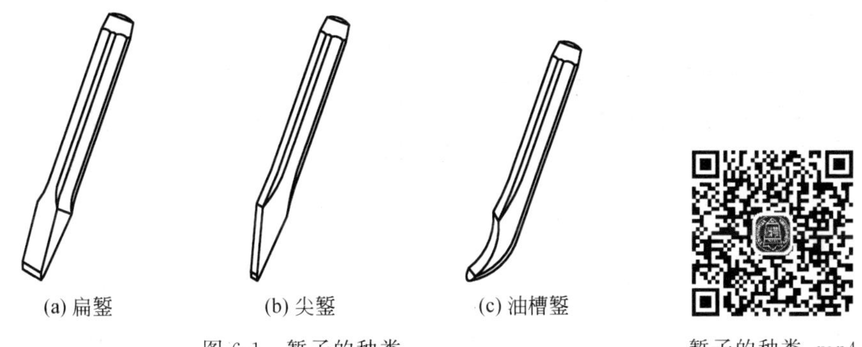

图 6-1 錾子的种类

錾子的种类. mp4

錾子是錾削工件的刃具，一般用碳素工具钢（T7A、T8A）经锻打成形，其錾刀部分经热处理后的硬度可达 56～62HRC。

2）手锤

手锤由锤头、锤柄和楔铁构成，是钳工常用的锤击工具，如图 6-2 所示。

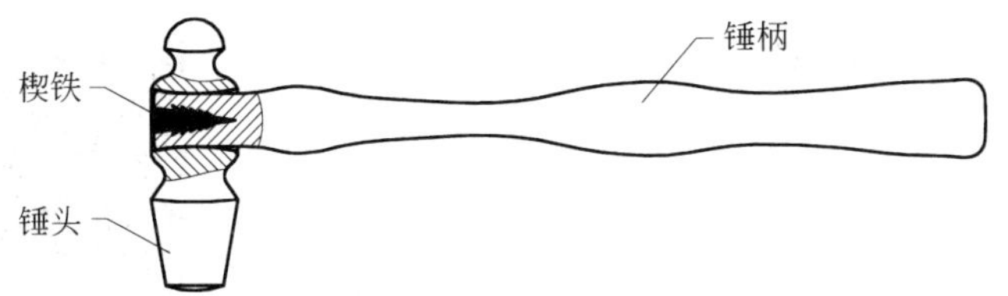

图 6-2 手锤结构

（1）锤头。锤头由T7、T8碳素工具钢制成，两端锤击部位经过热处理，其硬度不小于45～50HRC。锤头的规格以其重量来表示，钳工常用的有0.45kg(1b)、0.68kg(1.5b)0.91kg(2b)和1.1kg(2.5b)4种。锤头由锤顶、锤孔和锤面构成，如图6-3所示。

（2）楔铁。楔铁的形状为楔形，厚度为5mm左右，由斜面、倒刺和楔尖构成，如图6-4所示。倒刺可以防止楔铁退出，木柄装入锤孔后要用楔铁楔紧，以防锤头脱离。

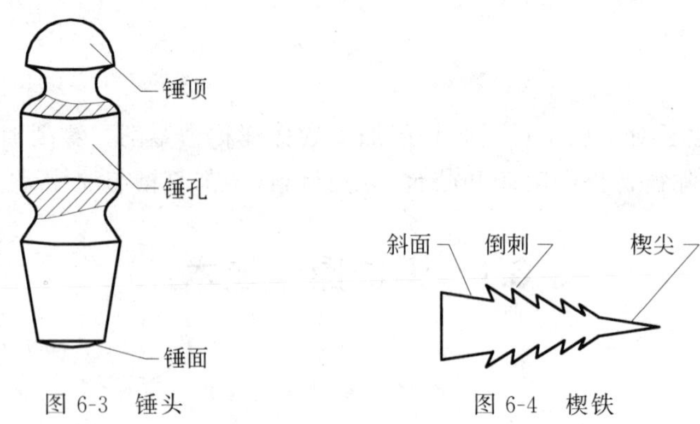

图6-3　锤头　　图6-4　楔铁

（3）锤柄。锤柄一般选用比较坚韧的木材制成，如檀木、青刚木等。常用锤柄的长度为350mm左右。锤柄由柄头、柄肩、柄腰、柄腹和柄尾构成，如图6-5所示。柄颈与锤孔连接；柄肩可防止锤头后窜；柄腰可起回弹作用；柄腹可起减震作用；柄尾是手握持的部位。

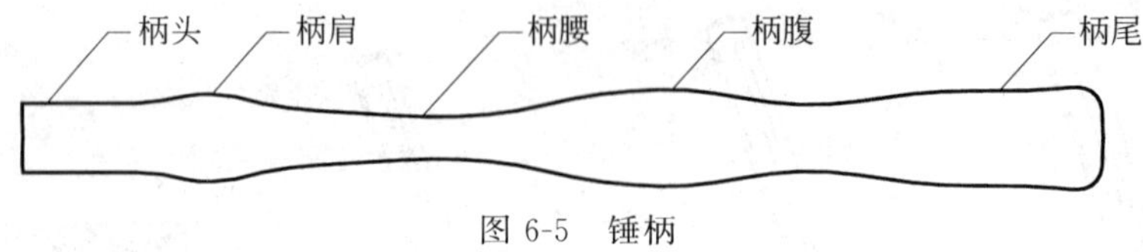

图6-5　锤柄

2. 锤击操作

1）手锤的握法

（1）紧握法。虎口朝下，用右手五指紧握锤柄，大拇指合在食指上，柄尾露出部分长度为15～30mm，如图6-6所示。紧握法的特点是在挥锤和落锤的过程中，五指始终紧握锤柄。

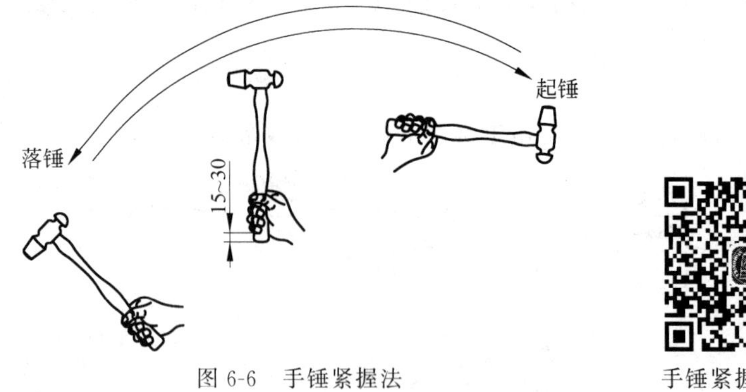

图6-6　手锤紧握法

手锤紧握法.mp4

（2）松握法。虎口朝下，大拇指和食指始终紧握锤柄，柄尾露出部分长度为 15～30mm。在起锤时，小指、无名指、中指依次放松；在落锤时，以相反的顺序依次收拢紧握锤柄，如图 6-7 所示。松握法的特点是手不易疲劳，锤击力大。

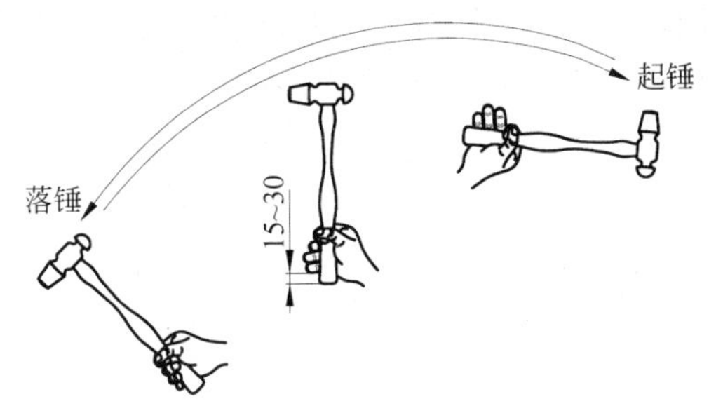

图 6-7　手锤松握法

手锤松握法. mp4

2）錾子的握法

（1）正握法。手心向下，腕部伸直，用中指、无名指握住錾身，食指和大拇指自然伸直，小拇指自然收拢，錾头露出虎口 10～15mm，如图 6-8(a)所示。

（2）反握法。手心向上，大拇指与食指、中指、无名指相对捏住錾身，如图 6-8(b)所示。

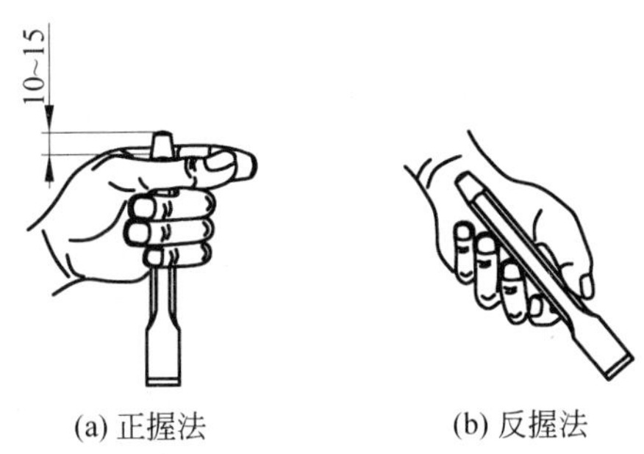

(a) 正握法　(b) 反握法

图 6-8　錾子的握法

錾子的握法. mp4

3）站立姿态

錾削时的站立姿态应该以过錾身轴线的铅垂面为基准，左脚与该铅垂面成 30°左右的角、左膝关节稍弯曲；右脚与该铅垂面成 90°左右的角，右腿伸直；两脚跟的距离在 350mm 左右。身体躯干与该铅垂面成 30°左右的角，左臂与身体躯干成 90°左右的角，如图 6-9 所示。

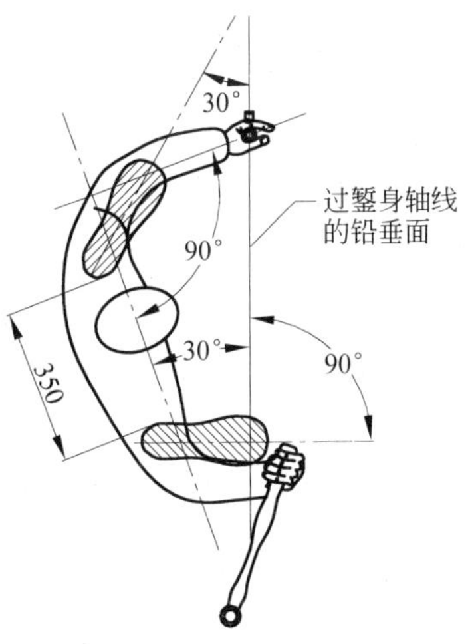

图 6-9　站立姿态

4）挥锤动作

挥锤动作以臂挥动作为例进行分析，如图 6-10 所示。一次挥锤动作过程主要分为四个阶段，即准备、起锤、落锤和回弹四个阶段。

（1）准备。左手握錾对准錾削部位，右手握锤稍提起，调整好站立姿态，如图 6-10(a)所示。

(2) 起锤。将手锤由下向上挥起至一定高度位置称为起锤。起锤至高度位置后应有一短暂停顿(1s左右)，此时可对握錾、握锤姿态作出一个微调，为落锤击打做准备，如图6-10(b)所示。

(3) 落锤。将手锤由上挥下击打錾头称为落锤，如图6-10(c)所示。

(4) 回弹。锤头击打錾头后，会产生一个反作用力，手锤会有一个向后的回弹幅度，然后自然垂下进入准备阶段，如图6-10(d)所示。

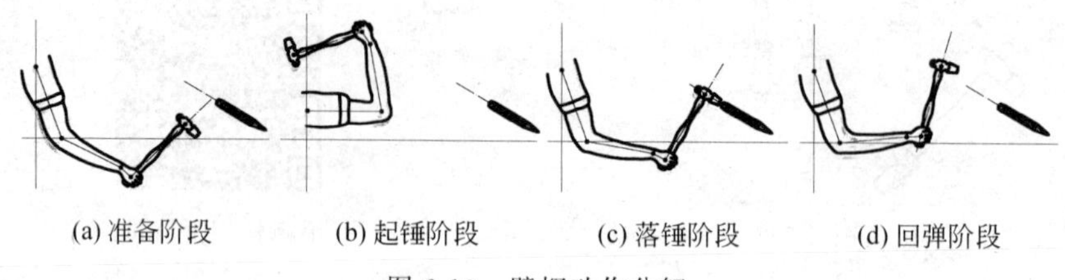

(a) 准备阶段　(b) 起锤阶段　(c) 落锤阶段　(d) 回弹阶段

图6-10　臂挥动作分解

5) 挥锤方法

挥锤方法分为腕挥法、肘挥法和臂挥法3种。

(1) 腕挥法。腕挥法是以腕关节动作为主，肘关节、肩关节相协调进行的一种挥锤方法，如图6-11所示。腕挥法的动作特点是上臂提起与铅垂面成30°左右；前臂的挥起幅度为40°(30°+10°)左右；手锤的挥起幅度为80°(140°−60°)左右，由于手锤的挥起幅度较小，因而锤击力量也比较小，一般用于起錾、收錾和精錾，腕挥时采用紧握法握锤。

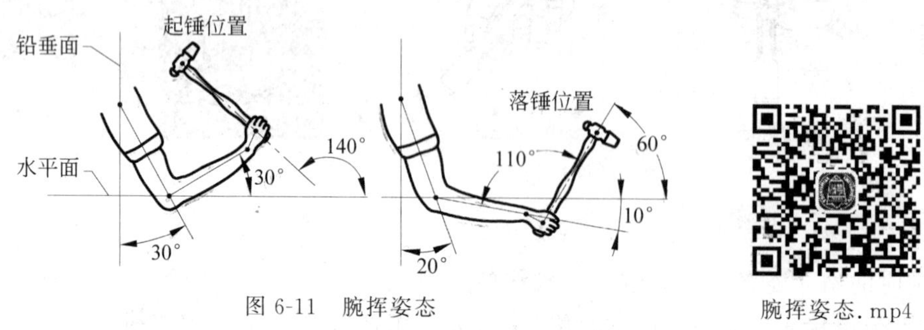

图6-11　腕挥姿态

腕挥姿态. mp4

(2) 肘挥法。肘挥法是以肘关节动作为主，肩关节、腕关节相协调所进行的一种挥锤方法，如图6-12所示。肘挥法的动作特点是上臂提起与铅垂面成70°左右，前臂的挥起幅度为90°(80°+10°)左右；手锤的挥起幅度为110°(170°−60°)左右。由于手锤的挥起幅度较大，因而锤击力量也比较大，一般用于中途錾削，腕挥时采用松握法握锤。

(3) 臂挥法。臂挥法是以肩关节动作为主，前臂和上臂大幅度动作的一种挥锤方法，如图6-13所示(同时观察图6-9)。臂挥法的动作特点是上臂提起与铅垂面为90°左右，前臂的挥起幅度为110°(100°+10°)左右，手锤的挥起幅度为130°(190°−60°)左右。由于起锤位置为最高极限，因而手锤的挥起幅度最大，所以锤击力量也最大，一般用于大力中途錾削，臂挥时采用松握法握锤。

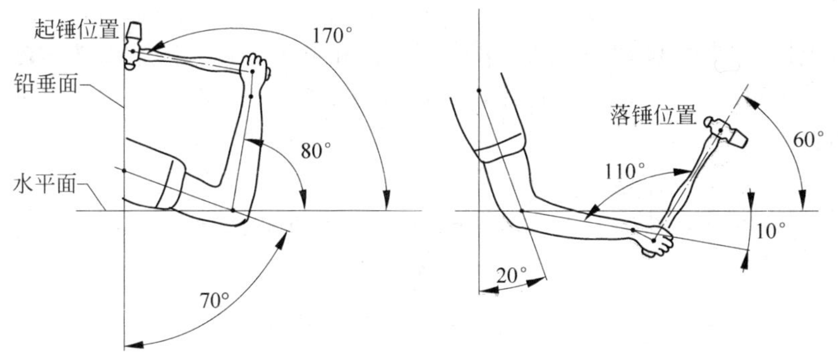

图 6-12　肘挥姿态

肘挥姿态.mp4

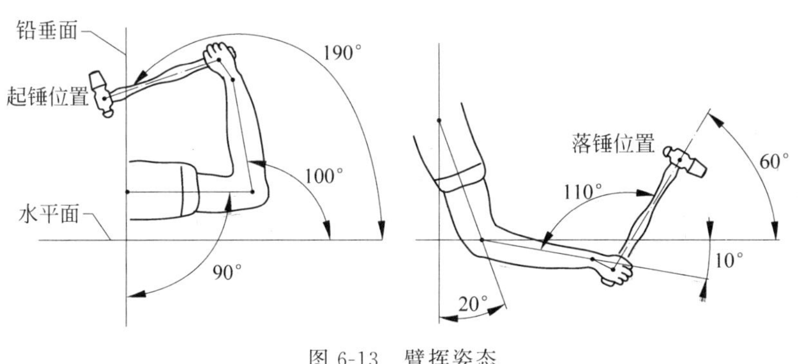

图 6-13　臂挥姿态

臂挥姿态.mp4

6）锤击速度

一般情况下，腕挥时为 38 次/min 左右，肘挥时为 33 次/min 左右，臂挥时为 30 次/min 左右。

7）锤击要点

锤击要点是一稳二准三狠。稳——要有节奏；准——落点准确；狠——锤击有力。

3. 锤击操作安全规程

（1）练习件一般应夹持在台虎钳的中间位置，伸出高度离钳口 10～15mm，工件下面要加木衬垫。

（2）手柄与锤头若有松动时，应及时将楔铁楔紧；若发现手柄有损坏，应及时更换；手柄上不得沾有油脂，防止使用时手柄滑出而发生事故。

（3）錾子头部出现明显的裙边毛刺时，应该及时磨去。

（4）手锤应锤头向前纵向放置在台虎钳的右边，柄尾不可露出钳桌边缘；錾子应錾刃向前纵向放置在台虎钳的左边，且不可露出钳桌边缘。

4. 锤击操作练习

锤击操作练习可分为四个阶段进行，通过循序渐进的练习，逐步掌握规范的錾削操作技术。锤击姿势练习建议采用 0.91kg(2b)或 1.1kg(2.5b)手锤和无刃口扁錾。

1）第一阶段练习

本阶段主要练习(正握法)握錾位置、(紧握法)握锤位置、站立姿态以及夹持工件。将练习件夹在钳口中部，露出钳口 10mm 左右，练习件下面放稳木垫，如图 6-14 所示。本阶段练习时间 30min 即可。

2）第二阶段练习

本阶段主要练习腕挥法起锤和落锤。本练习又可分前、后两部分，即前半部分时间可先采用慢起锤、轻落锤的方法进行初步体验练习，形成挥锤的空间位置感觉；后半部分时间则按照正常速度(38 次/min 左右)并有一定力量的锤击练习，錾身倾角控制在 40°±5°，如图 6-15 所示，本阶段练习时间 45min 即可。本阶段的主要练习目标是握錾、握锤的位置要符合要求，腕挥挥锤幅度(高度)要到位。

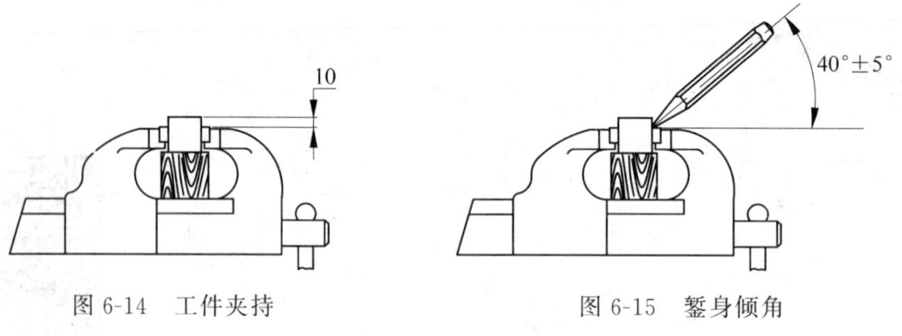

图 6-14　工件夹持　　图 6-15　錾身倾角

3）第三阶段练习

本阶段主要练习肘挥法起锤和落锤以及握錾。本练习也可分前、后两部分，即前半部分时间可先采用慢起锤、轻落锤的方法进行初步体验练习，形成挥锤的空间位置感觉；后半部分时间则按照正常速度(35 次/min 左右)并有一定力量的锤击练习，錾身倾角控制在 40°±5°。注意在每次开始时，应先进行 2～3 次的腕挥起锤和落锤，以逐步过渡到肘挥起锤和落锤，本阶段练习时间约为 90min。本阶段的主要练习目标是肘挥起锤幅度(高度)要到位，能够基本控制錾子的錾身倾角，锤击落点的命中率要比较高。

4）第四阶段练习

本阶段主要练习臂挥法起锤和落锤以及握錾。本练习也可分前、后两部分，即前半部分时间可先采用紧握锤和慢起锤、轻落锤的方法进行练习，形成挥锤的空间位置感觉；后半部分时间则按照松握锤、正常速度(30 次/min 左右)并有较大力量的锤击练习，錾身倾角控制在 40°±5°。注意在每次开始时，应先进行 2～3 次的腕挥和 2～3 次的肘挥起锤和落锤，以逐步过渡到臂挥起锤和落锤。臂挥起锤和落锤的练习是需要重点学习的锤击姿势，因此将作为锤击练习的重点。本阶段练习时间约为 360min。本阶段的主要练习目标是臂挥挥锤幅度(高度)要完全到位，能够稳定控制錾子的錾身倾角，要有较大的锤击力量，能够采用松握锤的方法进行锤击，锤击落点的命中率要稳定提高。

锤击操作练习 1.mp4

锤击操作练习 2.mp4

5. 注意事项

(1) 要正确使用台虎钳，工件应尽量夹持在台虎钳中部，下面要垫稳当。

(2) 锤击时，眼睛要始终看着錾子的刃尖部位，要随时观察錾削状况，而不要看着錾头部位，这样反而容易打手。

(3) 进行臂挥操作时，应先挥4～6次的过渡锤，即由腕挥(2～3锤)过渡到肘挥(2～3锤)，再由肘挥过渡到臂挥，同时力量也由轻逐步过渡到重。

(4) 手上有汗渍时，应及时擦拭干净。

(5) 初练习时，容易产生一些畏惧心理，也会出现伤手的情况，因此，要有一定的心理准备，要树立克服困难的信心和勇气。

6.2 錾子的刃磨与热处理技术

1. 相关知识

1) 錾子的结构

錾子的结构以扁錾为例进行介绍，如图6-16所示。錾子的结构主要由錾刃(切削部)、錾身和錾头三部分构成。錾刃是由前、后刀面的交线形成；錾身的截面形状主要有八角形、六角形、圆形和椭圆形，使用最多的是八角形，便于掌控錾子的方向；錾头有一定的锥度，錾头端部略呈球面，便于稳定锤击。

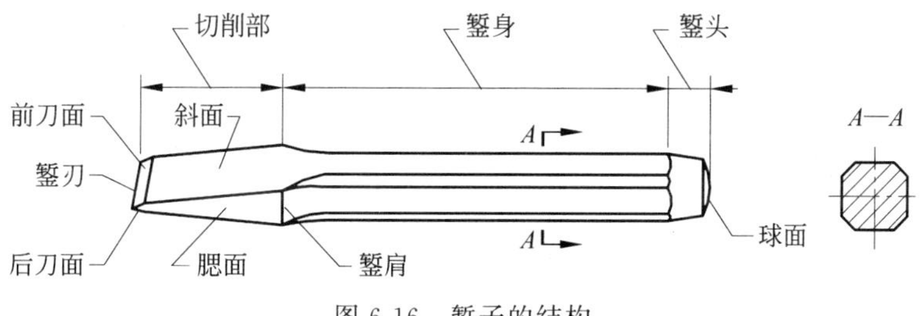

图6-16 錾子的结构

2) 錾子的几何形状及角度

錾子的几何形状及角度以扁錾、尖錾为例进行介绍，如图6-17所示。

(1) 楔角β。由前、后刀面形成的夹角称为楔角。楔角越大，切削部的强度越高，切削时的阻力也就越大。錾子楔角的大小要根据加工材料的软硬性质确定，具体参数如表6-1所示。

(2) 斜面夹角ε。由上斜面和下斜面形成的夹角称为斜面夹角。具体参数如表6-1所示。

(3) 副偏角κ_r。由侧面与錾身轴线形成的夹角称为副偏角。具体参数如表6-1所示。

(4) 錾头锥角γ。錾头锥体的夹角称为錾头锥角。具体参数如表6-1所示。

(5) 錾刃宽度B。由左、右侧面形成的錾刃宽度称为刃口宽度。具体参数如表6-1所示。

(6) 切削部长度l。自錾刃至錾肩且平行于錾身轴线的长度称为切削部长度。具体参数如表6-1所示。

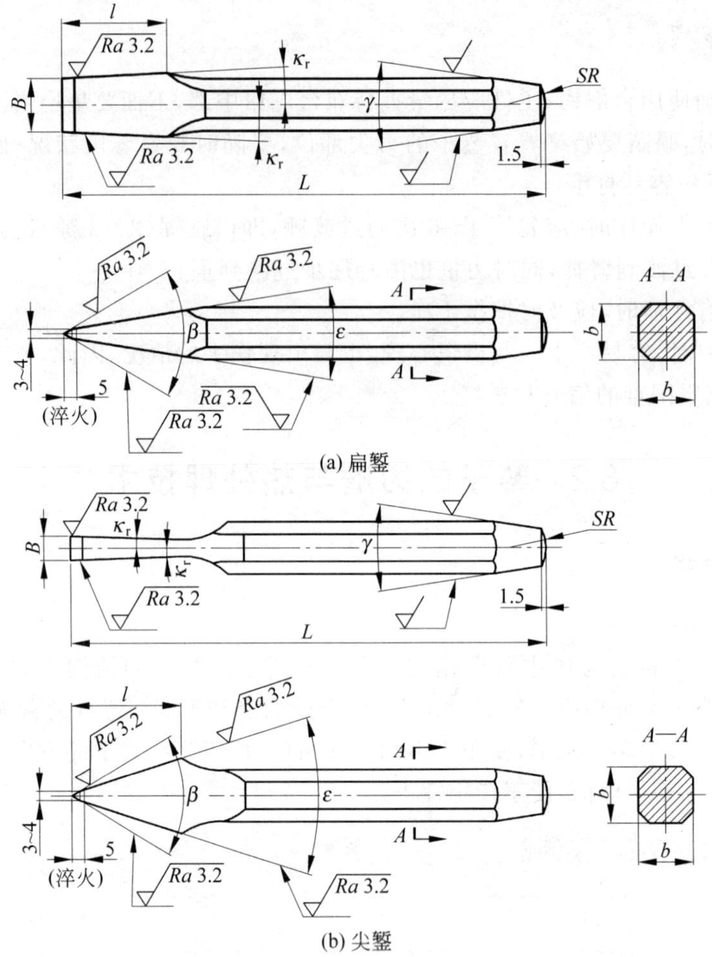

图 6-17 錾子的几何形状及角度

（7）錾身长度 L。自錾刃至錾头球面的长度称为錾身长度。具体参数如表 6-1 所示。

（8）錾身宽度 b。錾身平行面之间的距离称为錾身宽度。具体参数如表 6-1 所示。

表 6-1 錾子基本参数

参数项目	扁　錾	尖　錾
楔角 β	（较硬材料）60°～70° （一般硬度材料）50°～60° （较软材料）40°～50°	（较硬材料）60°～70° （一般硬度材料）50°～60° （较软材料）40°～50°
斜面夹角 ε	20°～25°	30°～35°
副偏角 κ_r	0°～10°	−3°～−1°
錾头锥角 γ	15°～20°	15°～20°
錾刃宽度 B	15～22mm	4～6mm
切削部长度 l	50～60mm	45～60mm
錾身长度 L	160～200mm	160～200mm
錾身宽度 b	18～22mm	18～22mm

2. 热处理操作

錾子的热处理操作包括淬火和回火两个过程，其目的是为了保证錾子的切削部具有较高的硬度和一定的韧性。

1）淬火

淬火是将工件加热到 A_{c1} 或 A_{c3} 以上某一温度，保温一定时间，使其奥氏体化后以大于淬火临界冷却速度进行快速冷却，获得马氏体组织的热处理工艺。

当錾子的材料为 T7、T8 碳素工具钢时，可把切削部约 20mm 长的一端放在炉膛内温度较高处，均匀加热至 780～800℃（呈樱红色）后用圆钳或方钳夹住取出，并将錾子的淬火部位长度（4～6mm）垂直地放入水中进行水淬，淬火部位在水中冷却时，应沿着水面缓慢地移动，这样做的目的是加速冷却，提高錾刃区域淬火硬度。

2）回火

回火是将淬火工件重新加热到 A_1 以下的某一温度，保温一定时间，然后冷却到室温的热处理工艺。回火是紧接在淬火之后进行的热处理工序。

錾子的回火是利用其本身的余热进行的，其目的是使淬硬部位与不淬硬部分不致有明显的界限，以避免錾子在此区域产生裂纹。当淬火部位露出水面的部分呈现黑色时，即由水中取出，迅速擦去氧化皮，观察淬火部位的颜色变化，颜色的变化基本是白色→黄色→红色→蓝色→黑色，这个时间很短，只有几秒钟。在淬火部位介于红色与黑色之间，呈现蓝色时，将切削部放入水中进行冷却，俗称得“蓝火”；在淬火部位介于白色与红色之间，呈现黄色时，将切削部放入水中继续进行冷却，俗称得“黄火”，至此就完成了錾子的淬火和回火处理的全部过程。“黄火”的硬度比“蓝火”高些，不容易磨损，但脆性较大，容易崩刃，“蓝火”的硬度比较适中。当錾子的材料为 T7、T8 碳素工具钢时，扁錾一般采取得“蓝火”的回火处理；尖錾和油槽錾一般采取得“黄火”的回火处理。

3）注意事项

在淬火与回火操作过程中，特别要注意观察颜色的变化和对时间的把握。在热处理中要防止出现过热和过烧现象等。

4）热处理操作安全规程

（1）按规定穿戴好工作服、防护墨镜、鞋和手套等防护用品。

（2）操作时眼睛不要近距离盯着高温火焰，以免受到灼伤。

（3）从炉膛取出錾子时，一定要先关闭风门，以免炉内灰渣吹袭眼睛。

（4）不要用手去拿还未冷却下来的錾子。

3. 刃磨操作

1）錾子刃磨时的握法

右手大拇指与其他四指左右相对捏住錾子的两侧面，以控制錾子刃磨时的左右移动，左手大拇指与其他四指上下相对捏住錾身尾部两平行面，以控制錾子刃磨时的楔角值，如图 6-18(a)所示。

2）刃磨方法

（1）基本方法。双手握錾在砂轮的轮缘面上进行刃磨，刃磨时，錾刃必须高于砂轮水平中心线，一般在砂轮水平中心线上30°～60°的范围内进行刃磨，如图6-18（b）所示。要在轮缘的全宽面上作左右移动，同时要控制好錾子的位置和角度，以保证刃磨出所需要的楔角值和平直的刃线（刃线要平行与斜面）。刃磨时施加在錾子上的压力不宜过大，左右移动要平稳，要及时蘸水冷却以防止退火。

錾子刃磨时的握法.mp4

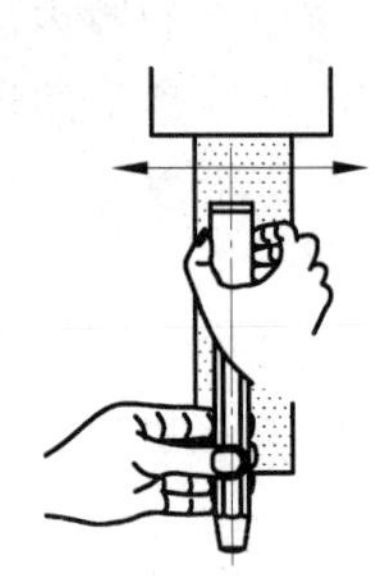
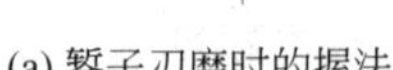
(a) 錾子刃磨时的握法

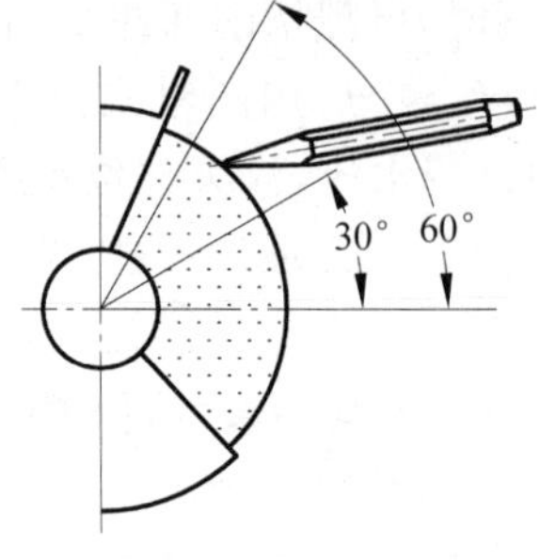

(b) 錾子的刃磨方法

图6-18 錾子的刃磨技术

錾子的刃磨-1.mp4

錾子的刃磨-2.mp4

（2）刃磨的步骤如下。

① 目测錾身两组相互垂直的平行平面是否基本平行和垂直，必要时可刃磨处理。

② 磨平两斜面。先磨平一斜面，目测此斜面与錾身平面基本平行即可，再磨平另一斜面，目测此斜面与錾身平面基本平行即可，同时注意控制斜面夹角（ε）。

③ 磨平两侧面。先磨平一侧面，此侧面要基本垂直于一选定斜面，再磨平另一侧面，此侧面也要基本垂直于选定斜面，同时注意控制刃口宽度（B）和副偏角（κ_r）。

④ 粗磨前、后刀面。

⑤ 按照要求磨出錾头锥面。

⑥ 精磨前、后刀面。注意两个刃磨难点，一是要通过角度样板保证楔角值（β）在要求范围内；二是要目测刃线平直并且平行于选定斜面，即刃线要基本平行于刀面与斜面的交线。注意精磨操作要在完成热处理后进行。

⑦ 精磨两侧面。保证刃口宽度（B）的尺寸要求和副偏角（κ_r）的角度要求。

4. 刃磨安全操作规程

（1）砂轮外圆柱表面（工作面）必须平整。

（2）开动砂轮机后必须先观察旋转方向是否正确，并要等到转速稳定后进行刃磨。

（3）刃磨时，操作者应站立在砂轮机的斜侧位置，不能正对砂轮的旋转方向。

（4）刃磨时，必须戴好防护眼镜。

（5）禁止戴手套或用棉纱包裹刃磨錾子。

（6）刃磨时，不要用力过猛，以防打滑伤手。

（7）刃磨时，应及时蘸水冷却，以防止刃尖部退火。

（8）刃磨结束后应随手关闭电源。

5. 錾子的刃磨与热处理练习

1）练习图样

练习图样如图 6-19 所示。

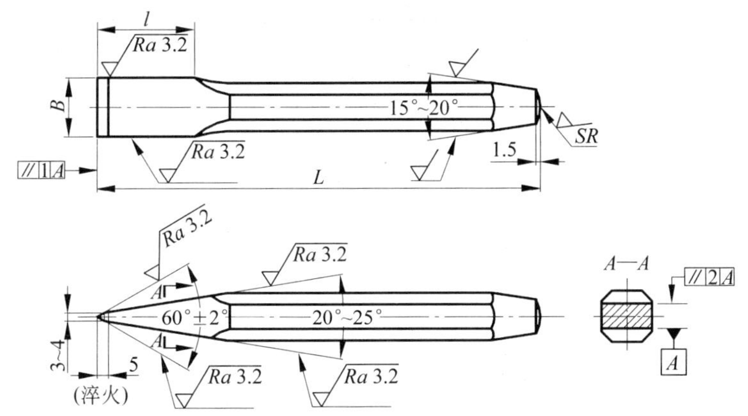

工件名称	材　料	毛　坯　尺　寸	件　数	学　时
扁錾	T7、T8钢	(锻件)180mm×22mm×22mm	2	4

图 6-19　扁錾刃磨

2）练习步骤

（1）熟悉图样。

（2）准备工具。

（3）粗磨。首先磨出切削部两斜面达到斜面夹角要求（20°～25°），再磨出两侧面，后磨前面、后面，最后磨出錾头锥面达到锥角 15°～20°。

（4）热处理。炉膛加热操作、淬火操作、回火操作，淬火硬度不小于 62HRC。

（5）精磨。精磨前、后刀面，保证前、后刀面和刃线与基准斜面 A 的平行度要求，楔角达到 60°±2°，刃线平直；精磨两侧面保证刃口宽度（B）及副偏角（κ_r）。

6.3　錾削平面技术

1. 相关知识

1）錾身倾角 θ

錾身中心线与已加工表面间的夹角称为錾身倾角，用 θ 表示，如图 6-20（a）所示。錾身倾角的大小应根据錾刃楔角的大小来确定，具体角度值如表 6-2 所示。

2）錾身后角 α

后刀面与已加工表面间的夹角称为錾身后角，用 α 表示，如图 6-20（a）所示。若后角过大，錾刃容易向下錾；若后角过小，錾刃容易向上滑出加工表面。因此，后角的角度值很小并在加工中要始终稳定在 5°～8°。

表 6-2　錾削基本参数

工件材料	楔角(β)	倾角(θ)
较硬材料	60°～70°	43°～48°
一般硬度材料	50°～60°	38°～43°
较软材料	40°～50°	33°～38°

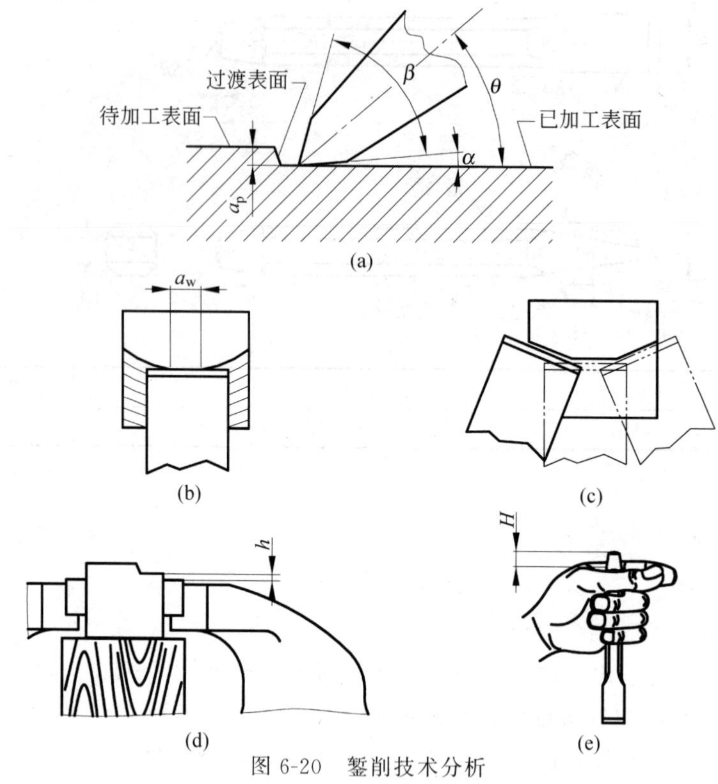

图 6-20　錾削技术分析

3）錾削量 a_p

已加工表面与待加工表面间的垂直距离称为錾削量，如图 6-20(a)所示。錾削加工是手工操作，錾削量将受工件材质、加工余量、质量要求和个人力量等因素的制约。若过深，则阻力太大，甚至錾不动；过浅，则效率较低。所以，錾削量一般控制在 0.5～2.5mm。加工中应注意粗錾及錾削软材料时，可适当深一些；精錾和錾削硬材料时，可适当浅一些。

4）錾削宽度 a_w

切削刃切入过渡表面的长度称为錾削宽度，如图 6-20(b)所示。用扁錾进行加工时，一般是将切削刃长度的 2/5 至 3/5 的部分作为錾削宽度进行加工。这样，阻力相对小些，效率也高些，加工质量能得到保证。当过渡表面等于或大于切削刃长度时，则宜采用展成法进行錾削加工，如图 6-20(c)所示。

5）加工高度 h

已加工表面与钳口上平面间的垂直距离为加工高度，如图 6-20(d)所示。一般情况下，加工高度控制在 1～3mm。被夹持工件的已加工表面离钳口越高，则加工时的反弹和振动就越大；反之，就越小。对錾削这种瞬间冲击的切削加工尤为重要。因此，应尽可能地降低加工高度，从而最大限度地减少反弹和振动，以保证加工质量。

6）錾头露出高度 H

錾头球面高出握持手虎口上面间的垂直距离为錾头露出高度，如图6-20(e)所示。一般情况下，錾头露出高度稍低一些，握持手对錾身的控制效果就会好一些；若过高，就会一定程度地影响錾身倾角的稳定和锤击的准确性，因此，錾头露出高度一般控制在10～15mm。

2. 錾削方法

1）起錾方法

在工件的边缘先行錾出一个斜面作为錾刃定位面的操作称为起錾。起錾分为斜角起錾和正面起錾两种方法。

(1) 斜角起錾。在錾削平面时，先在工件的边缘棱角处，将錾身倾角放成 $-\theta$ 角（$-30°$左右），錾出一个斜面的方法称为斜角起錾，如图6-21(a)所示。起錾完成后再按照正常的錾身倾角进行中途錾削。

(2) 正面起錾。在錾削槽时，必须采用正面起錾，即在起錾时，錾刃全部贴住工件錾削部位的端面，将錾身倾角放成 $-\theta$ 角（$-30°$左右），錾出一个斜面的方法称为正面起錾，如图6-21(b)所示。起錾完成后再按照正常的錾身倾角进行中途錾削。

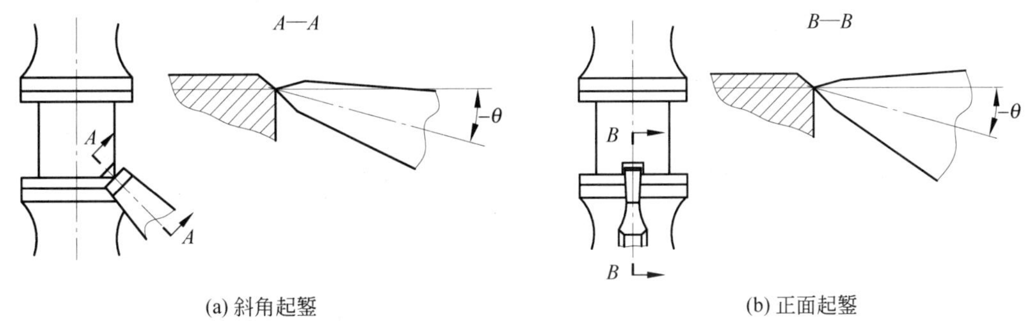

(a) 斜角起錾 (b) 正面起錾

图6-21 起錾方法

2）中途錾削

当起錾完成后，即进入中途錾削阶段，中途錾削一般采用肘挥和臂挥这两种挥锤方法。在此阶段，要注意三个问题：一是要注意錾身倾角的稳定；二是要注意錾刃与已加工表面的平行状态；三是要注意锤击的节奏。

3）收錾

每遍錾至尽头边缘并将要收尾时的錾削称为收錾。收錾方法分为调头收錾和直接收錾两种方法。

(1) 调头收錾。当錾削到离尽头边缘大约10mm时，采取调头錾去剩余部分的方法称为调头收錾。当工件材料为铸铁和青铜时，必须采用调头收錾的方法錾去剩余部分，以防止工件边缘发生崩裂。

(2) 直接收錾。当錾削到离尽头边缘大约10mm左右时，采取由臂挥过渡到肘挥，再由肘挥过渡到腕挥，通过逐步减轻锤击力量并直接錾削到尽头边缘的方法称为直接收錾。

当工件材料为钢件时和不便进行调头收錾的地方可采用直接收錾。

3. 錾削工艺

1）粗錾

当加工余量比较大且錾削量在1.5mm左右时，需采用大力錾削的操作称为粗錾。

2）精錾

当加工余量比较小且錾削量小于等于1mm时，需采用中、小力量錾削的操作称为精錾。精錾主要用于最后1～2遍的修整性錾削。

4. 錾削操作安全规程

（1）操作者必须戴上防护眼镜。

（2）钳桌上必须装有防护网，以防止錾屑飞出伤人。

（3）錾屑要用刷子刷掉，不得用手去擦拭或用嘴去吹。

（4）手锤木柄若有松动，应立即装牢镦紧。

（5）手锤木柄上不得沾有油污，以免使用时滑脱。

（6）錾子头部和锤头锤面有裙边毛刺时，应及时磨去。

（7）手锤应放在台虎钳的右边，錾子应放在台虎钳的左边，均不能露出钳桌边缘。

5. 錾削平面练习

1）练习图样

练习图样如图6-22所示。

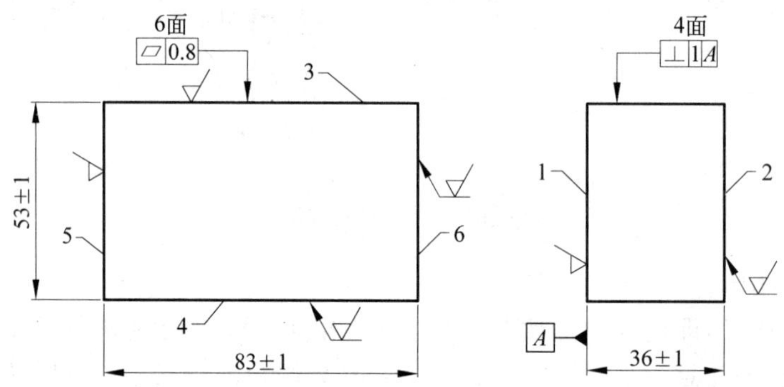

工件名称	材料	毛坯尺寸	件数	学时
长方铁块	HT200	90mm×60mm×40mm	1	6

图6-22　錾削平面练习

2）练习步骤

（1）熟悉图样。

（2）准备好工、量、辅具。

（3）要求采用正握錾、松握锤、臂挥法大力量锤击錾削，錾削速度控制在30次/min左右，每面最后一边的修整錾削时的錾削量控制在1mm以内。

(4) 錾削第 1 面，达到平面度公差要求。

(5) 以第 1 面为基准，划出对面(第 2 面)尺寸为 36mm 的平面加工线，按线錾削，达到平面度和尺寸公差要求。

(6) 錾削第 3 面，达到平面度和垂直度公差要求。

(7) 以第 3 面为基准，划出对面(第 4 面)尺寸为 53mm 的平面加工线，按线錾削，达到平面度、垂直度和尺寸公差要求。

(8) 錾削第 5 面，达到平面度和垂直度公差要求。

(9) 以第 5 面为基准，划出对面(第 6 面)尺寸为 83mm 的平面加工线，按线錾削，达到平面度、垂直度和尺寸公差要求。

(10) 用锉刀修去边角毛刺。

(11) 正确使用外卡钳、钢直尺、直角尺对錾削平面进行检测。

(12) 交件待验。

3) 注意事项

(1) 在采用臂挥法挥锤大力粗錾时，要把注意力集中在巩固正确锤击姿势、稳定提高锤击力量和锤击落点的准确性上。

(2) 在采用肘挥法和腕挥法挥锤精錾平面时，重点是能够握稳錾身和有效控制錾身倾角，能够根据工件表面状况及时调整錾身倾角，使工件表面錾削平整。

6.4 錾削直槽技术

1. 尖錾刃磨和热处理技术

(1) 刃磨及热处理要求。尖錾的几何形状及刃磨要求，如图 6-23 所示。

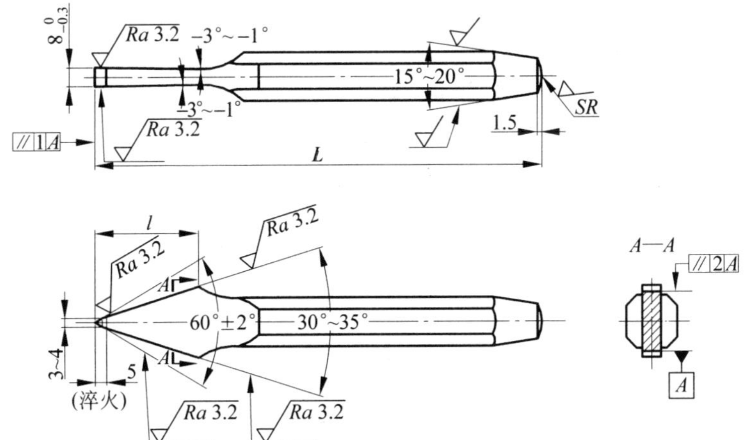

工件名称	材料	毛坯尺寸	件数	学时
尖錾	T7、T8钢	(锻件)180mm×22mm×22mm	2	2

图 6-23　尖錾几何形状

(2) 粗磨。首先磨出切削部两斜面达到斜面夹角要求(30°～35°),再磨出两侧面,后磨前、后刀面,最后磨出錾头锥面达到锥角15°～20°。

(3) 热处理。炉膛加热操作、淬火操作、回火操作,淬火硬度不小于62HRC。

(4) 精磨。精磨前、后刀面,保证前、后刀面和刃线横向平行度要求,楔角达到60°±2°、刃线平直;精磨两侧面保证刀刃宽度尺寸($8_{-0.3}^{\ 0}$)及副偏角(-3°～-1°)。

2. 錾削直槽方法

(1) 根据图样要求划出加工线条。

(2) 根据要求修磨好尖錾。

(3) 采用正面起錾、调头收錾。

(4) 采用腕挥法挥锤。

(5) 进行第一遍的錾削时,要以加工线为准,錾削量一般不超过0.5mm。

(6) 进行以后每遍的錾削量应根据槽深尺寸进行合理分配,一般在1mm左右。

(7) 最后一遍的修錾量应在0.5mm以内。

3. 錾削直槽练习

1) 练习图样

练习图样如图6-24所示。

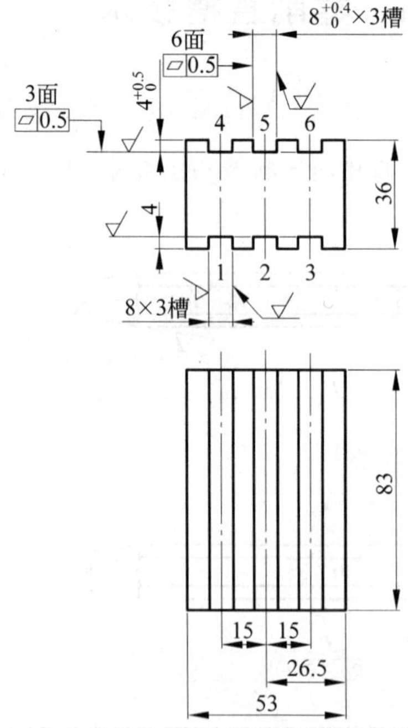

工件名称	材 料	毛 坯 尺 寸	件 数	学 时
长方铁块	HT200	沿用6.3节中的练习工件	1	4

图6-24 錾削直槽

2）练习步骤

（1）熟悉图样。

（2）准备好两把尖錾，按照尖錾的几何形状和尺寸要求（见图 6-23）进行粗磨、热处理和精磨并达到要求。

（3）按图样尺寸划出各槽加工线。

（4）采用肘挥锤击进行直槽錾削练习。

（5）先对 1～3 号直槽进行试验性錾削，逐一进行粗、精錾加工练习。

（6）后对 4～6 号直槽进行正式錾削，逐一进行粗、精錾加工并达到技术要求。

（7）用锉刀修去槽边毛刺。

（8）交件待验。

6.5　錾削油槽技术

1. 相关知识

油槽分为平面油槽和曲面油槽两种。油槽的作用是向运动机件的接触部位输送和存储润滑油，因此要求油槽槽形粗细均匀、深浅一致、槽面光滑。

1）平面油槽的形式

平面油槽的形式一般有 X 形、S 形和“8”字形等，如图 6-25 所示。

(a) X形

(b) S形

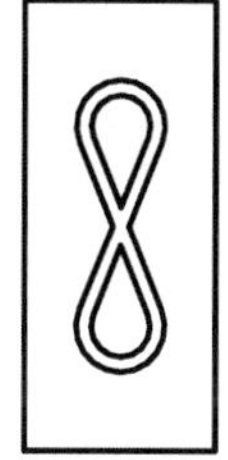

(c) “8” 字形

图 6-25　平面油槽的形式

2）曲面油槽的形式

曲面油槽的形式一般有“1”字形、X 形和“王”字形等，如图 6-26 所示。

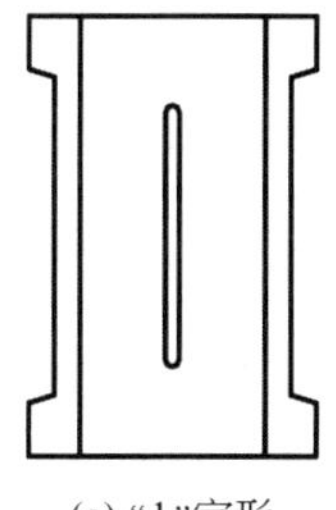

(a) “1”字形

(b) X字形

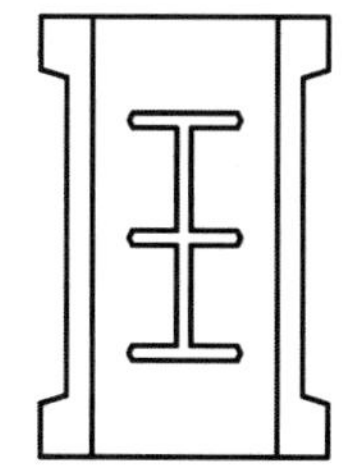

(c) “王”字形

图 6-26　曲面油槽的形式

2. 油槽錾的种类及刃磨要求

1）油槽錾的种类

油槽錾分为平面油槽錾和曲面油槽錾两种。

（1）平面油槽錾。在平面上錾削油槽的錾子称为平面油槽錾，其几何形状如图6-27（a）所示，相关技术参数见表6-3。

（2）曲面油槽錾。在曲面上錾削油槽的錾子称为曲面油槽錾，其几何形状如图6-27（b）所示，相关技术参数见表6-3。

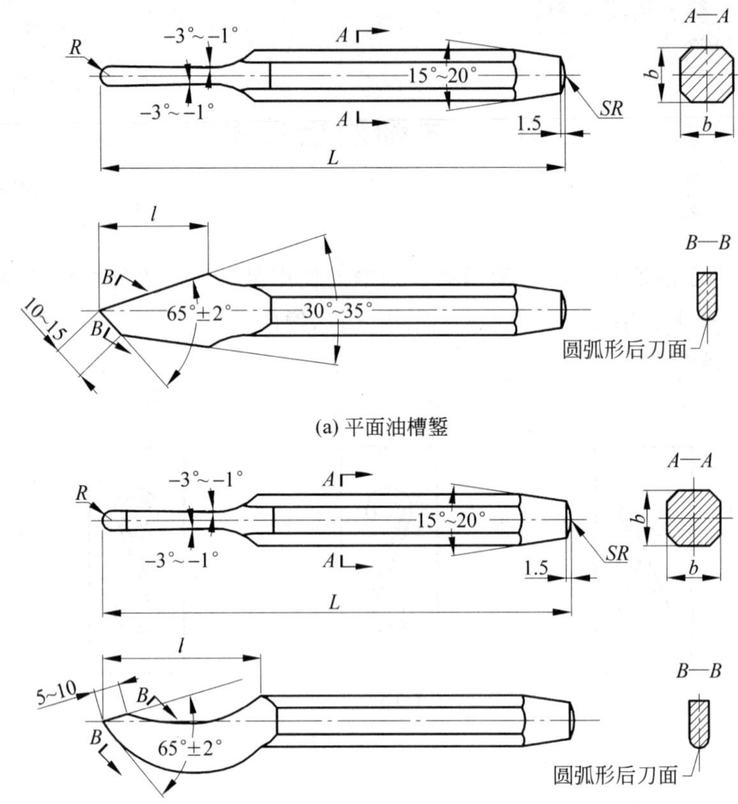

图6-27　油槽錾几何形状

表6-3　油槽錾技术参数

参数项目	平面油槽錾	曲面油槽錾
楔角 β	60°～70°	60°～70°
副偏角 κ_r	−3°～−1°	−3°～−1°
錾头锥角 γ	15°～20°	15°～20°
錾刃半径 R	1～4mm	1～4mm
切削部长度 l	30～50mm	30～60mm
錾身长度 L	160～200mm	160～200mm
錾身宽度 b	18～22mm	18～22mm

2）刃磨要求

平面油槽錾和曲面油槽錾的刃口形状都要和工件图样上油槽端面形状相吻合，其楔角大小要根据被錾材料的性质而定，油槽錾的后面（圆弧面）其两侧应逐步向后缩小，刃磨完成后还要用油石对后面（圆弧面）进行修光，以使錾出的油槽表面比较光滑。

为保证錾削过程中的后角基本一致、曲面油槽錾的切削部应锻成弧形，此时，錾子圆弧刃刃口的中心点仍在錾身轴线的延长线上，使錾削时的锤击作用力方向朝向刃口方向。

3. 錾削油槽的方法

(1) 根据油槽的位置尺寸划出加工线，可以按照油槽的宽度划两条线，也可只划一条中心线。

(2) 錾油槽一般要求一次成型，必要时可进行一定的修整。

(3) 錾油槽时，不需要大力錾削，因此一般采用腕挥锤击即可。

(4) 在平面上錾油槽，起錾时錾刃要慢慢地深至尺寸要求，收錾时錾刃要慢慢地抬起，以保证槽底圆滑过渡；也可采用调头收錾。

(5) 在曲面上錾油槽，錾身的倾斜状态要随着曲面不断调整，以使錾削时的后角保持不变。

(6) 油槽錾好后，再修去槽边毛刺。

4. 錾削油槽练习

1）錾削平面油槽练习

(1) 练习图样。练习图样如图 6-28 所示。

(2) 练习步骤如下。

① 熟悉图样。

② 准备好一把平面油槽錾，按照平面油槽錾的几何形状要求，如图 6-29 所示，进行粗磨、热处理和精磨。用半径样板检查圆弧切削刃形状；精磨完成后，再用油石修磨前、后刀面，以使錾出的油槽表面比较光滑。

③ 准备一块废铸件，在其表面进行试錾检查，在符合要求后再在工件上錾削。

④ 按图样尺寸在工件 A、B 面上分别划 X 形和“8”字形油槽加工线。

⑤ 采用腕挥小力量锤击錾削，锤击力量要均匀。

⑥ 錾削 X 形油槽。先连续、完整錾出第一条油槽，第二条油槽分两次錾削，即錾至与第一条油槽交会后，不再连续錾下去，而是调头从第二条油槽的另一端重新开始錾削，直至与第一条油槽交会。

⑦ 錾削“8”字形油槽。要把“8”字形油槽分成两大部分进行錾削，即中间两条相交的直线槽为第一部分，两边的两个半圆槽为第二部分。第一部分与錾 X 形油槽的方法基本相同。两条相交的直线槽錾好后，再錾两个半圆槽，錾半圆槽时，注意收錾接头处的圆滑过渡。

⑧ 用锉刀修去槽边毛刺。

⑨ 交件待验。

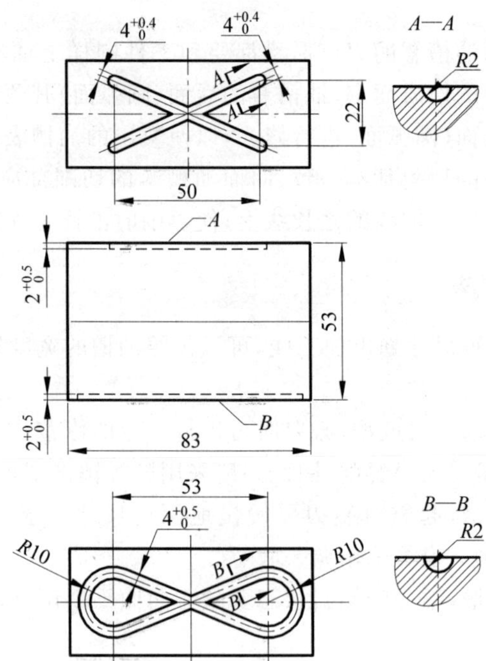

工件名称	材 料	毛 坯 尺 寸	件 数	学 时
长方铁块	HT200	沿用6.3节中的练习工件	1	4

图 6-28　錾削平面油槽练习

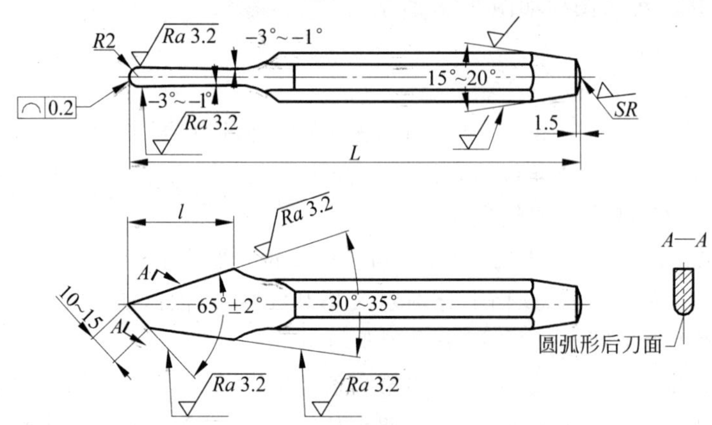

工件名称	材 料	毛 坯 尺 寸	件 数	学 时
平面油槽錾	T7、T8钢	(锻件) 180mm×22mm×22mm	1	2

图 6-29　平面油槽錾几何形状

2）錾削曲面油槽练习

（1）练习图样。练习图样如图 6-30 所示。

（2）练习步骤如下。

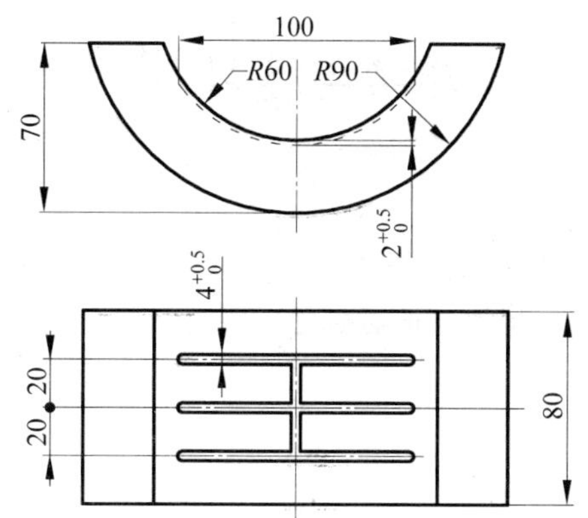

工件名称	材 料	毛 坯 尺 寸	件 数	学 时
轴瓦练习件	HT250	ϕ80mm×80mm	1	2

图 6-30　錾削曲面油槽练习

① 熟悉图样。

② 准备好一把曲面油槽錾，按照曲面油槽錾的几何形状要求，如图 6-31 所示，进行粗磨、热处理和精磨，用半径样板检查圆弧切削刃形状；精磨完成后，再用油石修磨前、后刀面，以使錾出的油槽表面比较光滑。

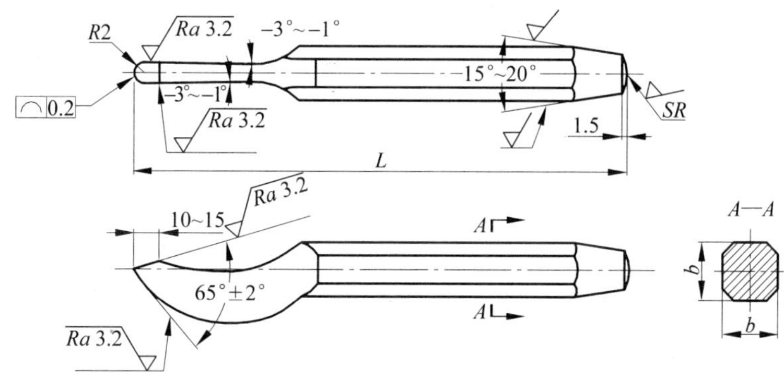

工件名称	材 料	毛 坯 尺 寸	件 数	学 时
曲面油槽錾	T7、T8钢	(锻件)180mm×22mm×22mm	1	1

图 6-31　曲面油槽錾几何形状

③ 准备一块铸件轴瓦，按图样尺寸在轴瓦表面划出“王”字形油槽加工线。

④ 采用腕挥小力量锤击錾削，锤击力量要均匀。

⑤ 首先依次錾出三条周向油槽，然后錾出中间轴向油槽。注意收錾接头处的圆滑过渡。

⑥ 用锉刀修去槽边毛刺。

⑦ 交件待验。

思考与练习

1. 名词解释

錾削　挥锤　落锤　腕挥法　肘挥法　臂挥法　楔角　斜面夹角　副偏角　淬火　回火　錾身倾角　錾身后角　起錾　正面起錾　斜角起錾　调头收錾　直接收錾　粗錾　精錾

2. 叙述题

(1) 錾子的种类及作用有哪些?

(2) 锤击动作分为哪四个阶段?

(3) 叙述锤击要领。

(4) 叙述锤击安全操作规程。

(5) 叙述热处理安全操作规程。

(6) 叙述刃磨的基本方法。

(7) 简述刃磨步骤。

(8) 叙述刃磨安全操作规程。

(9) 叙述錾削安全操作规程。

(10) 平面油槽和曲面油槽的形式有哪些?

第7章 孔加工技术

孔加工的方法主要有两类：一类是在实体工件上加工出孔，即用麻花钻、中心钻等进行的钻孔操作；另一类是对已有孔进行再加工，即用扩孔钻、锪孔钻和铰刀进行的扩孔、锪孔和铰孔操作等。

7.1 钻床介绍

常用钻床主要有台式钻床、立式钻床和摇臂钻床三种。

1. 台钻

台钻是台式钻床的简称，图 7-1 所示为 Z4012 型台钻结构图。台钻是一种通常安装在专用工作台上使用的小型钻床，其结构简单，操作方便，一般用来加工直径不大于 12mm 的小孔。其主轴变速一般通过改变三角带在塔形带轮上的位置来实现，主轴进给靠手动操作。

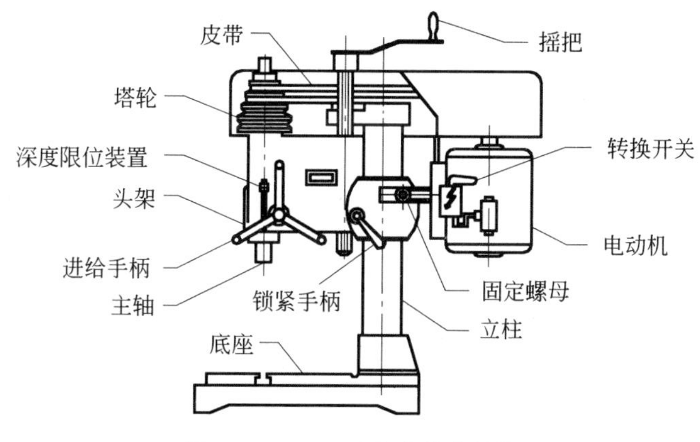

图 7-1　Z4012 型台式钻床结构

2. 立钻

立钻是立式钻床的简称，图 7-2 所示为 Z525 型立式钻床结构图。立钻是使用最普遍的钻床，其结构比较完善，适用于中、小型工件的孔加工，其最大钻孔直径有 ϕ25mm、ϕ35mm、ϕ40mm 和 ϕ50mm 等多种规格。

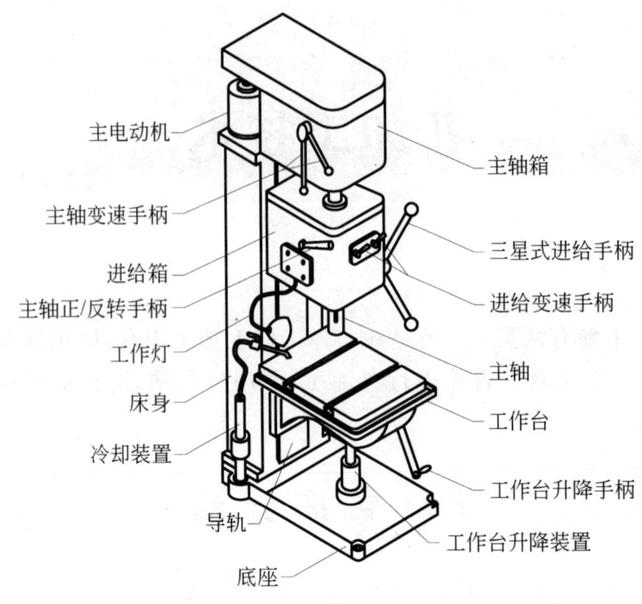

图 7-2　Z525 型立式钻床结构

3. 摇臂钻

摇臂钻床适用于在大型工件上进行孔的加工，图 7-3 所示为 Z3040 型摇臂钻床结构图。摇臂钻床的主轴箱不仅能在摇臂上有较大的移动范围，而且摇臂又可以围绕立柱做 360°旋转，并可沿立柱上下移动，故摇臂钻床有较大的工作范围，使用方便灵活，其最大钻孔直径有 ϕ25mm、ϕ35mm、ϕ40mm、ϕ50mm、ϕ80mm、ϕ100mm 等多种规格。

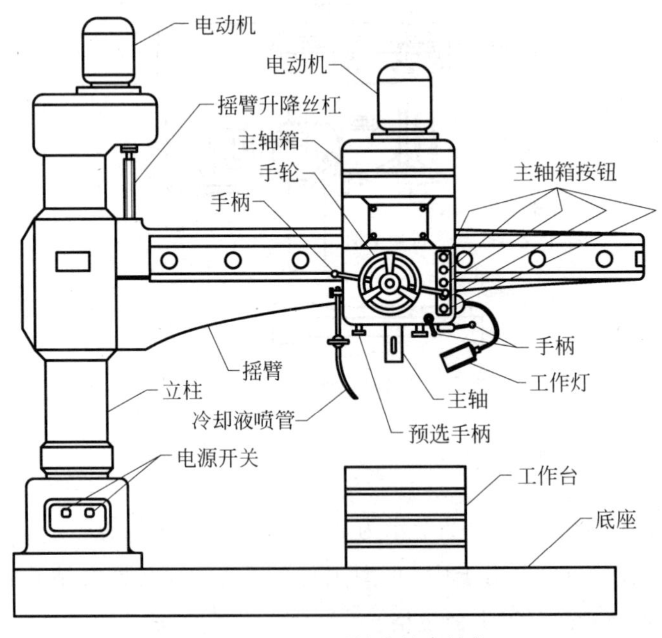

图 7-3　Z3040 型摇臂钻床结构

7.2　钻头及刃磨技术

1. 相关知识

1）中心钻

中心钻是用于加工轴类零件中心孔的钻头，中心孔是轴类工件在顶尖上安装的定位基面。中心钻一般由高速钢制成。

（1）中心钻的类型。按其结构形式的不同，分为普通中心钻、不带护锥 60°复合中心钻、带护锥 60°复合中心钻和锥柄中心锪钻四类，如表 7-1 所示。

表 7-1　常用中心钻类型　　单位：mm

名　　称	尺 寸 范 围	简　　图
普通中心钻	$d=1\sim12$	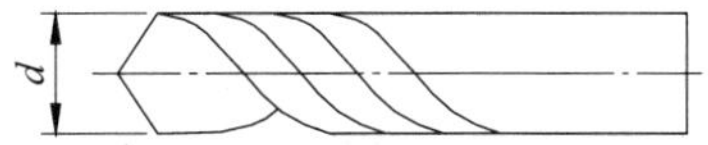 d
不带护锥 60°复合中心钻	$d=1\sim6$	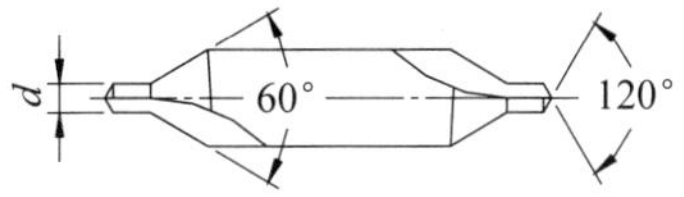 d　60°　120°
带护锥 60°复合中心钻	$d=1\sim6$	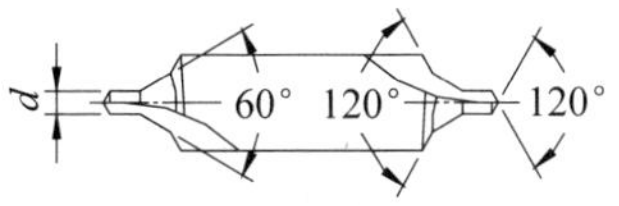 d　60°　120°　120°
锥柄中心锪钻	$D=22\sim60$	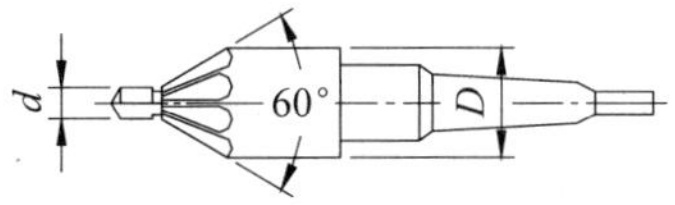 d　60°　D

（2）中心钻的结构。中心钻的结构与麻花钻大致相同，只是比较短一些。中心锪钻是一种多齿钻头。

（3）中心钻的使用方法如下。

① 用中心钻与中心锪钻配合加工大尺寸（$d>6$mm）的中心孔时，先用中心钻钻出定位孔，再用中心锪钻锪出要求的定心锥孔。

② 用中心钻与中心锪钻配合或用复合中心钻可加工尺寸（$d=1\sim6$mm）的中心孔。复合中心钻的结构实际上是由麻花钻和锪钻组合而成，钻孔时一次就能将中心孔全部加工完毕，所以经常被使用。

③ 复合中心钻两端都磨有切削刃，分为带护锥和不带护锥两种。对于加工工序多、精度高的中心孔，为了避免工件的定心锥孔在搬运过程中被碰坏，一般采用带护锥的复合中心钻加工。

2）标准麻花钻

麻花钻是最常用的一种钻头，其工作部分的材料为高速钢和镶硬质合金等。钻头直径大于 6～8mm 时，常制成焊接式钻身，即工作部分的材料为高速钢，其常温硬度为 63～

70HRC，热硬性可达500～650℃，常用的牌号有W18Cr4V和W6Mo5Cr4V2。柄部的材料一般选用45钢，其硬度为30～45HRC。硬质合金钻头的工作部分为嵌焊硬质合金刀片，其常温硬度可达69～81HRC，热硬性可达800～1000℃，常用的牌号有YG8和YW2。

(1) 麻花钻的种类。麻花钻根据柄部的不同分为直柄麻花钻[见图7-4(a)]和锥柄麻花钻[见图7-4(b)]两类。

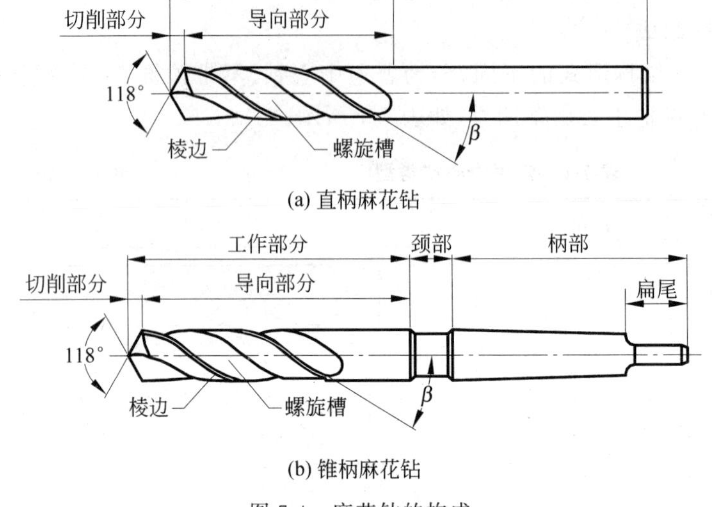

(a) 直柄麻花钻

(b) 锥柄麻花钻

图7-4　麻花钻的构成

直柄与锥柄麻花钻.mp4

(2) 麻花钻的结构。麻花钻的结构一般由工作部分、颈部和柄部等组成，如图7-5所示。

① 工作部分。工作部分是由切削部分和导向部分组成，起切削和导向作用。

② 螺旋槽。钻头的导向部分有两条螺旋槽，它的作用是构成切削刃，排出切屑和流通切削液。

③ 螺旋角(β)。螺旋角是螺旋槽上最外缘的螺旋线展开成直线后与轴线之间的夹角。由于螺旋槽导程是一定的，所以不同直径处的螺旋角是不同的，越近中心处的螺旋角越小，标准麻花钻的螺旋角为18°～30°。

④ 棱边。在切削过程中，为了减少钻身与孔壁之间的摩擦，沿着螺旋槽一侧的圆柱表面上制出了两条略带倒锥的凸起刃带就是棱边。棱边同时也是切削部分的后备部分，棱边也具有一定修光孔壁的作用。

⑤ 颈部。莫氏锥柄钻头在颈部标有商标、钻头直径和材料牌号。

⑥ 柄部。钻削时起传递转矩和轴向力。麻花钻的柄部分为直柄和莫氏锥柄两种。一般直径小于13mm的钻头做成圆柱直柄，传递的转矩比较小；一般直径大于13mm的钻头做成莫氏锥柄，传递的转矩比较大。莫氏锥柄钻头的直径如表7-2所示。

表7-2　莫氏锥柄钻头的直径

莫氏锥柄号	1	2	3	4	5	6
钻头直径 D/mm	3～14	14.25～23	23.25～31.75	32～50.5	51～76	77～100

(3) 标准麻花钻切削部分的几何参数。麻花钻切削部分的几何形状主要由六面(两个前刀面、两个主后刀面和两个副后刀面)、五刃(两条主切削刃、两条副切削刃和一条横刃)、四角(顶角、前角、主后角和横刃斜角)组成,如图 7-5 所示。

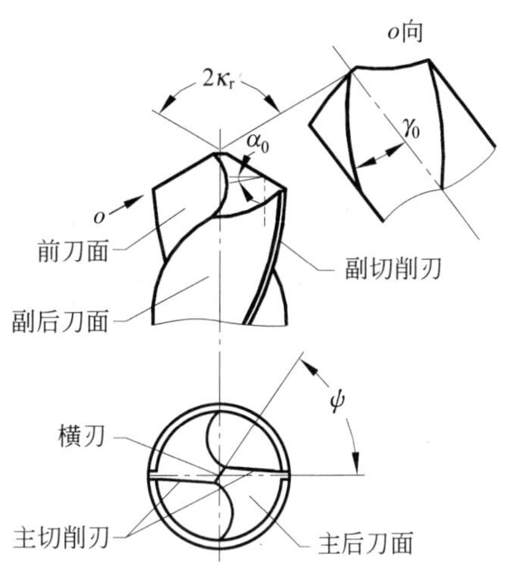

图 7-5　麻花钻切削部分的几何形状

① 前刀面。前刀面是指螺旋槽表面。

② 主后刀面。主后刀面是指钻顶的螺旋圆锥表面。

③ 副后刀面。副后刀面是指低于棱边的圆柱表面。

④ 主切削刃。主切削刃是指前刀面与主后刀面所形成的交线。

⑤ 副切削刃。副切削刃是指前刀面与棱边圆柱表面(凸起刃带)所形成的交线。

⑥ 横刃。横刃是指两主后刀面所形成的交线。横刃太短会影响钻尖的强度,横刃太长会使轴向抗力增大,影响钻削效率。

⑦ 顶角($2\kappa_r$)。顶角是指钻头两主切削刃在其平行平面内投影的夹角。顶角越大,主切削刃就越短,定心就越差,钻出的孔径就越大。但是顶角若大,前角也会随之增大,切削就比较轻快。标准麻花钻的顶角一般为 118°±2°,顶角为 118°时两主切削刃呈直线,大于 118°时两主切削刃呈内凹曲线,小于 118°时两主切削刃呈外凸曲线。

⑧ 前角(γ_0)。前角是指前刀面与基面所形成的夹角。麻花钻前角的大小与螺旋角、顶角、钻心直径等有关。对其影响最大的是螺旋角,螺旋角越大,前角也就越大。前角越大,切削就越省力。由于螺旋角随直径的大小而改变,所以前角也是变化的,前角靠近外缘处最大(+30°),自外缘向中心逐渐减小,靠近横刃处为负值(−54°)。

⑨ 主后角(α_0)。主后角是指切削平面与主后刀面的夹角。主后角的作用是减小主后刀面与切削面间的摩擦。主切削刃上各点主后角是不相同的,外缘处最小,自外向内逐渐增大。直径为 15～30mm 的麻花钻,外缘处的主后角为 9°～12°,钻心处的主后角为 20°～26°,横刃处的主后角为 30°～60°。

⑩ 横刃斜角(ψ)。横刃斜角是指在垂直于钻头轴线的端面投影中,横刃与主切削刃之间的夹角。它的大小由主后角的大小决定,主后角大时,横刃斜角就减小,横刃就比较长;主后角小时,横刃斜角就增大,横刃就比较短。横刃斜角一般为 50°～55°。

(4) 标准麻花钻的缺点。通过对以上标准麻花钻切削部分几何参数的分析,可以看出由于结构原因,标准麻花钻切削部分存在以下四个缺点。

① 主切削刃上各点前角的变化很大,外缘处且靠近横刃处有 1/3 长度范围的主切削刃的前角为负值,在工作时处于刮削状态,从而形成很大的轴向分力。

② 由于横刃过长,且横刃前角均为很低的负值,工作时为挤压刮削,从而增大了轴向分力且磨损严重,同时由于横刃较长,会导致定心效果比较差,钻削时容易产生振动,从而影响钻孔质量。

③ 由于主切削刃外缘处的切削速度为最高，因而切削负荷大，其前角又为最大值，会使强度大大降低，加上副切削刃的后角为零和散热条件又差，会导致磨损严重并影响钻头寿命。

④ 由于主切削刃很长且全部参加切削，各处切屑排出的速度和方向不一样，使切屑容易在螺旋槽中发生堵塞，因为排屑不畅，切削液难以进入切削区。

2. 标准麻花钻的刃磨技术

1）砂轮知识

（1）氧化铝砂轮。氧化铝砂轮又称刚玉砂轮，分为普通氧化铝砂轮和白色氧化铝砂轮，常用的有棕刚玉(A)、白刚玉(WA)、铬刚玉(PA)三种，氧化铝砂轮的颜色分为白色、灰色、褐色、紫褐色，多为白色，其砂粒韧性好，比较锋利，硬度较软，适合刃磨高速钢钻头和硬质合金钻头的刀柄部分。

（2）碳化硅砂轮。碳化硅砂轮常用的有绿碳化硅(GC)和黑碳化硅(C)两种，其砂粒硬度较高，切削性能好，但是比较脆，适合刃磨硬质合金钻头。

（3）砂轮磨料粒度号数。磨料粒度号按照颗粒大小共分为41个号，常用的粒度号为16号、24号、30号、36号、46号、60号、70号、80号、100号、120号、150号、180号、220号、240号等。

（4）硬度等级。硬度等级分为7个大级，14个小级，详见表7-3。

表7-3　硬度等级及代号

硬度等级	超软	软	中软	中	中硬	硬	超硬
老代号	CR	R1、R2、R3	ZR1、ZR2	Z1、Z2	ZY1、ZY2、ZY3	Y1、Y2	CY
新代号	F	G、H、J	K、L	M、N	P、Q、R	S、T	Y

2）砂轮的选择

刃磨高速钢钻头一般采用粒度为F46～F80、硬度等级为中软级(K、L)的氧化铝砂轮。刃磨硬质合金钻头一般采用粒度为F36～F60、硬度等级为中软级(K、L)的碳化硅砂轮。

3）钻头刃磨时的握法

右手大拇指与其他四指上下相对捏住钻头的前端，左手大拇指与其他四指上下相对捏住钻头的尾端，两手共同协调以控制钻头的刃磨，如图7-6所示。

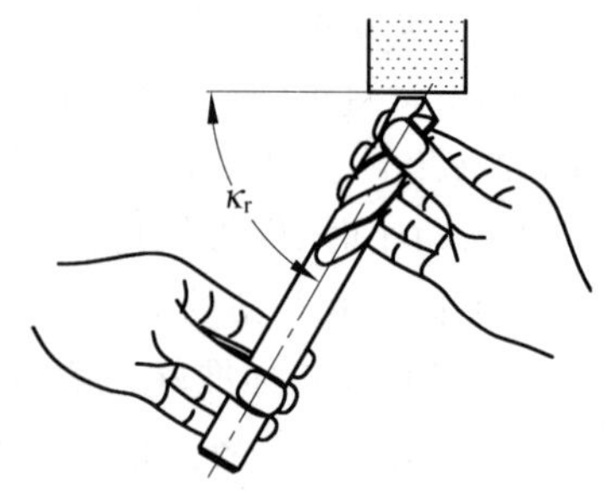

图7-6　麻花钻刃磨时的握法

4）钻头的刃磨方法

（1）刃磨主切削刃和主后刀面。为保证钻削质量，需要对主切削刃和主后刀面进行刃磨，以保证麻花钻的顶角$2\kappa_r=118°\pm2°$，主后角(α_0)合理，两主切削刃的长度相等。对所用砂轮的要求是其外圆柱表面要平整。

在接触砂轮之前(1～2mm)，首先要摆好钻头轴线与砂轮圆柱母线在水平面内的夹角即1/2顶角(κ_r为58°～60°)，并在整个刃磨过程中基本保持这个角度，如图7-6所示。

以主切削刃的稍下部分（即钻尾轴线稍低于水平面）先行接触砂轮并开始刃磨，如图 7-7(a) 所示，此时用力要轻些；同时双手要协同动作，使钻尾呈扇形自上而下地摆动刃磨主后刀面，如图 7-7(b)所示，并按螺旋角的旋转钻身 18°～30°，此时随着旋转，用力要逐渐增大；返回时，使钻尾呈扇形自下而上地摆动刃磨主后刀面，用力要逐渐减小，钻身轴线要摆至水平状态，如图 7-7(c)所示，以便磨到主切削刃，当磨到主切削刃时，用力一定要轻，并要控制好 1/2 顶角。每磨 1～2 次后就转过 180°刃磨另一边。在刃磨过程中，要经常检查两主切削刃的顶角是否对称，两主切削刃的长度是否相等，直至符合要求。对于高速钢钻头，每磨 1～2 次后就要及时将钻头放入水中进行冷却，防止退火。

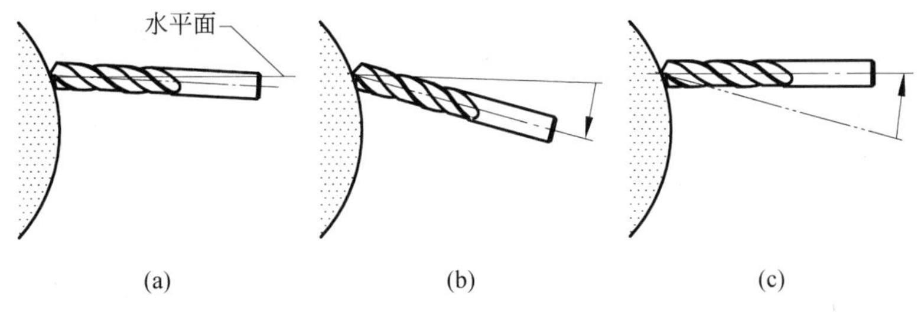

图 7-7　刃磨主切削刃和主后刀面

修磨切削刃和主后刀面.mp4

(2) 修磨前刀面。为提高钻削效率，对于直径在 8mm 以上的麻花钻头，可在砂轮左侧对其前刀面进行修磨。对砂轮的要求：一是砂轮外圆柱表面要平整；二是砂轮外圆棱角要清晰。

首先接近砂轮左侧并摆好钻身角度，钻尾相对砂轮侧面下倾 35°左右，如图 7-8(a)所示，同时相对砂轮外圆柱面内倾 5°左右，如图 7-8(b)所示。然后手持钻头使前刀面中部和外缘接触砂轮左侧外圆柱面，由前刀面外缘向钻心移动，并逐渐磨至主切削刃，此时用力要由大逐渐减小（以防止钻心和主切削刃处退火）；每磨 1～2 次后就转过 180°刃磨另一边，直至符合要求。对于高速钢钻头，每磨 1～2 次后就要及时将钻头放入水中进行冷却，防止退火。注意前角不要磨得过大，在修磨前角和前刀面的同时，也会对横刃产生一定的修磨。

麻花钻的握法.mp4

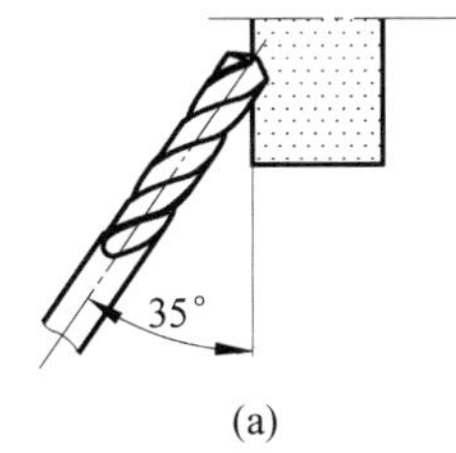

图 7-8　修磨前刀面

修磨前刀面.mp4

(3) 修磨横刃。为提高钻头的定心作用和切削的稳定性，对于直径在 5mm 以上的麻花钻头，可对其横刃进行修磨。修磨后的横刃长度 b 为原来的 1/5～1/3，同时在钻心处形成内刃，内刃斜角 $\tau=20°\sim30°$，内刃处前角 $\gamma_\tau=-15°\sim0°$，如图 7-9(a)所示。

首先接近砂轮右侧并摆好钻身角度，钻尾相对砂轮水平面下倾 20°左右，如图 7-9(b)

所示，同时相对砂轮侧面外倾10°左右，如图7-9(c)所示。然后手持钻头从主后刀面和螺旋槽的外缘接触砂轮右侧外圆柱面，由外缘向钻心移动，并逐渐磨至横刃，此时用力要由大逐渐减小（以防止钻心和横刃处退火）；每磨1～2次后就转过180°刃磨另一边，直至符合要求。

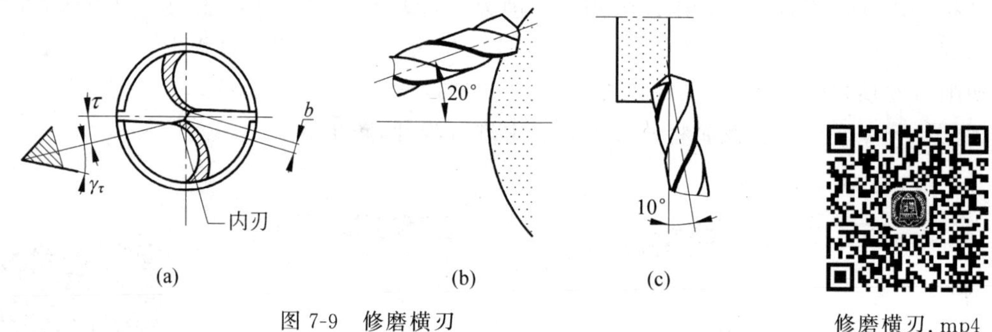

图7-9　修磨横刃

修磨横刃.mp4

修磨横刃时对砂轮的要求：一是砂轮的直径要小一些；二是砂轮的外圆柱面要平整；三是砂轮外圆棱角要清晰。

（4）修磨棱边。为了减小棱边对孔壁的摩擦，延长钻头寿命，可对其棱边进行修磨，如图7-10所示。在靠近主切削刃的一段（长度为1.5～4mm）棱边上，磨出副后角$\alpha_{01}=6°\sim8°$，并保留原来1/3～1/2(0.1～0.2mm)的棱边宽度。由于棱边的修磨是在砂轮外圆棱角上进行，因此对砂轮的要求：一是砂轮的外圆柱面要平整；二是外圆棱角一定要清晰。

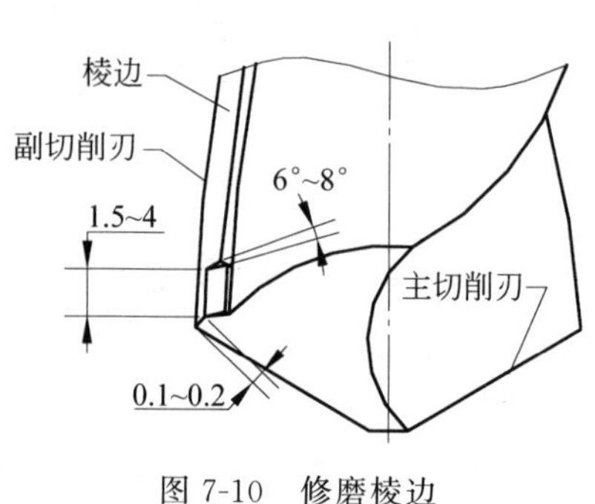

图7-10　修磨棱边

（5）修磨分屑槽。为了排屑顺利，对于直径在15mm以上的麻花钻头，可在其两个主后刀面上磨出几条互相错开的槽，如图7-11所示。由于分屑槽的修磨是在砂轮外圆棱角上进行的，因此对砂轮的要求是外圆棱角一定要清晰。

（6）修磨过渡刃。由于钻头主切削刃外缘处切削速度最高，磨损最快。因此，可在外缘处磨出过渡刃，过渡刃长度$l_1=l/3$，过渡刃顶角$2\kappa'_r=70°\sim75°$，以改善外缘处的切削条件，从而延长钻头寿命和减小孔的表面粗糙度，如图7-12所示。

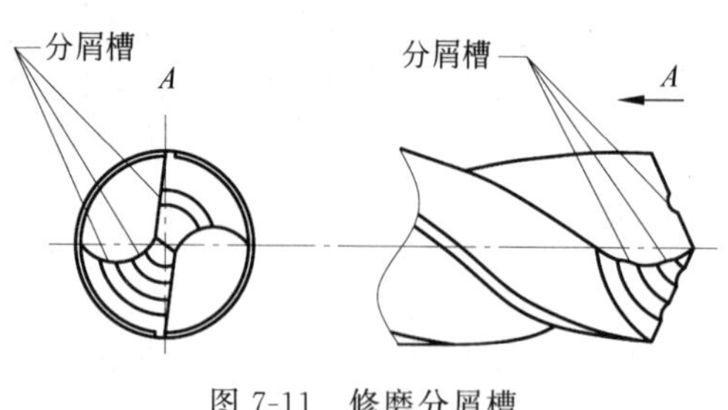

图7-11　修磨分屑槽

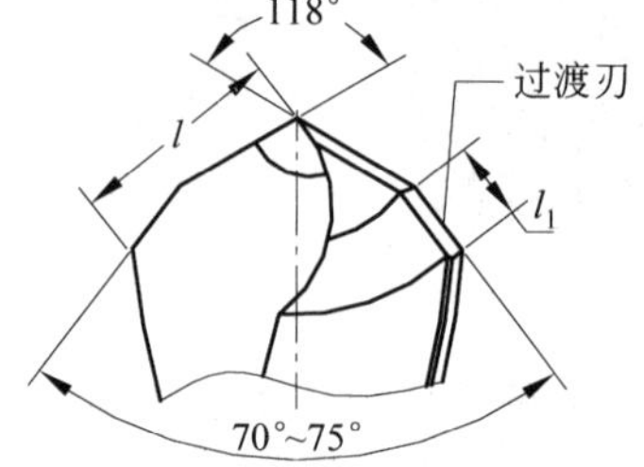

图7-12　修磨过渡刃

3. 硬质合金钻头

硬质合金钻头是在钻头切削部分嵌焊一块硬质合金刀片，刀片材料一般采用 YG8，刀体材料采用 9SiCr。它适用于钻削合金铸铁、玻璃、高锰钢和淬硬钢等坚硬材料。

硬质合金钻头切削部分的几何参数一般是：前角 $\gamma_0=0°\sim5°$，主后角 $\alpha_0=10°\sim15°$，顶角 $2\kappa_r=110°\sim120°$，横刃斜角 $\psi=77°$，为了增加强度，可将主切削刃磨成 $R2\times0.3$mm 的小圆弧，如图 7-13 所示。

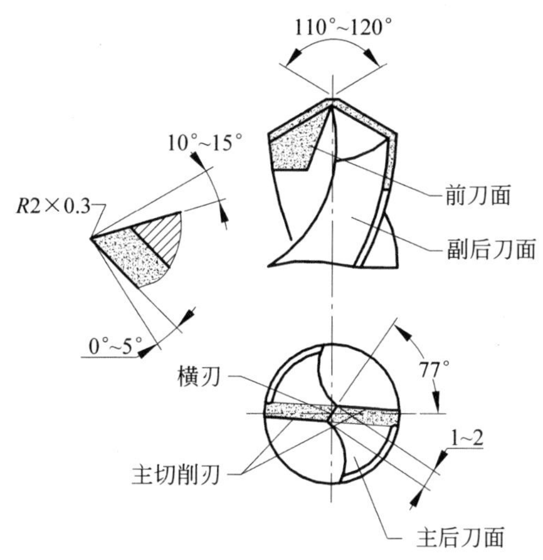

图 7-13　硬质合金钻头

使用硬质合金钻头时，进给量要小一些，以防止刀片碎裂。两切削刃要磨得对称。遇到工件表面不平整或铸件有砂眼时，要用手动进给，以免损坏钻头。

4. 群钻

群钻是通过对标准麻花钻切削部几何形状的合理化刃磨，使其成为具有加工精度高、适应性强、使用寿命长等特点的新型钻头。在此介绍标准群钻和薄板群钻。

1）标准群钻

标准群钻是主要用来钻削碳钢和各种合金钢，如图 7-14 所示。其几何参数详见附录 A。其刃形主要特点是“七刃、三尖、两种槽”，七刃是指一条横刃和分成三段的主切削刃，即外刃——AB 段（两条）、圆弧刃——BC 段（两条）、内刃——CD 段（两条）。三尖是指由磨出的月牙槽和主切削形成的三个尖。两种槽是指两个月牙槽和一个单边分屑槽。

2）薄板群钻

薄板群钻是专门用来钻削薄板的钻头，如图 7-15 所示。其几何参数详见附录 B。薄板群钻又称为三尖钻，其刃形特点是两主切削刃磨成圆弧形，使主切削刃外缘形成了锋利的刀尖，即两主切削刃外缘的刀尖与钻心刀尖构成了三尖。由于两主切削刃外缘的刀尖与钻心刀尖仅低 0.5～1.5mm，保证了钻心刀尖的定心作用，而且在钻心刀尖尚未钻穿时，两主切削刃外缘的刀尖就已经在工件上划出了圆环槽，大大地提高了钻

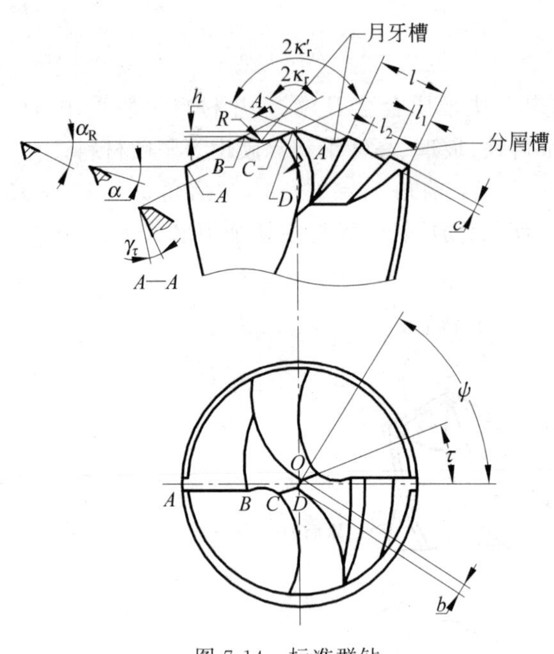

图 7-14　标准群钻

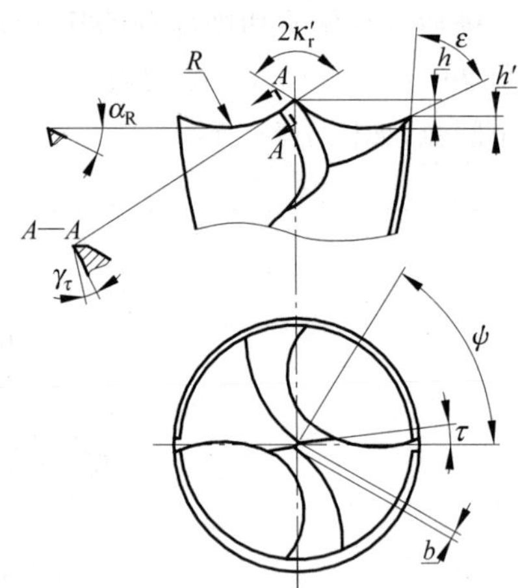

图 7-15　薄板群钻

孔质量和钻孔安全。

厚度在 2mm 以下的钢板、马口铁称为薄板。在薄板上钻孔，不能用标准麻花钻，这是因为薄板的刚度差，容易变形。由于标准麻花钻的钻尖比较高，当钻尖钻穿工件后，钻尖立即失去定心作用，同时轴向力又突然减小，会导致工件发生抖动和移动，使钻出的孔不圆，孔口的毛边很大，而且常因突然切入而产生扎刀、钻头折断，甚至发生工件脱离甩出伤人等事故。

5. 刃磨安全操作规程

(1) 修平砂轮外圆柱表面(工作面)，修小砂轮圆角半径。

(2) 开动砂轮机后必须先观察旋转方向是否正确，并要等到转速稳定后进行刃磨。

(3) 刃磨时，操作者应站立在砂轮机的斜侧位置，不能正对砂轮的旋转方向。

(4) 操作者进行刃磨时，不允许其他人员聚拢围观。

(5) 刃磨时，必须戴好防护眼镜。

(6) 禁止戴手套或用棉纱包裹刃磨錾子。

(7) 刃磨时，不要用力过猛，以防打滑伤手。

(8) 刃磨高速钢钻头时，应及时蘸水冷却，以防切削部退火。

(9) 刃磨结束后应随手关闭电源。

6. 标准麻花钻刃磨练习

1) 练习图样

练习图样如图 7-16 所示。

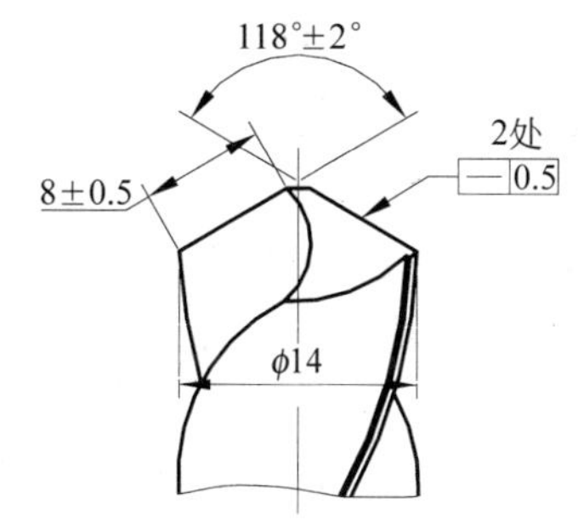

工件名称	材料	毛坯尺寸/mm	件数	学时
铸铁练习钻头或废旧钻头	HT250、W18Gr4V	ϕ14～ϕ16	各1	2
标准麻花钻	W18Gr4V	ϕ14～ϕ16	1	2

图 7-16 标准麻花钻刃磨练习

2）练习步骤

（1）熟悉图样。

（2）由教师作刃磨示范。

（3）用练习钻头（供练习用的 ϕ14～ϕ16mm 的铸铁及废旧钻头）进行刃磨练习。

（4）用钻头（ϕ14～ϕ16mm 的标准麻花钻）进行刃磨练习。

（5）用样板检测顶角及主切削刃长度，如图 7-17 所示。

（6）严格遵守刃磨安全操作规程。

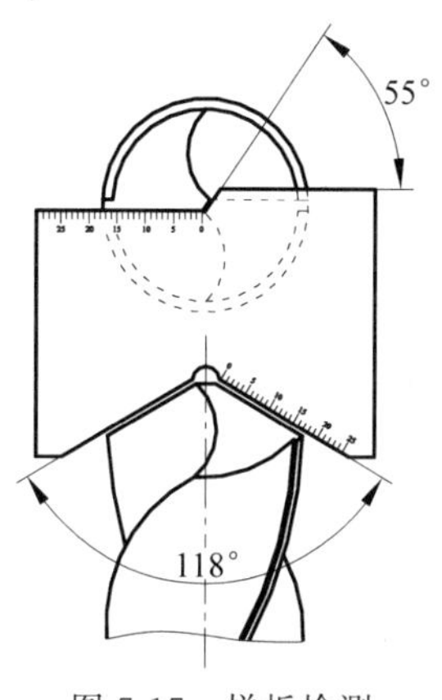

图 7-17 样板检测

7.3 钻孔技术

1. 相关知识

1）钻孔

用钻头在实体材料上加工出孔的操作称为钻孔。

2）划线方法

按照钻孔的位置尺寸要求，划出孔位的十字中心线，并在十字中心打上冲眼（位置要准，冲眼直径要尽量小），按照孔的直径要求划出孔的加工线。对于直径比较大的或孔的位置尺寸要求比较高时，还应该划出一至多个直径大小不等且小于加工线的校正线或一个直径大于加工线的检查线，然后在十字中心线与三线（校正线、加工线、检查线）的交点上打上冲眼。当三圆的直径大于 15mm 时，冲眼可增加一倍，如图 7-18 所示。

3）工件的装夹

进行钻孔操作时，要根据工件的不同形体和钻孔直径的大小等情况，采用不同的装夹定位和夹紧方法，以保证钻孔的质量和安全，常用的基本装夹方法如下。

(1) 用机用平口钳装夹平整的工件。装夹时，工件底部应垫上平行垫铁，校正工件表面使其与钻头轴线垂直。钻通孔时，平行垫铁应空出钻孔部位或垫上木垫，以免钻到钳身。

(2) 用V形铁装夹圆柱形工件。装夹时应保证钻头轴线与工件轴心线重合。

(3) 用压板装夹较大的工件。对形体较大的工件且钻孔直径在10mm以上时，可采用压板装夹的方法进行钻孔。

(4) 用手虎钳夹持较小的工件。对形体较小的工件且钻孔直径在8mm以下时，可采用手虎钳夹持的方法进行钻孔。

(5) 用三爪自定心卡盘装夹圆柱形的工件。在圆柱形工件的端面进行钻孔时，可采用三爪自定心卡盘装夹工件，这样装夹的定位精度比较高。

4) 钻头的夹持

直柄钻头可采用钻夹头夹持。锥柄钻头可用柄部的莫氏锥体直接与钻床主轴连接，当钻头锥柄小于主轴锥孔时，可加过渡锥套连接。

5) 钻削用量的选择

钻削用量是钻头在钻削过程中的切削速度、进给量和背吃刀量的总称，如图7-19所示。

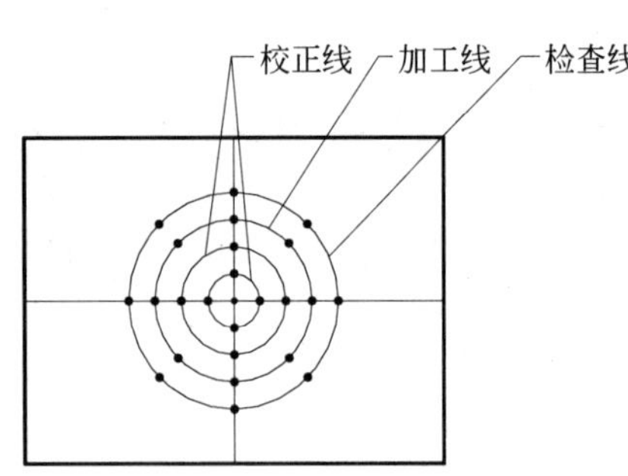

图7-18　划线钻孔方法

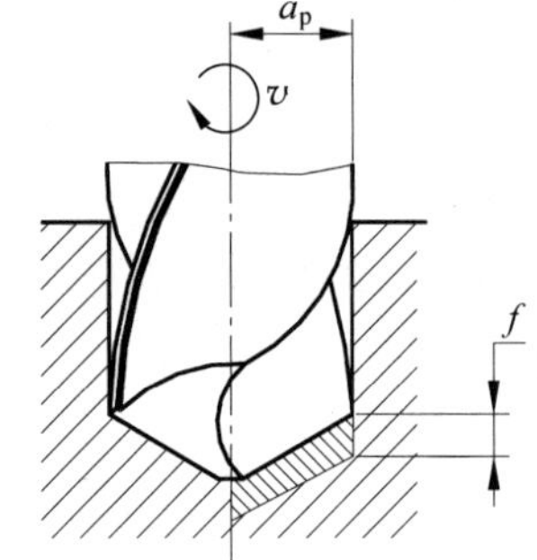

图7-19　钻削用量

(1) 切削速度(v)。切削速度是指钻削时钻头切削刃上最大直径处的线速度。它可由下式计算：

$$v=\frac{\pi Dn}{1000} \tag{7-1}$$

式中：v为切削速度，m/min；D为钻头直径，mm；n为主轴转速，r/min。

(2) 进给量(f)。进给量是指钻削时主轴每转一周，钻头对工件沿主轴轴线的相对移动量，单位是mm/r。

(3) 背吃刀量(a_p)。背吃刀量是指已加工表面与待加工表面之间的垂直距离。钻削时，其计算式为：

$$a_p=D/2 \tag{7-2}$$

【例7-1】 钻头直径15mm，以500r/min的转速钻孔时，其切削速度是多少？背吃刀量是多少？

解　根据

$$v=\frac{\pi Dn}{1000}$$

得
$$v=\frac{3.14\times 15\times 500}{1000}\approx 24(\mathrm{m/min})$$

根据
$$a_p=D/2$$

得
$$a_p=15/2=7.5(\mathrm{mm})$$

(4) 钻床主轴转速的选择。选择时要首先确定钻头的允许切削速度 v。用高速钢钻头钻铸铁件时，$v=14\sim22\mathrm{m/min}$；钻钢件时，$v=16\sim24\mathrm{m/min}$；钻青铜和黄铜件时，$v=30\sim60\mathrm{m/min}$。当工件材料的硬度和强度比较高时取较小值；钻头直径较小时也取较小值；当钻孔深度 $L>3\mathrm{d}$ 时，还应将取值乘以 0.7～0.8 的修正系数。然后要按照下式计算钻床主轴转速 n。

$$n=\frac{1000v}{\pi D} \tag{7-3}$$

【例 7-2】 在钢件(45 钢)上钻 ϕ12mm 的孔，钻头材料为高速钢，钻孔深度为 30mm，v 取 20m/min，求钻床主轴转速 n 是多少？

解　根据
$$n=\frac{1000v}{\pi D}$$

得
$$n=\frac{1000\times 20}{3.14\times 12}\approx 531(\mathrm{r/min})$$

(5) 进给量的选择。当孔的精度要求较高和表面粗糙度数值较小时，应该取较小的进给量；当钻削小孔、深孔时，钻头细而长，强度低，刚度差，应该取更小的进给量。

(6) 背吃刀量的选择。一般情况下，钻削小于 ϕ20mm 的孔可一次钻出。大于 ϕ20mm 的孔可分两次钻削，先用(0.5～0.7)D 的钻头钻底孔，然后用直径为 D 的钻头扩大至要求孔径。这样可以提高钻孔质量，减少轴向力，保护机床和刃具等。

具体选择钻削用量时，应根据钻头直径、钻头材料、工件材料、加工精度及表面粗糙度等方面的要求，查表选取，详见附录 C、附录 D。

2. 钻孔操作

1) 准备

熟悉图样，选用合适的夹具、量具、钻头、切削液和选择主轴转速、进给量。

2) 划线

划出孔加工线(必要时可划出校正线、检查线)，并加大圆心处的冲眼，便于钻尖定心。

3) 装夹

装夹并校正工件。

4) 手动起钻

钻孔时，先用钻尖对准圆心处的冲眼钻出一个小浅坑，目测检查浅坑的圆与加工线的同心程度，若无偏移，则可继续下钻。若发生偏移，则可通过移动工作台和钻床主轴(使用摇臂钻时)进行调整,直到找正为止。当钻至钻头直径与加工线重合时,起钻阶段完成。对于位置精度要求较高的孔,可采用复合中心钻进行精确定位起钻。

5）中途钻削

当起钻完成后,即进入中途深度钻削,可采用手动进给或机动进给钻削。

6）收钻

当钻头将钻至要求深度或将要钻穿通孔时,要减小进给量。特别是在通孔将要钻穿时,此时若是机动进给的,一定要换成手动进给操作,这是因为当钻心刚穿过工件时,轴向阻力突然减小,此时,由于钻床进给机构的间隙和弹性变形的突然恢复,将使钻头以很大的进给量自动切入,容易造成钻头折断、工件移位甚至提起工件等危险状况。手动进给操作时,由于已注意减小了进给量,轴向阻力较小,就可避免发生此类现象。

7）钻孔操作要点

（1）起钻定位。要在起钻阶段准确定位。

（2）提钻排屑。在中途钻削时,当钻头钻至一定深度时,要提钻退出排屑。

（3）加注切削液。在中途钻削时,为了使钻头能及时散热冷却,钻孔时需要加注足够的切削液,这样可提高钻头使用寿命。钻钢件时,可用3%～5%的乳化液；钻铸铁时一般不需要加注切削液,如需使用,可用5%～8%的乳化液连续加注。

（4）谨慎收钻。注意控制钻孔深度和手动小进给量钻穿通孔。

3. 钻床安全操作规程

（1）工作前对所用钻床和工卡量具进行全面检查,确认无误后方可工作。

（2）严禁戴手套操作,女生应将发辫挽在帽子内。

（3）工件装夹必须牢固可靠。钻小件时,应用工具夹持,不准用手握持。

（4）在开机前,应检查钻夹头上是否插有钻夹头钥匙或主轴上是否插有斜铁。

（5）在开机前,刀具离工件表面应有一定的安全距离,严禁将刀具接触到工件表面后再开机。

（6）严禁用手触摸旋转的刀具。

（7）钻薄板需加垫木板,钻头快要钻透工件时,要轻施压力,以免折断钻头损坏设备或发生意外事故。

（8）使用自动走刀时,要选好进给速度,调整好行程限位块。手动进刀时,一般按照逐渐增压和逐渐减压原则进行,以免用力过猛造成危险。

（9）钻头在运转时,禁止用棉纱和毛巾擦拭钻床。

（10）钻头上绕有长铁屑时,要用铁钩清除,必要时要停车清除。

（11）禁止用嘴吹加工屑末,要用刷子清除。

（12）精铰深孔时,拔取圆器和销棒,不可用力过猛,以免手撞在刀具上。

（13）不准在旋转的刀具下,翻转、卡压或测量工件。

（14）将要钻穿通孔时,必须采用手动进给,减小进给量。

（15）工作结束后,必须将钻床擦拭干净,切断电源,零件堆放及工作场地要保持整齐、整洁,认真做好交接班工作。

4. 钻孔加工练习

1）练习图样

练习图样如图 7-20 所示。

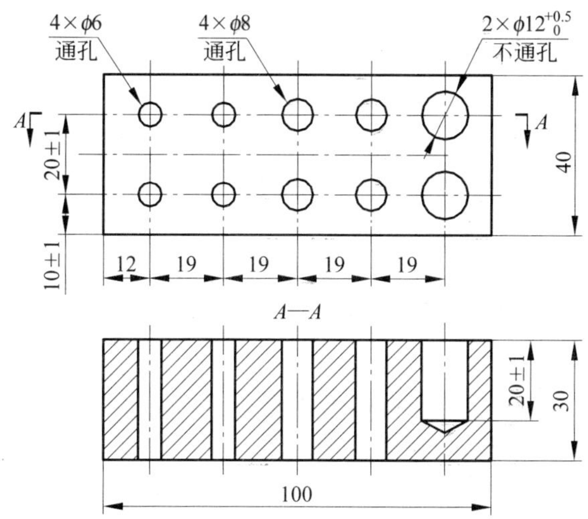

工件名称	材料	毛 坯 尺 寸	件数	学时
长方铁块	Q235钢	100mm×40mm×30mm	1	4

图 7-20　钻孔操作练习

2）练习步骤

（1）准备。熟悉图样，选用合适的夹具、量具、钻头（ϕ6mm、ϕ8mm、ϕ12mm 各一支）、切削液和选择主轴转速。

（2）钻头修磨。对所用钻头进行修磨并达到基本要求。

（3）划线。划出孔加工线、校正线和检查线，并加大圆心处的冲眼，便于钻尖定心。

（4）装夹。装夹并校正工件。

（5）钻孔。要求手动进给进行钻孔操作。

（6）钻孔时加注切削液。

（7）先钻 ϕ6mm、ϕ8mm 通孔，后钻 ϕ12mm 不通孔，注意控制钻孔深度。

（8）卸下工件并清理钻床。

7.4　扩孔技术

1. 相关知识

1）扩孔

用扩孔钻或麻花钻等刀具对工件已有孔进行扩大加工的操作称为扩孔。扩孔可以作为孔的半精加工，也可作为铰孔和磨孔前的预加工。

2）扩孔前钻孔直径的确定

用麻花钻扩孔时，扩孔前的钻孔直径为孔径的0.5～0.7倍；用扩孔钻扩孔时，扩孔前的钻孔直径为孔径的0.9倍。扩孔时的背吃刀量 a_p 为

$$a_p=\frac{D-d}{2} \tag{7-4}$$

式中：D 为扩孔后的直径，mm；d 为扩孔前的直径，mm。

3）用麻花钻扩孔

麻花钻除了钻孔，也可用于扩孔，但扩孔的加工效率较低。

（1）在预钻孔上扩孔。如果孔径较大，可先用直径较小的钻头预钻底孔，然后用要求直径的钻头进行扩孔。用于扩孔的钻头与钻孔时的几何参数相同。由于扩孔时避免了麻花钻横刃的不良影响，可适当提高切削用量。

（2）毛坯扩孔群钻扩孔。由于铸锻毛坯件上的预留孔有孔壁形状不规则、孔端面不平整等缺陷，就会产生扩孔余量不均匀，这样就容易导致在扩孔时发生钻头偏斜，甚至折断。因此，需要对麻花钻的刃形进行改变，在主切削刃上磨出凹圆弧刃。由于两外刃的刃尖高于钻心，避免了因内刃与毛坯孔壁先接触而产生的偏心切削现象，保证了两外刃能够顺利地切入工件。毛坯扩孔群钻的刃形如图7-21所示。毛坯扩孔群钻基本参数如表7-4所示。

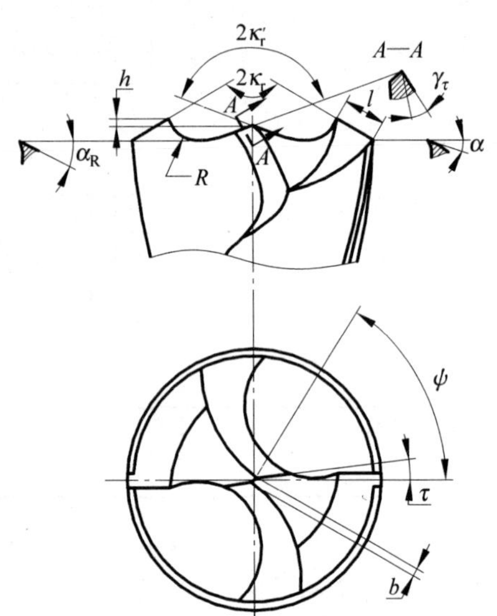

图7-21　毛坯扩孔群钻的刃形

表7-4　毛坯扩孔群钻基本参数

钻头直径 D/mm	尖高 h/mm	圆弧半径 R/mm	横刃长 b/mm	外刃长 l/mm	外刃顶角 $2\kappa_r$	内刃顶角 $2\kappa_r'$	横刃斜角 ψ/(°)	内刃前角 γ_τ/(°)	内刃斜角 τ/(°)	外刃后角 α/(°)	圆弧后角 α_R/(°)
30～45	1.5	6	1.5	按扩孔余量确定	120	140	65	−15	30	12	12
＞45～60	2	7	2						35	10	10
＞60～80	2.5	8	2.5						40	8	8

4）用扩孔钻扩孔

扩孔钻是用来扩孔的专用刀具。

（1）扩孔钻的特点如下。

① 扩孔钻无横刃，避免了由横刃引起的不良影响。

② 由于背吃刀量小，排屑容易，因此不容易擦伤已加工面。

③ 扩孔钻的强度比较高，由于齿数较多（3～4齿），导向性好，切削平稳，可采用较大的切削用量（进给量为一般钻孔的1.5～2倍，切削速度约为钻孔的1/2），提高了加工效率。

④ 加工质量较高，孔的尺寸精度一般可达 IT10～IT9。表面粗糙度值不小于 Ra12.5～3.2μm。

(2) 扩孔钻的结构形式及类型。扩孔钻的结构形式比较多，按装夹方式可分为带锥柄扩孔钻(见图 7-22)和套式扩孔钻两种；按刀体的构造可分为整体扩孔钻、焊硬质合金刀片扩孔钻和镶刀片扩孔钻。

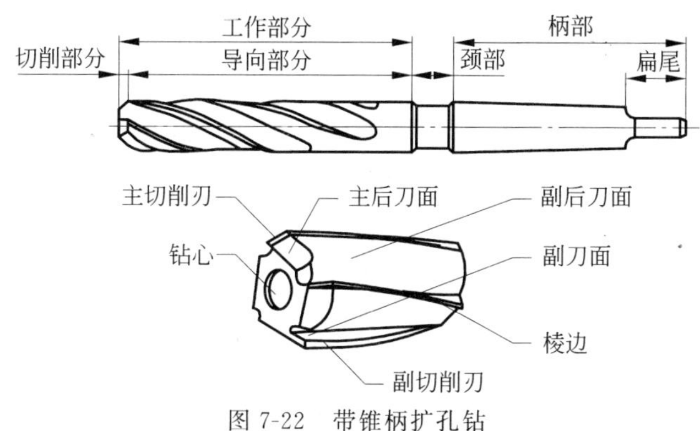

图 7-22　带锥柄扩孔钻

(3) 扩孔钻的精度分类。标准高速钢扩孔钻按直径精度分 1 号扩孔钻和 2 号扩孔钻两种。1 号扩孔钻用于铰孔前的扩孔，2 号扩孔钻用于精度为 H11 孔的最后加工。硬质合金锥柄扩孔钻按直径精度分四种，1 号扩孔钻一般适用于铰孔前的扩孔，2 号扩孔钻用于精度为 H11 孔的最后加工，3 号扩孔钻用于精铰孔前的扩孔，4 号扩孔钻一般适用于精度为 D11 孔的最后加工。硬质合金套式扩孔钻分两种精度，1 号扩孔钻用于精铰孔前的扩孔，2 号扩孔钻用于一般精度孔的铰前扩孔。

5) 扩孔的方法和步骤

(1) 选择扩孔钻的类型。扩孔钻的结构类型比较多，应根据所扩孔的孔径大小、位置、材料、精度等级及生产批量选择。

(2) 选择扩孔的切削用量。扩孔时的切削速度为钻孔的 1/2，进给量为钻孔的 1.5～2 倍。作最后加工的扩孔钻直径应等于孔的基本尺寸，预钻孔的直径为扩孔钻直径的 0.5～0.7 倍。铰孔前所用扩孔钻直径应等于铰孔后的基本尺寸减去铰削余量。铰孔前余量表如表 7-5 所示。

表 7-5　铰孔前余量表　　单位：mm

扩孔钻直径 D	<10	10～18	18～30	30～50	50～100
铰孔前余量 A	0.20	0.25	0.30	0.40	0.50

扩钻精度较高的孔或扩孔工艺系统刚性较差时应取较小的进给量；工件材料的硬度、强度较大时，应选择较低的切削速度。

2. 扩孔操作练习

1) 练习图样

练习图样如图 7-23 所示。

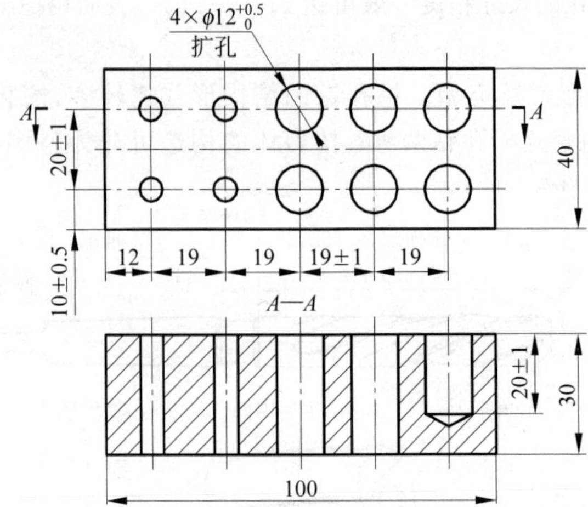

工件名称	材料	毛 坯 尺 寸	件数	学时
长方铁块	Q235钢	沿用7.3节中的练习工件	1	4

图 7-23　扩孔操作练习

2）练习步骤

（1）准备。熟悉图样，选用合适的夹具、量具、ϕ12mm 麻花钻头一支。对底孔为 4×ϕ8mm 的通孔用 ϕ12mm 麻花钻进行扩孔。

（2）选择主轴转速。

（3）装夹。装夹并校正工件，为了保证扩孔时钻头轴线与底孔轴线相重合，可用钻底孔的钻头找正。一般情况下，在钻完底孔后就直接更换钻头进行扩孔。

（4）扩孔。要求手动进给进行扩孔操作，注意控制扩孔深度。

（5）卸下工件并清理钻床。

7.5 锪孔技术

1. 相关知识

1）锪孔

用锪钻对孔口锪削成一定形状表面的操作称为锪孔。

2）锪孔加工分类

锪孔加工主要分为锪圆柱形沉孔[见图 7-24(a)]、锪锥形沉孔[见图 7-24(b)]和锪凸台平面[见图 7-24(c)]三类。

3）锪钻的种类及用途

（1）柱形锪钻。柱形锪钻如图 7-25 所示。这种锪钻用于加工六角螺栓、带垫圈的六角螺母、圆柱头螺钉、圆柱头内六角螺钉的沉头孔。

柱形锪钻的端面切削刃起主切削作用，螺旋槽斜角就是它的前角 $\gamma_0=\beta=15°$，主后

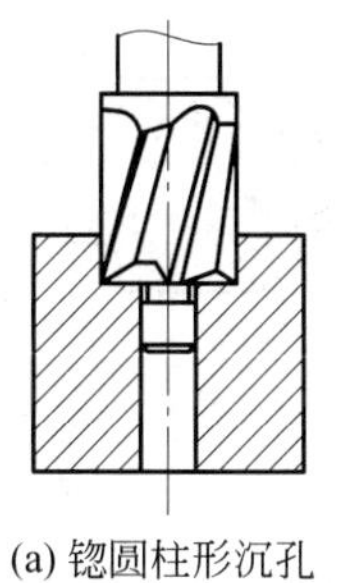

(a) 锪圆柱形沉孔

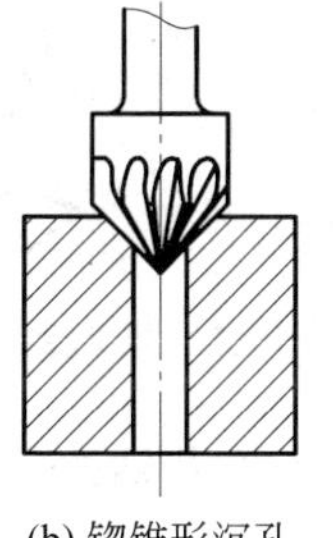

(b) 锪锥形沉孔

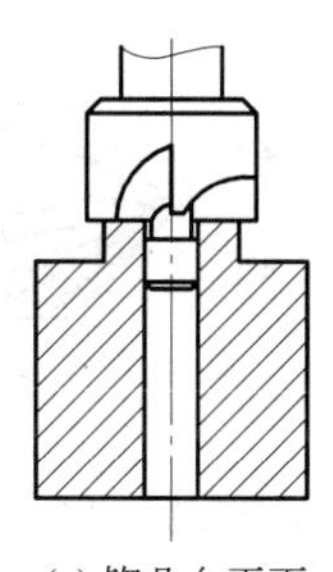

(c) 锪凸台平面

图 7-24　孔口加工分类

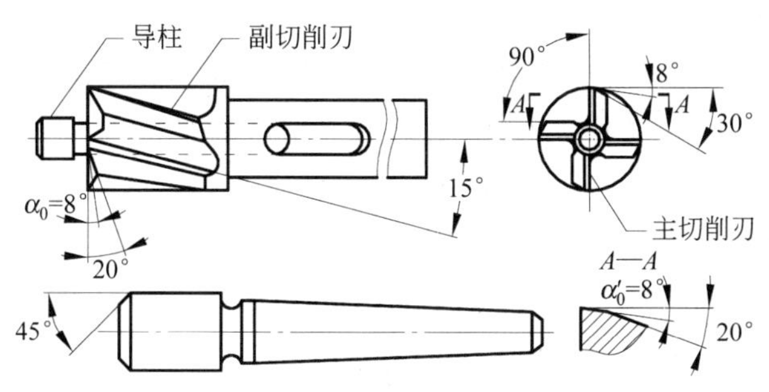

图 7-25　柱形锪钻

角 $\alpha_0=8°$。副切削刃起修光孔壁的作用，副后角 $\alpha_0'=8°$。柱形锪钻前端有导柱，导柱直径与工件上已有孔采用公差代号为 f7 的间隙配合，以保证锪孔时有良好的定心和导向，同时保证沉孔和工件上原有孔的同轴度要求。锪钻有整体式和套装式两种。

当没有标准柱形锪钻时，可用标准麻花钻改制代替。改制的柱形锪钻分为带导柱和不带导柱两种，如图 7-26 所示。一般选用比较短的麻花钻，在磨床上把麻花钻的端部磨出圆柱形导柱，其直径与工件上已有孔采用公差代号为 f7 的间隙配合。用薄片砂轮磨出端面切削刃，主后角 $\alpha_0=8°$，并磨出 1～2mm 的消振棱。麻花钻的螺旋槽与导柱面形成的刃口要用油石修钝。

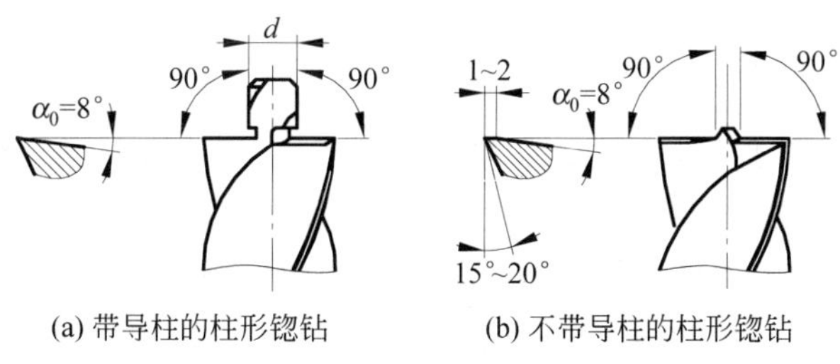

(a) 带导柱的柱形锪钻　　(b) 不带导柱的柱形锪钻

图 7-26　标准麻花钻改制柱形锪钻

(2) 锥形锪钻。锥形锪钻如图 7-27 所示。这种锪钻用于沉头螺钉的沉头孔和孔口倒角。

锥形锪钻的锥角 $2\kappa_r$ 根据工件沉头孔的要求，有 60°、75°、90°、120°四种，其中 90°锥形锪钻使用最多。锥形锪钻的直径为 8～80mm，齿数为 4～12 个。锥形锪钻的前角 $\gamma_0=0°$，后角 $\alpha_0=6°～8°$。

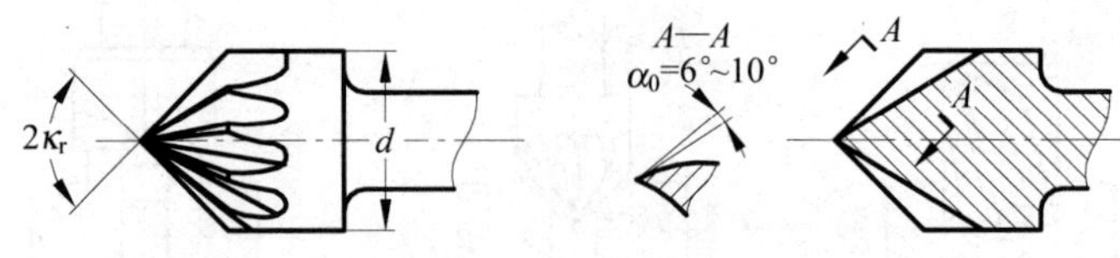

图 7-27　锥形锪钻

当没有标准锥形锪钻时，也可用标准麻花钻改制代替，如图 7-28 所示。其锥角 $2\kappa_r$ 按沉头孔所需角度确定，后角磨得小些，一般取 $\alpha_0=6°\sim10°$，并修磨出 1～2mm 的消振棱，以避免产生振痕，使锥孔表面光滑一些。外缘处前角也要磨得小些，一般取 $\gamma_0=15°\sim20°$，两主切削刃要磨得对称。

（3）端面锪钻。端面锪钻是用于锪削螺栓孔凸台，凸缘表面。专用端面锪钻主要为多齿端面锪钻，还有用镗刀杆和高速钢刀片组成的简单端面锪钻。简单端面锪钻如图 7-29 所示。

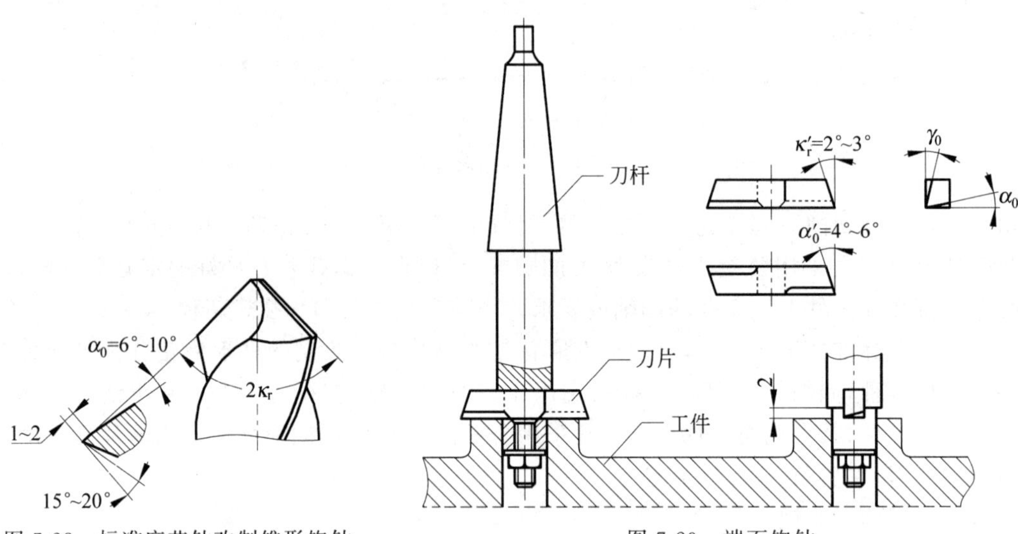

图 7-28　标准麻花钻改制锥形锪钻

图 7-29　端面锪钻

4）锪孔的操作要点

锪孔方法与钻孔方法基本相同。锪削加工中容易产生的主要问题是由于刀具的振动，使锪削的端面或锥面上出现振痕。为了避免这种现象，要注意做到以下几点。

（1）用麻花钻改制的锪钻要尽量短，以减少锪削加工中的振动。

（2）锪钻的后角和外缘处的前角不能过大，以防止扎刀，主后面上要修磨消振棱。

（3）锪孔时的切削速度要比钻孔时的切削速度低，一般为钻孔速度的 1/3～1/2。也可以利用钻床停机后主轴的惯性锪削，这样可以最大限度地减少振动，以获得光滑的表面。

（4）锪钻的刀杆和刀片都要装夹牢固，工件要压紧。

（5）锪削钢件时，要在导柱和切削表面加些机油进行润滑。

（6）当锪至要求深度时，停止进给后应让锪钻继续旋转几圈，然后再提起。

2. 锪孔加工练习

1）练习图样

练习图样如图 7-30 所示。

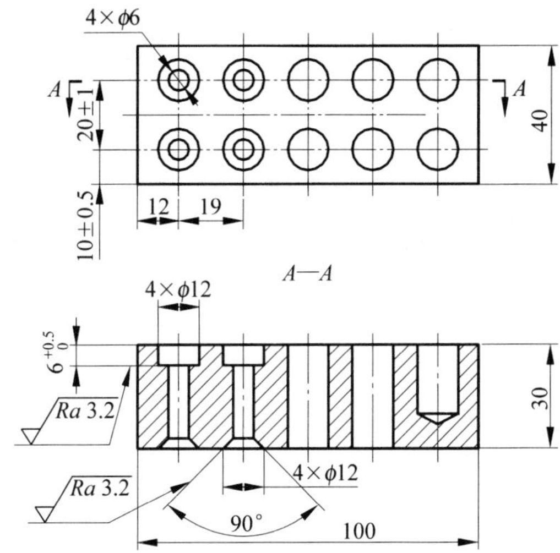

工件名称	材料	毛 坯 尺 寸	件数	学时
长方铁块	Q235钢	沿用7.4节中的练习工件	1	4

图 7-30　锪孔加工练习

2）练习步骤

（1）准备。熟悉图样，选用合适的夹具、量具，用两支 ϕ12mm 标准麻花钻分别修磨改制出一支不带导柱的柱形锪钻和一支锥形锪钻。

（2）选择主轴转速。

（3）装夹。装夹并校正工件，为了保证锪孔时钻头轴线与底孔轴线相重合，可用钻底孔的钻头找正。一般情况下，在钻完底孔后就直接更换钻头进行锪孔。

（4）锪孔。要求手动进给进行锪孔操作，注意控制锪孔深度。

（5）卸下工件并清理钻床。

7.6　铰孔技术

1. 相关知识

1）铰孔

用铰刀对已经粗加工的孔进行精加工的操作称为铰孔。加工精度一般可达到 IT9～IT7，手铰可达到 IT6，表面粗糙度可达 Ra1.6～0.8μm。

2）铰刀的种类

由于铰刀的使用范围很广，所以铰刀的种类也比较多，如图 7-31 所示。按使用方式可分为手用铰刀和机用铰刀两种；按铰刀结构可分为整体式铰刀、套式铰刀和调节式铰刀三种；整体式铰刀按齿数槽形式又分为直槽铰刀和螺旋槽铰刀两种；按切削部分材料可分为高速钢铰刀和硬质合金铰刀；按铰刀的用途可分为圆柱铰刀和锥度铰刀。

钳工常用的铰刀有整体式圆柱铰刀、整体式锥度铰刀和手用调节式铰刀三种。

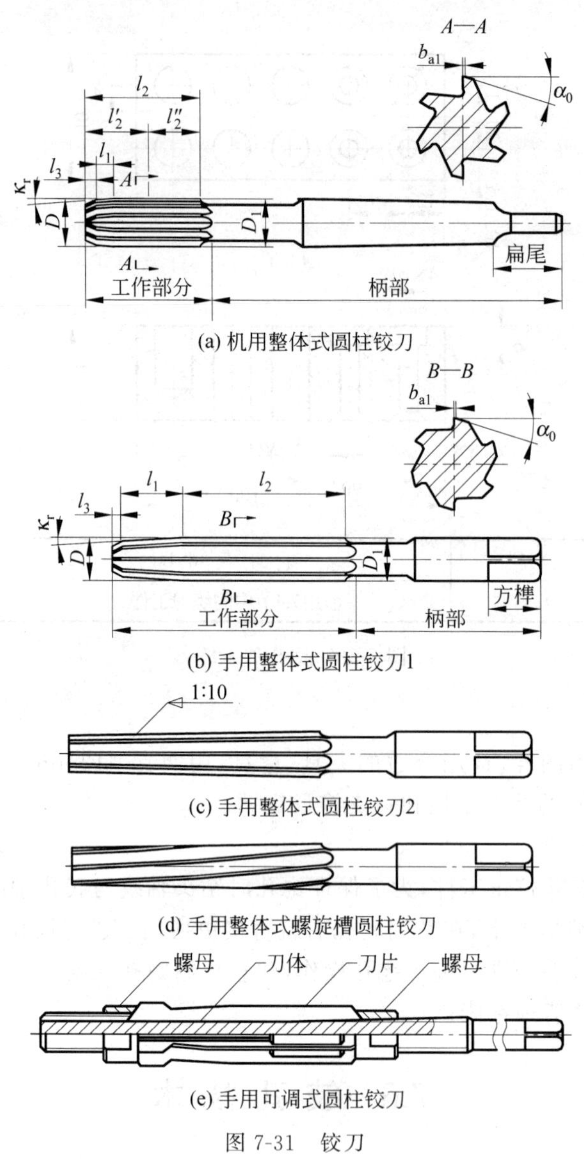

图 7-31　铰刀

3）铰刀工作部分的几何参数

铰刀工作部分最前端有45°倒角（l_3 部分），使铰刀在开始切削时容易放入孔中，并起保护切削刃的作用。紧接着倒角的是顶角为 $2\kappa_r$ 的切削部分（l_1 部分），切削部分的参数由切削条件确定。机用铰刀的切削部分比较短，主偏角 κ_r 比较大，铰削塑性材料时取 $\kappa_r=15°$；铰削脆性材料时取 $\kappa_r=3°\sim5°$。手用铰刀的主偏角比较小，一般取 $\kappa_r=30'\sim1°30'$，手用铰刀的切削部分比较长，有较好的导向和定心作用，同时铰削时轴向力也比较小，铰削时比较省力。铰削不通孔时，为了使铰出的孔的圆柱部分尽量长，应采用 $\kappa_r=45°$ 的铰刀。

切削部分的后面是校准部分(l_2 部分)。机用铰刀的校准部分有圆柱段(l_2'部分)和倒锥段(l_2''部分)组成，倒锥段可以减轻校准部分与工件孔壁之间的摩擦，并防止铰刀在孔内倾斜而使孔径铰大。机用铰刀的倒锥量一般为 0.04～0.08mm，手用铰刀的倒锥量一般为 0.005～0.008mm。由于手用铰刀的倒锥量很小，故将整个校准部分都做成倒锥段，而不再做出圆柱段。

一般铰刀的前角 $\gamma_0=0°$，铰刀的后角一般取 $\alpha_0=6°\sim10°$。铰刀切削部分的刀齿刃磨锋利且不留刃带，校准部分则留有后角为零的刃带。刃带起到挤压和导向作用，能够降低表面粗糙度数值。刃带宽度 $b_{a1}=0.15\sim0.3$mm。

机用铰刀一般用高速钢材料制造，手用铰刀用高速钢和高碳钢材料制造。工具厂制造的高速钢通用标准铰刀，一般均留有 0.005～0.02mm 的研磨量，使用时按照所需尺寸研磨。出厂的铰刀分为 1 号、2 号、3 号。不经过研磨的新铰刀可直接用来铰削 H9、H10、H11 等级的孔。各种号数铰刀直径的公差及其适用范围详见附表 E。

4) 铰孔方法

(1) 铰削用量选择方法如下。

① 铰削余量。铰削余量(直径)是否合适，对孔的铰削质量(表面粗糙度和尺寸精度)有很大影响。如果余量太大，会加剧铰刀的磨损，并产生比较高的切削热，影响铰削质量。如果余量太小，则不能全部去除上道工序留下的刀痕，达不到表面粗糙度要求。铰削余量的具体数值可参照表 7-6。在一般情况下，对 IT9、IT8 等级的孔可一次铰出；对 IT7 等级的孔，应分粗铰和精铰；对孔径大于 20mm 的孔，可先钻孔，再扩孔，然后进行铰孔。

表 7-6 铰削余量 单位：mm

铰孔直径	≤6	6～18	18～30	30～50
铰削余量	0.05～0.10	一次铰：0.10～0.20 粗、精铰：0.10～0.15	一次铰：0.20～0.30 粗、精铰：0.10～0.15	一次铰：0.30～0.40 粗、精铰：0.15～0.25

② 机铰切削速度 v 的选择。机铰时为了获得较小的表面粗糙度值，必须避免产生积屑瘤，减少切削热及变形，应取较小的切削速度。用高速钢铰刀铰钢件时 $v=4\sim8$m/min；铰铸铁件时 $v=6\sim8$m/min；铰铜件时 $v=8\sim12$m/min。

③ 机铰进给量 f 选择。对铰钢件和铸铁件时可取 $f=0.5\sim1$mm/r；铰铜件、铝件可取 $f=1\sim1.2$mm/r。

④ 切削液的选择。铰削时必须选用适当的切削液来减少摩擦并降低刀具和工件的温度，防止产生积屑瘤并避免切屑细末粘附在铰刀刀刃上及孔壁和铰刀的刃带之间，从而减小加工表面的表面粗糙度与孔的扩大量。选用时可参照表 7-7。

表 7-7 铰削用切削液

加工材料	切削液
钢	(1) 10%～20%乳化液 (2) 30%工业植物油加 70%的浓度为 3%～5%的乳化液 (3) 工业植物油、猪油

续表

加工材料	切削液
铸铁	(1) 不用 (2) 煤油(但会引起孔径缩小) (2) 3%～5%的乳化液
铝	(1) 煤油 (2) 3%～5%的乳化液
铜	5%～8%的乳化液

(2) 使用手用铰刀时的注意事项如下。

① 工件要正确装夹,应尽可能使孔的轴线处于垂直或水平位置。

② 双手握住绞杠柄,用力要平衡,要均匀旋转并均匀进给,以获得较小的表面粗糙度值。

③ 为防止铰刀轴心线发生偏移,也可在钻孔后立即在主轴内换上顶尖进行顶铰。

④ 铰削过程中,要变换每次停歇的位置,要避免在同一处停歇而形成振痕。

⑤ 铰刀不能反转,退出时也要边顺向旋转边向上提起铰刀。铰刀反转,会使切屑卡在孔壁和主后刀面之间,将孔壁拉毛。铰刀反转也容易磨损刀刃,甚至崩刃。

⑥ 铰削钢料时,切屑碎末容易粘附在刀齿上,应注意经常退刀,清除切屑并及时注入切削液。

⑦ 铰削过程中,如果铰刀被卡住,不能猛力转动绞杠,以防止折断铰刀或崩刃。应谨慎退出铰刀,清除切屑和检查铰刀。

(3) 铰削圆锥孔的方法如下。

① 铰削尺寸比较小的圆锥孔。先按圆锥孔小端直径并留铰削余量钻出圆柱孔,对孔口按圆锥孔大端直径锪45°的倒角,然后用圆锥铰刀铰削。铰削过程中要经常用相配的锥销来检查孔径尺寸。

② 铰削尺寸比较大的圆锥孔。为了减小铰削余量,铰孔前需要先钻出阶梯孔,如图7-32所示。1∶50圆锥孔可钻两节阶梯孔;1∶10圆锥孔、1∶30圆锥孔、莫氏锥孔可钻三节阶梯孔。三节阶梯孔预钻孔直径的计算公式如表7-8所示。

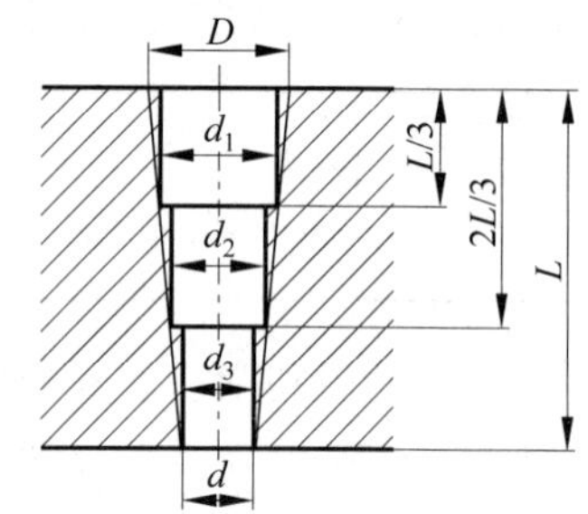

图7-32 预钻阶梯孔

表7-8 三节阶梯孔预钻孔直径计算

孔直径	计算公式	
圆锥孔大端直径 D	$d+LC$	(7-5)
距上端面 $L/3$ 的阶梯孔直径 d_1	$d+\frac{2}{3}LC-\delta$	(7-6)
距上端面 $2L/3$ 的阶梯孔直径 d_2	$d+\frac{1}{3}LC-\delta$	(7-7)
距上端面 L 的孔径 d_3	$d-\delta$	(7-8)

注:d 为圆锥孔小端直径,mm;L 为圆锥孔长度,mm;C 为圆锥孔锥度;δ 为铰削余量,mm。

(4) 手用调节式圆柱铰刀的铰削方法。先根据铰孔直径选择适当规格的手用调节式圆柱铰刀。通过旋转两端螺母轴向移动刀片,用千分尺测量,将铰刀直径调节到比被铰孔直径稍小一点的尺寸,然后旋紧两端螺母进行试铰。当铰削深度达到 1～2mm 时,退出铰刀,用千分尺测量孔口直径,若不符合要求,就重新调整刀片位置,再试铰,再用千分尺测量孔口直径,直至孔口直径符合要求,才可以进行铰削。

5) 注意事项

(1) 铰刀是精加工刀具,要注意保护刃口,避免碰撞,刃口若有毛刺或切屑粘附,可用油石小心地磨去。

(2) 铰刀排屑功能差,须经常退出清理屑末,防止卡住铰刀。

(3) 铰削定位圆锥孔时,由于锥度小,容易产生自锁,因此在铰削时,进给量不能太大,防止铰刀被卡住或折断。

(4) 铰削完成后,要将铰刀擦拭干净,涂上机油。

2. 铰孔加工练习

1) 练习图样

练习图样如图 7-33 所示。

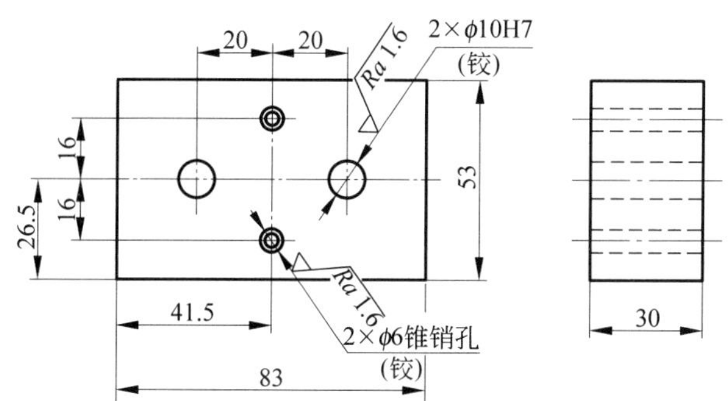

工件名称	材料	毛 坯 尺 寸	件数	学时
长方铁块	HT200	83mm×53mm×30mm	1	4

图 7-33　铰孔操作练习

2) 练习步骤

(1) 准备。熟悉图样,确定各孔的铰孔余量,选择钻底孔的钻头规格。

(2) 刃磨钻头并试钻,当底孔直径经试钻符合要求后再钻出底孔,并对孔口进行 0.5mm×45°倒角。

(3) 在练习件上按图样要求划出各孔位置加工线。

(4) 铰两圆柱孔,用相配的圆柱销配检。

(5) 铰两圆锥孔,用相配的圆锥销进行试配检验,可通过在锥销上涂色检查接触面情况,接触面积大于 65%为合格。

思考与练习

1. 名词解释

前刀面　主后刀面　副后刀面　主切削刃　副切削刃　横刃　顶角($2\kappa_r$)　前角(γ_0)　主后角(α_0)　横刃斜角(ψ)　群钻　钻孔　扩孔　锪孔　铰孔

2. 叙述题

(1) 钳工常用的钻床有哪几种?

(2) 中心钻分为哪四种类型?

(3) 简述麻花钻结构的三个部分及其作用。

(4) 刃磨钻头时如何选择砂轮?

(5) 修磨横刃时对砂轮的要求有哪些?

(6) 简述标准群钻刃形的主要特点。

(7) 简述薄板群钻刃形的特点。

(8) 叙述刃磨安全操作规程。

(9) 简述钻孔操作要点。

(10) 叙述钻床安全操作规程。

(11) 简述扩孔钻的结构形式及类型。

(12) 锪孔加工分为几类?

(13) 叙述锪孔的操作要点。

(14) 钳工常用的铰刀有哪几种?

(15) 手用调节式圆柱铰刀的铰削方法有哪些?

(16) 叙述铰削操作要点。

3. 计算题

(1) 钻头直径16mm,以n=300r/min的转速钻孔时,其切削速度v是多少? 背吃刀量a_p是多少?

(2) 在钢件(45钢)上钻ϕ10mm的孔,钻头材料为高速钢,钻孔深度为25mm,v取19m/min,试计算钻床主轴转速是多少?

(3) 已知圆锥孔的锥度C为1∶10,大端直径D=16mm,长度L=28mm,铰削余量δ=0.2mm,试计算铰孔前三节阶梯孔预钻孔的直径。

第8章 螺纹加工技术

除采用机械加工获得螺纹外，还可以采用手工方法获得螺纹，手工加工螺纹的方法分为攻削螺纹操作和套削螺纹操作。

8.1 攻削螺纹技术

1. 相关知识

1）攻削螺纹

用丝锥在孔中切削出内螺纹的操作称为攻削螺纹（简称攻螺纹）。

2）丝锥

丝锥是用来切削内螺纹的刃具。丝锥一般采用合金工具钢或高速钢制作并经淬火处理。按加工螺纹种类的不同分为普通三角螺纹丝锥、圆柱管螺纹丝锥和圆锥管螺纹丝锥；按加工方法的不同分为手用丝锥和机用丝锥。

（1）丝锥结构。丝锥的结构如图 8-1 所示。丝锥主要由工作部分和柄部构成。工作部分由切削部分 l_1 和校准部分 l_2 组成，切削部分的前角 $\gamma_0=8°\sim11°$，后角 $\alpha_0=6°\sim8°$起

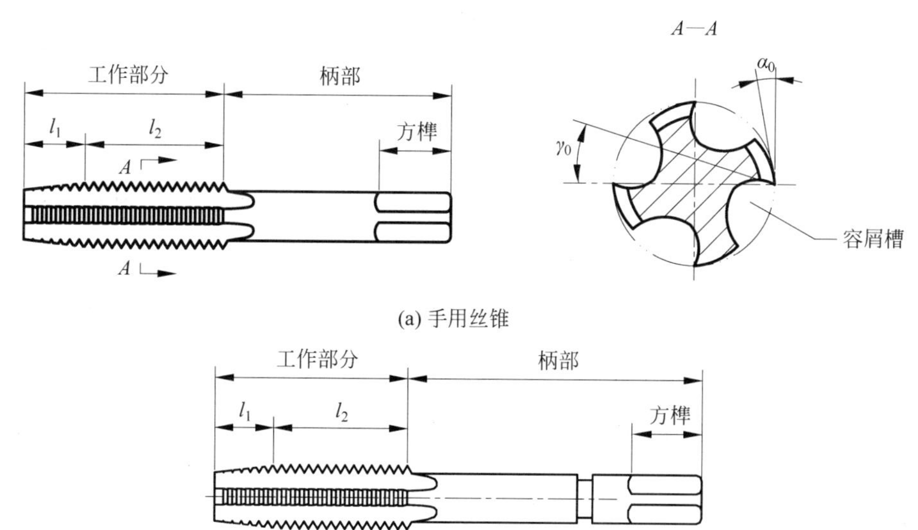

图 8-1　丝锥结构

切削作用。校准部分有完整的牙形用来修光和校准已切出的螺纹，并且引导丝锥沿轴向前进。为了减小丝锥校准部分与螺纹孔加工面之间的摩擦和挤压，一般经过铲磨的丝锥的倒锥量为 0.05～0.10mm/100mm，不铲磨的丝锥的倒锥量为 0.12～0.20mm/100mm。柄部有方榫，用来传递切削扭矩。

（2）成组丝锥。为了合理地分配切削负荷，提高丝锥的使用寿命和螺纹的质量，攻螺纹时使用几支丝锥依次分担切削量，这几支丝锥分别称为头锥、二锥和底锥。通常 M6～M24 规格的丝锥每组有两支；M6 以下及 M24 以上的丝锥每组有三支；细牙丝锥每组有两支。在成组丝锥中，对每把丝锥的切削量分配有两种形式：锥形分配和柱形分配。

① 锥形分配。锥形分配是在一组丝锥中，每把丝锥的大径、中径和小径都相同，所以也称等径丝锥，所不同的只是切削部分的长度和主偏角。头锥的切削部分长度为 5～7 个螺距，二锥的切削部分长度为 2.5～4 个螺距，底锥的切削部分长度为 1.5～2 个螺距，如图 8-2(a)所示。

② 柱形分配。柱形分配是指在一组丝锥中，头锥或二锥的大径、中径和小径都不相同，只有底锥才具有螺纹要求的轮廓和尺寸，所以也称为不等径丝锥，如图 8-2(b)所示。

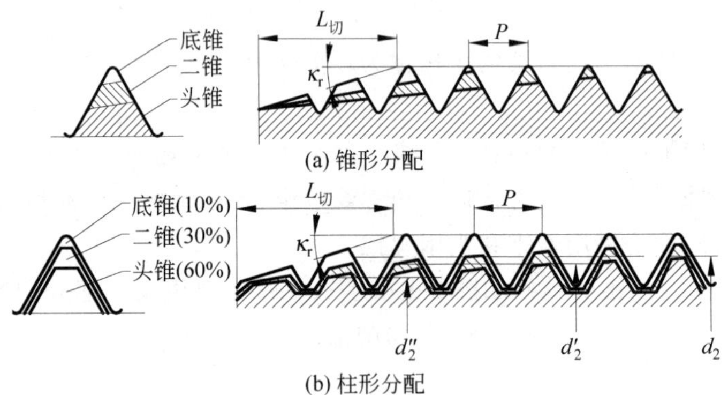

图 8-2　成组丝锥的切削分配

$L_切$—丝锥切削分配的长度；κ_r—切削锥角；d_2,d_2',d_2''—中径；P—螺距

3）铰杠

铰杠是用手工攻削螺纹时装夹丝锥的工具。铰杠分为普通铰杠(见图 8-3)和丁字形铰杠(见图 8-4)两类。每类铰杠又分为固定式和可调式两种。

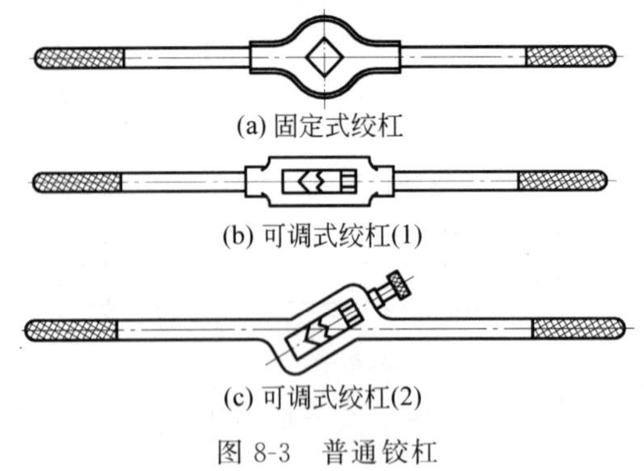

图 8-3　普通铰杠

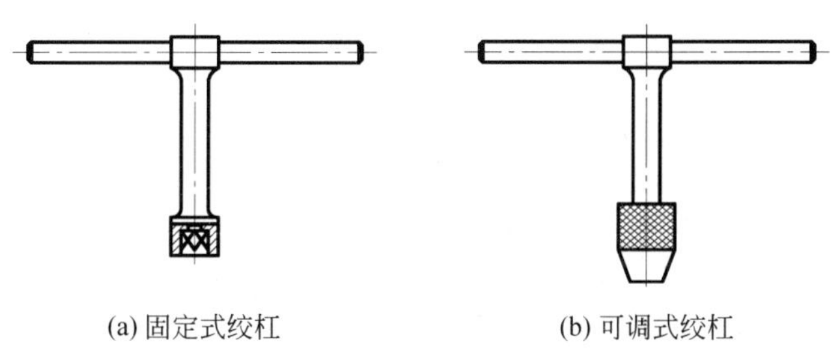

图 8-4　丁字形铰杠

4）攻削螺纹时绞杠长度的选择

攻削螺纹时绞杠的长度应根据表 8-1 进行选择。

表 8-1　攻削螺纹时绞杠长度的选择　　单位：mm

丝锥直径	≤6	8～10	12～14	≥16
绞杠长度	150～200	＞200～250	250～300	400～450

2. 攻削螺纹方法

1）攻削螺纹前底孔直径的确定

攻削螺纹时，丝锥对金属层有较强的挤压作用，会产生金属凸起并向牙尖流动的现象，这一现象对于韧性材料比较显著。若攻削螺纹前底孔直径与螺纹直径相同时，被丝锥挤出的金属会卡住丝锥，甚至折断丝锥、崩刃和造成螺纹烂牙，因此底孔直径应比螺纹小径略大，这样，挤出的金属流向牙尖并形成完整的螺纹，又不容易卡住丝锥。但是，若底孔直径过大，又会使螺纹的牙形高度不够，降低强度。所以确定底孔直径的大小要根据工件材料的塑性和被加工时的扩张量来考虑，使攻削螺纹时既有足够的空隙容纳被挤出的金属流，又能保证加工出的螺纹具有完整的牙形。普通螺纹攻螺纹前钻底孔的钻头直径（d_0）可按附录 F 选用。攻削普通螺纹前底孔直径也可用下列经验计算式确定。

（1）普通螺纹底孔直径的经验计算式，即

对脆性材料有
$$D_z = D - 1.05P \tag{8-1}$$

对韧性材料有
$$D_z = D - P \tag{8-2}$$

式中：D_z 为底孔直径，mm；D 为螺纹大径，mm；P 为螺距，mm。

【例 8-1】 分别在中碳钢和铸铁上攻削 M10×1.5 的螺纹，求出其底孔直径。

解　中碳钢属于韧性材料，故底孔直径为

$$D_z = D - P = 10 - 1.5 = 8.5(\text{mm})$$

铸铁属于脆性材料，故底孔直径为

$$D_z = D - 1.05P = 10 - 1.05 \times 1.5 = 8.4(\text{mm})$$

（2）英制螺纹底孔直径的经验计算式，即

对脆性材料有
$$D_z = 25\left(D - \frac{1}{n}\right) \tag{8-3}$$

对韧性材料有 $$D_z = 25\left(D - \frac{1}{n}\right) + (0.2 \sim 0.3) \tag{8-4}$$

式中：D_z 为底孔直径，mm；D 为螺纹大径，mm；n 为每英寸牙数。

2）不通孔螺纹的钻孔深度

钻不通孔的螺纹底孔时，由于丝锥的切削部分不能攻出完整的螺纹，所以钻孔深度要大于螺纹的有效长度，这段增加的长度大约等于螺纹大径的0.7倍，即

$$L = l + 0.7D \tag{8-5}$$

式中：L 为钻孔深度，mm；l 为需要的螺纹深度，mm；D 为螺纹大径，mm。

3）孔口倒角

钻完底孔后，应对孔口进行锪孔倒角（90°～120°），以使丝锥切削部分能够顺利切入底孔，通孔螺纹两端倒角，不通孔螺纹一端倒角。锪孔用的锪钻或麻花钻的直径为

$$D_{锪} = (1.1 \sim 1.2)D \tag{8-6}$$

式中：$D_{锪}$ 为锪孔直径，mm；D 为螺纹大径，mm。

4）攻削螺纹操作步骤

（1）起攻操作如下。

① 起攻握法。用头锥起攻时，可用一手掌按住绞杠中部，对丝锥施加压力，用另一手握住杠柄一端作顺时针旋转，如图8-5所示，当切削部分切入后，再用两手握住杠柄两端均匀施加压力作旋转切入，如图8-6所示。

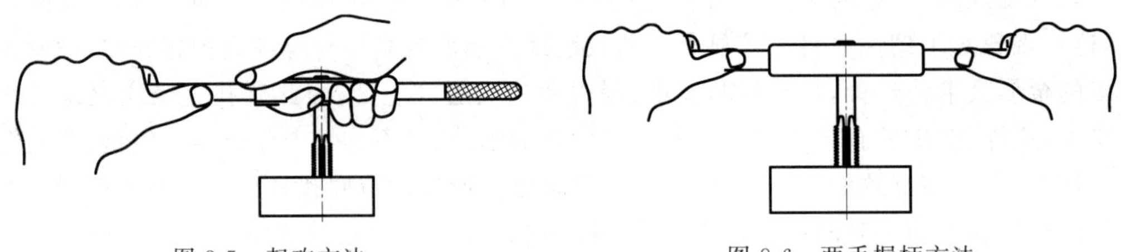

图8-5 起攻方法　　图8-6 两手握柄方法

② 起攻检查。在整个起攻阶段，特别要注意丝锥与工件表面的垂直度。当丝锥切入2～3圈后，应对丝锥与工件表面的垂直度进行检查，以保证丝锥中心线与底孔中心线重合。检查时，将绞杠取下，检查的方法有两种：一是用直角尺从前后、左右两个相互垂直的方向用90°直角尺进行检查，如图8-7所示；二是凭借经验进行目测判断，以后每切入1圈后就应检查一次。当丝锥切入5～6圈后，起攻阶段即完成，可进入后续攻削阶段。

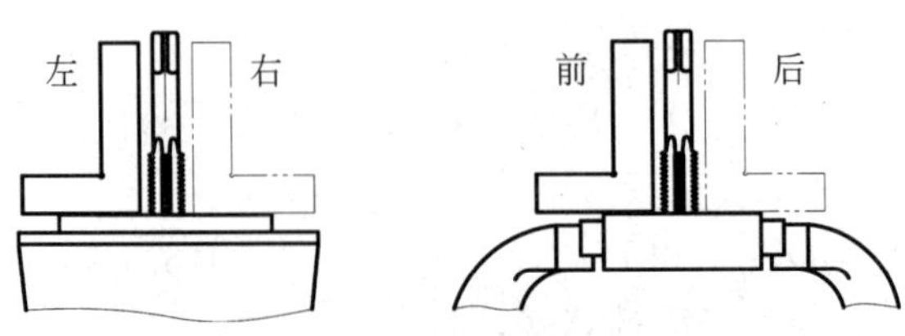

图8-7 直角尺检查丝锥垂直方法

③ 纠偏校正。起攻阶段时，若丝锥发生较明显偏斜，须及时进行纠偏操作，其操作方法是：将丝锥回退至开始状态，再将丝锥旋转切入，当接近偏斜位置的反方向位置时，可在该位置适当用力下压并旋转切入进行纠偏，如此反复几次，直至校正丝锥的位置为止，然后再继续攻削，如图 8-8 所示。

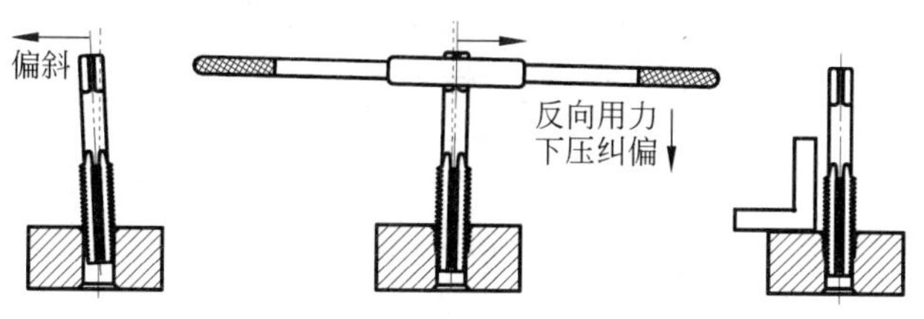

图 8-8 丝锥纠偏方法

(2) 中途攻削操作如下。

当丝锥切削部分全部切入底孔时就进入了中途攻削阶段，此阶段就不需要再对丝锥施加压力，仅需旋转杠柄即可。但要注意的是：在每次旋转切入 1/4～1/2 圈时，必须倒转 1/2～1 圈，再继续旋转切入，倒转的目的是及时自行断屑和排屑。

5) 注意事项

(1) 攻削螺纹时，必须以头锥、二锥和底锥顺序攻削至标准尺寸。

(2) 攻削较硬材料螺纹时，应采用头锥、二锥交替攻削的方法，可减轻头锥切削部分的负荷，防止丝锥折断。

(3) 攻削通孔螺纹时，应该从孔的一端连续攻出全部螺纹，不得中途从孔的另一端攻入，否则就会造成乱牙。

(4) 攻削不通孔时，可在丝锥上做好深度标记，并要经常退出丝锥，清除留在孔内的切屑。

(5) 攻削钢件时，可加注机油，螺纹质量要求较高时可加注工业植物油；攻削铸件时，可加注煤油。

(6) 攻削完成后需退出丝锥，当能用手直接旋转丝锥退出时，就不要旋转绞杠退出丝锥。可防止因旋转绞杠时产生的摆动对螺纹表面粗糙度的破坏。

3. 攻削螺纹练习

1) 练习图样

练习图样如图 8-9 所示。

2) 练习步骤

(1) 准备。熟悉图样，计算出 M8、M10、M12 内螺纹的底孔直径以及不通孔螺纹的钻孔深度。选用合适的夹具、量具、切削液、底孔钻头和选择主轴转速。

(2) 分别钻出 M8、M10、M12 内螺纹的底孔并锪孔倒角。

(3) 攻削螺纹操作，起攻后以头锥、二锥和底锥顺序攻削至标准尺寸。

(4) 交件待验。

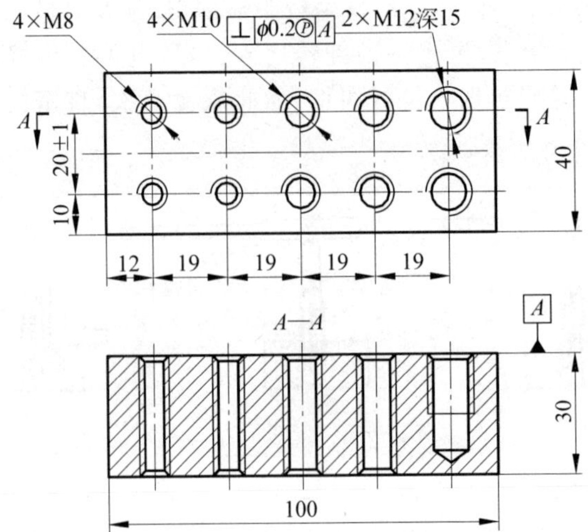

工件名称	材料	毛 坯 尺 寸	件数	学时
长方铁块	Q235钢	沿用7.3节中的练习工件	1	2

图 8-9　攻螺纹操作练习

8.2　套削螺纹技术

1. 相关知识

1）套削螺纹

用圆板牙在圆杆上切削出外螺纹的操作称为套削螺纹(简称套螺纹)。

2）圆板牙

圆板牙是用来切削外螺纹的刃具。圆板牙一般采用合金工具钢或高速钢制作并经淬火处理。它的基本结构像一个螺母，只是钻出几个容屑孔并形成切削刃。

(1) 圆板牙结构。圆板牙结构如图 8-10 所示。圆板牙两端的主偏角($2\kappa_r$)部分是切削部分(l_1)，主偏角的大小一般是 $2\kappa_r=40°\sim50°$；切削部分表示圆锥面(圆锥面的刀齿后角 $\alpha_0=0°$)，而是经过铲磨形成的阿基米德螺旋面，形成后角 $\alpha_0=7°\sim9°$；板牙的中间是校准部分(l_2)也是套螺纹时的导向部分；圆板牙的前面为曲线形，因此，前角大小沿着切削刃而变化，在小径处前角 γ_{01} 为最大，大径处前角 γ_{02} 为最小，一般 $\gamma_0=8°\sim12°$。

M3.5 以上的圆板牙，其外圆上有两个定位螺钉锥孔、两个调整螺钉锥孔和一个 V 形槽；M3.5 以下的圆板牙，其外圆上有一个定位螺钉锥孔、一个调整螺钉锥孔和一个 V 形槽。螺钉锥孔是用来将板牙固定在板牙架中传递转矩的。

(2) 圆板牙螺纹尺寸的调整。如果校准部分由于磨损会使螺纹尺寸变大以致超过公差范围时，可用锯片砂轮沿圆板牙外圆上的 V 形槽磨出一条通槽，用板牙架上的两个调整螺钉顶入板牙两个调整螺钉锥孔后，可使圆板牙的螺纹尺寸变小，调整的范围为 0.1～0.2mm；在 V 形槽开口处用板牙架上的定位螺钉顶入后可使板牙的螺纹尺寸变大。

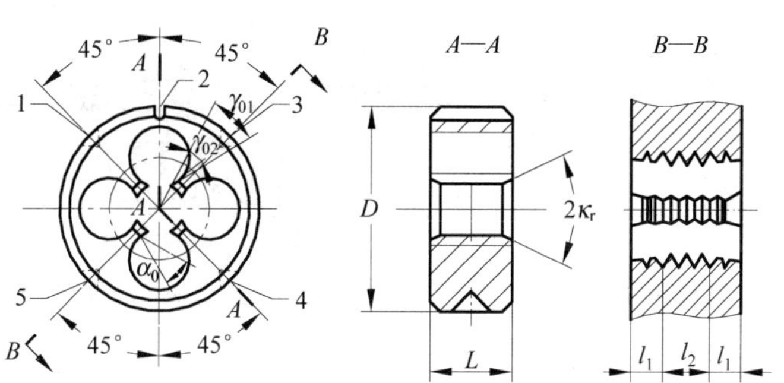

图 8-10　圆板牙结构

1,3—调整螺钉孔；2—V 形槽；4,5—定位螺钉孔；γ_{01}—小径处前角；γ_{02}—大径处前角；α_0—刀齿后角；$2\kappa_r$—主偏角；l_1—切削部分；l_2—校准部分

（3）板牙绞杠。板牙绞杠是手工套制螺纹时装夹圆板牙的工具。板牙绞杠如图 8-11 所示。

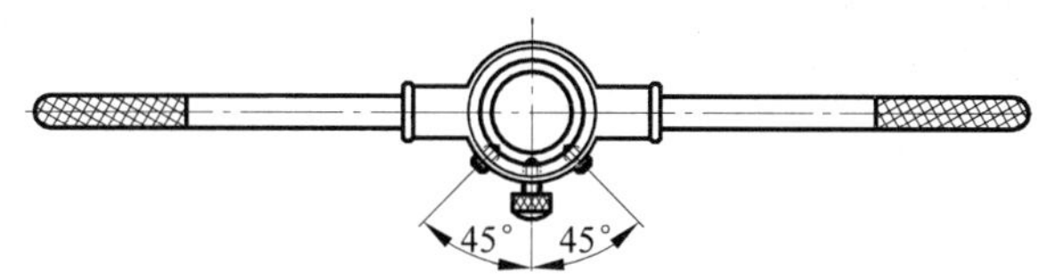

图 8-11　板牙绞杠

2. 套削螺纹方法

1）套削螺纹圆杆直径的确定方法

用圆板牙套制螺纹与丝锥攻制螺纹一样，切削刃对工件材料会产生挤压作用，因此圆杆直径要小于螺纹大径，普通螺纹套螺纹前圆杆直径可按附录 G 选用。套螺纹圆杆直径也可用下列经验计算式确定。

$$d_0 = d - 0.13P \tag{8-7}$$

式中：d_0 为圆杆直径，mm；d 为螺纹大径，mm；P 为螺距，mm。

2）圆杆端部倒角

为了使圆板牙在起套时能够顺利切入工件并作正确引导，必须对圆杆端部进行倒角，一般倒成锥半角为 15°～20°的锥体，如图 8-12 所示。

3）套削螺纹操作步骤

（1）工件夹持。套削螺纹时由于切削转矩比较大，为了防止在套削螺纹时圆杆发生移动和转动的现象，可采用铜钳口或 V 形铁来夹持圆杆，以增大摩擦阻力，而且要使圆杆的被套削部分适当靠近钳口，如图 8-13 所示。

（2）起套操作方法及步骤如下。

① 起套握法。起套握法有两种：一种与攻丝时的起攻方法一样，用一手掌按住绞杠中部沿着圆杆轴向施加压力，用另一手握住杠柄一端作顺时针旋转，当切削部分全部切入后，再用两手握住杠柄两端均匀施加压力作旋转切入，动作要慢，压力要大（见图 8-14）；

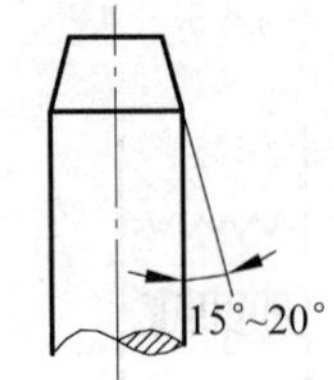

图 8-12 圆杆端部倒角

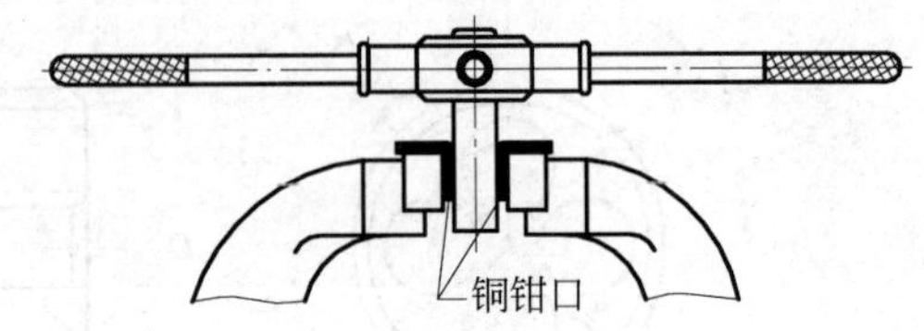

图 8-13 采用铜钳口夹持圆杆

另一种是用两手握住杠柄的中部并用两手的大拇指按住杠柄的上面，一面沿着圆杆轴向施加压力，一面向下作顺时针旋转，当切削全部切入后，再用两手握住杠柄两端均匀施加压力作旋转切入，动作要慢，压力要大，如图 8-15 所示。

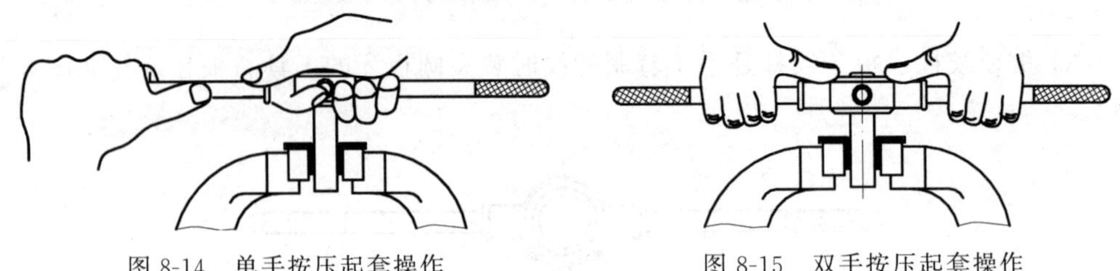

图 8-14 单手按压起套操作　　图 8-15 双手按压起套操作

② 起套检查。当圆板牙切入 2～3 牙后，应及时检查圆板牙与圆杆的垂直度，检查时，可将绞杠取下，检查的方法有两种：一是从台虎钳上卸下圆杆，用直角尺从前后、左右两个相互垂直的方向用 90°直角尺进行检查，如图 8-16 所示；二是凭借经验进行目测判断，每切入 1 圈就应检查一次。当圆板牙切入 4～5 圈时，即起套阶段完成，可进入中途套削阶段。

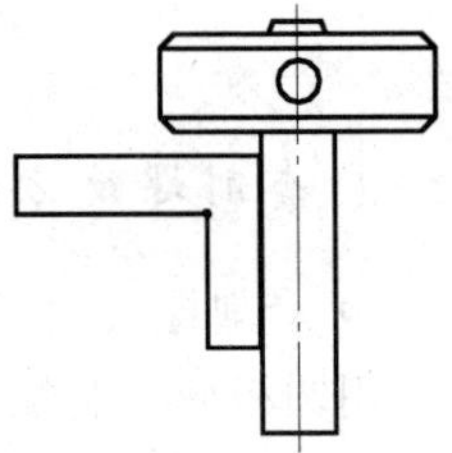

图 8-16 直角尺检查

③ 纠偏校正。起套螺纹时，若圆板牙发生较明显偏斜，可对其进行纠偏(方法与攻螺纹时的纠偏校正操作基本相同)，操作方法是：将圆板牙回退至开始位置，再将圆板牙旋转切入，当接近偏斜位置的反方向位置时，可在该位置适当用力下压并旋转切入进行纠偏，如此反复几次，直至校正圆板牙的位置为止，然后再继续套削。

(3) 中途套削。当校正部分全部切入底孔时，就进入中途套削，此时不需要再对圆板牙施加压力，仅旋转杠柄即可。但要注意的是：在每次旋转切入 1/2～1 圈时，必须倒转 1/4 圈，再继续旋转切入，倒转的目的是及时自行断屑和排屑。

由于圆板牙的切削部分和校准部分都比较短，再加上在套削时两手用力不均匀、不平衡，因此在后续套削中也容易出现圆板牙发生偏斜，出现螺纹牙形一面深一面浅的状况，因此，两手施加于杠柄的压力一定要均匀、平衡，并且要经常观察套削出来的螺纹是否正常。若发生偏斜，可采用上述纠偏校正的方法进行纠正。

(4) 注意事项如下。

① 一定要按照要求进行圆杆端部倒角，若端部倒角不充分，则圆板牙是很难切入工件的。

② 套削钢件时,可加注机油和较浓的切削液,螺纹质量要求较高时可加注工业植物油。

3. 套削螺纹练习

1）练习图样

练习图样如图 8-17 所示。

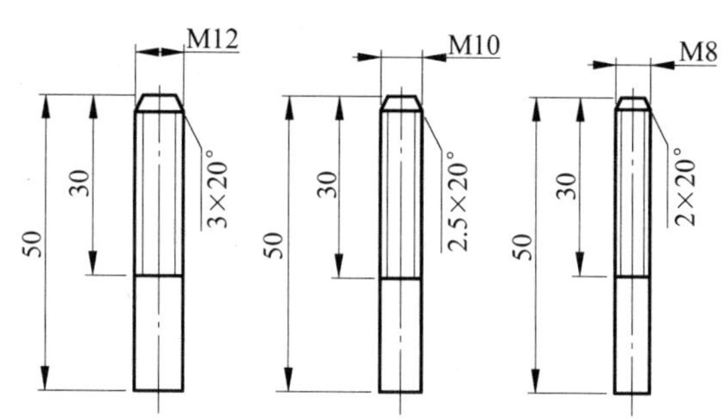

工件名称	材料	毛坯尺寸	件数	学时
圆钢	Q235钢	(10±0.8)mm×(10±0.8)mm×50 (12±0.8)mm×(12±0.8)mm×50 (14±0.8)mm×(14±0.8)mm×50	各1	1

图 8-17 套削螺纹操作练习

2）练习步骤

(1) 准备。熟悉图样,计算出 M8、M10、M12 外螺纹的圆杆直径。选用合适的夹具、量具、切削液。

(2) 将由第 5 章转下的材料[(10±0.8)×1 根、(12±0.8)×1 根、(14±0.8)×1 根]分别通过方锉圆的加工形式锉成 M8、M10、M12 外螺纹所需要的圆杆直径。

(3) 套螺纹操作。

(4) 交件待验。

思考与练习

1. 名词解释

攻削螺纹　套削螺纹

2. 叙述题

(1) 叙述丝锥的结构。

(2) 叙述丝锥切削量的锥形分配形式。

(3) 叙述丝锥切削量的柱形分配形式。

(4) 叙述中途攻削螺纹时要注意的操作。

(5) 叙述圆板牙的结构。

(6) 叙述圆板牙螺纹尺寸的调整方法。

3. 计算题

(1) 分别在中碳钢和铸铁上攻削 M8×1.25 的螺纹，试求底孔直径。

(2) 在一工件上需攻制出 M12 的不通孔内螺纹，其螺纹深度为 30mm，试求底孔直径和钻孔深度。

(3) 在一工件上需套制出 M10 的外螺纹，求套螺纹前圆杆直径。

第9章 矫正与弯形加工技术

矫正与弯形加工可以在专用机器上进行，也可通过钳工用手工方法进行。钳工采用手工方法进行工件的矫正与弯形，具有灵活、便捷的优势。钳工一般在铁砧和台虎钳上进行矫正与弯形的手工操作。

9.1 矫正技术

1. 相关知识

1）矫正

消除工件材料的弯曲、扭曲、凹凸不平等缺陷的操作称为矫正。

2）矫正特点

在矫正过程中，材料受到锤击、扭曲，会使金属晶格发生畸变，从而引起金属强化，金属表面硬度增加，塑性降低，这种现象称为冷作硬化。它对材料的进一步矫正和其他冷加工带来困难，必要时可通过退火处理，使材料恢复到原来的力学性能。矫正是针对塑性变形而言，只有塑性好的材料才能进行矫正。

3）矫正工具

矫正工具分为支撑工具、加力工具和检验量具等。

（1）支撑工具，如矫正用平板、铁砧和V形架等。

（2）施力工具，如锤子、铜锤、木锤和压力机等。

（3）检验量具，如平板、角尺、直尺和百分表等。

2. 手工矫正方法

手工矫正方法主要有扭转法、弯曲法、延展法和伸张法等。

1）扭转法

对工件施以扭矩，使其产生扭转塑性变形的矫正方法。这种方法用来矫正受到扭曲变形的工件，如图9-1所示。

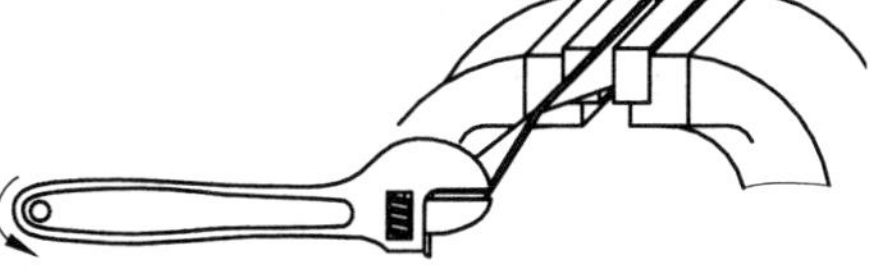

图9-1 扭转法矫正工件

2）弯曲法

对工件施以弯矩，使其产生弯曲塑性变形的矫正方法。这种方法用来矫正受到弯曲变形的工件，一种方法是用台虎钳夹持工件，弯曲部分尽量靠近钳口，再用活动扳手把弯曲部分扳直，如图 9-2(a)所示；另一种方法是用台虎钳将弯曲部分大致夹直，如图 9-2(b)所示，然后再将工件放在铁砧上用手锤锤平，如图 9-2(c)所示。

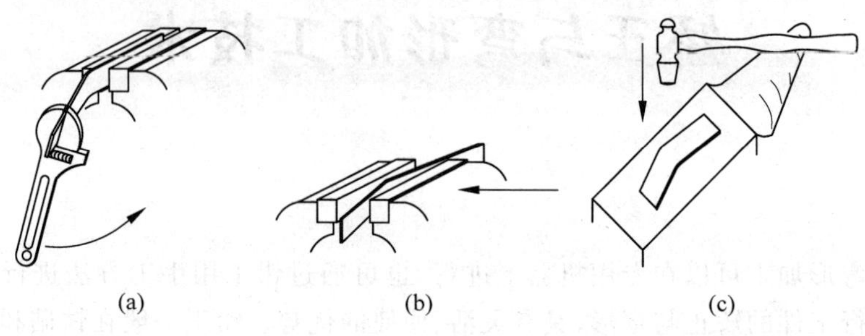

图 9-2 弯曲法矫正工件

3）延展法

用锤子等施力工具锤击材料的适当部位，使其局部产生伸长和展开的塑性变形来达到目的的矫正方法。这种方法用来矫平较复杂的变形工件，对于在宽度方向上弯曲的条形板料，可先将其凸面向上放在铁砧上，锤击凸面，然后再将其平放在铁砧上，锤击弯形弧短的一边，经过锤击后短的一边的材料伸展变长，从而矫直条形板料，如图 9-3(a)所示。对于中部凸起的板料，不能直接锤击凸起部位，必须在凸起部位的边缘，从外到里并由重到轻、由密到疏地进行锤击，这样才能使凸起部位逐渐趋于平整，如图 9-3(b)所示。进行此项操作时，握持材料的左手应戴上手套，防止震伤手。

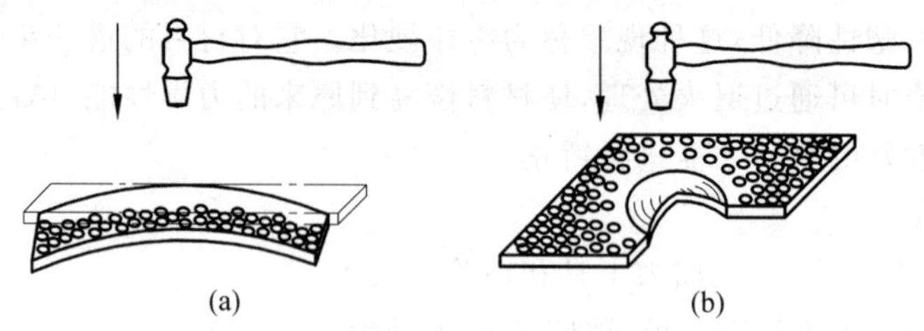

图 9-3 延展法矫正工件

4）伸张法

对工件施以拉力，使其产生轴向拉伸变形的矫正方法。这种方法用来矫直受到弯曲变形的线材，如图 9-4 所示。进行此项操作时，双手应戴上帆布手套，防止拉伤手。

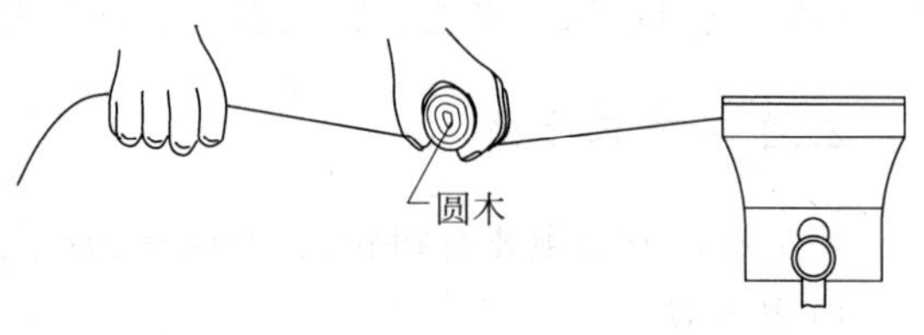

图 9-4 伸张法矫直工件

5）注意事项

（1）对薄而软以及有表面粗糙度要求的工件，要使用木锤或用木板垫上进行锤击。

（2）锤击时，要尽量使锤头垂直地锤击工件表面。

（3）对淬火后未经回火以及脆性的工件，由于在受到锤击后容易发生断裂，所以不能进行矫正操作。

9.2　弯形技术

1. 相关知识

1）弯形

将工件材料弯曲成所需形状的操作称为弯形。

（1）中性层概念。钢板在弯形前后的状况如图 9-5 所示，图 9-5(a)为弯形前的钢板。图 9-5(b)为弯形后的钢板，它的外层材料因为拉伸而伸长（图中 e-e 和 d-d），内层材料因为压缩而缩短（图中 a-a 和 b-b），而中间的一层材料（图中 c-c）在弯形后的长度不变，这一层就称为中性层。材料弯曲部分的断面虽然由于拉伸和压缩而发生变形，但其断面面积保持不变。

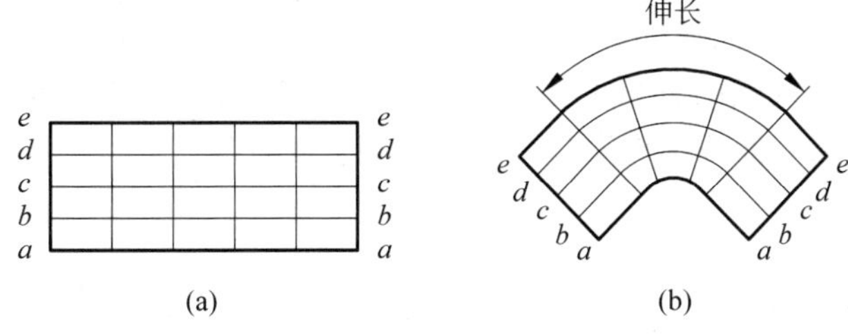

图 9-5　钢板在弯形前后的状况

（2）影响中性层位置的因素。由于材料在弯形后，中性层的长度不变，且中性层的位置一般都不在材料厚度的中间，而是与材料的弯形半径 r 和材料厚度 t 的比值 r/t 有关。中性层至内曲面的距离为 $x_0 t$。在材料的弯形过程中，如图 9-6 和图 9-7 所示，其变形大小与下列因素有关。

① 当材料厚度 t 一定时，比值 r/t 越小，中性层位置系数 x_0 也越小，变形则越大；反之，变形则越小。

② 弯形角 α 越小，变形则越小；反之，变形则越大。

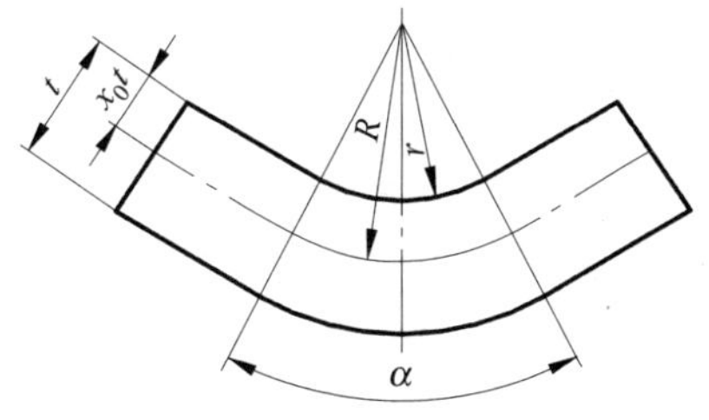

图 9-6　弯形半径和弯形角

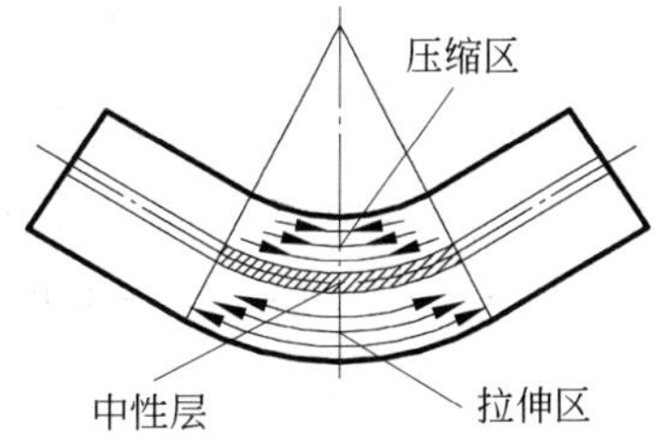

图 9-7　弯形时中性层的位置

由此可见，当材料厚度不变，弯形半径越大，变形越小，而中性层越接近材料厚度的中间。当弯形半径不变，材料厚度越小，而中性层也越接近材料厚度的中间。因此在不同的弯形情况下，中性层的位置是不同的，表 9-1 为中性层位置系数 x_0 的数值。

表 9-1　中性层位置系数 x_0 的数值

r/t	0.25	0.5	0.8	1	2	3	4	5	6	7	8	10	12	14	≥16
x_0	0.2	0.25	0.3	0.35	0.37	0.4	0.41	0.43	0.44	0.45	0.46	0.47	0.48	0.49	0.5

2）弯形特点

弯形时，越接近外层材料表面变形越严重，也越容易出现拉裂和压裂现象；而外层材料的变形程度取决于弯形半径的大小，弯形半径越小，外层材料变形就越大。因此，必须限制材料的弯形半径，通常材料的弯形半径应大于2倍的材料厚度。

3）弯形前圆弧部分中性层长度的计算

从表9-1中的 r/t 比值可以知道，当弯形半径 r 大于或等于16倍材料厚度 t 时，中性层的位置在材料厚度的中间。因此在弯形前计算材料圆弧部分中性层长度时，一般情况下，为简化计算，当 $r/t \geqslant 8$ 时，可取 $x_0=0.5$ 进行计算。

常见的几种弯形形式如图9-8所示。其中，图9-8(a)、(b)、(c)为内边带圆弧的工件，图9-8(d)为内边不带圆弧的直角工件，图中直线部分和内边圆弧长度相加之和即为毛坯的总长度。前三种圆弧部分中性层长度可按下列公式计算：

$$A=\pi(r+x_0t)\frac{\alpha}{180^\circ}$$

式中：A 为圆弧部分中性层长度，mm；r 为内弯形半径，mm；x_0 为中性层位置系数；t 为材料厚度；α 为弯形角，(°)。

弯整圆形状时，$\alpha=360^\circ$；弯直角形状时，$\alpha=90^\circ$；弯任意角度形状时，α 可按照图样尺寸确定。对于内边弯成直角并不带圆弧的工件，求材料长度时，按照 $r=0$ 进行计算。

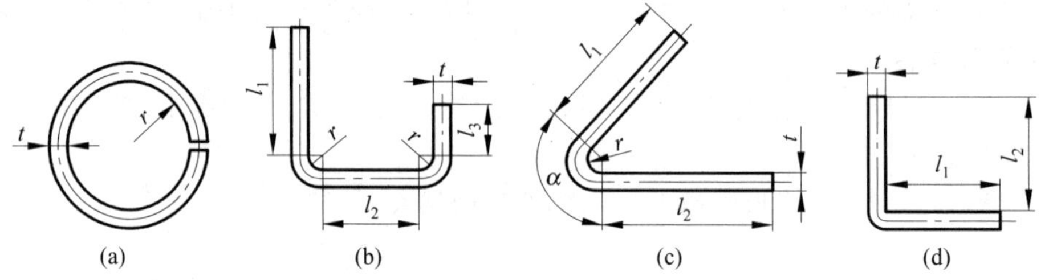

图 9-8　常见的弯形形式

【例 9-1】 已知图9-8(c)中工件的弯形角 $\alpha=120^\circ$，内弯形半径 $r=15$mm，材料厚度 $t=4$mm，边长 $l_1=70$mm，$l_2=80$mm，求毛坯总长度 L。

解　根据 r/t，得

$$r/t=15/4\approx 4$$

根据 $r/t=4$ 查表得 $x_0=0.41$。

根据圆弧长度 $A=\pi(r+x_0t)\frac{\alpha}{180^\circ}$，得

$$A=3.14\times(15+0.41\times4)\times\frac{120^\circ}{180^\circ}\approx 34.83(\text{mm})$$

则毛坯总长度为

$$L = l_1 + l_2 + A = 70 + 80 + 34.83 = 184.83(\text{mm})$$

【例 9-2】 已知图 9-8(d)中，需要将工件弯成内边不带圆弧的直角，已知材料厚度 $t=3\text{mm}$，$l_1=60\text{mm}$，$l_2=90\text{mm}$，求毛坯总长度 L。

解　因内边为不带圆弧的直角，所以按 $r=0$ 进行计算，则

$$L = l_1 + l_2 + A = 60 + 90 + 0.5 \times 3 = 151.5(\text{mm})$$

2. 弯形操作方法

1）弯形操作方法的种类

按照加工特点的不同，弯形分为冷弯和热弯两种；按照加工方法的不同，又分为手工弯形和机械弯形两种。在常温下进行的弯形操作称为冷弯，冷弯可以通过机械和手工进行操作；对厚度大于 5mm 的板料以及直径较大的棒料和管料等，通常要将工件加热后再进行的弯形操作称为热弯，热弯主要由锻工承担，可以通过机械和手工进行操作。

2）装夹方法

一般情况下，要使工件尽量夹持在虎钳的中部，注意要使弯形位置线与钳口对齐，侧面(或中心线)要垂直于钳口上面，如图 9-9 所示。进行多直角弯形时要利用胎模和垫铁等工具辅助弯形操作。

3）锤击方法

以木锤在靠近弯曲部位的全长上锤击，或用硬木块垫着用手锤锤击，如图 9-10 所示，直至符合弯形要求。

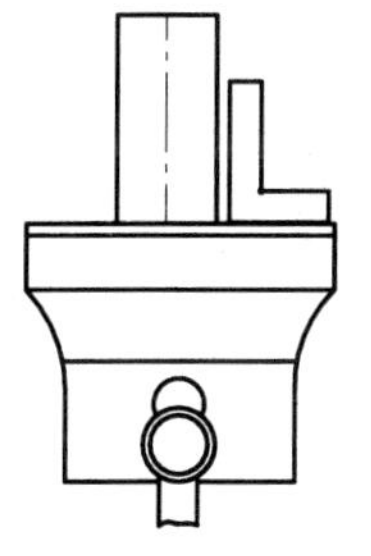

图 9-9　在虎钳上夹持工件

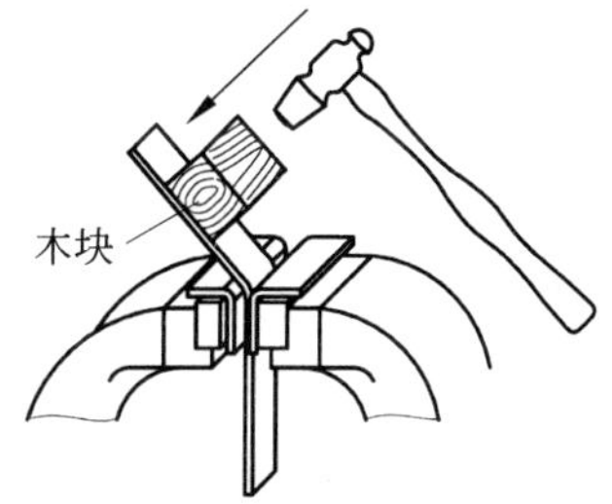

图 9-10　用硬木块垫着锤击

4）板料弯形操作方法

(1) 多直角板料弯形操作方法。弯制如图 9-11(a)所示多直角板料工件时，可用胎模和垫铁作辅助工具进行弯形操作。弯形步骤如下。

① 下料、划出弯形位置线。

② 第一次装夹，弯出 A 处直角形状至要求，如图 9-11(b)所示。

③ 第二次装夹，利用胎模和垫铁，弯出 B 处直角形状至要求，如图 9-11(c)所示。

④ 第三次装夹，利用胎模和垫铁，弯出 C、D 处直角形状至要求，如图 9-11(d)所示。

⑤ 检查，对有缺陷的部位作适当矫正。

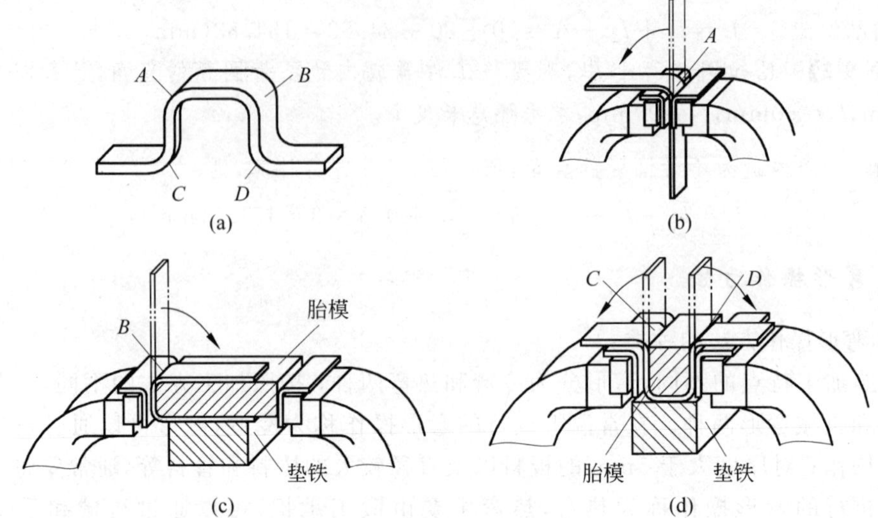

图 9-11　多直角工件弯形操作方法

（2）薄板料卷边操作方法。弯制如图 9-12(a)所示薄板料卷边。弯形步骤如下。

① 下料，在板料的一端划出弯形位置线，$L=2.5d$，$l=(1/4\sim1/3)L$。

② 如图 9-12(b)所示，把工件放在平台上，伸出平台边缘 l 长度处，经锤击弯曲成 70°左右。

③ 继续锤击弯曲至 L 长度处，如图 9-12(c)所示。

④ 翻转板料，锤击端部向内弯曲，如图 9-12(d)、(e)所示。

⑤ 如图 9-12(f)所示，再次翻转板料，接口处紧靠平台边缘，轻锤收口。

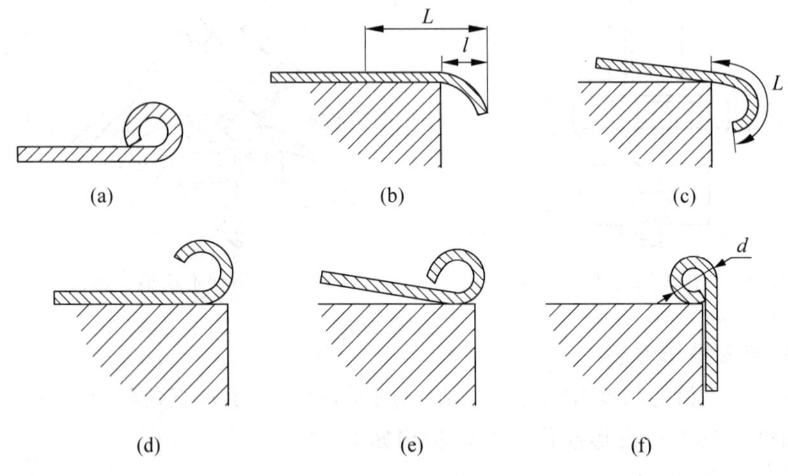

图 9-12　薄板料卷边操作方法

（3）圆弧形板料弯形操作方法。弯制如图 9-13(a)所示圆弧形板料。弯形步骤如下。

① 下料，在板料的两端划出弯形位置线。

② 如图 9-13(b)所示，将两块角铁放在钳口上面做衬垫来夹持工件，再用手锤锤击板料弯曲部位成 60°左右。

③ 翻转板料，用手锤和垫铁配合锤击弯曲部位，反面用木棒顶推，如图 9-13(c)所示。

④ 再次翻转板料，用手锤和垫铁配合锤击弯曲部位，反面用木棒顶推，如图 9-13(d)、(e)所示。

⑤ 如图 9-13(f)所示，最后将工件放在模座上，通过锤击圆钢来对工件进行修整性锤击。

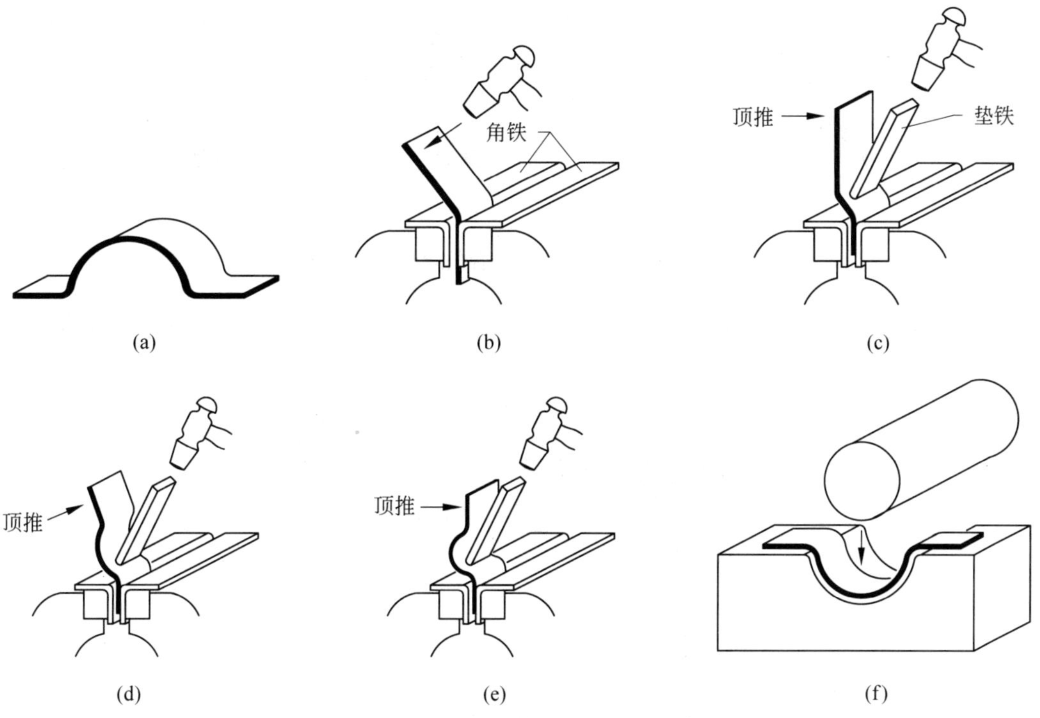

图 9-13 圆弧形板料弯形操作方法

5）圆弧和角度结合的弯形操作方法

弯制如图 9-14(a)所示圆弧形板料。弯形步骤如下。

(1) 下料，在板料的两端划出弯形位置线。

(2) 首先将两端的孔和圆弧加工至要求。

(3) 再将两端 A、B 处弯形之要求，如图 9-14(b)、(c)、(d)所示。

(4) 最后在圆钢上将大圆弧弯曲至要求，如图 9-14(e)、(f)所示。

6）管料弯形操作方法

机器上用的油管，直径在 12mm 以下的可以采用冷弯方法，直径 12mm 以上的可以采用热弯方法。管料弯形半径必须是管料直径的 4 倍及以上，当管料直径在 10mm 以上时，为防止管料弯瘪，必须将干沙灌入管内，两端用木塞塞紧，如果是采用热弯，还须在木塞上钻出排气孔，以使热弯时管内水蒸气能够顺利排出，防止管料炸裂，如图 9-15 所示。

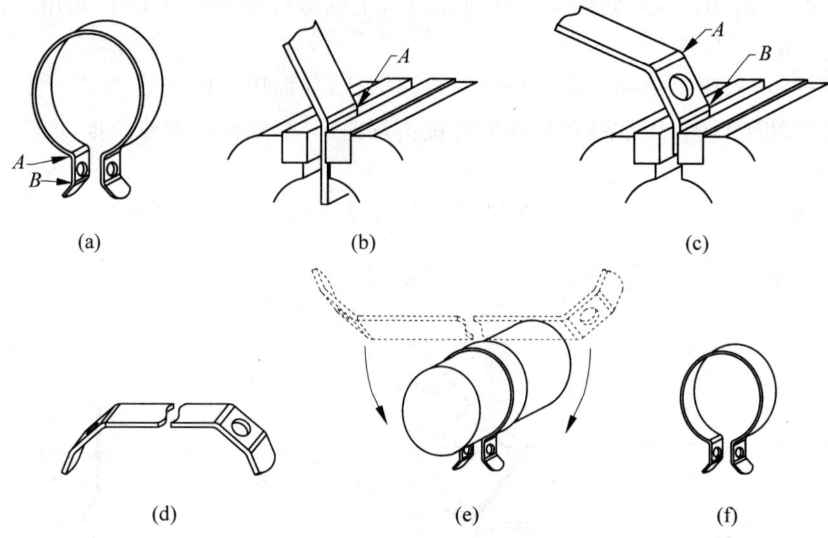

图 9-14 圆弧和角度结合的弯形操作方法

当管料为有缝管时，必须将焊缝置于中性层位置上进行弯形，管料的弯形操作主要是在弯管工具上进行。

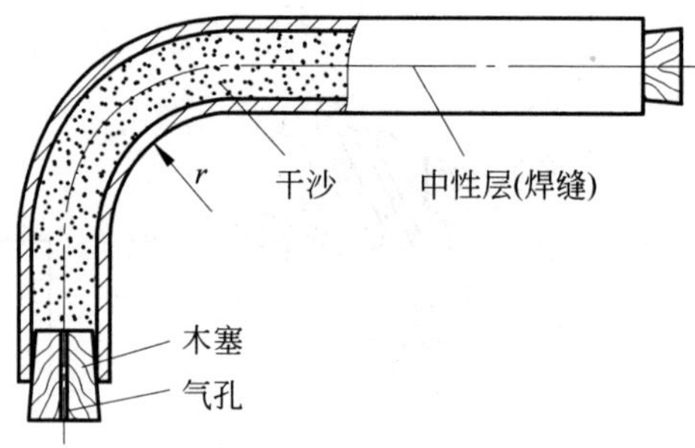

图 9-15 热弯管料操作

一般情况下，对于直径在 30mm 及以下且管壁在 3mm 及以下的普通管料，可采用人工手动弯管器进行冷弯操作，手动弯管器主要结构如图 9-16(a)所示，手动弯管器可进行 90°、180°等角度弯管操作，如图 9-16(b)、(c)所示。

3. 弯形练习

1）练习图样

练习图样如图 9-17 所示。

2）练习步骤。

(1) 下料，划出套卡弯形位置线。

(2) 利用胎模和垫铁，分别弯出各处直角形状至要求。

(3) 检查，对有缺陷的部位作适当矫正。

(4) 交件待验。

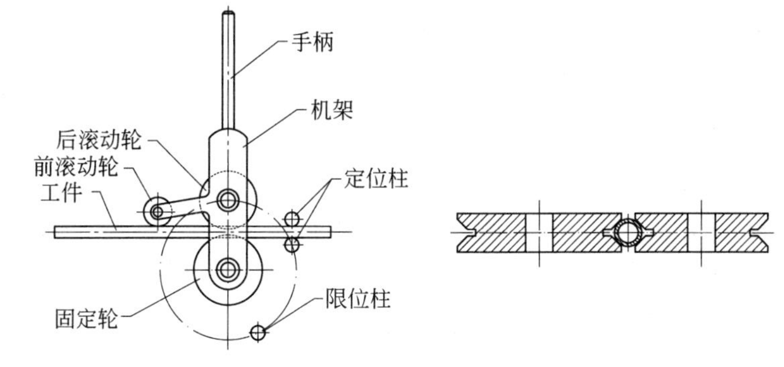

(a) 弯管器主要结构

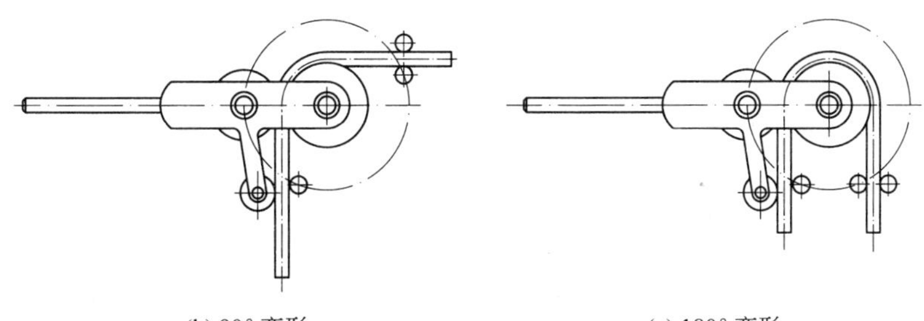

(b) 90° 弯形　　(c) 180° 弯形

图 9-16　弯管器弯制管料操作

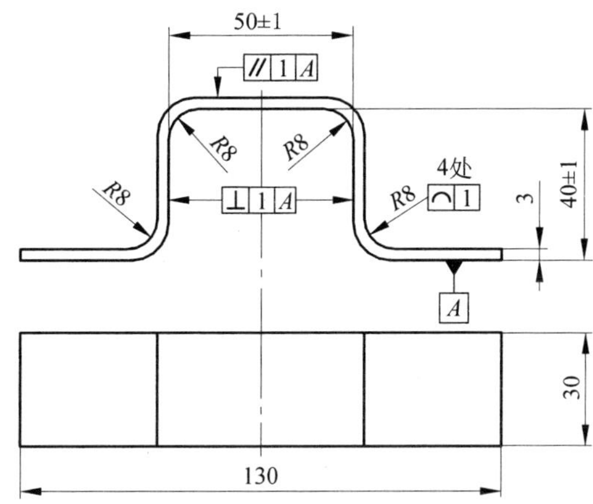

工件名称	材料	毛 坯 尺 寸	件数	学时
套卡	Q235钢	220mm×40mm×3mm	1	2

图 9-17　弯形操作练习

思考与练习

1. 名词解释

矫正　扭转法　弯曲法　延展法　伸张法　弯形

2. 叙述题

(1) 叙述矫正的特点。

(2) 叙述中性层概念。

(3) 叙述弯形的特点。

(4) 叙述管料弯形操作方法。

3. 计算题

(1) 如图 9-18 所示，已知某工件弯形角 $\alpha=120°$，内弯形半径 $r=16\text{mm}$，材料厚度 $t=4\text{mm}$，边长 $l_1=50\text{mm}$，$l_2=100\text{mm}$，试求弯形前毛坯总长度 L（中性层系数 $x_0=0.41$）。

(2) 如图 9-19 所示，需要将工件弯成内边不带圆弧的直角，已知材料厚度 $t=4\text{mm}$，边长 $l_1=60\text{mm}$，$l_2=100\text{mm}$，试求弯形前毛坯总长度 L。

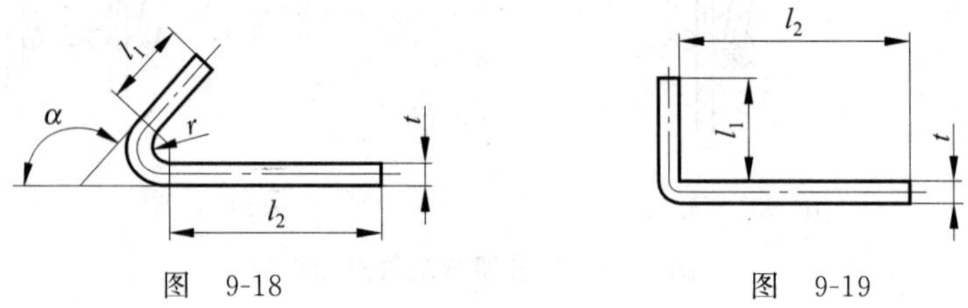

图 9-18　　图 9-19

(3) 如图 9-20 所示，已知 $R=60\text{mm}$，$r=15\text{mm}$，材料厚度 $t=4\text{mm}$，边长 $l_1=50\text{mm}$，$l_2=50\text{mm}$，试求弯形前毛坯总长度 L（中性层系数 $x_0=0.5$）。

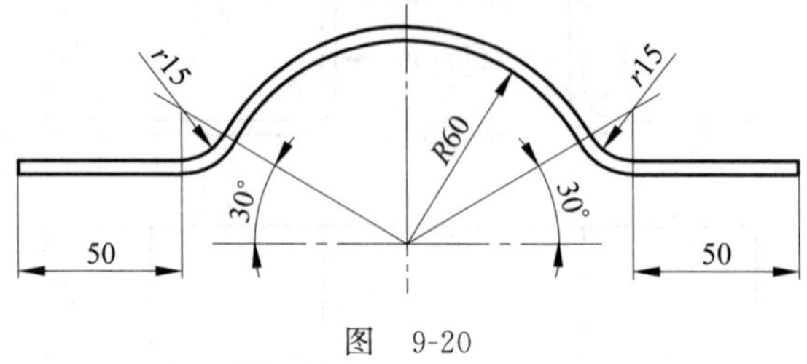

图 9-20

第10章 铆接加工技术

用铆钉将两个或两个以上的工件形成不可拆卸连接的操作称为铆接。目前，在很多结构件连接中，铆接已大量被焊接所取代，但因铆接具有操作简便、抗振性强和抗冲击性强等特点，所以在船舶、飞机、汽车、桥梁、铁路车辆和工具制造等领域，仍然占有一席之地。

10.1 铆接概述

1. 铆接种类

按照构件不同的连接要求，铆接可分为活动铆接和固定铆接两种。

1）活动铆接

活动铆接又称为铰链铆接，是指结合部位可以相互转动的铆接。如手虎钳、钢丝钳、内外卡钳、划规和剪刀等工具的铆接。

2）固定铆接

固定铆接是指结合部位不可相对运动的铆接。按用途和工作要求又可分为如下类型。

（1）强固铆接。应用于结构需要有高强度、能承受强大载荷部位的铆接，如桥梁、车辆、起重设备等。

（2）紧密铆接。应用于承受压力较小，但对密封性、防渗性能要求很高的低压容器及各种流体管路的铆接，如水箱、油罐等。

（3）强密铆接。应用于能够承受巨大压力、结合处非常严密的高压容器的铆接，如锅炉、压缩空气罐等。

2. 铆接形式

按照构件不同的连接形式，铆接可分搭接、对接和角接三种形式。

1）搭接

搭接又分为直边连接和折边连接两种形式，如图 10-1 所示。

2）对接

对接又分为单盖板连接和双盖板连接两种形式，如图 10-2 所示。

3）角接

角接又分为单角钢连接和双角钢连接两种形式，如图 10-3 所示。

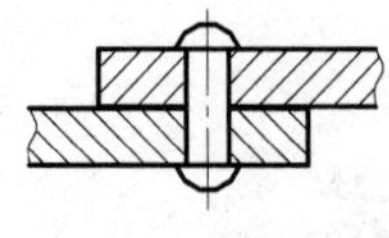

(a) 直边连接形式

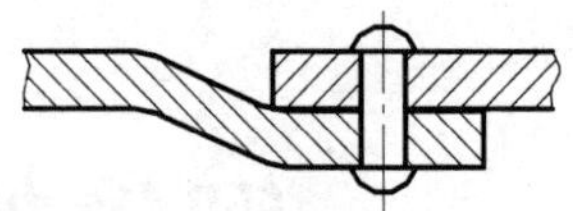

(b) 折边连接形式

图 10-1　搭接形式

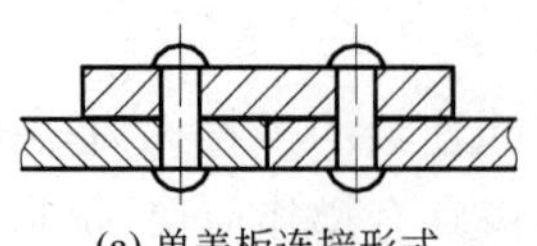

(a) 单盖板连接形式

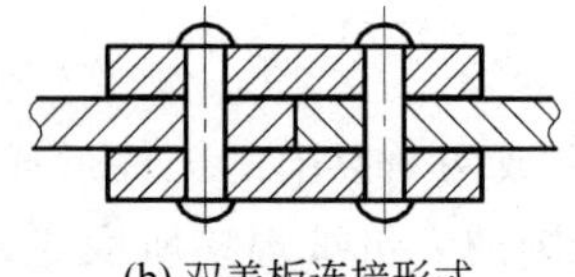

(b) 双盖板连接形式

图 10-2　对接形式

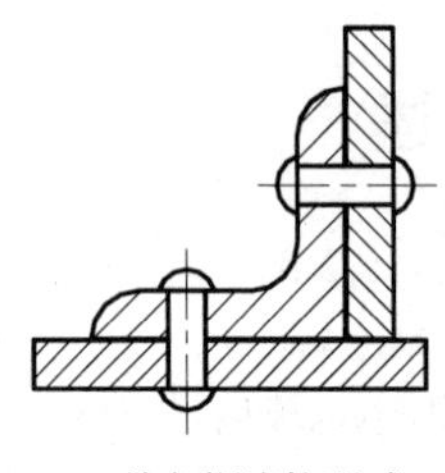

(a) 单角钢连接形式

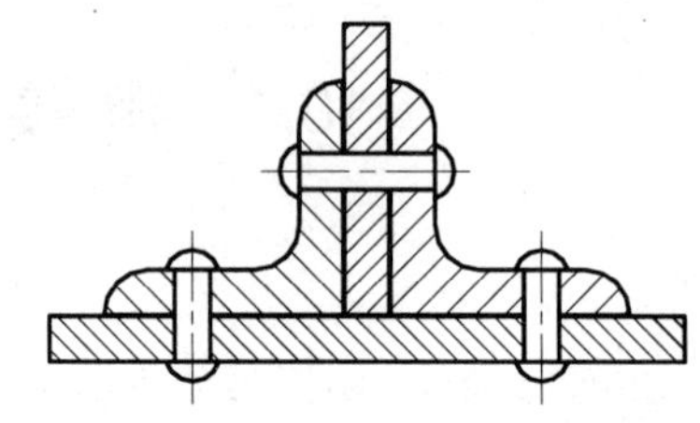

(b) 双角钢连接形式

图 10-3　角接形式

3. 铆接方法

按照铆接方法的不同，铆接又分为冷铆、热铆和混合铆三种。

1）冷铆

冷铆不需将铆钉加热，在常温下直接镦出铆合头，应用于直径在 8mm 以下的钢制铆钉。冷铆用的铆钉材料必须具有较好的塑性。

2）热铆

热铆将整个铆钉加热到一定温度后再铆接，热铆容易成形，冷却后能获得较高的结合强度。热铆时铆钉孔直径应加大 0.5～1mm，使铆钉在加热膨胀时容易插入。直径大于 8mm 的钢制铆钉一般采用热铆。

3）混合铆

混合铆只需把铆钉的铆合头端部加热到一定温度后再铆接，以避免铆接时铆钉杆发生弯曲。混合铆适用于比较细长的铆钉。

4. 铆接距离要求

根据工件结构和铆接工艺的要求，铆接时对孔心距和孔边距有一定的规定。

1）铆心距

铆心距是指铆接时两铆钉中心间的距离。铆心距 $B \geqslant 3d$（d 为铆钉直径）。

2）铆边距

铆边距是指铆接时铆钉中心离材料边缘的距离。若铆钉孔为钻孔时，铆边距 $b\approx 1.5d$；若铆钉孔为冲孔时，铆边距 $b\approx 2.5d$。

5. 铆接工具

常用的手工铆接工具有以下几种。

1）手锤

常用的手锤有圆头锤和方头锤。手锤的大小应根据铆钉直径的大小来确定，一般为 0.5～1kg 的圆头锤。

2）压紧冲头

压紧冲头如图 10-4(a)所示。用于将铆合板料相互压紧并且贴合。

3）罩模

罩模如图 10-4(b)所示。用于铆接时做出铆合头。

4）顶模

顶模如图 10-4(c)所示。用于铆接时顶住铆钉头部。

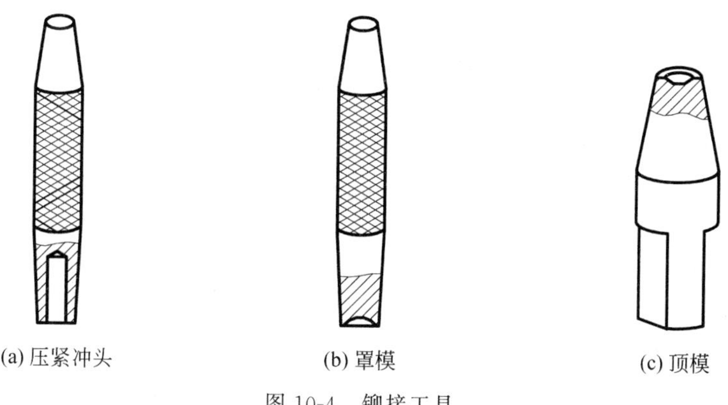

图 10-4　铆接工具

6. 铆钉

1）常用铆钉种类

铆钉根据用途的不同，有平头铆钉、半圆头铆钉、沉头铆钉等，其常用铆钉种类与应用详见表 10-1。铆钉根据材质的不同，又分为钢质、铜质和铝质等几种。

表 10-1　常用铆钉种类与应用

名　称	形　状	应　用
平头铆钉		应用广泛，铆接方便，用于一般无特殊要求的铆接
半圆头铆钉		应用最广泛，铆接方便，多用于强固铆接和紧密铆接
平沉头铆钉		应用广泛，铆接方便，用于零件表面要求平整部位的铆接

续表

名　称	形　状	应　用
半圆沉头铆钉	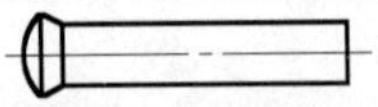	用于有防滑要求部位的铆接
皮带铆钉	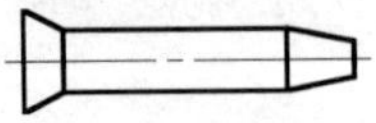	用于铆接机床制动带以及橡胶、皮革材料的铆接
空心铆钉	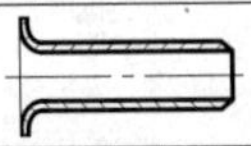	用于在铆接处有空心要求的部位

2）铆钉直径的确定

铆钉直径的大小与被连接板料的厚度(δ)有关，一般取板厚的1.8倍，即

$$d=1.8\delta \tag{10-1}$$

当被连接板料厚度相同时，铆钉直径 $d=1.8\delta$；当被连接板料厚度不相同时，铆钉直径取最小板厚的1.8倍。铆钉直径可以在计算后按表10-2进行圆整处理。

表10-2　铆钉直径与钉孔直径的确定　　单位：mm

铆钉直径 d		2.0	2.5	3.0	3.5	4.0	5.0	6.0	8.0	10	12	14	16	18	20
钉孔直径 d_0	精装配	2.1	2.6	3.1	3.6	4.1	5.2	6.2	8.2	10.3	12.4	14.5	16.5	—	—
	粗装配	—	—	—	—	—	—	6.5	8.5	11	13	15	17	19	21.5

3）钉孔直径(d_0)的确定

铆接时钉孔直径的大小，应根据连接要求的不同而有所变化。若孔径过小，则铆钉插入困难；若孔径过大，则铆合后的工件容易松动，合理的钉孔直径可按表10-2选取。

4）锥形沉孔角度和深度的确定

图10-5所示为锥形沉孔几何参数，其中锥形沉孔的锪孔角度(α)一般为75°和90°；锪孔深度(h)一般为铆钉直径(d)的0.35～0.45倍，即

$$h=(0.35\sim0.45)d \tag{10-2}$$

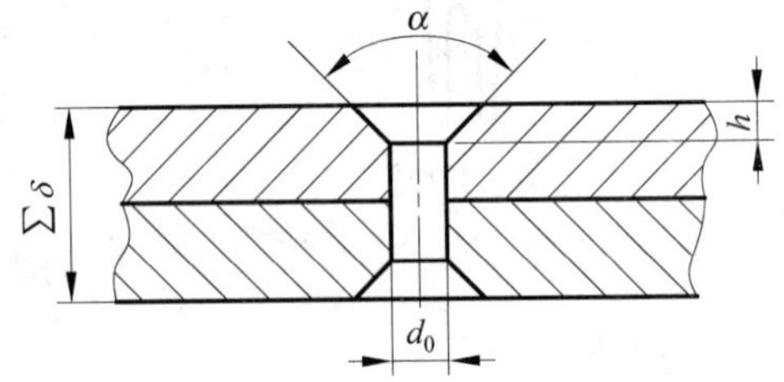

图10-5　锥形沉孔几何参数

5）铆钉长度的确定

铆钉长度对铆接质量有较大的影响。铆接时铆钉所需长度，除了被铆接材料总厚度外，还需要保留足够的伸出长度，以用来铆制出完整的铆合头，从而获得足够的铆合强度。对于半圆头铆钉其伸出长度 l 为$(1.25\sim1.5)d$；对于沉头铆钉其伸出长度 l 为$(0.8\sim1.2)d$。铆钉长度可用下式计算，即

$$L=\sum\delta+l$$

（1）半圆头铆钉长度，有

$$L=\sum\delta+(1.25\sim1.5)d \tag{10-3}$$

（2）沉头铆钉长度，有

$$L=\sum\delta+(0.8\sim1.2)d \tag{10-4}$$

式中：L 为铆钉长度，mm；l 为铆钉伸出长度，mm；$\sum\delta$ 为被铆接材料总厚度，mm；d 为铆钉直径，mm。

【例 10-1】 用沉头铆钉连接厚度同为 4mm 的两块钢板，试确定铆钉直径、铆钉长度和锪孔深度。

解 根据
$$d=1.8\delta$$
得
$$d=1.8\times4=7.2(\text{mm})$$
按照表 10-2 圆整后，取 $d=8$mm。

根据
$$L=\sum\delta+(0.8\sim1.2)d$$
得
$$L=8+(0.8\sim1.2)\times8=14.4\sim17.6(\text{mm})$$
钻孔直径按照表 10-2 取精装配时为 8.2mm；粗装配时为 8.5mm。

根据
$$h=(0.35\sim0.45)d$$
得
$$h=(0.35\sim0.45)\times8=2.8\sim3.6(\text{mm})$$

答 用沉头铆钉连接厚度同为 4mm 的两块钢板，确定铆钉直径为 8mm、铆钉长度为 14.4～17.6mm、锪孔深度为 2.8～3.6mm。

10.2　手工铆接技术

钳工工作范围内的铆接一般多为手工冷铆操作。下面将介绍半圆头铆钉铆接工序、沉头铆钉铆接工序和空心铆钉铆接工序。

1. 半圆头铆钉铆接工序

(1) 划出孔加工线。
(2) 板料配合夹紧钻通孔、两面孔口倒角去毛刺。
(3) 铆钉插入孔内，用压紧冲头压紧配合板料，如图 10-6(a)所示。
(4) 用手锤镦粗伸出部分，初步形成铆钉头，如图 10-6(b)所示。
(5) 用罩模镦压成形，如图 10-6(c)所示。

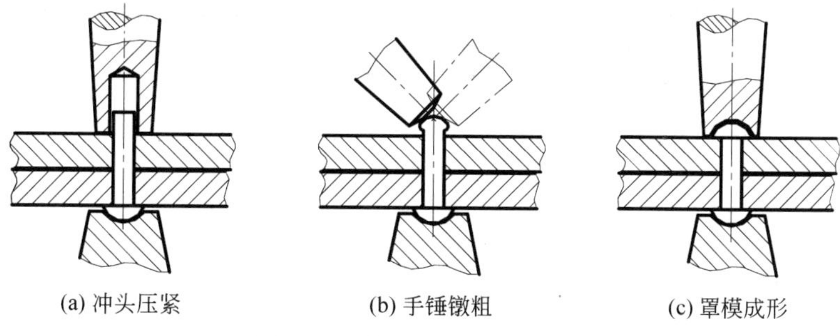

图 10-6　半圆头铆钉铆接工艺

2. 沉头铆钉铆接工序

沉头铆钉铆接分为两种，一种是用现成的沉头铆钉进行铆接；另一种是用圆钢作铆钉（又称为无头铆钉）进行铆接。下面介绍用圆钢作铆钉进行的铆接工序。

（1）划出孔加工线。

（2）板料配合夹紧钻通孔，一面孔口锪90°锥孔，另一面孔口倒角去毛刺。

（3）插入圆钢，注意两端伸出部分要相等，如图10-7(a)所示。

（4）用手锤镦粗、镦平两端伸出部分并充满锥孔，如图10-7(b)所示。

（5）修平钉头高出部分，如图10-7(c)所示。

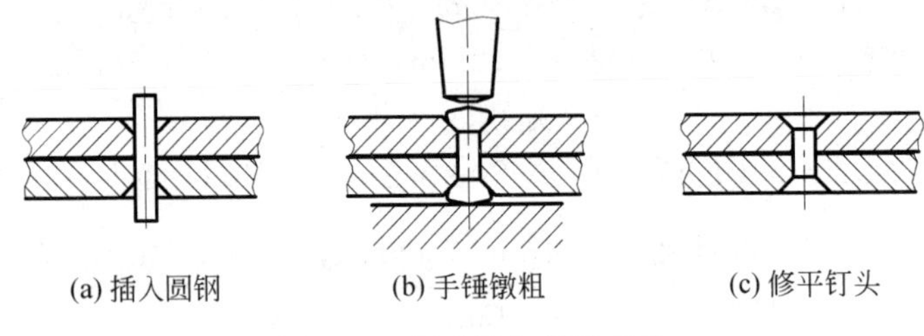

图10-7　沉头铆钉铆接工艺

3. 空心铆钉铆接工序

（1）划出孔加工线。

（2）板料配合夹紧钻通孔，孔口倒角去毛刺。

（3）铆钉插入孔内，用压紧冲头压紧配合板料，如图10-8(a)所示。

（4）用样冲镦压翻边，如图10-8(b)所示。

（5）用压平冲头镦压成形，如图10-8(c)所示。

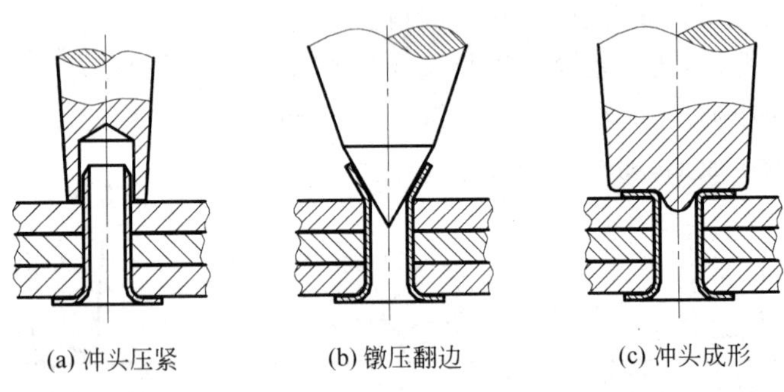

图10-8　空心铆钉铆接工艺

4. 铆接练习

1）练习图样

练习图样如图10-9所示。

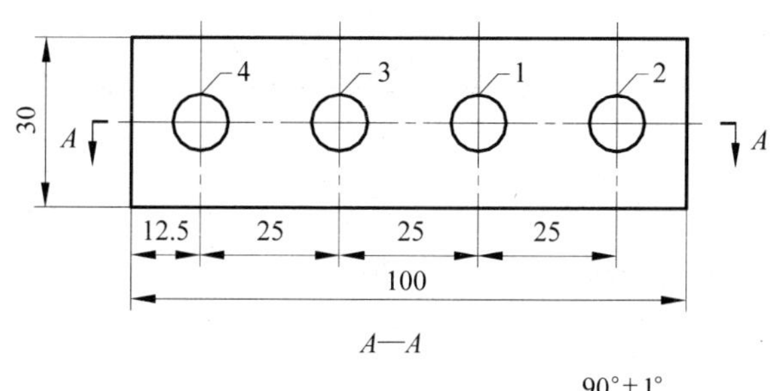

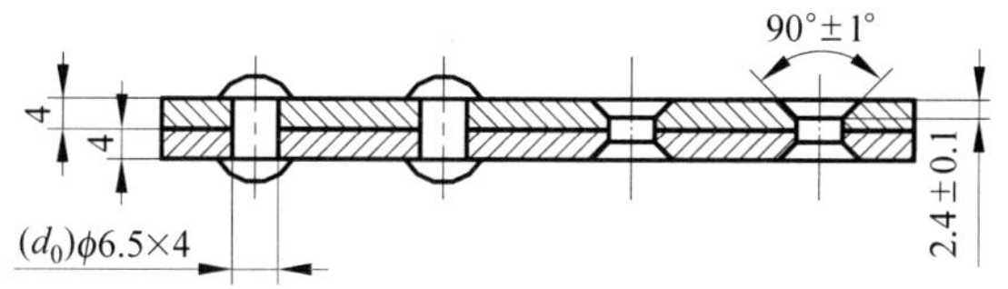

技术要求:
1. 铆钉直径均为ϕ6mm。
2. 钻孔直径均为ϕ6.5mm。
3. 孔口倒角C0.5去毛刺。
4. 半圆头铆钉头镦铆成形完整。
5. 用锉刀修平沉头铆钉头部高出部分。

工件名称	材料	毛坯尺寸	件数	学时
钢板	Q235钢	100mm×30mm×4mm	2	2

图 10-9　铆接操作练习

2）练习步骤

(1) 用锉刀将板料周边倒角(C0.5)去毛刺。

(2) 划出孔加工线。

(3) 板料配合夹紧钻 ϕ6.5mm 通孔，1～2 号孔位单面锪 90°锥孔，其余各面孔口倒角(C0.5)去毛刺。

(4) 铆接顺序。在铆接三个及以上铆钉时，一般是从中间开始向两端顺序进行铆接。

(5) 沉头铆钉铆接工序如下。

① 在 1 号孔位插入圆钢，注意两端伸出部分要相等。

② 用手锤镦粗、镦平两端伸出部分并充满锥孔。

③ 与锉刀修平钉头高出部分。

④ 在 2 号孔位插入圆钢，根据以上工序进行铆接。

(6) 半圆头铆钉铆接工序如下。

① 在 3 号孔位插入半圆头铆钉，用压紧冲头压紧配合板料。

② 用手锤镦粗伸出部分，初步形成铆钉头。

③ 用罩模镦压成形。

④ 在 4 号孔位插入半圆头铆钉，根据以上工序进行铆接。

(7) 交件待验。

思考与练习

1. 名词解释

铆接　活动铆接　固定铆接　铆心距　铆边距

2. 叙述题

（1）铆接形式分为哪几种？
（2）铆接方法分为哪几种？
（3）常用的手工铆接工具有哪些？
（4）常用铆钉种类有哪些？
（5）叙述铆钉长度的确定要求。
（6）简述圆头铆钉铆接工序。
（7）简述沉头铆钉铆接工序。

3. 计算题

（1）用半圆头铆钉连接厚度同为3mm的两块钢板，试确定铆钉直径、铆钉长度、钉孔直径。

（2）用沉头铆钉连接厚度同为5mm的两块钢板，试确定铆钉直径、铆钉长度、锪孔深度。

第11章 刮削加工技术

用刮刀刮除工件表面薄层，以提高表面形状精度和配合表面接触精度的操作称为刮削。刮削加工是机械制造中最终精加工各种型面(机床导轨面、连接面、轴瓦等)的一项重要加工技术。

11.1 刮削概述

1. 相关知识

1) 刮削原理

在工件的被加工表面或校准工具、互配件表面涂上一层显示剂，再利用标准工具或互配件对工件表面进行对研显点，从而将工件表面的凸起部位显现出来，然后用刮刀对凸起部位进行刮削加工并达到相关技术要求。

2) 对研显点

在工件表面或研具表面涂上显示剂，用双手对工件或研具进行推拉对磨以显示凸起部位即研点的操作称为对研显点，也称为配研显点和合研显点，一般简称研点。

3) 刮削特点

(1) 刮刀对工件表面采用负前角切削，有推挤压光的作用，因此使工件表面组织变得比原来紧密，并能获得很低的表面粗糙度值($Ra\,0.8 \sim 1.6\mu m$)。

(2) 刮削具有切削量小(对于硬度正常的铸铁平板，粗刮一遍，一般可刮去 0.01mm)、切削力小、切削热极低，所以能获得很高的尺寸精度、形位精度、接触精度、传动精度，加工精度可达 IT7 级及以上。

(3) 被刮削过的工件表面会形成很多比较均匀的微浅凹坑，这就具备了良好的存油条件，形成具有润滑油膜的滑动面，能够减少相对运动表面间的磨损和增强零件接合面间的接触刚度。因此，机床导轨、滑板、滑座、轴瓦、工具、量具等的接触表面常采用刮削的方法进行精加工。

(4) 被刮削过的工件表面接触点更多，使工件表面产生一定的硬化作用，可提高其耐磨性。

(5) 精刮后留下的花纹不仅使工件表面美观，而且还可以通过花纹显示工件接触表面的磨损程度。

4) 刮削前的加工余量

为了尽量减少刮削的工作量，刮削前的加工余量一般控制在 0.05～0.4mm。同时应保证刮削前的机加工精度，即平面度误差一般小于 0.05mm；表面粗糙度值一般为 $Ra\,3.2\mu m$。

2. 校准工具

校准工具是用来配研显点和检验刮削状况的标准工具，也称为研具。常用的有检验平板、检验平尺等。

1）检验平板

检验平板是用于工件检验的平面基准器具，其结构和形状如图 11-1 所示。检验平板的精度分为 0 级、1 级、2 级、3 级四个等级。

2）检验平尺

检验平尺是用来检验狭长工件平面的平面基准器具。常用的检验平尺有桥形平尺、工形平尺和角度平尺等。检验平尺的精度分为 0 级、1 级、2 级三个等级。

（1）桥形平尺。桥形平尺的结构和形状如图 11-2 所示。桥形平尺有一个工作面，用来检验机床导轨面的直线度误差。

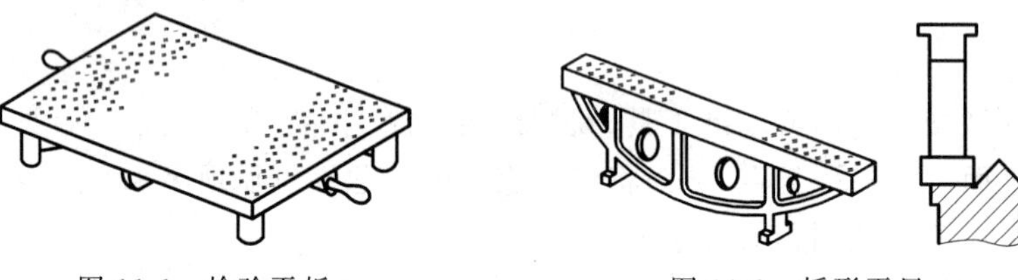

图 11-1　检验平板　　　图 11-2　桥形平尺

（2）工形平尺。工形平尺的结构和形状如图 11-3 所示。工形平尺分为两种，一种是单面平尺，即有一个工作面，用来检验机床上较短的导轨面的直线度误差。另一种是双面平尺，即有两个互相平行的工作面，用来检验导轨相对位置的精度。

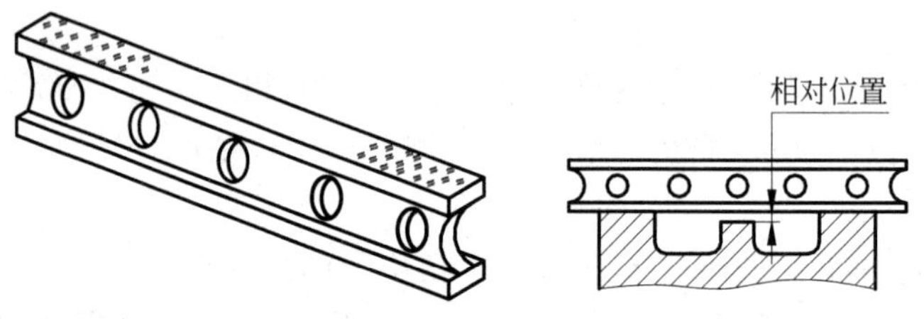

图 11-3　工形平尺

（3）角度平尺。角度平尺是用来检验互成一定角度的组合平面的平面基准器具，其结构和形状如图 11-4 所示。角度平尺的角度分别为 45°、50°、55°、60°、90°、120°等。

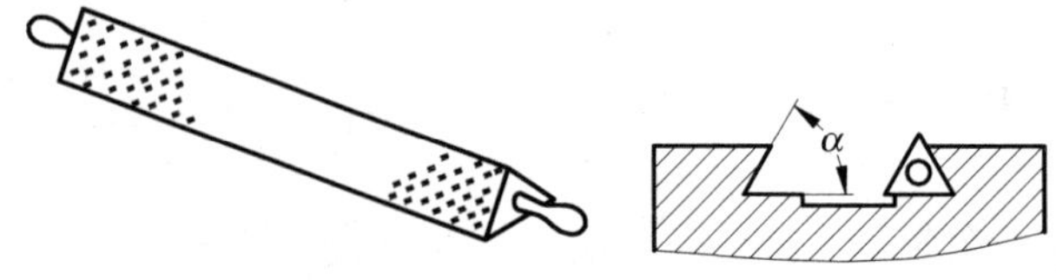

图 11-4　角度平尺

3. 显示剂

1）显示剂的作用

显示剂作为一种涂料，其作用一是涂在工件表面或研具表面后，可覆盖工件表面防止反光；二是通过对研后，可增大工件表面色差，如凸起部位颜色发黑和发亮，从而清晰地显示出工件表面的高低状况，这样就可以有针对性地刮削加工。

2）显示剂的种类和应用范围

显示剂的种类主要有红丹合模油和刮研蓝油。

（1）红丹合模油。红丹合模油用红丹粉与牛油或机油配制而成。红丹粉又分为铁丹粉和铅丹粉两种。铁丹粉即氧化铁，呈红褐色或紫红色；铅丹粉即氧化铝，呈橘黄色。红丹合模油一般用于钢件和铸铁件。

（2）刮研蓝油。刮研蓝油用普鲁士蓝粉和蓖麻油以及适量机油配制而成，呈深蓝色，显示的研点小而亮。刮研蓝油一般用于铜和巴氏合金等有色金属。

4. 刮削精度的检测

刮削精度的检测一般包括形状和位置精度、尺寸精度、接触精度和表面粗糙度。具体的精度检测项目如下。

1）接触精度检测

（1）平面接触精度检测。平面接触精度常用 25mm×25mm 正方形检测方框罩在工件被刮削的表面上，根据在检测方框内的接触点数来表示，如图 11-5 所示，各种平面接触精度的接触点数如表 11-1 所示。

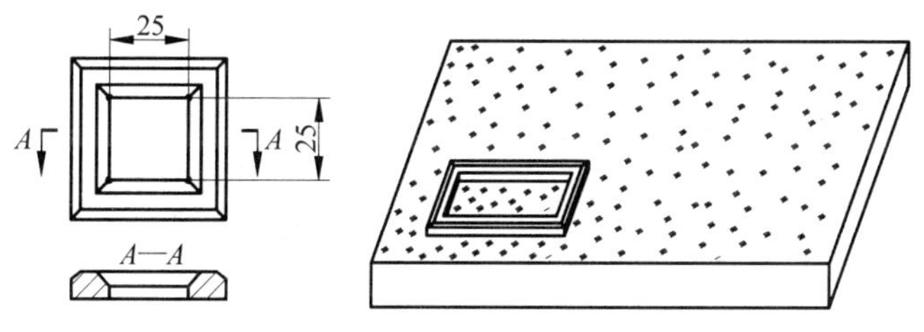

图 11-5　25mm×25mm 检测方框与接触精度检测

检测方框. mp4

表 11-1　各种平面接触精度的接触点数

平面种类	每边长为 25mm×25mm 正方形面积内接触点数	应用范围
一般平面	2～5	较粗糙机件的固定结合面
	5～8	一般结合面
	8～12	机器台面、一般基准面、密封结合面、机床导向面
	12～16	机床导轨面及导向面、工具基准面、量具接触面
精密平面	16～20	精密机床导轨面、平尺
	20～25	1 级平板、精密量具
超精密平面	＞25	0 级平板、精密量具、高精度机床导轨面

（2）曲面接触精度的检测。曲面接触精度的检测也是用25mm×25mm正方形检测方框内的接触点数来表示，滑动轴承接触精度的接触点数如表11-2所示。

表11-2 滑动轴承接触精度的接触点数

轴承直径 D/mm	机床或精密机械主轴轴承			锻压设备、通用机械的轴承		动力机械、冶金设备的轴承	
	高精度	精密	普通	重要	普通	重要	普通
	每边长为25mm×25mm正方形面积内接触点数						
≤120	25	20	16	12	8	8	5
>120	20	16	10	8	6	6	2

2）平面度误差、平行度误差和直线度误差检测

对于中小型工件表面的平面度误差和平行度误差可以用百分表进行检测，如图11-6和图11-7所示，对于较大工件表面的平面度误差以及机床导轨面的直线度误差可以采用框式水平仪进行检测，如图11-8和图11-9所示。

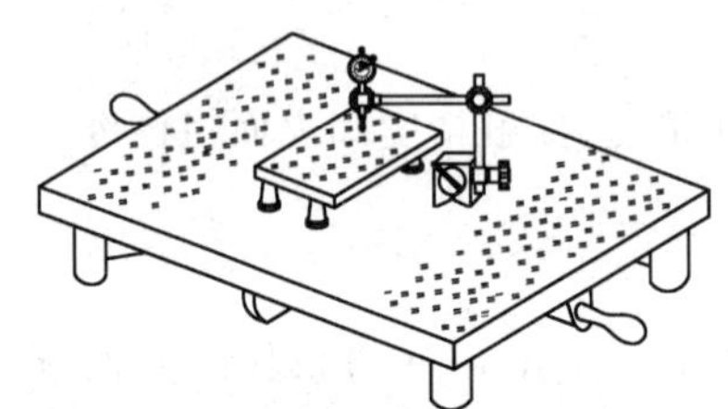

图11-6 用百分表检测平面度误差

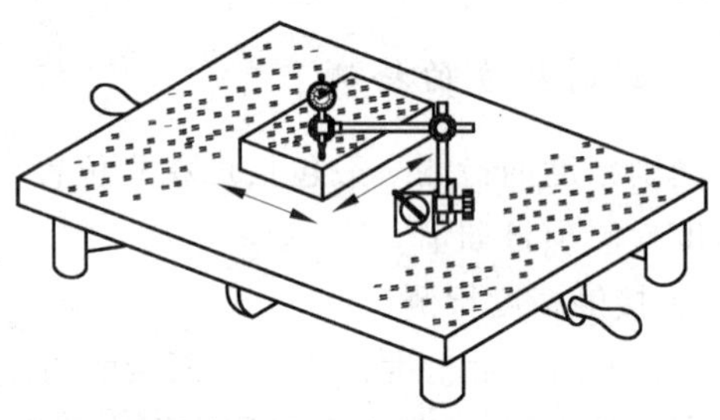

图11-7 用百分表检测平行度误差

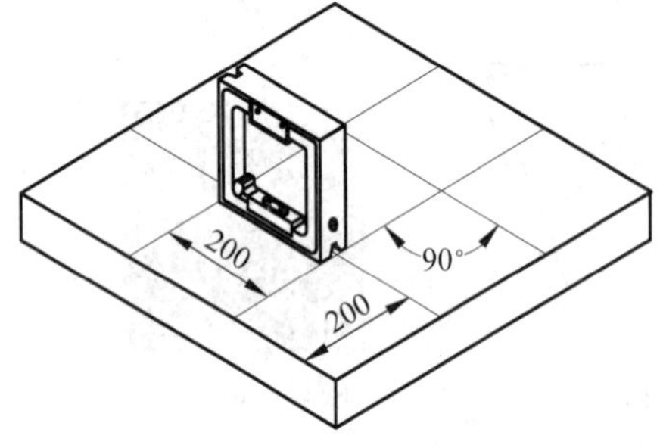

图11-8 用框式水平仪检测平面度误差

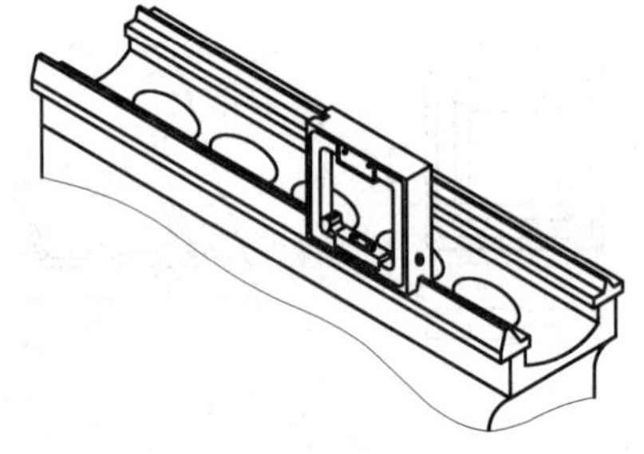

图11-9 用框式水平仪检测机床导轨面的直线度误差

3）垂直度误差检测

工件相邻两面垂直度误差的检测一般采用圆柱角尺或直角尺，可以用塞尺测它们之间的间隙量（即误差值）。图11-10所示为采用圆柱角尺检测垂直度误差。

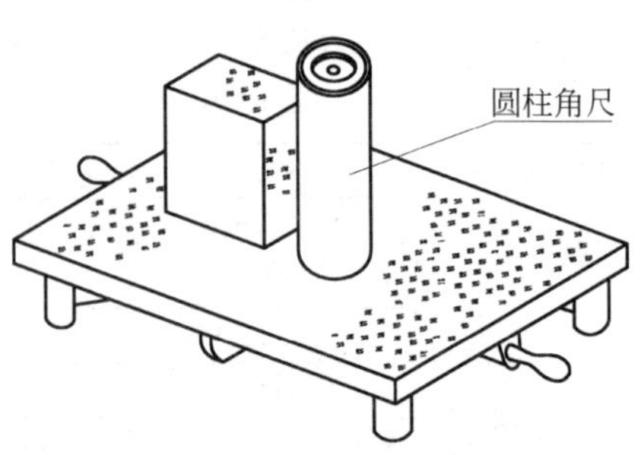

图11-10 采用圆柱角尺检测垂直度误差

4）表面粗糙度检测

表面粗糙度的检测方法一般采用比较法检测和感触法检测。

（1）比较法检测。比较法是指被测刮削表面与表面粗糙度比较样块进行对比观察，以判断表面粗糙度数值的方法。

（2）感触法检测。对表面粗糙度要求比较高的刮削表面，可通过电动轮廓仪采用感触法检测，可检测其 Ra、Rz 的量值。

目前最为方便和快捷的检测方法是使用便携式粗糙度仪，便携式粗糙度仪可直接测量表面粗糙度并显示数值。

5. 刮刀

刮刀是刮削工作中的主要工具。刀头部分必须具有足够的硬度，刃口必须锋利。刮刀的材料一般采用碳素工具钢（T10、T10A、T12、T12A）或轴承钢（GCr15）锻制而成。并经热处理淬硬至 60HRC 左右。当刮削硬度较高的工件表面时，刀头可焊上硬质合金刀片。

根据刮削形面的不同，刮刀分为平面刮刀和曲面刮刀两大类。

1）平面刮刀

平面刮刀主要用来刮削平面，也可用来刮削外曲面。常用平面刮刀分为手推刮刀、挺推刮刀、活头刮刀、弯头刮刀和钩头刮刀 5 种。

（1）手推刮刀。手推刮刀的刀体较短，操作时比较灵活方便，适合于刮削面积较小的工件表面。刀柄为锉刀柄，其结构和形状如图 11-11 所示，尺寸参数如表 11-3 所示。

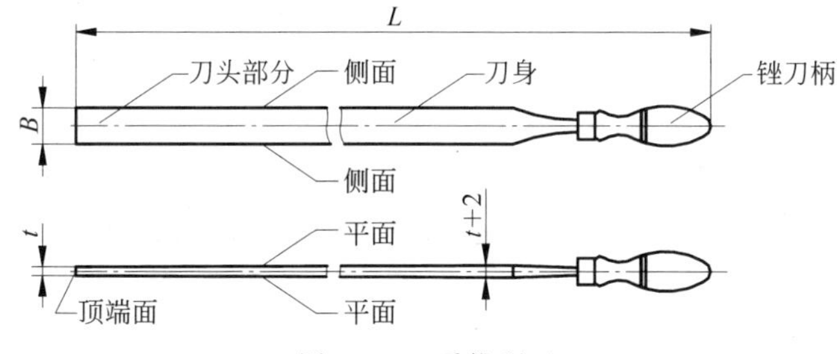

图 11-11　手推刮刀

表 11-3　手推刮刀、挺推刮刀、活头刮刀的尺寸参数　　单位：mm

种类		尺寸			
		全长 L	刀身宽度 B	刀口厚度 t	活头长度 l
手推刮刀	粗刮刀	450～600	25～30	3～4	
	细刮刀	400～500	15～20	2～3	
	精刮刀	400～500	10～12	1.5～2	
	小刮刀	350～450	8～10	1.5	
挺推刮刀 活头刮刀	粗刮刀	600～700	20～25	3～4	100
	细刮刀	500～600	15～20	2～3	80
	精刮刀	400～500	10～12	1.5～2	70

（2）挺推刮刀。挺推刮刀的刀体较长，因此刀体具有较好的弹性，可进行强力刮削操作，适合于刮削余量较大或刮削面积较大的工件表面，其结构和形状如图 11-12 所示，挺推刮刀的尺寸参数如表 11-3 所示。刀柄为木质圆盘木柄，其结构和形状尺寸参考如图 11-13 所示。

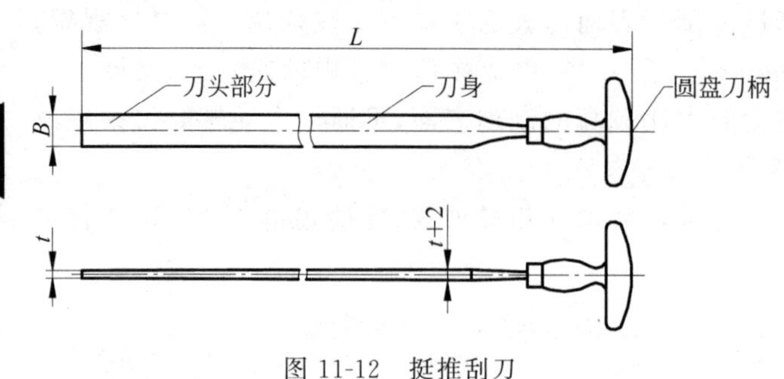

图 11-12　挺推刮刀

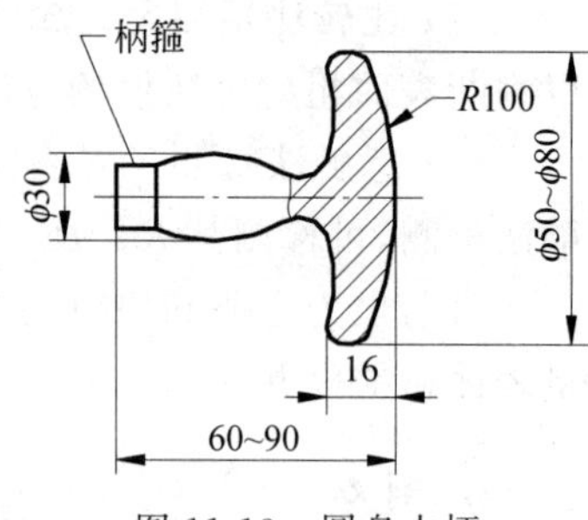

图 11-13　圆盘木柄

(3) 活头刮刀。活头刮刀的刀头一般采用碳素工具钢和轴承钢制作，刀身则采用中碳钢制作。其结构和形状如图 11-14 所示，尺寸参数如表 11-3 所示。

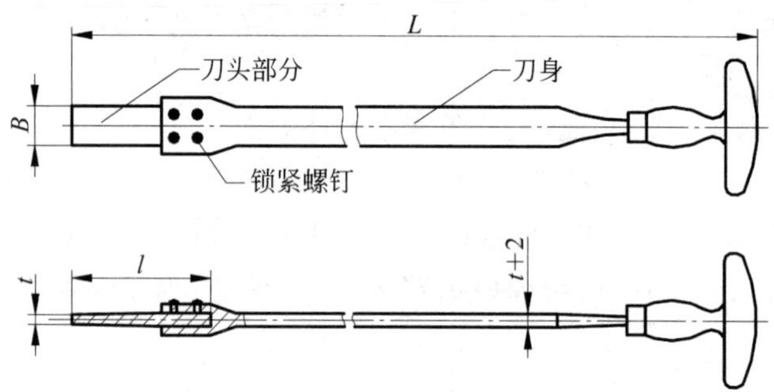

图 11-14　活头刮刀

(4) 弯头刮刀。弯头刮刀又称为精刮刀和刮花刀，由于刀身较窄且刀头部分呈弓状，所以具有良好的弹性，适合精刮和刮花操作，其结构和形状如图 11-15 所示，尺寸参数如表 11-4 所示。

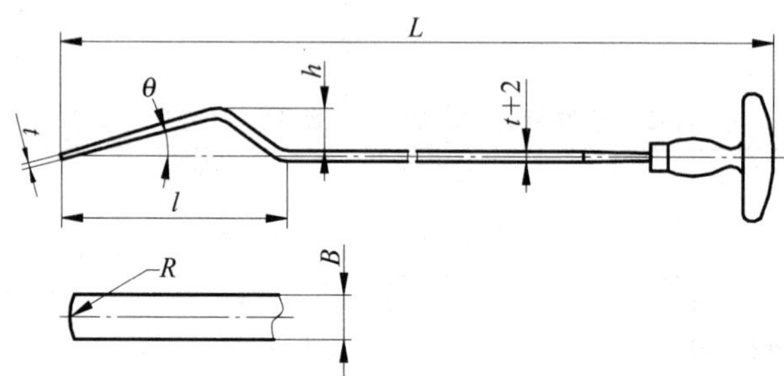

图 11-15　弯头刮刀

表 11-4　弯头刮刀的尺寸参数　　单位：mm

种类	尺寸					
	全长 L	刀头长度 l	刀身宽度 B	刀口厚度 t	刀头倾角 θ	刀弓高度 h
长型	500～600	60	15～20	2～2.5	10°～15°	15
短型	400～500	40	12～15	1.5～2	10°～15°	10

（5）钩头刮刀。钩头刮刀的刀身呈弯曲状，主要用于在平面上刮削扇形花纹，也可兼作平面、内曲面两用刮刀，但是刮削效率较低。刀口磨成弧形时可顺内曲面轴向、径向刮削；刀口磨成直线形时可顺曲面径向刮削和平面刮削。其结构和形状如图 11-16 所示，尺寸参数如表 11-5 所示。

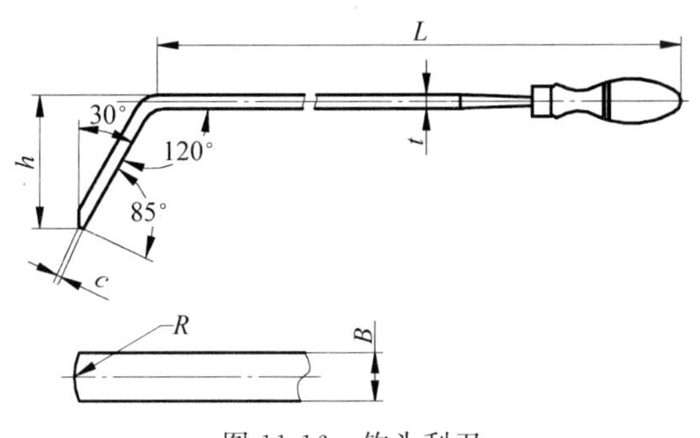

图 11-16 钩头刮刀

表 11-5 钩头刮刀的尺寸参数 单位：mm

种类	尺寸				
	全长 L	刀身宽度 B	钩头高度 h	刀身厚度 t	刀口厚度 c
长型	300～350	25	45～60	4	2
中型	250～300	20	35～45	3.5	1.6
短型	200～250	15	30～35	3	1.2

2）曲面刮刀

曲面刮刀主要用来刮削内曲面和外曲面。常用曲面刮刀分为三角刮刀、三角锥头刮刀、柳叶刮刀和蛇头刮刀 4 种。

（1）三角刮刀。其结构和形状如图 11-17 所示。三角刮刀有工具厂家专门生产的，也可由工具钢锻制或废旧三角锉改制。三角刮刀的断面呈三角形，有三条弧形刀刃，在三个面上有三条凹槽，可以减少刃磨面积，三角刮刀较适宜于刮削对开轴承(轴瓦)。

三角刮刀规格按照刀体长度 L 分为 125mm、150mm、175mm、200mm、250mm、300mm、350mm 等多种。规格较短的三角刮刀可采用锉刀柄，规格较长的三角刮刀可使用长木柄，其结构和形状尺寸如图 11-18 所示。

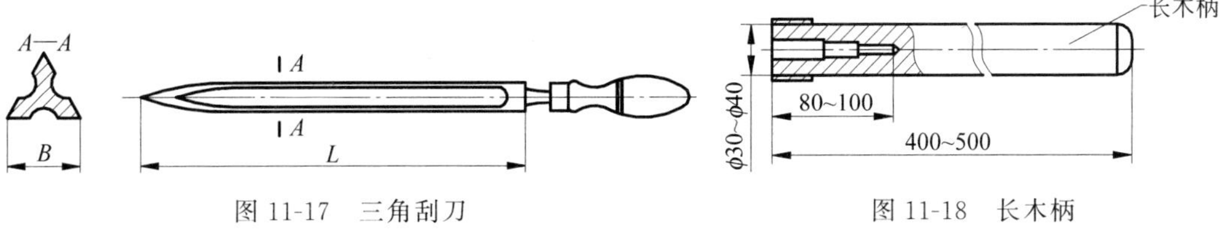

图 11-17 三角刮刀

图 11-18 长木柄

（2）三角锥头刮刀。其结构和形状如图 11-19 所示。三角锥头刮刀采用碳素工具钢锻制而成，其刀头部分呈三角锥形，刀头切削部分与三角刮刀相同，刀身断面为圆形，适合刮削轴承衬套，必要时可使用长木柄，尺寸参数如表 11-6 所示。

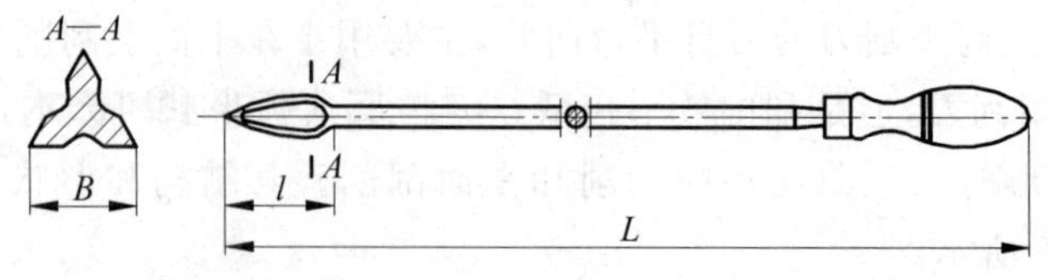

图 11-19　三角锥头刮刀

（3）柳叶刮刀。其结构和形状如图 11-20 所示。柳叶刮刀的刀头部分比较像柳树叶，故称为柳叶刮刀。切削部分有两条弧形刀刃，刀身断面为矩形，适合刮削对开轴承，必要时可使用长木柄，尺寸参数如表 11-6 所示。

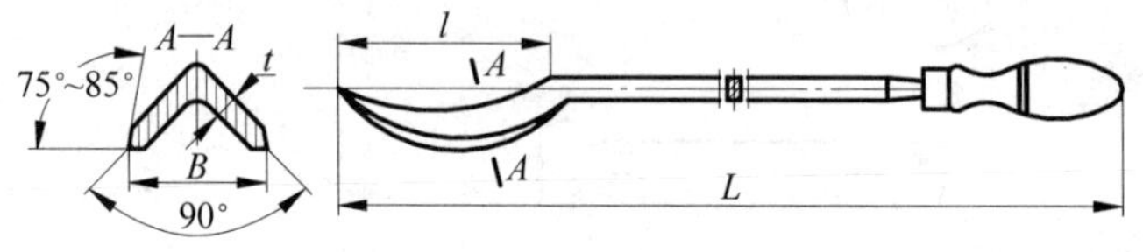

图 11-20　柳叶刮刀

（4）蛇头刮刀。其结构和形状如图 11-21 所示。蛇头刮刀采用碳素工具钢锻制而成，也可由废旧扁锉改制，如图 11-22 所示，刀头部分有上下、左右共 4 条弧形刀刃，刀身断面为矩形，适合刮削轴承，必要时可使用长木柄，尺寸参数如表 11-6 所示。

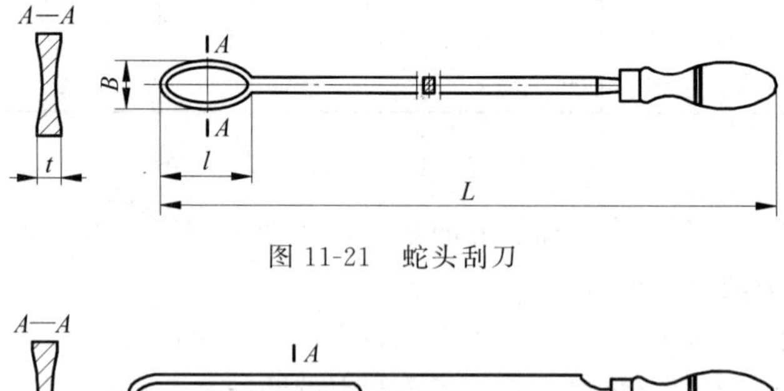

图 11-21　蛇头刮刀

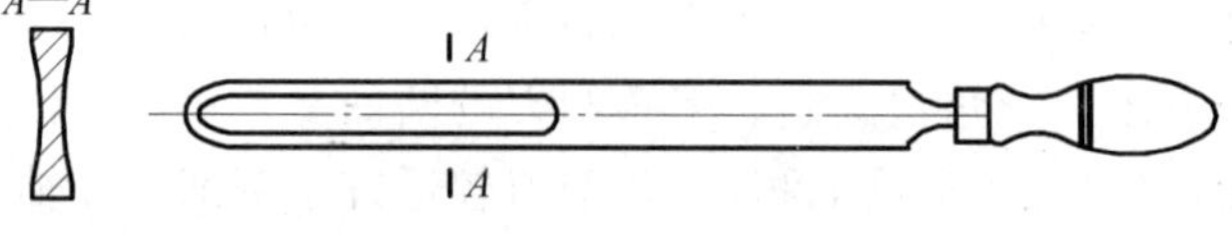

图 11-22　扁锉改制曲面刮刀

表 11-6　三角锥头刮刀、柳叶刮刀和蛇头刮刀的尺寸参数　　单位：mm

种　类	尺　寸			
	全长 L	刀头长度 l	刀头宽度 B	刀身厚度 t
三角锥头刮刀	200～250	60	12～15	
	250～350	80	15～20	
柳叶刮刀	200～250	40～45	12～15	2.5～3
	250～300	45～55	15～20	3～3.5
	300～350	55～75	20～25	3.5～4
蛇头刮刀	200～250	30～35	15～20	3～3.5
	250～300	35～40	20～25	3.5～4
	300～350	40～50	25～30	4～4.5

11.2　平面刮刀的刃磨与热处理技术

1. 平面刮刀刀口形状及几何角度

平面刮刀切削部分刀口形状及几何角度根据刮削工艺的要求，主要分为粗刮刀、细刮刀和精刮刀三种。

1）粗刮刀

粗刮刀的楔角(β)为 90°～92.5°，上、下刀面前角(γ_0)均为 2.5°，刀口为上、下两条直线刃，如图 11-23 所示。

2）细刮刀

细刮刀的楔角(β)为 95°左右，上、下刀面前角(γ_0)均为 2.5°，刀口为上、下两条圆弧刃，刀刃圆弧半径 $R\approx 2B$，如图 11-24 所示。

3）精刮刀

精刮刀的楔角(β)为 98°左右，上、下刀面前角(γ_0)均为 2.5°，刀口为上、下两条圆弧刃，刀刃圆弧半径要比细刮刀小些，刀刃圆弧半径 $R\approx 1.5B$，如图 11-25 所示。

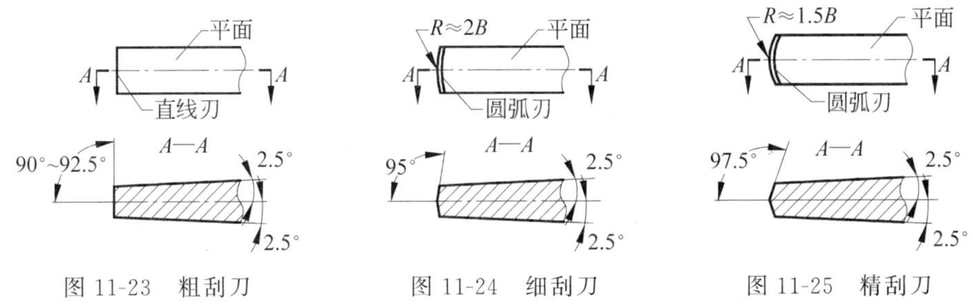

图 11-23　粗刮刀　　图 11-24　细刮刀　　图 11-25　精刮刀

2. 平面刮刀的粗磨

1）粗磨刀体两平面

粗磨刀体两平面的目的是要达到两平面平整和刀头厚度(t)要求。粗磨方法如图 11-26(a)所示，将刮刀的平面贴在砂轮的轮缘面并相对于水平面倾斜一点角度 α(60°左右)，上下移动进行刃磨。

2）粗磨刀体两侧面

粗磨刀体两侧面的目的是要达到两侧面基本平整和刀体宽度(B)要求。粗磨方法如图 11-26(b)所示，将刮刀的侧面贴在砂轮的轮缘面并相对于水平面倾斜一点角度 α(60°左右)，上下移动进行刃磨。

3）粗磨刀体顶端面

粗磨刀体顶端面的目的是基本磨平顶端面即可。粗磨方法如图 11-26(c)所示，将刮刀的顶端面贴在砂轮的轮缘面上并平行于水平面，上下移动进行刃磨。

4）注意事项

(1) 刃磨前要将砂轮轮缘面修磨平整。

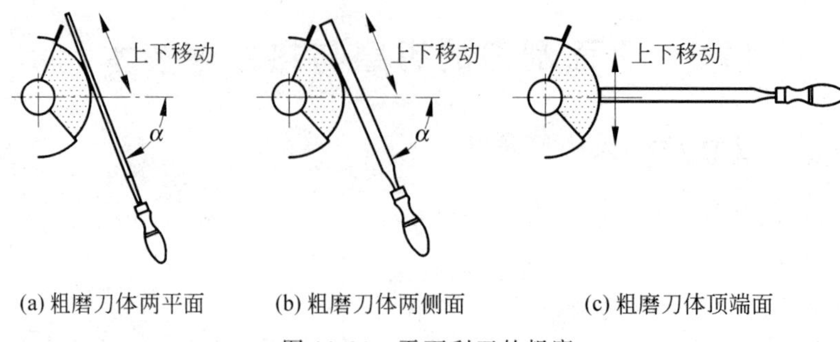

(a) 粗磨刀体两平面　(b) 粗磨刀体两侧面　(c) 粗磨刀体顶端面

图 11-26　平面刮刀的粗磨

(2) 在刃磨时，要注意经常蘸水冷却，防止淬火部分退火。

3. 平面刮刀的热处理

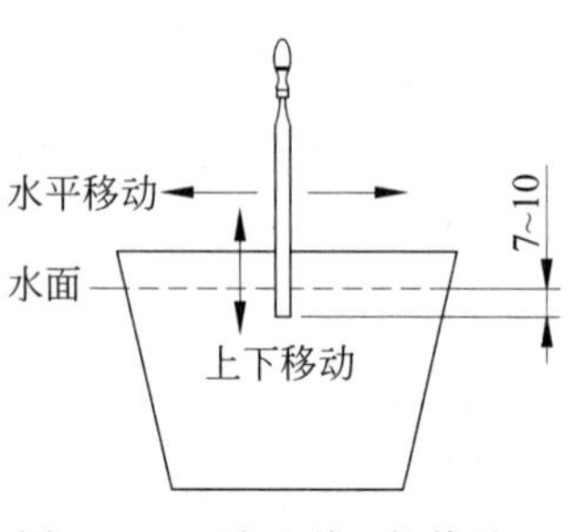

图 11-27　平面刮刀的热处理

刮刀的热处理包括淬火和回火两个过程，通过热处理操作要使刮刀淬火部分的硬度达到 60HRC 及以上。将粗磨好的平面刮刀，放在炉火中缓慢加热到 780～800℃（呈樱红色），加热长度为 25mm 左右，取出后迅速放入冷水（或 10%的盐水）中冷却，浸入深度为 7～10mm，刮刀在水中可作较大幅度（80mm 左右）、缓慢地水平移动以及小幅度上下移动（5mm 左右），这样可防止淬火部分的界限太过明显，如图 11-27 所示。当刮刀露出水面部分呈黑色时，即由水中取出并观察浸入冷却部分的颜色变化，当颜色变为白色时，应迅速将刮刀的整个刀体浸入水中冷却，直到整个刀体冷却后再取出即可。

粗刮刀和细刮刀的淬火可在水中进行（水冷），精刮刀和刮花刮刀的淬火应在油中进行（油冷），这样可使淬火部分不产生裂纹，金属组织细化，容易刃磨。

在淬火与回火操作过程中，要特别注意观察颜色的变化和对时间的把握。在热处理中要防止出现过热和过烧现象等。

4. 平面刮刀的细磨

热处理后的刮刀主要在细砂轮上进行细磨，通过细磨操作要使刀头部分形状及楔角值基本达到要求。

1）刀头部分平面和刀身侧面的刃磨方法

刀头部分平面和刀身侧面的刃磨方法与粗磨时相同。

2）顶端面刀刃的刃磨方法

顶端面刀刃的刃磨方法要分粗刮刀和细、精刮刀两种情况。

(1) 粗刮刀顶端面刃磨方法。由于粗刮刀顶端面的两条刀刃是直线形状，楔角（β）为 90°～92.5°，因此刃磨时刀身要上下移动刃磨，而且刀身中心线要始终垂直于砂轮轮缘面，如图 11-28 所示。

(2) 细、精刮刀顶端面刃磨方法。由于细、精刮刀顶端面的两条刀刃是圆弧形状（圆

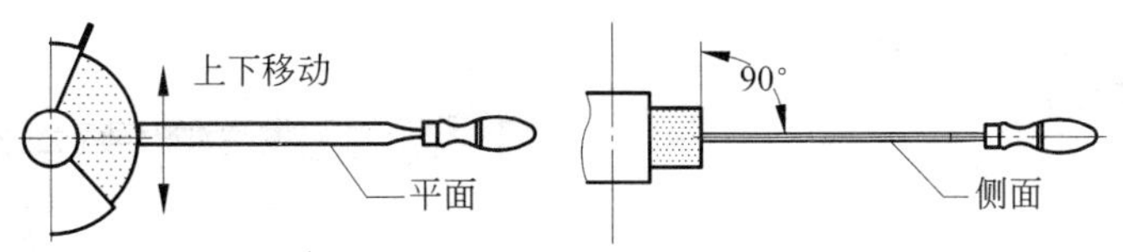

图 11-28　粗刮刀顶端面直线刃的细磨

弧半径 R 分别为 1.5B 和 2B)，且楔角(β)分别为 95°左右和 98°左右，因此刃磨时首先要使刀身平面相对于砂轮轮缘面侧偏一定角度，即摆出细、精刮刀的楔角 β 值，刃磨时还要使刀柄作圆弧摆动以磨出圆弧刀刃，摆动幅度要根据圆弧半径 R 值的大小确定，如图 11-29 所示。

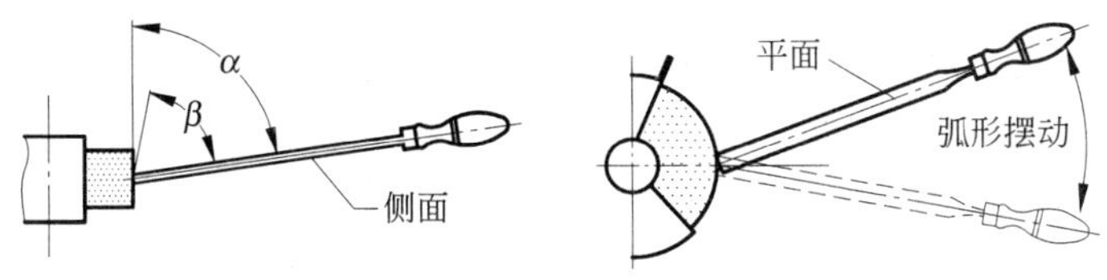

图 11-29　细、精刮刀顶端面圆弧刃的细磨

3) 注意事项

(1) 刃磨前，要将砂轮轮缘面修磨平整。

(2) 刃磨时，要控制好刀刃的形状和几何角度要求。

(3) 刃磨时，要经常蘸水冷却，防止淬火部分退火。

5. 平面刮刀的精磨

通过精磨操作一要使顶端面的楔角值达到要求；二要使刀头部分的两平面及顶端面的表面粗糙度达到 $Ra<0.2\mu m$；三要使刀刃更加锋利。

刮刀的精磨主要是在油石和天然磨刀石上进行。在油石上进行刃磨操作时，需要在油石上加适量机油；在天然磨刀石上进行刃磨操作时，需要在天然磨刀石上加适量水。精磨的顺序是首先在油石上精磨两平面后再精磨顶端面；然后在天然磨刀石上精磨两平面后再精磨顶端面。天然磨刀石一般采用灰色黏质砂岩、粉砂岩、页岩等。

1) 精磨两平面

刮刀握法如图 11-30(a)所示，左手在前抓握刀身，离顶端面约 100mm，右手在后握住刀柄。刃磨方法如图 11-30(b)所示，将刮刀刀头部分平面置于油石表面进行左右推拉，每次推拉幅度为 3～4 个刀身宽度，在推拉动的同时，并作由前向后的移动，由于刀面前角(γ_0)为 2.5°，因此在刃磨时可稍微将刀身后部抬起一点。注意要在整个油石表面进行刃磨，以保持油石表面的平整状态。

2) 精磨顶端面

(1) 握持方法。握持方法有两种：第一种是抓握法，如图 11-31(a)所示，左手抓握刀柄，右手掌心面向刀身平面抓握，离顶端面为 30～40mm，采用抓握法可进行大力量刃磨；第二种是捏握法，如图 11-31(b)所示，左手大拇指与另外四指捏住柄部或刀身上部两侧面，右手拇指与食指、中指、无名指相对捏住刀身两平面，离顶端面为 10～20mm。

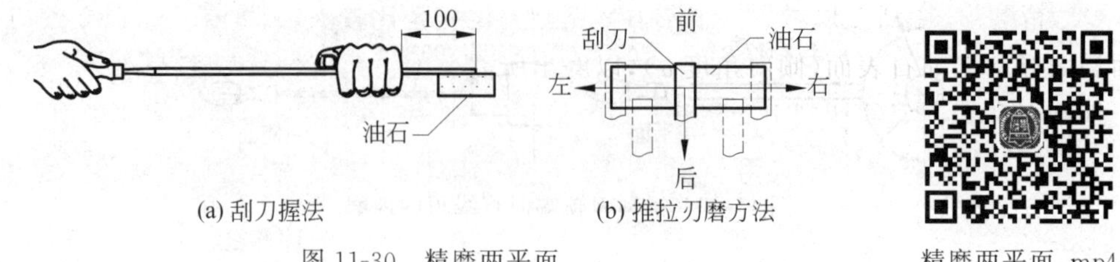

(a) 刮刀握法　(b) 推拉刃磨方法

图 11-30　精磨两平面

精磨两平面.mp4

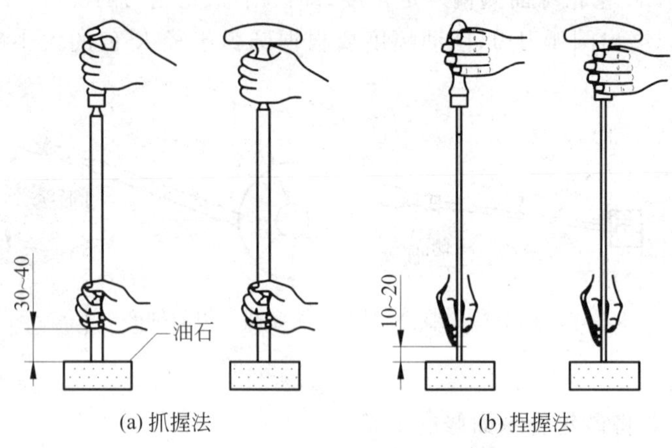

(a) 抓握法　(b) 捏握法

图 11-31　精磨顶端面握持方法

抓握法 1.mp4

抓握法 2.mp4

捏握法 1.mp4

捏握法 2.mp4

（2）精磨粗刮刀顶端面。粗刮刀的楔角(β)为 90°～93°，上、下两条刀刃为直线形，因此在刃磨时，要使刀身的平面中心线和侧面中心线与油石表面基本保持垂直即可，注意左、右手要作同步推拉和移动，这样就可以磨出所需要的直线形刀刃，如图 11-32 所示。

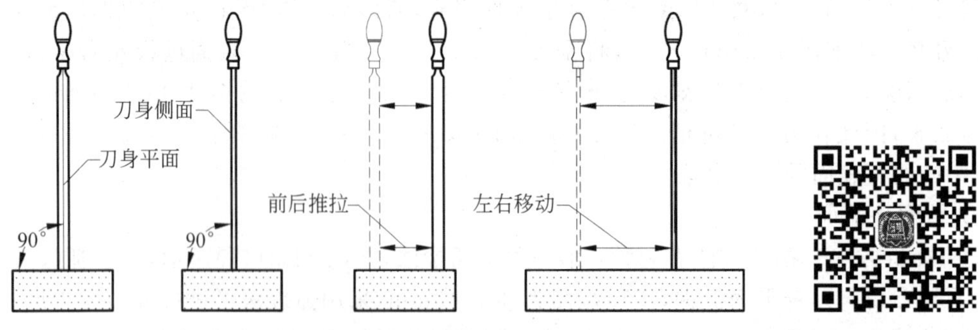

图 11-32　精磨粗刮刀顶端面方法

精磨粗刮刀顶端面方法.mp4

（3）精磨细、精刮刀顶端面。细刮刀和精刮刀的楔角比较大，因此在刃磨时要使刀身平面稍微倾斜于油石表面（倾斜角度 α），以磨出所需要的楔角值（β），如图 11-33（a）所示。由于细刮刀和精刮刀的切削刃为圆弧形，因此在刃磨时还要使刀身顶端面做圆弧摆动，注意左手只作移动，而不做同步推拉，这样就可以磨出所需要的刀刃的圆弧半径（R），如图 11-33（b）所示。

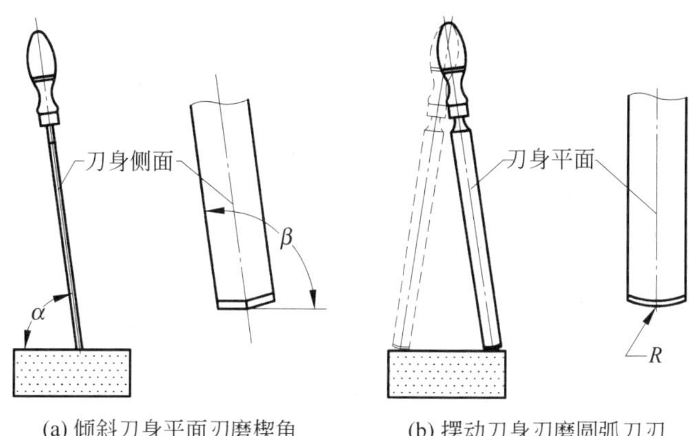

(a) 倾斜刀身平面刃磨楔角　(b) 摆动刀身刃磨圆弧刀刃

图 11-33　精磨细、精刮刀顶端面方法

精磨细、精刮刀顶端面方法.mp4

（4）刃磨动作轨迹。刃磨动作轨迹如图 11-34 所示。在油石表面进行刃磨动作分为前后方向的推动和拉动（简称推拉动作）以及左右方向的移动，推拉动作时的刃磨轨迹要与油石表面中心线相交成 45°左右的夹角（θ）；移动是一个推拉动作完成后从油石表面的左端向右端的每次纵向位移。当移动至油石表面的右端时，可再从右端变换 90°磨向左端，这样可以基本磨到油石的整个表面，以保持油石表面的平整状态。刃磨动作轨迹一般不要固定一处，要防止把油石表面磨成沟槽状，也不要只在油石表面的中间部分刃磨，这样会将油石表面磨成中凹而不利于刮刀顶端平面的刃磨。

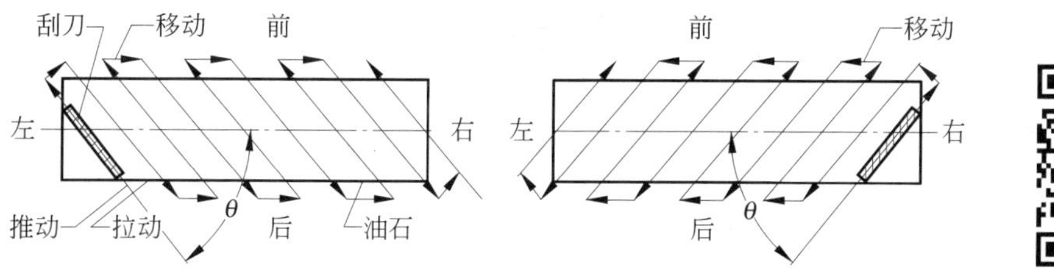

图 11-34　刃磨动作轨迹

刃磨动作轨迹.mp4

3）注意事项

（1）刃磨时，油石表面应不断地加入适量机油，不要干磨。

（2）刃磨时，刀身拉动的频率可快一些，而刀身左右移动的速度可缓慢一些。

（3）为维护油石的表面平整状况，刃磨区域应均匀。

（4）在油石上刃磨好后，再在天然磨刀石上做最终精磨，这样可以使刃口更加光洁、更加锋利，从而提高刮削质量。

（5）每次刃磨后，应用棉纱或软布将刀刃部擦干净。

6. 平面粗刮刀刃磨练习

1）练习图样

练习图样如图 11-35 所示。

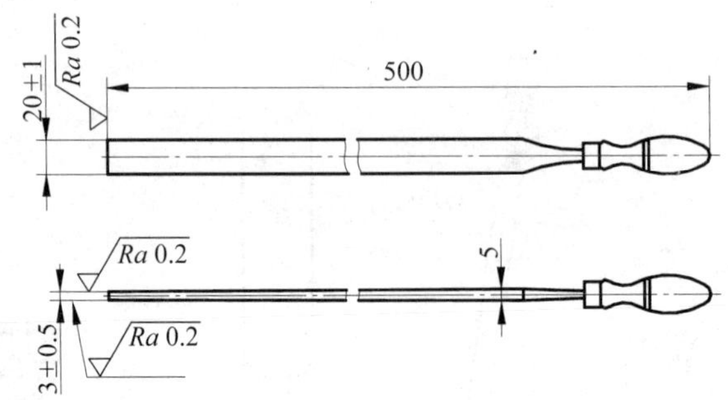

工件名称	材料	毛坯尺寸	件数	学时
平面刮刀	T12A	450mm×22mm×3mm	1	4

图 11-35　平面刮刀刃磨操作练习

2）练习步骤

（1）在砂轮上粗磨平面粗刮刀刀身平面、侧面和刀头顶端面。

（2）热处理淬火，硬度在 60HRC 及以上。

（3）在细砂轮上细磨平面粗刮刀刀身平面和刀头顶端面，达到平面粗刮刀的形状及几何角度要求。

（4）在油石上精磨平面粗刮刀刀身平面和刀头顶端面。

（5）试刮工件，若刀刃不锋利或刮出的工件表面有明显丝纹，应该重新修磨。

11.3　刮削平面技术

1. 基本研点方法

1）中、小型工件的研点

中、小型工件的研点操作可采用检验平板作为对研研具。根据需要在工件表面或平板表面涂上显示剂，用双手对工件进行推拉对磨研点，一般情况下，工件在一个方向的推拉距离为工件自身长度的 1/2，在一个方向推拉几次后，就要将工件调转 90°，前后左右各做几次。若被刮面等于或稍大于平板面，在推拉时工件超出平板部分不得大于工件长度 *L* 的 1/3，如图 11-36 所示。若被刮面小于平板面的工件，在推拉时最好不露出平板面，否

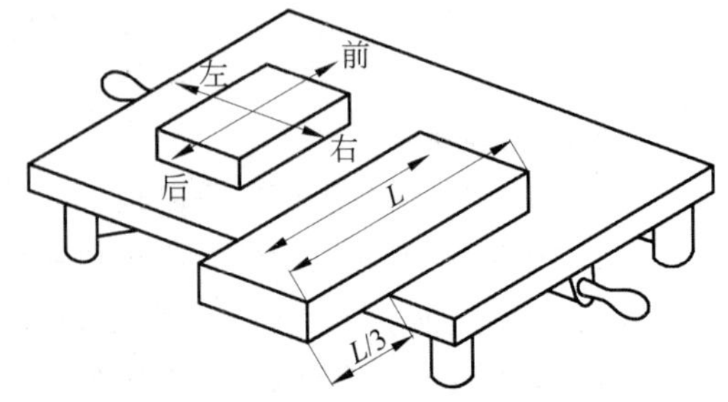

图 11-36　中、小型工件的研点操作

则研点不能反映出真实的平面度。

2）大型工件的研点

当工件的被刮面长度大于平板若干倍时，一般是以检验平板（或检验平尺）在工件的被刮面上进行推拉对磨研点，采用水平仪与研点相结合来判断被刮面的平面度误差，通过水平仪所测出被刮面的高低情况，按照研点分析并指导刮削进行轻刮和重刮操作。

3）重量不对称工件的研点

对于重量不对称工件（高低面和垂直面）的研点要特别注意，一般情况下，一只手要将腾空部分适当用力托住，另一只手将接触部分适当用力压住，双手要配合好进行推拉配磨，才能保证研点的准确，如图 11-37 所示。如果有两次研点出现矛盾时，应分析原因。

4）宽面窄边工件的研点

对于宽面窄边工件的研点，一般采用将工件的大面紧靠在直角靠铁的垂直面上，双手同时推拉两者进行配磨研点，如图 11-38 所示。

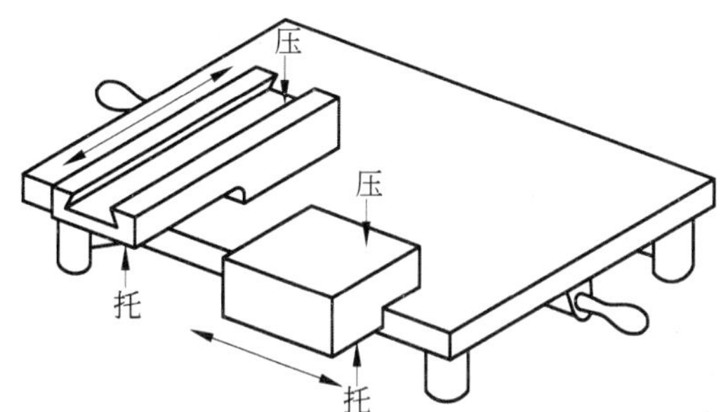

图 11-37　重量不对称工件的研点操作

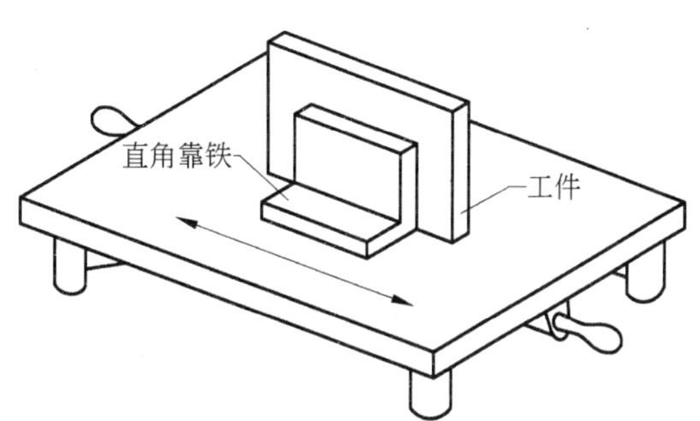

图 11-38　宽面窄边工件的研点操作

2. 基本操作姿势

1）挺刮操作

两手握持挺推刮刀，利用大腿和腰腹力量进行刮削的一种方法。挺刮法可以进行大力量刮削，适合于大面积、大余量工件的刮削。

（1）刀身握法。刀身的基本握法有抱握法和前后握法两种。

① 抱握法。右手大拇指向下放在刀身平面上且与另外四指环握刀身，左手掌心向下抱握在右手上面同时手掌外侧压在刀身平面上，左手掌离刮刀顶端面 60～100mm，如图 11-39(a)所示。

② 前后握法。右手握法同上，左手在前离右手大约一掌距离，手掌外侧压在刀身平面上，左手掌离刮刀顶端面 60～100mm，如图 11-39(b)所示。

（2）准备姿态。

① 握刀。双腿直立，两脚呈八字状，两脚跟大致与肩同宽，双手握持刮刀，将刮刀的圆盘柄抵在小腹右下侧，如图 11-40(a)所示。

② 曲膝。双腿曲膝，自然降低身体，如图 11-40(b)所示。

③ 弯腰。身体弯腰前倾，进入刮削操作，如图 11-40(c)所示。

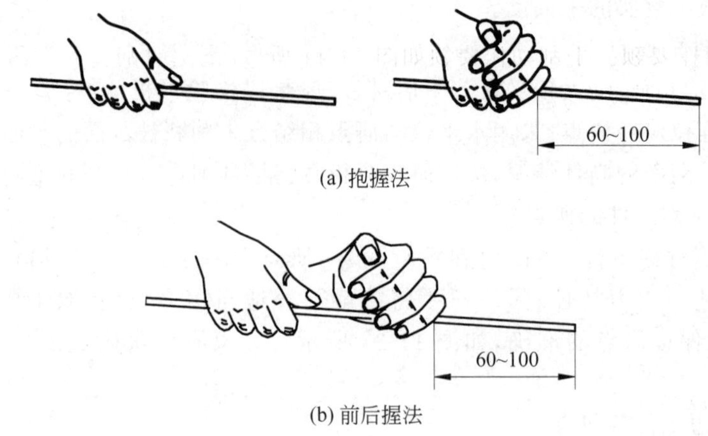

图 11-39　刀身握法

(3) 挺刮动作要领。挺刮动作要领如图 11-41 所示，刮削时刮刀对准研点，双膝弯曲，左手下压，刀身与工件表面的后角一般为 15°～35°，大腿、腰腹部同时发力使身体前倾，从而推动刮刀进行刮削。

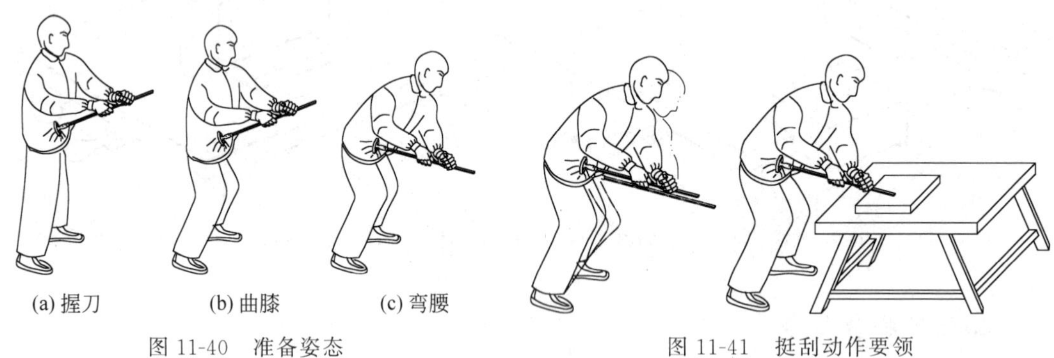

图 11-40　准备姿态

图 11-41　挺刮动作要领

2) 手刮操作

两手握持手推刮刀，利用手臂力量进行刮削的一种方法。手刮法适用于小面积、小余量工件的刮削。

(1) 刀身握法。刀身的基本握法有握柄法和绕臂法两种。

① 握柄法。使用刀身较短的手推刮刀时，右手如握持锉刀柄姿势，左手掌心向下，大拇指侧压刀身平面，另外四指环握刀身，左手掌离刮刀顶端面 60～100mm，刀身与工件表面的后角一般为 15°～35°，如图 11-42 所示。

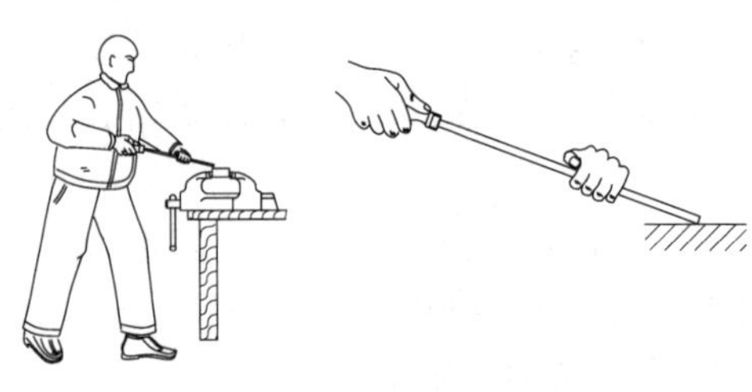

图 11-42　握柄法

② 绕臂法。使用刀身较长的手推刮刀时，刀身后部绕压在右手前臂上，右手大拇指侧压刀身平面，另外四指环握刀身，左手紧靠右手，掌心向下，大拇指侧压刀身平面，另外四指环握刀身，左手掌离刮刀顶端面 60～100mm，刀身与工件表面的后角一般为 15°～

35°,如图 11-43 所示。

(2) 手刮动作要领。手刮动作要领如图 11-44 所示,刮削时刮刀对准研点,左膝弯曲向前,使身体前倾并带动左右臂,从而推动刮刀进行刮削。

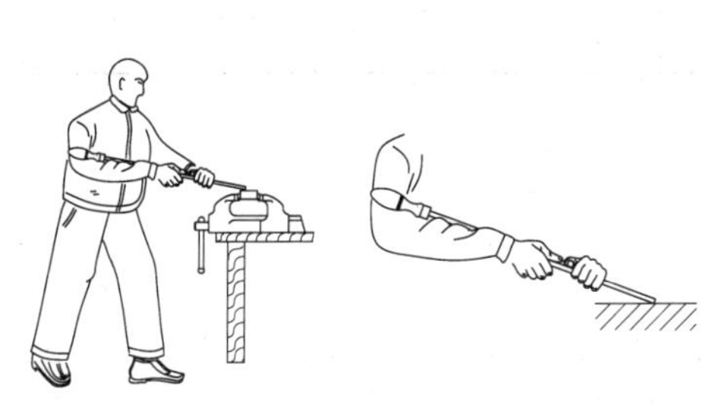

图 11-43　绕臂法

图 11-44　手刮动作要领

3. 刮削时刮刀角度的变化及其影响

用平面刮刀刮削平面时,刮刀与工件表面形成的角度一般为:前角 $\gamma_0 = -40° \sim -20°$、后角 $\alpha_0 = 15° \sim 35°$、楔角 $\beta_0 = 90° \sim 98°$,如图 11-45(a)所示。刮削时对刮刀施力的大小,应根据粗、细、精刮的工序特点而定,粗刮施力大,精刮施力小。在施力过程中,刀身由于受力而产生一定的弹性变形,即刮刀的前角 γ_0 和后角 α_0 会由大变小,如图 11-45(b)所示,其结果是除了继续保持推刮切削外,同时还增大了推挤压光作用,从而获得较低的表面粗糙度值,提高了刮削表面的质量。

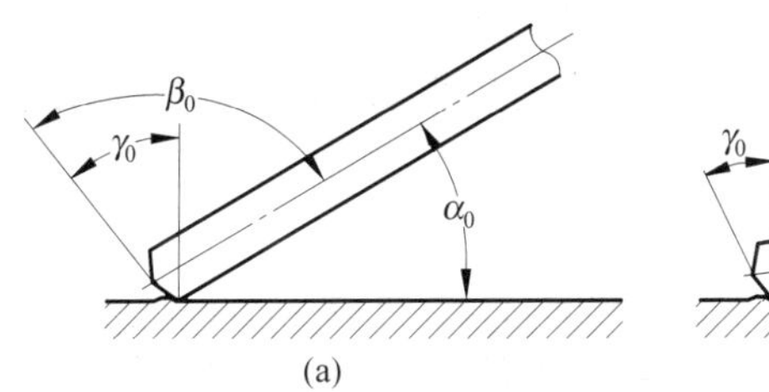

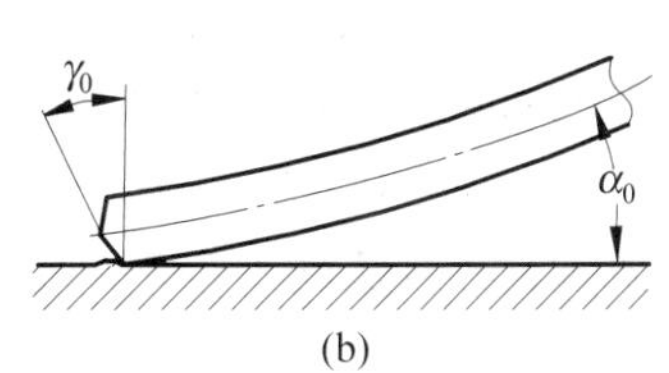

图 11-45　刮刀角度的变化及其影响

4. 刮削前的准备工作

(1) 根据工件平面加工工艺要求,配备刮刀。

(2) 配备油石。一般要配备一块油石(油石要长期置于机油中浸润)和一块天然磨刀石,供精磨刮刀使用。

(3) 根据工件材料配备显示剂。

(4) 根据工件情况选择研具。

(5) 选择合适的刮削余量。刮削余量一般与工件被刮削面积、工件刚度等有关,面积大、工件刚度比较差时可略取大一些,反之可取小一些,平面刮削前的余量一般控制在 0.10～0.40mm,具体数值可参考表 11-7。

表 11-7　平面刮削前余量参考表　　单位：mm

平面宽度 W	平面长度 L				
	100～500	500～1000	1000～2000	2000～4000	4000～6000
<100	0.10	0.15	0.20	0.25	0.30
100～500	0.15	0.20	0.25	0.30	0.40

5. 基本刮削方法

1）推刮

采用定点落刀后直线推进刮削并动态起刀的一次完整的刮削动作称为推刮。推刮方法如图 11-46 所示，推刮的动作过程分为三个阶段，即定点落刀、直线推刮和动态起刀。推刮根据刮削行程的长短又分为长程推刮和短程推刮，长程推刮的刀迹宽度为刃口宽度的 2/3～3/4，刀迹长度为 30mm 左右；短程推刮的刀迹宽度为刃口宽度的 1/3～1/2，刀迹长度为 15mm 左右。刮削速度一般在 40 次/min 左右。

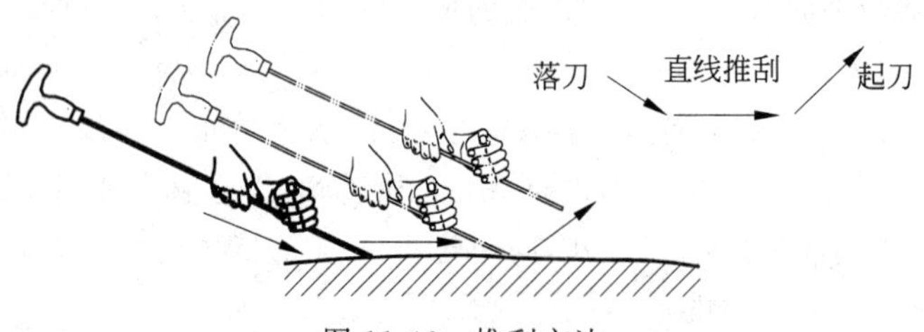

图 11-46　推刮方法

推刮的刀迹方向要与工件表面纵向中心线大致成 45°角，后一遍的刮削刀迹要与前一遍的刮削刀迹大致成 90°角（相当于锉削时的交叉锉法），以消除前一遍的刮削刀迹，否则会出现条状研点，如图 11-47(a)所示。

推刮操作要领：注意从落刀推刮到起刀时的刀迹要平缓，如图 11-47(b)所示，落刀时力量不要太重，起刀时不要停顿，要在直线推刮结束时顺势起刀，否则会留下较深的落刀痕和起刀痕，如图 11-47(c)所示。

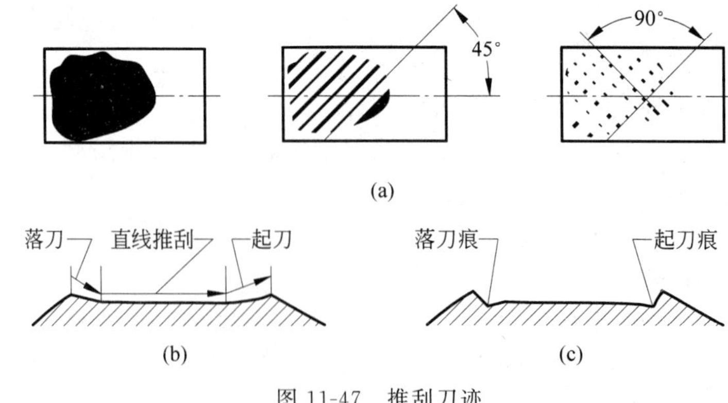

图 11-47　推刮刀迹

2）挑刮

采用落刀后紧接着向右(或左)侧斜向移动刮削研点并顺势将刀挑起的一次完整的刮削动作过程称为挑刮，挑刮方法如图 11-48 所示。整个刮削过程瞬间完成，如图 11-48(a)所示。挑刮时刀迹宽度为 5mm 左右，刀迹长度为 6mm 左右。刮削速度一般在 45 次/min 左右。

在精刮操作时应尽量采用破点挑刮(简称破刮)，如图 11-48(b)所示。所谓破刮就是在挑刮研点时，每次只刮去研点中间最高的部分，而留下较低部分的一种挑刮方法。

挑刮操作要领：一是要注意从落刀刮削到起刀时的刀迹要圆滑、一气呵成，如图 11-48(c)所示；二是要注意刮点准确，每个研点尽量只刮一刀，切忌刮偏和漏刮；三是要注意在斜向移动时刀身平面要基本平行于工件表面，动作不要过大，否则容易使刀口侧端划伤工件表面。

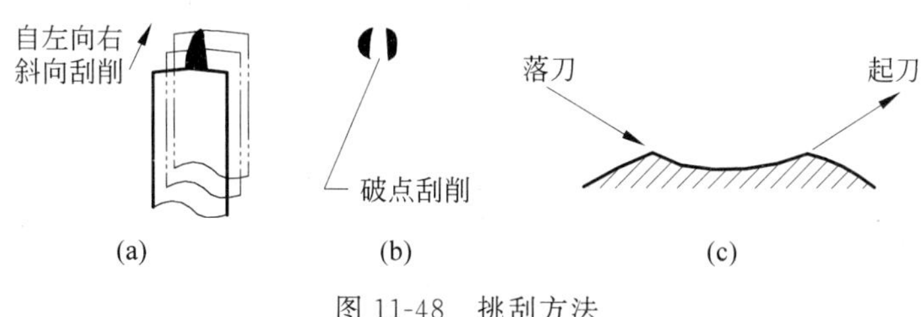

图 11-48　挑刮方法

3）刮花

在精刮后或精刨、精铣以及磨削后的工件表面(大部分是运动副表面)刮削出各种花纹的操作称为刮花(又称为压花和挑花)。刮花操作一般选用精刮刀或刮花专用刀。刮花的目的有三个：一是可使工件表面具有美感；二是可使工件表面形成良好的润滑条件；三是可以通过花纹的消失状态来判断工件表面的磨损程度。

花纹的类型有很多，主要有弧形花纹、方块花纹和扇形花纹，弧形花纹中主要有月亮花纹和燕子花纹。

刮花相对推刮和挑刮来说，其操作难度更高，需要多练习、多感悟，才能掌握刮花操作技术。

(1) 弧形花纹基本刮削方法。首先用刮刀刃口左侧落刀，紧接着自左向右斜向刮削，如图 11-49(a)所示，同时左手手腕要扭腕使刀刃顺势作一个自左向右的圆弧摆动，如图 11-49(b)所示，使刃口部的刮削从左侧过渡到右侧，刀迹纵向长度一般为 10mm 左右，整个刮削过程瞬间完成，这样就可以刮出各种弧形花纹。也可以自右向左斜向刮削，通过左手手腕在用力下压的同时右手扭腕使刀刃顺势做一个自右向左的圆弧摆动，使刃口部的刮削从右侧过渡到左侧。

弧形花纹刮削要领：由于刮削条件和操作方法的不同，所刮出的弧形花纹的形状、大小和弧形夹角也有相当的变化。一是要注意选择合适的刮刀，因为刀头部分的宽窄、厚薄、刀刃圆弧半径及楔角的大小对弧形花纹的形状都有一定影响；二是在刮削时要能够控制扭腕动作的幅度和推刮行程的长短；三是要利用刀头部分的弹性作用，一般而言，扭腕动作的幅度越大，推刮行程越短，所刮出的弧形花纹的夹角(γ)就越小，形状也越小，如

图 11-49(c)所示。

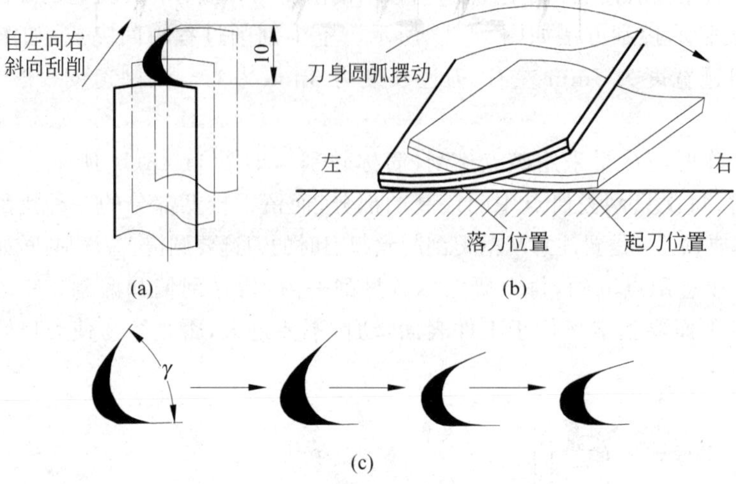

图 11-49　弧形花纹基本刮削方法

(2) 月亮花纹及刮削方法。月亮花纹如图 11-50 所示。刮花前要在工件表面用粉笔或记号笔划出一定间距的方格。刮花时采用圆弧刃精刮刀，刀身平面中心线与工件表面纵向中心线成 45°角，从工件的前面向后面进行刮削。

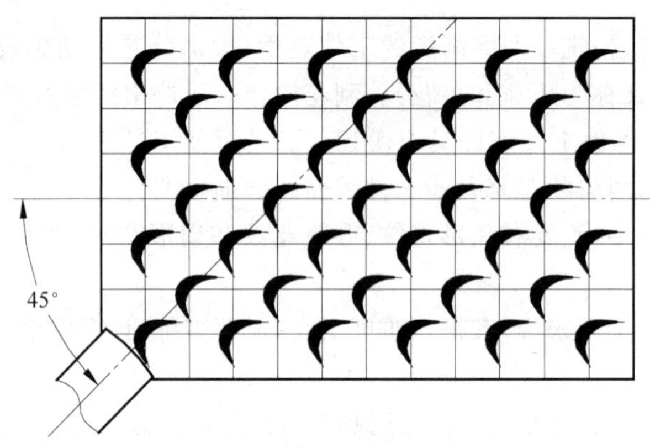

图 11-50　月亮花纹及刮削方法

(3) 燕子花纹及刮削方法。燕子花纹可分为双刀燕子花纹（简称双刀燕）和三刀燕子花纹（简称三刀燕）。双刀燕子花纹如图 11-51(a)所示。刮花前要在工件表面用粉笔或记号笔划出一定间距的方格。刮花时采用圆弧刃精刮刀，刀身平面中心线与工件表面纵向中心线成 45°角，从工件的前面向后面进行刮削。常见的刮法：首先第一刀刮出一个弧形花纹，然后在第一个弧形花纹稍下的地方刮出第二个弧形花纹，这样就可刮出一个近似燕子的花纹，如图 11-51(b)所示。三刀燕子花纹及刮削方法如图 11-52 所示，三刀燕子花纹的刮削方法是在双刀燕子花纹的基础上，再在左侧居中的部位刮出第三个较小的弧形花纹作为燕子头。

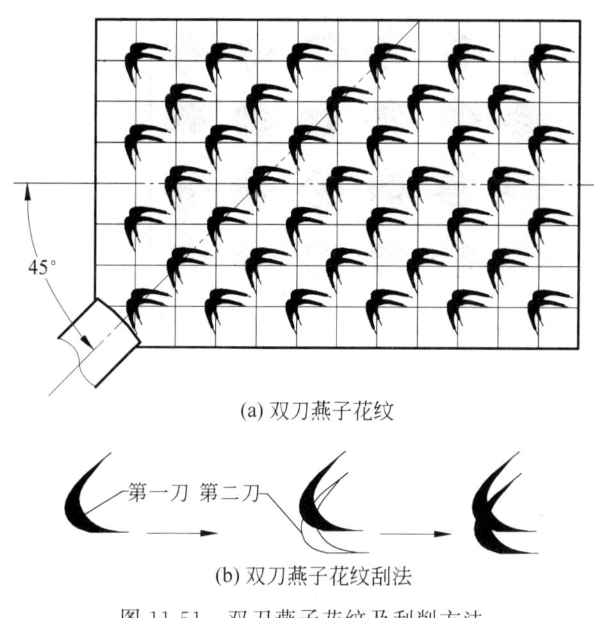

(a) 双刀燕子花纹

(b) 双刀燕子花纹刮法

图 11-51　双刀燕子花纹及刮削方法

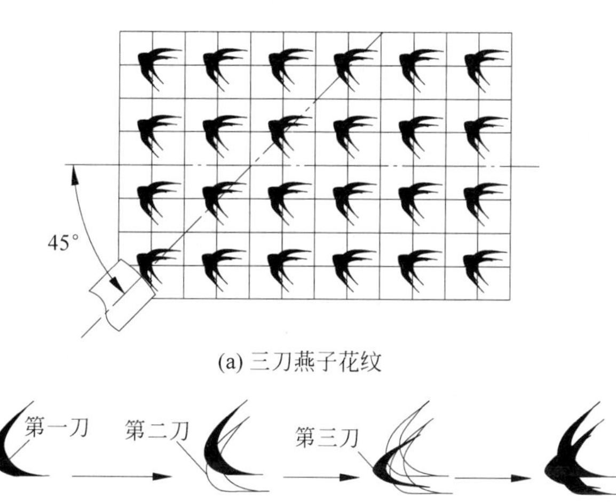

(a) 三刀燕子花纹

(b) 三刀燕子花纹刮法

图 11-52　三刀燕子花纹及刮削方法

(4) 方块花纹及刮削方法。方块花纹如图 11-53 所示。刮花前要在工件表面用粉笔或记号笔划出一定间距的方格。刮花时，刀身平面中心线与工件表面纵向中心线成 45°角，从工件的前面向后面进行刮削。基本刮法：采用直线刃(或大半径圆弧刃)窄刮刀进行短程推刮，刮出第一个方块后，应间隔一个方块距离即空出一格再刮出第二个方块。

(5) 扇形花纹及其刮削方法。扇形花纹如图 11-54(a)所示。刮花前要在工件表面用粉笔或记号笔划出一定间距的方格和角度线。刮削扇形花纹要采用钩头刮刀，要将刀刃右端磨锋利，左端稍钝一点，刃线要平直。基本刮法：选择好落刀位置(一般选择交点处)，左手握在距刀头 50mm 处，用力偏左下压，以刀刃左端为圆心，右手做顺时针方向旋

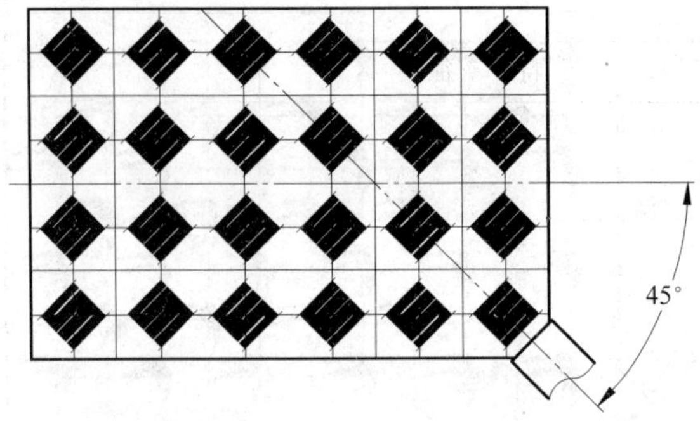

图 11-53　方块花纹及刮削方法

转，旋转角度一般有 90°和 135°两种。正确的扇形花纹如图 11-54(b)所示，由于用力不当，容易造成两端同时刮削，形成如图 11-54(c)所示的花纹，这样所刮出的花纹痕迹会过浅，属于不正确的花纹。

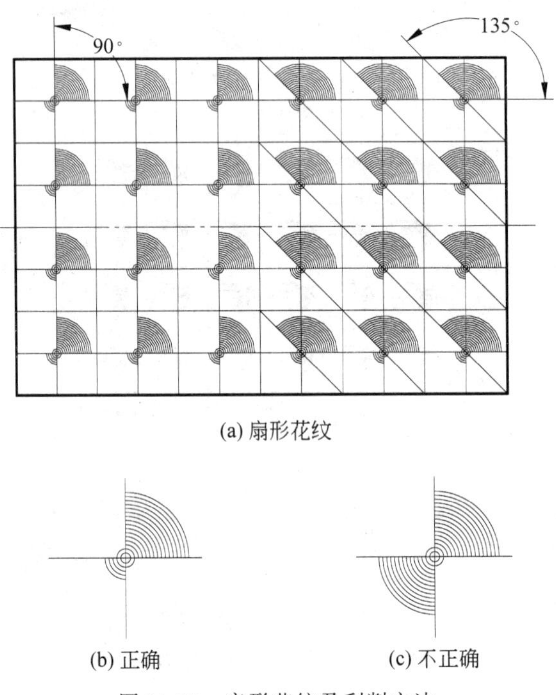

(a) 扇形花纹

(b) 正确　　(c) 不正确

图 11-54　扇形花纹及刮削方法

4）刮削面缺陷分析

刮削面缺陷分析参考表 11-8。

表 11-8　刮削面缺陷形式及其产生原因

缺陷形式	特征	产生原因
深凹痕	刀迹过深，局部显点稀少	(1) 粗刮时用力不均匀，局部落刀过重 (2) 多次刀痕重叠 (3) 刀刃圆弧过小

续表

缺陷形式	特　征	产生原因
梗痕	刀迹单面产生刻痕	刮削时用力不均匀，使刃口单面切削
撕痕	刮削面上呈现粗糙刮痕	(1) 刀刃不光洁、不锋利 (2) 刀刃有缺口或裂纹
落刀痕或起刀痕	在刀迹的起始或终了处产生了深的刀痕	(1) 落刀时，左手压力过大和速度较快 (2) 起刀不及时
振痕	刮削面上呈现有规则的波纹	多次同向刮削、刀迹没有交叉
划痕	刮削面上划有深浅不一的直线痕迹	(1) 显示剂不清洁 (2) 刮削面未清理干净
刮削面精度不高	显点变化情况无规律	(1) 研点时压力不均匀 (2) 工件外露过多而出现假点子 (3) 研具工作表面本身不精确 (4) 研点时放置不平稳

6. 刮削平面工序和要求

1）粗刮工序

当工件表面还留有比较粗糙的机加工刀痕或刮削余量较多（一般在 0.2mm 以上）时，可采用粗刮刀进行粗刮操作。粗刮时，首先使用粗刮刀进行长程推刮，要求刀迹宽长成片，以快速去除加工刀痕；待加工刀痕基本去除后，再进行涂色研点刮削，达到每 25mm×25mm 面积内有 4～8 个接触点，前后遍刮削刀迹交叉，研点分布比较均匀，粗刮操作即告完成。粗刮完成后的表面粗糙度值一般为 $Ra\,3.2\mu m$。

2）细刮工序

当需要提高工件表面精度时，可采用细刮刀进行细刮操作。细刮时，使用细刮刀进行短程推刮和挑刮，要求刀迹细而短。每刮完一遍后，应选用较细的油石将刮削面轻轻地磨一次，以消除刮削时残留的毛刺，达到每 25mm×25mm 面积内有 8～12 个接触点，前后遍刮削刀迹交叉，研点分布均匀，细刮操作即告完成。细刮结束后的表面粗糙度值一般为 $Ra\,1.6\mu m$。

一般情况下，发亮的研点是属于较高的点，不发亮而比较雾的点属于较低的点，如图 11-55 所示。对于亮点应重刮，对于雾点应轻刮或不刮，这样研点就显现得快一些。

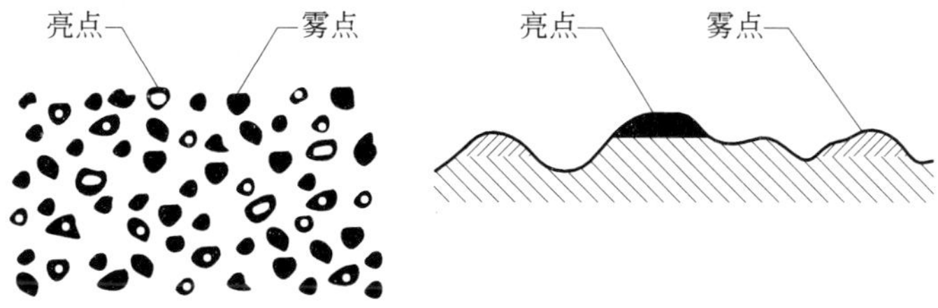

图 11-55　研点状况

3）精刮工序

当需要继续提高工件表面精度时，可采用精刮刀进行精刮操作。精刮操作时，使用精刮刀进行挑刮。要专刮亮点，对所刮研点只刮一刀，并尽量采用破刮。每刮完一遍，应选用较细的油石将刮削面轻轻地磨一次，以消除刮削时残留的毛刺，达到每 25mm×25mm 面积内有 12～16 个接触点，前后遍刮削刀迹交叉，研点清晰均匀，精刮操作即告完成。精刮结束后的表面粗糙度值一般为 $Ra0.8\mu m$。

4）刮花工序操作

在精刮后的工件表面或精刨、精铣以及磨削后的工件表面，可根据需要进行所需花纹的刮花操作。

7. 原始平板的刮削工艺

1）平板的基本知识

（1）平板的材料。平板是采用 HT200～300 的优质细密的灰口铸铁或合金铸铁等材料制造，其工作面硬度应为 170～220HB。

（2）平板的规格。平板的规格见表 11-9。

（3）平板的精度等级。平板的精度等级分为 000、00、0、1、2、3 六个等级，见表 11-9。

（4）平板的平面度公差值见表 11-9。

（5）平板的检测项目。平板的检测项目见表 11-10。

表 11-9　平板的技术参数

<table>
<tr><th rowspan="3">规格/(mm×mm)</th><th rowspan="3">对角线
d /mm</th><th colspan="6">精 度 等 级</th></tr>
<tr><th>000</th><th>00</th><th>0</th><th>1</th><th>2</th><th>3</th></tr>
<tr><th colspan="6">平面度公差值/μm</th></tr>
<tr><td>160×100</td><td>189</td><td rowspan="5">1.5</td><td rowspan="2">2.5</td><td rowspan="2">5.0</td><td rowspan="2">10</td><td rowspan="3">—</td><td rowspan="5">—</td></tr>
<tr><td>160×160</td><td>226</td></tr>
<tr><td>250×160</td><td>297</td><td rowspan="3">3.0</td><td rowspan="2">5.5</td><td rowspan="2">11</td></tr>
<tr><td>250×250</td><td>353</td><td>22</td></tr>
<tr><td>400×250</td><td>472</td><td>6.0</td><td>12</td><td>24</td></tr>
<tr><td>400×400</td><td>566</td><td rowspan="4">2.0</td><td rowspan="2">3.5</td><td>6.5</td><td>13</td><td>25</td><td>62</td></tr>
<tr><td>630×400</td><td>746</td><td>7.0</td><td>14</td><td>28</td><td>70</td></tr>
<tr><td>630×630</td><td>891</td><td rowspan="2">4.0</td><td>8.0</td><td>16</td><td>30</td><td>75</td></tr>
<tr><td>800×800</td><td>1131</td><td rowspan="2">9.0</td><td>17</td><td>34</td><td>85</td></tr>
<tr><td>1000×630</td><td>1182</td><td rowspan="2">2.5</td><td>4.5</td><td>18</td><td>35</td><td>87</td></tr>
<tr><td>1000×1000</td><td>1414</td><td>5.0</td><td>10.0</td><td>20</td><td>39</td><td>96</td></tr>
<tr><td>1250×1250</td><td>1768</td><td rowspan="2">3.0</td><td rowspan="2">6.0</td><td>11.0</td><td>22</td><td>44</td><td>111</td></tr>
<tr><td>1600×1000</td><td>1887</td><td>12.0</td><td>23</td><td>46</td><td>115</td></tr>
<tr><td>1600×1600</td><td>2262</td><td>3.5</td><td>6.5</td><td>13.0</td><td>26</td><td>52</td><td>130</td></tr>
<tr><td>2500×1600</td><td>2968</td><td>—</td><td>8.0</td><td>16.0</td><td>32</td><td>64</td><td>158</td></tr>
<tr><td>4000×2500</td><td>4717</td><td>—</td><td>—</td><td>—</td><td>46</td><td>92</td><td>228</td></tr>
</table>

表 11-10　平板的检测项目

测试项目	精度等级					
	000	00	0	1	2	3
单位面积上接触点面积的比率	≥20%		≥16%		≥10%	
25mm×25mm 正方形面积中的接触点数	≥25%			≥20%	≥12	

注：距工作面边缘 0.02a（最大为 20mm）范围内接触点面积的比率或接触点数不计，且任意一点都不得高于工作面。

2）原始平板刮削方法

刮削原始平板一般采用渐进法，即不用标准平板，而以三块（或三块以上）原始平板依次循环对研刮削，来达到平板平面度要求。

（1）研点方法及阶段。为了防止平板发生纵、横向的平面度误差或避免出现形变扭曲，研点方法一般分为三个阶段和三种方法，即每一阶段的研点方法都有所不同。在第一阶段可采用纵向研点方法，即主动件推拉合研时，其纵向中心线平行于固定件纵向中心线，如图 11-56（a）所示；在第二阶段可采用横向研点方法，即主动件推拉合研时，其纵向中心线垂直于固定件纵向中心线，如图 11-56（b）所示；在第三阶段可采用对角研点方法，即主动件推拉合研时，其纵向中心线以 45°角相交于固定件纵向中心线，如图 11-56（c）所示。采用纵、横向研点刮削可消除纵、横方向的平面度误差，采用对角研点刮削可消除平板的形变扭曲误差。在刮削过程中，要随时对刮削面进行平面度误差分析，要做到边刮削，边检查，边修正，以保证达到平板的技术要求。

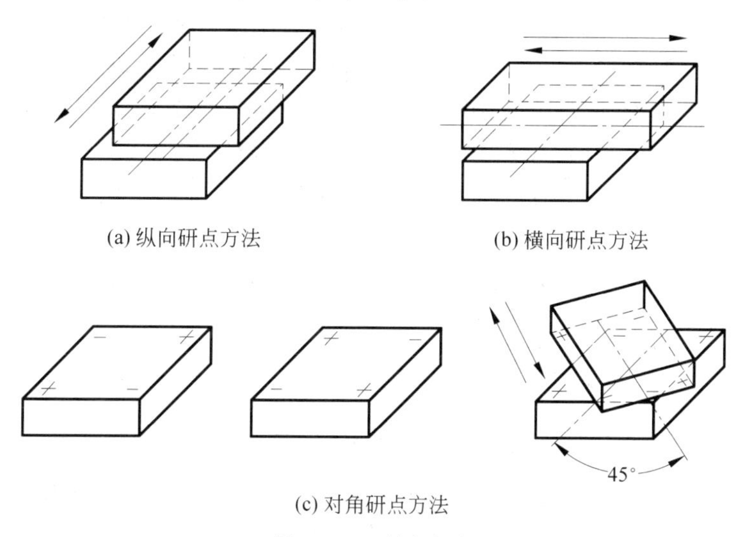

(a) 纵向研点方法　(b) 横向研点方法

(c) 对角研点方法

图 11-56　研点方法

（2）刮削准备。准备好经过机加工后的三块平板，将这三块平板编号，四周用锉刀倒角去毛刺，清理干净后对非加工面涂上油漆，准备好刮削工具等。

（3）刮削循环工序。一个刮削循环要经历七道工序，如图 11-57 所示。

① 第一道工序是件 A 和件 B 对研显点后互刮。

② 第二道工序是以件 A 为基准与件 C 对研显点后刮件 C。

③ 第三道工序是件 B 和件 C 对研显点后互刮。

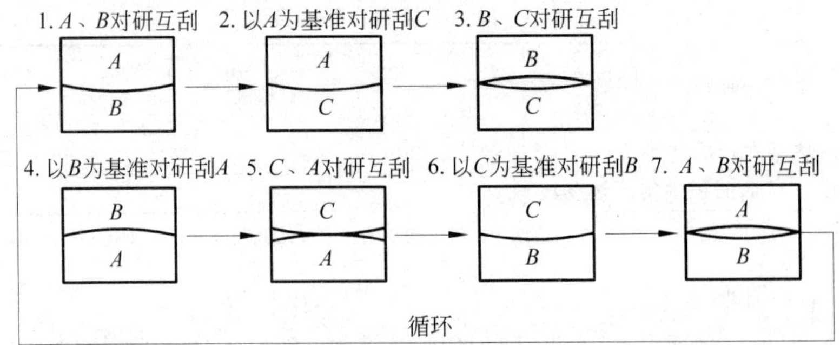

图 11-57　刮削循环工序

④ 第四道工序以件 B 为基准与件 A 对研显点后刮件 A。

⑤ 第五道工序是件 C 和件 A 对研显点后互刮。

⑥ 第六道工序是以件 C 为基准与件 B 对研显点后刮件 B。

⑦ 第七道工序是件 A 和件 B 对研显点后互刮。

8. 形面刮削与测量

1）平行面的刮削与测量

（1）用百分表测量平行度方法。测量时将工件基准平面放在标准平板的平面上，将百分表测头触及工件的被测表面并调整出 0.3mm 左右的测量行程，沿着工件被测表面的四周及两条对角线进行测量，测得的最大读数与最小读数之差即为平行度误差。

（2）保证平行度的刮削方法。用标准平板的平面作为对研和测量的基准面。首先粗、细、精刮工件的基准面，使之达到接触点数和表面粗糙度要求，再对基准面的对面即平行面进行刮削。粗刮工序时，应先用百分表测量出该面对基准面的平行度误差，以确定刮削部位和刮削余量，同时结合涂色显点进行刮削，以保证该面的平面度要求。在初步保证平面度和平行度的条件下，可进入细刮工序，此时主要根据涂色显点来确定刮削部位，同时用百分表进行平行度的测量来指导进行修整性刮削，当达到一定要求后可过渡到精刮工序。此时主要对研点进行挑刮，以达到接触点数和表面粗糙度要求，同时也要间断地进行平行度的测量，以保证达到平行度要求。

2）垂直面的刮削与测量

垂直面的刮削方法与平行面的刮削方法相似，即粗刮工序时主要靠垂直度测量来确定其刮削部位，同时结合涂色显点进行刮削来保证该面的平面度要求，精刮工序时主要对研点进行挑刮，同时也要间断地进行垂直度的测量，以保证达到垂直度要求。

9. 注意事项

（1）操作姿势要合理，落刀要准确，防止产生梗痕。

（2）涂色研点时，平板必须放置稳定，用力要均匀，以保证真实地显示研点。

（3）加工面必须保持清洁，要防止平板表面被划伤拉毛。

（4）细刮时每个研点尽量只刮一刀，要逐步提高刮点的准确性。

（5）精刮时要尽量对亮点进行破刮。

(6) 在刮削过程中，要随时进行误差分析，要做到边刮削，边检查，边修正。

10. 刮削平面练习

1) 练习图样

练习图样如图 11-58 所示。

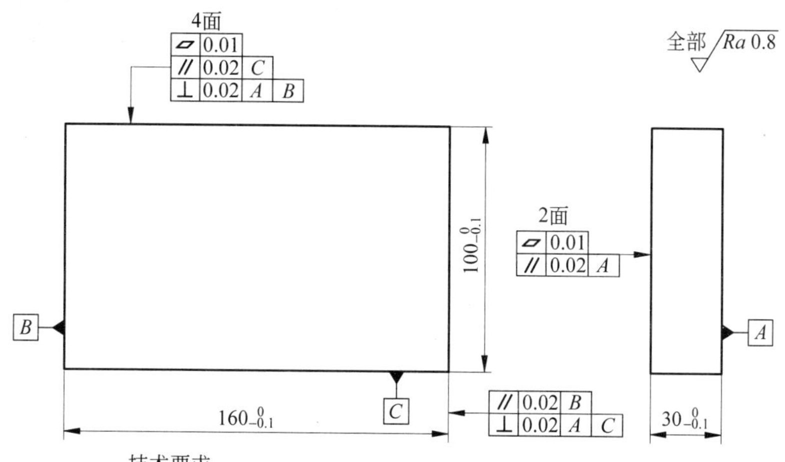

工件名称	材料	毛 坯 尺 寸	件数	学时
铸铁块	HT200	160mm×100mm×30mm	1	12

图 11-58　刮削平面操作练习

2) 练习步骤

(1) 用锉刀对各棱边倒角 1mm×45°。

(2) 检查工件材料，掌握其尺寸和形位误差以及加工余量。

(3) 粗、细、精刮基准面 A，达到图样要求。

(4) 粗、细、精刮基准面 A 的对面，达到图样要求。

(5) 粗、细、精刮基准面 B，达到图样要求。

(6) 粗、细、精刮基准面 B 的对面，达到图样要求。

(7) 粗、细、精刮基准面 C，达到图样要求。

(8) 粗、细、精刮基准面 C 的对面，达到图样要求。

(9) 全面检查，并作必要的修整性刮削。

11.4　刮削曲面技术

1. 曲面刮刀的刃磨与热处理

1) 三角刮刀的刃磨与热处理

(1) 三角刮刀的粗磨。锻制的刀坯和改制三角锉刀的粗磨在砂轮上进行，首先基本磨平刀身的 3 个平面，然后磨出刀身平面上的凹槽，最后粗磨出刀头的 3 个圆弧面。

① 磨出刀身的 3 个平面。刃磨方法如图 11-59(a)所示，右手握刀柄，左手按在刀身中部，刀柄相对于水平面倾斜一定角度 α 为 75°左右并接触砂轮轮缘面，上下移动磨出刀身平面，刃磨时注意 3 个平面要等宽。

② 磨出刀身的 3 个凹槽。刃磨方法如图 11-59(b)所示，右手握刀柄，左手按在刀身中部，将刀身平面对着砂轮角(与砂轮侧面成 45°左右的夹角)，相对于水平面倾斜一定角度 α 为 75°左右并上下移动磨出凹槽，注意要留出 2～3mm 刀刃边。

③ 粗磨刀头的 3 个圆弧面。刃磨方法如图 11-59(c)所示，右手握刀柄，左手按在刀身头部，刀柄相对于水平面预低一定角度 α 为 45°左右接触砂轮轮缘面，自下而上地弧形摆动刀柄，摆动幅度为 25°左右。

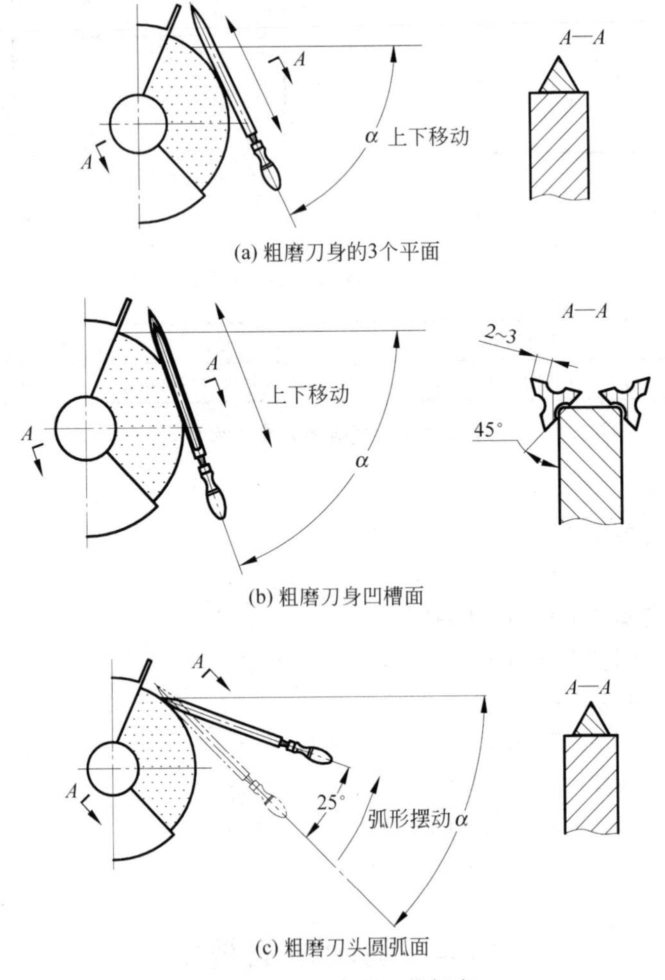

图 11-59　三角刮刀的粗磨

(2) 三角刮刀的热处理。三角刮刀的热处理与平面刮刀的热处理方法相同。

(3) 三角刮刀的细磨。通过细磨要达到三角刮刀的形状和几何角度要求。三角刮刀的细磨主要在细砂轮上进行，刃磨前要将砂轮轮缘面修磨平整。刃磨方法与粗磨的方法相同。在刃磨刀头部分时，要注意经常蘸水冷却，防止淬火部分退火。

（4）三角刮刀的精磨。三角刮刀的精磨主要是在油石和天然磨刀石上进行，操作时要在油石上加适量机油。通过精磨要使刀头圆弧面的表面粗糙度达到 $Ra<0.2\mu m$。三角刮刀精磨方法如图 11-60 所示，右手握刀柄，左手轻轻地按在刀身头部，首先相对于油石表面上抬刀柄角度 α 为 30°左右，然后一边做刀柄由上而下的弧形摆动，同时一边做向前推动，这样就可以磨出圆弧刀刃。在油石表面的刃磨动作轨迹与刃磨平面刮刀基本相同。

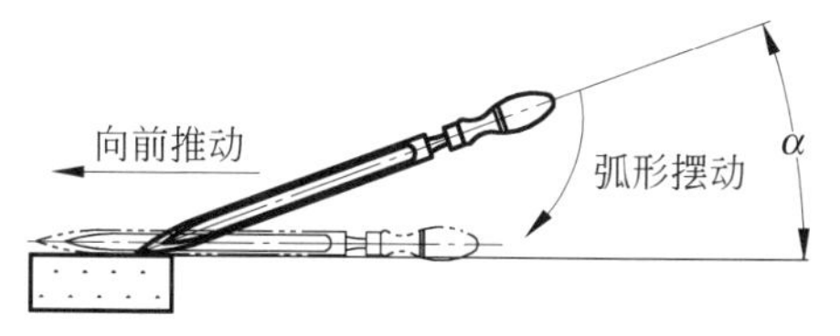

图 11-60　三角刮刀的精磨

三角刮刀的精磨.mp4

2）蛇头刮刀的刃磨与热处理

（1）蛇头刮刀的粗磨。通过粗磨要磨平刀头平面和侧面并达到刀头厚度（t）及刀体宽度（B）要求。将锻造好的刀坯在砂轮上进行粗磨，首先粗磨刀头平面，如图 11-61(a)所示。方法是右手握刀柄，左手按在刀身头部，相对于水平面倾斜一定角度（$\alpha=45°\sim75°$）接触砂轮轮缘面，上下移动刃磨出刀头平面。然后刃磨出刀头侧面，方法是先将刀柄相对于水平面预先放低一定角度（$\alpha=45°$左右），刀头的侧面接触砂轮轮缘面自下而上地圆弧摆动刀柄至水平位置，逐段磨出圆弧形刀刃。刃磨时刀头平面要始终垂直于砂轮轮缘面，注意刀头两侧圆弧形刀刃要基本对称，如图 11-61(b)所示。

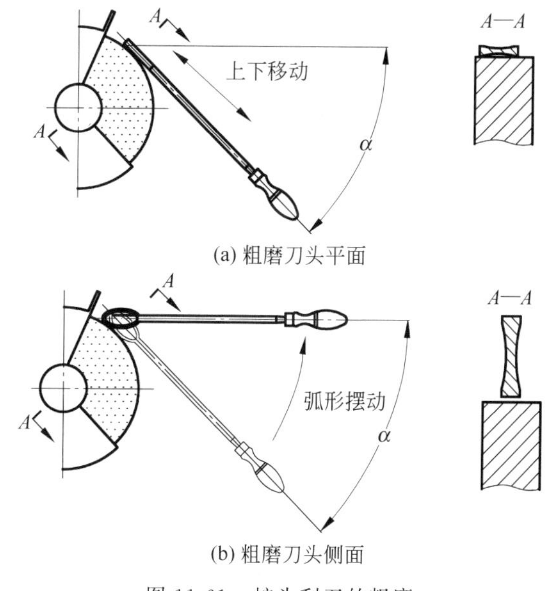

图 11-61　蛇头刮刀的粗磨

（2）蛇头刮刀的热处理。蛇头刮刀的热处理与平面刮刀的热处理方法相同。

（3）蛇头刮刀的细磨。蛇头刮刀的细磨主要在细砂轮上进行，刃磨前要将砂轮轮缘面修磨平整。刃磨方法与粗磨的方法相同，要达到刮刀的形状和几何角度要求。在刃磨刀头部分时，要注意经常蘸水冷却，防止淬火部分退火。

（4）蛇头刮刀的精磨。蛇头刮刀的精磨主要是在油石和天然磨刀石上进行，操作时要在油石上加适量机油。通过精磨要使刀头圆弧面的表面粗糙度达到 $Ra<0.2\mu m$。

① 精磨刀头平面。精磨刀头平面的方法与精磨平面刮刀刀头平面相同，如图 11-62(a)所示。

② 精磨刀头圆弧面。精磨刀头圆弧面的方法如图 11-62(b)所示，右手握刀柄，左手轻轻地按在刀身头部，首先相对于油石表面上抬刀柄角度 α 为 45°左右，然后一边做刀柄由上而下的弧形摆动，同时一边做向前推动，逐段磨出圆弧形刀刃，注意刀头平面要始终垂直于油石表面。在油石表面的刃磨动作轨迹与刃磨平面刮刀基本相同。

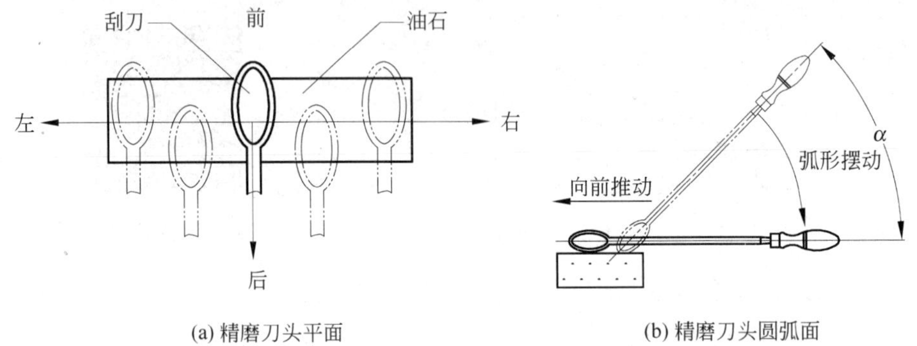

(a) 精磨刀头平面　　(b) 精磨刀头圆弧面

图 11-62　蛇头刮刀的精磨

2. 三角刮刀刃磨练习

1）练习图样

练习图样如图 11-63 所示。

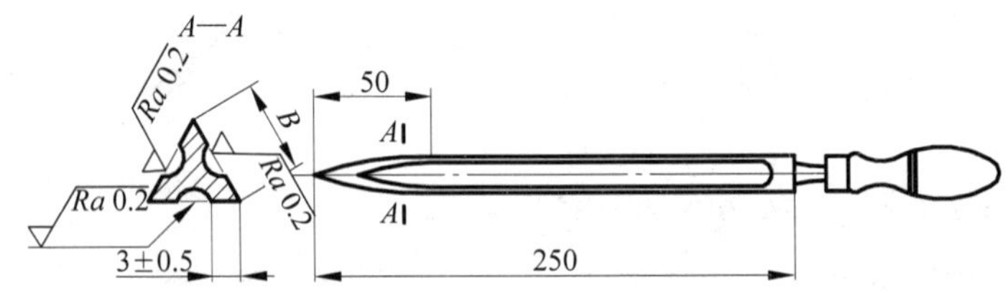

工件名称	材料	毛 坯 尺 寸	件数	学时
三角刮刀	T12A	(8″、6″) 废旧三角锉改制	1	4

图 11-63　三角刮刀刃磨操作练习

2）练习步骤

(1) 在砂轮上粗磨三角刮刀刀身平面及开槽、刀头圆弧面。

(2) 热处理淬火，硬度在 60HRC 及以上。

(3) 在细砂轮上细磨三角刮刀刀身平面和刀头圆弧面，达到三角刮刀的形状及几何角度要求。

(4) 在油石和天然磨刀石上精磨三角刮刀刀身平面和刀头圆弧面。

(5) 试刮工件，若刀刃不锋利或刮出的工件表面有明显丝纹，应该重新修磨。

3. 基本操作姿势

刀身的基本握法与平面刮刀的手握法基本相同,有握柄法和绕臂法两种。

1) 握柄法

使用锉刀柄的刮刀时,右手如握持锉刀柄姿势,左手掌心向下,大拇指侧压刀身平面,另外四指环握刀身,左手掌离刮刀顶端面 100mm 左右,刀身与工件表面的夹角一般为 10°～20°,如图 11-64 所示。使用三角刮刀时,为了防止三角棱硌手,可在握持部位缠上适量布条。

2) 绕臂法

当使用长木柄的刮刀时,将木柄压在右手前臂上,右手大拇指侧压刀身,另外四指相对环握刀身,左手掌心向下,大拇指侧压刀身,另外四指环握刀身,左手掌离刮刀顶端面 100mm 左右,刀身与工件表面的夹角一般为 10°～20°,如图 11-65 所示。

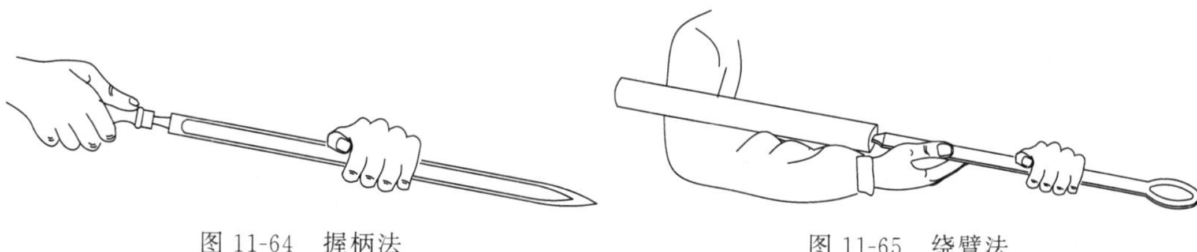

图 11-64　握柄法　　　　图 11-65　绕臂法

4. 内曲面研点及精度检测方法

研点常用标准轴(也称为工艺轴)或与其相配合的轴,作为内曲面显点的校准工具。校准时将蓝油均匀地涂在轴的圆柱面上,或用红丹粉涂在轴承孔表面,用轴在轴承孔中来回旋转,显示研点。

5. 内曲面的刮削余量

内曲面刮削前的余量一般控制在 0.05～0.3mm,具体数值可参考表 11-11。

表 11-11　内曲面刮削前余量参考表　　单位：mm

内孔直径 D	内孔长度 L		
	100 以下	100～200	200～300
<80	0.05	0.08	0.12
80～180	0.10	0.15	0.25
180～360	0.15	0.20	0.35

6. 刮削内曲面时刮刀的切削角度和用力方向

内曲面主要是指内圆柱面、内圆锥面和内球面。用曲面刮刀刮削内圆柱面和内圆锥面时,刀身中心线要与工件曲面轴线成 15°～45°夹角,如图 11-66(a)所示,刮刀沿着内曲面做有一定倾斜的径向旋转刮削运动，一般是沿顺时针方向自前向后拉刮。三角刮刀是用正前角来进行刮削，在刮削时，其正前角和后角的角度是基本不变的，如图 11-66（b）所示。蛇头刮刀是用负前角来进行刮削，与平面刮削相类似，如图 11-66(c)所示。刮削时，前后遍的刮削刀迹要交叉，交叉刮削可避免刮削面产生波纹和条状研点。

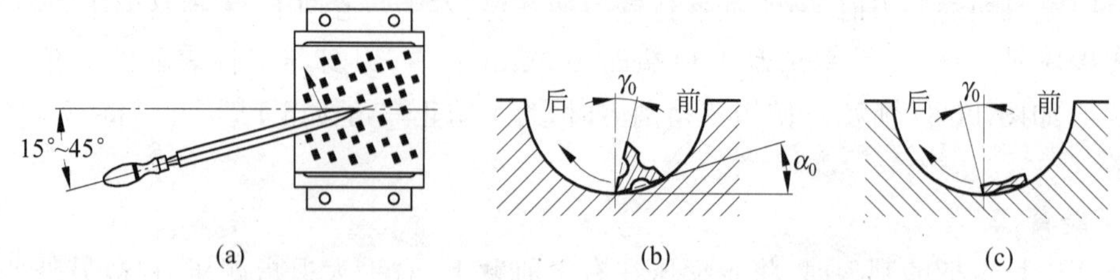

图 11-66　内曲面刮削时刮刀的切削角度和用力方向

三角刮刀可用正前角来进行刮削，所以刮削层比较深，因此在刮削时两切削刃要紧贴工件表面，刮削速度要慢，否则容易产生比较深的振痕，如果已经产生了比较深的振痕，可采用钩头刮刀通过轴向拉刮来消除振痕。蛇头刮刀是用负前角来进行刮削，所以刮削层比较浅，其刮削面的表面粗糙度值也就低一些。

7. 刮削曲面工序

曲面刮削也分为粗刮、细刮、精刮三个工序阶段，与平面刮削工序不同的是仅用同一把刮刀，通过改变刮刀与刮削面的相互位置就可以分别进行粗刮、细刮、精刮三个工序。下面以三角刮刀为例进行曲面刮削的粗、细、精刮工序的分析。

1）粗刮

如图 11-67(a)所示，采用正前角刮削，两切削刃紧贴刮削面，刮削层比较深，适合粗刮工序，通过粗刮工序，可提高刮削效率。

2）细刮

如图 11-67(b)所示，采用小负前角刮削，一切削刃紧贴刮削面，刮削层比较浅，适合细刮工序，通过细刮工序，可获得分布均匀的研点。

3）精刮

如图 11-67(c)所示，采用大负前角刮削，一切削刃紧贴刮削面，刮削层很浅，适合精刮工序，通过精刮工序，可获得较高的表面质量。

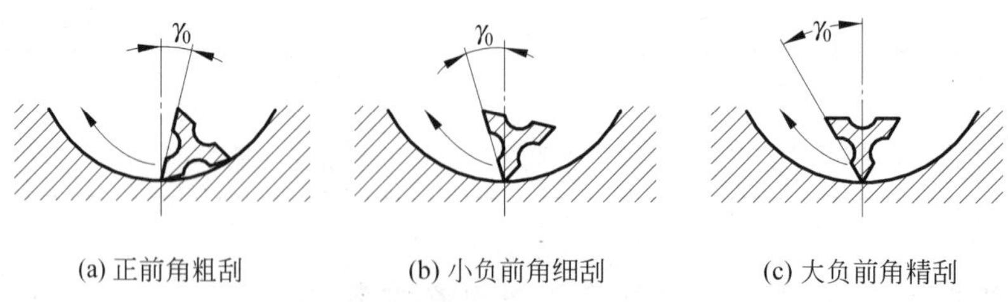

(a) 正前角粗刮　(b) 小负前角细刮　(c) 大负前角精刮

图 11-67　曲面刮削工序

8. 注意事项

(1) 开始刮削时,压力不宜过大,以防止出现抖动而产生较深的振痕。

(2) 刮削时前后遍的刮削刀迹要交叉。

(3) 采用正前角刮削时,由于刮削层比较深,因此刮削速度要适当慢一点,以防止产生较深的振痕。

(4) 当刮削面出现较深的振痕时,可采用钩头刮刀通过轴向拉刮来消除振痕。

(5) 使用三角刮刀时应注意安全。

9. 刮削曲面练习

1) 练习图样

练习图样如图 11-68 所示。

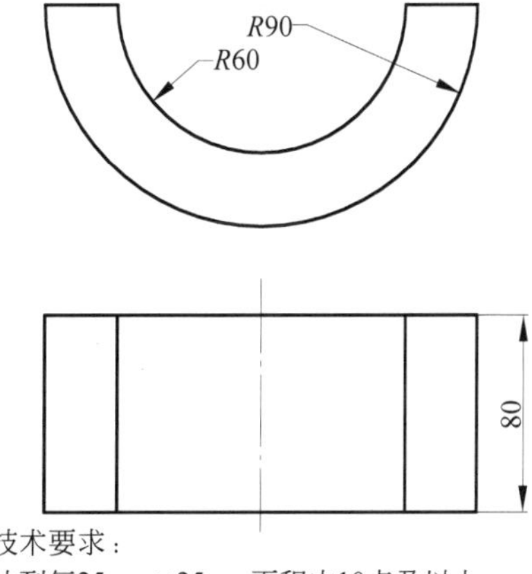

技术要求:
达到每25mm×25mm面积内10点及以上。

工件名称	材料	毛坯尺寸	件数	学时
铸铁轴瓦	HT200	根据图样尺寸备料	1	12

图 11-68 刮削曲面操作练习

2) 练习步骤

(1) 检查工件材料,掌握其尺寸和形位误差以及加工余量。

(2) 粗刮曲面,达到每 25mm×25mm 面积内 5 个接触点。

(3) 细刮曲面,达到每 25mm×25mm 面积内 8 个接触点。

(4) 精刮曲面,达到每 25mm×25mm 面积内 10 个接触点。

(5) 全面检查,并做必要的修整性刮削。

思考与练习

1. 名词解释

刮削　对研显点　标准平板　标准平尺　角度平尺　推刮　挑刮　刮花

2. 叙述题

(1) 叙述刮削原理。
(2) 叙述显示剂的作用和种类。
(3) 如何进行接触精度的检测?
(4) 常用平面刮刀分为哪几种?
(5) 常用曲面刮刀分为哪几种?
(6) 简述平面刮刀的精磨方法。
(7) 叙述挺刮动作要领。
(8) 简述刮削前的准备工作。
(9) 叙述推刮操作要领。
(10) 叙述挑刮操作要领。
(11) 刮花的目的是什么?
(12) 叙述弧形花纹刮削要领。
(13) 叙述三角刮刀的精磨方法。
(14) 叙述原始平板的研点方法及阶段。
(15) 叙述平面刮削注意事项。
(16) 叙述曲面刮削注意事项。

第12章 研磨加工技术

用研磨工具和研磨剂对工件表面研去极薄一层金属的操作称为研磨。研磨是精密和超精密零件精加工的主要方法之一。研磨有手工研磨和机械研磨之分，本章仅介绍手工研磨。

12.1 研磨概述

1. 研磨加工的原理与作用

1）研磨加工的原理

研磨是使工件与研具在相对滑动或滚动的情况下，通过加入其间的研磨剂，进行微切削的物理作用和研磨液的化学作用，在工件表面生成易被磨削的氧化膜，从而加速研磨过程。研磨加工是在物理、化学的联合作用下所完成的精密加工。图12-1所示为研磨加工原理示意图。

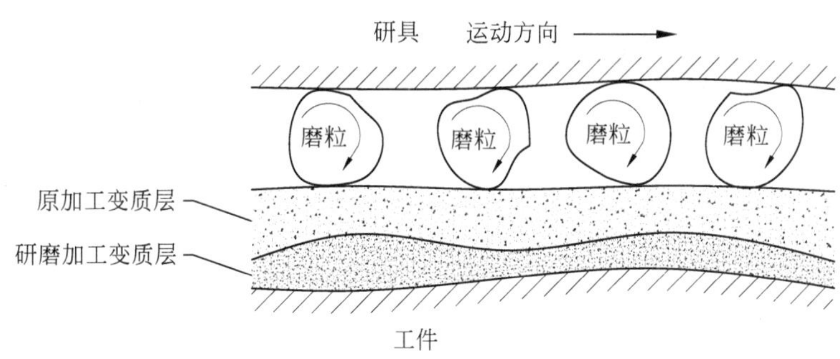

图12-1 研磨加工原理示意图

（1）物理作用。涂在研具表面的磨料，在工件与研具的相对运动中会使部分磨粒嵌入研具表面，部分磨粒则悬浮于工件与研具之间，这些磨粒成为无数细小的、浮动的“刀刃”，在一定压力下，这些磨粒在工件与研具之间发生滚动与滑动，从而对工件表面产生着挤压与微量切削的物理作用。

（2）化学作用。在研磨时，研磨膏中的活性物质（如硬脂酸、油酸）能使工件表面不断形成氧化膜，又不断被软质磨料去除，这样既加速了研磨过程，提高了研磨加工效率，又能够获得极光洁的表面。

2）研磨加工的作用

研磨加工可获得极高的尺寸精度、形状精度和很低的表面粗糙度值。尺寸精度可达0.001～0.005mm；形状精度可达0.005mm以内；表面粗糙度值一般可低至Ra0.05～

0.20μm。精密研磨的精度可达到亚微米级（尺寸精度可达0.75μm，圆度可达0.20μm，圆柱度和平面度可达0.38μm，表面粗糙度值可低至Ra0.025μm），工件经过研磨加工后其耐磨性和抗腐蚀性都大为提高，同时，配合件经过研磨加工后可获得很高的接触精度。

3）研磨加工余量

研磨余量的大小应根据工件研磨面积的大小和精度要求而定。由于研磨加工的切削量极微小，又是工件的最后一道超精加工工序，为了保证加工精度和加工速度，必须严格控制加工余量，通常研磨余量为0.005～0.03mm，有时研磨余量就留在工件的尺寸公差以内。

当零件允许的尺寸公差小于0.01mm、形状公差小于0.005mm时，可采用研磨方法进行加工。

2. 研具

研具是附着研磨剂，并在研磨过程中决定工件表面几何形状的标准工具。

1）研具的类型

研具的类型主要分为平板研具、条形平板研具、V形平面研具、圆柱形和圆锥形研具以及异形研具。

（1）平板研具。平板研具一般为标准平板。研磨较大平面工件通常采用标准平板，粗研时采用沟槽平板，如图12-2(a)所示，使用沟槽平板可避免过多的研磨剂浮在平板上，易使工件研平，精研时采用光面平板，如图12-2(b)所示。

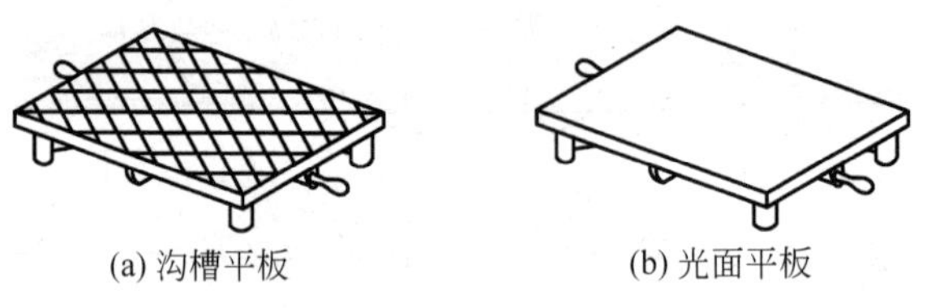
(a) 沟槽平板　(b) 光面平板

图12-2　平板研具

（2）条形平板研具。条形平板研具主要用来研磨平面几何形状较窄的工件平面。条形平板主要分为光面条形平板[见图12-3(a)]、沟槽光面条形平板[见图12-3(b)]、光面角度条形平板[见图12-3(c)]和沟槽角度条形平板[见图12-3(d)]。

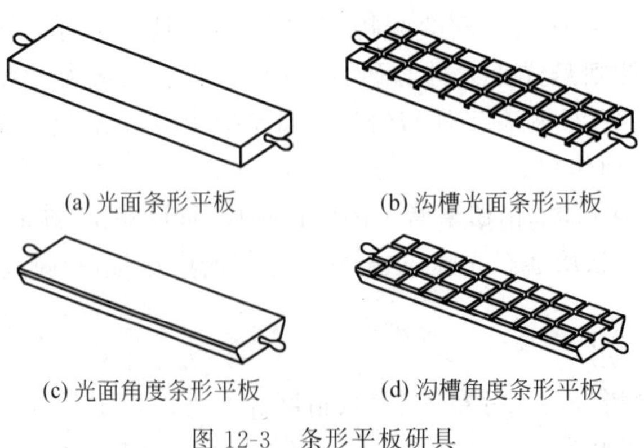
(a) 光面条形平板　(b) 沟槽光面条形平板

(c) 光面角度条形平板　(d) 沟槽角度条形平板

图12-3　条形平板研具

（3）V 形平面研具。V 形平面研具分为凸 V 形平面研具和凹 V 形平面研具，分别用来研磨凸、凹 V 形平面的工件，如图 12-4 所示。

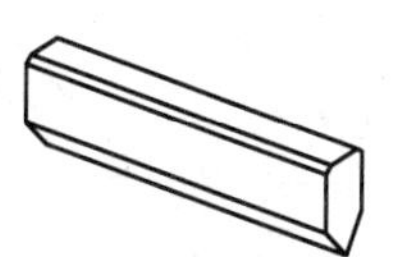
(a) 凸V形平面研具

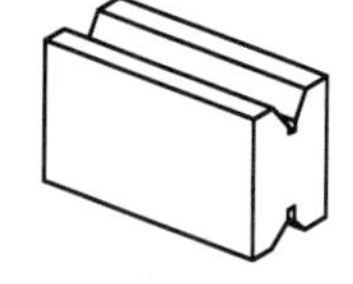
(b) 凹V形平面研具

图 12-4　V 形平面研具

（4）圆柱形和圆锥形研具。圆柱形和圆锥形研具分为固定式和可调试两大类。固定式圆柱形和圆锥形研具又分为光面外圆柱形研具[见图 12-5(a)]和光面外圆锥形研具[见图 12-5(b)]、沟槽外圆柱形研具[见图 12-5(c)]和沟槽外圆锥形研具[见图 12-5(d)]、内圆柱形研具[见图 12-5(e)]和内圆锥形研具[见图 12-5(f)]。可调试圆柱形和圆锥形研具又分外圆柱形研具[见图 12-6(a)]和外圆锥形研具[见图 12-6(b)]、内圆柱形研具[见图 12-6(c)]和内圆锥形研具[见图 12-6(d)]。

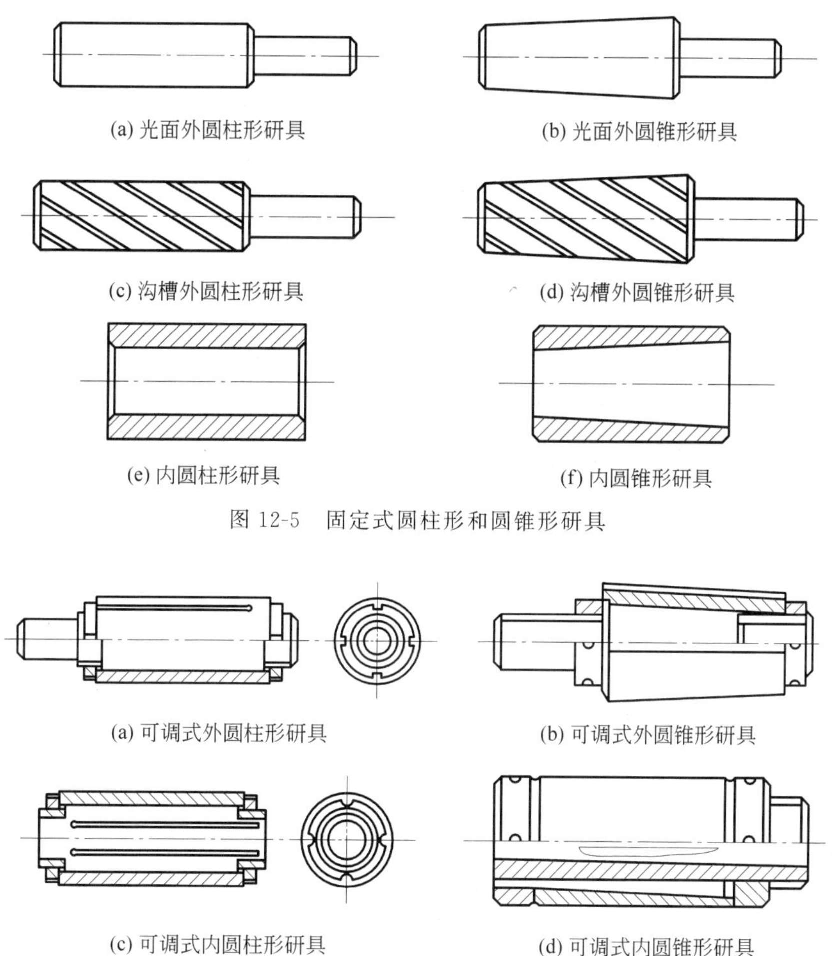
(a) 光面外圆柱形研具　(b) 光面外圆锥形研具
(c) 沟槽外圆柱形研具　(d) 沟槽外圆锥形研具
(e) 内圆柱形研具　(f) 内圆锥形研具

图 12-5　固定式圆柱形和圆锥形研具

(a) 可调式外圆柱形研具　(b) 可调式外圆锥形研具
(c) 可调式内圆柱形研具　(d) 可调式内圆锥形研具

图 12-6　可调式圆柱形和圆锥形研具

（5）异形研具。异形研具是根据工件被研磨面的几何形状而专门设计制造的一类特殊研具，如图 12-7 所示。为了降低加工成本，对于小型工件的被研磨面可采用各种形状的油石作为研具。

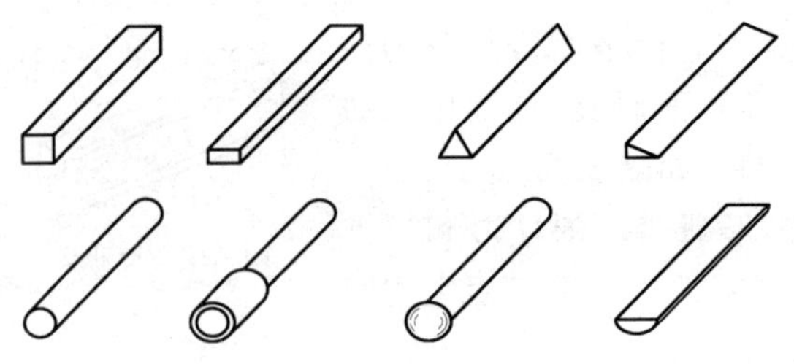

图 12-7　异形研具

2）研具材料及应用

研具材料的组织应细密均匀，研磨剂中的微小磨粒应容易嵌入研具表面，而不嵌入工件表面，以保证工件的表面质量。因此研具材料的硬度应适当低于被研工件的硬度，但也不能过软，否则磨粒全部嵌入研具表面，而失去研磨作用；研具材料还要有良好的耐磨性，以保证被研工件获得一定的尺寸精度、形状精度和表面粗糙度。

为保证工件的研磨质量，必须合理选用研具材料，根据试验和实际加工经验，常用研具材料的种类、特性及用途如表 12-1 所示。

表 12-1　常用研具材料的种类、特性及用途

材料种类	特　　性	用　　途
灰铸铁	耐磨性较好，硬度适中，研磨剂易于涂布均匀	通用
球墨铸铁	耐磨性更好，易嵌入磨料，精度保持性能好	通用
低碳钢	韧性好，不易折断	小型研具，适合粗研
铜合金	质软，易嵌入磨料	适合粗研和低碳钢件研磨
皮革、毛毡	柔软，对研磨剂有较好的保持性能	抛光工件表面
玻璃	脆性大，厚度一般要求为 10mm 左右	精研或抛光

3. 研磨剂

研磨剂是由磨料（研磨粉）、研磨液及辅助材料混合而成的一种混合研磨用剂。

1）磨料

磨料在研磨中起切削作用。研磨加工的尺寸及形状精度、表面粗糙度都与磨料有密切关系。

（1）磨料的种类。磨料的种类较多，常用的磨料有氧化铝、碳化硅和金刚石三大类。其种类、特性及用途如表 12-2 所示。

表 12-2　常用磨料的种类、特性及用途

系　列	磨料名称	代号	颜　　色	特　　性	用途：工件材料	用途：应用范围
氧化铝	棕刚玉	A	棕褐色	硬度高，韧性高	钢	粗研磨
	白刚玉	WA	白色	硬度高于棕刚玉，韧性低于棕刚玉		
	铬刚玉	PA	玫瑰红或紫红色	韧性高于白刚玉		
	单晶刚玉	SA	浅黄色或白色	硬度和韧性均高于白刚玉		

续表

系　列	磨料名称	代号	颜　　色	特　　性	用　　途	
					工件材料	应用范围
碳化硅	黑碳化硅	C	黑色	硬度高于白刚玉，性脆而锋利	铸铁、青铜、黄铜	粗研磨
	绿碳化硅	GC	绿色	硬度和脆性高于黑碳化硅		
	碳化硼	BC	灰黑色	硬度仅次于金刚石	硬质合金、硬铬	粗研磨、精研磨
金刚石	人造金刚石	JR	灰色或浅黄色	高硬度，比天然金刚石略脆	硬质合金	粗研磨、精研磨
	天然金刚石	JT		硬度最高		

(2) 磨料粒度。磨料的粗细程度是用粒度号表示，粒度越细，研磨精度越高。按照《固结磨具用磨料　粒度组成的检测和标准》(GB/T 2481.1—1998)、《固结磨具用磨料　粒度组成的检测和标记　第 2 部分：微粉》(GB/T 2481.2—2009)的规定：磨料粒度分级按 F 系列标记，分为粗粒度和微粉粒度两类。粗粒度号为 F4～F220；微粉粒度号为 F230、F240、F280、F320、F360、F400、F500、F600、F800、F1000、F1200 共计 11 个粒度号。研磨剂主要采用 F 系列微粉，F 系列微粉分为刚玉和碳化硅两种。磨料粒度号及应用如表 12-3 所示。从表中可以看出粒度号越大，则粒度越细，可根据工件所要求的精度情况进行选用。

表 12-3　磨料粒度号及应用

磨料粒度号	加工工序类别	可达到的表面粗糙度值 $Ra/\mu m$
F230	用于最初的研磨加工	≤0.4
F240、F280	用于粗研磨加工	0.4～0.2
F320、F360	用于半精研磨加工	0.2～0.1
F400、F500、F600	用于精研磨加工	0.1～0.05
F600、F800	用于抛光、镜面研磨加工	0.025～0.01

2) 润滑剂

润滑剂分液态和固态两种，在研磨过程中，润滑剂起着 4 个方面的作用：一是调和磨料，使磨料在研具上很好贴合和分布均匀；二是润滑作用；三是冷却作用，可减少工件发热变形；四是有些润滑剂能与磨料等发生化学反应，可以加速研磨过程。润滑剂的类别及作用特点如表 12-4 所示。

表 12-4　润滑剂的种类及作用特点

类别	名　称	在研磨中的作用特点
液体	煤油	润滑性能好，能吸附研磨剂
	汽油	稀疏性能好，能使研磨剂均匀地吸附在研具上
	机油	润滑性能好，吸附性能好
固体	硬脂酸	能使工件表面与研具之间产生一层极薄的、比较硬的润滑油膜
	石蜡	
	脂肪酸	

3）研磨剂的配制

研磨剂分为液态研磨剂和固态研磨剂两类，其配制内容如表12-5所示。

表12-5　研磨剂的配制

<table>
<tr><th>研磨剂类别</th><th colspan="2">研磨剂成分</th><th>数　量</th><th>用　　途</th><th>配制方法</th></tr>
<tr><td rowspan="2">液体研磨剂</td><td>1</td><td>氧化铝磨粉
硬脂酸
航空汽油</td><td>20g
0.5g
200mL</td><td>用于平板、工具的研磨</td><td>研磨粉与汽油等混合，浸泡一周即可使用，用于压嵌法研磨</td></tr>
<tr><td>2</td><td>研磨粉
硬脂酸
航空汽油
煤油</td><td>15g
8g
200mL
15mL</td><td>用于硬质合金、量具、刃具的研磨</td><td>材质疏松，硬度为100～120HBS，煤油加入量应多些；硬度大于140HBS，煤油加入量应少些</td></tr>
<tr><td rowspan="2">固体研磨剂
（研磨膏、分为粗、中、精三种）</td><td>1</td><td>氧化铝
石蜡
蜂蜡
硬脂酸
煤油</td><td>60%
22%
4%
11%
3%</td><td>用于抛光</td><td rowspan="2">先将硬脂酸、蜂蜡和石蜡加热溶解，然后加入汽油搅拌，经过多层纱布过滤，最后加入研磨粉等调匀，冷却后成为膏状，使用时将少量研磨膏置于容器中，加入适量蒸馏水，调成糊状，均匀地涂在工件或研具表面上进行研磨</td></tr>
<tr><td>2</td><td>氧化铝磨粉
氧化铬磨粉
硬脂酸
电容器油
煤油</td><td>40%
20%
25%
10%
5%</td><td>用于精磨</td></tr>
</table>

12.2　研磨操作技术

1. 平面研磨加工

1）研磨运动轨迹的形式

研磨运动轨迹一般采用直线研磨运动轨迹、摆动式直线研磨运动轨迹、螺旋形研磨运动轨迹、“8”字形研磨运动轨迹。

（1）直线研磨运动轨迹。由于直线研磨运动轨迹不能相互交叉，容易直线重叠，使被研工件表面的表面粗糙度较差一些，但可获得较高的形状精度。一般用于有台阶的狭长平面，如平面板、直尺的测量面等，如图12-8(a)所示。

（2）摆动式直线研磨运动轨迹。由于某些量具的研磨目的主要是平面度，因此，可采用摆动式直线研磨运动轨迹，即在左右摆动的同时做直线往复移动。如研磨双斜面直尺、样板角尺的圆弧测量面等，如图12-8(b)所示。

（3）螺旋形研磨运动轨迹。研磨圆片或圆柱形工件的端面时，一般采用螺旋形研磨运动轨迹，这样能够获得较高的平面度和较低的表面粗糙度，如图12-8(c)所示。

（4）“8”字形研磨运动轨迹。采用“8”字形研磨运动轨迹进行研磨，能够使被研工件表面与研具表面均匀接触，这样能够获得很高的平面度和很低的表面粗糙度，一般用于研磨小平面的工件如图 12-8(d)所示。

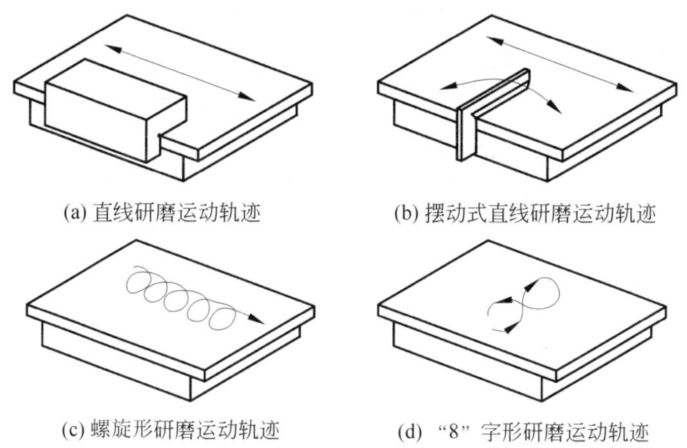

(a) 直线研磨运动轨迹　(b) 摆动式直线研磨运动轨迹

(c) 螺旋形研磨运动轨迹　(d) "8"字形研磨运动轨迹

图 12-8　研磨运动轨迹

2）研磨时的上料方法

研磨时的上料方法有干研法、湿研法和半干研法 3 种。

（1）干研法。干研法又称为压嵌法，其方法又分有两种。一是采用三块平板并在其上面加入研磨剂，用原始研磨法轮换嵌入研磨剂，使磨料均匀嵌入平板内；二是用淬硬压棒将研磨剂均匀压入平板，研磨时只需在研具表面涂以少量的硬脂酸混合脂等辅助材料。干研法常用于精研磨，所用微粉磨料粒度细于 F360。

（2）湿研法。湿研法又称为涂敷法。研磨前将液态研磨剂涂敷在工件或研具上，在研磨过程中，有的被压入研具内，有的呈浮动状态。由于磨料难以分布均匀，故加工精度不及干研法。湿研法一般用于粗研磨，所用微粉磨料粒度粗于 F360。

（3）半干研法。类似湿研法，所用研磨剂是糊状研磨膏。研磨既可用手工操作，也可在研磨机上进行。工件在研磨前需先用其他加工方法获得较高的预加工精度，所留研磨余量一般为 5～30μm。

3）研磨速度和压力

粗研平面时，运动速度取 40～60 次/min，压力为 0.1～0.2MPa；精研平面时，运动速度取 20～40 次/min，压力为 0.01～0.05MPa。

4）平面研磨余量

平面研磨余量参考表 12-6。

表 12-6　平面研磨余量　　单位：mm

平面长度	平面宽度		
	≤25	26～75	76～150
≤25	0.005～0.007	0.007～0.010	0.010～0.014
26～75	0.007～0.010	0.010～0.016	0.016～0.020
76～150	0.010～0.014	0.016～0.020	0.020～0.024
151～260	0.014～0.018	0.020～0.024	0.024～0.030

5）研磨方法

（1）平面研磨方法。首先用煤油或汽油把平板研具表面和工件表面清洗干净并擦干，再在平板研具表面涂上适当的研磨剂，然后把工件需要研磨的表面合在平板研具表面。在平板研具的整个表面内以“8”字形研磨运动轨迹、螺旋形研磨运动轨迹和直线研磨运动轨迹相结合的方式进行研磨，并不断变更工件的运动方向。

在研磨过程中，要边研磨边加注少量煤油，以增加润滑，同时要注意在平板的整个面积内均匀地进行研磨，以防止平板产生局部凹陷。当工件在做“8”字形研磨运动轨迹时，还需按同一个方向（始终按顺时针或逆时针）不断地转动。

（2）狭窄平面研磨方法。狭窄平面研磨方法如图12-9所示。研磨狭窄工件平面时，要选用一个导靠块，将工件的侧面贴紧导靠块的垂直面一同进行研磨，采用直线研磨运动轨迹进行研磨。为了获得较低的表面粗糙度值，最后可用脱脂棉浸煤油，把剩余磨料擦干净，进行一次短时间的半干研磨。

（3）V形平面研磨方法。V形平面研磨方法如图12-10所示。研磨工件的凸V形平面时，可将凹V形平面研具进行固定，直线移动工件进行研磨；研磨工件的凹V形平面时，可将工件进行固定，直线移动凸V形平面研具进行研磨。

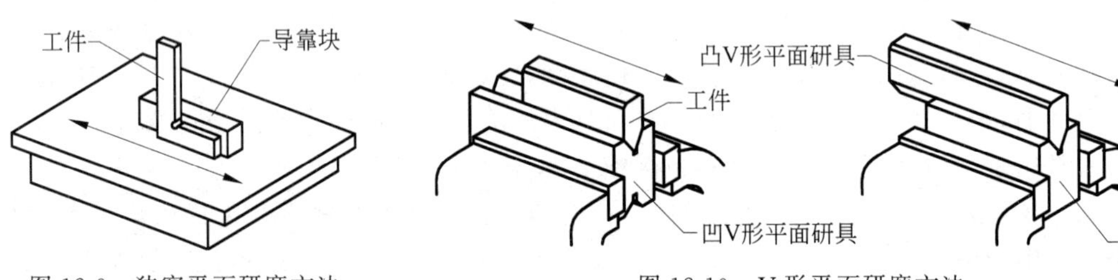

图12-9　狭窄平面研磨方法

图12-10　V形平面研磨方法

2. 圆柱面和圆锥面的研磨加工

1）研具

研具分为固定式和可调试两大类，如图12-5和图12-6所示。固定式研具的外径或内孔尺寸需要按照工件的形状精度制作，对工件每一种规格直径的研磨需备有2～3种研具。若要求比较高的孔，每组研具常多达5种之多（如粗研、半精研两种，精研两种）。每组研具的直径差可参考表12-7。

表12-7　内孔整体式研棒的直径差　　单位：mm

序号	直径尺寸	备　注
1	比被研孔小0.015	开沟槽
2	比1号大0.01～0.015	开沟槽
3	比2号大0.005～0.008	开沟槽
4	比3号大0.005	开或不开沟槽
5	比4号大0.003～0.015	开或不开沟槽

注：研磨外圆柱面时，研套的孔径尺寸应逐级增大。

2）研磨余量

研磨余量分为外圆研磨余量和内圆研磨余量两种情况，参考表 12-8 和表 12-9。

表 12-8　外圆研磨余量　　单位：mm

外　径	余　　量	直　　径	余　　量
≤10	0.003～0.008	51～80	0.008～0.012
11～18	0.006～0.008	81～120	0.010～0.014
19～30	0.007～0.010	121～180	0.012～0.016
31～50	0.008～0.010	181～260	0.015～0.020

表 12-9　内圆研磨余量　　单位：mm

内　径	余　　量	
	铸　　铁	钢
25～125	0.020～0.100	0.010～0.040
150～275	0.080～0.160	0.020～0.050
300～500	0.120～0.200	0.040～0.060

3）圆柱面研磨

圆柱面的研磨一般是以手工与机器相互配合进行操作。圆柱面研磨分为外圆柱面研磨和内圆柱面研磨。

（1）研磨外圆柱面方法。外圆柱面一般是在车床或钻床上用研套（又称为工艺套）对工件进行研磨操作。研磨套的长度一般为孔径的 1～2 倍，研磨套的内径应比工件的外径略大 0.025～0.05mm。先将研磨剂均匀地涂在工件的外圆柱表面，通常采用工件转动，双手将研套套在工件上，然后做轴向往复运动，并稍做径向摆动，如图 12-11 所示。研磨时，工件（或研具）的转动速度与直径大小有关，直径大，转速慢；反之，转速快。一般直径小于 80mm 时取 100r/min，直径大于 100mm 时取 50r/min。轴向往复速度应该与转速相互协调，可根据工件在研磨时出现的网纹来控制，当出现 45°～60°的交叉网纹时，说明轴向往复速度适宜，如图 12-12 所示。

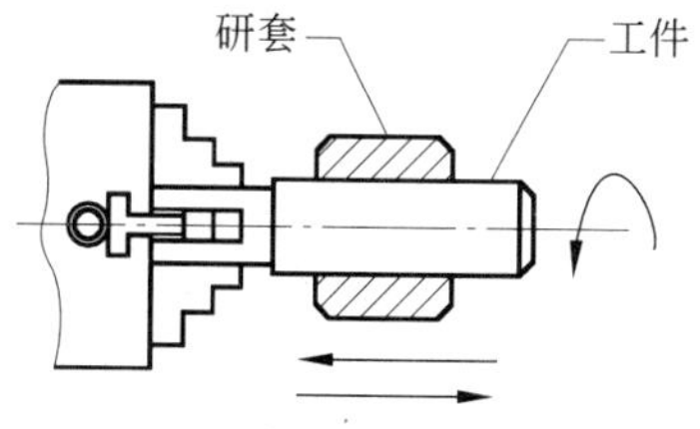

图 12-11　研磨外圆柱面

(a) 研磨速度正确

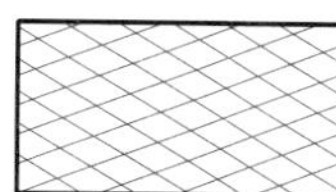
(b) 研磨速度太快

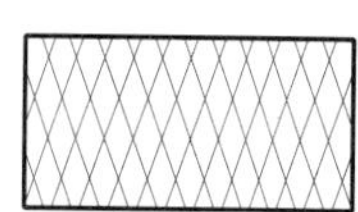
(c) 研磨速度太慢

图 12-12　研磨外圆柱面速度

（2）研磨内圆柱面方法。内圆柱面的研磨一般是在车床或钻床上进行，如图 12-13 所示。研磨内圆柱面是将工件套在研磨棒（又称为工艺轴）上进行，研磨棒的外径应比工件的内径略小 0.01～0.025mm，研磨棒工作部分的长度一般是工件长度的 1.5～2 倍。先将研磨剂均匀地涂在研具表面，工件固定不动，用手转动研磨棒，同时做轴向往复运动，研磨时，若工件的两端有过多的研磨剂被挤出时，应及时擦去，否则会使孔口扩大形成喇叭口状。

4）圆锥面研磨

（1）研磨外圆锥面方法。外圆锥面的研磨一般是在车床或钻床上进行，如图12-14所示。将研磨剂均匀地涂在研磨套上，然后套入工件的外圆锥面，每旋转4～5圈后，将研磨套稍微拔出一些，再推入研磨。研磨到接近要求的精度时，取下研磨套，擦净研磨套和工件表面的研磨剂，重新套入工件研磨，这样可起抛光作用，一直研磨到工件表面呈银灰色或发光并达到加工精度为止。

（2）研磨内圆锥面方法。外圆锥面的研磨一般是在车床或钻床上进行，如图12-15所示。将研磨剂均匀地涂在研磨棒上，然后插入工件的内圆锥面，工件的转动方向应和研磨棒的螺旋槽方向相适应，每旋转4～5圈后，将研磨棒稍微拔出一些，再插入研磨。研磨到接近要求的精度时，取下研磨棒，擦净研磨棒和工件表面的研磨剂，重新插入工件研磨，这样可起抛光作用，一直研磨到工件表面呈银灰色或发光并达到加工精度为止。

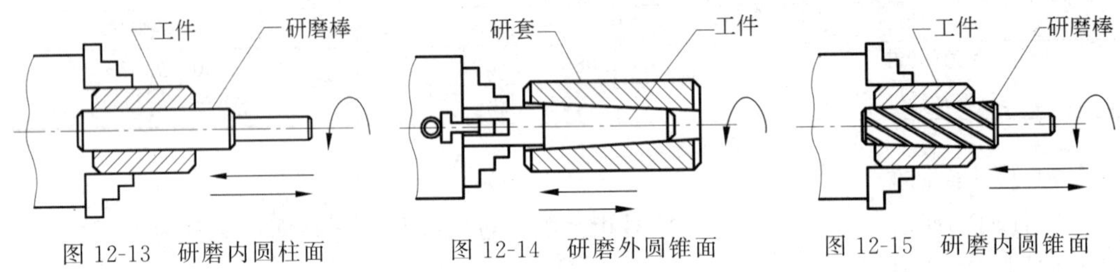

图12-13　研磨内圆柱面　　图12-14　研磨外圆锥面　　图12-15　研磨内圆锥面

3. 阀门密封线的研磨

为了保证各种阀门的结合部位既具有良好的密封性能，又便于研磨加工，因此在阀门的结合部位加工出很窄的接触面，其形式有球面、锥面和平面，这些很窄的接触面称为阀门密封线。阀门密封线的形式如图12-16所示。研磨阀门密封线的方法，多数是用阀盘与阀座直接互相研磨的。

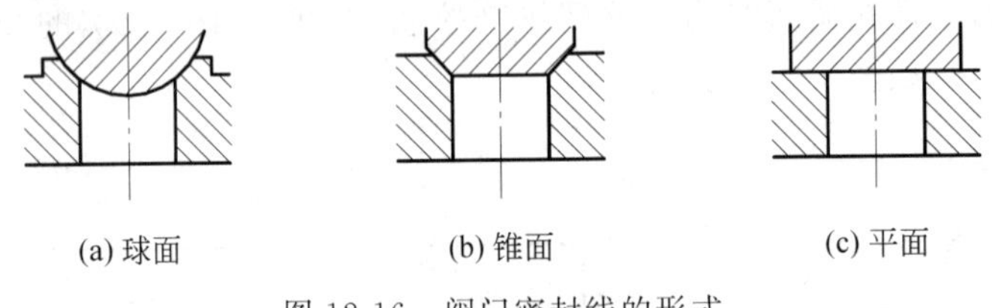

(a) 球面　　(b) 锥面　　(c) 平面

图12-16　阀门密封线的形式

4. 注意事项

（1）每次上研磨剂的量不宜过多，要分布均匀，以免研坏工件边缘。

（2）改变研磨工序时，必须做全面清洗，以清除上道工序所留下的较粗磨料。

（3）工件相对研具的运动，要尽量保证工件上各点的研磨行程长度相近。

（4）工件运动轨迹均匀地遍及整个研具表面，以利于研具均匀磨损。

（5）运动轨迹的曲率变化要小，以保证工件运动平稳。

（6）为了减少切削热，研磨一般在低压低速条件下进行。

5. 研磨缺陷分析

研磨缺陷分析如表 12-10 所示。

表 12-10　研磨缺陷分析

缺陷形式	产生原因
表面粗糙度差	（1）磨料过粗 （2）研磨液选用不当 （3）研磨剂涂得过薄
表面拉毛	研磨剂中混入杂质
凹凸不平	（1）研磨时压力过大 （2）研磨剂涂得过厚，没有及时擦去工件边缘挤出的研磨剂 （3）运动轨迹没有错开 （4）研磨平板选用不当
孔口扩大	（1）研磨剂涂得过厚或不均匀 （2）没有及时擦去工件孔口挤出的研磨剂 （3）研磨棒伸出过长 （4）研磨棒与工件内孔之间的间隙过大 （5）工件内孔本身或研磨棒有锥度
孔成椭圆或圆柱、有锥度	（1）研磨时没有更换方向 （2）研磨时没有调头 （3）工件本身有质量问题
薄形工件拱曲变形	（1）工件发热仍然继续研磨 （2）装夹不正确引起变形

6. 平面研磨练习

刀口形 90 度角尺. mp4

1）练习图样

练习图样如图 12-17 所示。

2）练习步骤

（1）对本工件要求采用直线研磨运动轨迹进行研磨。

（2）选用 F180～F220 粗粒度粉对 90°角尺尺身两平面做粗研磨，达到表面粗糙度 $Ra0.4\mu m$。

（3）选用 F240～F280 微粉对尺座的内、外测量面做粗研磨，用导靠块做依靠，首先粗研尺座的外测量面，然后粗研尺座的内测量面。

（4）选用 F240～F280 微粉对尺苗的内、外测量面做粗研磨，用导靠块做依靠，首先粗研尺苗的外测量面，然后粗研尺苗的内测量面。

（5）选用 F320～F360 微粉对尺座的内、外测量面做精研磨，用导靠块做依靠，首先精研尺座的外测量面，然后精研尺座的内测量面。达到两测量面平面度 0.005mm、平行度 0.01mm、直线度 0.005mm、表面粗糙度 $Ra0.1\mu m$。

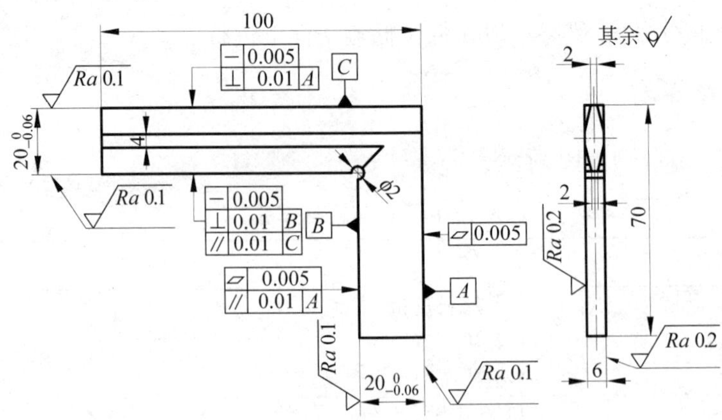

工件名称	材料	毛 坯 尺 寸	件数	学时
刀口形90°角尺	45钢	105mm×75mm×8mm	1	6

图 12-17　刀口形 90°角尺

(6) 选用 F320～F360 微粉对尺苗的内、外测量面做精研磨，用导靠块做依靠，首先精研尺苗的外测量面，然后精研尺苗的内测量面。达到两测量面直线度 0.005mm、平行度 0.01mm、垂直度 0.01mm、表面粗糙度 Ra0.1μm。

(7) 选用 F240～F280 微粉精研角尺两平面，达到表面粗糙度 Ra0.2μm。

思考与练习

1. 名词解释

研磨　研具　研磨剂

2. 叙述题

(1) 简述研磨加工的原理。

(2) 叙述研磨加工的作用。

(3) 研具的类型有哪些？

(4) 常用的磨料有哪三大类？

(5) 润滑剂的作用有哪些？

(6) 手工研磨运动轨迹形式有哪些？

(7) 研磨时的上料方法有几种？

(8) 叙述平面研磨方法。

(9) 叙述研磨外圆柱面方法。

(10) 叙述研磨内圆柱面方法。

(11) 叙述研磨外圆锥面方法。

(12) 叙述研磨内圆锥面方法。

(13) 叙述研磨注意事项。

第13章 锉配加工技术

综合运用钳加工技术、测量技术并辅以机加工技术，使两个或两个以上的配合件达到规定的形状、尺寸和配合要求的加工操作称为锉配(又称为镶配和镶嵌)。锉配加工以其灵活性和经济性广泛应用于模具、工具、量具以及零件、配件等的制造和修理。

13.1 锉配概述

1. 锉配的基本形式

1）基本形面类型

锉配加工根据互配件的基本几何形面特点分为垂直形面锉配、角度形面锉配、圆弧形面锉配和综合形面锉配四大基本形面类型。

(1) 垂直形面锉配是指互配件的主要形面特征为垂直平面，如图13-1所示。

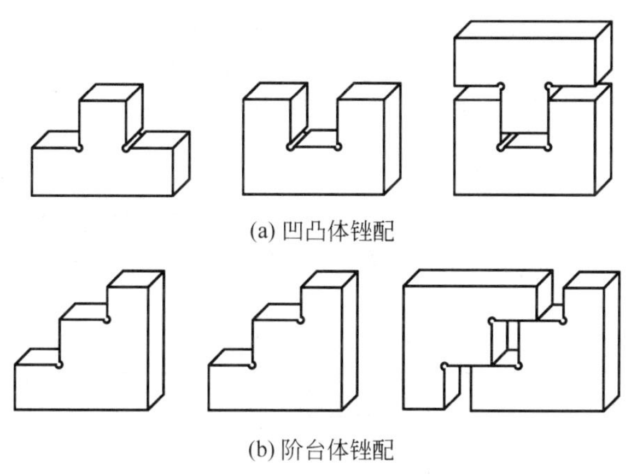

(a) 凹凸体锉配

(b) 阶台体锉配

图13-1 垂直形面锉配

(2) 角度形面锉配是指互配件的主要形面特征为角度平面，如图13-2所示。

(3) 圆弧形面锉配是指互配件的主要形面特征为圆弧平面，如图13-3所示。

(4) 综合形面锉配是指互配件的形面特征为各基本形面的组合，如图13-4所示。

2）基本配合形式

锉配加工根据互配件相互配入的形式特点分为开口锉配、半封闭锉配、封闭锉配、多件锉配、盲配、对称形体锉配和非对称形体锉配7种基本配合形式。

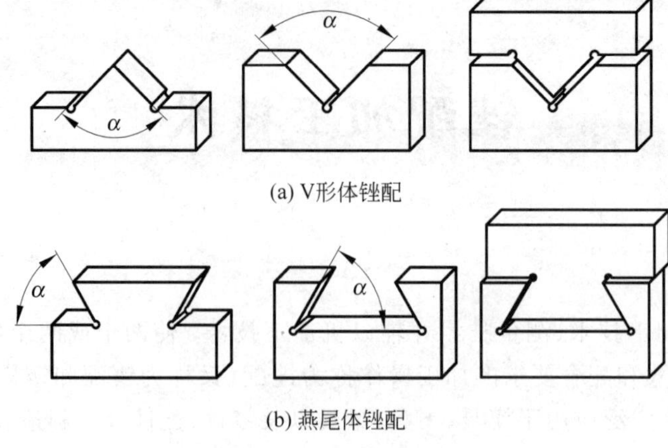

(a) V形体锉配

(b) 燕尾体锉配

图 13-2　角度形面锉配

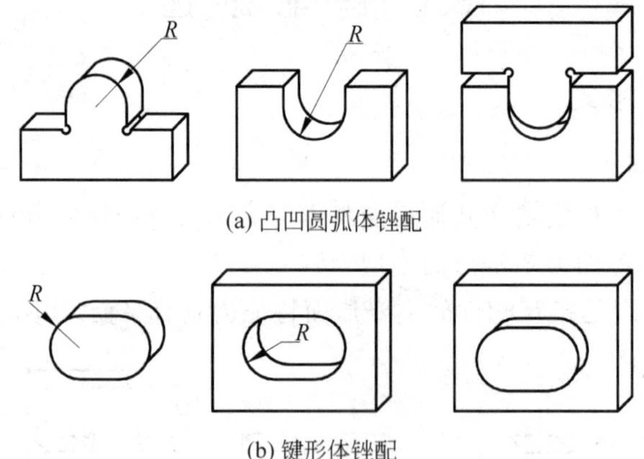

(a) 凸凹圆弧体锉配

(b) 键形体锉配

图 13-3　圆弧形面锉配

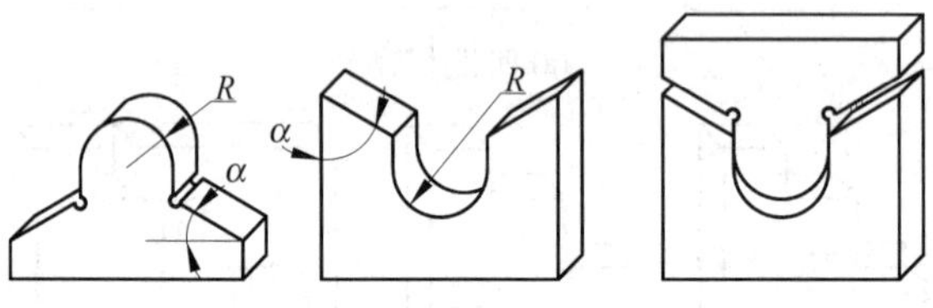

图 13-4　综合形面锉配

（1）开口锉配。将互配件在开放面内做面对面配入的一种锉配形式称为开口锉配。如图 13-5 所示的单燕尾体锉配、凸凹体锉配等。

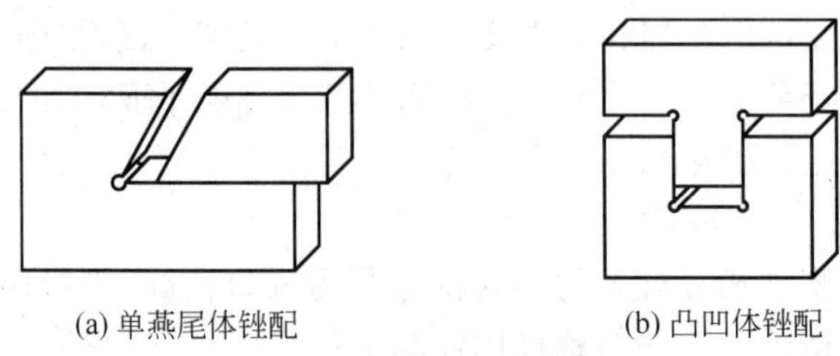
(a) 单燕尾体锉配　　(b) 凸凹体锉配

图 13-5　开口锉配

（2）半封闭锉配。将锉配件在半封闭面内做轴向配入的一种锉配形式称为半封闭锉配。其特点是腔大口小。如图 13-6 所示的燕尾体锉配、T 形体锉配等。

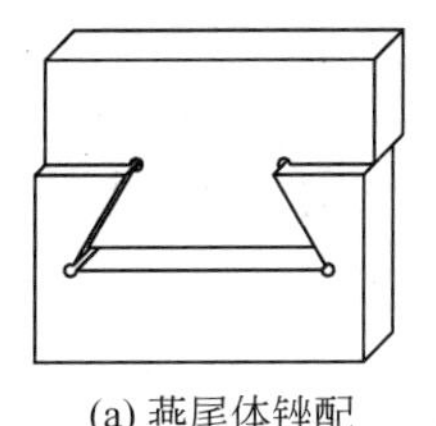

(a) 燕尾体锉配

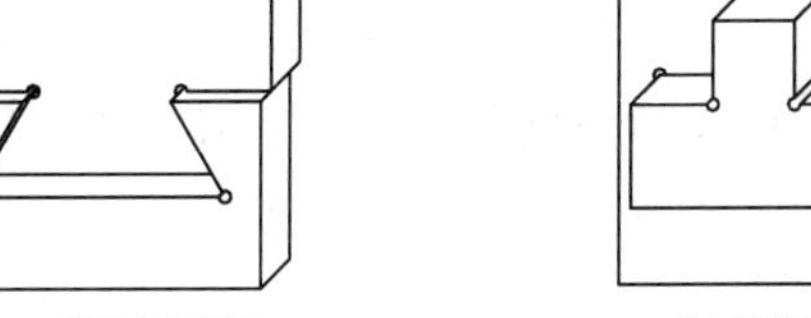

(b) T形体锉配

图 13-6　半封闭锉配

（3）封闭锉配。将锉配件在封闭面内做轴向配入的一种锉配形式称为封闭锉配。如图 13-7 所示的四方体锉配、键形体锉配等。

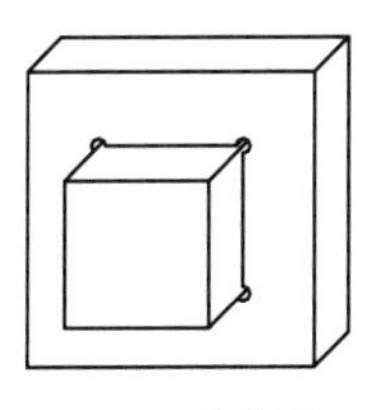

(a) 四方体锉配

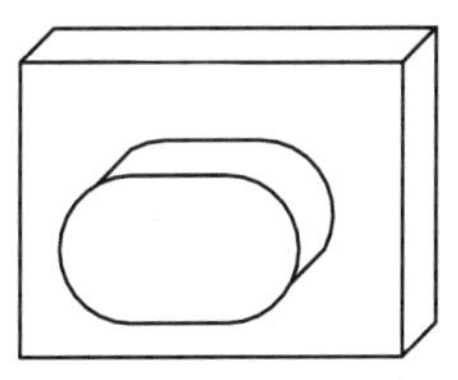

(b) 键形体锉配

图 13-7　封闭锉配

（4）多件锉配。将多个锉配件(3 件及以上)互相组合在一起的锉配形式称为多件锉配。如图 13-8 所示的开口三角体锉配、封闭三角体锉配等。

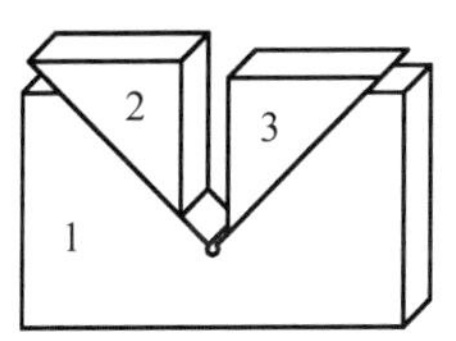

(a) 开口三角体锉配

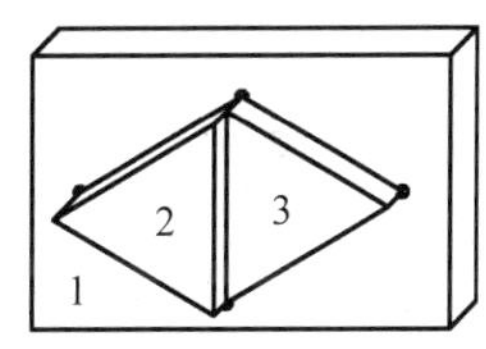

(b) 封闭三角体锉配

图 13-8　多件锉配

（5）盲配。在一个工件的两端分别加工出开口对配的凸件和凹件，然后在工件的中间锯出一定长度的锯缝，只在检测时才将其锯断分离，这种不能试配加工的锉配形式称为盲配(盲配主要用于锉配练习和竞赛)。如图 13-9 所示的凸凹体盲配、工形体盲配等。

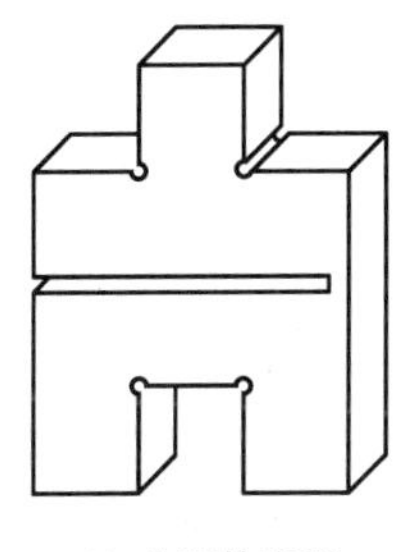

(a) 凸凹体盲配

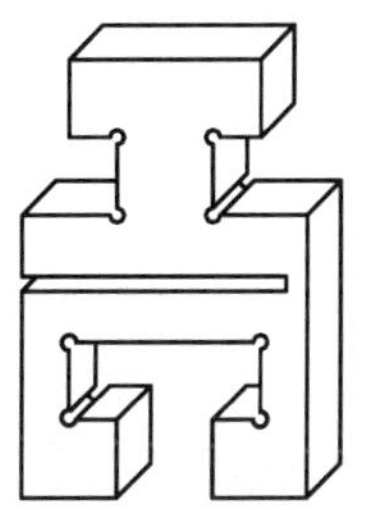

(b) 工形体盲配

图 13-9　盲配

(6) 对称形体锉配。锉配件的几何形体为对称配置,可做换向转位配入。

(7) 非对称形体锉配。锉配件的几何形体为非对称配置,不能做换向转位配入,如图 13-5(a)所示的单燕尾体锉配。

3) 锉配精度分类

锉配加工根据互配件加工精度的高低分为一般精度锉配、中等精度锉配和高精度锉配 3 种锉配精度分类。

(1) 一般精度锉配。一般要求配合间隙值≤0.10mm,主要形位公差值在 0.05～0.06mm、主要角度公差值≤12′,主要表面粗糙度值为 Ra3.2μm。

(2) 中等精度锉配。一般要求配合间隙值≤0.08mm,主要形位公差值在 0.03～0.04mm、主要角度公差值≤8′,主要表面粗糙度值为 Ra3.2μm。

(3) 高精度锉配。一般要求配合间隙值≤0.06mm,主要形位公差值在 0.015～0.03mm、主要角度公差值≤6′,主要表面粗糙度值为 Ra3.2～1.6μm。

4) 锉配难度分类

锉配加工根据互配件加工难度的高低分为一般难度锉配、中等难度锉配和高难度锉配 3 种锉配难度分类。

(1) 一般难度锉配。由两个锉配件所进行的一般精度的、配合面为 5 个及以下的基本形面锉配为一般难度锉配。

(2) 中等难度锉配。由两个锉配件所进行的中等精度的、配合面为 6～7 个的综合形面锉配为中等难度锉配。

(3) 高难度锉配。由三个及以上锉配件所进行的高等精度及以上的、配合面为 8 个及以上的综合形面锉配为高难度锉配。

2. 锉配加工的一般原则

(1) 锉配应采用基轴制,即先加工凸件(轴件)、以凸件(轴件)为基准件配锉凹件(孔件)。

(2) 尽量选择面积较大且精度较高的面作为第一基准面,以第一基准面控制第二基准面,以第一基准面和第二基准面共同控制第三基准面原则。

(3) 先加工外轮廓面,后加工内轮廓面,以外轮廓面控制内轮廓面原则。

(4) 先加工面积较大的面,后加工面积较小的面,以大面控制小面原则。

(5) 先加工平行面后加工垂直面原则。

(6) 先加工基准平面,后加工角度面,再加工圆弧面原则。

(7) 对称性零件应先加工一侧,以利于间接测量原则。

(8) 按中间公差加工原则。

(9) 最小误差原则——为保证获得较高的锉配精度,应选择有关的外表面做划线和测量的基准面,因此,基准面应达到最小形位误差要求原则。

(10) 在不便使用标准量具的情况下,应制作辅助量具进行检测原则。

(11) 在不便直接测量情况下,应采用间接测量方法原则。

(12) 突出重点、全面兼顾原则。

(13) 勤测慎修、精益求精原则。

3. 锉配加工的基本方法

1) 试配

在锉配时,将基准件用手的力量插入并退出配合件,在配合件的配合面上留下接触痕迹,以确定修锉部位的操作称为试配(相当于刮削中的对研显点)。为了清楚显示接触痕迹,可以在配合件的配合面上涂抹红丹粉、蓝油、烟墨等显示剂。

2) 同向锉配

锉配时,将基准件的某个基准面与配合件的相同基准面置于同一个方向上进行试配、修锉和配入的操作称为同向锉配,如图 13-10 所示。

3) 换向锉配

相对于同向锉配而言,锉配时,将基准件的某个基准面进行一个径向或轴向的位置转换,再进行试配、修锉和配入的操作称为换向锉配,如图 13-11 所示。

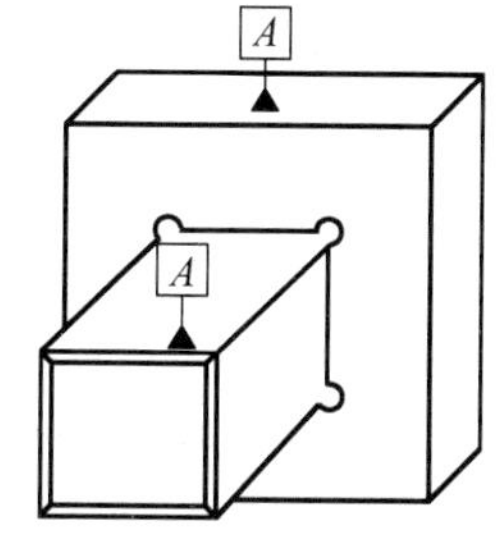

图 13-10　同向锉配

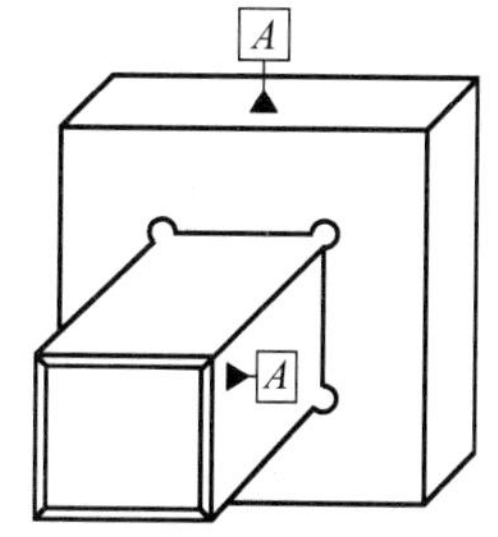

图 13-11　换向锉配

4. 工艺尺寸的测量与计算

1) 工艺尺寸

(1) 工艺尺寸概念。在机械加工工艺规程和加工实践中,所需要的尺寸分为两大类。一类是直接取自工件图样上的标注尺寸;另一类是工件图样上没有标注,但又是工艺规程和加工中所需要的尺寸,这种因工艺需要,而工件图样上又没有标注的尺寸称为工艺尺寸,它包括工序尺寸、定位尺寸和基准尺寸。

(2) 计算工艺尺寸的原因如下。

① 为达到工件图样所规定的尺寸精度、表面粗糙度、形状和位置公差以及热处理、表面处理的要求,必须对工件进行一系列的机械加工或进行其他处理,因而要引入加工余量,变形量和镀层厚度等尺寸因素,从而形成一系列的中间工序尺寸。

② 当工件的设计基准不便于作为机械加工的定位基准或测量基准时,常需要一些便于定位或测量的工艺尺寸代替工件图样上的标注尺寸。

2) 对称形体工件间接工艺尺寸的测量与计算

(1) 对称度概念如下。

① 对称度误差。对称度误差是指被测表面的对称平面与基准表面的对称平面间的

最大偏移距离 Δ。Δ 值为对称度公差值 t 的一半，如图 13-12 所示。

② 对称度公差带。公差带是距离为公差值 t 且相对于基准中心平面对称配置的两平行平面之间的区域，如图 13-13 所示。一般对称度公差的被测要素和基准要素均为零件结构中的中心平面。

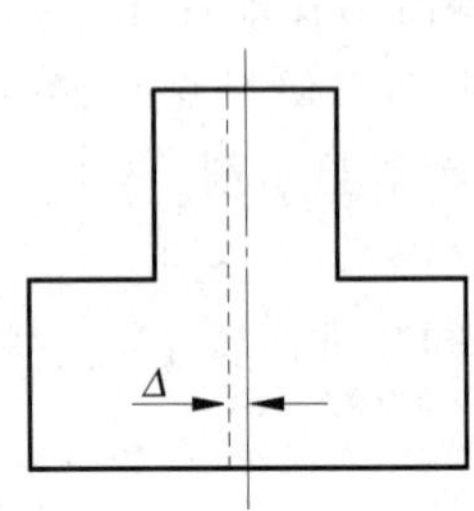

图 13-12　对称度误差

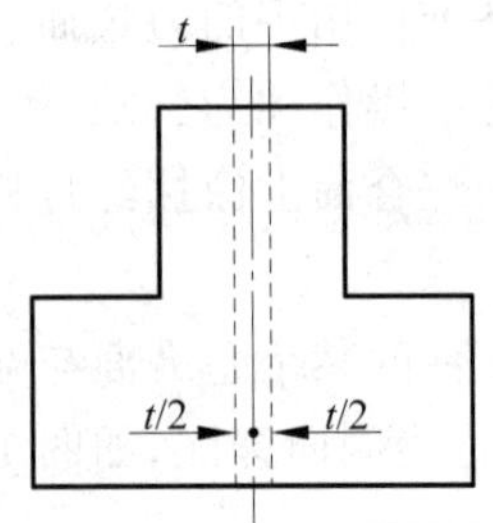

图 13-13　对称度公差带

③ 对称度标注意义。图 13-14 所示为一凸形工件，被测要素为凸台的左、右侧面的中心平面，基准要素为底部左、右侧面的中心平面。图中标注的意义是：被测中心平面必须位于距离为公差值 0.10mm 且相对于基准中心平面 A 对称配置的两平行平面之间。

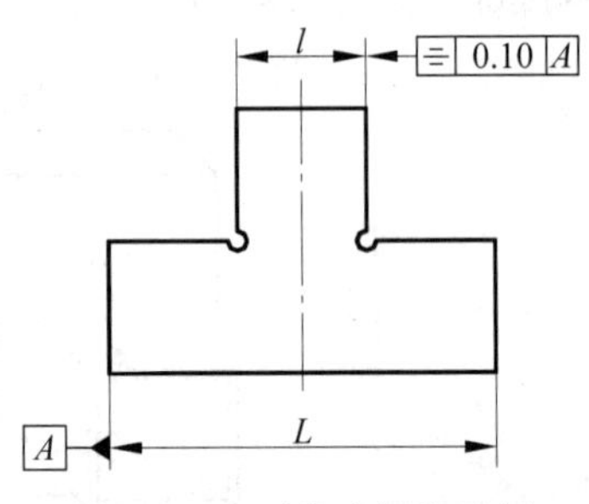

图 13-14　对称度标注示例

④ 对称度误差对转位互换精度的影响。如图 13-15 所示，当凸件和凹件都有对称度误差 0.05mm，并在同向位置配合且达到间隙要求后，可以得到平齐的两个侧面，当换位 180°配合时，就会产生侧面错位量 0.1mm。

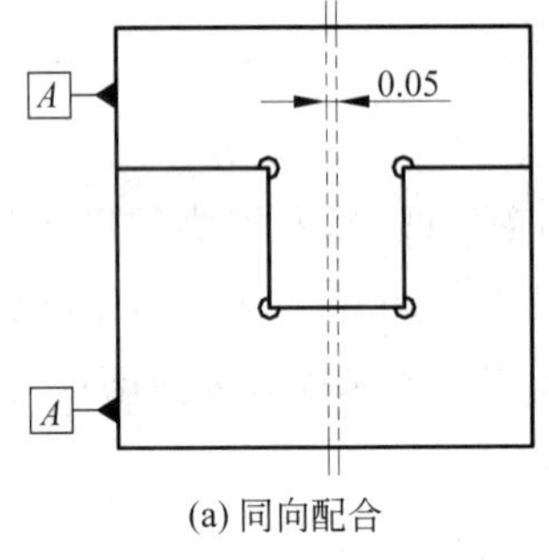

(a) 同向配合

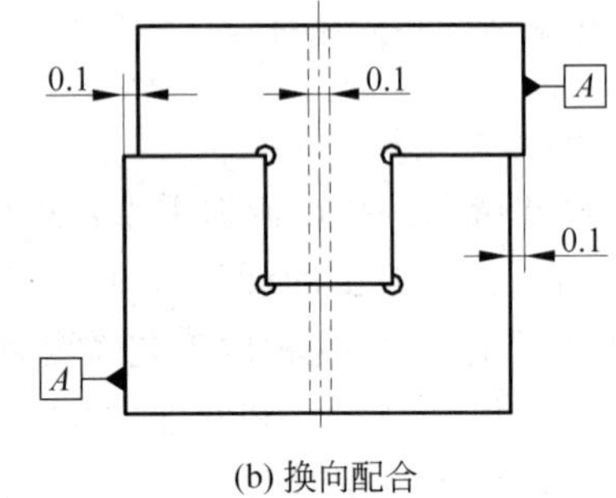

(b) 换向配合

图 13-15　对称度误差对转位互换精度的影响

(2) 对称形体工件的划线与测量如下。

① 对称形体工件的划线。对于平面对称工件的划线，应在形成对称中心平面的两个基准平面精加工完成后进行，划线基准与该两个基准平面重合，划线尺寸则按两个对称基准平面间的实际尺寸及对称要素的要求计算得出。

② 对称度工艺尺寸的测量。对称形体工件的测量要素如图 13-16 所示，在加工右侧垂直面 1 时，可采用工艺尺寸 X 来间接测量和控制其与基准中心平面的对称度要求，此时工艺尺寸 X 的公差值为对称度公差值的 1/2，即 $t/2$，在加工左侧垂直面 2 时，直接采

用凸台宽度尺寸 l 的尺寸公差(t)即可,这样就可以保证对称度公差值。对称度工艺尺寸 X 的计算公式如下:

$$X=\frac{L_a}{2}+\frac{l}{2}\pm\frac{t}{2}$$

$$X_{max}=\frac{L_a}{2}+\frac{l}{2}+\frac{t}{2} \tag{13-1}$$

$$X_{min}=\frac{L_a}{2}+\frac{l}{2}-\frac{t}{2} \tag{13-2}$$

式中:X(工艺尺寸)为被测平面至左侧基准平面之间的距离,mm;L_a 为对称基准平面之间的实际距离,mm;l 为凸台两侧垂直面之间的距离,mm;t 为对称度公差数值,mm。

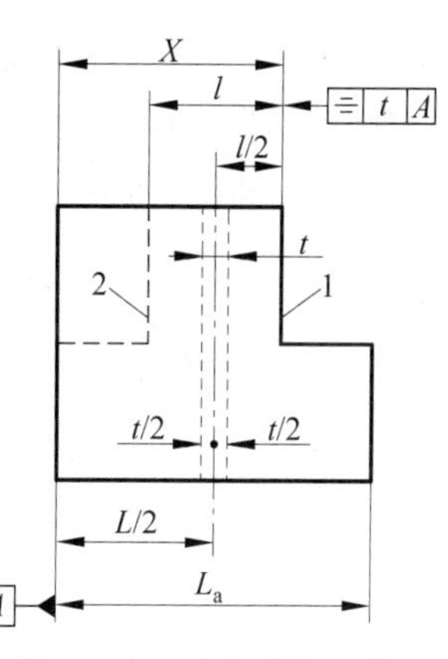

图 13-16　对称形体工件测量要素

【例 13-1】　图 13-17 所示为工件简图,图 13-18 所示为对称工件工艺尺寸计算分析。从工件简图中已知 $L_a=59.98$mm,$l=20_{-0.05}^{\ 0}$mm,$t=0.10$mm,求工艺尺寸 X。

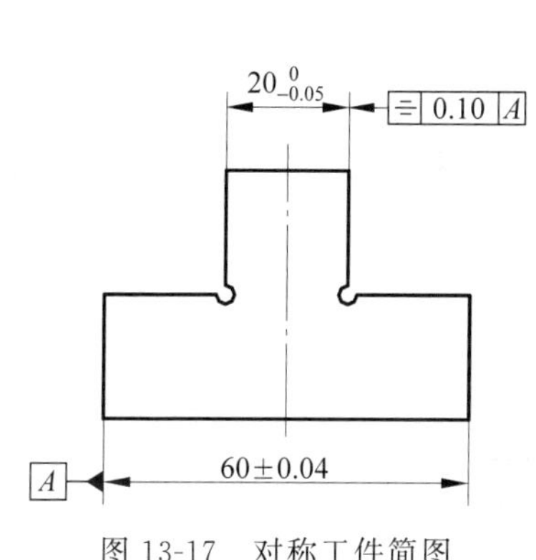

图 13-17　对称工件简图

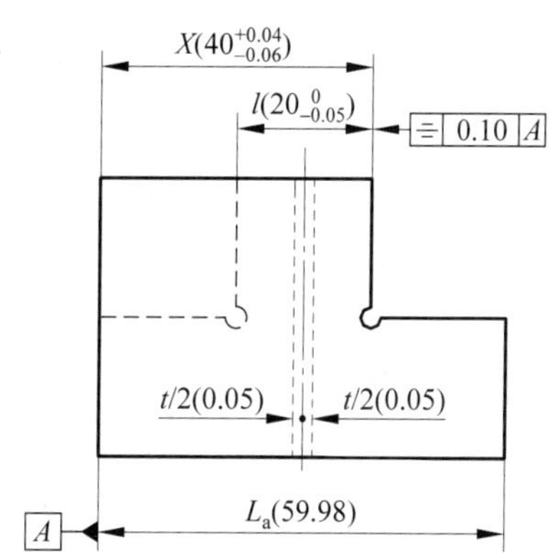

图 13-18　对称工件工艺尺寸计算分析

解　根据

$$X_{max}=\frac{L_a}{2}+\frac{l}{2}+\frac{t}{2}$$

得

$$X_{max}=\frac{59.98}{2}+\frac{20}{2}+\frac{0.10}{2}=40.04(\text{mm})$$

根据

$$X_{min}=\frac{L_a}{2}+\frac{l}{2}-\frac{t}{2}$$

得

$$X=\frac{59.98}{2}+\frac{20}{2}-\frac{0.10}{2}=39.94(\text{mm})$$

即

$$X=40_{-0.06}^{+0.04}(\text{mm})$$

3) 燕尾槽相关尺寸要素的测量与计算

对燕尾槽相关尺寸的测量与计算主要涉及两个尺寸要素:一个是燕尾槽角度 α;另一个是工艺尺寸 X。对这两个尺寸要素的测量通常采用量棒间接测量法。

(1) 燕尾槽角度的测量与计算。燕尾槽角度的测量要素如图 13-19 所示,测量时须配置一对等高垫块，垫块高度 h 要按照燕尾槽槽深 C 和量棒直径 d 估算后确定。

① 凸、凹燕尾槽角度的测量与计算。凸、凹燕尾槽角度的尺寸要素如图 13-19(a)和图 13-19(b)所示，计算公式如下：

$$\tan\alpha = \frac{2h}{X_2 - X_1}, \quad \alpha = \arctan\left(\frac{2h}{X_2 - X_1}\right) \tag{13-3}$$

② 单燕尾槽角度的测量。单燕尾槽角度的尺寸要素如图 13-19(c)所示，计算公式如下：

$$\tan\alpha = \frac{h}{X_2 - X_1}, \quad \alpha = \arctan\left(\frac{h}{X_2 - X_1}\right) \tag{13-4}$$

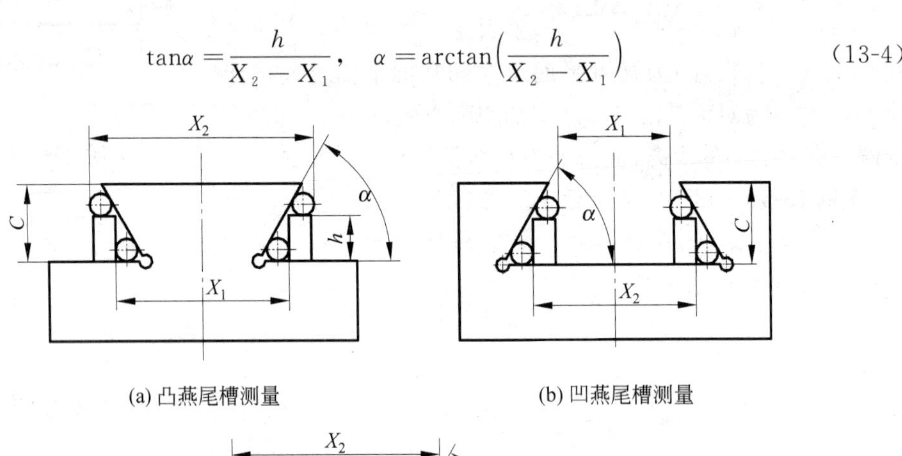

图 13-19　燕尾槽角度的间接测量

(2) 燕尾槽尺寸要素的测量与计算。通过游标卡尺、外径千分尺与量棒的配合对燕尾槽尺寸要素进行测量与计算。

① 单燕尾槽尺寸要素的计算。单燕尾槽尺寸要素如图 13-20 所示，计算公式如下：

$$X = B + \frac{d}{2}\cot\frac{\alpha}{2} + \frac{d}{2} \tag{13-5}$$

$$A = B + C\cot\alpha \tag{13-6}$$

$$B = A - \frac{C}{\tan\alpha} \tag{13-7}$$

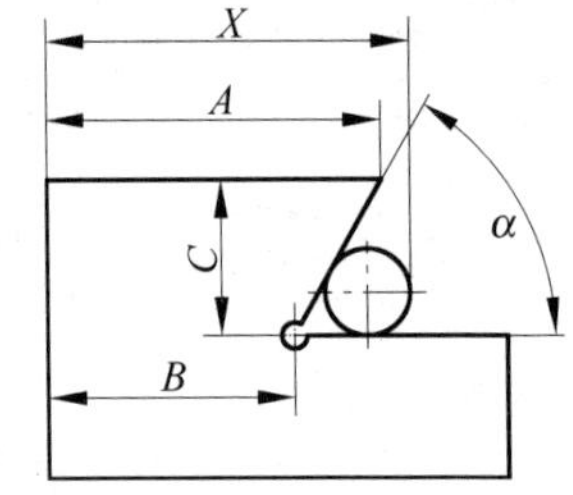

图 13-20　单燕尾槽尺寸的计算

式中：X（工艺尺寸）为量棒外侧至左侧基准面的距离，mm；A（槽顶宽）为槽口斜面与槽口上平面的交点至左侧面的距离，mm；B（槽底宽）为槽口斜面与槽口底平面的交点至左侧面的距离，mm；d 为量棒的直径，mm；α（燕尾槽角度）为槽口斜面与槽口底平面之间的夹角，(°)；C（槽深）为槽口上平面与槽口底平面之间的垂直距离，mm。

【例 13-2】　图 13-21 所示为单燕尾工件简图，已知 $B=30\text{mm}$，$C=18\text{mm}$，$d=10\text{mm}$，$\alpha=60°$。试求尺寸 A 和工艺尺寸 X。

解　根据　$A=B+C\cot\alpha$

得　$A=30+18\times0.5773\approx40.39(\text{mm})$

又根据　$X=B+\dfrac{d}{2}\cot\dfrac{\alpha}{2}+\dfrac{d}{2}$

得　$X=30+5\times1.7321+5\approx43.66(\text{mm})$

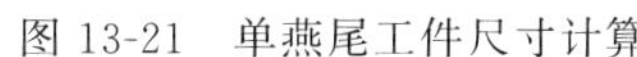

图 13-21　单燕尾工件尺寸计算

② 凸燕尾槽尺寸要素的计算。凸燕尾槽尺寸要素如图 13-22 所示，计算公式如下：

$$X=B+2\left(\frac{d}{2}\cot\frac{\alpha}{2}+\frac{d}{2}\right) \tag{13-8}$$

$$A=B+2C\cot\alpha \tag{13-9}$$

$$B=X-d\left(1+\cot\frac{\alpha}{2}\right) \tag{13-10}$$

式中：X 为两量棒外侧之间的距离，mm；A 为两槽口斜面与槽口上平面交点之间的距离，mm；B 为两槽口斜面与槽口底平面交点之间的距离，mm；d 为量棒的直径，mm；α 为槽口斜面与槽口底平面之间的夹角，(°)；C 为槽口上平面与槽口底平面之间的垂直距离，mm。

【例 13-3】　图 13-23 所示为凸燕尾槽工件简图，已知 $B=26\text{mm}$，$C=17\text{mm}$，$d=10\text{mm}$，$\alpha=60°$。试求尺寸 A 和工艺尺寸 X。

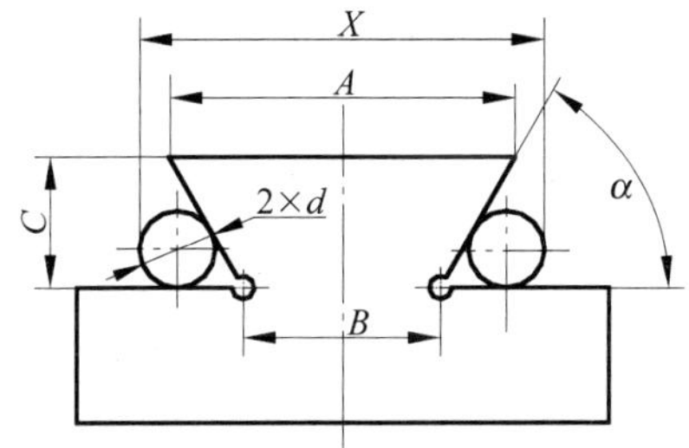

图 13-22　凸燕尾槽尺寸的计算

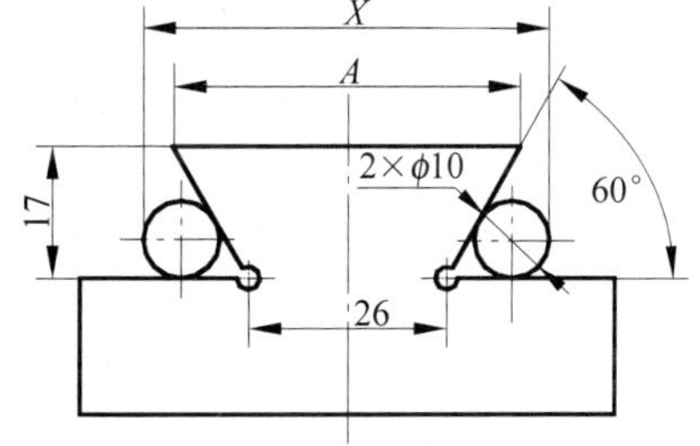

图 13-23　凸燕尾槽工件尺寸计算

解　根据　$A=B+2C\cot\alpha$

得　$A=26+2\times17\times0.5773\approx45.63(\text{mm})$

又根据　$X=B+2\left(\dfrac{d}{2}\cot\dfrac{\alpha}{2}+\dfrac{d}{2}\right)$

得　$X=26+2\times(5\times1.7321+5)\approx53.32(\text{mm})$

③ 凹燕尾槽尺寸要素的计算。凹燕尾槽尺寸要素如图 13-24 所示，计算公式如下：

$$X = B - 2\left(\frac{d}{2}\cot\frac{\alpha}{2} + \frac{d}{2}\right) \tag{13-11}$$

$$A = B - 2C\cot\alpha \tag{13-12}$$

$$B = X + d\left(1 + \cot\frac{\alpha}{2}\right) \tag{13-13}$$

式中：X 为两量棒内侧之间的距离，mm；A 为两槽口斜面与槽口上平面交点之间的距离，mm；B 为两槽口斜面与槽口底平面交点之间的距离，mm；d 为量棒的直径，mm；α 为槽口斜面与槽口底平面之间的夹角，(°)；C 为槽口上平面与槽口底平面之间的垂直距离，mm。

【例 13-4】 图 13-25 所示为凹燕尾槽工件简图，已知 $B=50\text{mm}$，$C=18\text{mm}$，$d=10\text{mm}$，$\alpha=60°$。试求尺寸 A 和工艺尺寸 X。

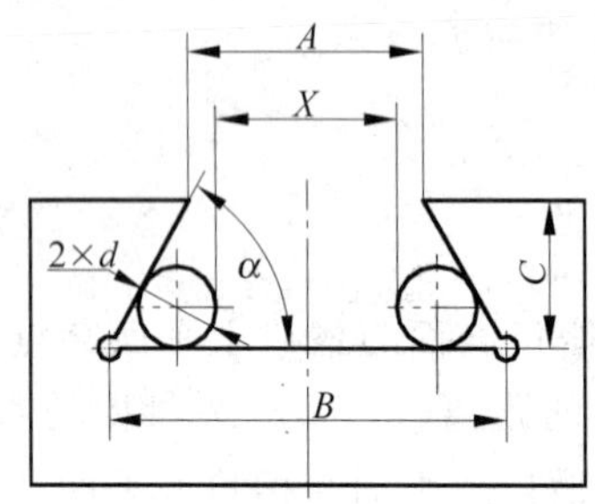

图 13-24　凹燕尾槽尺寸计算

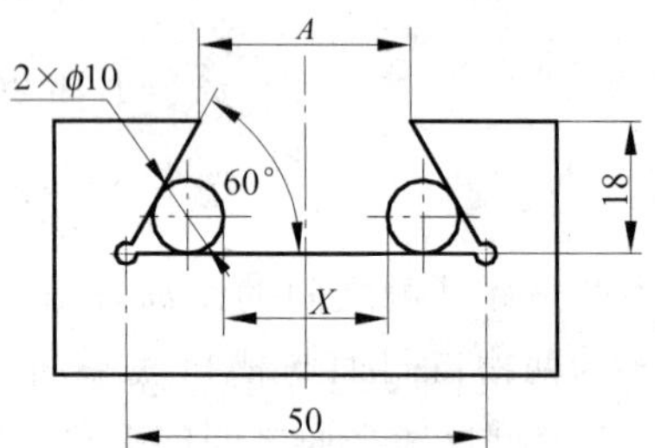

图 13-25　凹燕尾槽工件尺寸计算

解　根据

$$A = B - 2C\cot\alpha$$

得

$$A = 50 - 2 \times 18 \times 0.5773 \approx 29.22(\text{mm})$$

又根据

$$X = B - 2\left(\frac{d}{2} \times \cot\frac{\alpha}{2} + \frac{d}{2}\right)$$

得

$$X = 50 - 2 \times \left(\frac{10}{2} \times 1.7321 + \frac{10}{2}\right) \approx 22.68(\text{mm})$$

4）V 形槽相关参数的间接测量

V 形槽的测量主要涉及两个参数：一个是 V 形槽角度 α；另一个是 V 形槽交点高度 H，对这两个参数的测量通常采用量棒间接测量法。

(1) V 形槽角度 α 的间接测量。V 形槽角度的尺寸要素如图 13-26(a)所示，计算公式如下：

$$\sin\frac{\alpha}{2} = \frac{\dfrac{d_1}{2} - \dfrac{d_2}{2}}{X_1 - \dfrac{d_1}{2}\left(X_2 - \dfrac{d_2}{2}\right)} \tag{13-14}$$

式中：X_1 为大量棒外侧至工件底面之间的距离，mm；X_2 为小量棒外侧至工件底面之间的距离，mm；α(V 形槽角度)为槽口两斜面之间的夹角，(°)；d_1、d_2 为量棒的直径，mm。

(2) V 形槽交点高度 H 的间接测量。V 形槽高度的尺寸要素如图 13-26(b)所示，计算公式如下：

$$H = X - \frac{d}{2} - \frac{\frac{d}{2}}{\sin\frac{\alpha}{2}} \tag{13-15}$$

$$X = H + \frac{d}{2} + \frac{\frac{d}{2}}{\sin\frac{\alpha}{2}} \tag{13-16}$$

式中：X 为量棒外侧至工件底面之间的距离，mm；H 为槽口两斜面之交点至工件底面之间的距离，mm；α 为槽口两斜面之间的夹角，(°)；d 为量棒的直径，mm。

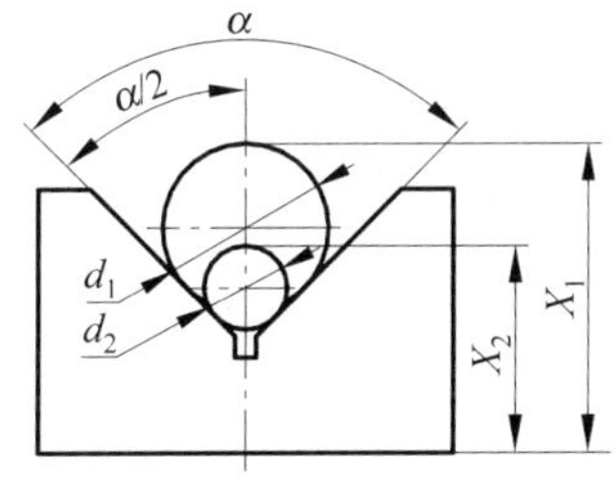

(a) V形槽角度的间接测量

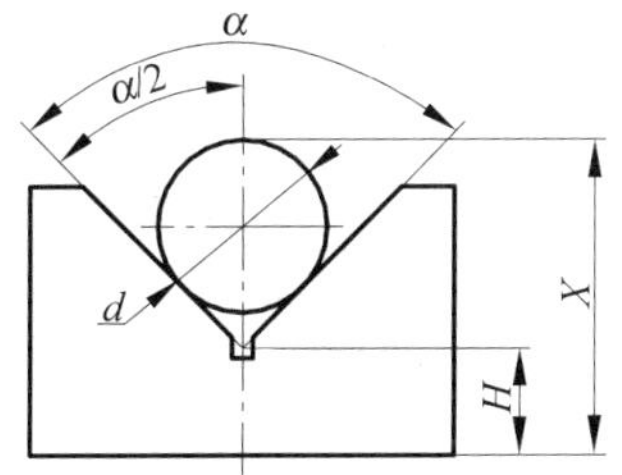

(b) V形槽高度的间接测量

图 13-26 V 形槽相关参数的间接测量

【例 13-5】 图 13-27 所示为 V 形槽工件简图，已知 $H=20$mm，$d=32$mm，$\alpha=90°$。试求工艺尺寸 X。

解 根据 $X = H + \frac{d}{2} + \frac{\frac{d}{2}}{\sin\frac{\alpha}{2}}$

得 $X=20+16+22.63=58.63$(mm)

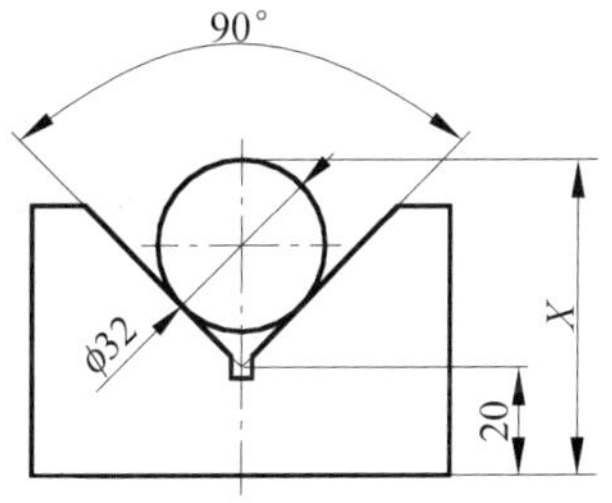

图 13-27 V 形槽尺寸计算

13.2 基本形面锉配工艺

1. 垂直型面锉配工艺

1) 四方体锉配工艺

四方体锉配图样与技术要求如图 13-28 所示。

四方体锉配.mp4

(1) 轴件加工步骤如下。

① 粗锉、细锉、精锉基准面 A，达到平面度要求。

② 粗锉、细锉、精锉基准面 A 的对面，达到尺寸、平行度和平面度要求。

③ 粗锉、细锉、精锉基准面 B，达到垂直度和平面度要求。

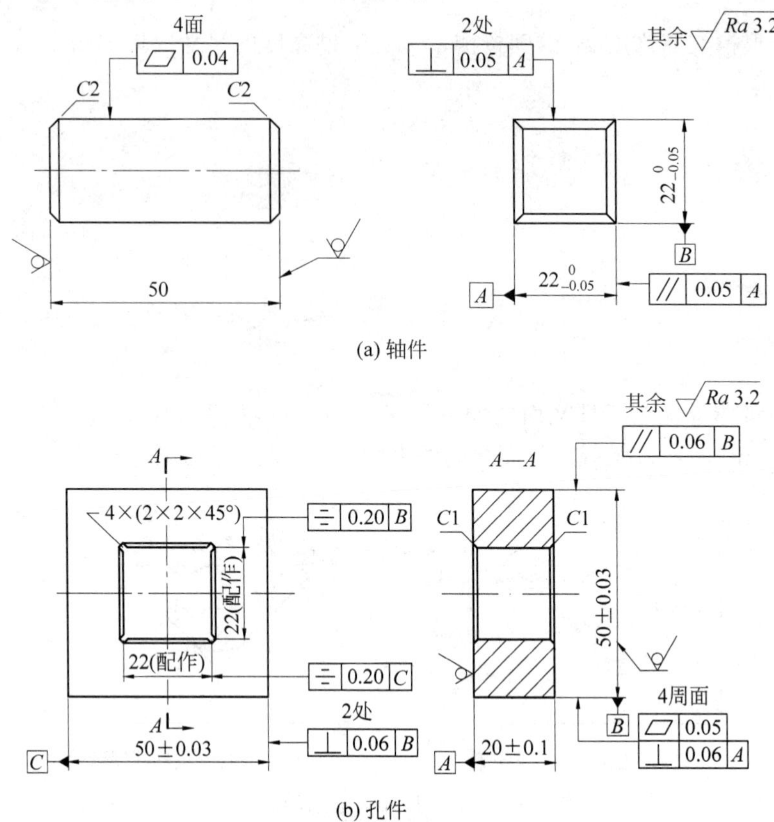

(a) 轴件

(b) 孔件

技术要求：

1. 以轴件为基准件，孔件为配作件。
2. 换向配合间隙≤0.1mm。
3. 试配时不允许敲击。
4. 用手锯对四方孔清角(锯出2mm×2mm×45°工艺槽)。
5. 轴件倒角$C0.1$，孔件周面倒角$C0.4$。
6. 未注公差尺寸按GB/T 1804—2000。

工件名称	材 料	毛 坯 尺 寸	件 数	学 时
轴件	35 钢	备料25mm×25mm×50mm	1	12
孔件	35 钢	备料52mm×52mm×20mm	1	

图 13-28　四方体锉配

④ 粗锉、细锉、精锉基准面 B 的对面，达到尺寸、平行度、垂直度和平面度要求。

⑤ 全面检查形位精度和尺寸精度，并做必要修整。

⑥ 理顺锉纹，四面锉纹纵向并达到表面粗糙度要求。

⑦ 四棱柱倒角 0.1mm、两端倒角 $C2$。

(2) 孔件加工如下。

① 外形轮廓加工。

a. 粗锉、细锉、精锉 B 基准面，达到垂直度和平面度要求。

b. 粗锉、细锉、精锉 B 基准面的对面，达到尺寸、平行度、垂直度和平面度要求。

c. 粗锉、细锉、精锉 C 基准面，达到垂直度和平面度要求。

d. 粗锉、细锉、精锉 C 基准面的对面，达到尺寸、平行度、垂直度和平面度要求。

e. 全面检查形位精度和尺寸精度，并做必要修整。

f. 光整锉削，理顺锉纹，四面锉纹纵向并达到表面粗糙度要求。

g. 四周面倒角 $C0.4$。

② 划线操作。如图 13-29 所示，根据图样，对孔件进行划线操作，根据高度方向实际尺寸(50mm±0.03mm)的对称中心和宽度方向实际尺寸(50mm±0.03mm)的对称中心，以 B、C 两面为基准划出十字中心线，再以十字中心线为基准在 A 面和其对面划出 ϕ18mm 工艺孔和 22mm×22mm 四方孔的加工线，检查无误后打上冲眼。

③ 工艺孔加工。钻出 ϕ18mm 工艺孔，如图 13-30 所示。

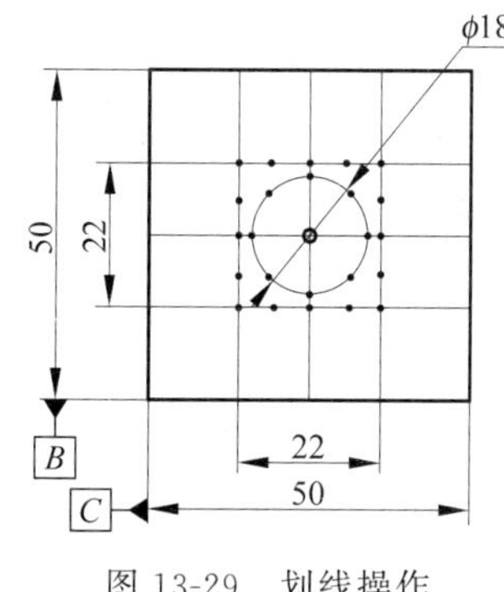

图 13-29 划线操作

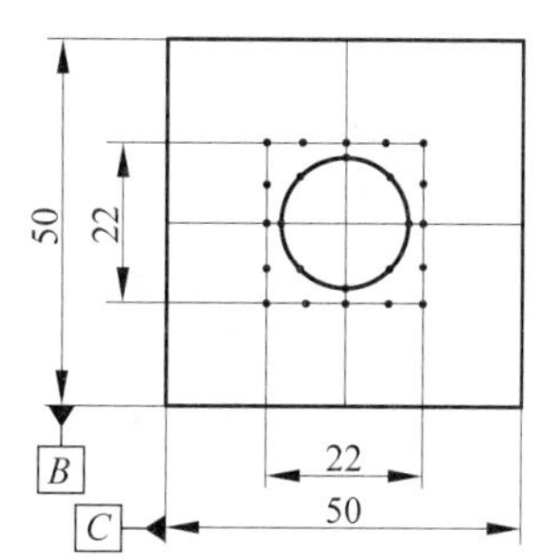

图 13-30 钻工艺孔加工

④ 锉削四方孔步骤如下。

a. 粗锉四方孔，按线粗锉四方孔各面，单边留 0.5mm 细锉加工余量，如图 13-31 所示。

b. 用手锯对四方孔清角(2mm×2mm×45°)，如图 13-32 所示。

c. 细锉四方孔，如图 13-33 所示，以 C 面为基准精锉四方孔第 1 面和第 2 面，以 B 面为基准精锉四方孔第 3 面和第 4 面，单边留 0.1mm 的试配余量，注意控制与 A 基准面的垂直度要求和与 B、C 基准面的对称度要求，孔口倒角 $C1$。

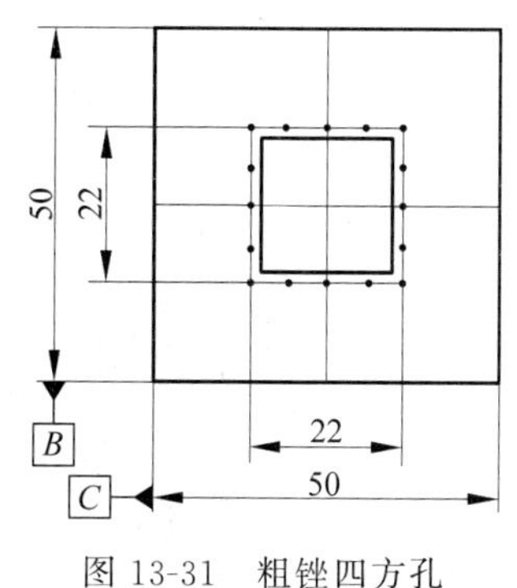

图 13-31 粗锉四方孔

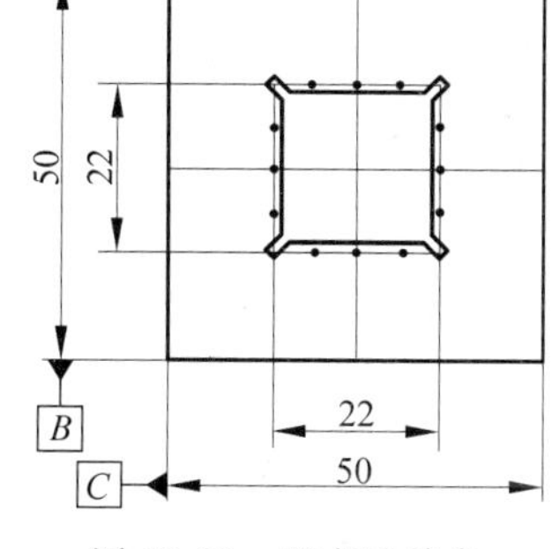

图 13-32 四方孔清角

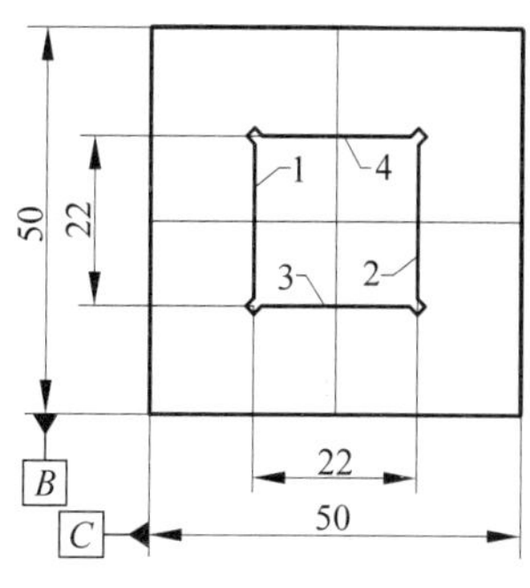

图 13-33 细锉四方孔

d. 孔件锉削典型缺陷。锉削四方孔时，可能出现端口凹圆弧、端口凸圆弧、轴向中凸和轴向喇叭口等典型缺陷，如图13-34所示。因此在粗锉、细锉四方孔时，要尽量防止这些缺陷，在精锉四方孔时，要最大限度地减少这些缺陷，以保证锉配质量。

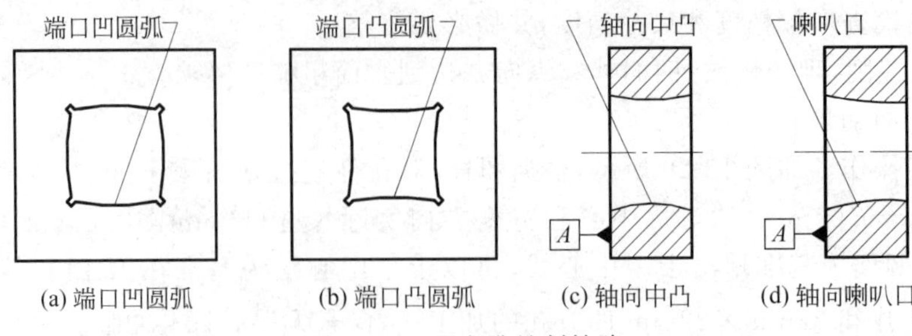

(a) 端口凹圆弧　(b) 端口凸圆弧　(c) 轴向中凸　(d) 轴向喇叭口

图13-34　四方孔锉削缺陷

(3) 锉配加工如下。

① 同向试配。开始锉配时，要以轴件端部一角插入孔件 A 基准面孔口进行试配，如图13-35所示，轴件与孔件进行同向试配，如图13-36所示。试配前，可以在四方孔的四面涂抹显示剂，这样接触痕迹就很清晰，便于确定修锉部位。当轴件全部通过四方孔后，定向试配完成。

② 换向试配。同向锉配完成后，将轴件径向旋转90°进行换位试配，如图13-37所示，换向试配时，一般只需作微量修锉即可。当轴件全部通过四方孔后，换向试配完成。

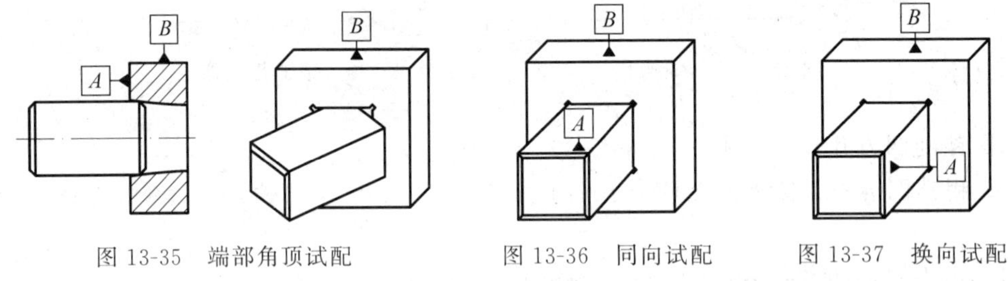

图13-35　端部角顶试配　图13-36　同向试配　图13-37　换向试配

(4) 四方体锉配要点。

① 为获得较高的换向配合精度。轴件的宽、高尺寸($22_{-0.05}^{0}$mm、$22_{-0.05}^{0}$mm)必须控制在配合间隙的1/2范围内[即0.10/2=0.05(mm)]。

② 锉削四方孔时，四方孔要留有足够的锉配余量，一般为单边0.10mm左右。

③ 在试配时，一般只能用手的力量推入和退出，若退不出来，可用木棒垫着小力量敲击退出，严禁用手锤和硬金属直接敲击。

④ 锉配时的修锉部位，应该在透光与涂色检查后从整体情况考虑，合理确定。一般只对亮点部位进行修锉，要特别注意四角的接触情况，不要盲目修锉，防止配合面局部出现间隙过大。

2) 凸凹体锉配工艺

凸凹体锉配图样与技术要求如图13-38所示。

(1) 凸件、凹件外形轮廓加工。加工要求如图13-39所示。

① 粗锉、细锉、精锉 B 基准面，达到垂直度和平面度要求。

凸凹体锉配.mp4

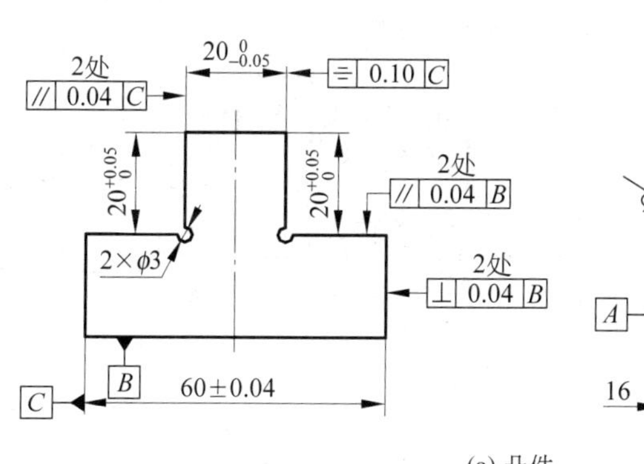

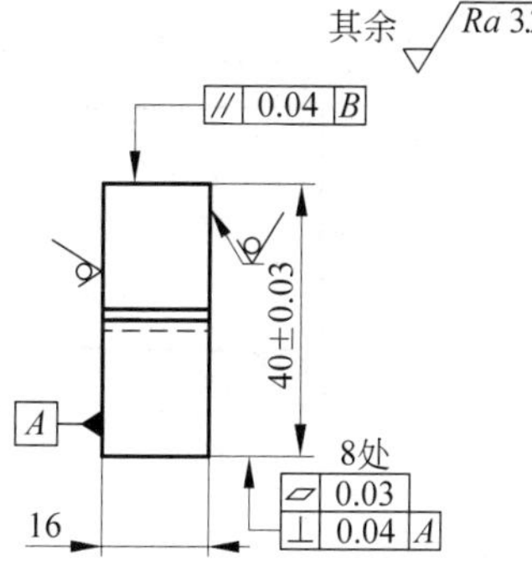

(a) 凸件

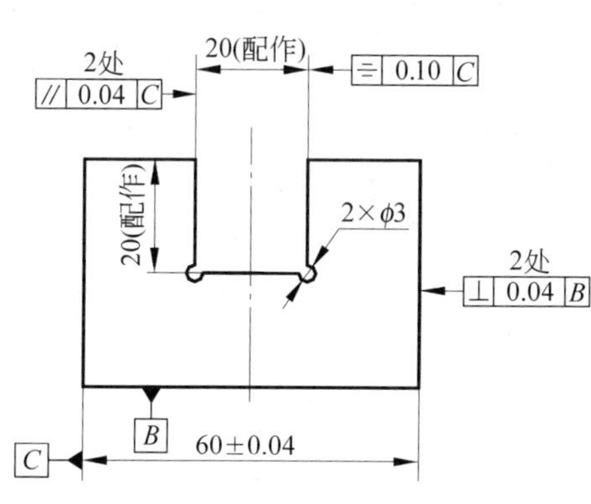

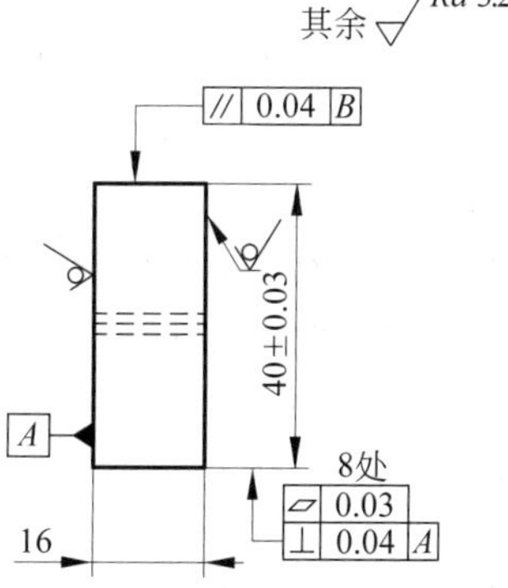

(b) 凹件

技术要求：
1. 以凸件为基准件，凹件为配作件。
2. 换向配合间隙≤0.1mm。
3. 侧面错位量≤0.10mm。
4. 大平面错位量≤0.10mm。
5. 凸件、凹件各面倒角C0.4。
6. 用钻头钻出ϕ3mm工艺孔。
7. 试配时不允许敲击。
8. 未注公差尺寸按GB/T 1804—2000。

工件名称	材 料	毛 坯 尺 寸	件 数	学 时
凸件	35 钢	62mm×42mm×16mm	1	15
凹件	35 钢	62mm×42mm×16mm	1	

图 13-38　凸凹体锉配

② 粗锉、细锉、精锉 B 基准面的对面，达到尺寸、平行度、垂直度和平面度要求。

③ 粗锉、细锉、精锉 C 基准面，达到平面度和与 A、B 基准面的垂直度要求。

④ 粗锉、细锉、精锉 C 基准面的对面，达到尺寸、平行度、平面度和与 A、B 基准面的垂直度要求。

⑤ 光整锉削，理顺锉纹，四面锉纹纵向并达到表面粗糙度要求。

⑥ 四周面倒角 C0.4。

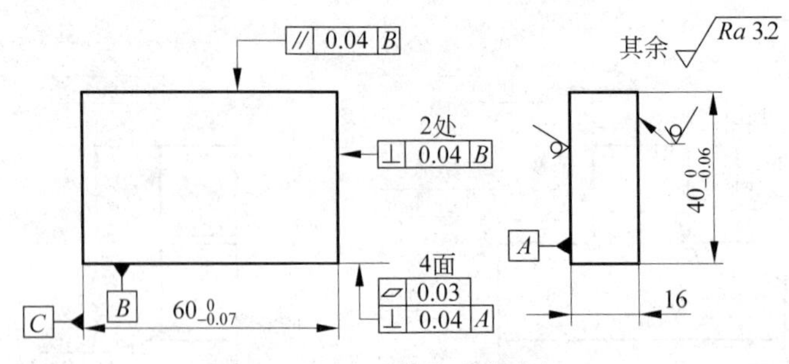

图 13-39　凸凹体外形轮廓加工

（2）划线操作。

① 凸件划线操作。根据图样，划出凸件凸台轮廓加工线，以 B 面的对面为辅助基准从上面下降 20mm，划出凸台高度方向加工线，再以 C 面为基准，长度实际尺寸（60mm）的 1/2（对称中心线）为辅助基准划出凸台宽度方向（20mm）的加工线，划出 ϕ3mm 工艺孔加工线，检查无误后在相关各面打上冲眼，如图 13-40 所示。

② 凹件划线操作。根据图样，划出凹槽轮廓加工线，以 B 面的对面为辅助基准从上面下降 20mm，划出凹槽深度加工线，再以 C 面为基准，宽度实际尺寸（60mm）的 1/2（对称中心线）为辅助基准划出凹槽宽度（20mm）加工线，划出 ϕ3mm 工艺孔加工线，检查无误后在相关各面打上冲眼，如图 13-41 所示。

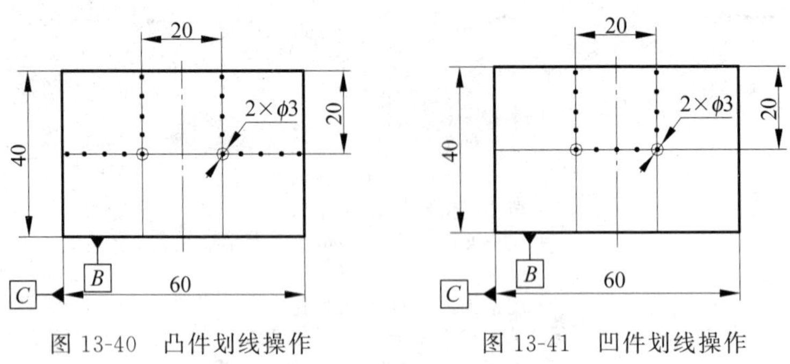

图 13-40　凸件划线操作　　图 13-41　凹件划线操作

（3）工艺孔加工。根据图样在凸件和凹件上钻出 ϕ3mm 工艺孔，同时在凹件上钻出工艺排孔，如图 13-42 所示。

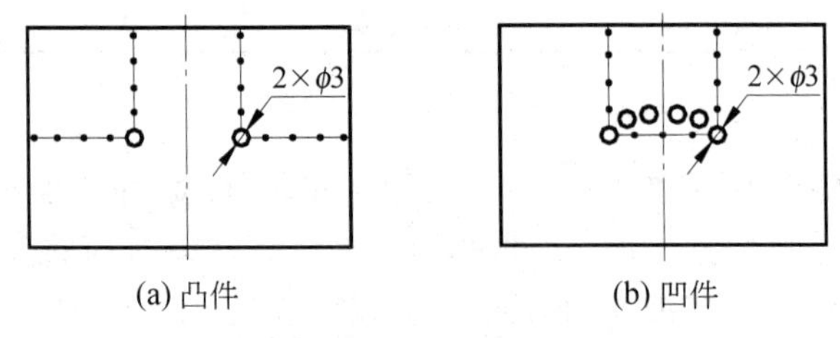

(a) 凸件　　(b) 凹件

图 13-42　钻工艺孔

（4）凸件加工。

① 按线锯除右侧一角多余部分，留 1mm 粗锉余量，如图 13-43(a)所示。

② 粗锉、细锉右台肩面 1 和右垂直面 2，留 0.1mm 的精锉余量，如图 13-43(b)所示。

③ 精锉右台肩面 1，用工艺尺寸 $X_1(20_{-0.05}^{\ 0}\text{mm})$ 间接控制凸台高度尺寸 $20_{\ 0}^{+0.05}\text{mm}$，达到右台肩面 1 与 B 基准面的平行度、与 A 基准面的垂直度以及自身的平面度。工艺尺寸 $X_1(20_{-0.05}^{\ 0}\text{mm})$ 是由高度尺寸 40mm 的实际尺寸减去凸台高度尺寸 $(20_{\ 0}^{+0.05}\text{mm})$ 得到，这样可以间接控制凸台高度尺寸 $20_{\ 0}^{+0.05}\text{mm}$。

④ 精锉右垂直面 2，用工艺尺寸 $X_2(40_{-0.05}^{\ 0}\text{mm})$ 间接控制对称度要求，达到右垂直面 2 与 C 基准面的平行度、与 A 基准面的垂直度以及自身的平面度，如图 13-43(c)所示。

⑤ 按线锯除左侧一角多余部分，留 1mm 粗锉余量，如图 13-43(d)所示。

⑥ 粗锉、细锉左台肩面 3 和左垂直面 4，留 0.1mm 的精锉余量，如图 13-43(e)所示。

⑦ 精锉左台肩面 3，用工艺尺寸 $X_3(20_{-0.05}^{\ 0}\text{mm})$ 间接控制凸台高度尺寸 $20_{\ 0}^{+0.05}\text{mm}$，达到左台肩面与 B 基准面的平行度、与 A 基准面的垂直度以及自身的平面度。

⑧ 精锉左垂直面，注意控制凸台宽度尺寸 $(20_{-0.05}^{\ 0}\text{mm})$、左垂直面与右垂直面的平行度、与 A 基准面的垂直度以及自身的平面度，如图 13-43(f)所示。

⑨ 对 1、2、3、4 面倒角 C0.4。

⑩ 全面检查并做必要的修整。

⑪ 理顺锉纹，四面锉纹纵向并达到表面粗糙度要求。

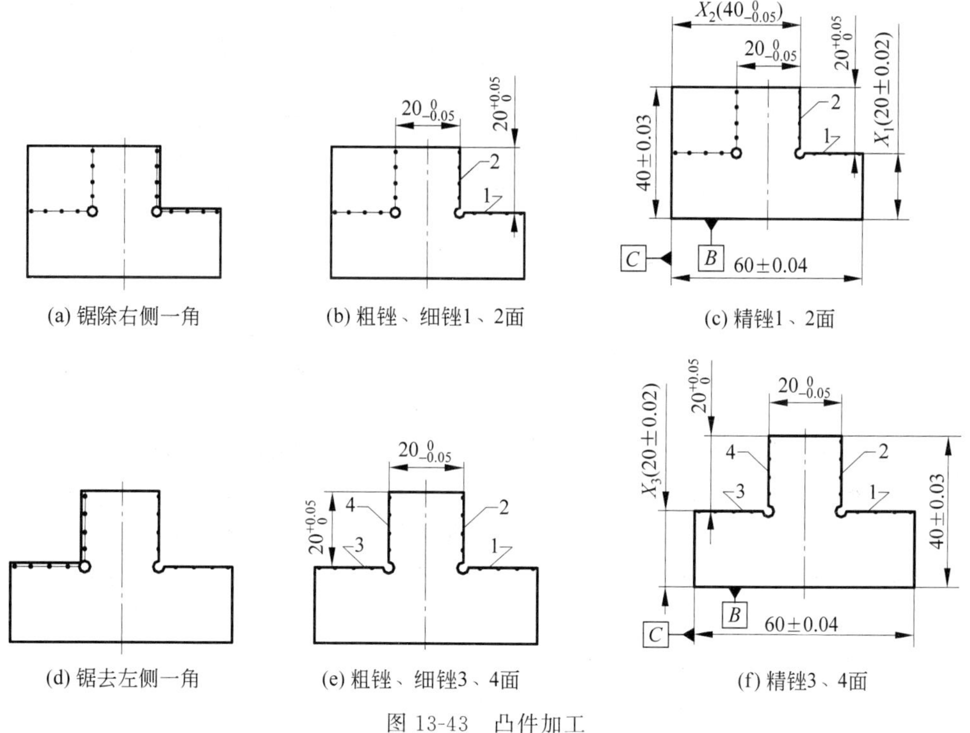

图 13-43　凸件加工

(5) 凹件加工。

① 首先除去凹槽多余部分，用手锯在凹槽两侧宽度加工线内 1mm 处自上而下锯至底平面线上 1mm，然后将多余部分交叉锯掉，也可用手锤和扁冲錾冲掉多余部分，单边至

少留 1mm 的粗锉余量，如图 13-44(a)所示。

② 按线粗锉左右垂直面 1、2 和底平面 3，单边留 0.5mm 的细锉余量，如图 13-44(b)所示。

③ 根据凸件凸台的实际宽度尺寸，细锉左、右垂直面 1、2，单边留 0.1mm 的试配余量，注意控制与 *C* 基准面的对称度要求和与 *A* 基准面的垂直度要求。根据凸件凸台的实际高度尺寸，细锉底平面 3，单边留 0.1mm 的试配余量，注意控制与 *A* 基准面的垂直度要求，如图 13-44(c)所示。

④ 对槽内 1、2、3 面倒角 *C*0.4。

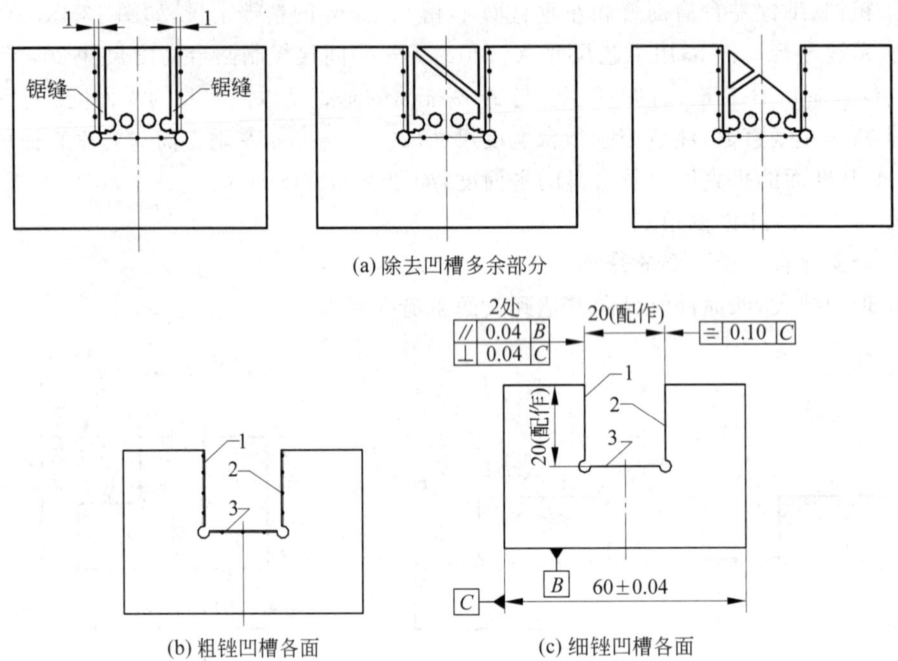

(a) 除去凹槽多余部分

(b) 粗锉凹槽各面

(c) 细锉凹槽各面

图 13-44 凹件加工

(6) 锉配加工。

① 同向试配。开始试配时，要以凸件凸台的端部左、右角插入凹件的凹槽进行试配，如图 13-45(a)所示，凸件与凹件进行同向试配、修锉，如图 13-45(b)所示。试配前，可以在凹槽的两侧面涂抹显示剂，这样接触痕迹就很清晰，便于确定修锉部位。

② 换向试配。锉配过程中，凸件与凹件要进行换位试配，即将凸件径向旋转 180°进行换位试配，修锉，如图 13-45(c)所示。

③ 当凸件全部配入凹件，且换向配合间隙≤0.1mm、侧面错位量≤0.10mm，锉配完成。

(7) 凸凹体锉配典型缺陷。凸凹体锉配典型缺陷主要有配入后可能出现凸凹体侧面错位误差、配入后轴向歪斜和配入后大平面歪斜等，如图 13-46 所示。

(8) 凸凹体锉配要点如下。

① 如果凸件或凹件在配合后出现了对称度超差，就会导致凸凹体配入后侧面错位量

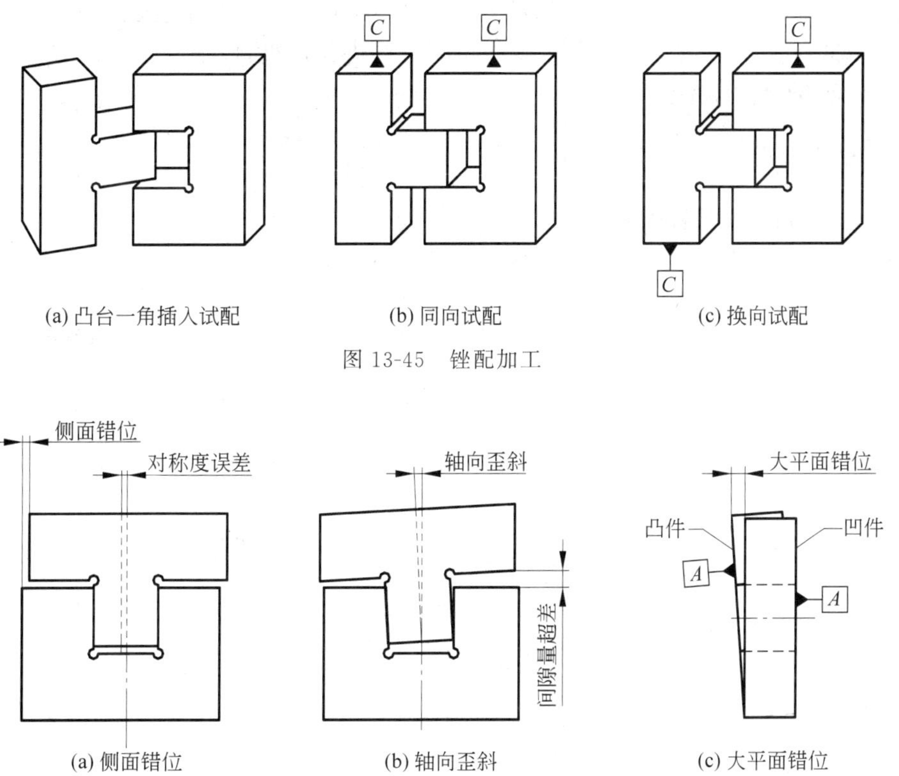

(a) 凸台一角插入试配　(b) 同向试配　(c) 换向试配

图 13-45　锉配加工

(a) 侧面错位　(b) 轴向歪斜　(c) 大平面错位

图 13-46　凸凹体锉配缺陷

超差，如图 13-46(a)所示。为了防止出现这种问题，一要保证凸件(基准件)达到对称度要求并遵循中间公差加工原则；二要保证凹件在试配前的对称度公差要达到要求；三要在试配时，特别是在开始试配时，就应该注意凹槽两侧垂直面要均匀修锉，及时测量。若出现超差，可在试配余量允许的情况下通过修锉相应垂直面进行借正，以消除对称度误差，达到配入后两侧错位量不超差。

② 如果凸台两侧垂直面与其 C 基准面的平行度超差或凹槽两侧垂直面与其 C 基准面的平行度超差，就会出现凸凹体配入后凸件的台肩面和顶端面与凹件相应的面发生轴向歪斜，就会导致凸凹体配入后换位间隙超差，如图 13-46(b)所示。为了防止出现这种问题，一要保证凸台两侧垂直面与其 C 基准面的平行度达到要求，并尽量控制在最小范围；二要保证凹槽两侧垂直面与其 C 基准面的平行度达到要求，并尽量控制在最小范围；三要在试配修锉凹槽两侧面时及时测量，控制好凹槽两侧面与其 C 基准面的平行度误差。若出现超差，可在试配余量允许的情况下通过修锉相应位置进行调整，以消除平行度误差，达到配入后换位间隙不超差。

③ 如果凸台两侧垂直面与其 A 基准面的垂直度超差或凹槽两侧垂直面与其 A 基准面的垂直度超差，就会出现凸凹体配入后凸件的大平面与凹件的大平面间产生平行度误差，导致两大平面间错位量超差，如图 13-46(c)所示。为了防止出现这种问题，一要保证凸台两侧垂直面与其 A 基准面的垂直度达到要求，并尽量控制在最小范围；二要保证凹槽两侧垂直面与其 A 基准面的垂直度达到要求，并尽量控制在最小范围；三要在试配修

锉凹槽两侧面时及时测量，控制好凹槽两侧面与其 A 基准面的垂直度误差。若出现超差，可在试配余量允许的情况下通过修锉相应位置进行调整，以消除垂直度误差，达到配入后大平面错位量不超差。

2. 角度形面锉配工艺

1）内、外角度样板锉配工艺

内、外角度样板锉配图样与技术要求如图 13-47 所示。

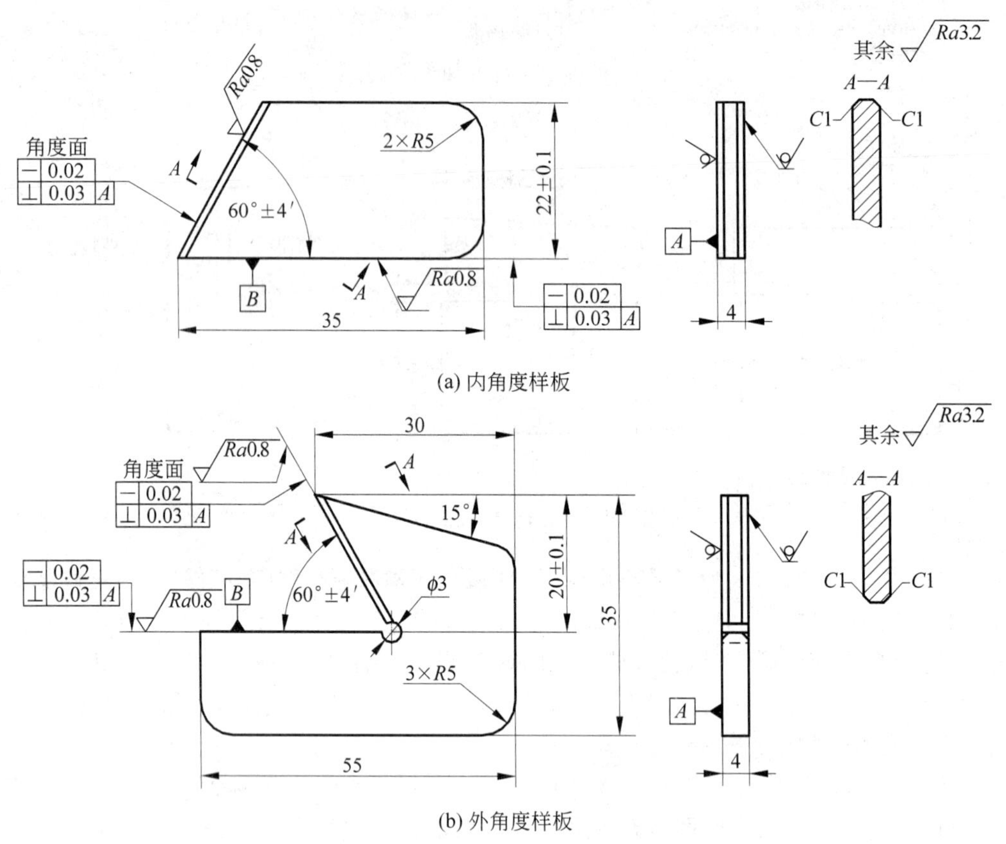

技术要求：
1. 以内角度样板为基准件，外角度样板配作。
2. 配合间隙≤0.03mm。
3. 内、外角度样板非角度面倒角C0.4。
4. 用钻头钻出ϕ3mm工艺孔。
5. 研磨两工作面。
6. 未注公差尺寸按GB/T 1804—2000。

工件名称	材 料	毛 坯 尺 寸	件 数	学 时
内角度样板	45 钢	36mm×22mm×4mm	1	12
外角度样板	45 钢	46mm×36mm×4mm	1	

图 13-47　内、外角度样板锉配

(1) 内角度样板加工。

① 外形轮廓加工。

② 粗锉、细锉、精锉 B 基准面,达到直线度和与 A 基准面的垂直度要求。

③ 按照图样划出角度面加工线,锯除多余部分。

④ 粗锉、细锉、精锉角度面,达到直线度、与 B 基准面的角度以及与 A 基准面的垂直度要求。

⑤ 角度面倒角 $C1$,非角度面倒角 $C0.5$。

(2) 外角度样板加工。

① 外形轮廓加工。

② 按照图样划出角度及工艺孔加工线,钻出 $\phi3$mm 工艺孔,锯除多余部分。

③ 粗锉 B 基准面和角度面,留 0.5mm 的细锉加工余量。

④ 细锉 B 基准面,留 0.1mm 的精锉余量。

⑤ 精锉 B 基准面,达到直线度和与 A 基准面的垂直度要求。

⑥ 以 B 面为基准,精锉角度面,达到直线度、与 B 基准面的角度以及与 A 基准面的垂直度要求。

⑦ 角度面倒角 $C1$,非角度面倒角 $C0.4$。

(3) 研磨加工。选用 F220～F230 研磨粉对内、外角度样板工作面作研磨,达到表面粗糙度 $Ra0.8\mu$m。

2) 燕尾体锉配工艺

燕尾体锉配图样与技术要求如图 13-48 所示。

燕尾体锉配.mp4

(1) 凸件、凹件外形轮廓加工。加工要求如图 13-49 所示。

① 粗锉、细锉、精锉 B 基准面,达到平面度和与 A 基准面的垂直度要求。

② 粗锉、细锉、精锉 B 基准面的对面,达到尺寸、平行度、平面度和与 A 基准面的垂直度要求。

③ 粗锉、细锉、精锉 C 基准面,达到平面度和与 A、B 基准面的垂直度要求。

④ 粗锉、细锉、精锉 C 基准面的对面,达到尺寸、平行度、平面度和与 A、B 基准面的垂直度要求。

⑤ 光整锉削,理顺锉纹,四面锉纹纵向并达到表面粗糙度要求。

⑥ 四周面倒角 $C0.4$。

(2) 划线操作。

① 凸件划线操作。根据图样,划出凸燕尾轮廓加工线,以 B 面的对面为辅助基准从上面下降 20mm,划出凸燕尾高度加工线,再以宽度实际尺寸(80mm)的 1/2(对称中心线)为辅助基准划出凸燕尾大端宽度(53.1mm)和小端宽度(30mm)加工线,划出 $\phi3$mm 工艺孔加工线,检查无误在相关各面后打上冲眼,如图 13-50 所示。

② 凹件划线操作。根据图样,划出燕尾槽轮廓加工线,以 B 面的对面为辅助基准从上面下降 21mm,划出燕尾槽深度加工线,再以宽度实际尺寸(80mm)的 1/2(对称中心线)为辅助基准划出燕尾槽大端宽度(54.26mm)和小端宽度(30mm)加工线,划出 $\phi3$mm 工艺孔加工线,检查无误后在相关各面打上冲眼,如图 13-51 所示。

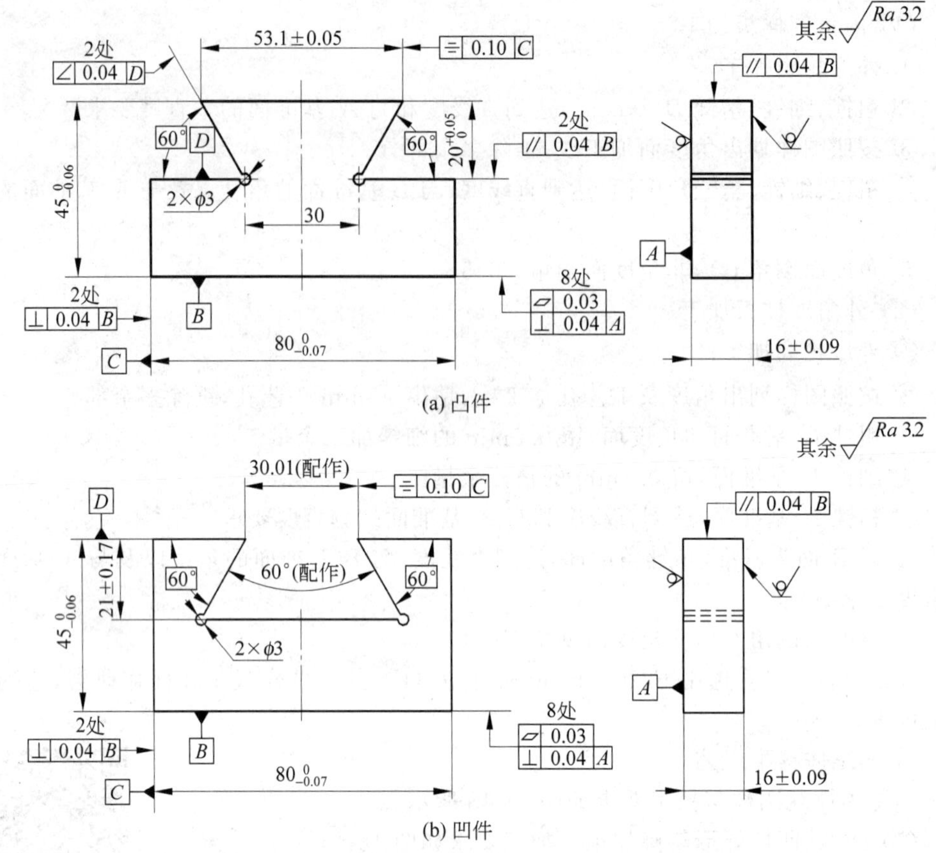

(a) 凸件

(b) 凹件

技术要求：
1. 以凸件为基准件，凹件为配作件。
2. 换向配合间隙≤0.10mm。
3. 侧面错位量≤0.10mm。
4. 凸件、凹件各面倒角C0.4。
5. 用钻头钻出φ3mm工艺孔。
6. 试配时不允许敲击。
7. 未注公差尺寸按GB/T 1804—2000。

工件名称	材 料	毛 坯 尺 寸	件 数	学 时
凸件	35钢	62mm×42mm×16mm	1	18
凹件	35钢	62mm×42mm×16mm	1	

图 13-48 燕尾体锉配

③ 工艺孔加工。根据图样在凸体和凹体上钻出 ϕ3mm 工艺孔，同时在凹体上钻出工艺排孔，如图 13-52 所示。

(3) 凸件加工。

① 按线锯除右侧一角多余部分，留 1mm 粗锉余量，如图 13-53(a)所示。

② 粗锉、细锉右台肩面 1 和右角度面 2，留 0.1mm 的精锉余量，如图 13-53(b)所示。

③ 精锉右台肩面 1，用工艺尺寸 X_1($25_{-0.05}^{0}$mm)间接控制燕尾高度尺寸 $20^{+0.05}_{0}$mm，注意控制右台肩面 1 与 B 基准面的平行度、与 A 基准面的垂直度以及自身的平面度。

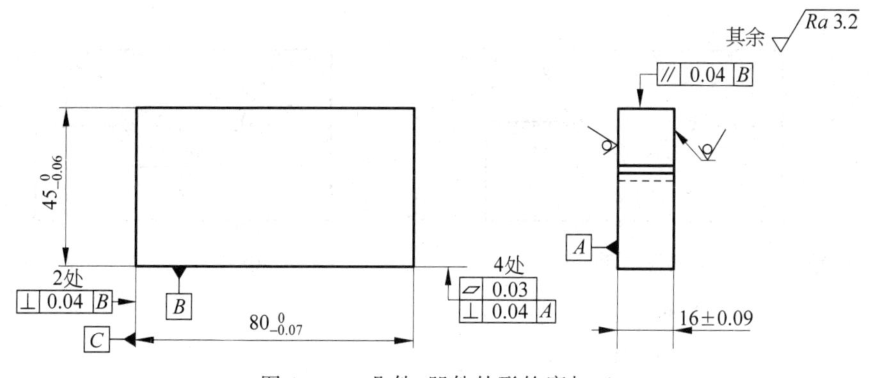

图 13-49　凸件、凹件外形轮廓加工

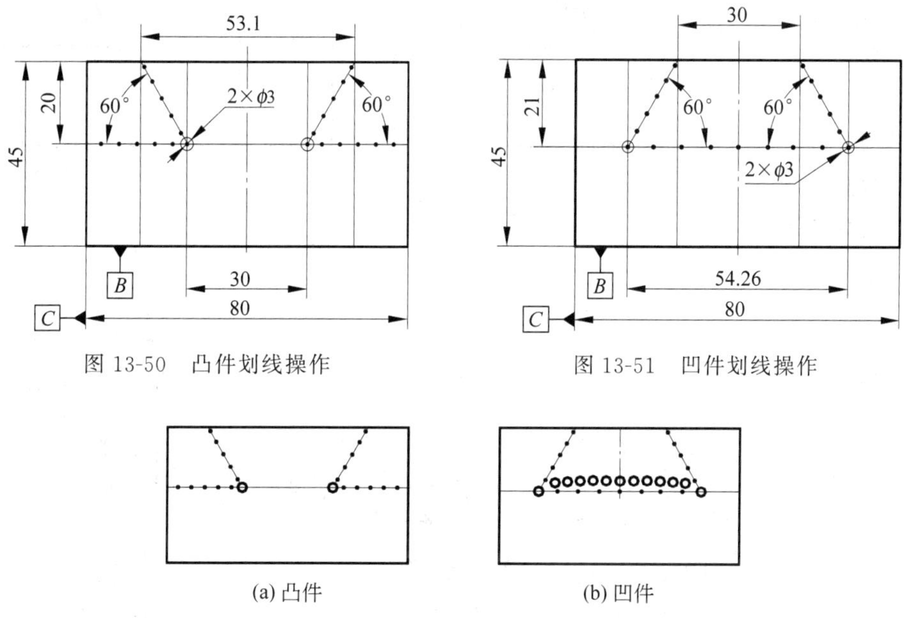

图 13-50　凸件划线操作

图 13-51　凹件划线操作

(a) 凸件

(b) 凹件

图 13-52　钻工艺孔

④ 精锉右角度面 2，用工艺尺寸 X_2(68.66mm±0.05mm)间接控制其与 C 基准面的对称度要求，注意控制其与 A 基准面的垂直度以及自身的平面度，用角度样板控制右角度面 2 与辅助基准面 D 的倾斜度公差，如图 13-53(c)所示。

⑤ 用杠杆百分表(或千分表)精确测量并修锉角度面，如图 13-53(d)所示。

⑥ 按线锯除左侧一角多余部分，留 1mm 粗锉余量，如图 13-53(e)所示。

⑦ 粗锉、细锉左台肩面 3 和左角度面 4，留 0.1mm 的精锉余量，如图 13-53(f)所示。

⑧ 精锉左台肩面 3，用工艺尺寸 X_3($25_{-0.05}^{\ 0}$mm)间接控制燕尾高度尺寸 $20_{\ 0}^{+0.05}$mm，注意控制左台肩面与 B 基准面的平行度、与 A 基准面的垂直度以及自身的平面度。

⑨ 精锉左角度面 4，用工艺尺寸 X_4(57.32mm±0.05mm)间接控制尺寸(53.1mm±0.05mm)及其与 C 基准面的对称度要求，注意控制其与 A 基准面的垂直度以及自身的平面度，可用角度样板控制左角度面 4 与辅助基准面 D 的倾斜度公差，如图 13-53(g)所示。

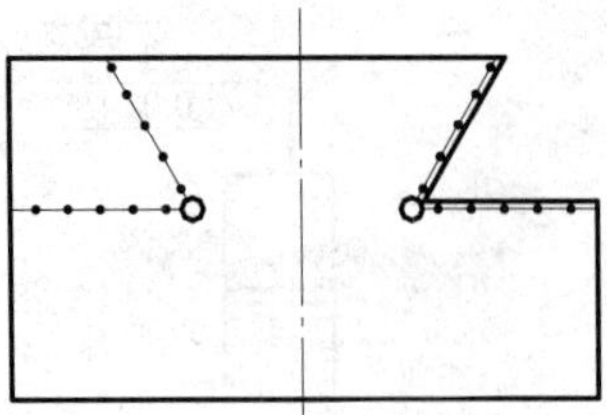

(a) 锯除右侧一角

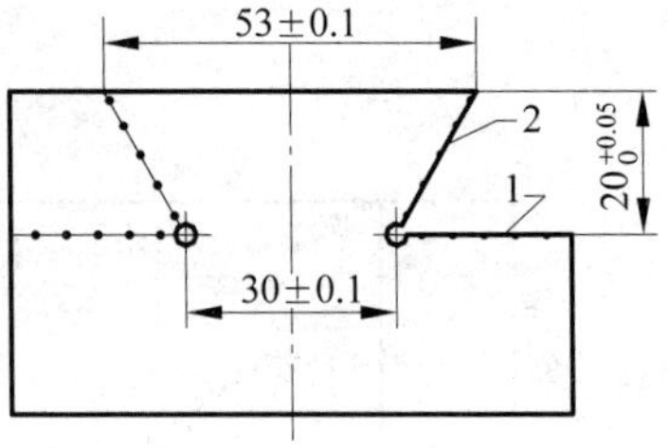

(b) 粗锉、细锉1、2面

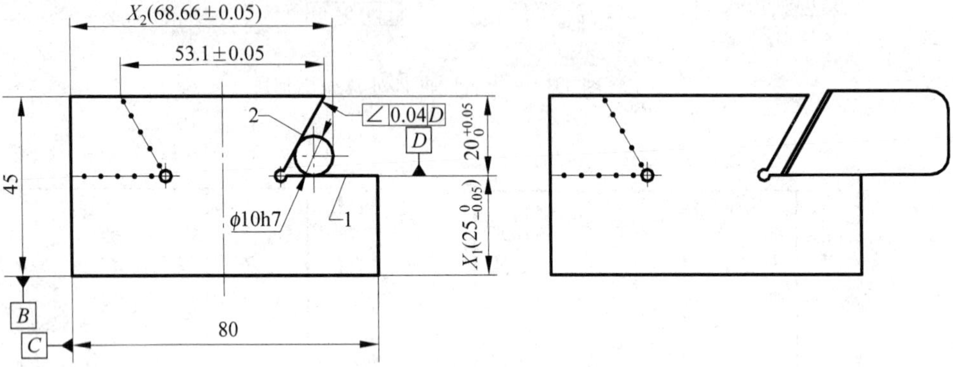

(c) 精锉1、2面

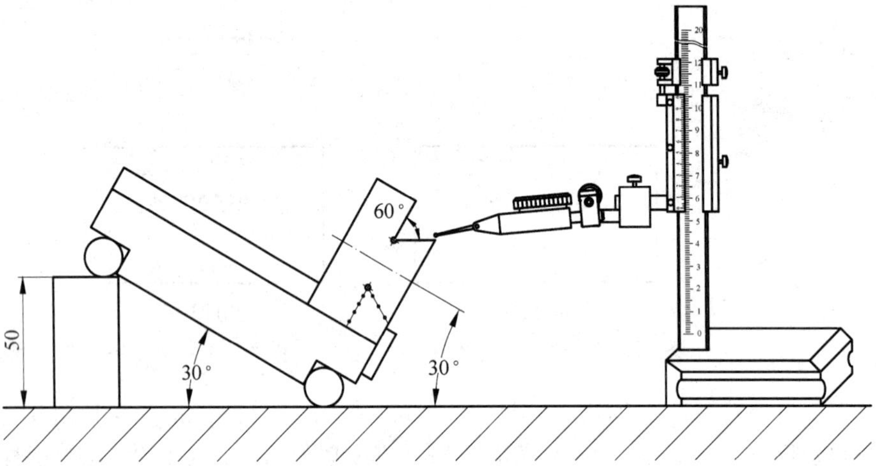

测量凸件
角度面 1.mp4

(d) 用杠杆百分表测量角度面

测量凸件
角度面 2.mp4

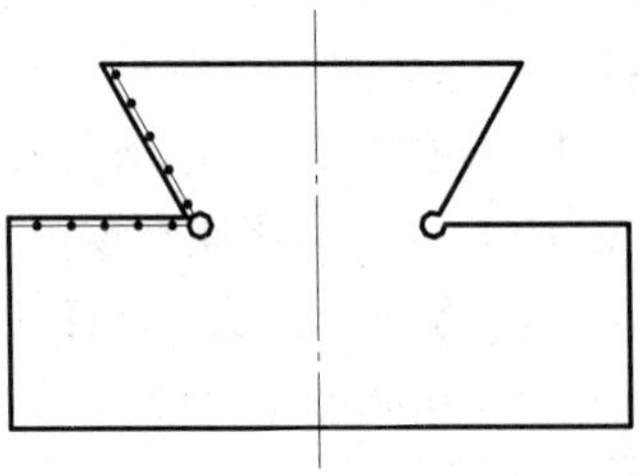

(e) 锯除左侧一角

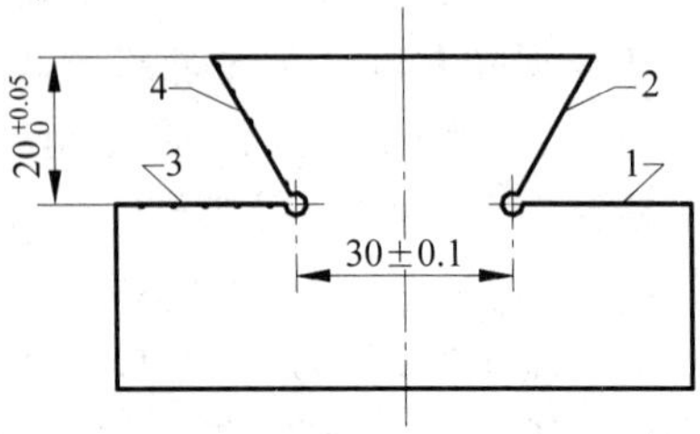

(f) 粗锉、细锉3、4面

图 13-53 凸件加工

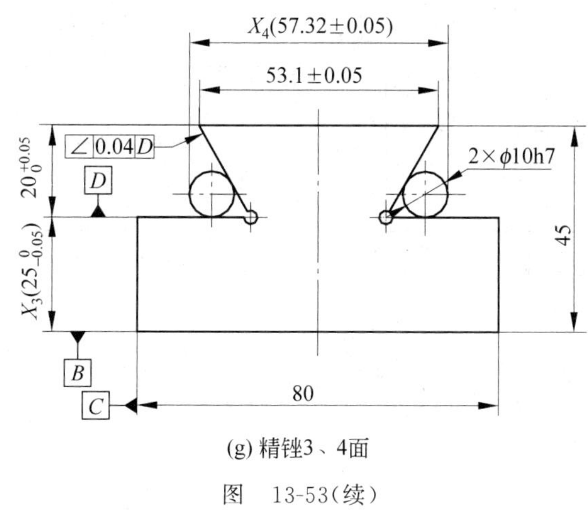

(g) 精锉3、4面

图　13-53(续)

⑩ 对 1、2、3、4 面倒角 C0.4。

⑪ 全面检查并做必要的修整。

⑫ 理顺锉纹，四面锉纹纵向并达到表面粗糙度要求。

(4) 凹件加工。

① 首先除去燕尾槽内多余部分，用手锯在燕尾槽两侧角度加工线内 1mm 处自上而下锯至底平面线上 1mm，然后接着将多余部分交叉锯掉，单边至少留 1mm 的粗锉余量，如图 13-54(a)所示。

② 按线粗锉底平面 1 和左右角度面 2、3，单边留 0.5mm 的细锉余量，如图 13-54(b)所示。

③ 精锉燕尾槽底平面，由于燕尾槽底平面为非配合面，可直接锉至要求，槽深尺寸(21mm±0.17mm)可由工艺尺寸 X_1(24mm±0.17mm)进行间接控制，达到与基准面 A 的垂直度以及自身的平面度要求，如图 13-54(c)所示。

④ 根据凸件燕尾体的实际宽度尺寸，细锉左角度面 2，单边留 0.10mm 的试配余量，通过工艺尺寸 X_2($26.53^{+0.1}_{+0.05}$mm)间接控制其与基准面 C 的对称度要求，注意控制其与基准面 A 的垂直度以及自身的平面度，可用角度样板控制左角度面 2 与辅助基准面 D 的倾斜度公差，如图 13-54(d)所示。

⑤ 用杠杆百分表精确测量并修锉角度面，如图 13-54(e)所示。

⑥ 根据凸件燕尾体的实际宽度尺寸，细锉右角度面 3，单边留 0.10mm 的试配余量，通过工艺尺寸 X_3($26.53^{+0.1}_{+0.05}$mm)间接控制其与 C 基准面的对称度要求，注意控制其与 A 基准面的垂直度以及自身的平面度，可用角度样板控制左角度面 2 与辅助基准面 D 的倾斜度公差，如图 13-54(d)所示。

⑦ 对槽内 1、2、3 面倒角 C0.4。

⑧ 全面检查并做必要的修整。

⑨ 理顺锉纹，三面锉纹纵向并达到表面粗糙度要求。

(5) 锉配加工。

① 同向试配。凸件与凹件进行同向试配，如图 13-55(a)所示。试配前，可以在凹槽

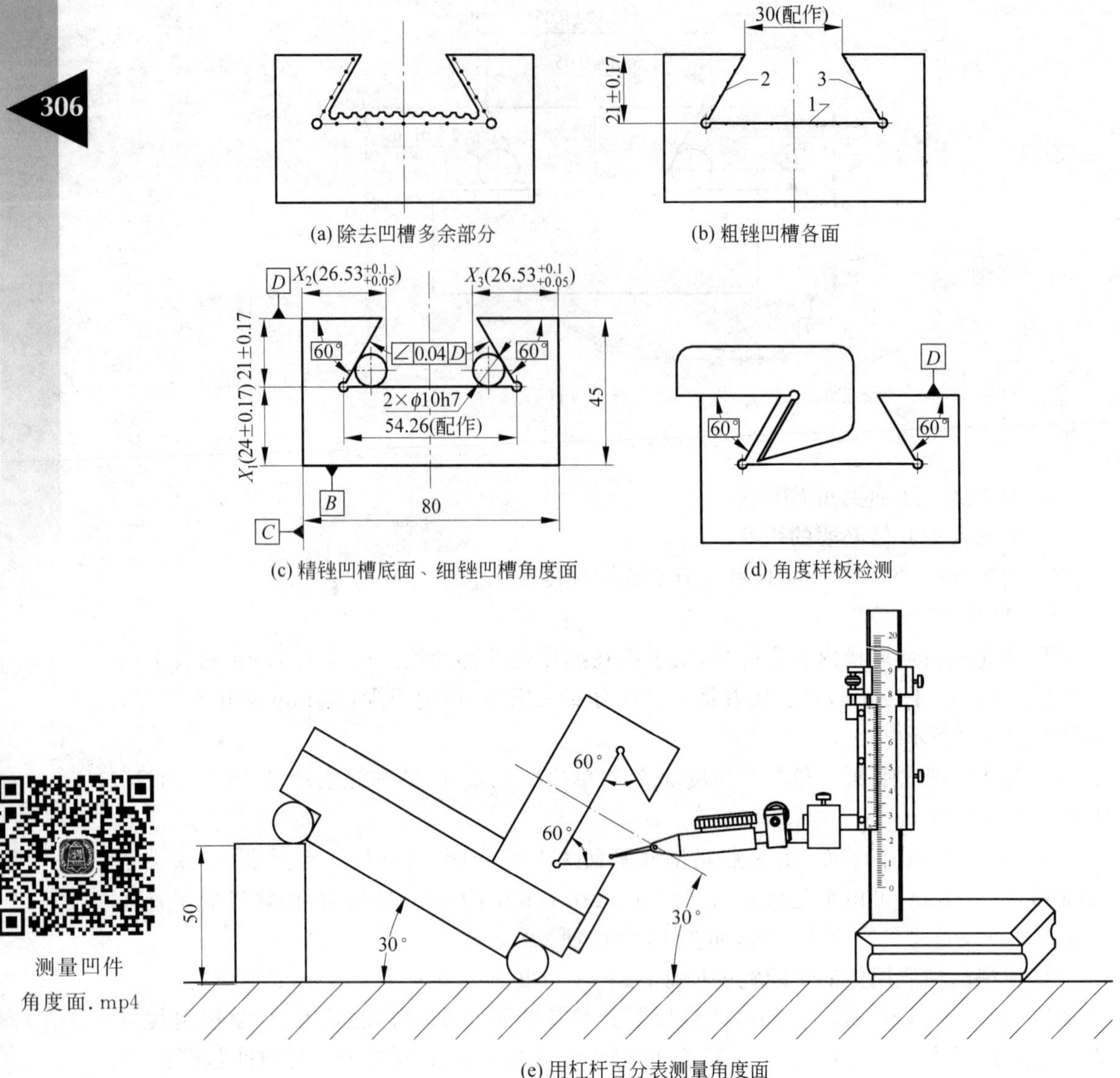

(a) 除去凹槽多余部分　(b) 粗锉凹槽各面

(c) 精锉凹槽底面、细锉凹槽角度面　(d) 角度样板检测

(e) 用杠杆百分表测量角度面

图 13-54　凹件加工

的两侧角度面涂抹显示剂，这样试配时的接触痕迹就很清晰，便于确定修锉部位。

② 换向试配。锉配过程中，凸件与凹件要进行换向锉配，即将凸件径向旋转 180°进行换向试配、修锉，如图 13-55(b)所示。

③ 当凸件全部配入凹件，凸燕尾体两角度面和两台肩面与凹件相对应的面全部接触，且换向配合间隙≤0.1mm，侧面错位量≤0.1mm，锉配完成。

(6) 燕尾体锉配典型缺陷。燕尾体锉配中容易出现配入后燕尾角度误差过大等缺陷，具体体现为配入后燕尾角度面下部间隙超差[见图 13-56(a)]和配入后燕尾角度面上部间隙超差[见图 13-56(b)]。

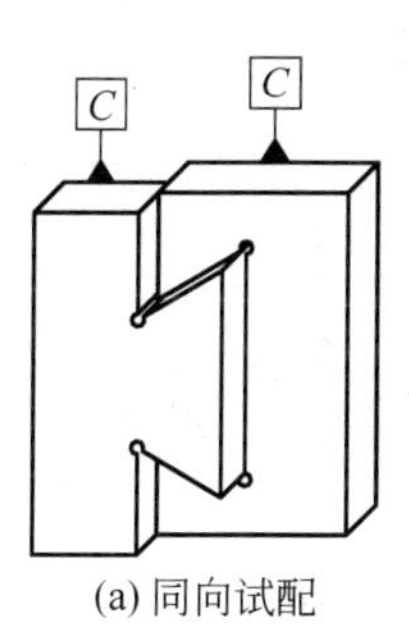

(a) 同向试配

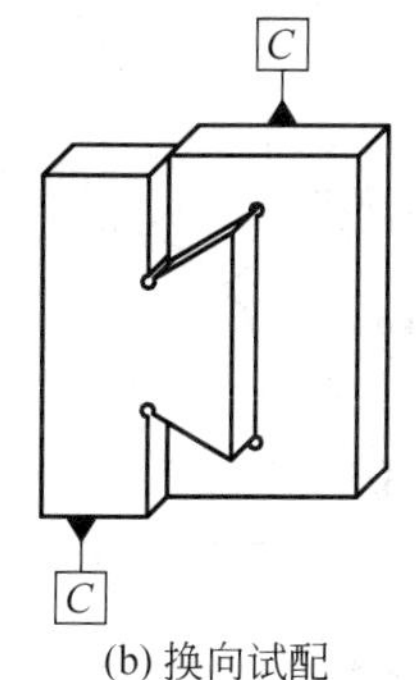

(b) 换向试配

图 13-55　锉配加工

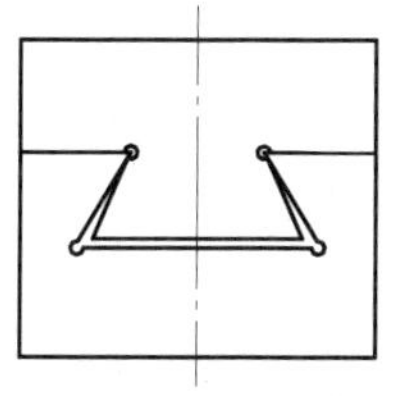
(a) 配入后燕尾角度面下部间隙超差

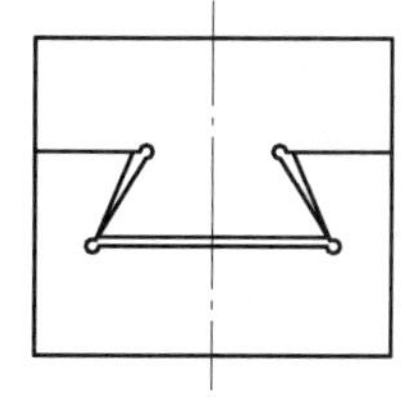
(b) 配入后燕尾角度面上部间隙超差

图 13-56　配入后燕尾角度误差过大

（7）燕尾体锉配要点如下。

① 当燕尾体配入后出现燕尾角度面下部间隙过大超差，其原因有两个方面：一是由于凸件的燕尾角度超差过大；二是由于凹件的燕尾角度超差过小。

② 当燕尾体配入后出现燕尾角度面上部间隙过大超差，其原因有两个方面：一是由于凸件的燕尾角度超差过小；二是由于凹件的燕尾角度超差过小。

③ 为了防止上述燕尾体锉配典型缺陷，首先在单独加工凸件和凹件时，应将各处的形位公差尽量控制在最小范围，特别要保证基准件的加工质量；由于燕尾体锉配属于角度形面锉配类型，因此要控制好角度面与辅助基准面的倾斜度公差，从而保证燕尾角度的质量；要在锉配余量允许的情况下，通过试配、修锉，最大限度地消除燕尾体锉配缺陷。

3. 圆弧形面锉配工艺

凸凹圆弧体锉配.mp4

1）凸凹圆弧体锉配工艺

图样与技术要求如图 15-57 所示。

（1）凸件加工如下。

① 凸件外形轮廓加工。加工要求如图 13-58 所示。

a. 粗锉、细锉、精锉 B 基准面，达到平面度和与 A 基准面的垂直度要求。

b. 粗锉、细锉、精锉 B 基准面的对面，达到尺寸、平行度、平面度和与 A 基准面的垂直度要求。

c. 粗锉、细锉、精锉 C 基准面，达到平面度和与 A、B 基准面的垂直度要求。

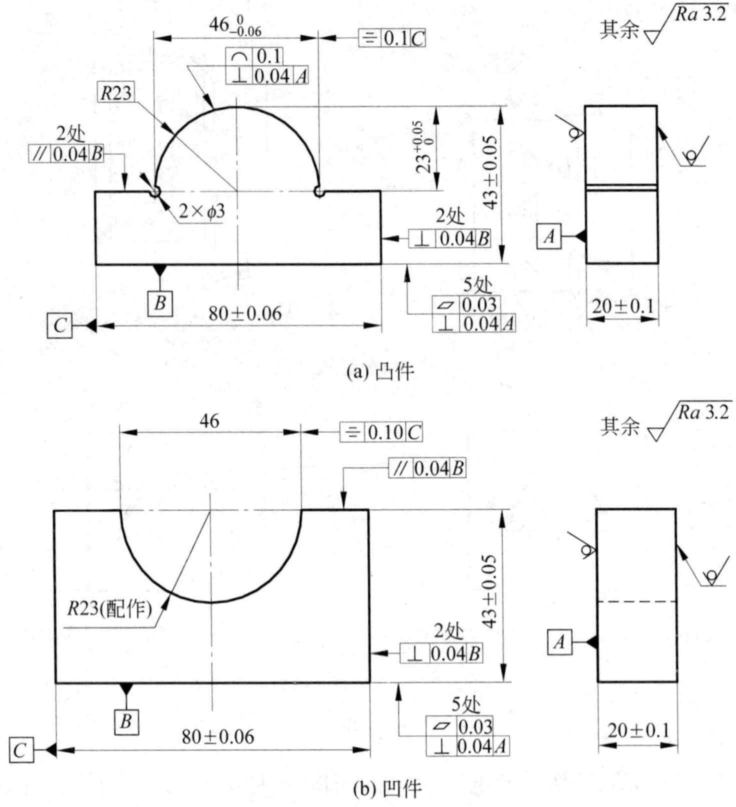

(a) 凸件

(b) 凹件

技术要求：

1. 以凸件为基准件，凹件为配作件。
2. 换向配合间隙≤0.1mm。
3. 侧面错位量≤0.1mm。
4. 周面倒角C0.4。
5. 试配时不允许敲击。
6. 未注公差尺寸按GB/T 1804—2000。

工件名称	材 料	毛 坯 尺 寸	件 数	学 时
凸件	35钢	82mm×45mm×20mm	1	30
凹件	35钢	82mm×46mm×20mm	1	

图 13-57　凸凹圆弧体锉配

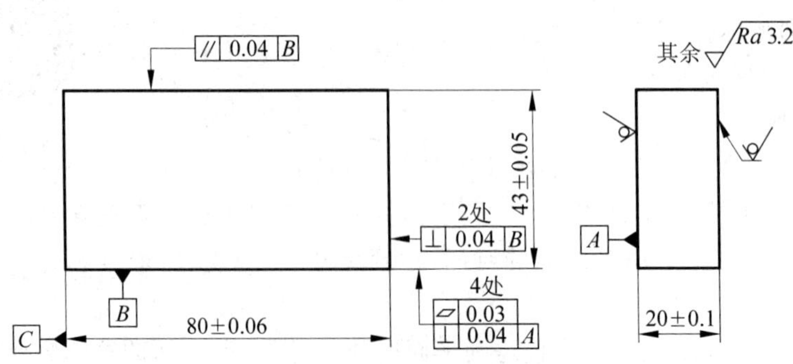

图 13-58　凸件外形轮廓加工

d. 粗锉、细锉、精锉 C 基准面的对面，达到尺寸、平行度、平面度和与 A、B 基准面的垂直度要求。

e. 光整锉削，理顺锉纹，四面锉纹纵向并达到表面粗糙度要求。

f. 四周面倒角 $C0.4$。

② 划线操作。根据图样，划出凸圆弧轮廓加工线，以 B 面的对面为辅助基准从上面下降 23mm，划出 R23mm 圆弧高度位置线，再以 C 面为基准、宽度实际尺寸(80mm)的 1/2(对称中心线)为辅助基准划出 R23mm 圆弧圆心位置线，划出 ϕ3mm 工艺孔加工线，用划规划出 R23mm 圆弧加工线，检查无误在相关各面后打上冲眼，如图 13-59 所示。

③ 工艺孔加工。根据图样在凸体上钻出 ϕ3mm 工艺孔，如图 13-60 所示。

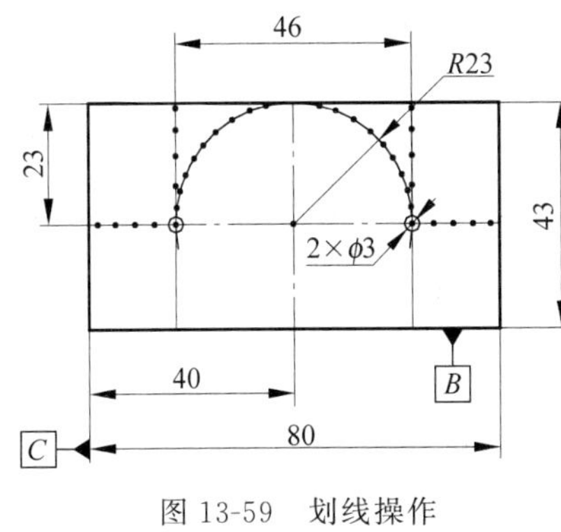

图 13-59　划线操作

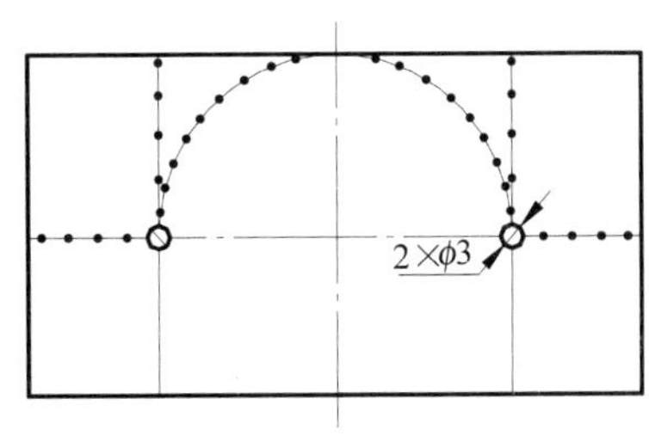

图 13-60　钻工艺孔

④ 凸件凸台加工。

a. 按线锯除右侧一角多余部分，留 1mm 粗锉余量，如图 13-61 所示。

b. 粗锉、细锉右台肩面 1 和右垂直面 2，留 0.1mm 的精锉余量。

c. 精锉右台肩面 1，用工艺尺寸 X_1($20_{-0.05}^{\ 0}$mm)间接控制凸圆弧高度尺寸 $23_{\ 0}^{+0.05}$mm，注意控制右台肩面 1 与基准面 B 的平行度、与 A 基准面的垂直度以及自身的平面度，精锉右垂直面 2，用工艺尺寸 X_2($63_{-0.06}^{\ 0}$mm)间接控制与 C 基准面的对称度要求，注意控制与 A 基准面的垂直度以及自身的平面度，如图 13-62 所示。

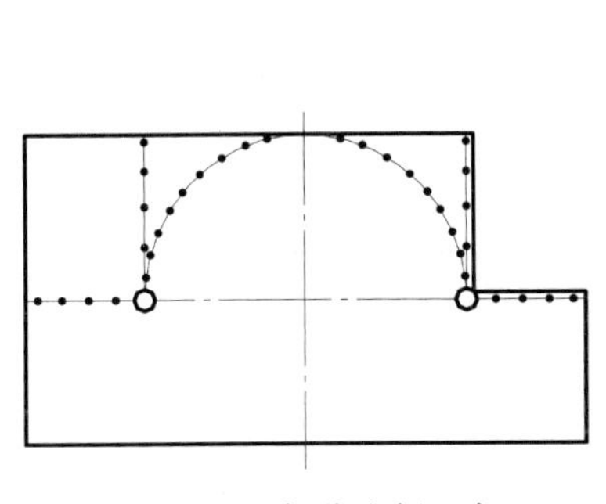

图 13-61　锯除右侧一角

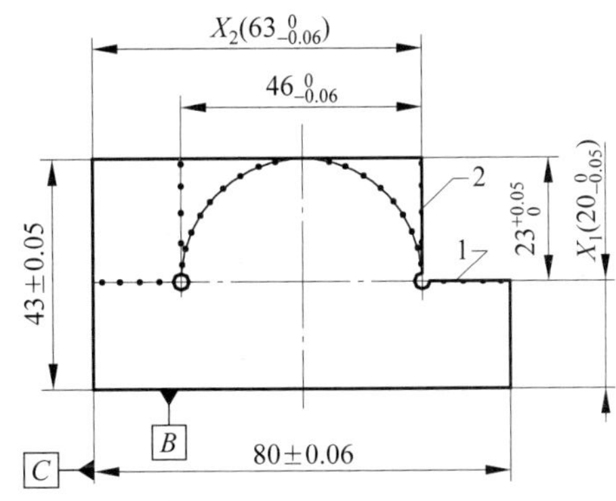

图 13-62　精锉右台肩面、垂直面

a. 按线锯除左侧一角多余部分,留1mm粗锉余量,如图13-63所示。

b. 粗锉、细锉左台肩面3和左垂直面4,留0.1mm的精锉余量。

c. 精锉左台肩面3,用工艺尺寸 X_3 ($20_{-0.05}^{\ 0}$mm)间接控制凸圆弧高度尺寸 $23_{\ 0}^{+0.05}$mm,注意控制左肩面3与 B 基准面的平行度、与 A 基准面的垂直度以及自身的平面度,精锉左垂直面,注意控制凸圆弧宽度尺寸($46_{-0.06}^{\ 0}$mm)、与 A 基准面的垂直度以及自身的平面度,如图13-64所示。

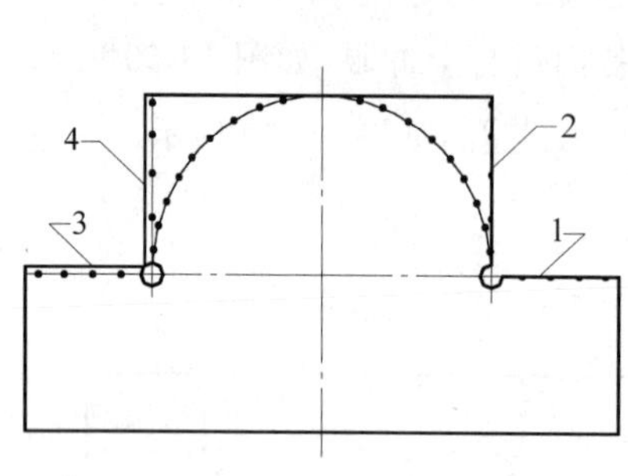

图13-63 锯除左侧一角

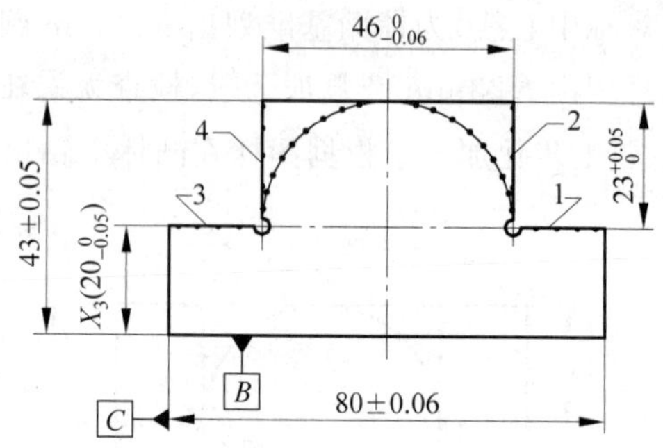

图13-64 精锉左台肩面、垂直面

⑤ 凸件圆弧面加工

a. 锯除凸圆弧加工线外多余部分,如图13-65所示。

b. 粗锉、细锉、精锉凸圆弧面,用半径样板检测线轮廓度、用直角尺检测垂直度、达到线轮廓度和与 A 基准面的垂直度要求,如图13-66所示。

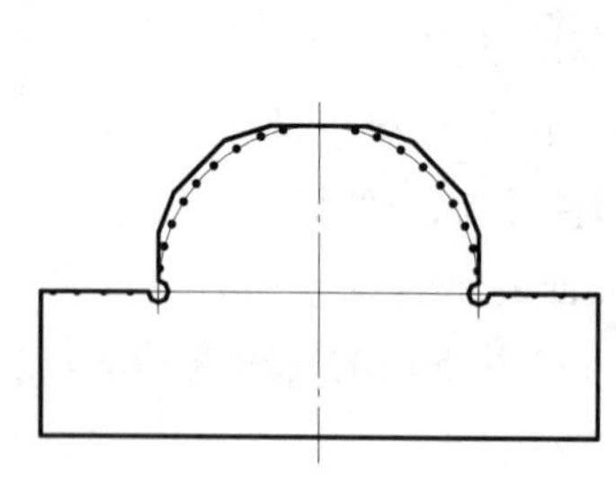
图13-65 锯除多余部分

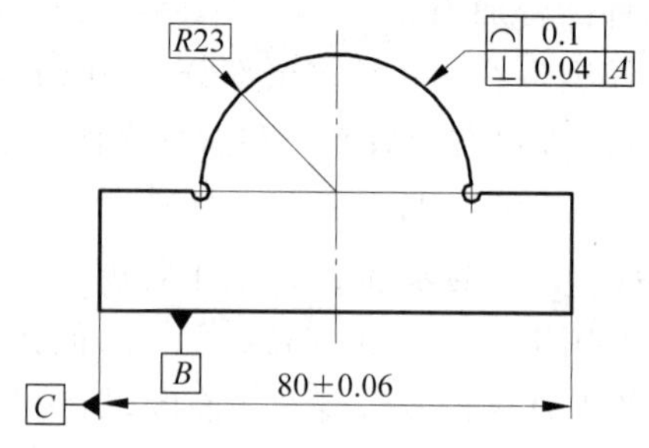

图13-66 粗锉、细锉、精锉凸圆弧面

c. 凸圆弧面和台肩面倒角 $C0.4$。

d. 全面检查并做必要的修整。

e. 理顺锉纹,凸圆弧面及台肩面锉纹径向并达到表面粗糙度要求。

(2) 凹件加工如下。

① 凹件外形轮廓加工。加工要求如图13-67所示。

a. 粗锉、细锉、精锉 B 基准面,达到高度尺寸 $45_{\ 0}^{+0.2}$mm(为划线需要预留1mm高度余量)、平面度和与 A 基准面的垂直度要求。

b. 粗锉、细锉、精锉 C 基准面,达到平面度和与 A、B 基准面的垂直度要求。

c. 粗锉、细锉、精锉 C 基准面的对面,达到尺寸、平行度、平面度和与 A、B 基准面的

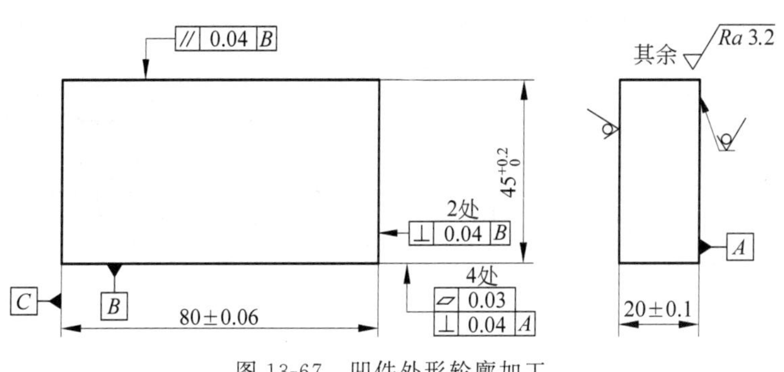

图 13-67　凹件外形轮廓加工

垂直度要求。

d. 光整锉削，理顺锉纹，四面锉纹纵向并达到表面粗糙度要求。

e. 四周面倒角 C0.4。

② 划线操作。根据图样，划出凹圆弧轮廓加工线，以 B 面为基准上升 43mm，划出 R23mm 圆弧圆心的高度方向位置线，再以 C 面为基准，划出长度实际尺寸(80mm)的 1/2 即对称中心线作为 R23mm 圆弧圆心的长度方向位置线，用划规划出 R23mm 圆弧加工线，检查无误后在相关各面后打上冲眼，如图 13-68 所示。

③ 锉削 B 基准面的对面，达到尺寸(43mm±0.05mm)、平面度、平行度和与 A、B 基准面的垂直度要求，倒角 C0.4，如图 13-69 所示。

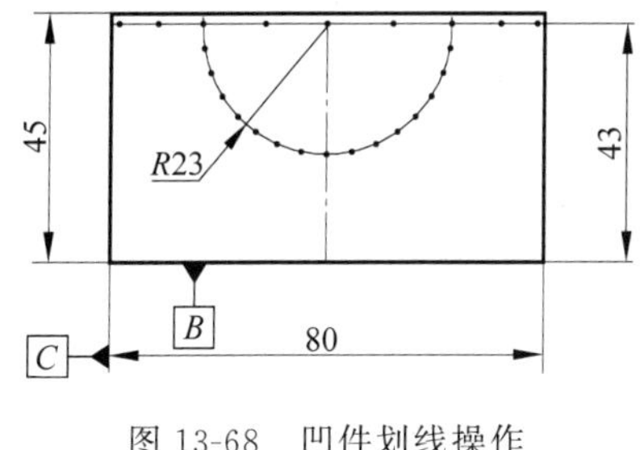

图 13-68　凹件划线操作

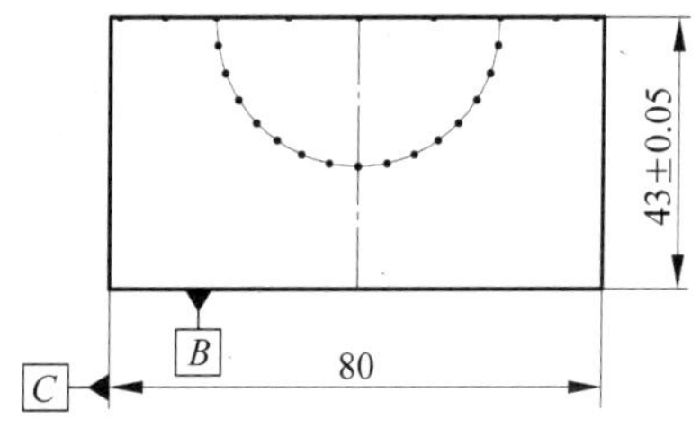

图 13-69　锉削 B 基准面的对面

④ 以 C 面为基准划出 R23mm 圆弧在凹件上面 46mm 宽度加工线，如图 13-70 所示。

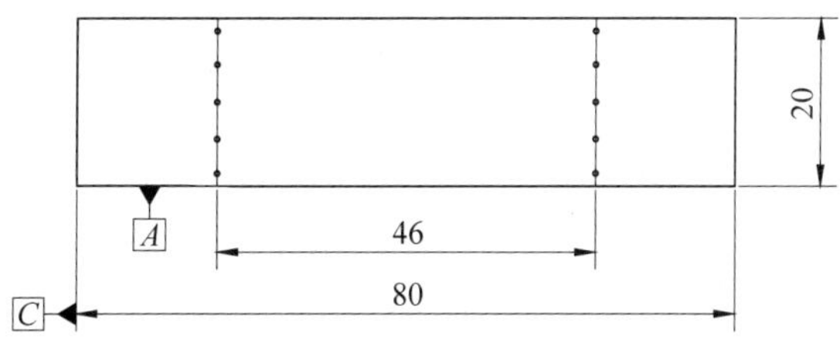

图 13-70　划出 B 基准面对面的 46mm 宽度加工线

⑤ 除去凹圆弧加工线外多余部分，可先钻出工艺排孔，再采用手锯将多余部分交叉锯掉，至少留 1mm 的粗锉余量，如图 13-71 所示。

⑥ 粗锉、细锉凹圆弧面，注意控制与 A 基准面的垂直度要求，倒角 $C0.4$，留 0.1mm 的锉配余量如图 13-72 所示。

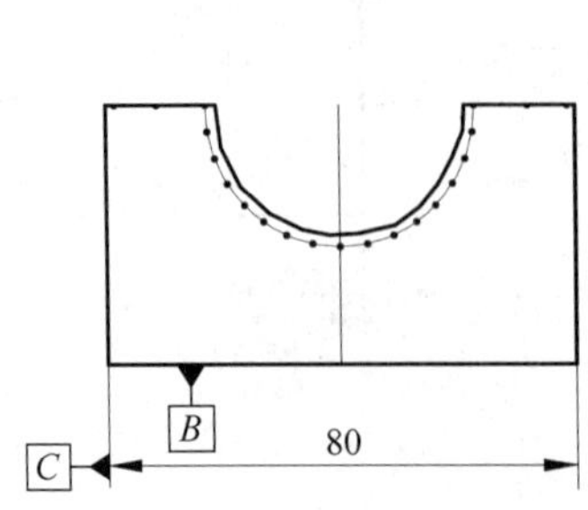

图 13-71　除去凹圆弧多余部分

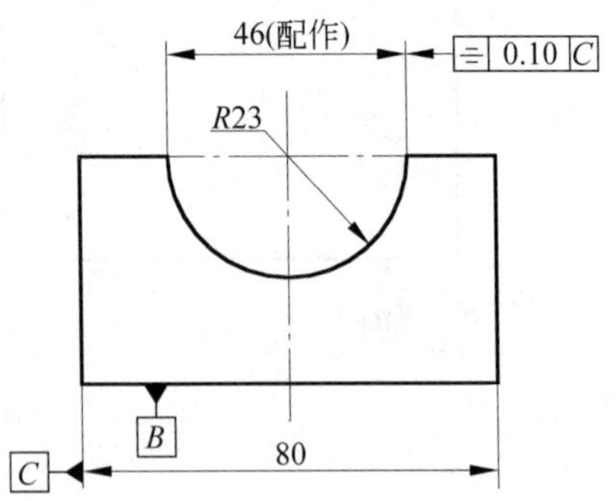

图 13-72　粗锉、细锉凹圆面

(3) 锉配加工如下。

① 同向试配。凸件与凹件进行同向试配，如图 13-73(a)所示。试配前，可以在凹圆弧面上涂抹显示剂，这样试配时的接触痕迹就很清晰，便于确定修锉部位。

② 换向试配。锉配过程中，凸件与凹件要进行换向试配，即将凸件径向旋转 180°进行换向试配，修锉，如图 13-73(b)所示。

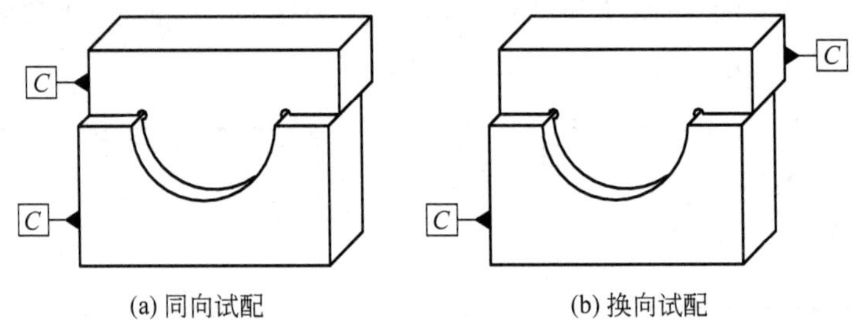

(a) 同向试配　　(b) 换向试配

图 13-73　锉配加工

③ 当凸件全部配入凹件，且换向配合间隙≤0.1mm，侧面错位量≤0.1mm，锉配完成。

(4) 凸凹圆弧体锉配典型缺陷。凸凹圆弧体锉配中容易出现配入后圆弧面间局部间隙过大而超差和侧面错误位量超差等缺陷，如图 13-74 所示。

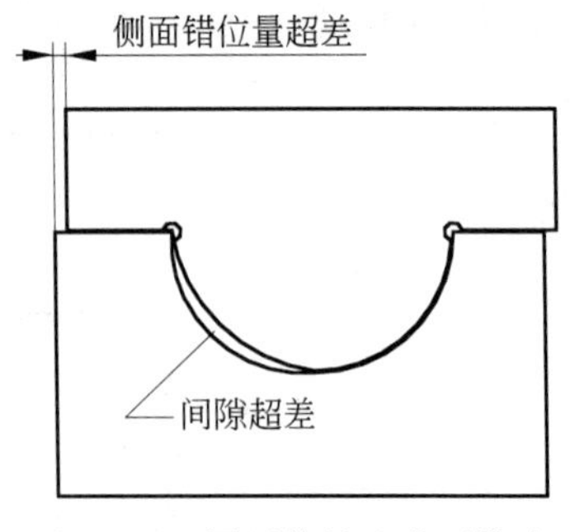

图 13-74　圆弧体锉配典型缺陷

配入后圆弧面间局部间隙过大而超差的原因分为两个方面：在凸件方面，其一是圆弧面本身有局部塌面，导致线轮廓度超差；其二是圆弧面与 A 基准面有垂直度超差，如图 13-75 所示。在孔件方面，其一是在试配时孔件圆弧面由于局部修锉得过多而造成局部塌面，导致线轮廓度超差；其二是圆弧面与 A 基准面有垂直度超差，如图 13-76 所示。侧面错误位量是由于凸件圆弧有对称度超差或凹件圆弧有对称度超差造成的。

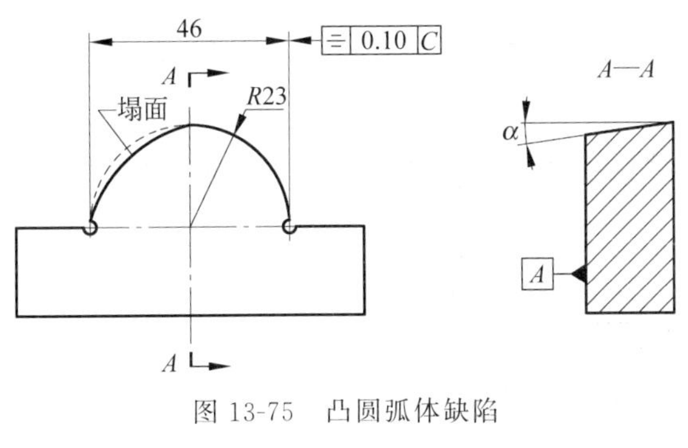

图 13-75　凸圆弧体缺陷

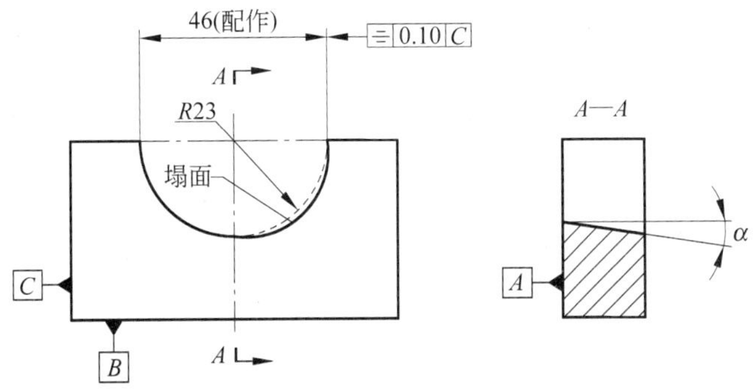

图 13-76　凹圆弧体缺陷

(5) 凸凹圆弧体锉配要点如下。

① 为了防止出现上述圆弧体锉配缺陷，首先在加工凸件时要注意控制与 C 基准面的对称度要求，要对圆弧面加强检测，一般情况下是采用半径样板与直角尺来控制圆弧面形位公差，即采用半径样板检测圆弧面来控制线轮廓度[见图 13-77(a)]，用直角尺检测圆弧面来控制与 A 基准面的垂直度[见图 13-77(b)]。若采用半圆环规(专制辅助量具)对圆弧面进行检测和对研修锉，则效果更好，如图 13-77(c)所示。

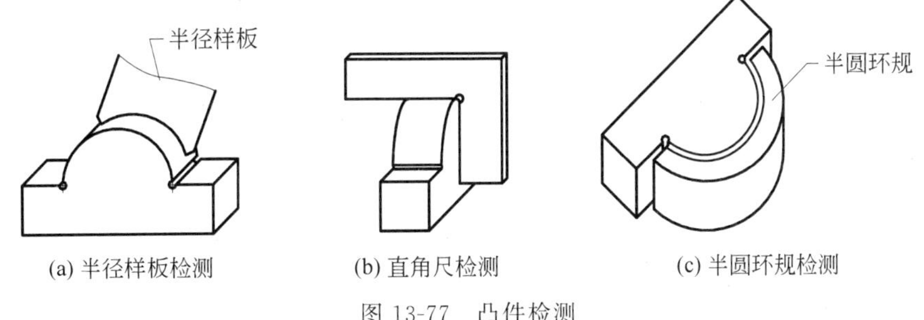

图 13-77　凸件检测

② 在与孔件试配时，要根据试配痕迹谨慎修锉孔件圆弧面，防止因局部修锉过多而造成塌面，同时要注意控制凹件圆弧面与 A 基准面的垂直度、与 C 基准面的对称度要求。

2) 键形体锉配工艺

图样与技术要求如图 13-78 所示。

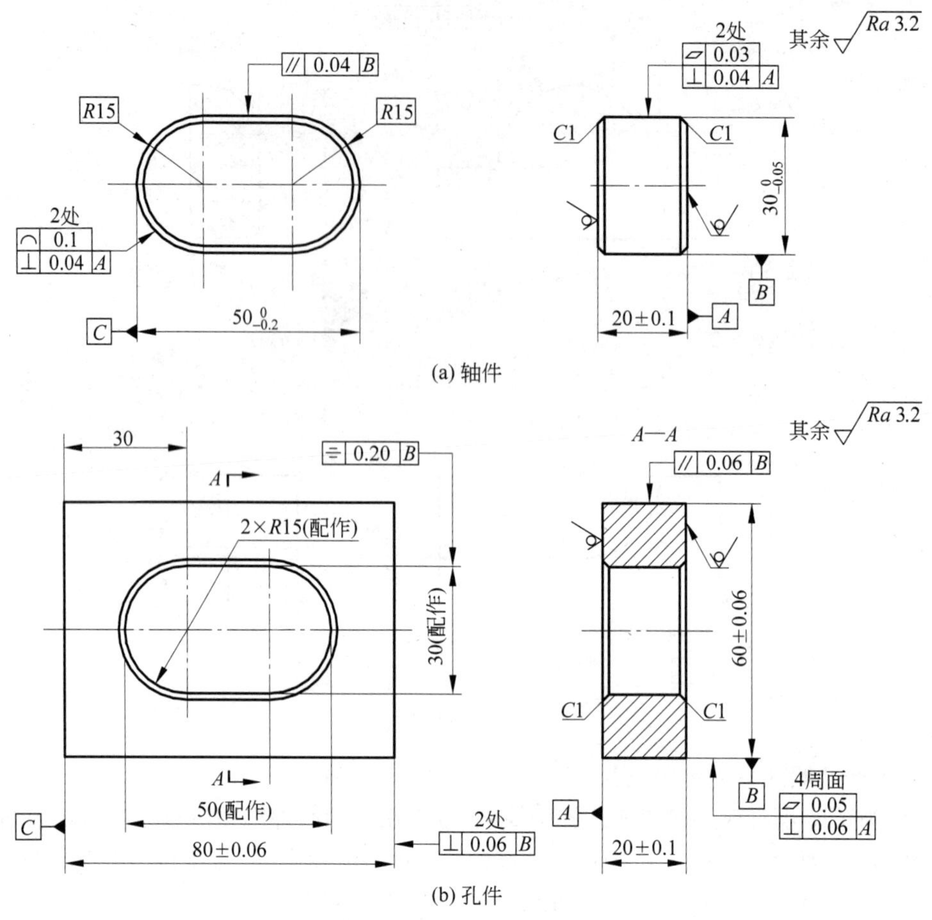

技术要求：
1. 以键形体为基准件，键形孔体为配作件。
2. 换向配合间隙≤0.1mm。
3. 键形孔体周面倒角C0.4。
4. 试配时不允许敲击。
5. 未注公差尺寸按GB/T 1804—2000。

工件名称	材 料	毛 坯 尺 寸	件 数	学 时
轴件	35 钢	52mm×32mm×20mm	1	18
孔件	35 钢	82mm×62mm×20mm	1	

图 13-78 键形体锉配

（1）轴件加工如下。

① 轴件外形轮廓加工。加工要求如图 13-79 所示。

a. 粗锉、细锉、精锉 B 基准面，达到平面度和与 A 基准面的垂直度要求。

b. 粗锉、细锉、精锉 B 基准面的对面，达到尺寸、平行度、平面度和与 A 基准面的垂直度要求。

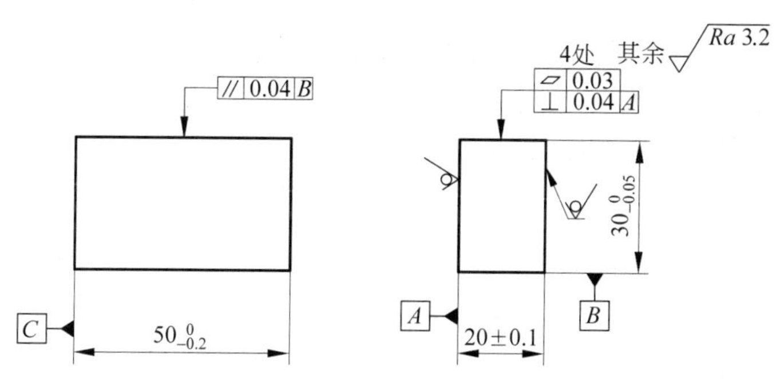

图 13-79 轴件外形轮廓加工

c. 粗锉、细锉、精锉 C 基准面，达到平面度和与 A、B 基准面的垂直度要求。

d. 粗锉、细锉、精锉 C 基准面的对面，达到尺寸、平行度、平面度和与 A、B 基准面的垂直度要求。

e. 光整锉削，理顺锉纹，四面锉纹纵向并达到表面粗糙度要求。

f. 四周面倒角 C0.4。

② 划线操作。根据图样和实际尺寸，以 B 面为基准划出高度尺寸(30mm)的对称中心线；以 C 面为基准划出两处 R15 长度位置尺寸线(15mm、35mm)；用划规划出 R15 圆弧加工线，检查无误后在相关各面后打上冲眼，如图 13-80(a)所示。

③ 粗锉、细锉两圆弧面，留 0.1mm 的精锉余量，如图 13-80(b)所示。

④ 精锉两圆弧面，用半径样板检测线轮廓度，用直角尺检测垂直度，达到线轮廓度和与 A 基准面的垂直度要求，如图 13-80(c)所示。

⑤ 倒角 C1，如图 13-80(d)所示。

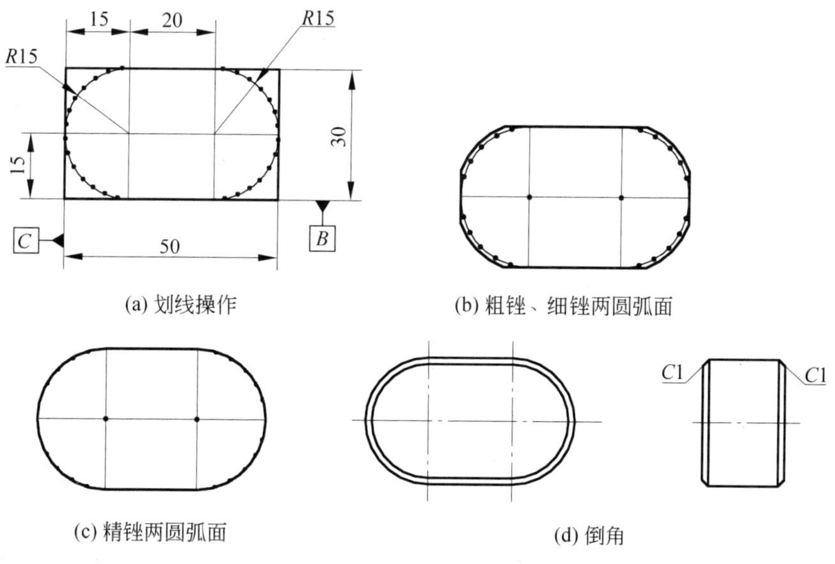

图 13-80 轴件加工

⑥ 全面检查并做必要的修整。

⑦ 理顺锉纹，凸圆弧面锉纹径向并达到表面粗糙度要求。

（2）孔件加工如下。

① 孔件外形轮廓加工。加工要求如图 13-81 所示。

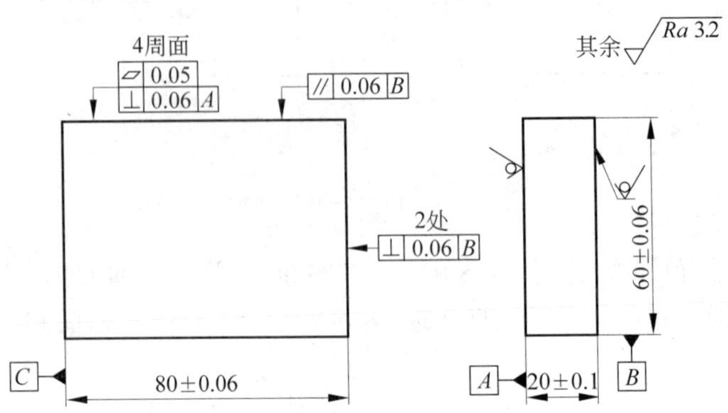

图 13-81　孔件外形轮廓加工

a. 粗锉、细锉、精锉 B 基准面，达到平面度和与 A 基准面的垂直度要求。

b. 粗锉、细锉、精锉 B 基准面的对面，达到尺寸、平行度、平面度和与 A 基准面的垂直度要求。

c. 粗锉、细锉、精锉 C 基准面，达到平面度和与 A、B 基准面的垂直度要求。

d. 粗锉、细锉、精锉 C 基准面的对面，达到尺寸、平行度、平面度和与 A、B 基准面的垂直度要求。

e. 光整锉削，理顺锉纹，四面锉纹纵向并达到表面粗糙度要求。

f. 四周面倒角 C0.4。

② 划线操作，根据图样和实际尺寸，以 B 面为基准划出高度尺寸（60mm）的对称中心线；以 C 面为基准划出两处 $R15$ 长度位置尺寸线（30mm、50mm）；用划规划出 $R15$ 圆弧加工线，检查无误后在相关各面后打上冲眼，如图 13-82(a)所示。

③ 工艺孔加工。在孔件上钻出两个 $\phi16\sim\phi18$mm 工艺孔，同时在凹体上钻出若干 $\phi5\sim\phi6$mm 工艺排孔，如图 13-82(b)所示。

④ 除去凹槽多余部分，如图 13-82(c)所示。

⑤ 粗锉两圆弧面和平面，留 0.5mm 的细锉余量，如图 13-82(d)所示。

⑥ 细锉两圆弧面和平面，注意控制与 A 基准面的垂直度要求，留 0.1mm 的锉配余量，如图 13-82(e)所示。

⑦ 孔口倒角 C1，如图 13-82(f)所示。

（3）锉配加工如下。

① 同向锉配。轴件与孔件进行同向锉配，如图 13-83(a)所示。试配前，可以在孔内各面涂抹显示剂，这样试配时的接触痕迹就很清晰，便于确定修锉部位。当轴件全部配入孔件，且配合间隙≤0.1mm，同向锉配完成。

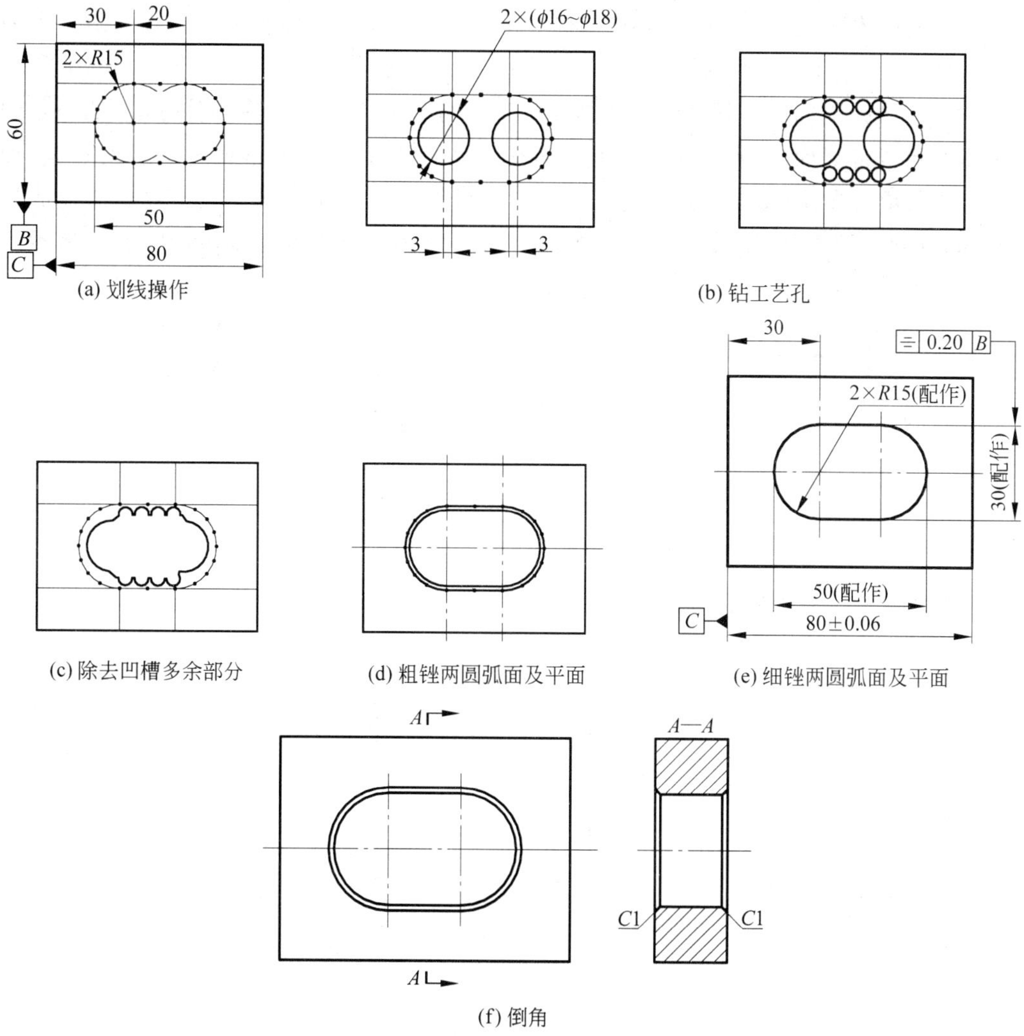

30 20 2×R15 60 50 80 B C

(a) 划线操作

2×(ϕ16~ϕ18) 3 3

(b) 钻工艺孔

(c) 除去凹槽多余部分

(d) 粗锉两圆弧面及平面

30 ⌯ 0.20 B 2×R15(配作) 30(配作) 50(配作) 80±0.06 C

(e) 细锉两圆弧面及平面

A A A—A C1 C1

(f) 倒角

图 13-82　孔件加工

② 换向锉配。当同向锉配完成后，轴件与孔件要进行换向锉配，即将轴件径向旋转180°进行换向试配，如图 13-83(b)所示。换向锉配时，一般只需做微量修锉即可。当轴件全部配入孔件，且换向配合间隙≤0.1mm，换向锉配完成。

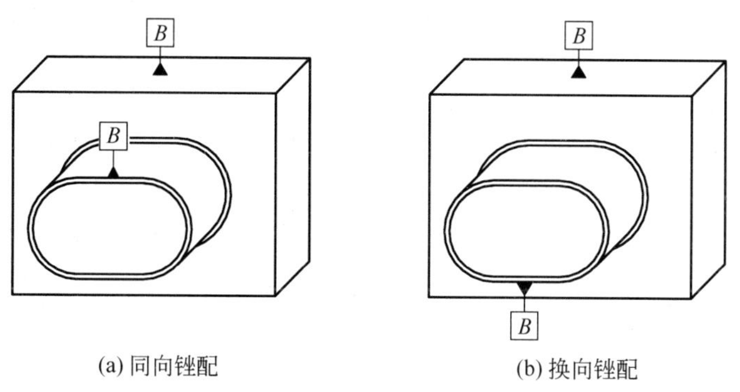

(a) 同向锉配　　(b) 换向锉配

图 13-83　锉配加工

（4）键形体锉配典型缺陷。键形体锉配中容易出现配入后圆弧面间局部间隙过大而超差等缺陷，如图 13-84 所示。

配入后圆弧面间局部间隙过大而超差的原因分为两个方面。在轴件方面，其一是圆弧面本身有局部塌面，导致线轮廓度超差；其二是圆弧面与 A 基准面有垂直度超差，如图 13-85 所示。在孔件方面，其一是在试配时孔件圆弧面由于局部修锉得过多而造成局部塌面，导致线轮廓度超差；其二是圆弧面与 A 基准面有垂直度超差，如图 13-86 所示。

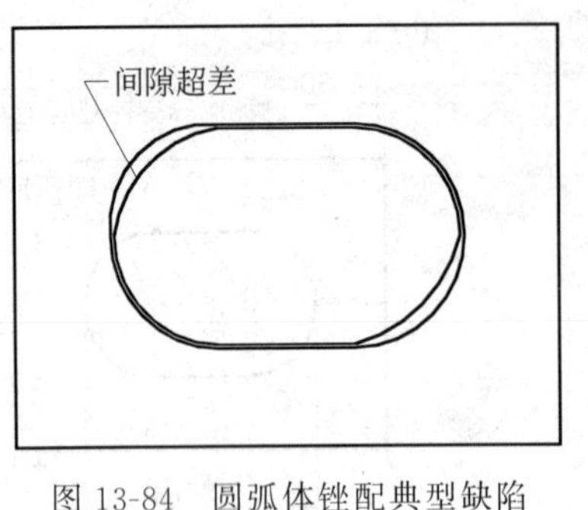

图 13-84　圆弧体锉配典型缺陷

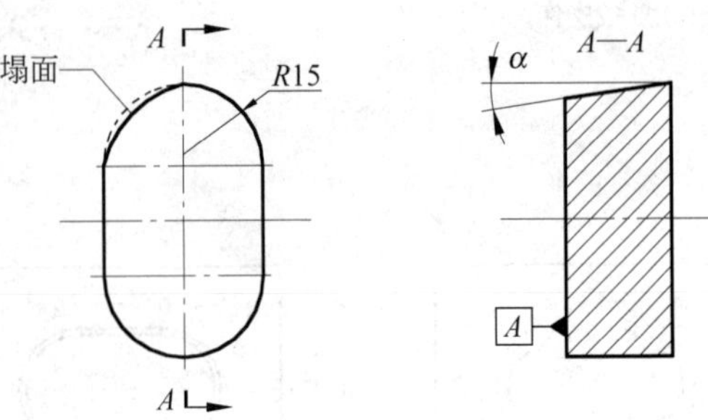

图 13-85　轴件缺陷

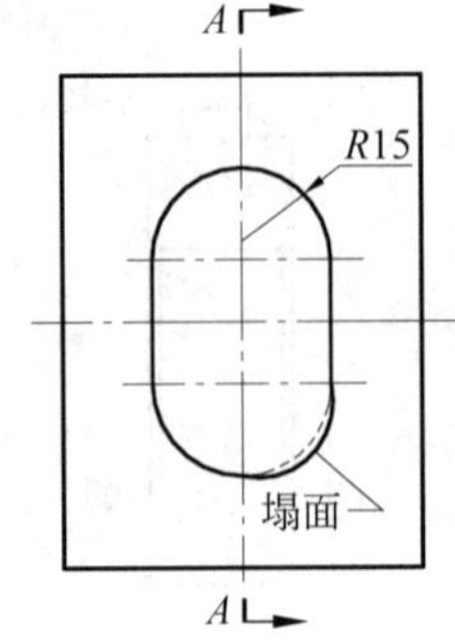

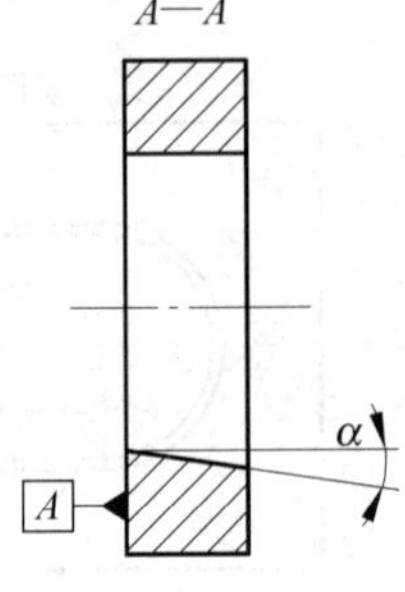

图 13-86　孔件缺陷

（5）圆弧体锉配要点如下。

① 为了防止出现上述圆弧体锉配缺陷，在加工轴件时，一定要对圆弧面加强检测，一般情况下是采用半径样板与直角尺来综合控制圆弧面形位公差，即采用半径样板检测圆弧面来控制线轮廓度，如图 13-87(a)所示；用直角尺检测圆弧面来控制与 A 基准面的垂直度，如图 13-87(b)所示；若采用半圆环规（自制辅助量具）对圆弧面进行检测和对研修锉，则效果更好，如图 13-87(c)所示。

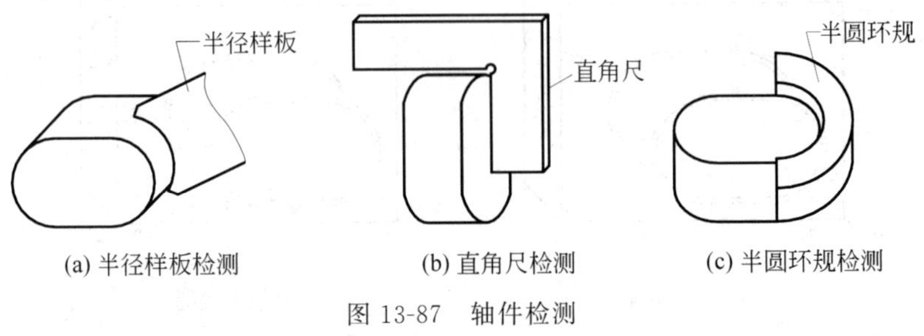

图 13-87　轴件检测

② 在与孔件试配时，要根据试配痕迹谨慎修锉孔件圆弧面，防止因局部修锉过多而造成塌面，同时要控制好孔件圆弧面与 A 基准面的垂直度。

4. 综合形面锉配工艺

图样与技术要求如图 13-88 所示。

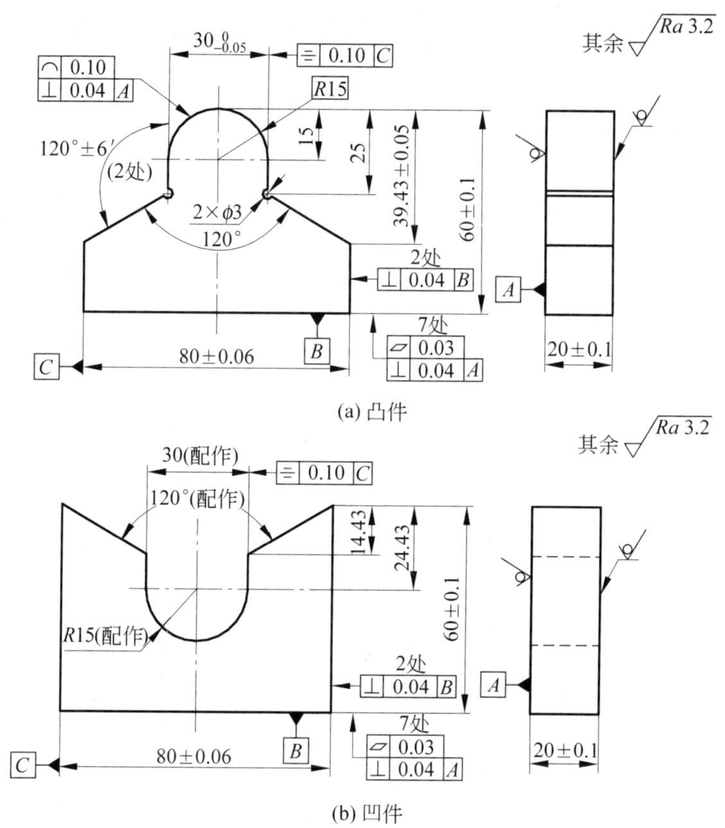

(a) 凸件

(b) 凹件

技术要求：
1. 以凸件为基准件，凹件为配作件。
2. 换向配合间隙≤0.1mm。
3. 侧面错位量≤0.1mm。
4. 周面倒角 C0.4。
5. 试配时不允许敲击。
6. 未注公差尺寸按GB/T 1804—2000。

工件名称	材 料	毛 坯 尺 寸	件 数	学 时
凸件	35 钢	82mm×62mm×20mm	1	24
凹件	35 钢	82mm×62mm×20mm	1	

图 13-88　凸凹圆头燕尾体锉配

(1) 凸件、凹件外形轮廓加工。加工要求如图 13-89 所示。

① 粗锉、细锉、精锉 B 基准面，达到平面度和与 A 基准面的垂直度要求。

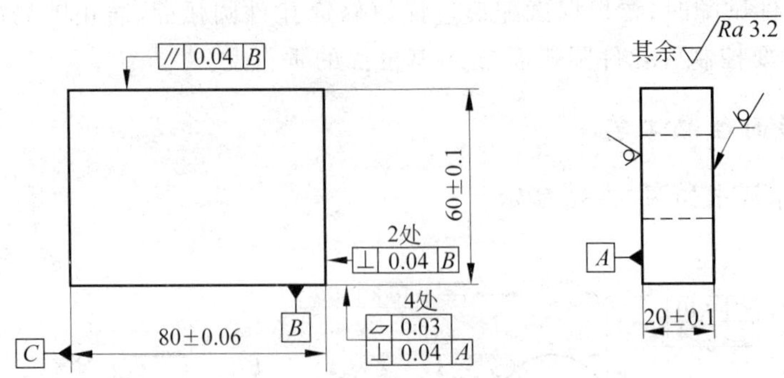

图 13-89　凸凹圆头燕尾体外形轮廓加工

② 粗锉、细锉、精锉 B 基准面的对面，达到尺寸、平行度、平面度和与 A 基准面的垂直度要求。

③ 粗锉、细锉、精锉 C 基准面，达到平面度和与 A、B 基准面的垂直度要求。

④ 粗锉、细锉、精锉 C 基准面的对面，达到尺寸、平行度、平面度和与 A、B 基准面的垂直度要求。

⑤ 光整锉削，理顺锉纹，四面锉纹纵向并达到表面粗糙度要求。

⑥ 四周面倒角 C0.4。

(2) 划线操作。

① 凸件划线操作。根据图样，划出凸件轮廓加工线，检查无误后在相关各面打上冲眼，如图 13-90 所示。

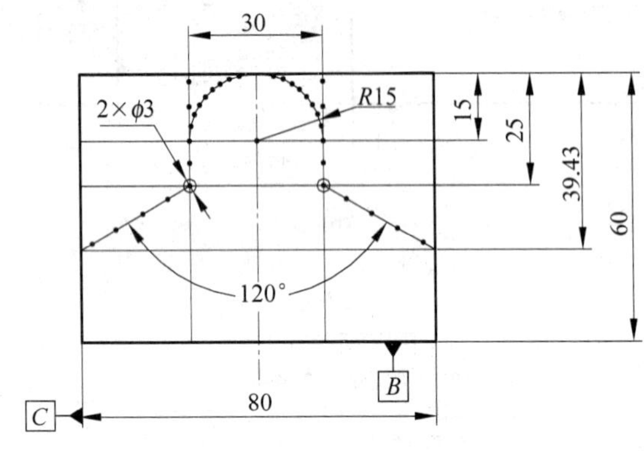

图 13-90　凸件划线操作

② 凹件划线操作。根据图样，划出凹件轮廓加工线，检查无误后在相关各面打上冲眼，如图 13-91 所示。

(3) 工艺孔加工。

根据图样在凸件上钻出 ϕ3mm 工艺孔，在凹件上钻出工艺排孔，如图 13-92 所示。

(4) 凸件加工。

① 按线锯除右侧一角多余部分，留 1mm 粗锉余量。

② 粗锉右垂直面 1 和右台肩面 2，留 0.5mm 的细锉余量，如图 13-93 所示。

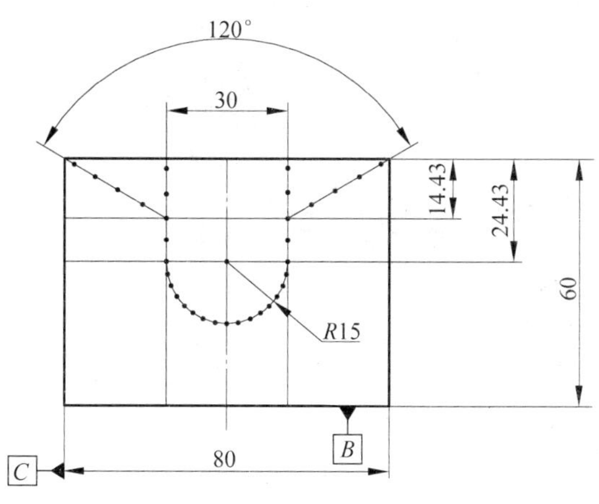

图 13-91　凹件划线操作

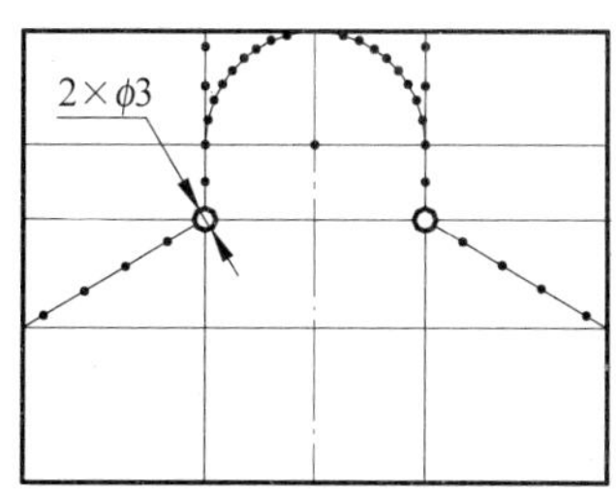

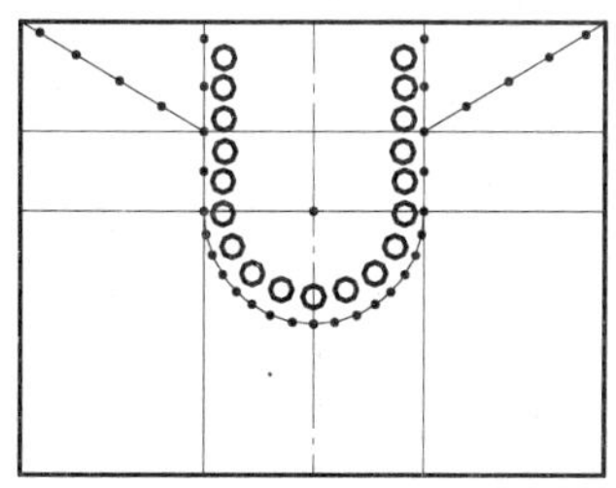

图 13-92　工艺孔及排孔加工

③ 细锉、精锉右垂直面 1，用工艺尺寸 X_1（$55_{-0.05}^{\ 0}$mm）间接控制与 C 基准面的对称度要求，注意控制右垂直面 1 与 A 基准面的垂直度以及自身的平面度，如图 13-94 所示。

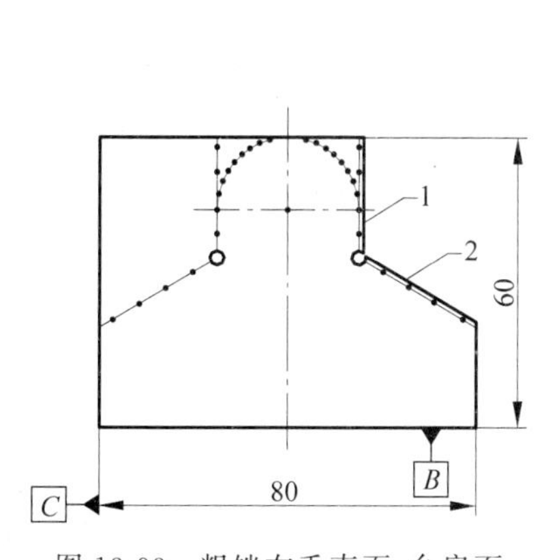

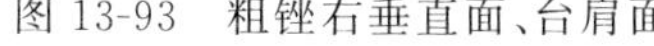

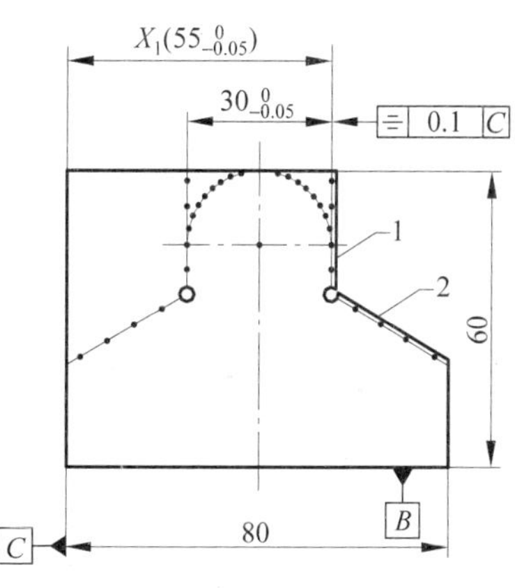

图 13-93　粗锉右垂直面、台肩面　　图 13-94　细锉、精锉右垂直面

④ 用杠杆百分表精确测量并修锉右台肩面 2，如图 13-95 所示。

⑤ 按线锯除左侧一角多余部分，留 1mm 粗锉余量。粗锉左垂直面 4 和左台肩面 3，留 0.5mm 的细锉余量，如图 13-96 所示。

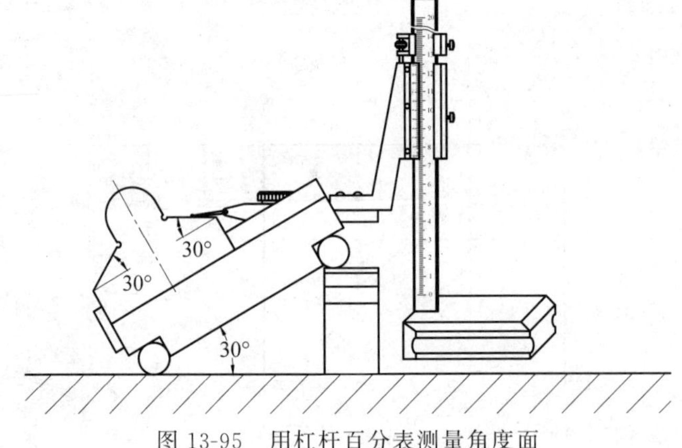

图 13-95 用杠杆百分表测量角度面

⑥ 细锉、精锉左垂直面4，达到尺寸($30_{-0.05}^{\ 0}$mm)要求及间接控制与 C 基准面的对称度要求，注意控制左垂直面4与 A 基准面的垂直度以及自身的平面度，如图13-97所示。

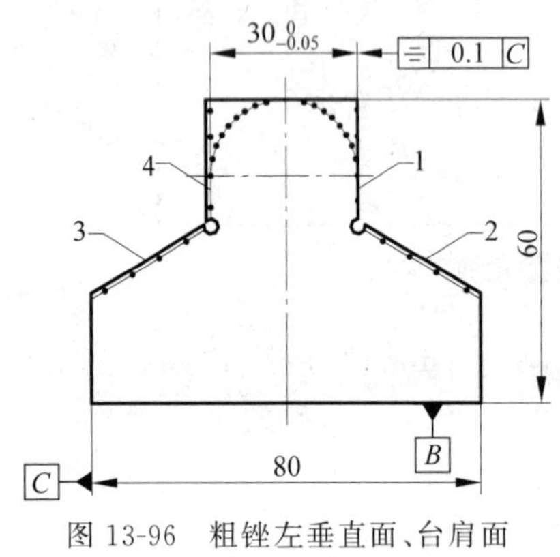

图 13-96 粗锉左垂直面、台肩面

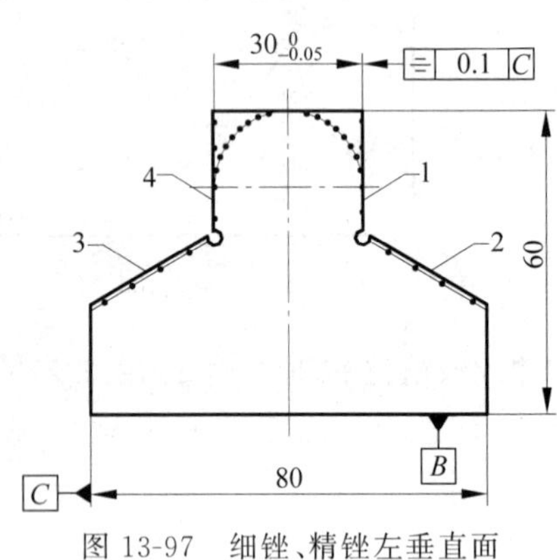

图 13-97 细锉、精锉左垂直面

⑦ 精锉左、右台肩面，达到角度公差要求、平面度及与 A 基准面的垂直度要求，如图13-98所示。

⑧ 粗锉、细锉、精锉 $R15$mm 凸圆弧面，达到线轮廓度要求及与 A 基准面的垂直度要求，如图13-99所示。

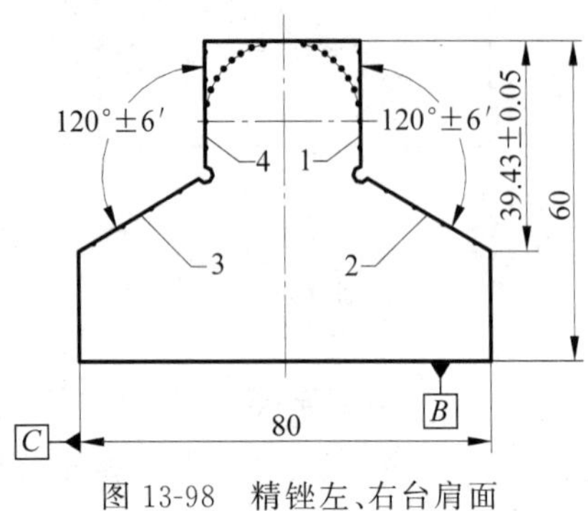

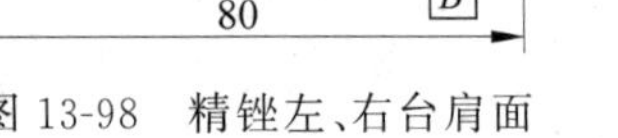
图 13-98 精锉左、右台肩面

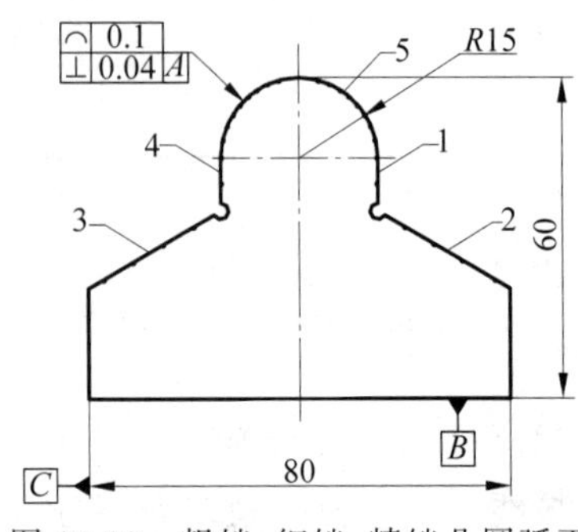

图 13-99 粗锉、细锉、精锉凸圆弧面

⑨ 光整锉削，理顺锉纹，锉纹纵向并达到表面粗糙度要求。

⑩ 1～5 面倒角 $C0.4$。

（5）凹件加工。

① 锯除凹槽内多余部分，留 1mm 粗锉余量。

② 根据凸件尺寸，粗、细锉内圆弧面 1、左垂直面 2 和右垂直面 3，留 0.1mm 的锉配余量，通过工艺尺寸 X_1（$25^{+0.1}_{+0.05}$mm）和 X_2（$25^{+0.1}_{+0.05}$mm）来控制尺寸 30mm 的对称度要求，如图 13-100 所示。

③ 粗锉、细锉左台肩面 4 和右台肩面 5，留 0.1mm 的锉配余量，如图 13-101 所示。

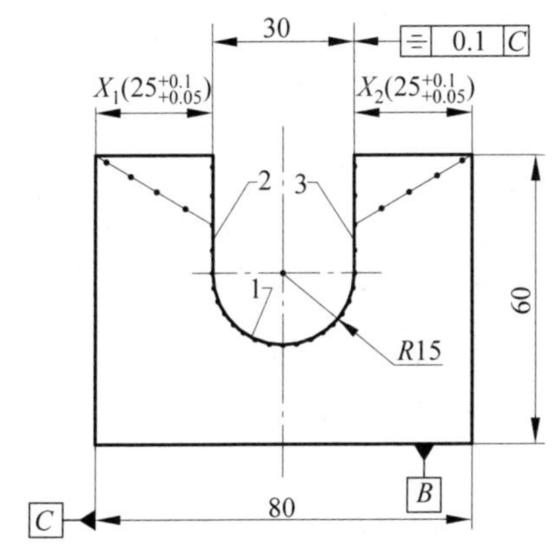

图 13-100 粗锉、细锉凹圆弧面

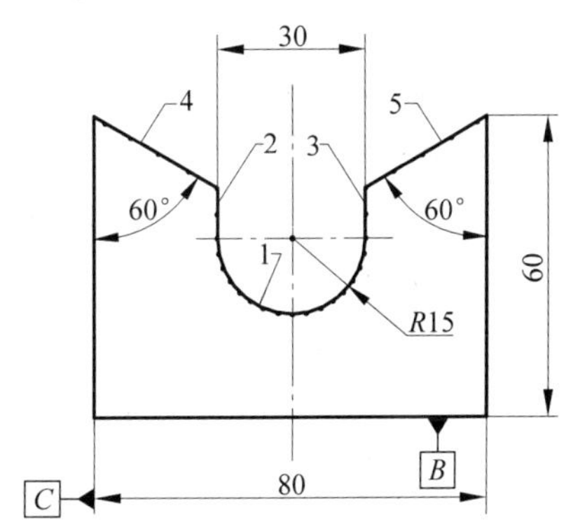

图 13-101 粗锉、细锉台肩面

④ 用杠杆百分表精确测量并修锉左台肩面和右台肩面，如图 13-102 所示。

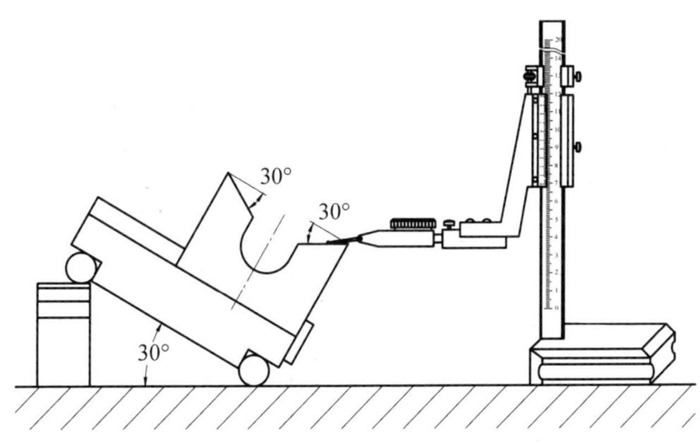

图 13-102 用杠杆百分表测量角度面

⑤ 光整锉削，理顺锉纹，锉纹纵向并达到表面粗糙度要求。

⑥ 1～5 面倒角 $C0.4$。

（6）锉配加工。

① 同向试配。凸件与凹件进行同向试配，如图 13-103(a)所示，试配前，可以在孔内各面涂抹显示剂，这样试配时的接触痕迹就很清晰，便于确定修锉部位。

② 换向试配。将凸件径向旋转180°进行换向试配，修锉，如图13-103(b)所示。

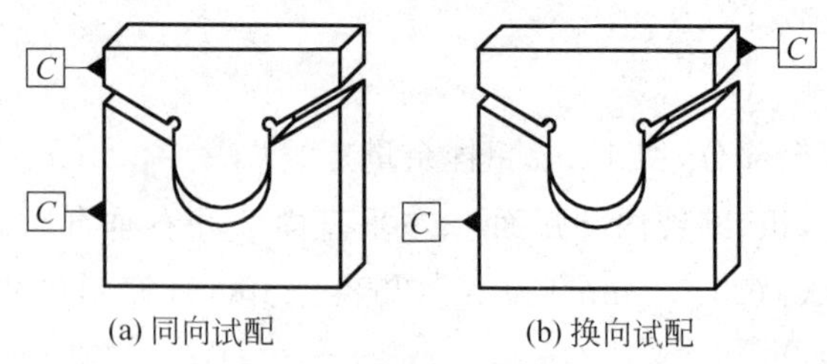

图13-103　锉配加工

③ 当凸件全部配入凹件，且换向配合间隙≤0.1mm，侧面错位量≤0.1mm，锉配完成。

(7) 凸凹圆头燕尾体锉配要点如下。

① 可采用测量工艺尺寸 X(37.89mm±0.05mm)来间接控制凸件两台肩面的高度尺寸(39.43mm±0.05mm)，以保证两台肩面的高度尺寸相等，如图13-104所示。

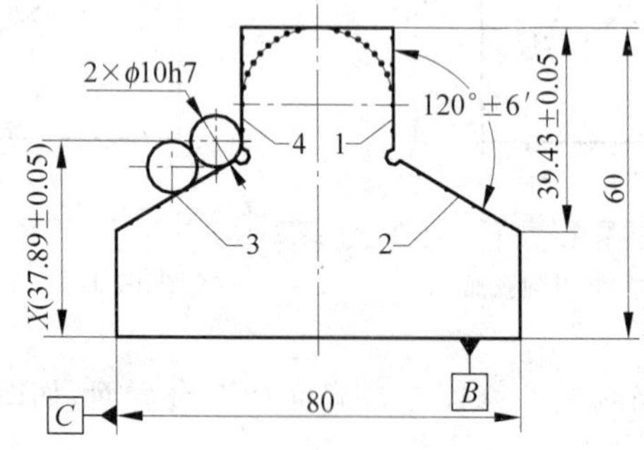

图13-104　检测台肩面高度尺寸

② 精锉凸件两台肩面时，可采用角度样板来测量控制其角度公差(120°±6′)，测量时要以精锉好的两垂直面作为测量基准面，如图13-105所示。细锉凹件两台肩面时，也可采用角度样板来测量控制其角度公差(120°±6′)，测量时要以 C 基准面以及其对面作为测量基准面，如图13-106所示。

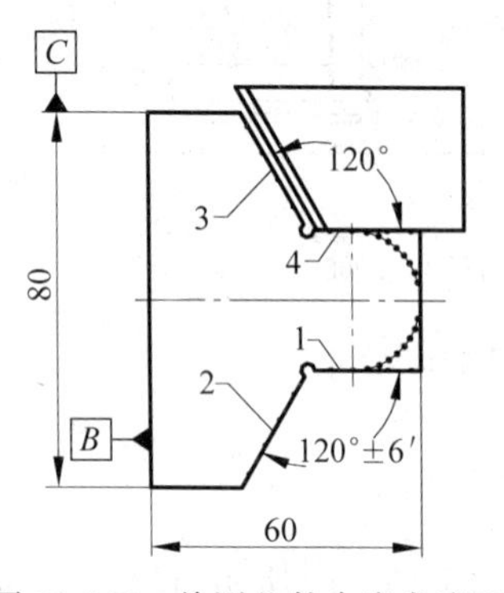

图13-105　检测凸件台肩角度面

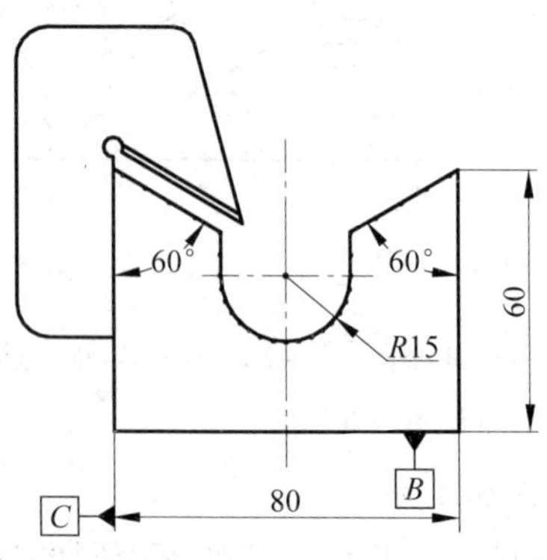

图13-106　检测凹件台肩角度面

思考与练习

1. 名词解释

锉配　试配　同向锉配　换向锉配　开口锉配　半封闭锉配　封闭锉配　对称度误差　对称度公差带

2. 叙述题

(1) 锉配的基本形面类型有哪些?

(2) 锉配的基本配合形式有哪些?

(3) 锉配精度分为哪几类?

(4) 叙述锉配加工的一般原则。

(5) 叙述工艺尺寸概念。

(6) 叙述四方体锉配要点。

(7) 叙述燕尾体锉配要点。

(8) 叙述凸凹圆弧体锉配要点。

3. 计算题

(1) 图 13-107 所示为对称工件简图,已知 $L_a=59.96\text{mm}$,$l=24_{-0.05}^{\ 0}\text{mm}$,$t=0.10\text{mm}$,求工艺尺寸 X。

(2) 图 13-108 所示为单燕尾槽工件简图,已知 $B=28\text{mm}$,$C=16\text{mm}$,$d=10\text{mm}$,$\alpha=60°$。试求尺寸 A 和工艺尺寸 X。

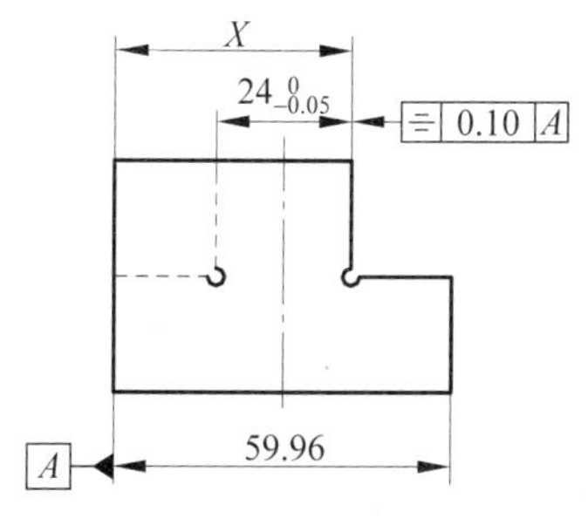

图 13-107　对称工件

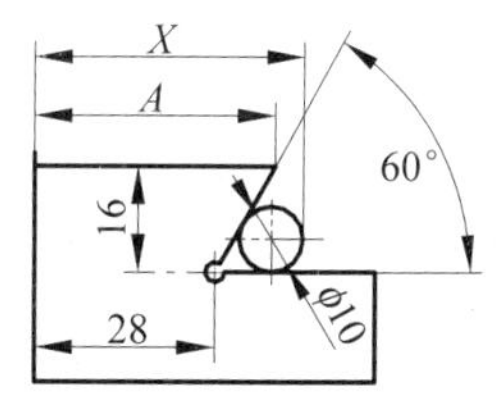

图 13-108　单燕尾槽工件

(3) 图 13-109 所示为凸燕尾槽工件简图,已知 $B=26\text{mm}$,$C=17\text{mm}$,$d=10\text{mm}$,$\alpha=60°$。试求尺寸 A 和工艺尺寸 X。

(4) 图 13-110 所示为凹燕尾槽工件简图,已知 $B=50\text{mm}$,$C=18\text{mm}$,$d=10\text{mm}$,$\alpha=60°$。试求尺寸 A 和工艺尺寸 X。

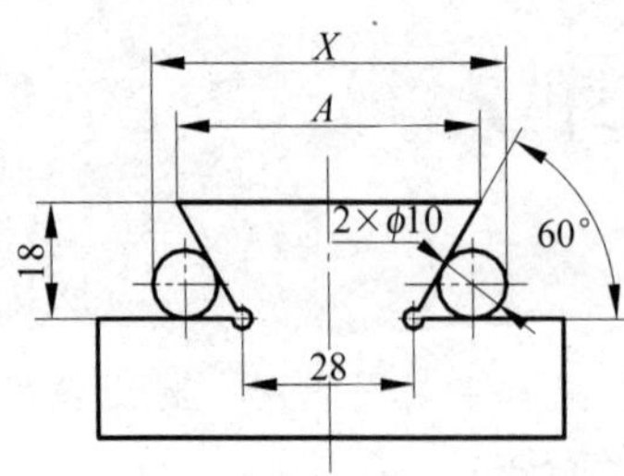

图 13-109　凸燕尾槽工件

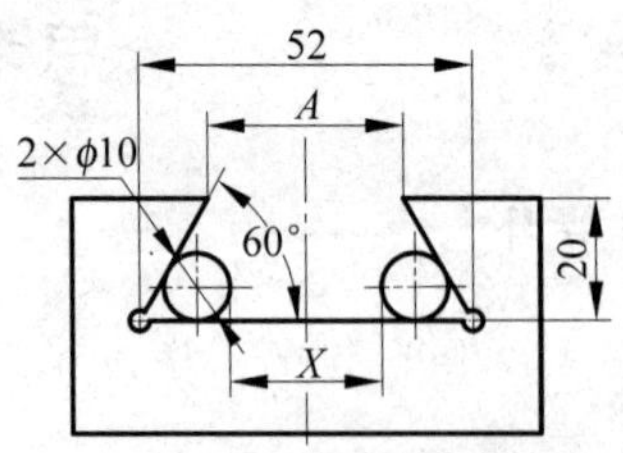

图 13-110　凹燕尾槽工件

(5) 图 13-111 所示为 V 形槽工件简图，已知 $H=20\text{mm}$，$d=32\text{mm}$，$\alpha=90°$。试求工艺尺寸 X。

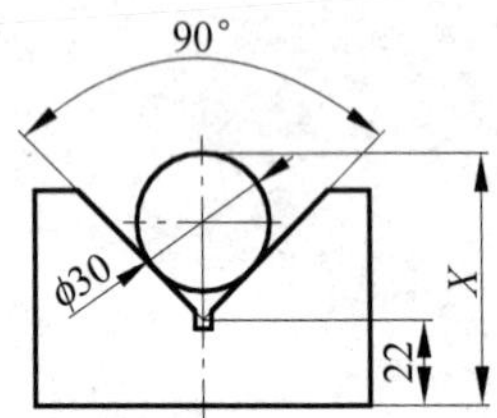

图 13-111　V 形槽工件

参考文献

[1] 劳动部教材办公室. 钳工生产实习(96 新版)[M]. 北京：中国劳动出版社，1996.
[2] 双元制培训机械专业实习教材编委会. 钳工基础技能[M]. 北京：机械工业出版社，1999.
[3] 劳动和社会保障部教材办公室. 钳工工艺学[M]. 4 版. 北京：中国劳动社会保障出版社，2005.
[4] 刘峰善，杜伟. 钳工技能培训与鉴定考试用书(高级)[M]. 济南：山东科学技术出版社，2006.
[5] 张华. 模具钳工工艺与技能训练[M]. 北京：机械工业出版社，2008.
[6] 机械工业职业技能鉴定指导中心. 初级工具钳工技术[M]. 北京：机械工业出版社，1999.
[7] 李逢春，秦明范. 工艺尺寸的分析与计算[M]. 北京：机械工业出版社，1998.
[8] 胡家富. 钳工(高级)[M]. 2 版. 北京：机械工业出版社，2015.
[9] 技工学校机械类通用教材编审委员会. 钳工工艺学[M]. 5 版. 北京：机械工业出版社，2016.
[10] 中华人民共和国国家经济贸易委员会 QB/T 2569.1—2002 钢锉 钳工锉[S]. 2002.
[11] 中华人民共和国国家经济贸易委员会 QB/T 2569.3—2002 钢锉 整形锉[S]. 2002.
[12] 中华人民共和国国家经济贸易委员会 QB/T 2569.4—2002 钢锉 异形锉[S]. 2002.
[13] 中华人民共和国国家质量监督检验检疫总局 GB/T 5806—2003 钢锉通用技术条件[S]. 2003.
[14] 中华人民共和国国家质量监督检验检疫总局 GB/T 14764—2008 手用钢锯条[S]. 2008.
[15] 中华人民共和国国家质量监督检验检疫总局 GB/T 2481.2—2009 固结磨具用磨料[S]. 2009.

编著者文献

[1] 吴清. 论一般冲点原则[J]. 职业技术教育，1997(S)：89.
[2] 吴清. 锯缝歪斜的防止与纠正[J]. 职业技术教育，1998(14)：25.
[3] 吴清. 錾削加工中操作要素的分析[J]. 职业技术教育，1999(11)：81.
[4] 吴清. 平面刮刀刃磨法[J]. 机械工人(冷加工)，1999(11)：44.
[5] 吴清. 关于锉削操作方法的探讨[J]. 吉林职业师范学院学报(教研版)，2000(12)：82-83.
[6] 吴清. 錾削加工操作要素[J]. 机械工人(冷加工)，2001(9)：63.
[7] 吴清. 锉削操作技法[J]. 工具技术，2002(9)：56-57.
[8] 吴清. 平面锉削的操作要领和基本锉法[J]. 机械工人(冷加工)，2007(10)：40-41.
[9] 吴清. 刮花的基本操作方法[J]. 金属加工(冷加工)，2012(15)：67-68.
[10] 吴清. 曲线轮廓锯削方法[J]. 金属加工(冷加工)，2016(14)：39.
[11] 吴清. 型面锉削工艺[J]. 金属加工(冷加工)，2016(18)：58-59.
[12] 吴清. 吴氏全程大力锉削操作训练法[J]. 科技创新导报，2016(24)：44-50.
[13] 吴清. 吴氏平面精锉操作法[J]. 科技创新导报，2017(16)：110-115.
[14] 吴清. 吴氏曲面锉削操作法[J]. 科技创新导报，2017(17)：110-113.
[15] 吴清. 曲面刮刀的刃磨方法[J]. 金属加工(冷加工)，2017(10)：48-49.
[16] 吴清. 吴氏台钳操作法[J]. 科技创新导报，2018(6)：122-125.
[17] 吴清. 挥锤操作与训练方法[J]. 中国教育技术装备，2018(21)：126-129.
[18] 吴清. 公差配合与检测[M]. 北京：清华大学出版社，2013.
[19] 吴清. 看图学钳工锉削技能[M]. 北京：化学工业出版社，2014.
[20] 吴清. 机械工程材料[M]. 北京：冶金工业出版社，2016.

附录A 标准群钻几何参数

<table>
<tr><th rowspan="2">钻头直径 D</th><th rowspan="2">尖高 h</th><th rowspan="2">圆弧半径 R</th><th rowspan="2">外刃长 l</th><th rowspan="2">槽距 l_1</th><th rowspan="2">槽宽 l_2</th><th colspan="2">横刃长 b</th><th rowspan="2">槽深 c</th><th rowspan="2">槽数 Z</th><th colspan="2">外刃顶角 $2\kappa_r$</th><th rowspan="2">内刃顶角 $2\kappa'_r$</th><th colspan="2">横刃斜角 ψ</th><th rowspan="2">内刃前角 γ_τ</th><th rowspan="2">内刃斜角 τ</th><th rowspan="2">外刃后角 α</th><th rowspan="2">圆弧后角 α_R</th></tr>
<tr><th>Ⅰ</th><th>Ⅱ</th><th>Ⅰ</th><th>Ⅱ</th><th>Ⅰ</th><th>Ⅱ</th></tr>
<tr><td colspan="9">/mm</td><td>/条</td><td colspan="9">/(°)</td></tr>
<tr><td>5～7</td><td>0.2</td><td>0.75</td><td>1.3</td><td>—</td><td>—</td><td>0.2</td><td>0.15</td><td rowspan="3">—</td><td rowspan="3">—</td><td rowspan="11">125</td><td rowspan="11">140</td><td rowspan="11">135</td><td rowspan="11">65</td><td rowspan="11">60</td><td rowspan="11">−10</td><td rowspan="3">20</td><td rowspan="3">15</td><td rowspan="3">18</td></tr>
<tr><td>>7～10</td><td>0.28</td><td>1</td><td>1.9</td><td>—</td><td>—</td><td>0.3</td><td>0.2</td></tr>
<tr><td>>10～15</td><td>0.36</td><td>1.5</td><td>2.6</td><td>—</td><td>—</td><td>0.4</td><td>0.3</td></tr>
<tr><td>>15～20</td><td>0.55</td><td>1.5</td><td>5.5</td><td>1.4</td><td>2.7</td><td>0.5</td><td>0.4</td><td rowspan="5">1</td><td rowspan="5">2</td><td rowspan="5">25</td><td rowspan="5">12</td><td rowspan="5">15</td></tr>
<tr><td>>20～25</td><td>0.7</td><td>2</td><td>7.0</td><td>1.8</td><td>3.4</td><td>0.6</td><td>0.48</td></tr>
<tr><td>>25～30</td><td>0.85</td><td>2.5</td><td>8.5</td><td>2.2</td><td>4.2</td><td>0.75</td><td>0.55</td></tr>
<tr><td>>30～35</td><td>1</td><td>3</td><td>10</td><td>2.5</td><td>5</td><td>0.9</td><td>0.65</td></tr>
<tr><td>>35～40</td><td>1.15</td><td>3.5</td><td>11.5</td><td>2.9</td><td>5.8</td><td>1.05</td><td>0.75</td></tr>
<tr><td>>40～45</td><td>1.3</td><td>4</td><td>13</td><td>2.2</td><td>3.25</td><td>1.15</td><td>0.85</td><td rowspan="3">1.5</td><td rowspan="3">2</td><td rowspan="3">30</td><td rowspan="3">10</td><td rowspan="3">12</td></tr>
<tr><td>>45～50</td><td>1.45</td><td>4.5</td><td>14.5</td><td>2.4</td><td>3.6</td><td>1.3</td><td>0.95</td></tr>
<tr><td>>50～60</td><td>1.65</td><td>5</td><td>17</td><td>2.9</td><td>4.25</td><td>1.45</td><td>1.05</td></tr>
</table>

注：Ⅰ指加工一般钢材料；Ⅱ指加工铝合金。

近似比例：$h\approx0.03D$；$R\approx0.1D$；$b\approx0.03D$(Ⅰ)，$b\approx0.02D$(Ⅱ)；$l\approx0.2D(D\leqslant15)$，$l\approx0.3D(D>15)$。

附录B 薄板群钻几何参数

钻头直径 D	横刃长 b	尖高 h	圆弧半径 R	圆弧深度 h'	内刃顶角 $2\kappa_r'$	刃尖角 ε	内刃前角 γ_τ	圆弧后角 α_R
/mm					/(°)			
5～7	0.15	0.5	单圆弧连接	>(δ+1)	110	40	−10	15
>7～10	0.20							
>10～15	0.30							
>15～20	0.40	1	双圆弧连接					12
>20～25	0.48							
>25～30	0.55							
>30～35	0.65	1.5						
>35～40	0.75							

注：δ 为指板料厚度。

附录C 钻钢料时的切削用量表（机用切削液）

钢材的性能	进给量 f/(mm/r)													
	0.20	0.27	0.36	0.49	0.66	0.88								
好	0.16	0.20	0.27	0.36	0.49	0.66	0.88							
↓	0.13	0.16	0.20	0.27	0.36	0.49	0.66	0.88						
	0.11	0.13	0.16	0.20	0.27	0.36	0.49	0.66	0.88					
	0.09	0.11	0.13	0.16	0.20	0.27	0.36	0.49	0.66	0.88				
		0.09	0.11	0.13	0.16	0.20	0.27	0.36	0.49	0.66	0.88			
			0.09	0.11	0.13	0.16	0.20	0.27	0.36	0.49	0.66	0.88		
				0.09	0.11	0.13	0.16	0.20	0.27	0.36	0.49	0.66	0.88	
					0.09	0.11	0.13	0.16	0.20	0.27	0.36	0.49	0.66	0.88
坏						0.09	0.11	0.13	0.16	0.20	0.27	0.36	0.49	0.66
							0.09	0.11	0.13	0.16	0.20	0.27	0.36	0.49
钻头直径/mm	切削速度 v_0/(m/min)													
≤4.6	43	37	32	27.5	24	20.5	17.7	15	13	11	9.5	8.2	7	6
≤9.6	50	43	37	32	27.5	24	20.5	17.7	15	13	11	9.5	8.2	7
≤20	55	50	43	37	32	27.5	24	20.5	17.7	15	13	11	9.5	8.2
≤30	55	55	50	43	37	32	27.5	24	20.5	17.7	15	13	11	9.5
≤60	55	55	55	50	43	37	32	27.5	24	20.5	17.7	15	13	11

注：钻头为高速钢标准麻花钻。

附录D 钻铸铁时的切削用量表

铸铁硬度/HBS	进给量 f/(mm/r)												
140～152	0.20	0.24	0.30	0.40	0.53	0.70	0.95	1.30	1.70				
153～166	0.16	0.20	0.24	0.30	0.40	0.53	0.70	0.95	1.30	1.70			
167～181	0.13	0.16	0.20	0.24	0.30	0.40	0.53	0.70	0.95	1.30	1.70		
182～199		0.13	0.16	0.20	0.24	0.30	0.40	0.53	0.70	0.95	1.30	1.70	
200～217			0.13	0.16	0.20	0.24	0.30	0.40	0.53	0.70	0.95	1.30	1.70
218～240				0.13	0.16	0.20	0.24	0.30	0.40	0.53	0.70	0.95	1.30
钻头直径/mm	切削速度 v_0/(m/min)												
≤3.2	40	35	31	28	25	22	20.0	17.5	15.5	14.0	12.5	11.0	9.5
≤8	45	40	35	31	28	25	22.0	20.0	17.5	15.5	14.0	12.5	11.0
≤20	51	45	40	35	31	28	25.0	22.0	20.0	17.5	15.5	14.0	12.5
≤20	55	53	47	42	37	33	29.5	26.0	23.0	21.0	18.0	16.0	14.5

注：钻头为高速钢标准麻花钻。

附录E 出厂未经研磨铰刀直径公差及其适用范围

铰刀公称直径/mm	1号铰刀			2号铰刀			3号铰刀		
	上偏差/μm	下偏差/μm	公差/μm	上偏差/μm	下偏差/μm	公差/μm	上偏差/μm	下偏差/μm	公差/μm
3～6	17	9	8	30	22	8	38	26	12
>6～10	20	11	9	35	26	9	46	31	15
>10～18	23	12	11	40	29	11	53	35	18
>18～30	30	17	13	45	32	13	59	38	21
>30～50	33	17	16	50	34	16	68	43	25
>50～80	40	20	20	55	35	20	75	45	30
>80～120	46	24	22	58	36	22	85	50	35
未经研磨适用场合	H9			H10			H11		
经研磨后适用场合	N7、M7、K7、J7			H7			H9		

附录F 普通螺纹攻螺纹前钻底孔的钻头直径(d_0)

单位：mm

螺纹直径 D	螺距 P	钻头直径 d_0	
		铸铁、青铜、黄铜	钢、可锻铸铁、紫铜
2	0.4 0.25	1.6 1.75	1.6 1.75
2.5	0.45 0.35	2.05 2.15	2.05 2.15
3	0.5 0.35	2.5 2.65	2.5 2.65
4	0.7 0.6	3.3 3.5	3.3 3.5
5	0.8 0.5	4.1 4.5	4.2 4.5
6	1 0.75	4.9 5.2	5 5.2
8	1.25 1 0.75	6.6 6.9 7.1	6.7 7 7.2
10	1.5 1.25 1 0.75	8.4 8.6 8.9 9.1	8.5 8.7 9 9.2
12	1.75 1.5 1.25 1	10.1 10.4 10.6 10.9	10.2 10.5 10.7 11
14	2 1.5 1	11.8 12.4 12.9	12 12.5 13
16	2 1.5 1	13.8 14.4 14.9	14 14.5 15

续表

螺纹直径 D	螺距 P	钻头直径 d_0	
		铸铁、青铜、黄铜	钢、可锻铸铁、紫铜
18	2.5	15.3	15.5
	2	15.8	16
	1.5	16.4	16.5
	1	16.9	17
20	2.5	17.3	17.5
	2	17.8	18
	1.5	18.4	18.5
	1	18.9	19
22	2.5	19.3	19.5
	2	19.8	20
	1.5	20.4	20.5
	1	20.9	21
24	3	20.7	21
	2	21.8	22
	1.5	22.4	22.5
	1	22.9	23

附录G 普通螺纹套螺纹前圆杆直径(d_0)

单位：mm

螺纹直径 D	螺距 P	圆杆直径 d_0	
		最小直径	最大直径
M6	1	5.8	5.9
M8	1.25	7.8	7.9
M10	1.5	9.75	9.85
M12	1.75	11.75	11.9
M14	2	13.7	13.85
M16	2	15.7	15.85
M18	2.5	17.7	17.85
M20	2.5	19.7	19.85
M22	2.5	21.7	21.85
M24	3	23.65	23.8
M27	3	26.65	26.8
M30	3.5	29.6	29.8
M36	4	35.6	35.8
M42	4.5	41.55	41.75
M48	5	47.5	47.7